AutoCAD 2020 中文版 标准教程

程绪琦 王建华 张文杰 李炜 著

電子工業出版社
Publishing House of Electronics Industry
北京•BEIJING

内容简介

本书是 Autodesk 公司力荐的《AutoCAD 2020 中文版标准教程》。本书作者结合多年的工程实践和课堂教学经验精心安排教材内容。在注重工程实践的基础上，本书作者不仅介绍了软件的特点和功能，更重要的是讲授了软件结合机械、建筑、制造等不同领域的实践特点，传授作者在实际工作中的切身体会和应用技巧，力求通俗易懂、图文并茂，使读者真正学会、用好 AutoCAD 2020，并掌握工程设计的基本技能。

本书相关素材配有全部的练习文件和实践操作的讲解视频，让读者能够事半功倍地掌握软件功能。另外，本书素材中还配有 PowerPoint 课件，可方便授课教师教学（供读者网络下载）。

本书适合作为高等院校、职业教育、认证培训的辅导教材，也适合广大工程设计人员和爱好者自学使用。

图书在版编目（CIP）数据

AutoCAD 2020 中文版标准教程 / 程绪琦等著. —北京：电子工业出版社，2020.7
ISBN 978-7-121-38773-9

I. ①A… II. ①程… III. ①AutoCAD 软件－教材IV. ①TP391.72

中国版本图书馆 CIP 数据核字(2020)第 043145 号

责任编辑：林瑞和
印　　刷：北京天宇星印刷厂
装　　订：北京天宇星印刷厂
出版发行：电子工业出版社
　　　　　北京市海淀区万寿路 173 信箱　邮编 100036
开　　本：787×1092　1/16　印张：24.75　字数：617.8 千字
版　　次：2020 年 7 月第 1 版
印　　次：2024 年 9 月第 9 次印刷
定　　价：69.80 元

凡所购买电子工业出版社图书有缺损问题，请向购买书店调换。若书店售缺，请与本社发行部联系，联系及邮购电话：（010）88254888，88258888。

质量投诉请发邮件至 zlts@phei.com.cn，盗版侵权举报请发邮件至 dbqq@phei.com.cn。

本书咨询联系方式：（010）51260888-819，faq@phei.com.cn。

前言

计算机辅助设计已成为企业信息化最重要的技术之一，是工程技术人员进行创新设计必不可少的有力工具。AutoCAD 是世界领先的计算机辅助设计软件提供商 Autodesk 公司的产品，它拥有数以百万计的用户，多年来积累了无法估量的设计数据资源。该软件作为 CAD 工业的旗舰产品和工业标准，一直凭借其独特的优势而被全球的设计工程师采用。作为一个工程设计软件，它为工程设计人员提供了强有力的二维和三维工程设计与绘图功能。AutoCAD 2020 是目前最新的版本，随着版本的不断升级和功能的增强，将快速创建图形、轻松共享设计资源、高效管理设计成果等功能不断地扩展和优化。为了让中国的设计和学习人员更好地使用软件、提高设计应用水平，特推出《AutoCAD 2020 中文版标准教程》一书。

本书作者来自国内高校，并且是 Autodesk 公司授权培训中心的资深教师，书中的实用见解、方法和技巧介绍都融会了作者和国内外设计人员多年精炼的教学与实践经验。本书紧扣 Autodesk 公司 AutoCAD 初级工程师级及工程师级认证考试的教学大纲，并且参考借鉴众多高校与培训机构的教学实践，有针对性地介绍与讲解软件的主要功能和新特性，着重培养用户充分和适当地利用软件功能解决典型应用问题的能力和水平。本书的编写突出了如下特点。

1．在内容上增加了 AutoCAD 2020 中文版的新功能和增强功能，同时注意基本内容的系统性和完整性。

2．突出以设计实例为线索，循序渐进，将整个设计过程贯穿全书。详细介绍计算机辅助设计的流程、所涉及的规范和标准，以及在设计过程中所应用到的命令和技巧。本书配套素材包含书中大部分实例文件，易于读者使用，是培训和教学的宝贵资源。配套素材中的影音教学文件由多位设计者精心制作，大大降低了学习本书的难度，增强了学习的趣味性。

3．注意贯彻我国 CAD 制图有关标准，指导读者有效地将 AutoCAD 的丰富资源与国标相结合，进行规范化设计。

4．本书插入大量“注意”和“提示”等醒目的标记，向读者推荐有益的经验和技巧。

5．本书为每一个需要动手实践的实例配以录屏影音教学课件，在本书中标以“实践视频”，让读者通过视频教学更容易地掌握软件的使用。

本书共分为 13 章，包括认识 AutoCAD、设置绘图环境、创建和编辑二维图形对象、对象特性与图层、利用绘图辅助工具精确绘图、文字与表格、尺寸标注、块的使用、图纸的布局与打印输出、共享 AutoCAD 数据和协同设计、创建三维模型、图纸集等。其中第 1、2、3、4、5、6 章由北京工业大学王建华、北京新立机械有限责任公司张文杰共同编写，第 7、8、9、10、11、12、13 章由北京联合大学程绪琦与李炜共同编写。本书的各个章节联系紧密、步骤翔实、层次清晰，形成一套完整的体系结构。

本书在出版的过程中得到 Autodesk 公司的大力支持与帮助，在此表示衷心感谢。

作 者
2020.2

作者简介

程绪琦，现任北京联合大学培训中心工程师，Autodesk公司的AutoCAD和Inventor认证教师，多次被Autodesk公司评为优秀认证教员。他曾参与并编著多本教材，这些书被多所高校及培训机构长期选为教材。他还多次担任北京电视台、山东教育电视台的AutoCAD电视讲座的主讲教师，也曾连续多次担任Autodesk公司全国师资认证的主讲教师。他在教学、培训中深得学生好评。经他培训的学员，无论是师资认证教师，还是培训课程的学生，都对学习效果非常满意。

王建华，毕业于清华大学机械系，现为北京工业大学机电学院副教授，硕士研究生导师，从事CAD/CAM教学与科研工作。是Autodesk公司的AutoCAD和Inventor资深认证教师、Autodesk公司的优秀认证教员。参与并编著多部AutoCAD相关教材，这些书被指定为职称考试教材及多所高校、高职和培训机构的授课教材。多次为企业设计人员及教师进行计算机辅助设计培训。主讲课程为工程图学、AutoCAD、Inventor及数据库技术。在教学及培训中受到广大师生的好评。

张文杰，毕业于北京工业大学机械制造及自动化专业，现为北京新立机械有限责任公司高级工程师，从事高端机械制造行业工作近10年。曾参与《AutoCAD 2014 中文版标准教程》《AutoCAD 2015 标准培训教程》《AutoCAD 2016 官方标准教程》《AutoCAD 2017 官方标准教程》等多本AutoCAD教材的编写，能够将实际工程应用与教学内容相结合，经验丰富。

李炜，毕业于吉林工业大学，现为北京联合大学教师，北京市机械工程学会会员，北京市力学学会会员，曾参与《AutoCAD 2006 中文版标准教程》《AutoCAD 2007 中文版标准教程》《AutoCAD 2008 中文版标准教程》《AutoCAD 2019 官方标准教程》等多本AutoCAD教材的编写，教学经验丰富。

目　录

第 1 章　认识 AutoCAD

AutoCAD 是世界领先的计算机辅助设计软件提供商 Autodesk 公司的产品，它拥有数以百万计的用户，多年来积累了无法估量的设计数据资源。该软件作为 CAD 工业的旗舰产品和工业标准，一直凭借其独特的优势被全球的设计工程师所采用。作为一个工程设计软件，它为工程设计人员提供了强有力的二维和三维工程设计与绘图功能，轻松地实现了快速创建图形、共享设计资源、高效管理设计成果。

AutoCAD 开创了绘图和设计领域的一个新纪元。如今，AutoCAD 经过了十几次的版本升级，已经成为一个功能完善的计算机辅助设计通用软件，广泛应用于机械、电子、土木、建筑、航空、航天、轻工、纺织等行业，形成了具有庞大基础的用户群体，拥有大量的设计资源，受到世界各地数以百万计的工程设计人员的青睐。

AutoCAD 2020 是 Autodesk 公司推出的最新版本，从此版本开始，AutoCAD 不再提供 32 位产品。它带来了全新的暗色主题，有着现代的深蓝色界面、扁平的外观、改进的对比度和优化的图标，提供更柔和的视觉和更清晰的视界。保存工作只需 0.5 秒，此外，本体软件在固态硬盘上的安装时间也缩短了 50%。新的“快速测量”工具允许通过移动/悬停光标来动态显示对象的尺寸、距离和角度数据。新块调色板（Blocks Palette）功能，可以通过 BLOCKSPALETTE 命令来激活，可以提高查找和插入多个块的效率（包括当前的、最近使用的和其他的块），此外添加了重复放置选项以节省步骤。重新设计的清理工具有了更一目了然的选项，通过简单的选择，可以一次删除多个不需要的对象。还有“查找不可清除的项目”按钮以及“可能的原因”，以帮助用户了解无法清理某些项目的原因。DWG Compare 功能也得到增强，可以在不离开当前窗口的情况下比较图形的两个版本，并将所需的更改实时导入到当前图形中。另外，AutoCAD 2020 已经支持 Dropbox、OneDrive 和 Box 等多个云平台，这些选项在文件保存和打开的窗口中提供，可以将图纸直接保存到云上并随时随地读取（AutoCAD Web 加持），有效提升协作效率。AutoCAD 2020 简体中文版为中国的使用者提供了更高效、更直观的设计环境，让设计人员使用更加得心应手。

本章将引导读者初步认识 AutoCAD，主要学习以下内容：

- AutoCAD 的功能
- 启动 AutoCAD
- AutoCAD 2020 的工作界面和作用
- 使用 AutoCAD 命令
- 打开 AutoCAD 图形文件
- 绘制简单的二维对象和保存图形文件
- 调用 AutoCAD 软件的帮助系统

1.1　AutoCAD 的功能

AutoCAD 是一个辅助设计软件，满足通用设计和绘图的要求，提供了各种接口，可以和其他设计软件共享设计成果，并能十分方便地进行图形文件管理。AutoCAD 提供了如下主要功能。

1. 基本绘图功能

- 提供绘制各种二维图形的工具，并可以根据所绘制的图形进行测量和标注尺寸；
- 具备对图形进行修改、删除、移动、旋转、复制、偏移、修剪、圆角等多种强大的编辑功能；
- 具备缩放、平移等动态观察功能，并具有透视、投影、轴测、着色等多种图形显示方式；
- 提供栅格、正交、极轴、对象捕捉及追踪等多种辅助工具，保证精确绘图；
- 提供图块及属性等功能，大大提高绘图效率；
- 使用图层管理器管理不同专业和类型的图线，可以根据颜色、线型、线宽分类管理图线，并可以方便地控制图线的显示或打印；
- 可对指定的图形区域进行图案填充；
- 提供在图形中书写、编辑文字的功能，提供插入、编辑表格的功能；
- 创建三维几何模型，并可以对其进行修改或提取几何和物理特性。

2. 辅助设计功能

AutoCAD 软件不仅仅具备绘图功能，它还提供了许多有助于工程设计和计算的功能。

- 可以进行参数化设计，约束图形几何特性和尺寸特性；
- 可以查询图形的长度、面积、体积、力学等特性；
- 提供在三维空间中的各种绘图和编辑功能，具备三维实体和三维曲面造型的功能，便于用户对设计有直观的了解和认识；
- 提供图纸集功能，可方便地管理设计图纸，进行批量打印等；
- 提供多种软件的接口，可方便地将设计数据和图形在多个软件中共享，进一步发挥各个软件的特点和优势。

3. 开发定制功能

针对不同专业的用户需求，AutoCAD 提供强大的二次开发工具，让用户能定制和开发适用于本专业设计特点的功能。在这方面提供了如下功能。

- 具备强大的用户定制功能，用户可以方便地将界面、快捷键、工具选项板、简化命令等改造得更易于使用；
- 具有良好的二次开发性，AutoCAD 提供多种方式以使用户按照自己的思路去解决问题；AutoCAD 开放的平台使用户可以用 AutoLISP、LISP、ARX、VBA、AutoCAD.NET 等语言开发适合特定行业使用的 CAD 产品。

1.2　启动 AutoCAD

AutoCAD 2020 安装后会在桌面上出现一个图标，双击该图标就可以启动 AutoCAD 了。同样，选择【开始】|【程序】|【Autodesk】|【AutoCAD 2020-简体中文（Simplified Chinese）】|【AutoCAD 2020-简体中文】也可以启动 AutoCAD。

启动 AutoCAD 后，直接进入 AutoCAD 2020 的工作界面。

1.3　AutoCAD 2020 的工作界面

打开 AutoCAD 2020，直接进入【草图与注释】的工作界面，该界面显示了二维绘图特有的工具，如图 1-1 所示。

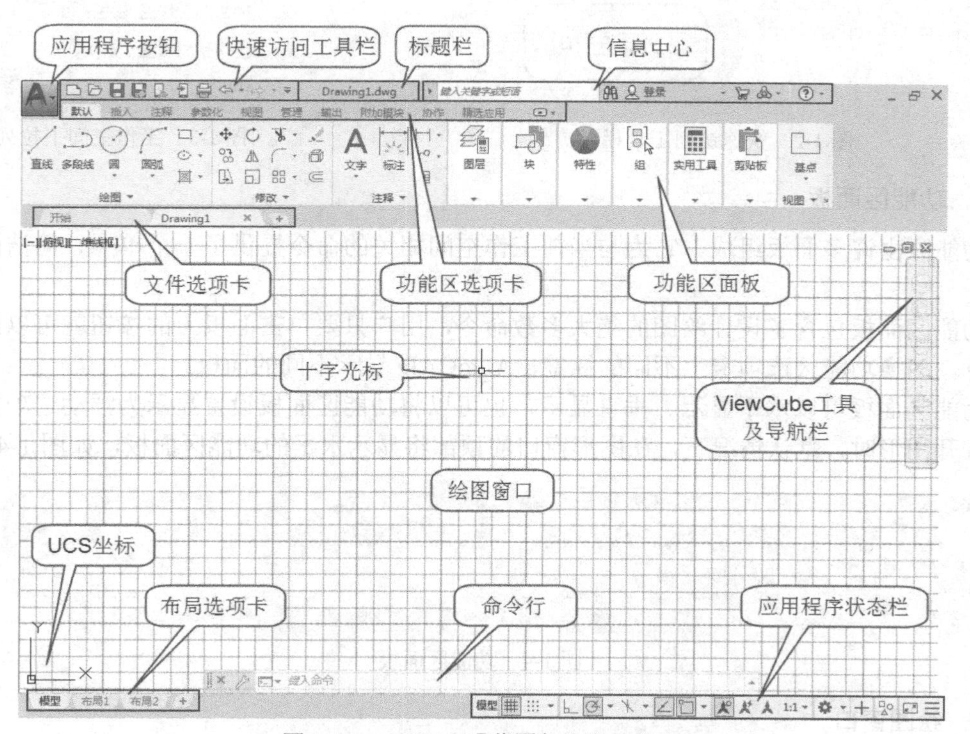

图 1-1　AutoCAD【草图与注释】界面

AutoCAD 2020【草图与注释】的工作界面包含如下几个部分。

1. 标题栏

如同 Windows 其他应用软件一样，在界面最上面中间位置是文件的标题栏，显示软件的名称和当前打开的文件名称，最右侧是标准 Windows 程序的“最小化”、“恢复窗口大小”和“关闭”按钮。

2. 快速访问工具栏

快速访问工具栏位于应用程序窗口顶部左侧，如图 1-2 所示。它提供了对定义的命令集的直接访问。用户可以添加、删除和重新定位命令和控件。默认状态下，快速访问工具栏包括新建、打开、保存、另存为、打印、放弃、重做命令和工作空间控件。

其中，工作空间控件方便用户切换到不同的工作空间。工作空间是菜单、工具栏、选项板和功能区面板的集合，将它们进行编组和组织来创建一个基于任务的绘图环境。单击工作空间 草图与注释 控件，弹出工作空间下拉列表，如图 1-3 所示，选择工作空间名称就可以切换到相应的工作空间。不同的工作空间显示的图形界面有所不同，每个工作空间都显示有功能区和应用程序菜单。

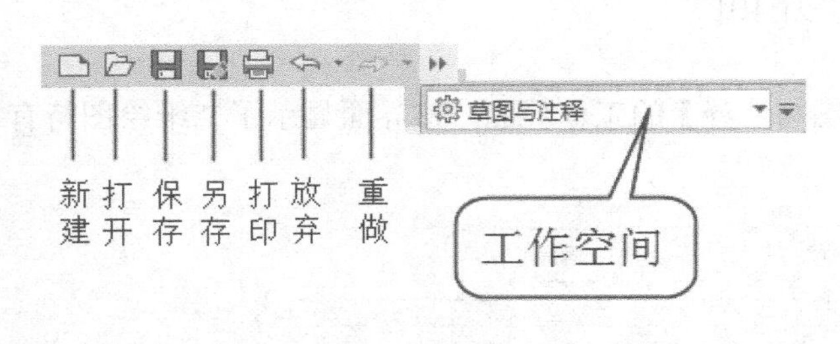

图 1-2　快速访问工具栏

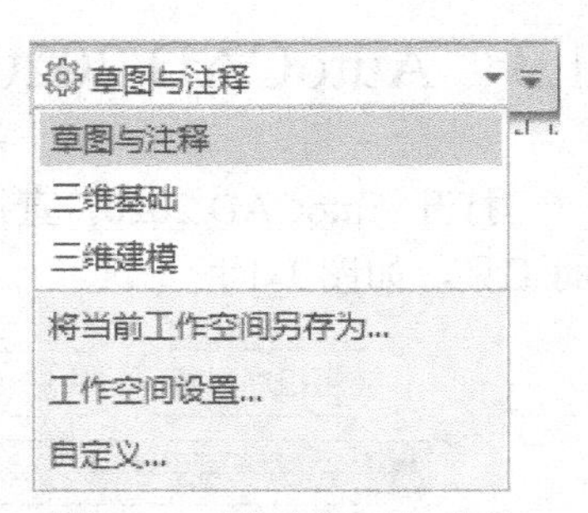

图 1-3　工作空间下拉列表

3. 功能区面板

功能区由许多面板组成。它为与当前工作空间相关的命令提供了一个单一、简洁的放置区域。

功能区面板包含了设计绘图的绝大多数命令，用户只要单击面板上的按钮就可以激活相应命令。切换功能区选项卡上不同的标签，AutoCAD 显示不同的面板。

功能区面板可以水平显示、垂直显示，也可以将功能区面板设置显示为浮动选项板。创建或打开图形时，默认情况下，在图形窗口的顶部将显示水平的功能区面板，如图 1-4 所示。

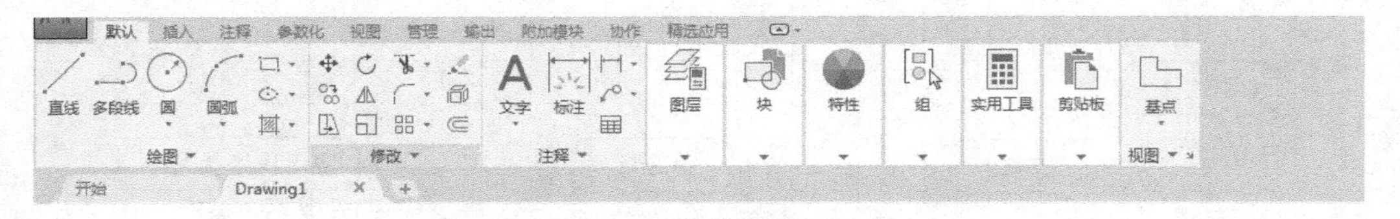

图 1-4　功能区面板

4. 绘图窗口

软件窗口中最大的区域为绘图窗口。它是图形观察器，类似于照相机的取景器，从中可以直观地看到设计的效果。绘图窗口是绘图、编辑对象的工作区域，绘图区域可以随意扩展，在屏幕上显示的可能是图形的一部分或全部区域，用户可以通过缩放、平移等命令来控制图形的显示。

在绘图区域移动鼠标会看到一个十字光标在移动，这就是图形光标。绘制图形时图形光标显示为十字形“+”，拾取编辑对象时图形光标显示为拾取框“▫”。

绘图窗口左下角是 AutoCAD 的直角坐标系显示标志，用于指示图形设计的平面。窗口底部有一个模型标签和一个以上的布局标签，在 AutoCAD 中有两个工作空间，模型代表模型空间，布局代表图纸空间，单击标签可在这两个空间中切换。

绘图窗口是用户在设计和绘图时最为关注的区域，因为所有的图形都在这里显示，所以要尽可能保证绘图窗口大一些。利用全屏显示命令，可以使屏幕上只显示快速访问工具栏、应用程序状态栏和命令窗口，从而扩大绘图窗口。单击应用程序状态栏右下角全屏显示按钮或使用快捷键【Ctrl+0】，激活全屏显示命令，AutoCAD 图形界面显示如图 1-5 所示。再次单击全屏显示按钮或使用快捷键【Ctrl+0】，恢复原来界面设置。

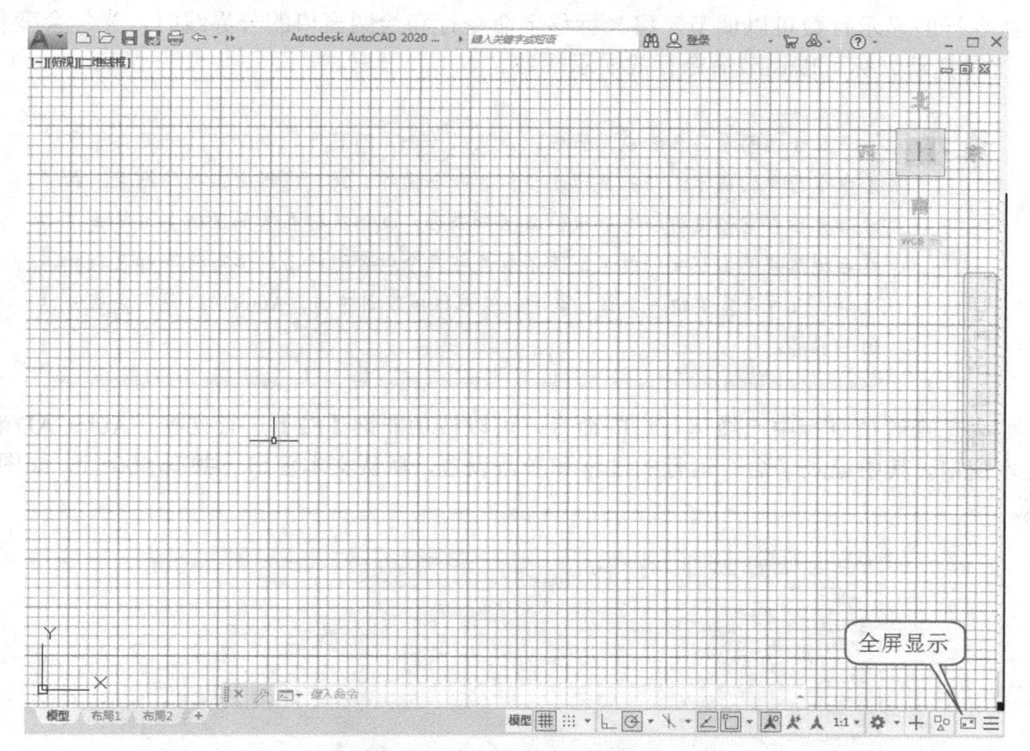

图 1-5　全屏显示的图形界面

5. 命令行

在图形窗口下面是一个输入命令和反馈命令参数提示的区域，称之为命令行或命令窗口，默认设置显示三行命令，如图 1-6 所示。

图 1-6　命令行

AutoCAD 里所有的命令都可以在命令行实现，比如需要画直线，单击功能区【默认】标签 |【绘图】面板|【直线】按钮可以激活画直线命令，直接在命令行输入 line 或者直线命令的简化命令 l，一样可以激活，如图 1-7 所示。

图 1-7　正在执行命令的命令行

命令行本身很重要，它除了可以激活命令外，还是 AutoCAD 软件中最重要的人机交互的地方。也就是说，输入命令后，命令行要提示用户一步一步进行选项的设定和参数的输入，而且在命令行中还可以修改系统变量，所有的操作过程都会记录在命令行中。

注意一下，当命令执行后，命令行总是给出下一步要如何做的提示，如上例，直线命令激活后，AutoCAD 提示“LINE 指定第一个点:”，因而，这个窗口亦被称作“命令提示窗口”。

命令行的显示行数可以调节，将光标移至命令行和绘图窗口的分界线时，光标会变化为 ，这时拖动光标可以调节命令行的显示行数。

在今后的学习或者应用当中，当使用一个并不熟悉的命令时，一定要注意看命令窗口的提示，根据提示逐步执行命令操作，就可以得出正确的结果。初学者往往容易犯这样一个错误，激活命令后，就用鼠标在绘图区域盲目单击，然后抱怨得不出想要的结果，殊不知并非每个命令激活后的第一件事都是获取坐标，或许是需要输入参数，这时在绘图区域盲目单击，AutoCAD 是不会有任何响应的。

如果想查看命令行中已经运行过的命令，可以按功能键【F2】进行切换，AutoCAD 将弹出文本窗口，其中记录了命令运行的过程和参数设置，默认文本窗口一共有 500 行，如图 1-8 所示。

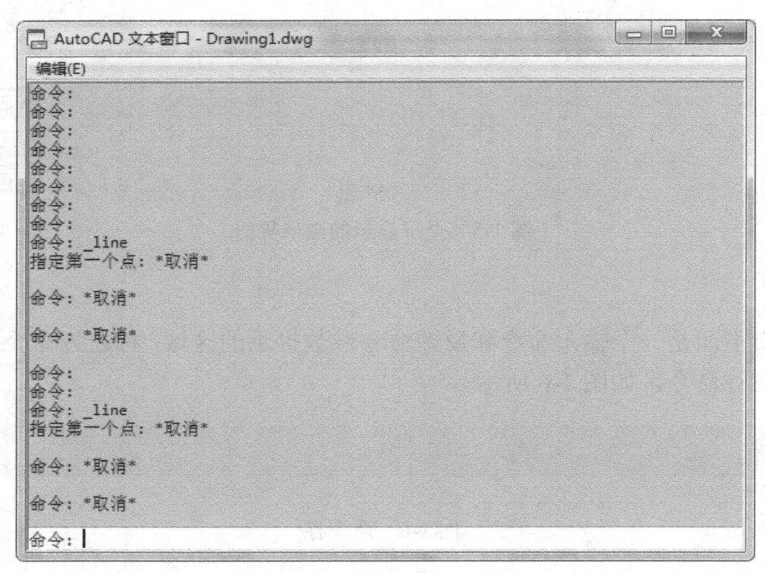

图 1-8　文本行

可以选择命令行左侧的标题处并拖动使其成为浮动窗口，并且可以将其放置在图形界面的任意位置，AutoCAD 2020 浮动的命令行比以往更加简洁，半透明的提示历史记录可显示多达 50 行，如图 1-9 所示。用鼠标单击命令行的自定义按钮 ，弹出如图 1-10 所示的菜单。该菜单中显示出可以对命令行进行的各种操作。在输入命令时，自动完成命令输入首字符、中间字符串搜索、同义词建议、自动更正错误命令等。

6. 应用程序状态栏

命令行下面有一个反映操作状态的应用程序状态栏，如图 1-11 所示。

左侧的数字显示为当前光标的 XYZ 坐标值；模型空间用来控制当前图形设计是在模型空间中进行的还是在布局空间中进行的；绘图辅助工具用来帮助快速、精确地作图；注释工具可以显示注释比例及可见性；工作空间菜单方便用户切换不同的工作空间；隔离对象控制对象在当前图形上显示与否。

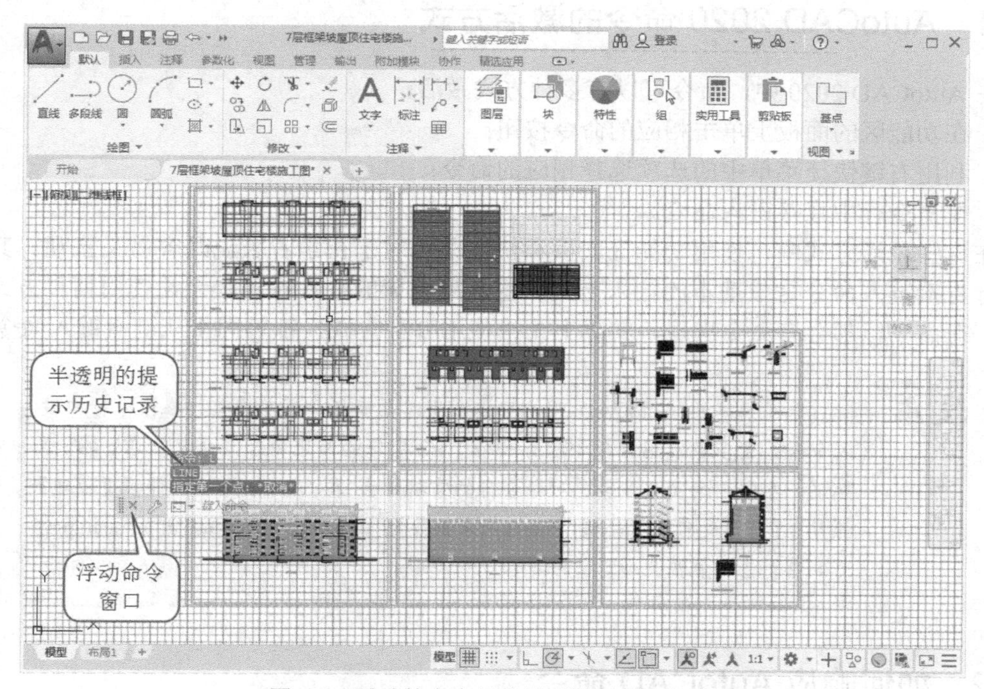

图 1-9 浮动的命令行半透明提示历史记录

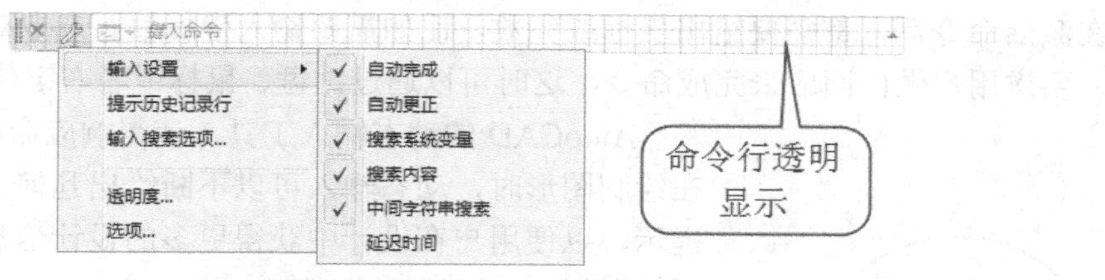

图 1-10 命令行自定义菜单

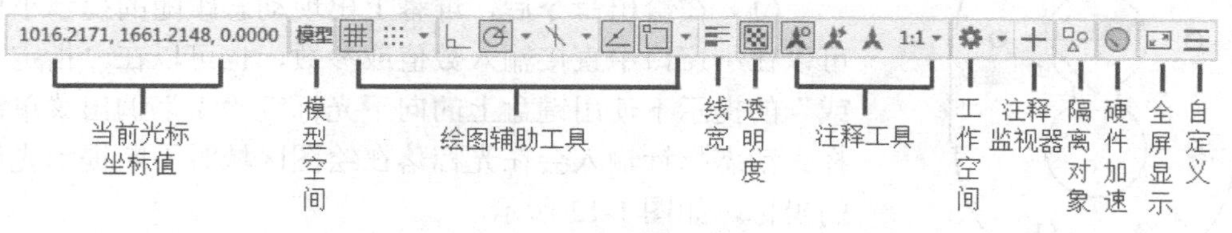

图 1-11 应用程序状态栏

1.4　使用 AutoCAD 2020 的命令

在 AutoCAD 中，所有的操作都使用命令，可以通过命令来告诉 AutoCAD 要进行什么操作，AutoCAD 将对命令做出响应，并在命令行中显示执行状态或给出执行命令需要进一步选择的选项。

1.4.1　AutoCAD 2020 命令的激活方式

在 AutoCAD 2020 中，命令可以有多种方式激活。

- 在功能区的面板上单击相应的命令按钮；
- 利用右键快捷菜单中的选项选择相应的命令；
- 在命令行中直接键入命令。

在这些激活方式中，使用功能区面板和快捷菜单对于初学者来说既容易又直观。其实在命令行直接键入命令是最基本的输入方式，也是最快捷的输入方式。无论使用何种方式激活命令，在命令行都会有命令出现，实际上无论使用哪种方式，都等同于从键盘键入命令。

很多熟练的 AutoCAD 用户可以不用工具面板和菜单，直接在命令行中键入命令。大多数常用的命令都有一个 1～2 字符的简化命令（命令别名），只要熟记一些常用的简化命令，对命令行的掌握便会得心应手。单击功能区【管理】标签 |【自定义设置】面板|【编辑别名】按钮，用户可以在打开的 acad.pgp 文件中自己定制简化命令。

1.4.2　如何响应 AutoCAD 命令

在激活命令后，都需要给出坐标或参数，比如需要输入坐标值、选取对象、选择命令选项等，要求用户做出回应来完成命令，这时可以通过键盘、鼠标或者右键快捷菜单来响应。

AutoCAD 的动态输入工具，使得响应命令变得更加直接。在绘制图形时，动态输入可以不断给出几何关系及命令参数的提示，以便用户在设计中获得更多的设计信息，使得界面变得更加友好。

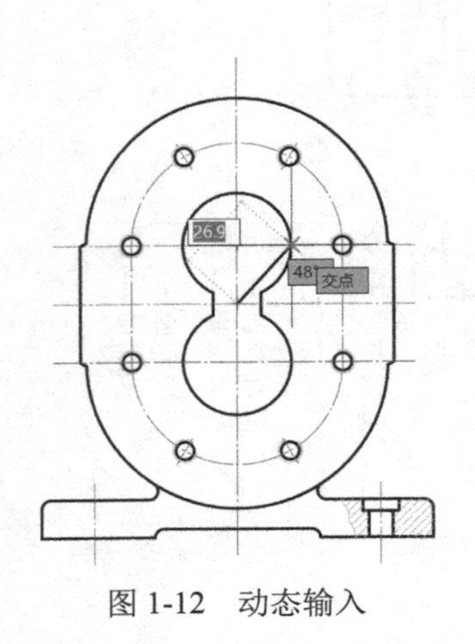

图 1-12　动态输入

（1）在给出命令后，屏幕上出现动态跟随的提示小窗口，可以在小窗口中直接输入数值或参数，也可以在“指定下一点或”的提示下使用键盘上的向下光标键“↓”调出菜单进行选择。动态指针输入会在光标落在绘图区域时不断提示光标位置的坐标，如图 1-12 所示。

（2）在动态输入的同时，在命令行同时出现提示，需要输入坐标或参数。在提示输入坐标时，一般情况下，可以直接用键盘输入坐标值，也可以用鼠标在绘图窗口拾取一个点，这个点的坐标便是用户的响应坐标值。

（3）在提示选取对象时，可以直接用鼠标在绘图窗口选取。

（4）在有命令选项需要选取时，可以直接用键盘响应，提示文字后方括号“[ ]”内的内容便是命令选项。图 1-13 所示为画圆的命令执行后给出的提示。

命令:_circle 指定圆的圆心或 [三点(3P)/两点(2P)/切点、切点、半径(T)]:

对所需的选择项，用键盘输入其文字后面括号中的字母来响应，然后按回车键或空格键来确认，此时若想选择三点画圆的方式，则直接在键盘上输入“3P”然后回车即可。

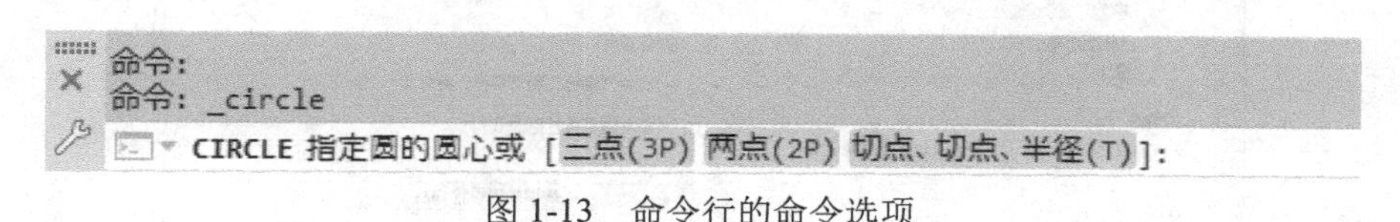

图 1-13　命令行的命令选项

在 AutoCAD 中除书写文字外，空格键与回车键等效。

另外一种方式是使用向下光标键响应。例如当输入画圆命令后，按键盘上的“↓”键，弹出快捷菜单，如图 1-14 所示，同样是选择三点画圆，只需要在快捷菜单中选择【三点（3P)】即可。

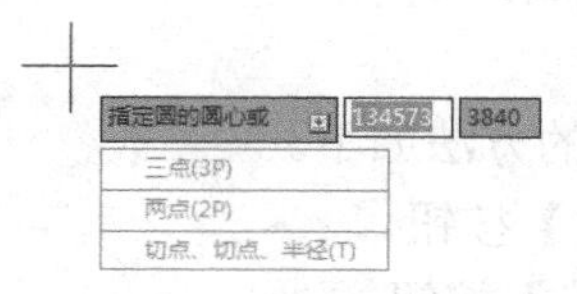

图 1-14　向下光标菜单

使用 AutoCAD 的命令还需注意以下几点。

- 如果已激活某一个命令，在绘图窗口中右击，AutoCAD 弹出快捷菜单，用户在快捷菜单上进行相应的选择，对于不同的命令，快捷菜单显示的内容有所不同。
- 除了在绘图区域右击可以弹出快捷菜单外，在状态栏、命令行、工具栏、模型和布局标签上右击，也都会激活相应的快捷菜单。
- 如果要中止命令的执行，一般可以按键盘左上角的【Esc】键，有时需要多按几次才能完全从某个命令中退出来。
- 如果要重复执行刚执行过的命令，按回车键或空格键均可。

快捷菜单是考虑到 Windows 用户的习惯而设计的，早期版本的 AutoCAD 用户可能习惯将鼠标右键定义成和回车键或空格键等效，对于右键快捷菜单反而不太习惯，可以在【选项】对话框的【用户系统配置】选项卡的“Windows 标准操作”选项区域内去掉“绘图区域中使用快捷菜单”复选框的勾选，如图 1-15 所示。单击【自定义右键单击（I）…】按钮可以对右键快捷菜单进行详细设置。

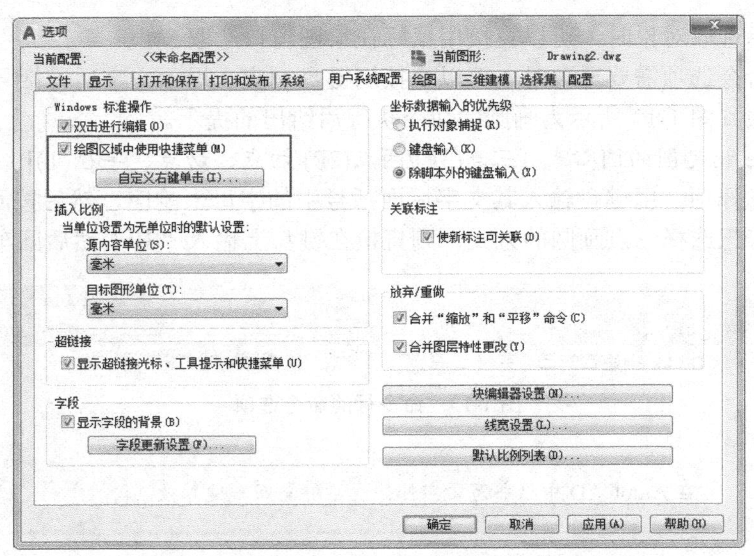

图 1-15 【选项】对话框中的【用户系统配置】选项卡

1.5 新建 AutoCAD 图形文件

在 AutoCAD 中新建图形文件的方法如下。

- 【应用程序】按钮 |【新建】按钮；
- 【快速访问】工具栏 |【新建】按钮；
- 文件选项卡图标；
- 命令行：new ↙（回车）；
- 快捷键：【Ctrl+N】。

单击【快速访问】工具栏 |【新建】按钮，AutoCAD 弹出【选择样板】对话框，如图 1-16 所示。样板文件是绘图的模板，通常在样板文件中包含一些绘图环境的设置。选择一个样板文件，单击【打开】按钮，新的图形文件就创建好了，AutoCAD 自动为其命名 DrawingXX.dwg，“XX”按当前进程新建文件的个数自动编号。

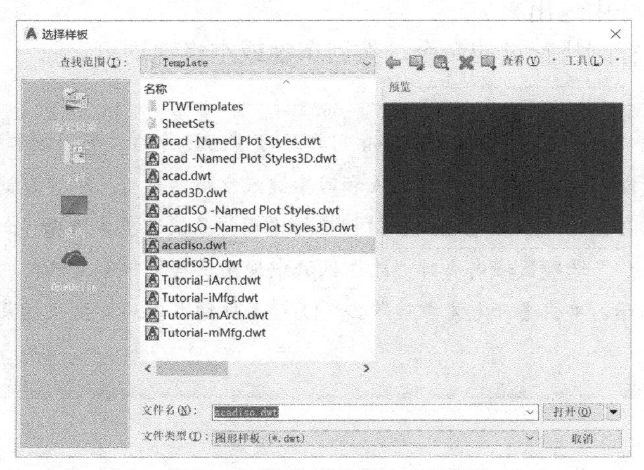

图 1-16 【选择样板】对话框

1.6　打开 AutoCAD 图形文件

在 AutoCAD 中打开图形的方法如下。

- 【应用程序】按钮|【打开】按钮；
- 【快速访问】工具栏 |【打开】按钮；
- 命令行：open ↙（回车）；
- 快捷键：【Ctrl+O】。

1. 打开文件

打开文件的步骤如下。

（1）单击【快速访问】工具栏 |【打开】按钮，AutoCAD 弹出【选择文件】对话框，如图 1-17 所示。在 AutoCAD 2020 的 Sample 子目录中，存放了很多使用 AutoCAD 绘制的样例图形文件，AutoCAD 使用的文件后缀名是“.dwg”。

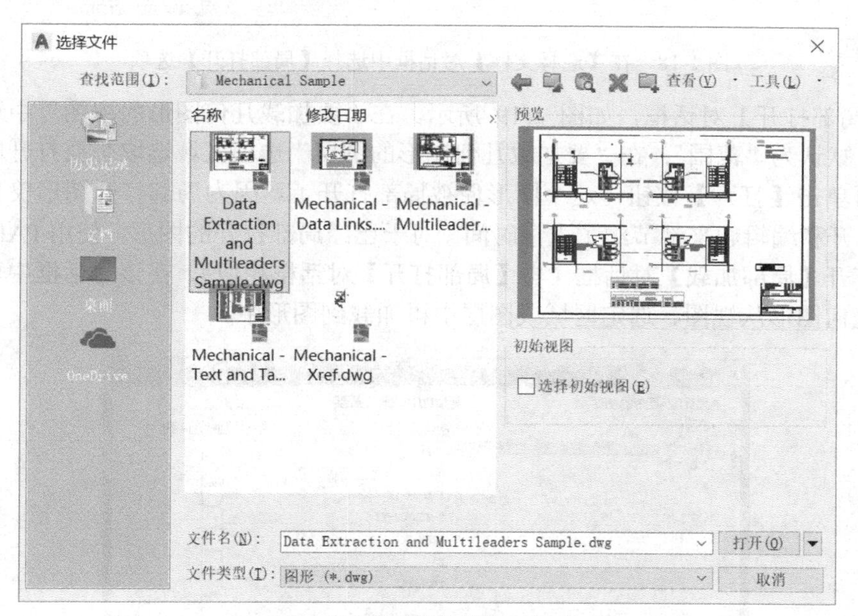

图 1-17 【选择文件】对话框

（2）选择其中的一个文件，单击【打开】按钮或双击文件名，便可打开该文件。

2. 局部打开

另外，AutoCAD 提供了局部打开的功能。如果一个文件很大，打开和编辑起来都要花费很多时间，而打开后仅有很少的部分需要改动，此时便可以使用局部打开功能。局部打开是基于图层的技术，有选择地打开部分需要的图层，这里谈到的图层会在以后的章节中详细讲解。

局部打开文件的步骤如下。

（1）选择要打开的文件，然后单击【打开】按钮旁边的按钮，从弹出的下拉选项中选择【局部打开】选项，如图 1-18 所示。

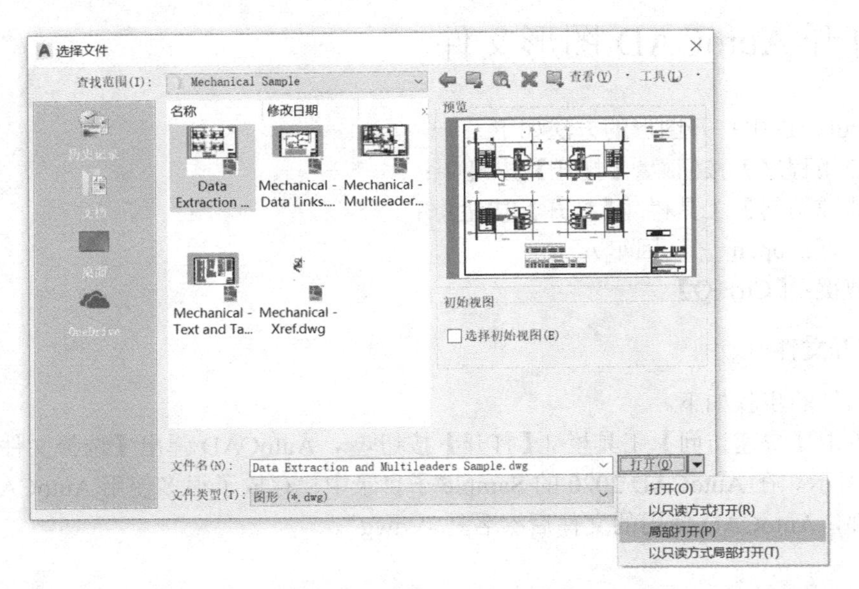

图 1-18　在【选择文件】对话框中选择【局部打开】选项

（2）【局部打开】对话框，如图 1-19 所示。在“要加载几何图形的视图”中选择模型空间的视图，默认为“范围”；在“要加载几何图形的图层”选项区域选取想要打开的图层复选框，然后再单击【打开】按钮，这个图形便被局部打开了。因为局部打开图形仅打开部分图层，所以打开和编辑起来都节约了大量时间。对于已经局部打开的图形，使用 PARTIALOAD 命令可以打开【局部加载】对话框（与【局部打开】对话框相似），在该对话框中可以有选择地将其他几何图形从视图、选定区域或图层中再加载到图形中。

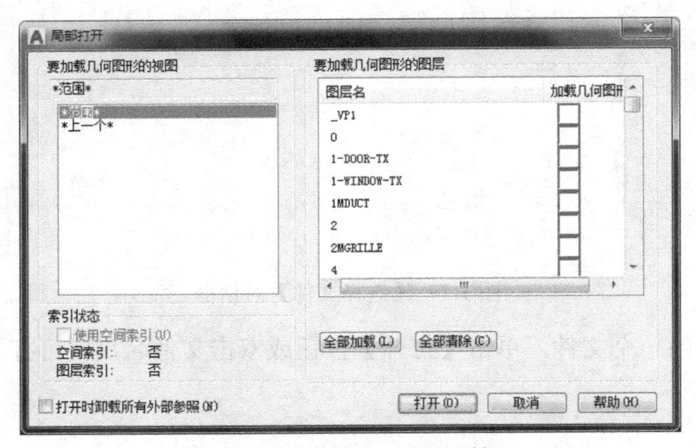

图 1-19　【局部打开】对话框

如果要同时浏览多个文件，还可以利用 AutoCAD 2020 的多文档工作环境，一次同时打开多个图形文件，在文件选项卡中选择文件。在多文档之间还可以相互复制图形对象，但只能在一个文档上工作。

也可以使用快捷键【Ctrl+F6】或【Ctrl+Tab】在已经打开的图形文件间切换。

1.7　绘制简单的图形和保存文件

1．绘制简单的图形

在 AutoCAD 中将所有的图形元素称为“对象”，一张工程图就是由多个对象构成的。本节将介绍如何绘制简单的直线对象。

绘制直线过程如下。

（1）单击【快速访问】工具栏 |【新建】按钮，创建一个新的图形文件。当提示选择样板时，用默认的“acad.dwt”直接新建文件。

（2）单击功能区【默认】标签|【绘图】面板|【直线】按钮，此时命令行提示如下。

命令:_line 指定第一点:

用鼠标在绘图窗口连续单击，画出最简单的形状（如三角形、任意四边形等），按回车键即可结束命令，如图 1-20 所示。通过类似的方法用户可以方便地创建简单的图形。

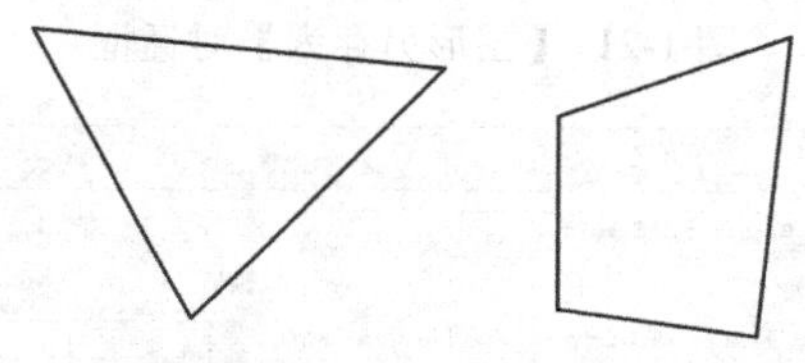

图 1-20　用【直线】命令绘制的三角形和任意四边形

2．保存文件

当图形创建好以后，如果用户希望把它保存到硬盘上，可以保存文件。调用保存命令的方法如下。

- 【应用程序】按钮 |【保存】按钮；
- 【应用程序】按钮 |【另存为】按钮；
- 【快速访问】工具栏 |【保存】按钮；
- 命令行：save (saveas) ↙（回车）；
- 命令行：qsave↙（回车）；
- 快捷键：【Ctrl+S】(Ctrl+Shift+S)。

单击【快速访问】工具栏中的【保存】按钮，弹出【图形另存为】对话框，如图 1-21 所示。在此对话框中指定文件名和保存路径，默认的文件类型格式为 AutoCAD 2018 格式，还可以选择其他文件类型格式来保存文件。单击“文件类型”选项，在弹出的下拉列表中选择保存文件的格式，如图 1-22 所示，然后单击【保存】按钮即可把前面所做的图形文件按指定的文件格式保存起来。

文件未命名时，无论使用上述哪种保存文件方式，总是弹出【图形另存为】对话框。一旦文件命名，菜单的【保存】和工具栏【保存】按钮等同于 qsave 命令，激活该命令，自动保存文件，不再弹出对话框。菜单的【另存为】等同于 save 或 save as 命令，激活该命令，系统弹出【图形另存为】对话框，可以把文件另存名保存，并把当前图形更名。

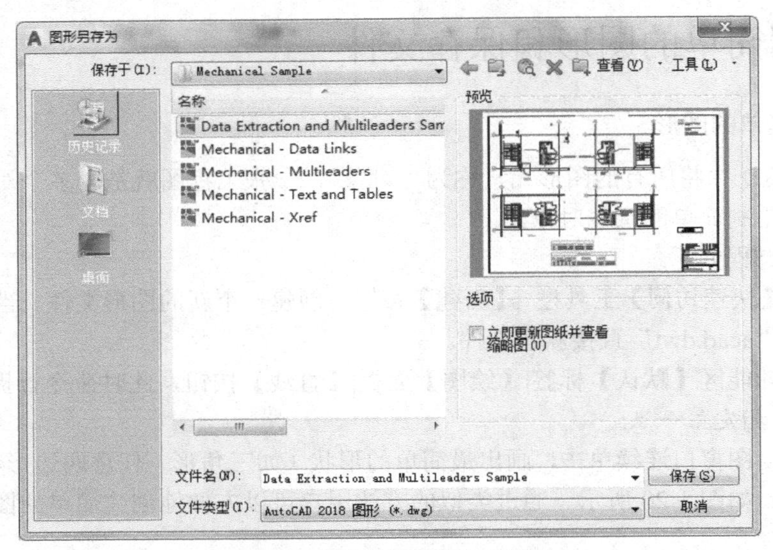

图 1-21 【图形另存为】对话框

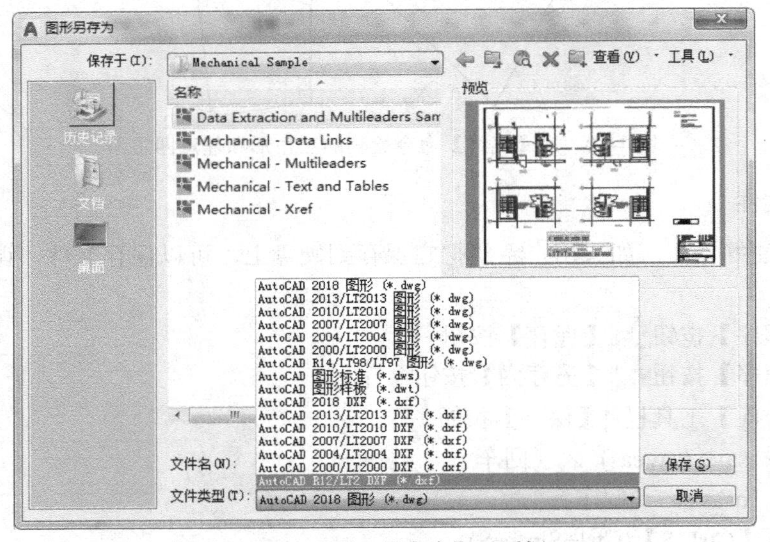

图 1-22 【图形另存为】对话框

1.8 调用 AutoCAD 2020 软件的帮助系统

在用户今后学习和使用 AutoCAD 2020 的过程中，肯定会遇到一系列的问题和困难，AutoCAD 2020 中文版提供了详细的中文在线帮助，善用这些帮助可以快速地解决设计中遇到的各种问题。

在 AutoCAD 2020 中激活在线帮助系统的方法如下。

（1）在【信息中心】中单击【帮助】按钮 ? 即可启动在线帮助窗口，如图 1-23 所示。

图 1-23 【帮助】窗口

在此窗口中通过选择“教程”或“命令”等，逐级进入并查到相关命令的定义、操作方法等详细解释；在搜索中输入要查询的命令或相关词语的中文、英文，Autodesk 将显示检索到的相关命令的说明；还可以通过链接进入 Autodesk 社区或讨论组，得到相关的技术帮助。

（2）直接按下键盘上的功能键【F1】也能激活在线帮助窗口。

（3）在命令行中键入命令“help”或者“?”号，然后按回车键也可以激活。

以上激活在线帮助系统的方法虽然可以方便快捷地启动帮助界面，但是不能定位问题所在，对于某一个具体命令，还要通过【命令】或【搜索】手动定位到该命令的解释部分才行。利用下面的方法可以方便地对具体命令进行定位查找。

首先激活需要获取帮助的命令，例如画直线命令，此时命令行提示如下。

命令:_line 指定第一点:

在此状态下直接按快捷键【F1】，则激活在线帮助，而且直接定位在直线命令的解释位置，以方便用户查看，如图 1-24 所示。

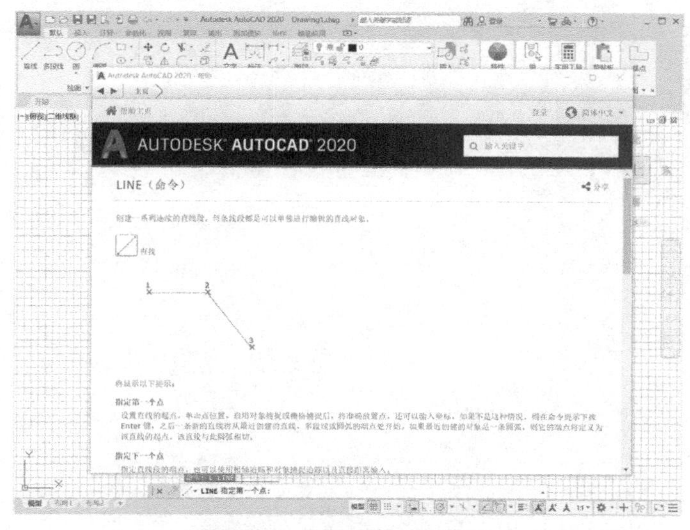

图 1-24　定位【帮助】窗口

如果将鼠标在某个命令按钮上悬停一会儿，也能弹出关于该命令的帮助提示，如图 1-25 所示。

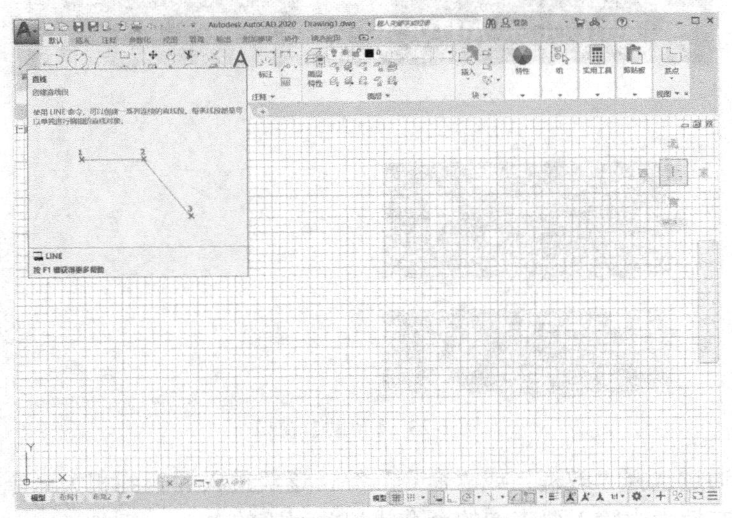

图 1-25　定位帮助提示

第 2 章　设置绘图环境

使用 AutoCAD 进行设计之前，与传统的设计方式一样，需要对一些必要的条件进行定义，例如图形单位、设计比例、图形界限、设计样板、布局、图层、图块、标注样式和文字样式等，这个过程称为设置绘图环境。将设置好绘图环境的图纸保存为样板图，即模板，新建图形时采用已经定制的样板图，这样可以规范设计部门内部的图纸，减少重复性的劳动，提高设计绘图的效率。

本章主要讲述以下内容：

- 设置绘图单位及绘图区域
- 将设置好的图形保存为样板图
- 理解 AutoCAD 使用的坐标概念

2.1　设置绘图单位及绘图区域

启动 AutoCAD 2020 便可以直接使用默认设置或者标准的样板图创建一张新图。中文版的 AutoCAD 可以使用公制的 ISO 标准样板图或英制的样板图，但是对于每个用户或单位，还需要进一步定制符合自己行业规范或标准的样板图，这样才能方便设计，达到事半功倍的效果。

图形单位是在设计中所采用的单位，创建的所有对象都是根据图形单位进行测量的。首先必须基于要绘制的图形确定一个图形单位代表的实际大小，然后据此惯例创建实际大小的图形。

图形界限是指绘图的区域大小，如 A1 的图形大小为 841mm×594mm。在机械、建筑、运输、给排水、暖通、电气等专业领域中，通常需要按照 1:1（一个图形单位对应 1mm）比例设置图形界限，在打印输出时可以按照指定的比例进行输出。

2.1.1　设置绘图单位

启动 AutoCAD 2020 后，新建一张图，并将这张新图保存为“2-1.dwg”文件。操作如下：单击【快速访问工具栏】上的【保存】按钮，在弹出【图形另存为】对话框中的“保存于”文本框中选择保存路径，在“文件名”文本框中输入“2-1”，然后单击【保存】按钮，完成对文件的保存。

在绘图过程中，为防止一些意外事故导致数据的丢失，需要养成经常保存文件的习惯，单击【快速访问工具栏】上的【保存】按钮或者直接使用快捷命令【Ctrl+S】即可完成保存文件操作。

开始绘图前，必须基于要绘制的图形确定一个图形单位代表的实际大小。通过缩放可以在度量衡系统之间转换图形。

调用设置图形单位的方法如下。

- 【应用程序】按钮 |【图形实用工具】|【单位】;
- 命令行：units↙（回车）。

单击【应用程序】按钮，在应用程序菜单中选择【用于维护图形的一系列工具】的子项【单位】，如图 2-1 所示，AutoCAD 弹出【图形单位】对话框，如图 2-2（a）所示。

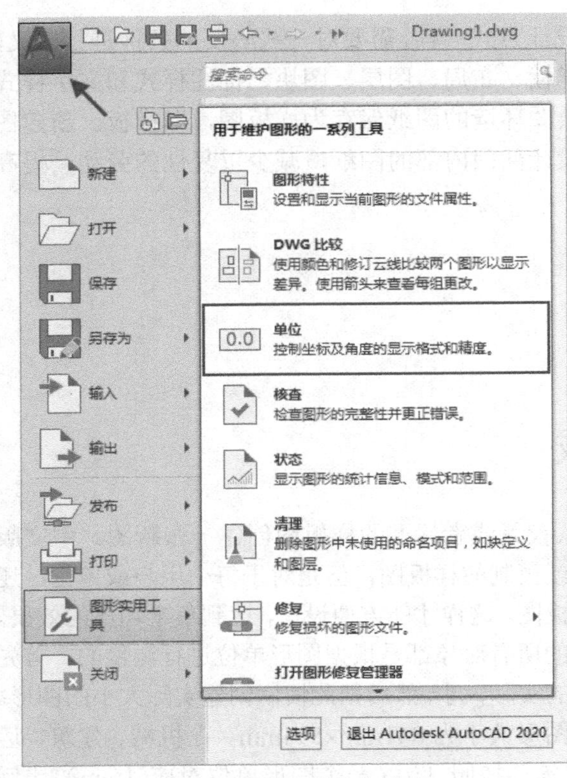

图 2-1 【图形单位】选项

在【图形单位】对话框中包含长度单位、角度单位、精度以及坐标方向等选项，下面介绍这些设置的含义。

1. 长度单位

AutoCAD 提供 5 种长度单位类型供用户选择，如图 2-2（b）所示。在“长度”选项区域的“类型”下拉列表框中可以看到“分数”“工程”“建筑”“科学”“小数”5 个列表项。

图形单位是设置了一种数据的计量格式，AutoCAD 的绘图单位本身是无量纲的，用户在绘图的时候可以自己将单位视为绘制图形的实际单位，如毫米、米、千米等，通常公制图形将这个单位视为毫米（mm）。

在“长度”选项区域的“精度”下拉列表框中可以选择长度单位的精度，如图 2-2（c）所示。对于机械设计专业，通常选择“0.00”，精确到小数点后 2 位。而对于工程类的图纸一般选择“0”，只精确到整数位。

确定了长度的“类型”和“精度”后，AutoCAD 在状态栏的左下角将按此种类型和精度显示鼠标所在位置的点坐标。

在“插入时的缩放单位”选项区域的“用于缩放插入内容的单位”下拉列表框中，可以控制插入到当前图形中的块和图形的测量单位。如果块或图形创建时使用的单位与该选项指定的单位不同，则在插入这些块或图形时，将对其按比例缩放。插入比例是源块或图形使用的单位与目标图形使用的单位之比。如果插入块时不按指定单位缩放，则选择“无单位”。虽然 AutoCAD 的绘图单位本身是无量纲的，但是涉及和其他图形相互引用时，必须指定一个单位，这样在和其他图形相互引用时，AutoCAD 会自动地在两种图形单位间进行换算。

在“输出样例”区域中显示用当前单位和角度设置的例子。

在“光源”选项区域中，指定用于控制当前图形中光度控制光源强度的测量单位。

2. 角度单位

对于角度单位，AutoCAD 同样提供了 5 种类型，如图 2-2（d）所示，即在“角度”选项区域的“类型”下拉列表框中可以看到“百分度”“度 / 分 / 秒”“弧度”“勘测单位”“十进制度数”5 个列表项。

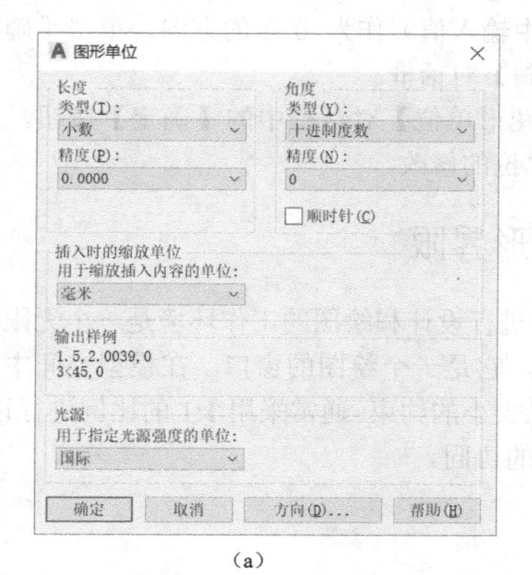

（a）

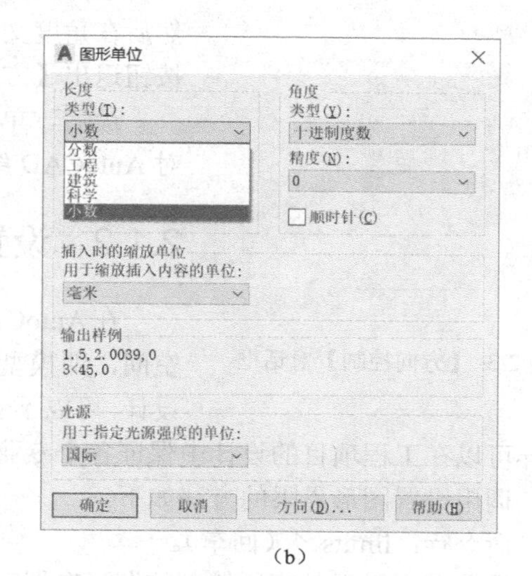

（b）

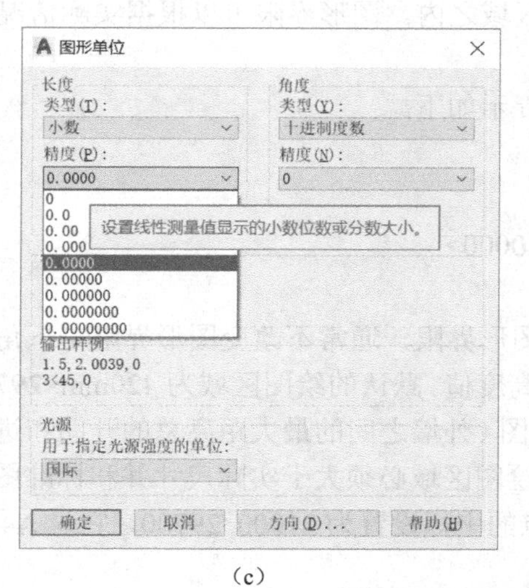

（c）

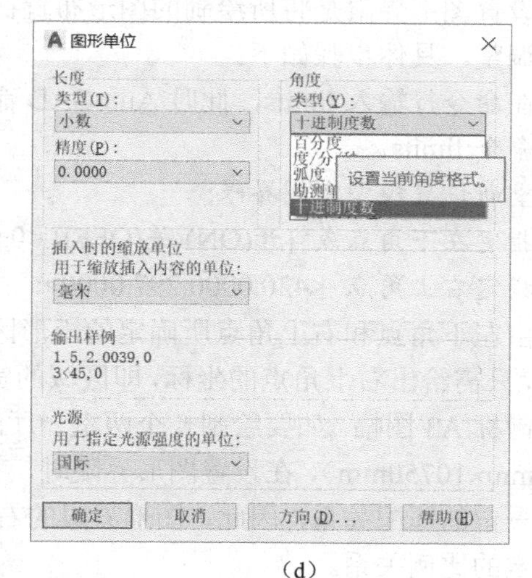

（d）

图 2-2 【图形单位】对话框

在“角度”选项区域的“精度”下拉列表框中可以选择角度单位的精度，通常选择“0”。“顺时针”复选框指定角度的测量正方向，默认情况下采用逆时针方式为正方向。

在这里设置的单位精度仅表示测量值的显示精度，并非 AutoCAD 内部计算使用的精度，AutoCAD 使用了更高精度的运算值以保证精确制图。

3．方向设置

在【图形单位】对话框底部单击【方向】按钮方向(D)...，弹出【方向控制】对话框，如图 2-3 所示。在对话框中定义起始角（0°角）的方位，通常将“东”作为 0°角的方向，也可以选择其他方向（如：北、西、南）或任一角度（选择其他，然后在角度文本框中输入值）作为 0°角的方向，单击【确定】按钮退出【方向控制】对话框。

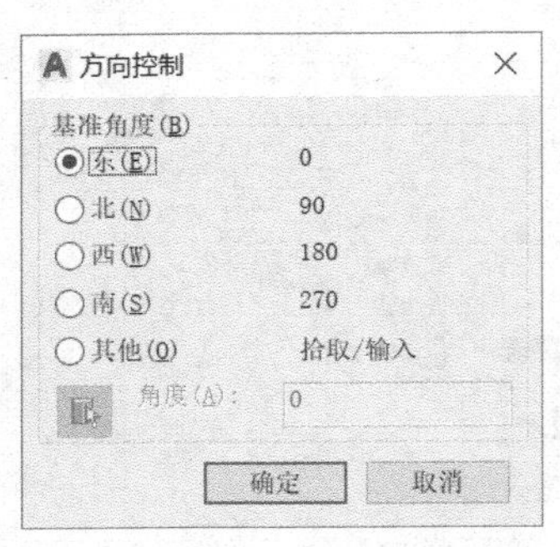

图 2-3 【方向控制】对话框

最后，单击【图形单位】对话框中的【确定】按钮，完成对 AutoCAD 绘图单位的修改。

2.1.2　设置图形界限

在 AutoCAD 中进行设计和绘图的工作环境是一个无限大的空间，即模型空间，它是一个绘图的窗口。在模型空间中进行设计，可以不受图纸大小的约束。通常采用 1:1 的比例进行设计，这样可以在工程项目的设计中保证各个专业之间的协同。

调用设置图形界限的方法如下。

命令行：limits↙（回车）。

设置图形界限是将所绘制的图形布置在这个区域之内。图形界限可以根据实际情况随时进行调整，具体步骤如下。

在命令行输入 limits，此时 AutoCAD 命令行提示如下。

命令:limits↙

重新设置模型空间界限:

指定左下角点或 [开(ON)/关(OFF)] <0.0000,0.0000>:

指定右上角点 <420.0000,297.0000>:

由左下角点和右上角点所确定的矩形区域为图形界限。通常不改变图形界限左下角点的位置，只需给出右上角点的坐标，即区域的宽度和高度值。默认的绘图区域为 420mm×297mm，这是国标 A3 图幅。如要绘制一个两室一厅的户型图（外墙之间的最大距离总的开间和进深为 8550mm×10750mm），在设置图形界限时，考虑到绘图区域必须大于实际尺寸并和标准图纸之间有一定的匹配关系，因此，图形界限的右上角点的坐标设置为 21000, 29700，它与 A4 图纸成一定的比例关系。

当图形界限设置完毕后，需要单击【导航栏】|【全部缩放】按钮才能观察整个图形。该界限和打印图纸时的“图形界限”选项是相同的，只要关闭绘图界限检查，AutoCAD 并不限制将图线绘制到图形界限外。

2.2　将设置好的图形保存为样板图

在完成上述绘图环境的设置后，就可以开始正式绘图了。如果每一次绘图前都需要重复这些设置，仍然是一项烦琐的工作，并且在一个设计部门内部，如果每个设计人员都自己来做这项工作，还将导致图纸规范的不统一。

为了按照规范统一设置图形和提高绘图的效率，使得本单位的图形具有统一的格式、标注样式、文字样式、图层、布局等，必须创建符合自己行业或单位规范的样板图。在 AutoCAD 中，设置的绘图环境可以保存为样板图。实际上，在样板图中还保存了大量的系统变量和其他用户预先定义的图纸信息。在开始绘制一张新图时，可以使用样板图创建新的图形。这样，新建的图形中就具有了保存在样板图中的绘图环境设置，用户不必每次都重复设置这些选项。

2.2.1 将图形保存为样板图

在 AutoCAD 2020 中，提供了一些具有统一格式和图纸幅面的样板文件。用户可以直接选用系统提供的样板，也可以按照行业规范的不同，设置符合自己行业或企业设计习惯的样板图。将按规范设置的图形保存为样板图，只需在保存时选择保存类型为“*.dwt”即可。

保存样板图的过程为：单击【应用程序】按钮并用鼠标在弹出应用程序菜单的【另存为】按钮上悬停，此时应用程序菜单右侧弹出【保存图形的副本】选择项，如图 2-4 所示。选择“图形样板”，此时会弹出【图形另存为】对话框，在“文件名”中输入“BVERI-A0”，单击【保存】按钮，此时弹出【样板选项】对话框，如图 2-5 所示，在此可以对这个样板图做一些说明，单击【确定】按钮保存样板图。

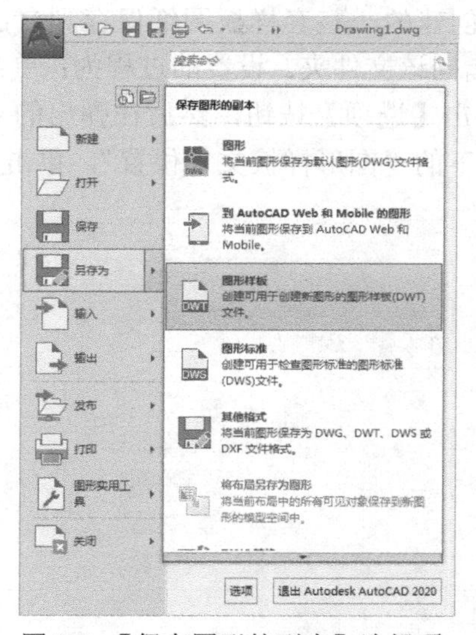

图 2-4 【保存图形的副本】选择项

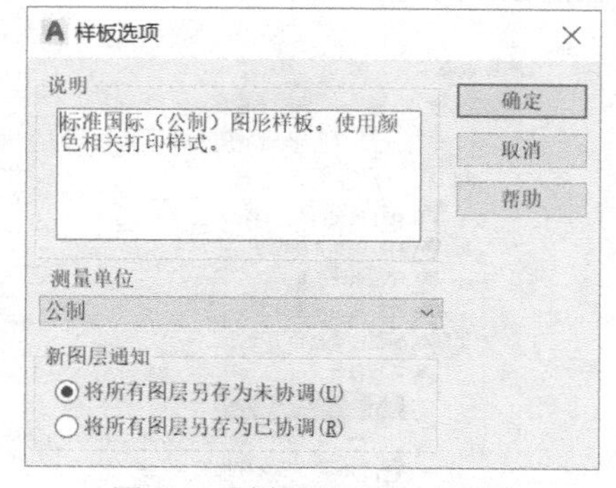

图 2-5 【样板选项】对话框

2.2.2 使用样板图新建图形

创建样板图以后，可以直接选择【快速访问】工具栏 |【新建】按钮，AutoCAD 弹出【选择样板】对话框，如图 2-6 所示。选择刚才创建的“BVERI-A0”样板文件，单击【打开】按钮，就会新建一个以“BVERI-A0”作为模板的图形。AutoCAD 为不同需求的用户提供了多种样板图，用户可以根据行业或企业标准，在已有样板图的基础上再进行符合设计部门规范的设置，并保存为自己使用的样板图。

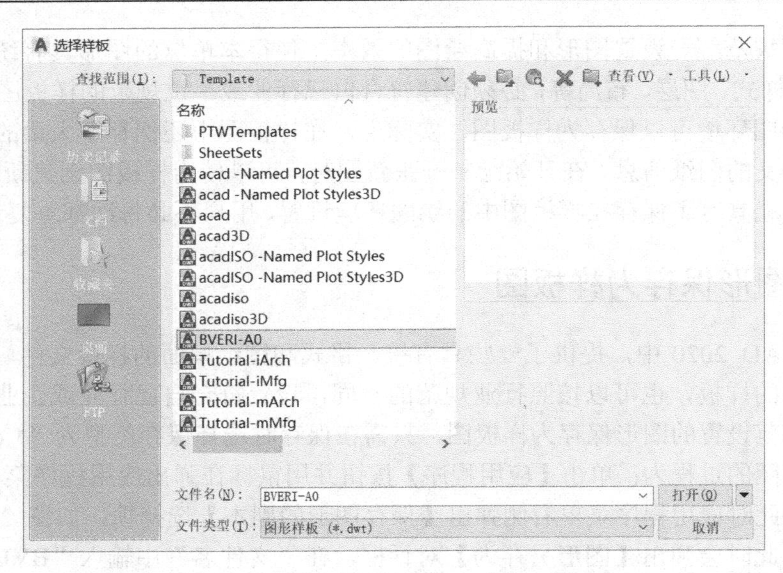

图 2-6 【选择样板】对话框

AutoCAD 2020 的样板图保存在“C:\Users\(用户名)\AppData\Local\Autodesk\AutoCAD 2020\R23.1\chs\Templateand”文件夹中。也可以将创建的一整套样板图纸保存到自己定义的目录下面，然后将 AutoCAD 中寻找样板图的路径指向该文件夹。设置的过程为：单击【应用程序】按钮，在弹出的【应用程序】下拉列表中单击【选项】按钮，然后在弹出的【选项】对话框中选择【文件】选项卡，找到“样板设置”下的“图形样板文件位置”，单击【浏览】按钮选择指定的文件夹，如图 2-7 所示。

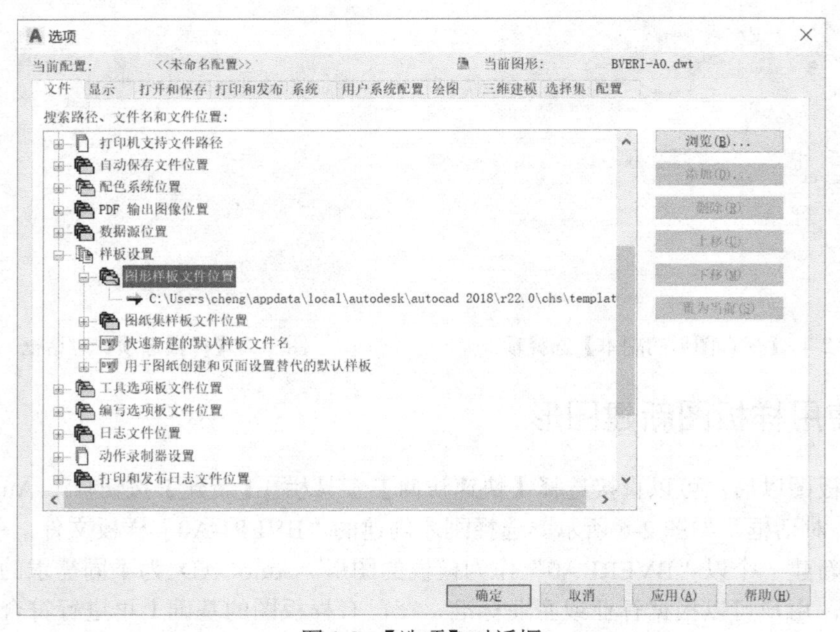

图 2-7 【选项】对话框

在样板图中还需要对图层、线型、文字、标注样式、打印样式、标题栏及图框、常用图块等一系列内容进行规范设置，这些内容将在以后的章节中介绍。

2.3　理解 AutoCAD 使用的坐标概念

创建精确的图形是设计的重要依据，绘图的关键是精确地给出输入点的坐标，在 AutoCAD 中采用笛卡儿坐标系（直角坐标）和极坐标系两种确定坐标的方式。为了方便地创建三维模型，AutoCAD 还提供了世界坐标系（WCS）和用户坐标系（UCS）进行坐标变换。

2.3.1　笛卡儿坐标系和极坐标系

笛卡儿坐标系（直角坐标系）是由 *X*、*Y*、*Z* 三个轴构成的，以坐标原点（0,0,0）为基点定位输入点。创建的图形都基于 *XY* 平面，笛卡儿坐标的 *X* 值为距原点的水平距离，*Y* 值为距原点的垂直距离。平面中的点都用（*X, Y*）坐标值来指定，比如坐标（7,5）表示该点在 *X* 正方向与原点相距 7 个单位，在 *Y* 正方向与原点相距 5 个单位；坐标（−3,2）表示该点在 *X* 负方向与原点相距 3 个单位，在 *Y* 正方向与原点相距 2 个单位。空间中的任何一个点都可以在 *XYZ* 坐标系中表示出来。在 AutoCAD 中，笛卡儿坐标系的三个坐标值之间采用逗号来分隔。在二维 *XY* 平面中输入坐标时，由于 *Z* 轴坐标为 0，可以省略 *Z* 值，如图 2-8 所示。

极坐标基于原点（0,0），使用距离和角度表示定位点，角度计量以水平向右为 0°方向，逆时针计量角度。极坐标的表示方法为（距离<角度），距离和角度之间用小于号（<）分隔。坐标（5<30）表示该点距离原点 5 个单位且该点与原点连线与 0°方向的夹角为 30°；坐标（4<135）表示该点距离原点 4 个单位且该点与原点连线与 0°方向的夹角为 135°，如图 2-9 所示。

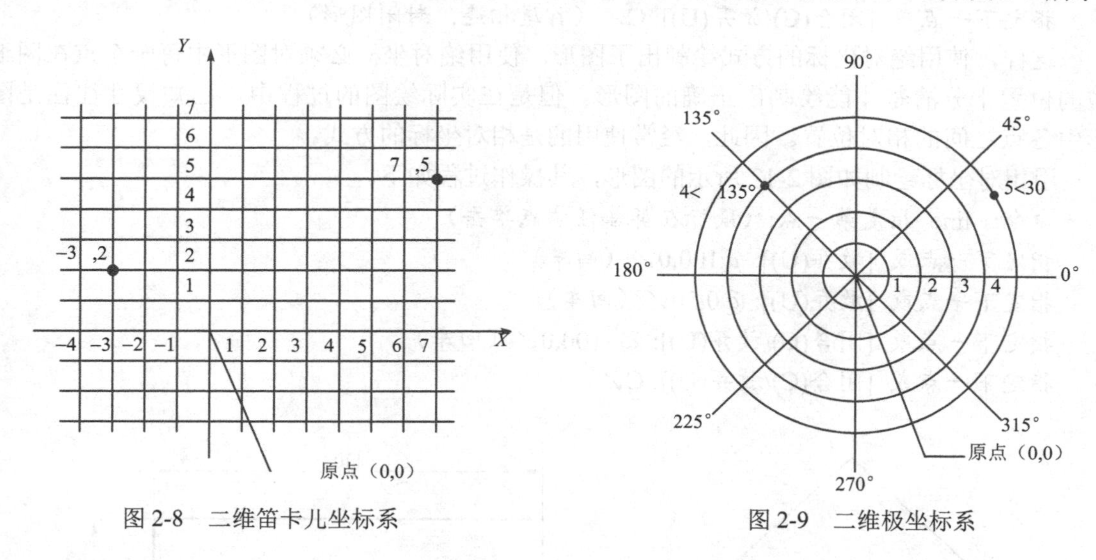

图 2-8　二维笛卡儿坐标系　　　图 2-9　二维极坐标系

2.3.2　世界坐标系（WCS）和用户坐标系（UCS）

系统初始设置的坐标系为世界坐标系（WCS），坐标原点位于屏幕绘图窗口的左下角，固定不变。在进行三维造型设计时，经常需要修改坐标系的原点和坐标轴方向，AutoCAD 提供了用户坐标系（UCS），用户可以使用 UCS 命令创建用户坐标系以适应绘图需要。用户也可以控制坐标系图标是否在原点显示。设置过程是：在坐标系图标上右击，在快捷菜单上，选择【UCS 图标设置】，如图 2-10 所示。选择【在原点显示 UCS 图标】，则在当前用户坐标系

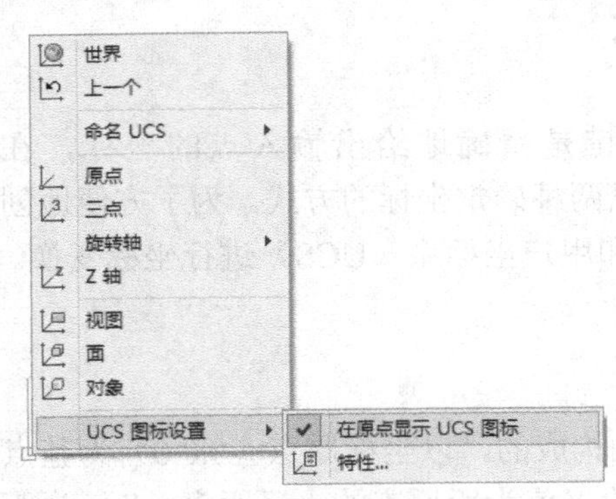

图 2-10　控制坐标系图标

的（0,0）处显示坐标系图标。否则将在屏幕的左下角显示坐标系图标。

2.3.3　绝对坐标和相对坐标

绝对坐标是以原点（0,0,0）为基点定位所有的点，定位一个点需要测量坐标值。相对坐标是相对于前一点的偏移值。

在 AutoCAD 中提示指定点的时候，可以使用鼠标在绘图区域中拾取点的坐标，也可以在命令行中直接输入绝对坐标值；如果输入相对坐标，则在坐标值前加一个“@”符号。如：相对直角坐标（@30，50）；相对极坐标（@4<135）。

示例：在已知图形每个点的绝对坐标的情况下绘制如图 2-11 所示的图形。

单击【快速访问】工具栏 |【新建】按钮，新建一个图形，然后单击功能区【常用】标签 |【绘图】面板|【直线】按钮，在命令行提示下依次输入如下内容。

命令: _line 指定第一点: 4,5↙（回车）
指定下一点或 [放弃(U)]: 5,6↙（回车）
指定下一点或 [放弃(U)]: 6,5↙（回车）
指定下一点或 [闭合(C)/放弃(U)]: 5,4↙（回车）
指定下一点或 [闭合(C)/放弃(U)]: C↙（首尾相连，封闭图形）

这样，使用绝对坐标的方式绘制出了图形。使用绝对坐标必须对图形中每一个点在图纸中的位置十分清楚才能绘制出正确的图形。但是在实际绘图的过程中，已知尺寸往往是图形中各点之间的相对位置。因此，经常使用的是相对坐标的方式。

用相对坐标绘制如图 2-12 所示的图形，其操作过程如下。

命令: _line 指定第一点:（鼠标在屏幕任意点单击）
指定下一点或 [放弃(U)]: @100,0↙（回车）
指定下一点或 [放弃(U)]: @0,50↙（回车）
指定下一点或 [闭合(C)/放弃(U)]: @–100,0↙（回车）
指定下一点或 [闭合(C)/放弃(U)]: C↙

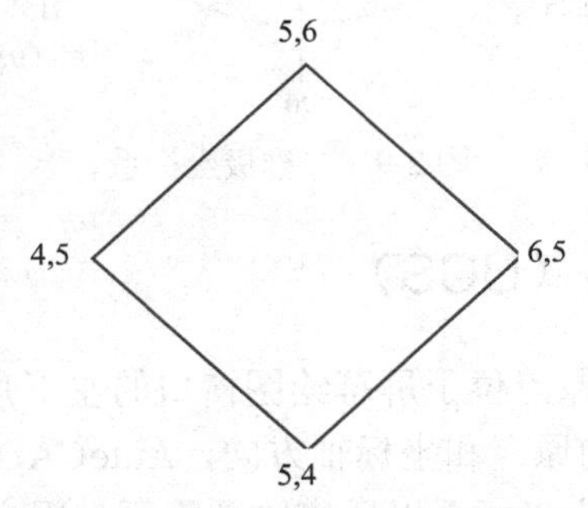

图 2-11　使用绝对坐标绘制图形

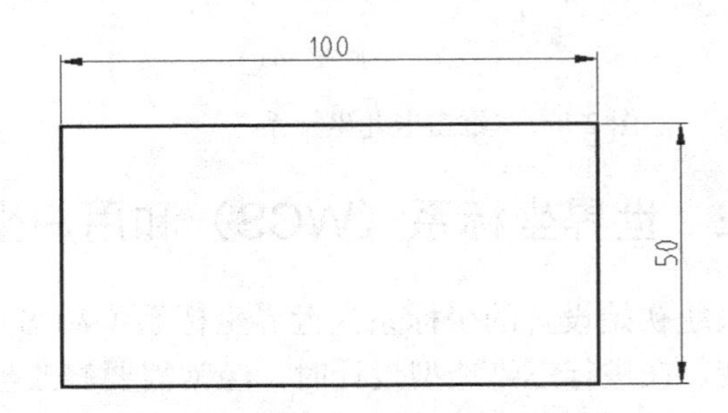

图 2-12　使用相对坐标绘制图形

AutoCAD 在屏幕左下角的状态栏上动态显示光标所在位置的坐标。显示的坐标可以是直角坐标，也可以是相对极坐标，这由系统变量 COORDS 来控制。当 COORDS=1 时，动态显示光标绝对直角坐标；当 COORDS=2 时，未执行命令时，动态显示光标绝对直角坐标，执行命令时，显示与上一点的相对极坐标；当 COORDS=0 时，坐标灰显，仅当指定点时才会更新定点设备的绝对坐标。直接单击状态栏的坐标，COORDS 将在 0 和 2 之间切换，也可以在命令行中修改系统变量，方法如下。

命令: coords↙

输入 coords 的新值 <1>: （直接输入数值后回车结束命令）

2.3.4　输入坐标的方式

前面讲到的绝对坐标和相对坐标都可以作为一种输入坐标的方式。另外，在 AutoCAD 中还有一些其他的输入坐标方式。

其中最方便的输入坐标的方法称为直接距离输入。在执行命令并指定了第一个点以后，通过移动光标指示方向，然后输入相对于第一点的距离，即用相对极坐标的方式确定一个点。这是一种快速指定直线长度的好方法，特别是配合正交或极轴追踪一起使用的时候更为方便。

AutoCAD 中用动态输入的方式来输入坐标更加直观快捷，这可以视为直接距离输入的一种扩充。如图 2-13 所示，在需要输入坐标的时候，AutoCAD 会跟随光标显示动态输入框，此时可以直接输入距离值，然后按【Tab】键切换到下一个输入框，输入的数值为角度，此法等同于输入相对极坐标值。或者输入数值后，按逗号切换到下一个输入框，再输入数值，等同于输入相对直角坐标。有关动态输入的设置将在第 6 章进行详细介绍。

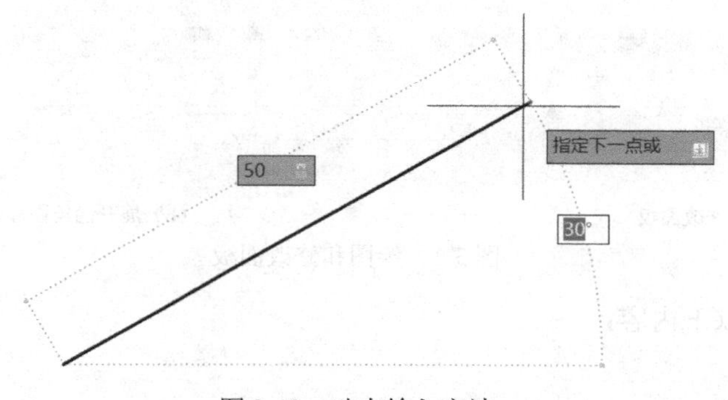

图 2-13　动态输入方法

第 3 章　创建和编辑二维图形对象（一）

在工程设计中，工程图用于表现工程师的设计意图，同时也是产品加工与工程施工的依据。在工程图的绘制过程中，要求图形的形状和尺寸必须精确，以便测量长度、面积、体积和相关的特性。无论多复杂的图形都是由对象组成的，都可以分解成最基本的图形要素，直线、圆弧、圆、点和文字等，用户可以通过使用定点设备指定点的位置，或者输入坐标值来绘制基本对象，也可以通过显示控制命令来观察图形。

创建对象只是设计绘图的第一步，要充分展示计算机辅助设计与绘图准确、高效、快捷的优势，应充分利用 AutoCAD 的编辑功能。图形编辑是指对已有的图形对象进行修剪、复制、旋转等操作。AutoCAD 具有十分强大的图形编辑功能，在设计和绘图过程中发挥极为重要的作用。合理使用编辑命令，将大大提高设计和绘图的效率。

绘图和编辑命令在功能区【默认】标签中，如图 3-1 所示。

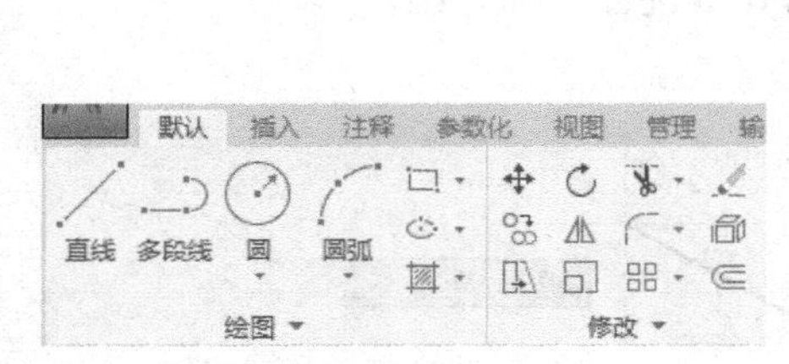

（a）绘图和修改面板

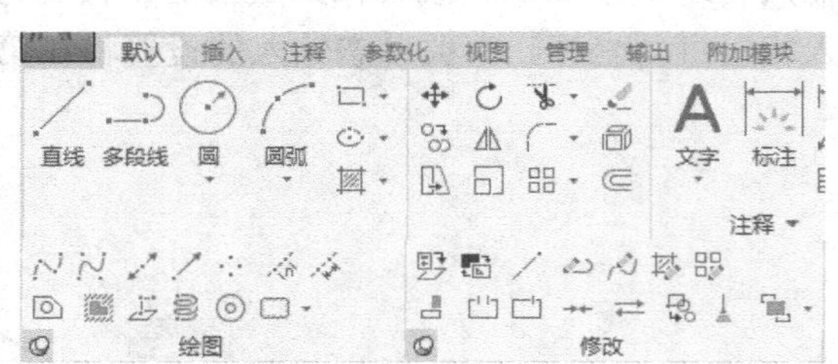

（b）展开的绘图和修改面板

图 3-1　绘图和修改面板

本章主要讲述以下内容：

- 直线的绘制
- 圆的绘制
- 圆弧的绘制
- 正多边形的绘制
- 矩形的绘制
- 点的绘制及对象的等分
- 选择集的构造方式
- 修剪和延伸对象
- 图形的复制与删除
- 夹点功能

3.1　直线的绘制

直线命令用于绘制一系列连续的直线段。在绘制直线时，有一根与最后点相连的“橡皮筋”，直观地指示新端点放置的位置。

调用绘制直线命令的方法如下。

- 功能区：【默认】标签 |【绘图】面板| 【直线】按钮 ／ ；
- 命令行：line（或 l，简化命令，本书中其他命令旁括弧内的字母均为简化命令）↙。

本书中“↙”符号表示回车，在 AutoCAD 中，【Enter】键和空格键作用相同，都代表回车。

在使用直线命令时，命令行出现如下提示。

指定第一点：（指定点，或直接回车将从上一条线或圆弧继续绘制）

指定下一点或 [放弃(U)]:

指定下一点或 [闭合(C)/放弃(U)]:

可以用鼠标直接指定端点或用坐标值指定直线的端点。这样可以绘制一系列连续的直线段，但每条直线段都是一个独立的对象，按回车键或从右键快捷菜单中选择【确认】选项结束命令。

在提示中的“[闭合(C)]”选项，用于在绘制两条以上线段之后，将一系列直线段首尾闭合。

在提示中的“[放弃(U)]”选项，用于删除直线序列中最新绘制的线段，多次输入 U，按绘制次序的逆序逐个删除线段。

在命令执行过程中，默认情况可以直接执行；执行方括号中的其他选项，必须先输入相应的字母，回车后才转入相应命令的执行；或鼠标右键在快捷菜单中选择相应选项，转入到相应命令的执行；如果打开了动态输入，相应的“闭合”“放弃”选项将会出现在按下向下箭头键打开的动态提示菜单中，选择这个菜单中的选项也可以执行相同的功能。

示例 1：绘制如图 3-2 所示的图形，通过此练习学习直线命令的使用及坐标的各种输入方式。

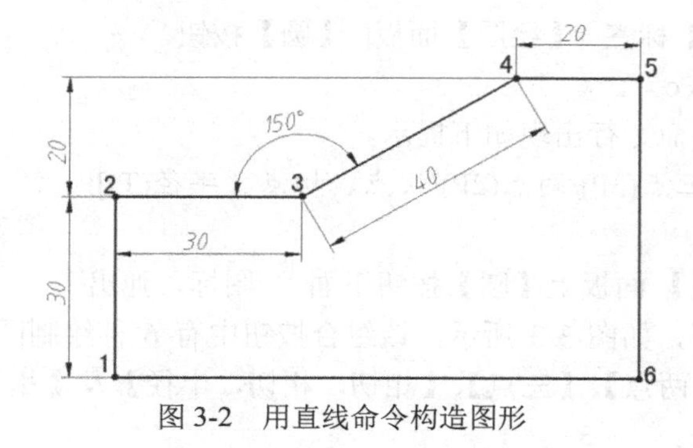

图 3-2　用直线命令构造图形

操作过程如下。

命令:_line

指定第一点:20，20↙（输入绝对直角坐标，给定左下角 1 点，此处也可以输入其他值）

指定下一点或 [放弃(U)]:30↙（直接距离输入。单击应用程序状态行【正交】按钮 ，激活正交限制光标，向上拖动鼠标后输入距离值，给出第 2 点）

指定下一点或 [放弃(U)]:30↙（向右拖动鼠标后输入距离值，给出第 3 点）

指定下一点或 [闭合(C)/放弃(U)]:@40<30↙（输入相对极坐标，给出第 4 点）

指定下一点或 [闭合(C)/放弃(U)]:20↙（向右拖动鼠标后输入距离值，给出第 5 点）

指定下一点或 [闭合(C)/放弃(U)]:50↙（向下拖动鼠标后输入距离值，给出第 6 点）

指定下一点或 [闭合(C)/放弃(U)]:C↙（封闭图形，回车结束命令）

此练习示范，请参阅配套素材中实践视频文件 3-01.mp4。

示例 2：完成图 3-2 后，若要马上绘制一条起点与图 3-2 中最后点重合、端点为（0，0）的直线，操作过程如下。

方法一：

命令:↙（直接按回车键，AutoCAD 将重复上一个命令）

指定第一点:↙ (按回车键，AutoCAD 将相同命令输入的最后点，作为正在执行命令的第一点)

指定下一点或[放弃(U)] :0，0↙（输入绝对直角坐标值，回车结束命令）

方法二：

命令:_line

指定第一点:@↙(输入@，AutoCAD 将刚执行的任意命令输入的最后点，作为正在执行命令的第一点)

指定下一点或 [放弃(U)]:0，0↙

此练习示范，请参阅配套素材中实践视频文件 3-02.mp4。

3.2　圆的绘制

在 AutoCAD 中，可以通过圆心和半径或圆周上的点创建圆，也可以创建与对象相切的圆。

调用绘制圆命令的方法如下。

- 功能区：【默认】标签 |【绘图】面板| 【圆】按钮 ；
- 命令行：circle（c）↙。

在使用圆命令时，命令行出现如下提示。

指定圆的圆心或[三点(3P)/两点(2P)/切点、切点、半径(T)]: 指定点或输入选项

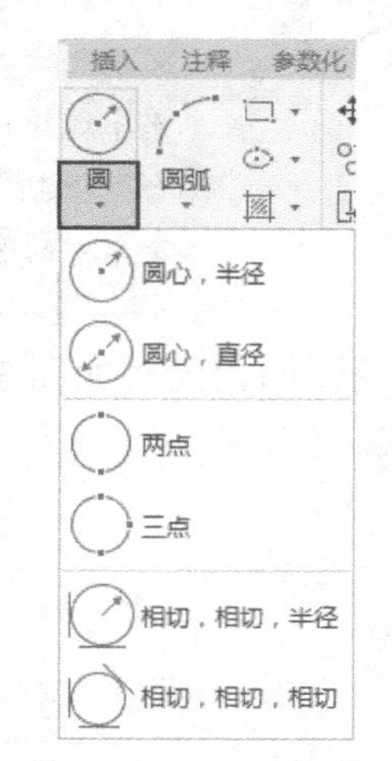

图 3-3 【圆】的组合下拉按钮

单击功能区【绘图】面板上【圆】按钮下面 图标，弹出绘制圆的组合下拉按钮，如图 3-3 所示。该组合按钮中有 6 种绘制圆的方法，即【圆心，半径】、【圆心，直径】、【两点】、【三点】、【相切，相切，半径】及【相切，相切，相切】。下面详述各种绘制圆的方法。

1. 以圆心、半径方式绘制圆

系统默认的画圆方法为指定圆心和半径方式。

选择功能区【绘图】面板上【圆】的组合下拉按钮中【圆心、半径】选项，执行过程如下。

命令:_circle

指定圆的圆心或 [三点(3P)/两点(2P)/切点、切点、半径(T)]:（指定圆心）

指定圆的半径或 [直径（D）]:（输入半径值或指定另一点，即以圆心到该点的距离作为半径值）

执行结果如图 3-4（a）所示。

2. 以圆心、直径方式绘制圆

该方式通过指定圆心位置和直径值绘制一个圆。

选择功能区【绘图】面板上【圆】组合下拉按钮中【圆心、直径】选项，执行过程如下。

命令:_circle

指定圆的圆心或 [三点(3P)/两点(2P)/切点、切点、半径(T)]:（指定圆心）

指定圆的半径或 [直径（D）]:_d（系统自动转入选择直径方式）

指定圆的直径 <当前>:（指定直径值）

3. 以两点方式绘制圆

该方式通过圆直径上的两个端点绘制圆。

选择功能区【绘图】面板上【圆】组合下拉按钮中【两点】选项，执行过程如下。

命令:_circle

指定圆的圆心或 [三点(3P)/两点(2P)/切点、切点、半径(T)]:_2p（系统自动转入选择两点画圆方式）

指定圆直径的第一个端点:（指定点 1）

指定圆直径的第二个端点:（指定点 2）

执行结果如图 3-4（b）所示。

4. 以三点方式绘制圆

该方式通过圆周上的三个点绘制圆。

选择功能区【绘图】面板上【圆】组合下拉按钮中【三点】选项，执行过程如下。

命令:_circle

指定圆的圆心或 [三点(3P)/两点(2P)/切点、切点、半径(T)]:_3p（系统自动转入选择三点画圆方式）

指定圆上的第一个点:（指定点 1）

指定圆上的第二个点:（指定点 2）

指定圆上的第三个点:（指定点 3）

执行结果如图 3-4（c）所示。

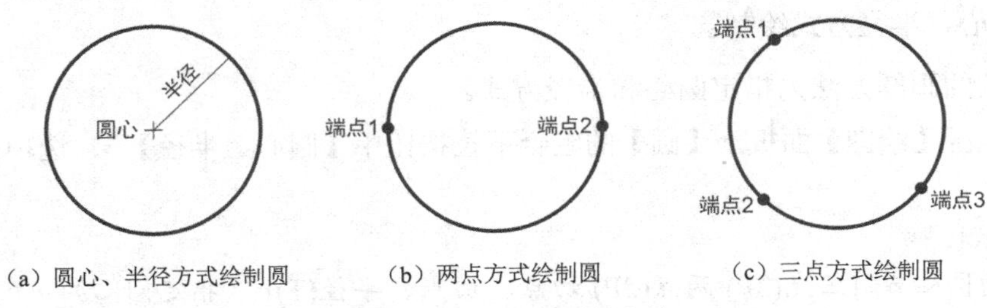

（a）圆心、半径方式绘制圆　（b）两点方式绘制圆　（c）三点方式绘制圆

图 3-4　三种绘制圆的方法

5．以相切、相切、半径方式绘制圆

与两个对象相切并按指定的半径绘制圆。

选择功能区【绘图】面板上【圆】组合下拉按钮中【相切、相切、半径】选项，执行过程如下。

命令:_circle

指定圆的圆心或 [三点(3P)/两点(2P)/切点、切点、半径(T)]:_ttr（系统自动转入选择相切、相切、半径画圆方式）

指定对象与圆的第一个切点:（选择圆、圆弧或直线）

指定对象与圆的第二个切点:（选择圆、圆弧或直线）

指定圆的半径 <当前>:（输入半径值）

切点拾取位置不同，指定半径不同，绘制圆的位置是不同的，可以是与两已知圆内切的圆，也可以是外切的圆，或与一个圆内切、与另外一个圆外切，如图 3-5 所示。

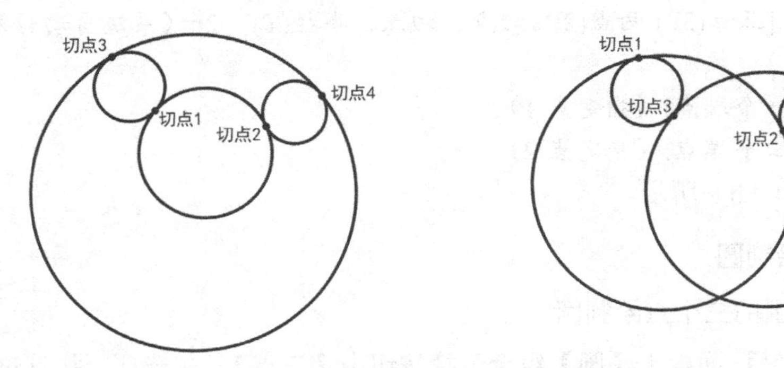

图 3-5　用相切、相切、半径方式绘制圆

示例：打开本书配套素材中练习文件“3-1.dwg”，画出与两已知圆相切且半径为 100 的圆，可以画出几个这样的圆？

此练习示范，请参阅配套素材中实践视频文件 3-03.mp4。

绘图时注意拾取位置，与两圆都外切可以画出 2 个圆，如图 3-6（a）所示；与两圆都内切也可以画出 2 个圆，如图 3-6（b）所示；与一个圆外切而与另一个圆内切可以画出 4 个圆，如图 3-6（c）所示，所以一共可以画出 8 个圆，读者试着做一下。

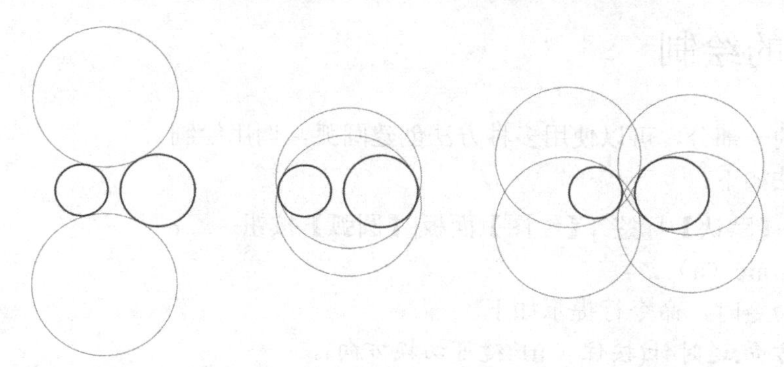

（a）与两圆都外切　（b）与两圆都内切　（c）与一个圆外切而与另一个圆内切

图 3-6　作与两已知圆相切且半径为 100 的圆

6．以相切、相切、相切方式绘制圆

与三个对象相切并自动计算要创建圆的半径和圆心坐标，由计算所得的圆心和半径绘制圆。选择功能区【绘图】面板上【圆】组合下拉按钮中【相切、相切、相切】选项，执行过程如下。

命令:_circle

指定圆的圆心或[三点(3P)/两点(2P)/切点、切点、半径(T)]:_3p（自动选择三点画圆方式）

指定圆上的第一个点:_tan 到（选择圆、圆弧或直线作为捕捉的第一个相切对象）

指定圆上的第二个点:_tan 到（选择圆、圆弧或直线作为捕捉的第二个相切对象）

指定圆上的第三个点:_tan 到（选择圆、圆弧或直线作为捕捉的第三个相切对象）

执行结果如图 3-7 所示。

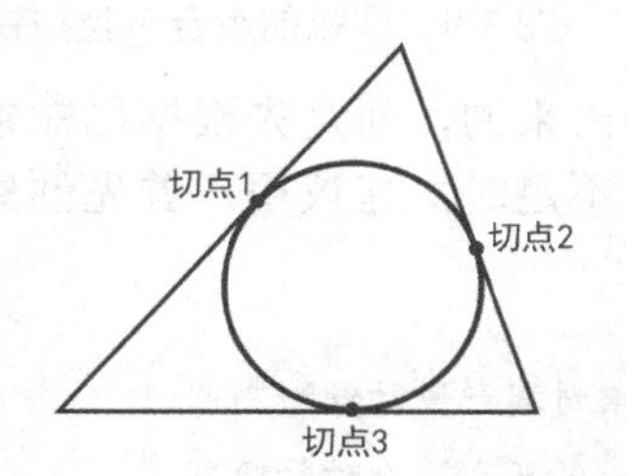

图 3-7　用相切、相切、相切方式绘制圆

示例：打开本书配套素材中练习文件“3-2.dwg”，画三个已知圆的公切圆，可以画几个？

与三个圆都外切可以画出一个圆，如图 3-8（a）所示；与三个圆都内切也可以画出一个圆如图 3-8（b）所示；与二个圆外切与另一个圆内切可以画出三个圆，如图 3-8（c）所示；与二个圆内切与另一个圆外切也可以画出三个圆，如图 3-8（d）所示；所以与三个已知圆公切的圆可以画出 8 个，读者试着做一下。

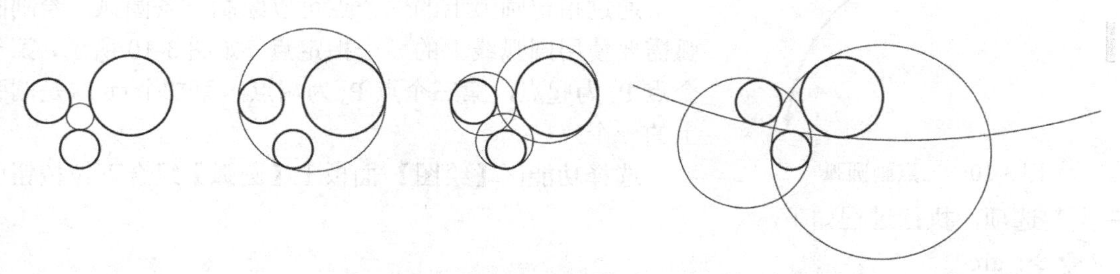

（a）与三个圆都外切　（b）与三个圆都内切　（c）与二个圆外切与另一个圆内切　（d）与二个圆内切与另一个圆外切

图 3-8　与三个已知圆相切的圆

3.3 圆弧的绘制

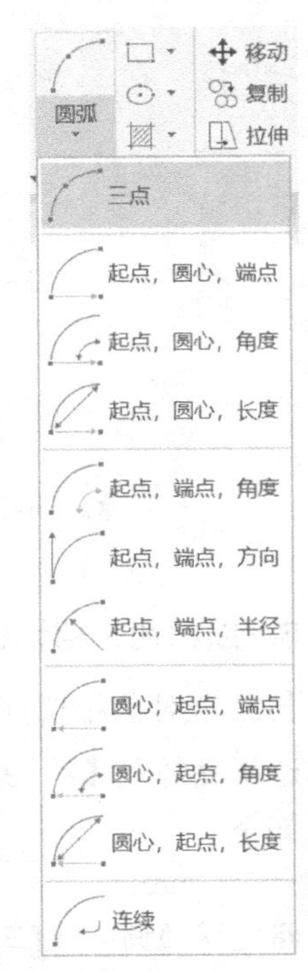

图 3-9 圆弧的组合下拉按钮

圆弧是圆的一部分，可以使用多种方法创建圆弧。调用绘制圆弧命令的方法如下。

- 功能区：【默认】标签 |【绘图】面板|【圆弧】按钮 ；
- 命令行：arc（a）↙。

在使用此命令时，命令行提示如下。

圆弧创建方向:逆时针(按住 Ctrl 键可切换方向)。

指定圆弧的起点或 [圆心（C）]:（指定点或输入选项）

单击功能区【绘图】面板上【圆弧】按钮下面 圆弧 图标，显示绘制圆弧的组合下拉按钮，如图 3-9 所示。该组合按钮中有 11 种绘制圆弧的方法，即【三点】、【起点，圆心，端点】、【起点，圆心，角度】、【起点，圆心，长度】、【起点，端点，角度】、【起点，端点，方向】、【起点，端点，半径】、【圆心，起点，端点】、【圆心，起点，角度】、【圆心，起点，长度】和【连续】。

由于圆弧命令的选项多而且复杂，通常用户无须将这些选项的组合都牢记，绘图时注意给定条件和命令行的提示就可以实现圆弧的绘制。但要记住，实际绘图过程中，由于圆弧的起点、端点、圆心等参数是未知的，所以很多圆弧不是通过圆弧命令绘制出来的，而是先根据已知条件绘制圆，然后修剪圆得到圆弧。所以当要创建的圆弧给定条件不足时，建议用户首先创建辅助圆，然后修剪辅助圆来创建圆弧。

在绘制圆弧时，除三点方法外，其他方法都是从起点到端点逆时针绘制圆弧，按住【Ctrl】键可切换方向。要注意角度的方向和弦长的正负，逆时针绘制圆弧为正，反之为负。

由于绘制圆弧的方法较多，下面仅介绍其中的几种方法。

此练习示范，请参阅配套素材中实践视频文件 3-04.mp4。

1. 以三点方式绘制圆弧

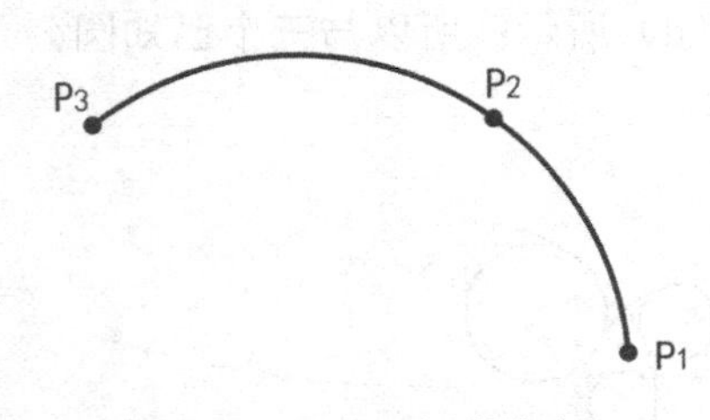

图 3-10 三点画圆弧

通过指定圆弧上的三个点可以绘制一条圆弧。绘制圆弧需要使用圆弧线上的三个指定点。如图 3-10 所示，第一个点 P_1 为起点，第三个点 P_3 为端点，第二个点 P_2 是圆弧上的一个点。

选择功能区【绘图】面板上【圆弧】组合下拉按钮中【三点】选项，执行过程如下。

命令:_arc

指定圆弧的起点或 [圆心（C）]:（指定圆弧的第一点）

指定圆弧的第二个点或 [圆心(C)/端点(E)]:（指定圆弧的第二点）

指定圆弧的端点:（指定圆弧的第三点）

起点和端点的顺序可按顺时针或逆时针方向给定。

2．以起点、圆心、端点方式绘制圆弧

如果已知中心点、起点和端点，可以通过首先指定中心点或起点来绘制圆弧。如图 3-11 所示，中心点是指圆弧所在圆的圆心。打开本书配套素材中练习文件“3-3.dwg”，选择功能区【绘图】面板上【圆弧】组合下拉按钮中【圆心、起点、端点】选项，执行过程如下。

命令:_arc

指定圆弧的起点或 [圆心（C）]:_c（系统自动转入选择圆心方式）

指定圆弧的圆心:（指定圆心）

指定圆弧的起点:（指定起点）

指定圆弧的端点或 [角度(A)/弦长(L)]:（指定端点）

3．以起点、圆心、角度方式绘制圆弧

如果在已有的图形中可以捕捉到起点和圆心，并且已知包含角度，则可以使用“起点、圆心、角度”或“圆心、起点、角度”的方式绘制圆弧。指定包含角为正，按逆时针绘制圆弧，为负，按顺时针绘制圆弧，如图 3-12 所示。打开配套素材中练习文件“3-4.dwg”，选择功能区【绘图】面板上【圆弧】组合下拉按钮中【起点、圆心、角度】选项，执行过程如下。

命令:_arc

指定圆弧的起点或 [圆心（C）]:（指定圆弧起点）

指定圆弧的第二个点或 [圆心(C)/端点(E)]:_c（系统自动转入选择圆心方式）

指定圆弧的圆心:（指定圆弧的圆心）

指定圆弧的端点或 [角度(A)/弦长(L)]:_a（系统自动转入选择角度方式）

指定包含角:（指定角度）

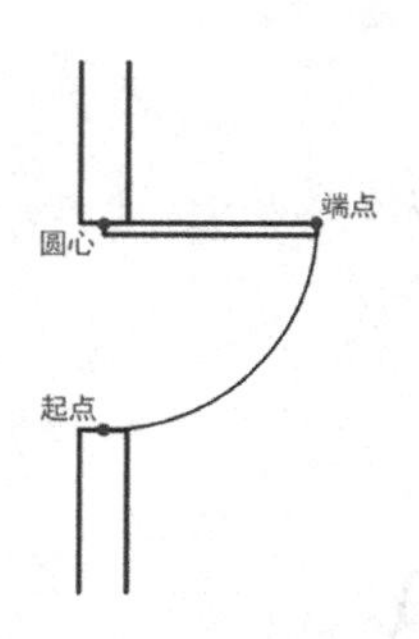

图 3-11 起点、圆心和端点方式绘制圆弧

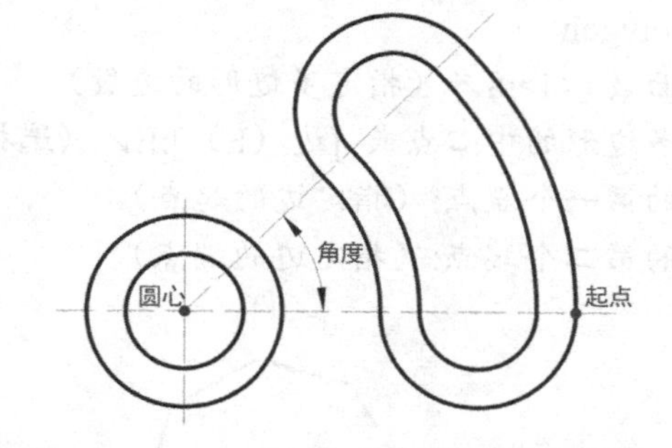

图 3-12　以起点、圆心、角度方式绘制圆弧

3.4　正多边形的绘制

AutoCAD 的正多边形命令，可以创建包含 3~1024 条等长边的闭合多段线，多边形是一个独立对象。用此命令可以很方便地绘制正方形、等边三角形、正八边形等图形。

调用绘制多边形命令的方法如下。

- 功能区：【默认】标签 |【绘图】面板|【多边形】按钮 ；
- 命令行：polygon（pol）↙。

在已知多边形边数的情况下，有两种绘制正多边形的方式。

1．通过指定正多边形中心与每条边（内接端点或外切中点）之间的距离绘制多边形

在多边形命令的执行过程中，首先在“输入侧面数<4>:”提示下给定多边形的边的数目，然后命令行提示如下。

指定正多边形的中心点或 [边（E）]:

如果给定多边形的中心，系统让用户参照一个假想的圆，用内接或外切的方式绘制多边形。内接多边形就是多边形在假想圆内，多边形的所有顶点都在假想圆上。外切多边形就是多边形在假想圆的外侧，多边形的各边与假想圆相切。绘制内接或外切的正八边形如图 3-13 所示。

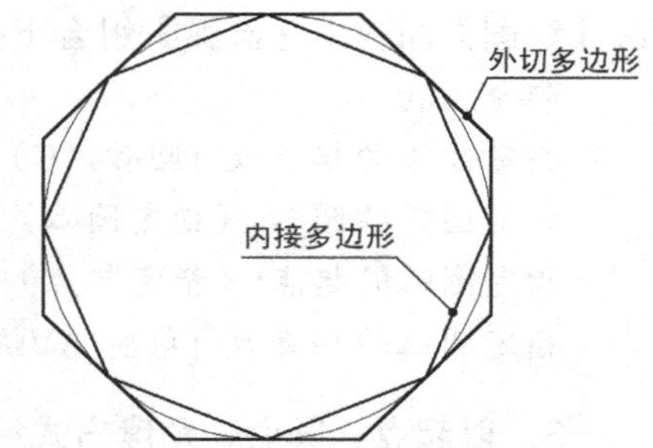

图 3-13　绘制内接或外切多边形

命令执行过程如下。

命令:_ploygon

输入侧面数 <6>:8↙

指定正多边形的中心点或 [边（E）]:（指定多边形的中心）

输入选项 [内接于圆(I)/外切于圆(C)] <I>:（指定内接或外切的方式）

指定圆的半径:（指定与多边形相切或相接的圆的半径）

2．通过指定一条边的长度位置绘制多边形

还可以根据一条已知边来创建多边形。但必须注意，指定边的起点和终点的顺序决定多边形的位置。以八边形为例，图 3-14 中的 P_1 为多边形边的起点，P_2 为边的终点。

通过指定边绘制多边形的命令执行过程如下。

命令:_polygon

输入侧面数 <4>:8↙（指定多边形的边数）

指定正多边形的中心点或 [边（E）]:E↙（选择指定边长的方式）

指定边的第一个端点:（指定边的起点）

指定边的第二个端点:（指定边的端点）

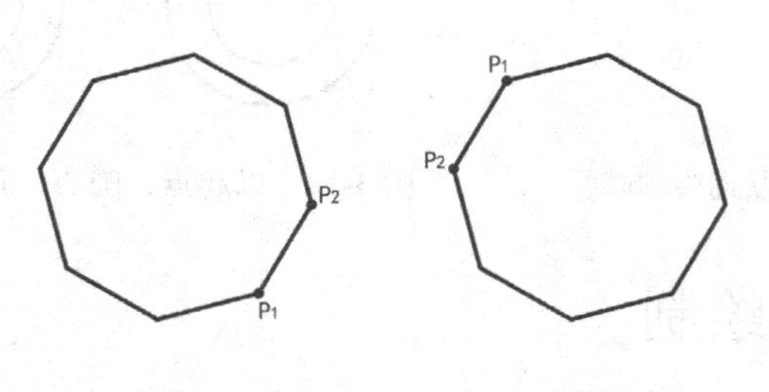

（a）　（b）

图 3-14　根据已知边绘制多边形

从图 3-14 可以看到，按照 P_1、P_2 指示的方向，系统按逆时针方向绘制多边形，这样可以

确保图形的唯一性。

示例：绘制如图 3-15 所示的图形，通过此练习来熟悉多边形、各种圆弧命令的使用方法。绘图步骤如下。

此练习示范，请参阅配套素材中实践视频文件 3-05.mp4。

（1）新建文件。在状态行上，右击对象捕捉按钮，在快捷菜单中选择自动捕捉端点、中点；激活极轴、对象捕捉、对象追踪，关闭动态输入。

（2）通过指定一条边的长度位置，绘制正六边形。

命令:_polygon

输入侧面数 <4>:6↙（指定多边形的边数）

指定正多边形的中心点或 [边(E)]:e↙（选择指定边长的方式）

指定边的第一个端点:（在屏幕上拾取一点）

指定边的第二个端点:50↙（在水平追踪线出现后输入值，回车结束命令）

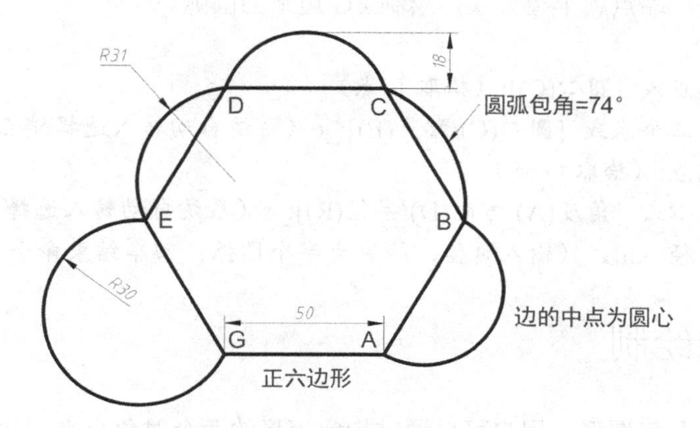

图 3-15　圆弧和多边形综合练习

（3）通过起点、圆心、端点方式，绘制 AB 边上的圆弧。

命令:_arc

指定圆弧的起点或 [圆心(C)]:（拾取 A 点为圆弧起点）

指定圆弧的第二个点或 [圆心(C)/端点(E)]:_c（系统自动转入选择圆心方式）

指定圆弧的圆心:（拾取 AB 边的中点）

指定圆弧的端点或 [角度(A)/弦长(L)]:（拾取 B 点为圆弧端点）

（4）通过起点、端点、角度方式，绘制 BC 边上的圆弧。

命令:_arc

指定圆弧的起点或 [圆心(C)]:（拾取 B 点为圆弧起点）

指定圆弧的第二个点或 [圆心(C)/端点(E)]:_e（系统自动转入选择端点方式）

指定圆弧的端点:（拾取 C 点为圆弧端点）

指定圆弧的圆心或 [角度(A)/方向(D)/半径(R)]:_a（系统自动转入选择角度方式）

指定包含角:74↙（输入角度值，回车结束命令）

（5）通过三点方式，绘制 CD 边上的圆弧。

命令:_arc

指定圆弧的起点或 [圆心(C)]:（拾取 C 点）

指定圆弧的第二个点或 [圆心(C)/端点(E)]:18↙（将鼠标放在线段中点附近，待中点符号显示后，将鼠标竖直移到 CD 线上方，待追踪线出现后，输入值回车，注意必须关闭动态输入）

指定圆弧的端点:（拾取 D 点）

（6）通过起点、端点、半径方式，绘制 DE 边上的圆弧。

命令:_arc

指定圆弧的起点或 [圆心(C)]:（拾取 D 点）

指定圆弧的第二个点或 [圆心(C)/端点(E)]:_e（系统自动转入选择端点方式）

指定圆弧的端点:（拾取 E 点）

指定圆弧的圆心或 [角度(A)/方向(D)/半径(R)]:_r（系统自动转入选择半径方式）

指定圆弧的半径:31↙（输入正值，绘制小半个圆弧）

（7）通过起点、端点、半径方式，绘制 EG 边上的圆弧。

命令:_arc

指定圆弧的起点或 [圆心(C)]:（拾取 E 点）

指定圆弧的第二个点或 [圆心(C)/端点(E)]:_e（系统自动转入选择端点方式）

指定圆弧的端点:（拾取 G 点）

指定圆弧的圆心或 [角度(A)/方向(D)/半径(R)]:_r（系统自动转入选择半径方式）

指定圆弧的半径:−30↙（输入负值，绘制大半个圆弧，回车结束命令）

3.5 矩形的绘制

矩形是常用的几何图形，用户可以通过指定矩形的两个对角点来创建矩形，也可以指定矩形面积和长度或宽度值来创建矩形。默认情况下，绘制的矩形的边与当前 UCS 的 X 轴或 Y 轴平行，也可以绘制与 X 轴成一定角度的矩形。绘制的矩形还可以包括倒角、圆角、标高、厚度和宽度。整个矩形是一个独立的对象。

调用绘制矩形命令的方法如下。

- 功能区：【默认】标签 |【绘图】面板|【矩形】按钮 ；
- 命令行：rectang（rec）↙。

3.5.1 绘制矩形的命令执行过程

绘制矩形的命令执行过程如下。

命令:_rectang

指定第一个角点或 [倒角(C)/标高(E)/圆角(F)/厚度(T)/宽度(W)]:（给定第一点 P_1）

指定另一个角点或 [面积(A)/尺寸(D)/旋转(R)]:（给定第二点 P_2）

执行结果如图 3-16 所示。

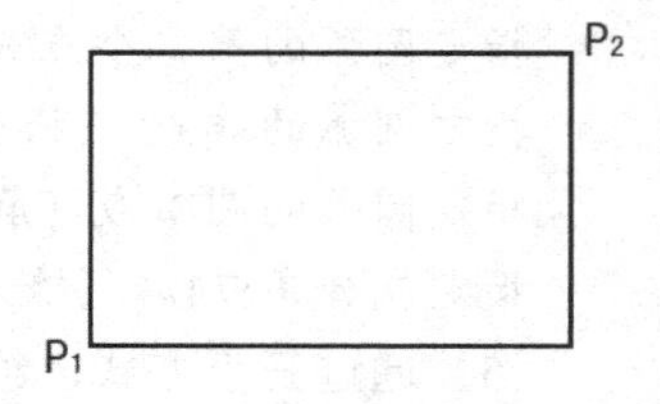

图 3-16 绘制矩形

3.5.2　绘制具有倒角和圆角的矩形

绘制具有倒角的矩形时，首先在“指定第一个角点或 [倒角(C)/标高(E)/圆角(F)/厚度(T)/宽度(W)]:”提示下选择选项“C”，然后设置矩形的倒角距离。系统提示如下。

指定矩形的第一个倒角距离 <当前值>:（指定距离或按 Enter 键接受默认值）

指定矩形的第二个倒角距离 <当前值>:（指定距离或按 Enter 键接受默认值）

以后在“指定第一个角点或 [倒角(C)/标高(E)/圆角(F)/厚度(T)/宽度(W)]:”提示下，指定矩形的两个对角点，按当前的倒角距离生成矩形。

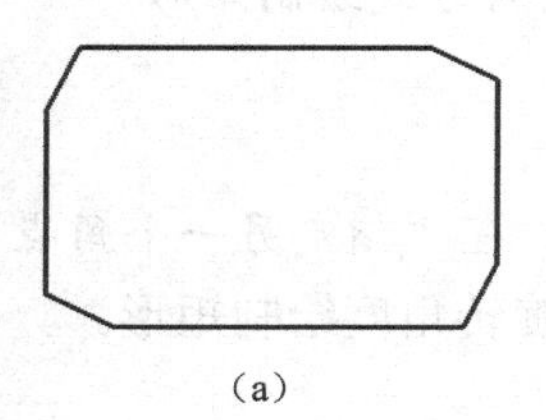

（a）

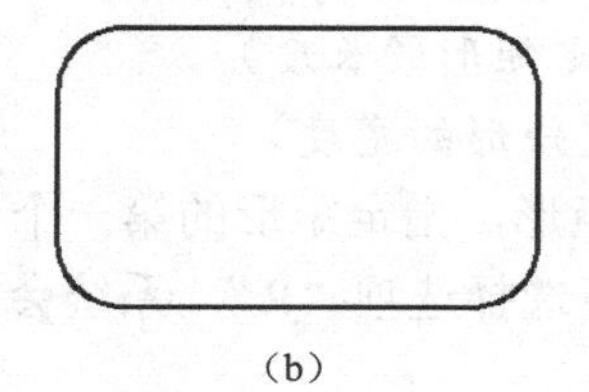

（b）

图 3-17　绘制带有倒角和圆角的矩形

绘制圆角矩形时，首先在“指定第一个角点或 [倒角(C)/标高(E)/圆角(F)/厚度(T)/宽度(W)]:”提示下选择选项“F”，然后设置矩形的圆角半径。系统提示如下。

指定矩形的圆角半径 <当前值>:给定半径值。

以后在“指定第一个角点或 [倒角(C)/标高(E)/圆角(F)/厚度(T)/宽度(W)]:”提示下，指定矩形的两个对角点，按当前的圆角半径生成矩形。

例如，创建倒角距离分别为 10 和 20 及圆角半径为 20 的两个矩形，如图 3-17 所示。

倒角中的倒角距离可以相同也可以不相同，两个倒角距离之和不能超过最小边的边长。圆角半径不能超过最小边的一半。

3.5.3　根据面积绘制矩形

根据面积绘制矩形实质是根据矩形面积和一条边的长度来绘制矩形。首先指定矩形的第一个角点，然后在“指定另一个角点或 [面积(A)/尺寸(D)/旋转(R)]:”提示下选择选项“A”，系统按指定面积绘制矩形。系统提示如下。

指定另一个角点或 [面积(A)/尺寸(D)/旋转(R)]:A↙（选择给定面积的方式绘制矩形）

输入以当前单位计算的矩形面积 <200.0000>:（指定矩形的面积）

计算矩形标注时依据 [长度(L)/宽度(W)] <长度>:L↙（选择按指定长度或宽度绘制矩形）

输入矩形长度 <10.0000>:（指定长度，按给定长度和面积绘制矩形）

示例：绘制圆角为 5、长度为 30、面积为 500 的矩形。

单击功能区【默认】标签 |【绘图】面板|【矩形】按钮 □，激活矩形命令。命令执行过程如下。

命令: _rectang

指定第一个角点或 [倒角(C)/标高(E)/圆角(F)/厚度(T)/宽度(W)]: f↙（选择圆角方式）

指定矩形的圆角半径 <0.0000>: 5↙（指定矩形圆角半径）

指定第一个角点或 [倒角(C)/标高(E)/圆角(F)/厚度(T)/宽度(W)]:（拾取一点作为矩形的一个角点）

指定另一个角点或 [面积(A)/尺寸(D)/旋转(R)]: a↙（选择面积方式）

输入以当前单位计算的矩形面积 <100.0000>:　500↙（指定矩形面积）

计算矩形标注时依据 [长度(L)/宽度(W)] <长度>: l↙（选择长度方式）

输入矩形长度 <10.0000>:　30↙（指定矩形长度）

3.5.4　根据长和宽绘制矩形

根据矩形的长和宽绘制矩形时，指定矩形的第一个角点后，在“指定另一个角点或 [面积(A)/尺寸(D)/旋转(R)]:”提示下选择选项“D”，系统按指定长、宽绘制矩形。系统提示如下。

指定另一个角点或 [面积(A)/尺寸(D)/旋转(R)]:D（选择给定长、宽的方式绘制矩形）

指定矩形的长度 <100.0000>:（指定矩形的长度）

指定矩形的宽度 <40.0000>:（指定矩形的宽度）

还可以绘制与 X 轴成一定角度的矩形，指定矩形的第一个角点后，在“指定另一个角点或 [面积(A)/尺寸(D)/旋转(R)]:”提示下选择选项“R”，系统会按指定旋转角度绘制矩形。

3.6　点的绘制及对象的等分

点也称为节点，它是用于精确绘图的辅助对象。绘制点时，可以在屏幕上直接拾取，也可以用对象捕捉定位一个点。为了使用户能够方便地识别点对象，可以设置不同的点样式，以便使点对象清楚地显示在屏幕上。可以使用定数等分（divide）和定距等分（measure）命令按距离或等分数沿直线、圆弧、多段线和样条曲线绘制多个点。

3.6.1　绘制点

调用绘制点命令的方法如下。

- 功能区：【默认】标签 |【绘图】面板|【多点】按钮 ⁛；
- 命令行：points（po）↙。

命令执行过程如下。

命令:_point

当前点模式:PDMODE=0　PDSIZE=0.0000

指定点:（指定点的位置）

指定点:（继续给出一点或按 Esc 键结束点命令）

3.6.2　设置点样式

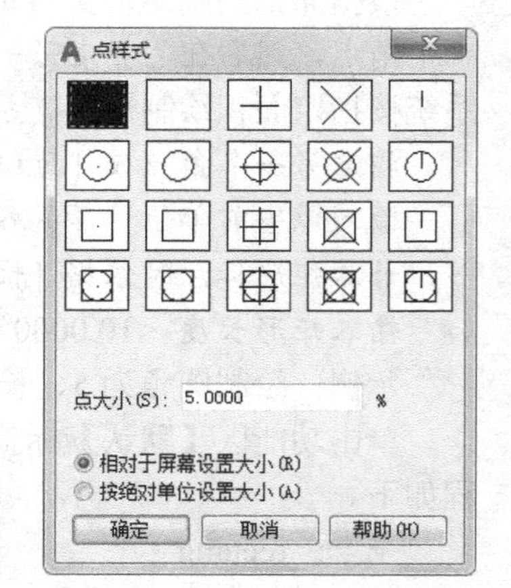

图 3-18 【点样式】对话框

在默认的情况下，点对象以一个小点的形式表现，不便于识别。通过设置点的样式，使点能清楚地显示在屏幕上。设置点样式的方法如下。

- 功能区：【默认】标签 |【实用工具】面板|【点样式】按钮；
- 命令行：ddptype ↙。

执行此命令后，系统弹出【点样式】对话框，如图 3-18 所示。

在【点样式】对话框中可以选择点的样式和设置点的大小，可以看到各种点样式的直观形状。选取某种点样式后，屏幕上的点就以该样式显示。“点大小”文本框可以用来输入点在屏幕上显示大小的百分比。

3.6.3　定数等分

定数等分是在对象上按指定数目等间距地创建点或插入块。这个操作并不把对象实际等分为单独对象，而只在对象定数等分的位置上添加点对象。这些点将作为几何参照点，辅助作图时使用。例如，三等分任一角，作图方法为：以角的顶点为圆心，绘制和两条边相连接的圆弧，然后将圆弧等分为三段，最后再用直线连接角顶点和点，即将任意角三等分。

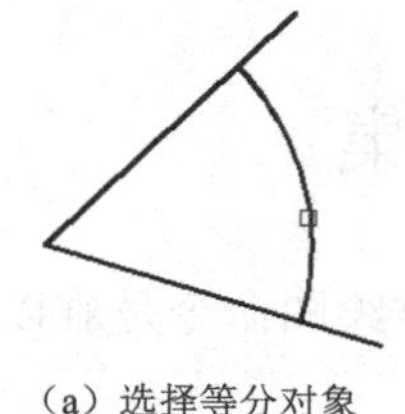

（a）选择等分对象

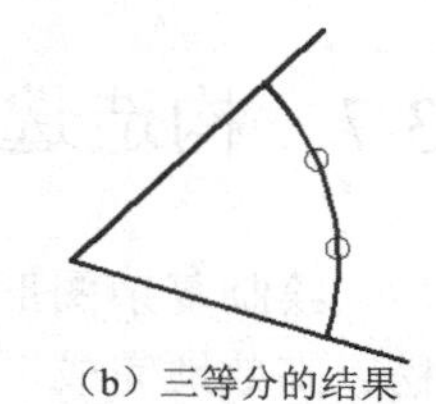

（b）三等分的结果

图3-19　定数等分

调用定数等分命令的方法如下。

- 功能区：【默认】标签 |【绘图】面板|【定数等分】按钮 ；
- 命令行：divide ↙。

例如，将图3-19（a）所示的圆弧进行三等分，结果如图3-19（b）所示。

此练习示范，请参阅配套素材中实践视频文件3-06.mp4。

命令执行过程如下。

命令:_divide

选择要定数等分的对象:（选择圆弧）

输入线段数目或 [块（B）]:3↙（指定等分的段数）

在此图形中共插入两个点。

3.6.4　定距等分

定距等分是按指定的长度，从指定的端点测量一条直线、圆弧、多段线或样条曲线，并在其上按长度创建点或块。与定数等分不同的是，测量不一定将对象全部等分，即最后一段通常不为指定距离。测量时离拾取点近的直线或曲线一端为起始点。

调用定距等分命令的方法如下。

- 功能区：【默认】标签 |【绘图】面板|【定距等分】按钮 ；
- 命令行：measure ↙。

示例：打开本书配套素材练习文件中的“3-5.dwg”，将图3-20（a）所示的图形按距离100进行等分，执行结果如图3-20（b）所示。

此练习示范，请参阅配套素材中实践视频文件3-07.mp4。

可以使用一些特殊的点样式来绘制电气、电子符号图和布线图。在绘制工程图的过程中，凡是使用到定距、定数等分的情况，都可以先使用这两个命令辅助作图。

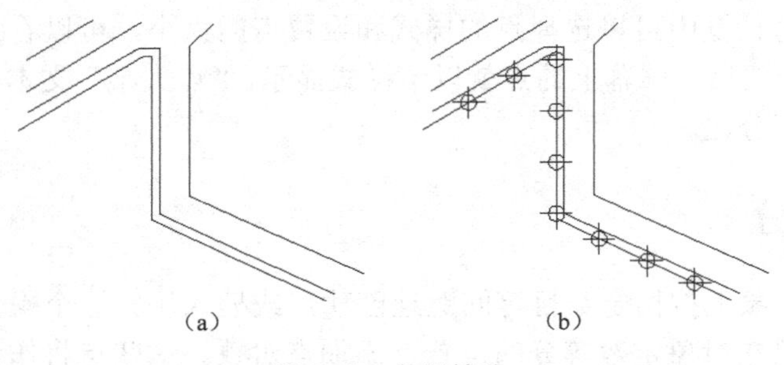

图 3-20　定距等分

3.7　构造选择集

绘制复杂图形仅靠绘图命令是难以实现的。而借助于编辑命令如复制、修剪等，可以轻松、高效地完成。

执行编辑命令时通常需要分两步进行：

（1）选择要编辑的对象，即构造选择集；

（2）对选择集进行相关的编辑操作。

选择集是被修改对象的集合，它可以包含一个对象或多个对象。用户可以在执行编辑命令之前建立选择集，也可以在执行编辑命令时创建选择集。

通常，在输入编辑命令之后，系统提示“选择对象”。当选择对象后，AutoCAD 将亮显选择的对象（即用虚线显示），表示这些对象已加入选择集，也可以从选择集中将某些对象移出。在选择对象的过程中，拾取框将代替十字光标。

在系统提示“选择对象:”时输入“？”，命令行将出现“需要点或窗口(W)/上一个(L)/窗交(C)/框(BOX)/全部(ALL)/栏选(F)/圈围(WP)/圈交(CP)/编组(G)/添加(A)/删除(R)/多个(M)/前一个(P)/放弃(U)/自动(AU)/单个(SI)/子对象(SU)/对象(O)”提示，这些是构造选择集的各种方式。下面逐一介绍。

1. 直接选择对象

用拾取框直接拾取来选择一个对象，此方法可以连续地选择多个对象。

2. 窗口与窗交选择方式

窗口（W）选择方式可以选择所有位于矩形窗口内的对象，用户只需指定窗口的两个角点即可。

在指定编辑命令后，进行窗口选择时，系统会让用户指定窗口的两个角点，如图 3-21 所示。命令执行过程如下。

选择对象:w↙

指定第一个角点:（指定窗口的 P_1 角点）

指定对角点:（指定窗口的 P_2 角点，拉出一个蓝色实线边选框）

系统提示:找到 xx 个对象

对于窗交（C）选择方式，除选择全部位于矩形窗口内的所有对象外，还包括与窗口 4 条边相交的所有对象，如图 3-22 所示。

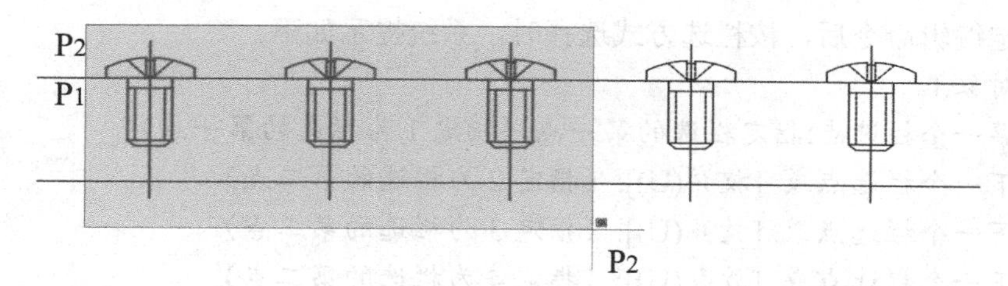

图 3-21　窗口选择

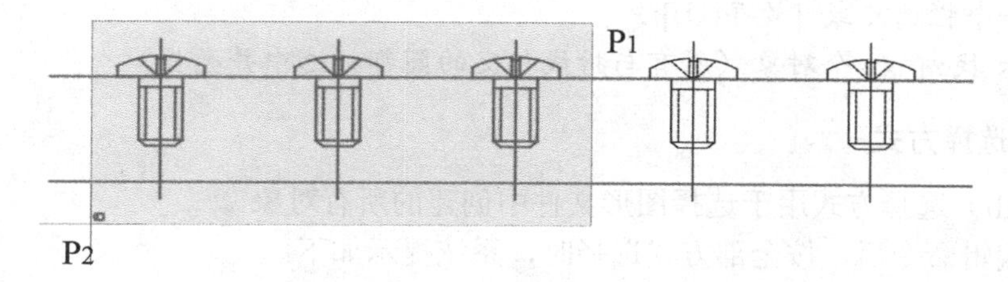

图 3-22　窗交选择

在指定编辑命令后，进行窗交选择时，系统会让用户指定窗口的两个交点。命令执行过程如下。

选择对象:c↙

指定第一个角点:（指定窗交的 P_1 角点）

指定对角点:（指定窗交的 P_2 角点，拉出一个绿色虚线边选框）

系统提示:找到 xx 个对象

在默认的情况下，用户不用输入选项。直接用从左向右的方法确定窗口，则系统按窗口方式建立选择集。反之，从右向左确定窗口，则系统按窗交方式建立选择集，这样的选择方式称为隐含窗口。

3. 栏选方式

栏选（F）方式是绘制一条多段的折线，所有与多段折线相交的对象被选中，如图 3-23 所示。通常在狭窄区域内选择对象时采用此方式。

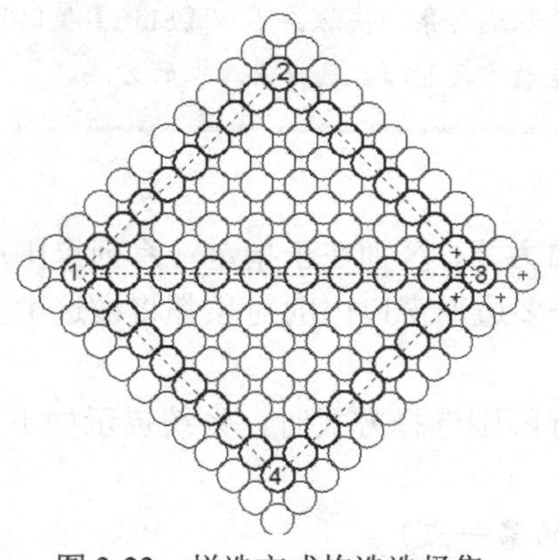

图 3-23　栏选方式构造选择集

在指定编辑命令后，按栏选方式选择时，系统提示如下。

选择对象:f↙

指定第一个栏选点:指定栏选的第一点（指定 1 为栏选的第一点）

指定下一个栏选点或 [放弃(U)]:（指定 2 为栏选的第二点）

指定下一个栏选点或 [放弃(U)]:（指定 3 为栏选的第二点）

指定下一个栏选点或 [放弃(U)]:（指定 4 为栏选的第二点）

……

指定下一个栏选点或 [放弃(U)]:↙

系统提示:找到 xx 个对象（所有与折线相交的圆都被选中并亮显）

4. 全部选择方式

全部（All）选择方式用于选择图形文件中创建的所有对象。

在指定编辑命令后，按全部方式选择时，系统提示如下。

选择对象:all↙

系统提示:找到 xx 个对象

5. 删除和添加选择方式

删除（R）选择方式可以将对象从选择集中移出，在编辑三维实体时经常用到。在创建一个选择集后，可以从选择集中移走某些对象。尤其是当图形对象十分密集，数量比较多时，先创建选择集，然后从选择集中将不需要的对象移走，这样会提高选择对象的效率。在删除（R）选择方式时，如果又需要向选择集里添加对象，可以再执行添加（A）选择方式。

在指定编辑命令后，先用窗交的方式选择对象，然后用删除方式选择对象，最后再执行添加选择对象，操作方法及系统提示如下。

选择对象:r↙（选择删除方式）

删除对象:（选择的对象将从选择集中删去）

删除对象:a↙（选择添加方式）

选择对象:（选择的对象将添加到选择集中去）

默认情况下，在 AutoCAD 中选择对象的时候，如果按住【Shift】键再选择对象，会将对象从选择集中去除，不按【Shift】键时选择对象，会向选择集中添加对象，这是最方便的增减选择集对象的方法。

6. 圈围与圈交选择方式

圈围选择方式类似于窗口方式，区别在于指定一系列点围成任意封闭的多边形，所有位于多边形窗口内的对象都将被选中并亮显，如图 3-24 所示。

在指定编辑命令后，进行圈围选择方式时，系统提示如下。

选择对象:wp↙

第一圈围点:（指定圈围的第一点）

指定直线的端点或 [放弃(U)]: （指定圈围的端点）

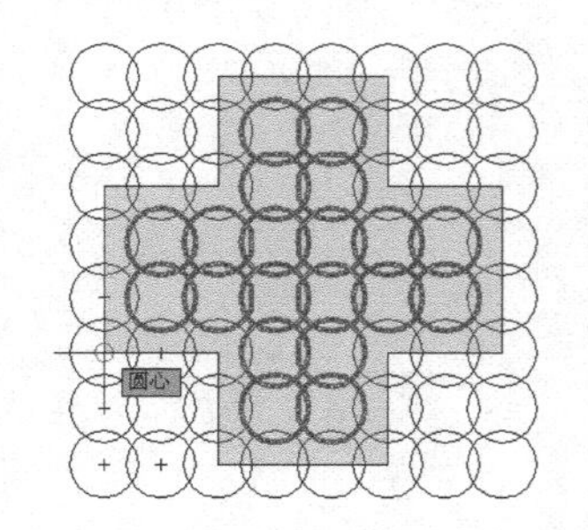

图 3-24　圈围方式构造选择集

指定直线的端点或 [放弃(U)]: （指定圈围的端点）
指定直线的端点或 [放弃(U)]: （指定圈围的端点，拉出一个蓝色实线多边形选框）
指定直线的端点或 [放弃(U)]: ↙（回车结束选择）
系统提示: 找到 xx 个

圈交选择方式类似于窗交，区别在于指定一系列点围成任意多边形，所有位于多边形内部或与之相交的对象都将被选中并亮显，如图 3-25 所示。

在指定编辑命令后，进行圈交选择方式时，系统提示如下：

选择对象: cp↙
第一圈围点:
指定直线的端点或 [放弃(U)]: （指定圈交的第一点）
指定直线的端点或 [放弃(U)]: （指定圈交的端点）
指定直线的端点或 [放弃(U)]: （指定圈交的端点，拉出一个绿色虚线多边形选框）
指定直线的端点或 [放弃(U)]: （回车结束选择）
系统提示: 找到 xx 个

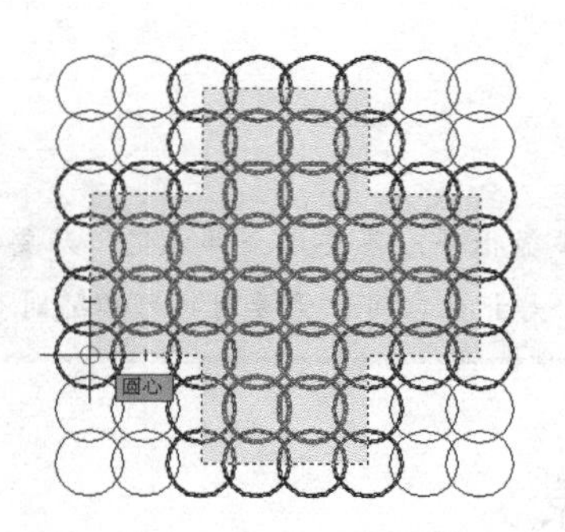

图 3-25　圈交方式构造选择集

7. 上一个（L）选择方式

上一个选择方式将选择最后一次创建的可见对象。

8. 组（G）选择方式

组选择方式将选择指定组中的全部对象。关于组的创建以后章节会详细讲解。

9. 框（BOX）选择方式

框选择方式将选择矩形（由两点确定）内部或与之相交的所有对象。如果该矩形的点是从右向左指定，框选与窗交选择等价。否则，框选与窗口选择等价。

10. 多个（M）选择方式

多个选择方式将指定多次选择而不高亮显示选择对象，从而加快对复杂对象的选择过程。如果两次指定相交对象的交点，“多选”也将选中这两个相交对象。

11. 前一个（P）选择方式

前一个选择方式将选择最近创建的选择集。从图形中删除对象将清除“前一个”选项设置。

12．放弃（U）选择方式

放弃选择最后加到选择集中的对象。

13．自动（AU）选择方式

自动选择方式时，指向一个对象即选择该对象。指向对象内部或外部的空白区中将形成窗选方法定义的选择框的第一个角点。“自动”和“添加”为默认模式。

14．单个（SI）选择方式

单选方式将仅选择指定的一个或一组对象，而不是连续提示进行更多的选择。

15．子对象（SU）选择方式

子对象选择方式使用户可以逐个选择原始形状，这些形状是复合实体的一部分或三维实体上的顶点、边和面。可以选择这些子对象的其中之一，也可以创建多个子对象的选择集。选择集可以包含多种类型的子对象。

16．对象（O）选择方式

结束选择子对象的功能。

选择对象的参数很多，不要求全部记忆，只要把最常用的窗口、窗交、栏选、全部、前一个等记住即可。需要时也可以随时查阅手册和在线帮助。

3.8 修剪和延伸对象

就像用铅笔勾画的草图一样，绘图命令绘制出的图线总会长一些或者短一些，可以对这些草图图线进行修剪或延长，使其成为所需要的图线。

3.8.1 修剪对象

修剪是按照指定的对象边界裁剪对象，将不需要的部分去除。在进行修剪时，首先选择修剪边界，被选择的修剪边界和修剪对象可以相交也可以不相交，可以将对象修剪到投影边或延长线交点。

调用修剪命令的方法如下。

- 功能区：【默认】标签 |【修改】面板|【修剪】按钮 ；
- 命令行：trim （tr）↙。

执行修剪命令的过程如下。

（1）在【修改】面板上单击【修剪】按钮。

（2）选择修剪边界即裁剪的终止位置，可以指定一个或多个对象作为修剪边界。作为修剪边界的对象同时也可以作为被修剪的对象，或直接按回车键将图形中全部对象都作为修剪边界。

（3）选择要修剪掉的部分。

有关修剪命令的说明：在选择修剪对象时，出现“选择要修剪的对象，或按住【Shift】键选择要延伸的对象，或[栏选(F)/窗交(C)/投影(P)/边(E)/删除(R)/放弃(U)]:”的提示。用户可以直接选择修剪对象或设置选项。选项中的“栏选(F)/窗交(C)”是构造选择集的方式。在修剪模式下，除了可以用鼠标拾取对象以外，还可以通过栏选或窗交方式选择对象；选项中的“投影（P）”是指定修剪对象时使用的投影方法。以三维空间中的对象在二维平面上的投影边界作为修剪边界，可以指定 UCS 或视图为投影平面，默认状态下修剪将剪切边和待修剪的对象投影到当前用户坐标系 (UCS) 的 *XY* 平面上；选项中的“边(E)”包括“延伸”和“不延伸”选择，其中“延伸”是指延伸边界，被修剪的对象按照延伸边界进行修剪；“不延伸”表示不延伸修剪边，被修剪对象仅在与修剪边相交时才可以进行修剪。

示例：打开本书配套素材练习文件中的“3-6.dwg”，使用修剪命令，将图 3-26（a）修剪成图 3-26（c）所示图形。

此练习示范，请参阅配套素材中实践视频文件 3-08.mp4。

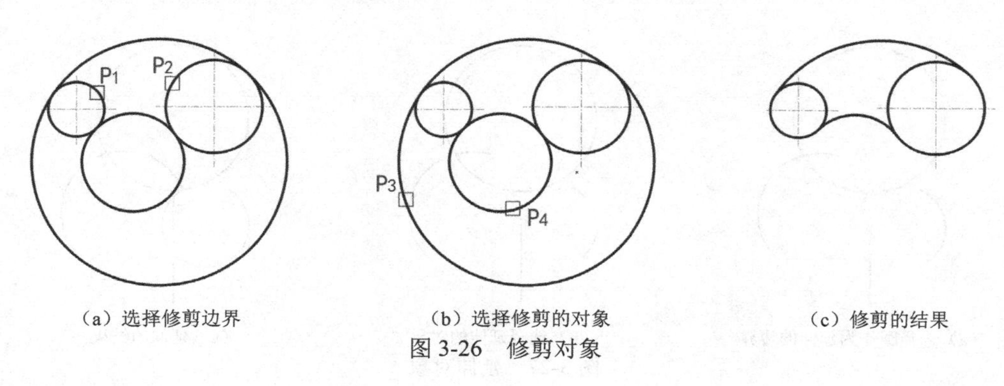

（a）选择修剪边界　（b）选择修剪的对象　（c）修剪的结果

图 3-26　修剪对象

命令执行过程如下。

命令:_trim

当前设置:投影=UCS，边=延伸

选择剪切边...

选择对象或 <全部选择>:在 P_1、P_2 附近拾取（选择两圆作为修剪边界）

选择对象:↙（回车结束选择）

选择要修剪的对象，或按住 Shift 键选择要延伸的对象，或[栏选(F)/窗交(C)/投影(P)/边(E)/删除(R)/放弃(U)]:在 P_3、P_4 附近拾取（指定修剪掉的对象）

选择要修剪的对象，或按住 Shift 键选择要延伸的对象，或[栏选(F)/窗交(C)/投影(P)/边(E)/删除(R)/放弃(U)]:↙（回车结束）

3.8.2　延伸对象

延伸对象和修剪对象的作用正好相反，可以将对象精确地延伸到其他对象定义的边界。该命令的操作过程和修剪命令很相似。另外，在修剪命令中按住【Shift】键可以执行延伸命令。同样，在延伸命令中按住【Shift】键也可以执行修剪命令。

调用延伸命令的方法如下。

- 功能区：【默认】标签 |【修改】面板|【延伸】按钮 ；
- 命令行：extend（ex）↙。

执行延伸命令的过程如下。

（1）在【修改】面板中单击【延伸】按钮。

（2）选择延伸的边界即将对象延伸到哪里为止，可以选择一个或多个对象作为延伸边界。作为延伸边界的对象同时也可以作为被延伸的对象，或直接按回车键将图形中全部对象都作为延伸边界。

（3）选择要延伸的对象。

延伸命令中各选项含义同修剪命令，不再赘述。

选择延伸对象是从靠近选择对象的拾取点一端开始延伸，对象要延伸的那端按其初始方向延伸，一直到与最靠近的边界相交为止。

示例：打开本书配套素材练习文件中的“3-7.dwg”，将图 3-27（a）的图形进行延伸，并以其中的圆为延伸的边界，延伸结果如图 3-27（c）所示。

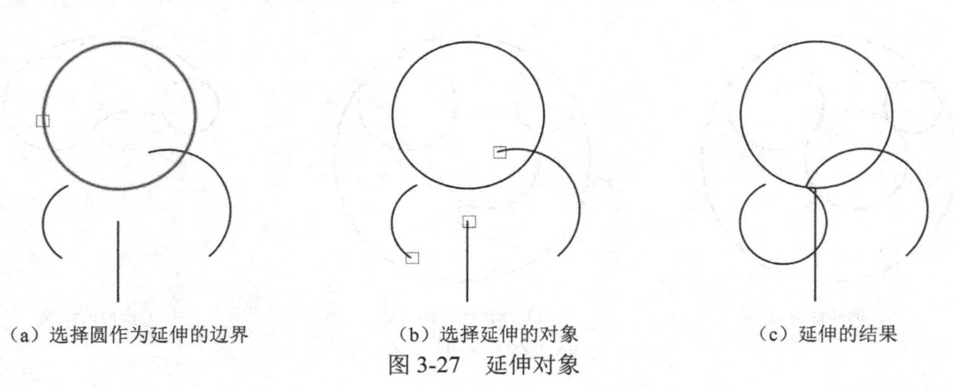

（a）选择圆作为延伸的边界　（b）选择延伸的对象　（c）延伸的结果

图 3-27　延伸对象

此练习示范，请参阅配套素材中实践视频文件 3-09.mp4。

命令执行过程如下。

命令:_extend

当前设置:投影=UCS，边=延伸

选择边界的边...

选择对象或 <全部选择>（选择延伸边界对象，选择图 3-27（a）中的圆）

选择对象:↙（回车结束选择）

选择要延伸的对象，或按住 Shift 键选择要修剪的对象，或[栏选(F)/窗交(C)/投影(P)/边(E)/放弃(U)]:（选择延伸对象，分别拾取直线和圆弧）

……

选择要延伸的对象，或按住 Shift 键选择要修剪的对象，或[栏选(F)/窗交(C)/投影(P)/边(E)/放弃(U)]:↙（回车结束选择）

3.9　图形对象的复制和删除

对象的复制和删除包括复制对象、创建镜像对象、创建阵列的对象、偏移对象、旋转复制对象、缩放复制对象、删除对象等命令，使用各种复制功能可以减少重复性工作，实现快速绘图。

3.9.1 删除对象

绘图时，有些对象绘制得不合适，有些对象属于临时辅助作图对象，还有一些对象属于修剪后的残留对象，这些都是工程图中不需要的对象，应予以删除。

调用删除命令的方法如下。

- 功能区：【默认】标签 |【修改】面板|【删除】按钮 ；
- 命令行：erase（e）↙。

命令执行过程如下。

命令:_erase

选择对象:（选择要删除的对象）

选择对象:↙（回车结束命令）

也可以先在未激活任何命令的状态下选择对象到高亮状态，然后单击【修改】面板中的【删除】按钮，即可删除该对象。

以上两种不同顺序的删除对象方法，实际上代表了 AutoCAD 软件中编辑修改的两种模式。一种是先输入编辑命令再选择要编辑的对象，另一种是先选择编辑对象再执行编辑命令。

删除对象还可以按照如下操作进行。

- 先在未激活任何命令的状态下选择对象到高亮状态，然后按键盘上的【Delete】键即可。
- 先在未激活任何命令的状态下选择对象到高亮状态，然后右击，在弹出的快捷菜单中选择【删除】选项。

3.9.2 复制对象

复制命令用于在不同的位置复制现有的对象。复制的对象完全独立于源对象。

调用复制命令的方法如下。

- 功能区：【默认】标签 |【修改】面板|【复制】按钮 ；
- 命令行：copy（co 或 cp）↙。

复制命令需要指定位移的矢量，即基点和第二点的位置，由此可以知道复制的距离和方向。用户一次可以在多个位置上复制对象。

复制命令执行过程中，基点确定后，当系统要求给定第二点时输入“@”，回车结束，则复制的图形与原图形重合；当系统要求给定第二点时，直接回车结束，则复制的图形与原图形的位移为基点到坐标原点的距离。

在“指定基点或 [位移(D)/模式(O)] <位移>:”提示下，如果输入“D”，则系统默认坐标原点为基点，指定的第二点即为位移。模式选项控制是否自动重复复制，默认状态为自动重复复制。

指定基点后，在“指定第二个点或 [阵列(A)]:”提示下，如果输入“A”，则系统提示“输入要进行阵列的项目数”，并按用户给定的数目及间距（基点与第二个点之间的距离）进行多项复制。

示例：绘制如图 3-28（a）所示的图形，通过练习熟悉矩形、圆、复制命令的使用。

此练习示范，请参阅配套素材中实践视频文件 3-10.mp4。

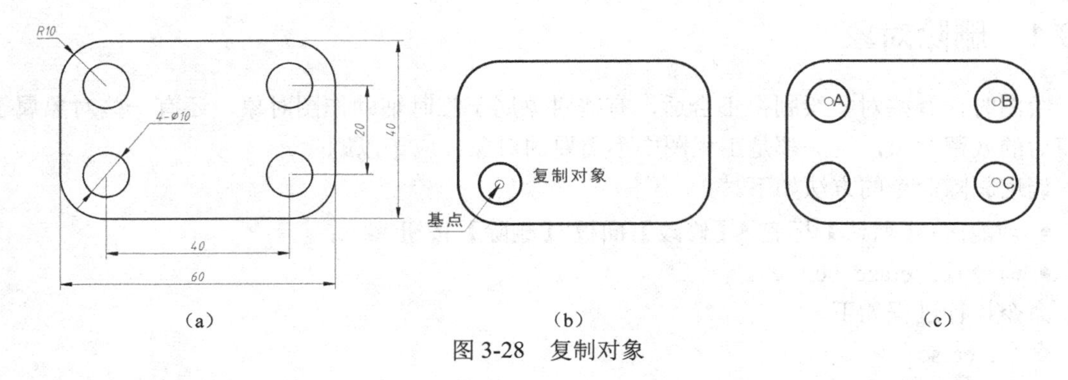

（a）（b）（c）

图 3-28　复制对象

绘图过程如下。

（1）绘制带圆角的矩形。

命令:_rectang

指定第一个角点或 [倒角(C)/标高(E)/圆角(F)/厚度(T)/宽度(W)]:F↙（选择输入圆角模式）

指定矩形的圆角半径 <0.0000>:10↙（指定圆角半径）

指定第一个角点或 [倒角(C)/标高(E)/圆角(F)/厚度(T)/宽度(W)]:（拾取一点作为矩形的左下角点）

指定另一个角点或 [面积(A)/尺寸(D)/旋转(R)]:@60，40↙（输入相对直角坐标来指定矩形的右上角点）

（2）在状态行上右击【对象捕捉】按钮，在弹出的快捷菜单上选择捕捉圆心，激活对象捕捉。

（3）绘制圆。

命令:_circle

指定圆的圆心或 [三点(3P)/两点(2P)/相切、相切、半径(T)]:（将鼠标放在矩形左下角的圆弧上，待捕捉圆心符号 ⊕ 出现时拾取，确定圆心位置）

指定圆的半径或 [直径(D)]:5↙（输入圆的半径值，回车结束命令）

（4）用复制命令绘制相同半径的圆。

命令:_copy

选择对象:（拾取圆）

选择对象:↙（回车结束选择对象）

当前设置:　复制模式 = 多个

指定基点或 [位移(D)/模式(O)] <位移>:（指定圆心为复制的基点，如图 3-28（b）所示）

指定第二个点或[阵列(A)] <使用第一个点作为位移>:（将光标放在矩形的圆弧上，待捕捉圆心符号出现时，拾取 A 点，如图 3-28（c）所示）

指定第二个点或[阵列(A)/退出(E)/放弃(U)] <退出>:（方法同上，拾取 B 点，如图 3-28（c）所示）

指定第二个点或[阵列(A)/退出(E)/放弃(U)] <退出>:（方法同上，拾取 C 点，如图 3-28（c）所示）

指定第二个点或 [阵列(A)/退出(E)/放弃(U)] <退出>:↙（回车结束命令）

示例：打开本书配套素材练习文件中的“3-8.dwg”，如图 3-29（a）所示，用复制命令完成图形，如图 3-29（b）所示。

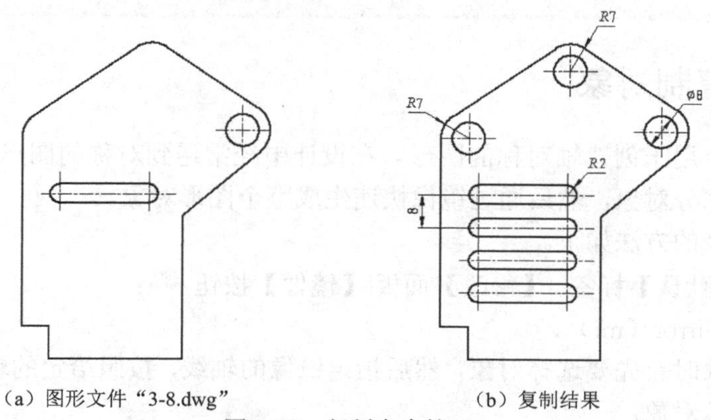

（a）图形文件“3-8.dwg”　（b）复制结果

图 3-29　复制命令练习

绘图过程如下。

（1）用复制命令绘制ϕ8 的圆。按照上述方法，选择图 3-29（a）右上角ϕ8 圆及其中心线为复制对象，其圆心为复制基点，分别以 2 个 R7 的圆心为第二点，完成ϕ8 圆的复制。

（2）用复制阵列方法完成其余键槽形状的图形的绘制。命令执行过程如下。

命令:_copy

选择对象:（拾取键槽形状的图形及其中心线，如图 3-30（a）所示）

选择对象:↙（回车结束选择对象）

当前设置:　复制模式 = 多个

指定基点或 [位移(D)/模式(O)] <位移>:（选择 R2 的圆心为基点，如图 3-30（b）所示）

指定第二个点或 [阵列(A)] <使用第一个点作为位移>: A↙（输入 A，转为阵列复制模式）

输入要进行阵列的项目数: 4↙（输入复制数目）

指定第二个点或 [布满(F)]: 8↙（待竖直追踪线出来后，输入第二点与基点的距离为 8，如图 3-30（c）所示）

指定第二个点或 [阵列(A)/退出(E)/放弃(U)] <退出>:↙（回车完成复制阵列对象）

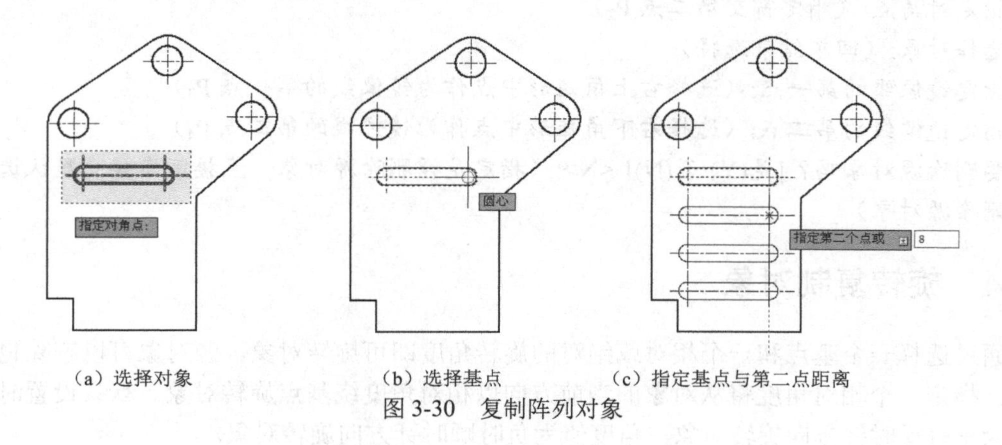

（a）选择对象　（b）选择基点　（c）指定基点与第二点距离

图 3-30　复制阵列对象

选择图形后按住鼠标右键拖动，到指定位置后松开右键，在弹出的快捷菜单中选择“复制到此处”，可复制对象。或选择图形后，先按住鼠标左键，再按住【Ctrl】键拖动图形，也可以复制出新的图形对象。

3.9.3 镜像复制对象

镜像对象命令用于创建轴对称的图形。在设计中经常遇到对称的图形，利用镜像功能，用户只需要创建部分对象，然后通过镜像快速生成整个图形对象。

调用镜像命令的方法如下。

- 功能区：【默认】标签 |【修改】面板|【镜像】按钮 ；
- 命令行：mirror（mi）↙。

镜像复制对象时首先要选择对象，然后指定镜像的轴线，按照给定的轴线进行对称复制，再指定是否删除源对象。

示例：打开本书配套素材中练习文件“3-9.dwg”，将图 3-31 中的办公单元对象进行镜像复制。

此练习示范，请参阅配套素材中实践视频文件 3-11.mp4。

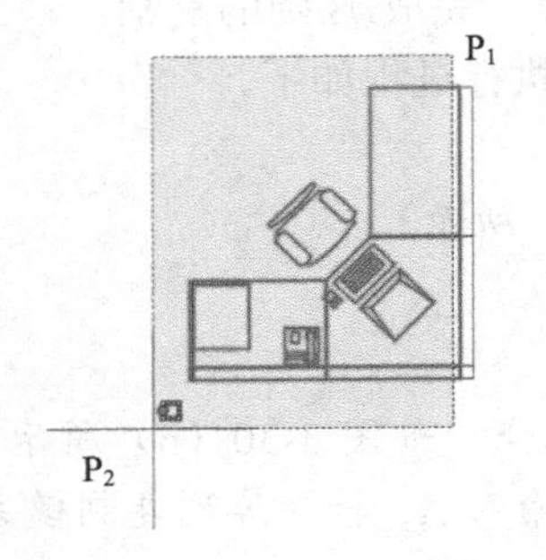

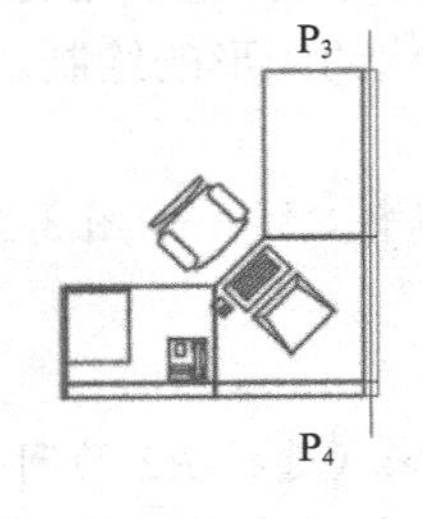

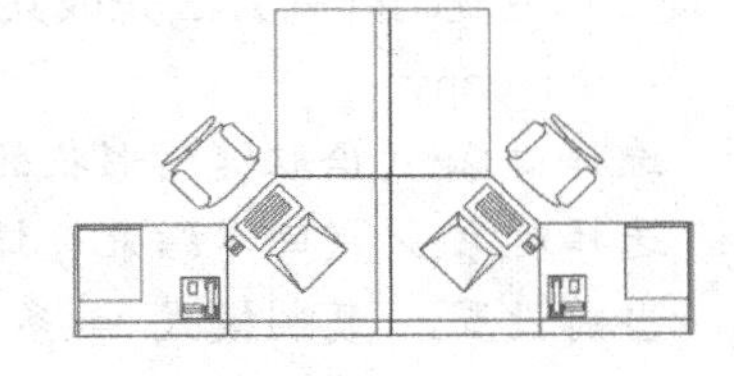

图 3-31　镜像复制对象

镜像复制命令的执行过程如下。

命令:_mirror

选择对象:（用窗交选择对象，指定窗交第一点 P_1）

指定对角点:（指定窗交第二点 P_2）

选择对象:（回车结束选择）

指定镜像线的第一点:（选择右上角矩形中点作为镜像线的第一点 P_3）

指定镜像线的第二点:（选择右下角矩形中点作为镜像线的第二点 P_4）

要删除源对象吗？[是(Y)/否(N)] <N>:（指定是否删除源对象，直接回车接受默认选项，即不删除源对象）

3.9.4 旋转复制对象

通过选择一个基点和一个相对或绝对的旋转角度即可旋转对象，源对象可以删除也可以保留。指定一个相对角度将从对象的当前方向以相对角度绕基点旋转对象。默认设置时，角度值为正时逆时针方向旋转对象，角度值为负时顺时针方向旋转对象。

调用旋转命令的方法如下。

- 功能区：【默认】标签 |【修改】面板|【旋转】按钮 ；
- 命令行：rotate（ro）↙。

在旋转对象时，首先选择要旋转的对象，然后给定旋转的基点和旋转的角度。

示例：打开本书配套素材中练习文件“3-10.dwg”，如图 3-32（a）所示，旋转复制指定对象，结果如图 3-32（b）所示。命令执行过程如下。

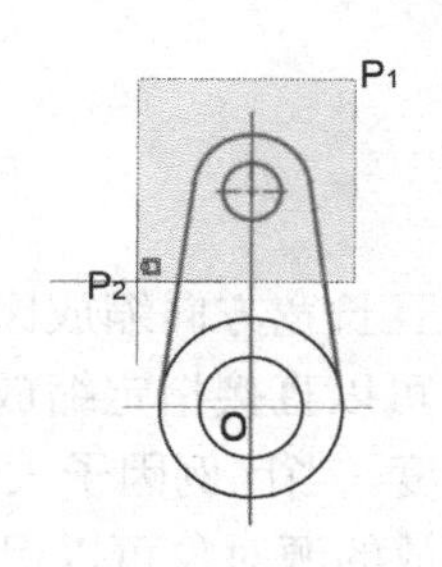

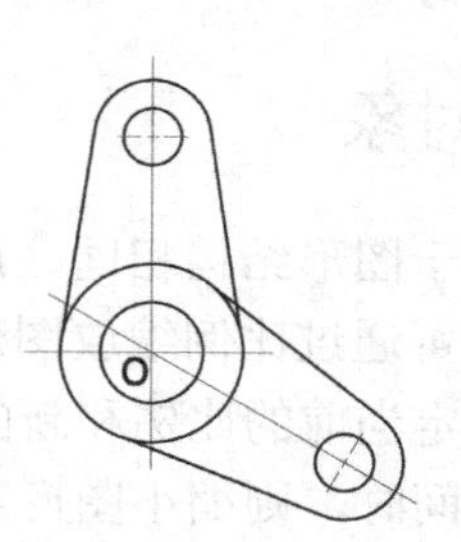

（a）指定旋转对象、基点、角度　　（b）旋转并复制的结果

图 3-32　旋转并复制对象

此练习示范，请参阅配套素材中实践视频文件 3-12.mp4。

命令:_rotate

UCS 当前的正角方向:ANGDIR=逆时针　ANGBASE=0

选择对象:（隐含窗口方式选择对象，先拾取 P_1 点，再拾取 P_2 点）

选择对象:↙（回车结束选择）

指定基点:（捕捉圆心 O 点为基点）

指定旋转角度，或 [复制(C)/参照(R)] <0>:c↙（选择复制对象方式旋转，源对象保留）

旋转一组选定对象。

指定旋转角度，或 [复制(C)/参照(R)] <0>:−120↙（输入旋转角度，顺时针旋转 120 度，回车结束命令）

如果不知道应该旋转的角度，可以采用参照旋转的方式。例如，已知两个角度的绝对角度时对齐这两个对象，即可使用要旋转对象的当前角度作为参照角度。更为简单的方法是用鼠标选择要旋转的对象和与之对齐的对象，例如以图 3-33（a）中的 P_1、P_2、P_3 点作为参照点，旋转对象，结果如图 3-33（b）所示。

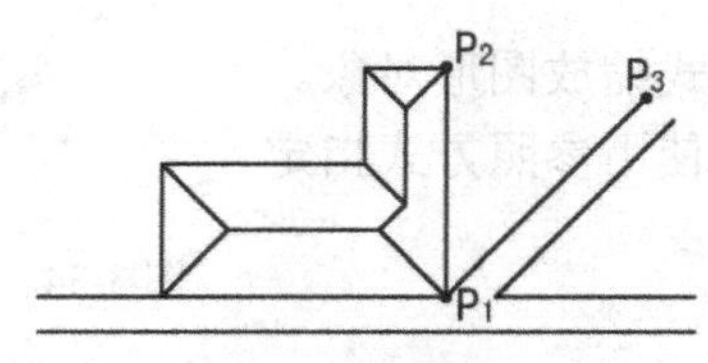

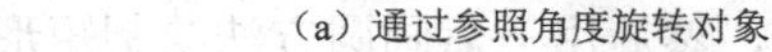

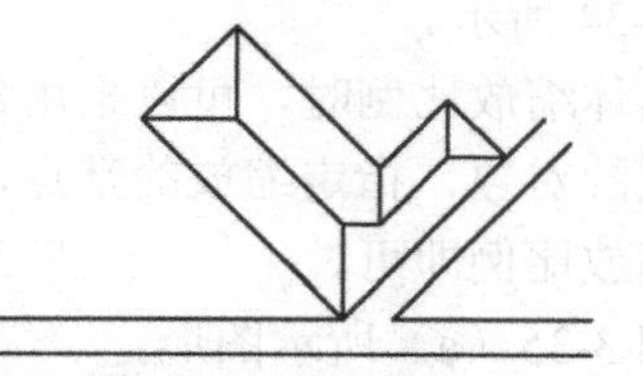

（a）通过参照角度旋转对象　　（b）旋转后的结果

图 3-33　用参照方式旋转对象

命令执行过程如下。

命令:_rotate

UCS 当前的正角方向:ANGDIR=逆时针　ANGBASE=0

选择对象:（指定旋转对象）

选择对象:↙（回车结束选择）

指定基点:（指定旋转的基点 P_1）

指定旋转角度，或[复制(C)/参照(R)] <0>:r↙（指定参照旋转方式）

指定参照角<0>:（捕捉到点 P_1）

指定第二点:（捕捉到点 P_2）

指定新角度或[点(P)]:（捕捉到点 P_3）

3.9.5　缩放复制对象

在工程设计中，对于图形结构相同、尺寸不同且长宽方向缩放比例相同的零件，在设计完成一个图形后，其余可通过比例缩放图形完成。可以直接指定缩放的基点和缩放的比例，也可以利用参照缩放指定当前的比例和新的比例长度。当比例因子大于 1 时，放大图形对象，比例因子介于 0 和 1 之间时，则缩小图形对象。缩放的源对象可以保留也可以删除。

调用缩放命令的方法如下。

- 功能区:【默认】标签 |【修改】面板|【缩放】按钮；
- 命令行：scale（sc）↙。

在执行缩放命令时，首先选择缩放的对象，创建选择集，然后指定缩放的比例或参照方式缩放。

示例：对已知圆进行 2 次复制缩放，缩放比例因子为 1.2。

命令执行过程如下。

命令:_scale

选择对象:（选择缩放对象圆）

选择对象:↙（回车结束选择）

指定基点:（激活对象捕捉的象限点，指定圆的最低象限点为缩放基点）

指定比例因子或 [复制(C)/参照(R)] <1.0000>:c↙（选择复制对象缩放，源对象保留）

缩放一组选定对象。

指定比例因子或 [复制(C)/参照(R)] <1.0000>:1.2↙（指定缩放比例，回车结束命令）

重复执行缩放命令，选择刚放大的圆为缩放对象，其余操作同上，结果如图 3-34 所示。

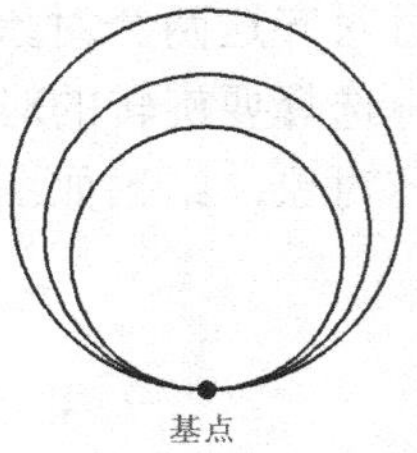

基点

图 3-34　按比例缩放对象

在不知道具体缩放比例时，可以采用参照方式缩放图形对象。只需选择要缩放的对象，指定缩放的基点，然后使用参照方式指定两段距离作为缩放比例即可。

示例：绘制 3-35（a）所示图形。

思路：首先绘制任意大小的长宽比为 2:1 的矩形，然后用三点画圆方法绘制矩形外接圆，最后用缩放命令实现圆的直径为 60。具体操作如下。

此练习示范，请参阅配套素材中实践视频文件 3-13.mp4。

（1）绘制矩形。

命令: _rectang

指定第一个角点或 [倒角(C)/标高(E)/圆角(F)/厚度(T)/宽度(W)]:（拾取任一点为矩形左下角点）

指定另一个角点或 [面积(A)/尺寸(D)/旋转(R)]: @20,10（给定矩形对角点，也就是指定矩形长、宽值，在这里给任意值，只要保证长度为宽度 2 倍即可）

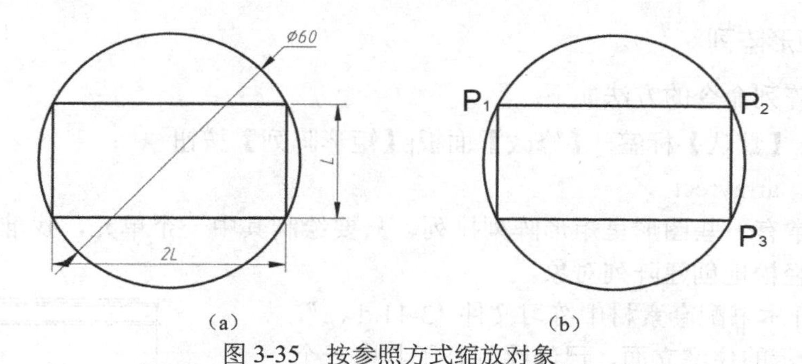

图 3-35　按参照方式缩放对象

（2）绘制矩形外接圆。

命令: _circle

指定圆的圆心或 [三点(3P)/两点(2P)/切点、切点、半径(T)]: _3p 指定圆上的第一个点:（拾取矩形 P_1 角点）

指定圆上的第二个点:（拾取矩形 P_2 角点）

指定圆上的第三个点:（拾取矩形 P_3 角点，如图 3-35（b）所示）

（3）缩放实现圆直径为 60。

命令:_scale

选择对象:（用窗交方式选择整个图形）

选择对象: ↙（回车结束选择对象）

指定基点:（拾取圆心为基点）

指定比例因子或 [复制(C)/参照(R)] <1.0000>:r↙（选择参照方式缩放对象）

指定参照长度 <1.0000>:（拾取矩形对角点 P_1）

指定第二点:（拾取矩形对角点 P_3）

指定新的长度或 [点(P)] <1.0000>:60↙（给定矩形对角点之间新的距离为 60，回车结束命令）

如果不知道新的长度的具体值，而是知道参考长度，则在“指定新的长度或 [点(P)]”提示下，输入 P，然后拾取参考长度的两个端点，确定新的长度值。

缩放命令和视图中的缩放是两个不同的概念，scale 命令是改变图形对象的尺寸大小，而视图中的缩放仅改变图形显示的大小，图形对象的实际尺寸并没有改变。

3.9.6　阵列复制对象

复制多个对象并按照一定规则排列称为“阵列”。阵列命令可以按照矩形、环形、指定路径来复制对象。复制的对象与源对象可以关联，也可以独立。关联是指如果源对象被修改，阵列产生的对象副本自动更新。对于矩形阵列，可以控制复制对象行数和列数，以及对象之间的距离，矩形阵列的方向由行数和列数的正负来决定。对于环形的阵列，可以控制复制对象的数目和决定是否旋转对象，环形阵列的方向为逆时针。路径阵列将沿指定路径定距或均匀分布对象副本。

1．创建矩形阵列

调用矩形阵列命令的方法如下。

- 功能区：【默认】标签 |【修改】面板|【矩形阵列】按钮 ；
- 命令行：arrayrect ↙。

工程图中常有一些图形呈矩形阵列排列，只要绘制其中一个单元，找准阵列之间的几何关系，就可以轻松地创建阵列对象。

示例：打开本书配套素材中练习文件“3-11.dwg”，对于图 3-36 所示的住宅立面，已经绘制好了其中一个窗户的图形，现在需要将其他的窗户阵列出来。

此练习示范，请参阅配套素材中实践视频文件 3-14.mp4。

矩形阵列的操作步骤如下。

在【修改】面板中单击【矩形阵列】按钮 ，激活阵列命令，AutoCAD 提示如下。

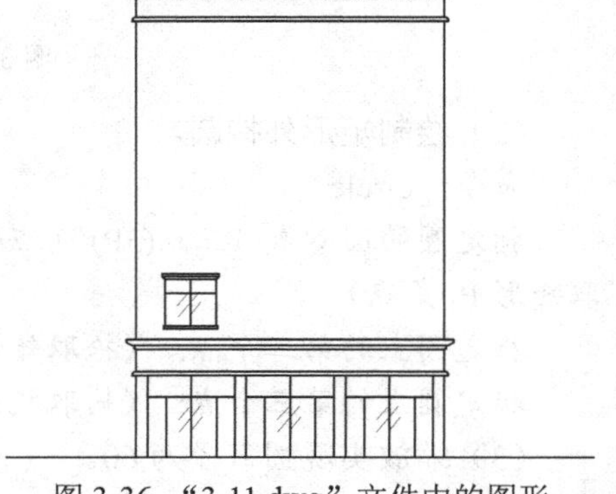

图 3-36 “3-11.dwg”文件中的图形

命令: _arrayrect

选择对象: (窗口选择图 3-36 中的窗户图形)

选择对象: ↙（回车结束选择对象）

类型 = 矩形　关联 = 是（当前给定的默认模式，矩形阵列，阵列生成的对象与源对象关联）

选择夹点以编辑阵列或 [关联(AS)/基点(B)/计数(COU)/间距(S)/列数(COL)/行数(R)/层数(L)/退出(X)] <退出>:

此时功能区面板显示为矩形阵列的“阵列创建”上下文选项卡，如图 3-37 所示。在“列”面板上，列数输入“3”，“介于”输入“3500”；在“行”面板上，行数输入“4”，“介于”输入“3000”；单击“关闭阵列”按钮，完成矩形阵列，结果如图 3-38（a）所示。若在阵列时，选择“关联”选项，则阵列后的对象相互关联，选择其中任一对象，则选择了全部阵列对象，如图 3-38（b）所示。不选择“关联”选项，则阵列后的对象为各自独立的对象，可单独进行编辑修改，如图 3-38（c）所示。

图 3-37　矩形阵列时“阵列创建”上下文选项卡

2．创建环形阵列

环形阵列是指复制多个图形并按照指定的中心进行环形排列的操作。

（a）矩形阵列的结果　　（b）关联阵列　　（c）非关联阵列

图 3-38 矩形阵列

调用矩形阵列命令的方法如下。

- 功能区：【默认】标签 |【修改】面板|【环形阵列】按钮 ；
- 命令行：arraypolar ↙。

示例：打开本书配套素材中练习文件“3-12.dwg”，以图 3-39 所示的小圆和六边形为原始图形，进行环形阵列操作。

此练习示范，请参阅配套素材中实践视频文件 3-15.mp4。

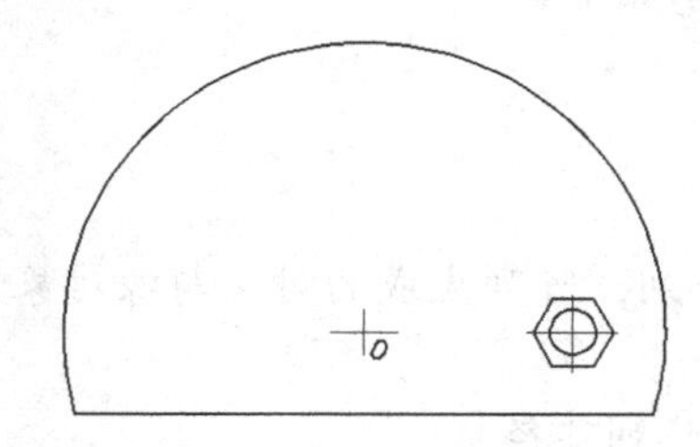

图 3-39 练习文件“3-12.dwg”

（1）在【修改】面板中单击【环形阵列】按钮 ，命令行提示如下。

命令: _arraypolar

选择对象：（窗口选择图 3-39 中右侧的圆、正六边形、中心线）

选择对象：↙（回车结束选择对象）

类型 = 极轴 关联 = 是（当前给定的默认模式，环形阵列，阵列生成的对象与源对象关联）

指定阵列的中心点或 [基点(B)/旋转轴(A)]:（指定图 3-39 中 O 点即半圆的圆心为环形阵列的中心点）

选择夹点以编辑阵列或 [关联(AS)/基点(B)/项目(I)/项目间角度(A)/填充角度(F)/行(ROW)/层(L)/旋转项目(ROT)/退出(X)] <退出>:

此时功能区面板显示为环形阵列的“阵列创建”上下文选项卡，如图 3-40 所示。在“项目”面板上，项目数输入“6”，“填充”即环形阵列包含填充角度输入“180”，激活“特性”面板上的“旋转项目”按钮，单击“关闭阵列”按钮，完成环形阵列，结果如图 3-41（a）所示。如果希望产生图 3-41（b）所示的结果，则不激活“特性”面板上的“旋转项目”按钮。

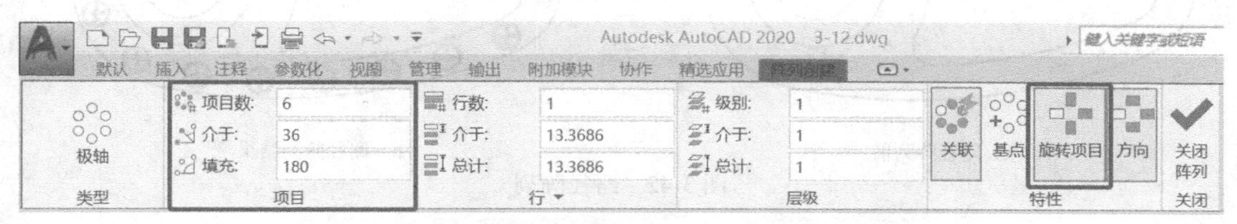

图 3-40 环形阵列时“阵列创建”上下文选项卡

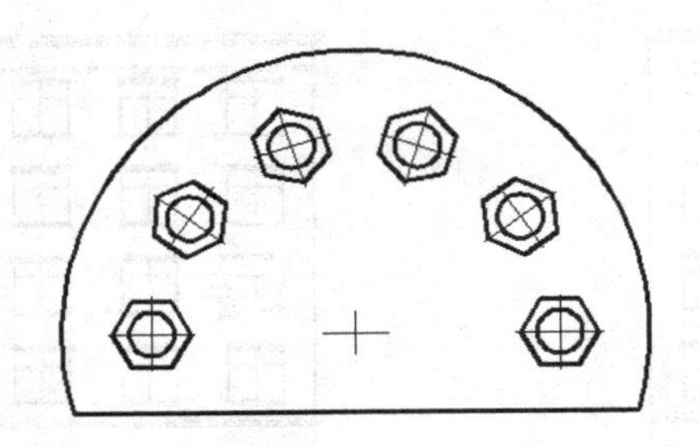

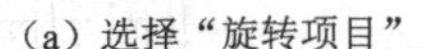

（a）选择“旋转项目”

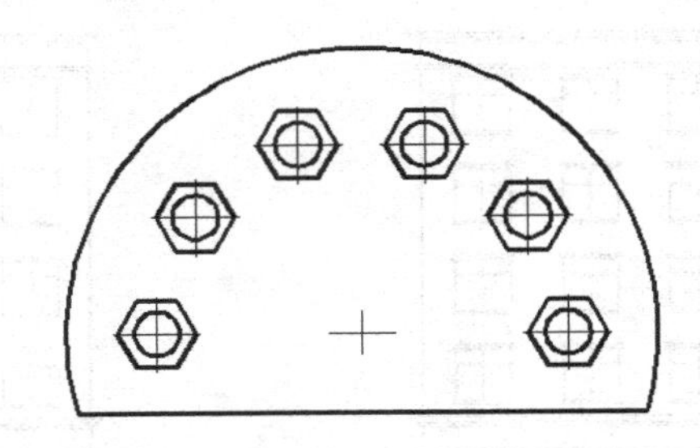

（b）不选择“旋转项目”

图 3-41　环形阵列

3. 创建路径阵列

路径阵列将沿指定路径或部分路径均匀分布对象副本。

调用矩形阵列命令的方法如下。

- 功能区：【默认】标签 |【修改】面板|【路径阵列】按钮；
- 命令行：arraypath ↙。

示例：打开本书配套素材中练习文件“3-13.dwg”，对图 3-42（a）进行路径阵列操作。

此练习示范，请参阅配套素材中实践视频文件 3-16.mp4。

在【修改】面板中单击【路径阵列】按钮，命令行提示如下。

命令: _arraypath

选择对象：（窗口选择图 3-42（a）中所示的阵列源对象）

选择对象：↙（回车结束选择对象）

类型 = 路径　关联 = 是（当前给定的默认模式，路径阵列，阵列生成的对象与源对象关联）

选择路径曲线：(选择阵列路径，如图 3-42（a）中所示的阵列路径)

此时功能区面板显示为路径阵列的“阵列创建”上下文选项卡，如图 3-43 所示。在“项目”面板上，单击“项目数”前的按钮，将项目数栏由灰色不可填写状态改为可填写状态，并输入“18”；单击“特性”面板的“基点”按钮，指定阵列源对象的圆心为基点；单击“特性”面板的“定距等分”定距等分，打开组合按钮，选择“定数等分”；不选择“对齐项目”选项；单击“关闭阵列”按钮，完成路径阵列，结果如图 3-42（b）所示。

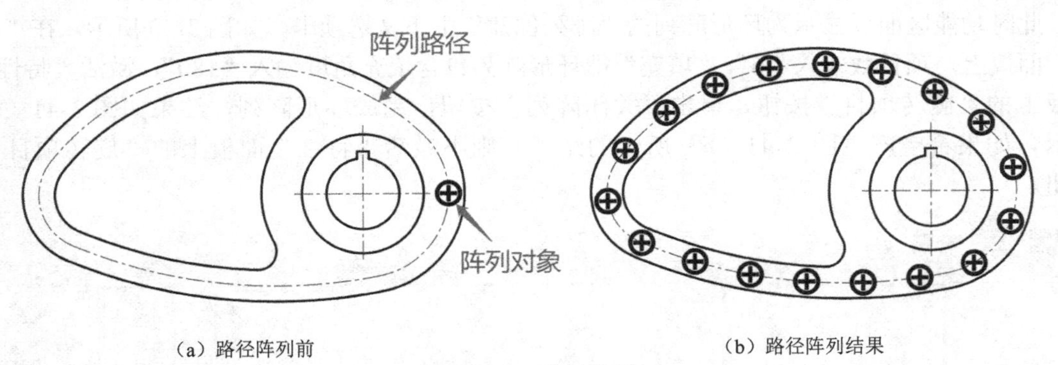

（a）路径阵列前　　（b）路径阵列结果

图 3-42　路径阵列

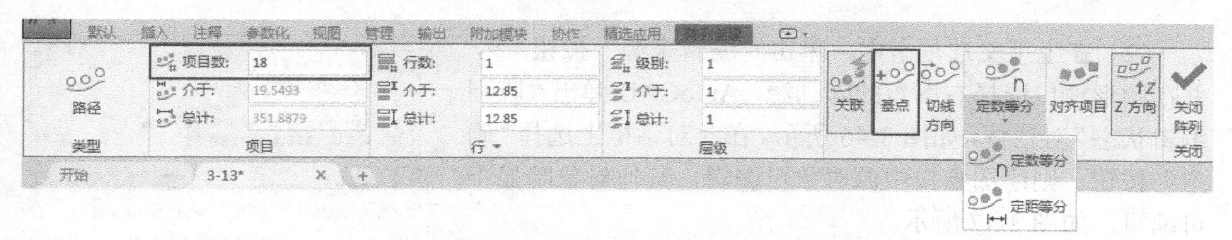

图 3-43　路径阵列时“阵列创建”上下文选项卡

4．编辑关联阵列对象

以关联模式创建的阵列对象，无论是矩形、环形，还是路径阵列，编辑方式都是一样的。单击阵列对象，功能区面板将显示为阵列上下文选项卡，如图 3-44 所示。在阵列上下文选项卡相应的选项上进行修改，阵列对象做实时变更。

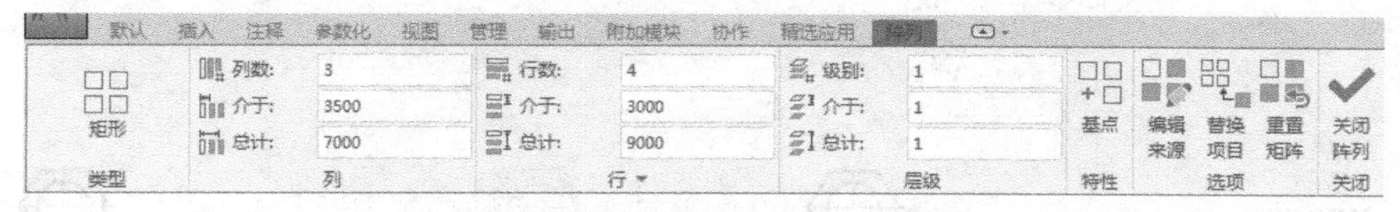

（a）编辑矩形阵列时显示的上下文选项卡

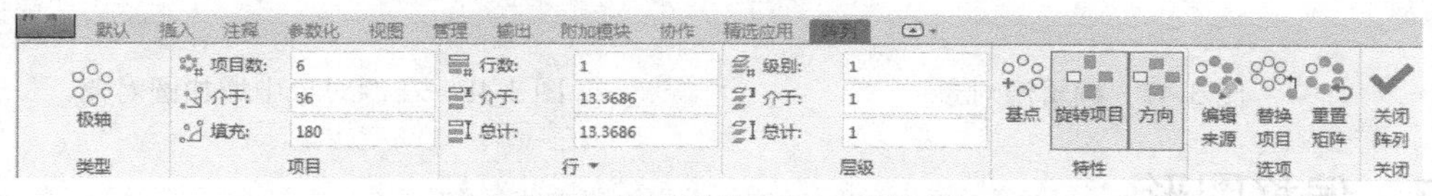

（b）编辑环形阵列时显示的上下文选项卡

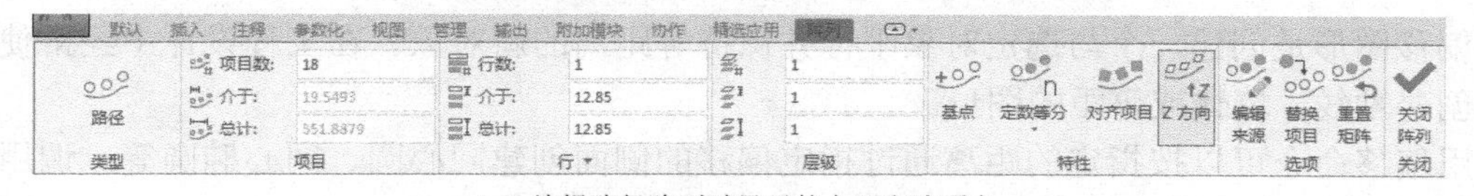

（c）编辑路径阵列时显示的上下文选项卡

图 3-44　编辑关联阵列显示的阵列上下文选项卡

示例：打开本书配套素材中练习文件“3-14.dwg”，对如图 3-45（a）所示的图形进行编辑操作。

此练习示范，请参阅配套素材中实践视频文件 3-17.mp4。

（1）单击环形阵列，在上下文选项卡中，将“项目数”由“6”改为“5”，并单击“旋转项目”，则图形变化如图 3-45（b）所示。

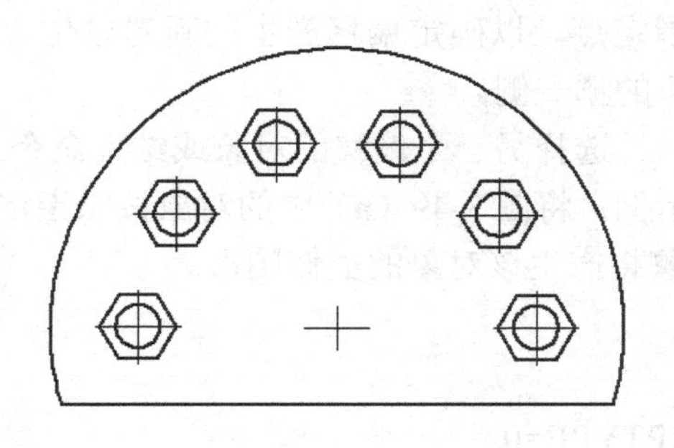

（a）练习文件“3-14.dwg”

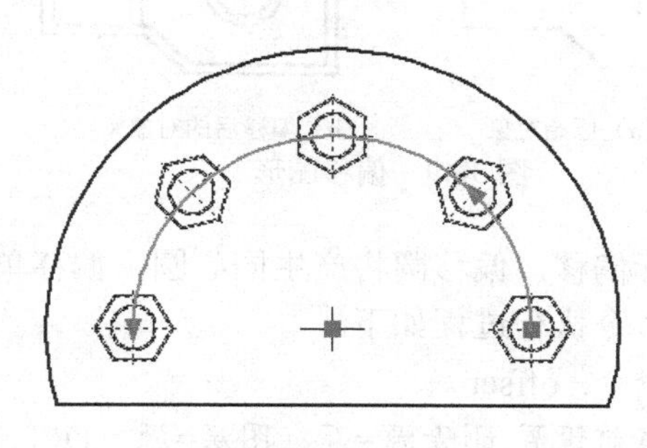

（b）修改后的阵列图形

图 3-45　编辑阵列

（2）在上下文选项卡中，单击“编辑来源”按钮，并在图形窗口选择右下角的阵列源，AutoCAD 弹出“阵列编辑状态”对话框，如图 3-46 所示。在此对话框上选择“确定”按钮，则绘图窗口中源对象可编辑，其他对象暗显不可编辑，如图 3-47 所示。

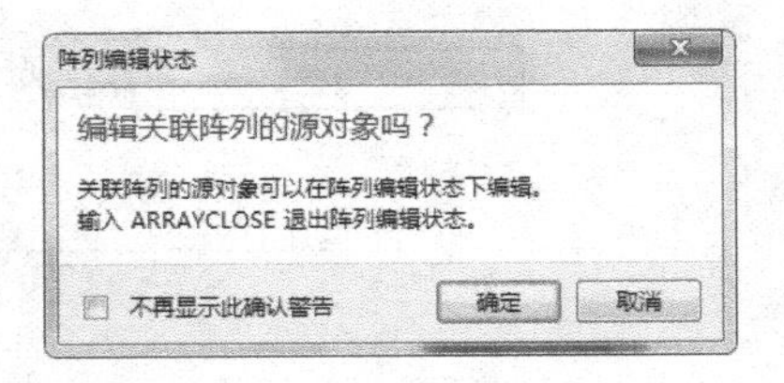

图 3-46 “阵列编辑状态”对话框

（3）在源对象中，绘制正六边形的内切圆，则其他关联阵列对象自动更新，如图 3-48 所示。在“编辑阵列”面板中选择“保存修改”按钮，则更改完毕。

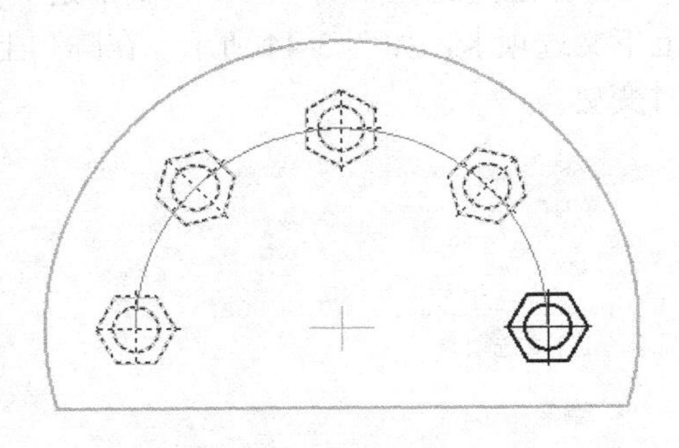

图 3-47　编辑源对象

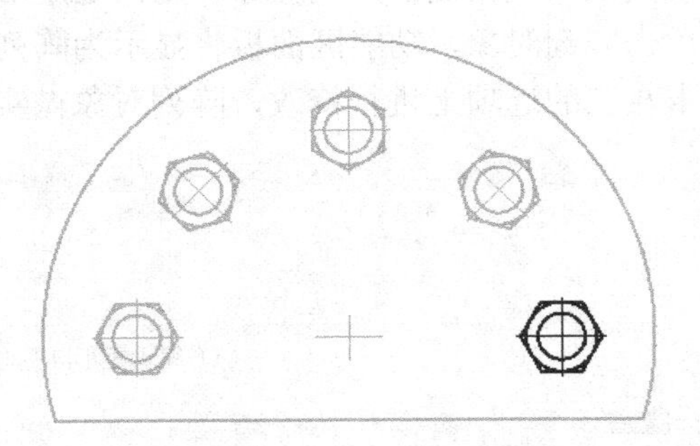

图 3-48　在源对象中增加圆对象

3.9.7　偏移图形

偏移图形是创建一个与选定对象平行并保持等距离的新对象。在工程设计中经常使用此命令创建轴线、墙体或等距的图形。

用偏移命令可以按指定的距离通过指定偏移的侧面创建同心圆、同心椭圆等。调用偏移命令的方法如下。

- 功能区：【默认】标签 |【修改】面板|【偏移】按钮；
- 命令行：offset（o）↙。

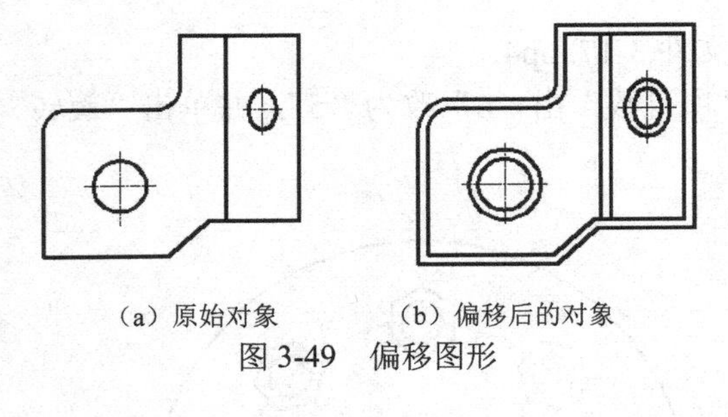

（a）原始对象　　（b）偏移后的对象

图 3-49　偏移图形

执行偏移命令的过程如下。

（1）在【修改】面板中单击【偏移】按钮。

（2）用鼠标指定偏移距离或输入一个偏移值。

（3）选择要偏移的对象，在要偏移的对象的一侧指定点，以确定偏移产生的新对象位于被偏移对象的哪一侧。

（4）选择另一个偏移的对象或结束命令。

示例：将图 3-49（a）中的对象按照指定的距离进行偏移，偏移圆将产生同心圆，偏移单一对象将产生该对象的类似图形。

命令执行过程如下。

命令:_offset

当前设置:删除源=否　图层=源　OFFSETGAPTYPE=0

指定偏移距离或 [通过(T)/删除(E)/图层(L)] <通过>:（指定偏移的距离）

选择要偏移的对象，或 [退出(E)/放弃(U)] <退出>:（选择要偏移的对象）

指定要偏移的那一侧上的点，或 [退出(E)/多个(M)/放弃(U)] <退出>:（给定一点指定在对象的哪侧偏移）

选择要偏移的对象，或 [退出(E)/放弃(U)] <退出>:（回车结束命令）

说明如下。

执行偏移命令时，出现“指定偏移距离或 [通过(T)/删除(E)/图层(L)] <通过>”的提示。选项中“通过(T)”是指当选择此项后，产生的新的偏移对象将通过拾取点；选项中“删除(E)”是设置偏移后是否删除源偏移对象；选项中“图层(L)”是设置偏移后产生的新的偏移对象位于当前层还是与源对象在同一图层中。

示例：用偏移命令绘制图 3-50 所示的标题栏。

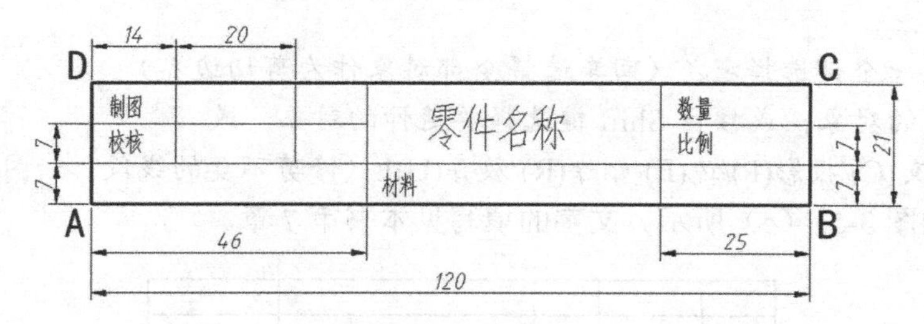

图 3-50　标题栏

此练习示范，请参阅配套素材中实践视频文件 3-18.mp4。

绘图过程如下。

（1）绘制直线。

命令:_line

指定第一点:（指定左下角 A 点为第一点）

指定下一点或 [放弃(U)]:120↙（在应用程序状态栏上打开正交，鼠标向右拖动后，输入距离值回车，给出第二点 B）

指定下一点或 [放弃(U)]:21↙（鼠标向上拖动后，给出第三点 C）

指定下一点或 [闭合(C)/放弃(U)]:120↙（鼠标向左拖动后，给出第四点 D）

指定下一点或 [闭合(C)/放弃(U)]:C↙（封闭图形结束绘图）

（2）偏移水平直线。

命令:_offset

指定偏移距离或 [通过(T)/删除(E)/图层(L)] <通过>:7↙（指定偏移的距离）

选择要偏移的对象，或 [退出(E)/放弃(U)] <退出>:（选择要偏移的对象 AB）

指定要偏移的那一侧上的点，或 [退出(E)/多个(M)/放弃(U)]:（给定 AB 线上方任意一点确定在哪侧偏移）

选择要偏移的对象，或 [退出(E)/放弃(U)] <退出>:（选择要偏移的对象 CD）

指定要偏移的那一侧上的点，或 [退出(E)/多个(M)/放弃(U)]:（给定 CD 线下方一点确定在哪侧偏移）

选择要偏移的对象，或 [退出(E)/放弃(U)] <退出>:↙（回车结束命令）

（3）偏移垂直直线。

命令:_offset

指定偏移距离或 [通过(T)/删除(E)/图层(L)] <通过>:14↙（指定偏移的距离）

选择要偏移的对象，或 [退出(E)/放弃(U)] <退出>:（选择要偏移的对象 AD）

指定要偏移的那一侧上的点，或 [退出(E)/多个(M)/放弃(U)]:（给定 AD 线右侧任意一点确定在哪侧偏移）

选择要偏移的对象，或 [退出(E)/放弃(U)] <退出>:↙（回车结束命令）

重复上述命令，分别给定偏移的距离为 20、46、25 完成竖直线的绘制，结果如图 3-51（a）所示。

（4）修剪直线。

命令:_trim

当前设置:投影=UCS，边=无

选择剪切边...

选择对象或 <全部选择>:↙（回车选择全部对象作为剪切边界）

选择要修剪的对象，或按住 Shift 键选择要延伸的对象，或

[栏选(F)/窗交(C)/投影(P)/边(E)/删除(R)/放弃(U)]:（修剪不要的线段，如图 3-51（b）所示）

执行结果如图 3-51（c）所示。文字的填写见本书第 7 章。

（a）偏移后的图形

（b）修剪图形

（c）完成结果

图 3-51　标题栏的绘制过程

3.10　夹点功能

AutoCAD 的夹点功能是一种非常灵活的编辑功能，利用它可以实现对象的拉伸、移动、旋转、镜像、缩放、复制。通常，人们利用夹点快速实现对象的拉伸和移动。

在不输入任何命令的情况下，拾取对象，被拾取的对象上将显示夹点标记。夹点标记就是选定对象上的控制点，如图 3-52 所示，不同对象控制的夹点是不同的。如圆弧共有四个夹点：圆心、起点、中间点、终点。对于由多段线构成的图形对象，如矩形、正多边形等，其夹点称为多功能夹点。利用多功能夹点，可以实现多段线的编辑，详见第 4 章的多段线编辑。

当对象被选中时夹点是蓝色的，称为“冷夹点”。鼠标在某个夹点悬停时，该夹点变为浅红色，AutoCAD 弹出快捷菜单，显示可对当前点进行的操作，如图 3-53 所示。如果再次单击对象的某个夹点，则变为深红色，称为“暖夹点”，按住【Shift】键还可以同时选择多个夹点为“暖夹点”。

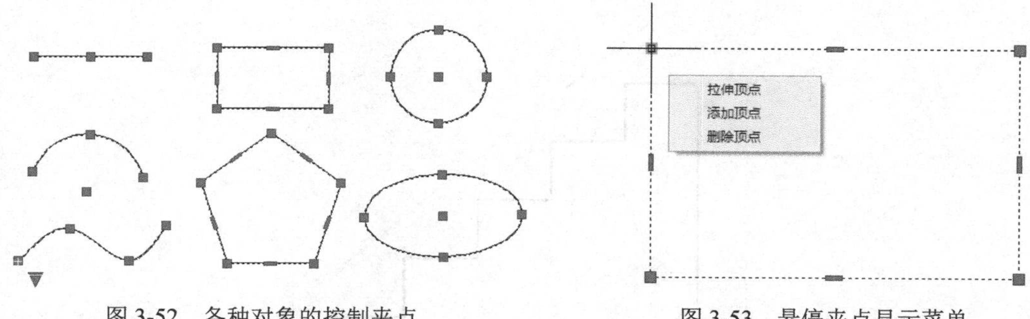

图 3-52　各种对象的控制夹点　　　图 3-53　悬停夹点显示菜单

当出现“暖夹点”时，命令行提示如下。

命令:

** 拉伸 **

指定拉伸点或 [基点(B)/复制(C)/放弃(U)/退出(X)]:

通过按回车键可以在拉伸、移动、旋转、缩放、镜像编辑方式中间进行切换。也可以右击，在弹出的快捷菜单上选择编辑命令。

例如，选择一条直线后，直线的端点和中点处将显示夹点。单击端点，使其成为“暖夹点”后，此端点可以拖动到任何位置，从而实现线段的伸缩，如图 3-54（a）所示。单击中点，使其成为“暖夹点”后，拖动到任何位置，从而实现线段的移动，如图 3-54（b）所示。

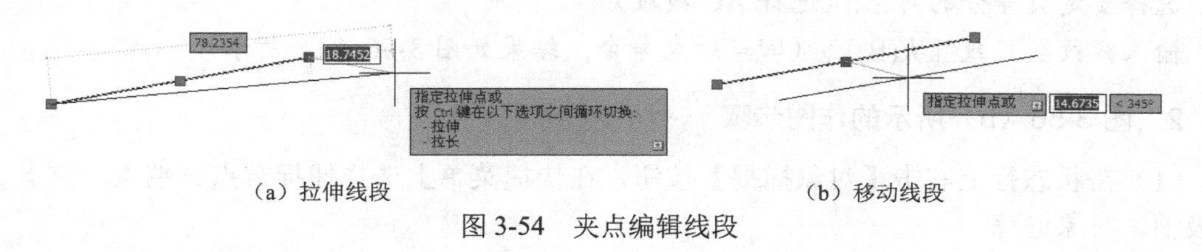

（a）拉伸线段　　（b）移动线段

图 3-54　夹点编辑线段

3.11　综合练习

在了解了 AutoCAD 的绘制及修改图形的基本方法后，通过综合练习可以让我们学会如何灵活运用各种作图方法，提高绘图的能力。

示例 1：绘制如图 3-55 所示图形。通过练习，熟悉定数等分点的实际应用。熟练掌握直线、复制、修剪、点样式设置等命令的使用。

此练习示范，请参阅配套素材中实践视频文件 3-19.mp4。

1. 图 3-56（a）所示的作图步骤

（1）用直线命令绘制三边形。

命令:_line

指定第一点:（任意拾取一点作为 A 点）

指定下一点或 [放弃(U)]:99.4↙（激活正交，向左拖动鼠标，输入值给出第二点 B）

指定下一点或 [放弃(U)]:81.3↙（向上拖动鼠标，输入值给出第三点 C）

指定下一点或 [闭合(C)/放弃(U)]:c↙（闭合结束画线命令）

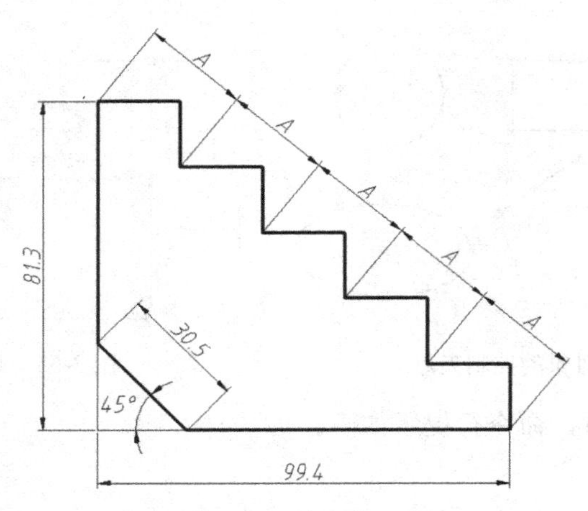

图 3-55　综合练习

（2）设置点样式，使点可见。

命令:_ddptype

在弹出的【点样式】对话框中选择一种在屏幕上可见的点样式即可。

（3）等分 AC 线段。

命令:_divide

选择要定数等分的对象:（选择 AC 线段）

输入线段数目或 [块(B)]:5（回车结束命令，结果如图 3-56（a）所示）

2．图 3-56（b）所示的作图步骤

（1）在状态行上右击【对象捕捉】按钮，在快捷菜单上选择捕捉节点、端点、交点。激活极轴、对象追踪。

（2）画线。

命令:_line

指定第一点:（拾取 C 点）

指定下一点或 [放弃(U)]:（先将鼠标放在 D 点上，不拾取，然后放在水平线上，待交点标记出现后，拾取）

指定下一点或 [放弃(U)]:（拾取 D 点）

指定下一点或 [闭合(C)/放弃(U)]: ↙（回车结束命令）

3．图 3-56（c）所示的作图步骤

（1）复制对象。

命令:_copy

选择对象:（拾取刚绘制的两条直线段）

选择对象:↙（回车结束选择对象）

当前设置:　复制模式 = 多个

指定基点或 [位移(D)/模式(O)] <位移>:（拾取 C 点）

指定第二个点或 <使用第一个点作为位移>:（拾取 D 点）

指定第二个点或 [退出(E)/放弃(U)] <退出>:（拾取节点）

....
指定第二个点或 [退出(E)/放弃(U)] <退出>:↙（回车结束命令）
（2）绘制45°直线。
命令:_line
指定第一点:（拾取B点）
指定下一点或 [放弃(U)]:@30.5<135↙（用相对极坐标输入）
指定下一点或 [放弃(U)]:↙（回车结束命令）

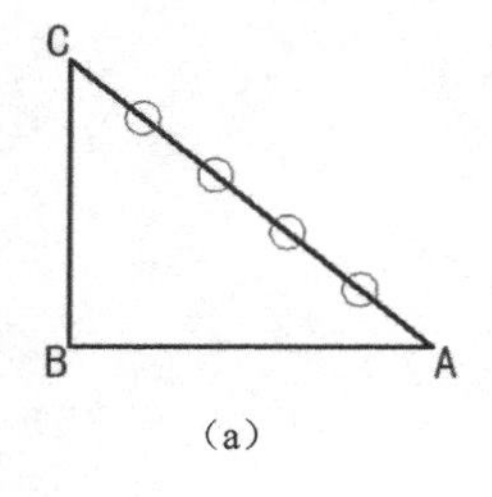

（a）

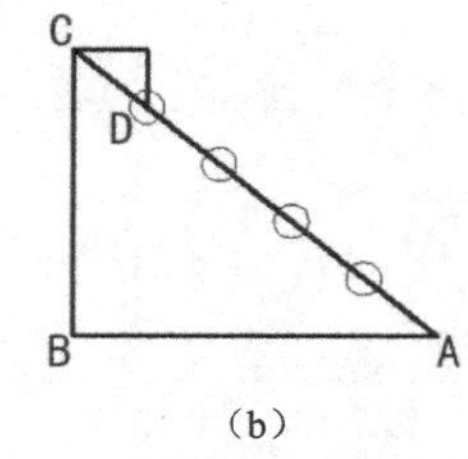

（b）

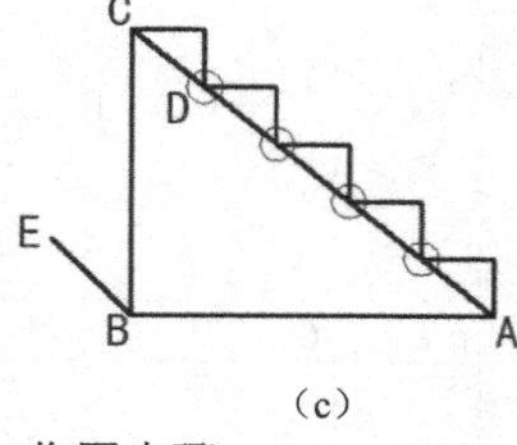

（c）

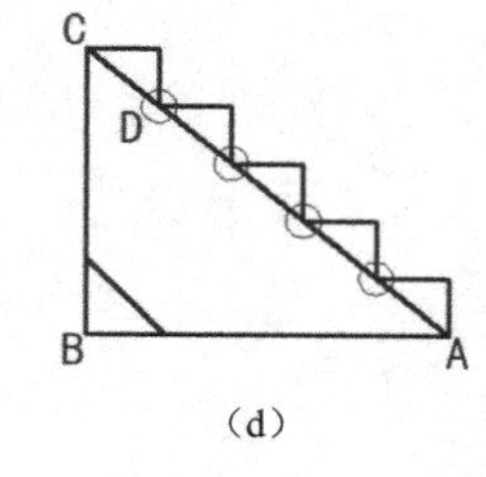

（d）

图3-56　作图步骤

4．图3-56（d）所示的作图步骤

命令:_move
选择对象:（拾取BE线段）
选择对象:↙（回车结束选择对象）
指定基点或 [位移(D)] <位移>:（拾取E点）
指定第二个点或 <使用第一个点作为位移>:（水平移动，待交点标记出现后拾取）

5．利用修剪命令完善图形

用修剪命令将B点处多余的线段删除。

示例2：绘制如图3-57所示的挂轮架。通过本练习，读者能熟练掌握利用偏移命令绘制定位线的方法、各种画圆命令，以及修剪、删除、拉伸等命令的综合运用。掌握正确绘制工程图的思路、作图方法。

此练习示范，请参阅配套素材中实践视频文件3-20.mp4。

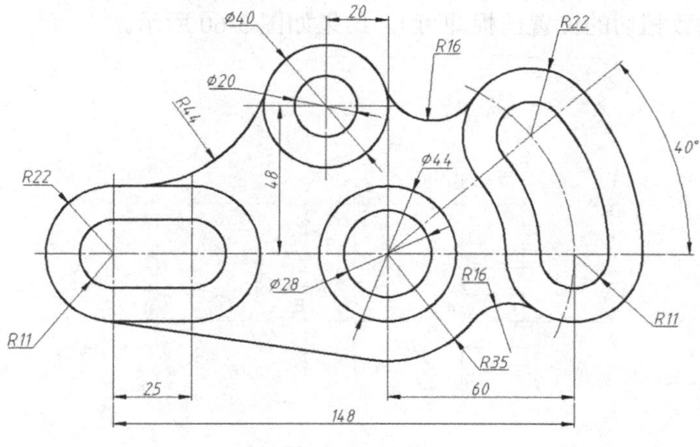

图3-57　挂轮

绘图前，应先对图形进行分析，主要分析确定平面图形上几何元素的大小尺寸，以及几何元素位置的尺寸。明确哪些线段是已知线段（形状尺寸和位置尺寸都已知，即知道位置在哪儿，知道大小是多少，如图 3-57 中的ϕ28、*R*35），哪些线段是连接线段（只形状尺寸已知，但位置未知，如图 3-57 中的 *R*16）。绘图步骤如下。

（1）用直线命令绘制一对垂直相交的水平线和竖直线，如图 3-58 所示的 AB 和 CD 直线。

（2）用偏移命令复制其余的定位线，用直线命令通过输入相对极坐标的方式绘制 EI 直线，这样完成了挂轮各个轮廓的定位线，如图 3-58 所示。

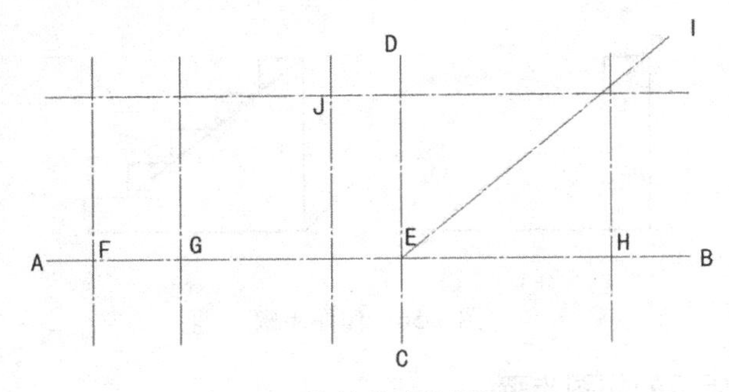

图 3-58　挂轮分步作图（1）

（3）用圆命令分别以 E、F、G、J、H 为圆心，以给定半径或直径画圆，结果如图 3-59 所示。

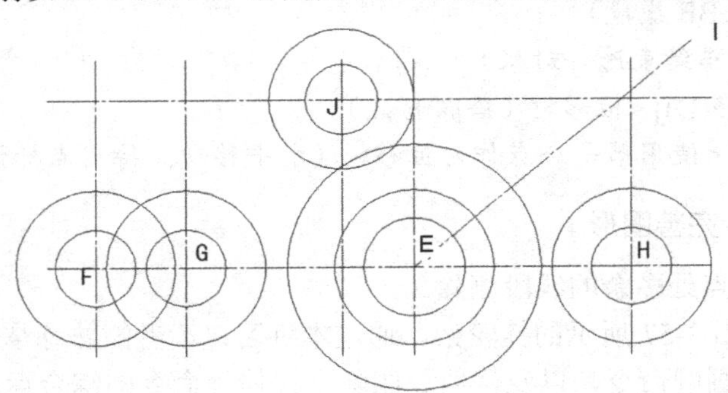

图 3-59　挂轮分步作图（2）

（4）绘制连接直线（打开捕捉交点、切点）和连接圆（用相切、相切、半径方式绘制圆，捕捉切点时，在大致相切的位置捕捉即可），结果如图 3-60 所示。

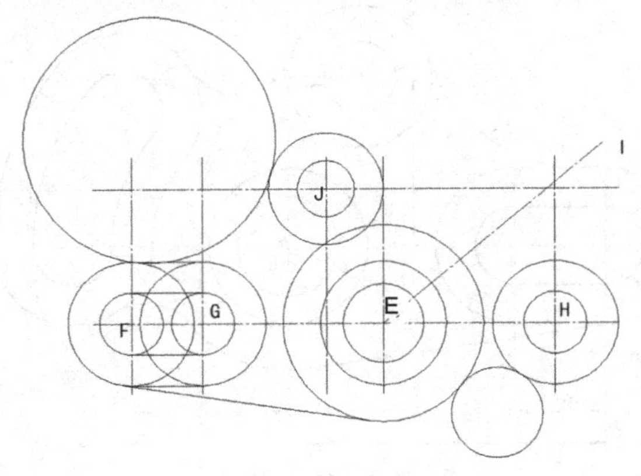

图 3-60　挂轮分步作图（3）

（5）用修剪命令裁剪图形，结果如图 3-61 所示。

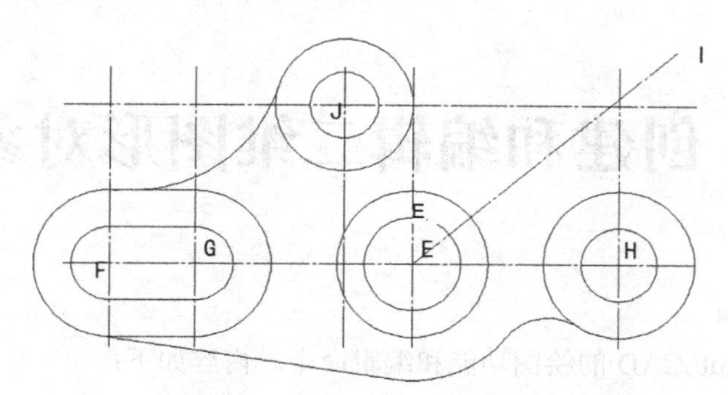

图 3-61　挂轮分步作图（4）

（6）绘制右上部半径为 11 和 22 的圆及两圆的连接圆，结果如图 3-62 所示。

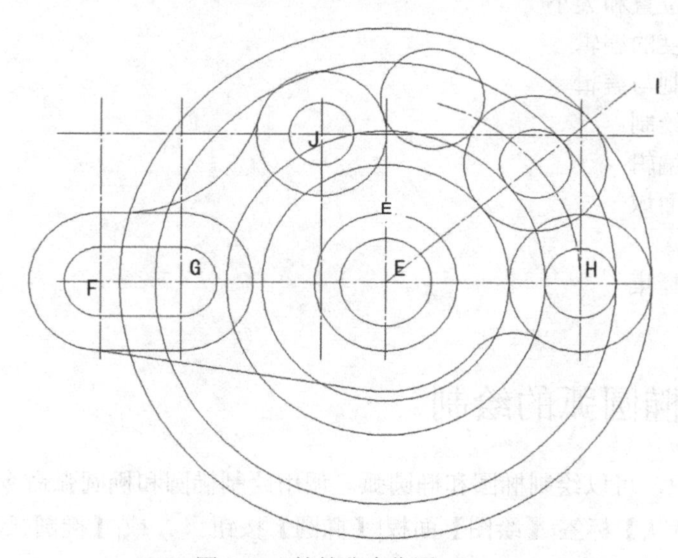

图 3-62　挂轮分步作图（5）

（7）用修剪命令和删除命令修剪图形，用夹点功能将各定位线拉伸或缩短到合适的位置。执行结果如图 3-63 所示。

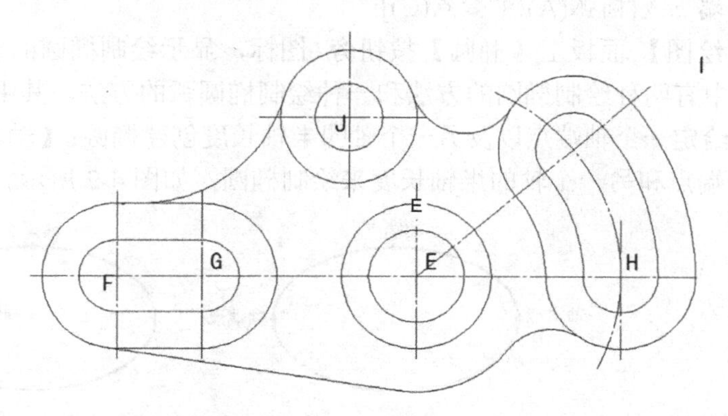

图 3-63　挂轮分步作图（6）

第 4 章　创建和编辑二维图形对象（二）

本章继续介绍 AutoCAD 的绘图功能和编辑命令。内容如下：

- 椭圆和椭圆弧的绘制
- 构造线的绘制
- 改变图形的位置和大小
- 边、角、长度的编辑
- 多段线的绘制与编辑
- 样条曲线的绘制
- 图案填充与编辑
- 创建边界与面域
- GRIPS 菜单
- 构造高级选择集
- 参数化图形

4.1　椭圆和椭圆弧的绘制

在 AutoCAD 中，可以绘制椭圆和椭圆弧。调用绘制椭圆和椭圆弧命令的方法如下。

- 功能区：【默认】标签|【绘图】面板|【椭圆】按钮 或|【椭圆弧】按钮；
- 命令行：ellipse（el）↙。

使用创建椭圆或椭圆弧命令时，系统提示如下。

命令:_ellipse

指定椭圆的轴端点或[圆弧(A)/中心点(C)]:

单击功能区【绘图】面板上【椭圆】按钮旁图标，显示绘制椭圆的组合下拉按钮，如图 4-1 所示。按钮中有两种绘制椭圆的方法和一种绘制椭圆弧的方法。其中，【圆心】法是通过指定的中心点和给定一个轴端点以及另一个轴的半轴长度创建椭圆；【轴、端点】法是指定长轴或短轴的两个端点和另一个轴的半轴长度来绘制椭圆，如图 4-2 所示。

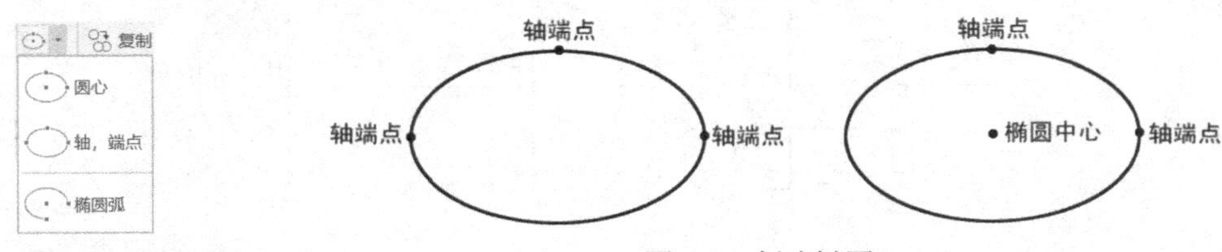

图 4-1　椭圆组合下拉按钮　　图 4-2　创建椭圆

示例：绘制长轴为 30，短半轴为 7.5 的椭圆，采用【轴，端点】绘制椭圆的过程如下。

单击功能区【绘图】面板|【椭圆】 按钮，命令行提示如下。

命令:_ellipse

指定椭圆的轴端点或 [圆弧(A)/中心点(C)]:（指定椭圆的一个轴端点）

指定轴的另一个端点:30↙（给出轴长）

指定另一条半轴长度或 [旋转（R）]:7.5↙（指定另一半轴长，回车结束命令）

用户可以直接给出另一轴的半轴长度或给出一点，该点到轴中心点的距离为另一半轴的长度。

示例：已知椭圆的中心，且长半轴为 15、短半轴为 7.5，采用【圆心】方法绘制椭圆的过程如下。

单击功能区【绘图】面板|【椭圆】 按钮，命令行提示如下。

命令:_ellipse

指定椭圆的轴端点或[圆弧(A)/中心点(C)]:_c（系统自动转入圆心绘制椭圆方式）

指定椭圆的中心点:（指定椭圆中心点）

指定轴的端点:15↙（鼠标指示轴端点方向，指定半轴长度）

指定另一条半轴长度或[旋转（R）]:7.5↙（指定另一半轴长，回车结束命令）

第一条轴的角度确定了整个椭圆的角度。第一条轴既可以定义椭圆的长轴，也可以定义椭圆的短轴。

示例：使用椭圆弧命令，根据椭圆的起点和端点角度创建椭圆弧，如图 4-3 所示。

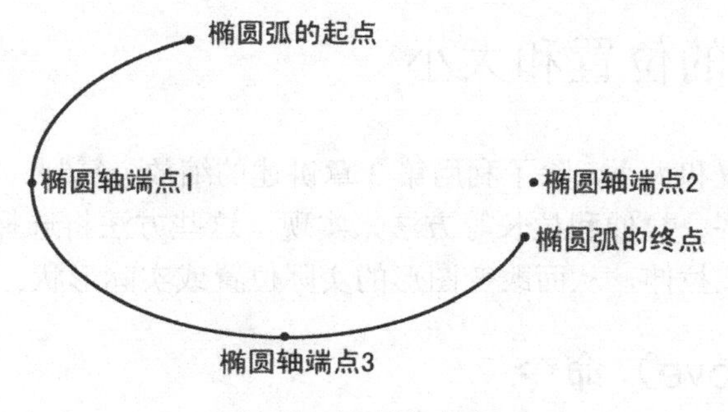

图 4-3　创建椭圆弧

创建椭圆弧的命令执行过程如下。

命令:_ellipse

指定椭圆的轴端点或[圆弧（A）|中心点（C）]:_a（系统自动转入绘制椭圆弧方式）

指定椭圆弧的轴端点或[中心点（C）]:（指定椭圆轴的第一个端点 1）

指定轴的另一个端点:（指定椭圆轴的另一个端点 2）

指定另一条半轴长度或[旋转（R）]:（指定另一半轴长度点 3）

指定起始角度或[参数（P）]:（指定椭圆弧起点角度）

指定端点角度或[参数（P）|包含角度（I）]:（指定椭圆弧终点角度）

从起点到端点按逆时针方向绘制椭圆弧。

4.2 构造线的绘制

构造线是两端无限延伸的直线，一般用于作辅助线或者布置图形位置。

调用构造线的方法如下。

- 功能区：【默认】标签|【绘图】面板|【构造线】按钮 ；
- 命令行：xline（xl） ↙。

创建构造线有 6 种方法。可以过两点创建构造线，创建水平或垂直构造线，创建有一定角度的构造线，创建过角平分线的构造线，或根据偏移量创建构造线。

使用创建构造线命令时，系统提示如下。

命令: _xline 指定点或 [水平(H)/垂直(V)/角度(A)/二等分(B)/偏移(O)]:

根据已知条件，选择合适的方法，创建满足要求的构造线。

示例：绘制一条过已知直线 AB 端点并且与该直线夹角呈 35° 的构造线，如图 4-4 所示。

命令执行过程如下。

命令: _xline 指定点或 [水平(H)/垂直(V)/角度(A)/二等分(B)/偏移(O)]: a↙（选择角度方式）

输入构造线的角度 (0) 或 [参照(R)]: r↙（选择参照方式）

选择直线对象:（选择 AB 直线）

输入构造线的角度 <0>: 35↙（指定角度值）

指定通过点:（拾取 AB 直线端点 A）

指定通过点: ↙

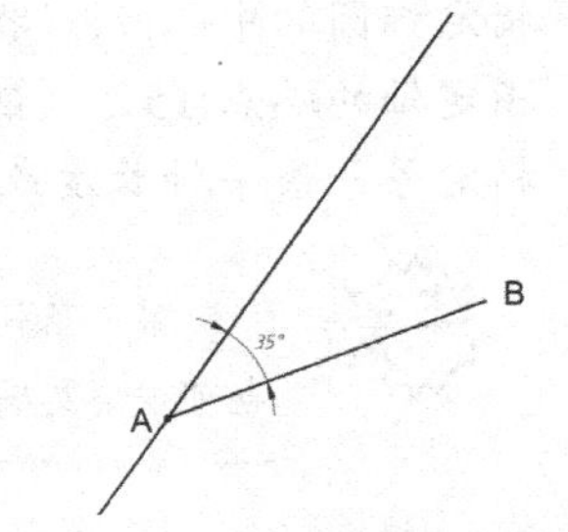

图 4-4 创建过直线端点并与直线夹角呈 35° 的构造线

4.3 改变图形的位置和大小

要改变图形的位置和大小，除了利用第 3 章讲述的缩放、复制、旋转等命令来实现以外，还可以通过移动、对齐、拉伸和拉长等方法来实现。这些方法将选择的对象根据指定的矢量方向和大小进行移动或拉伸，从而改变图形的实际位置或实际形状。

4.3.1 移动（move）命令

绘图时，可以先绘制图形，然后通过“移动”命令调整图形在图纸中的摆放位置。移动对象仅仅是位置的平移，并不改变对象的方向和大小。要精确地移动对象，可以使用对象捕捉模式，也可以通过指定位移矢量的基点和终点确定位移的距离和方向。此命令也可以用于移动三维对象，在指定位移点时必须给定三维坐标。另外直接选择图形对象后，按住鼠标左键拖动，也可以将对象移动。调用移动命令的方法如下。

- 功能区：【默认】标签|【修改】面板|【移动】按钮 ；
- 命令行：move （m）↙。

选择移动命令后，选择移动的对象，然后指定位移的基点为矢量的第一点，再指定位移的第二点。

示例：打开本书配套素材中练习文件“4-1.dwg”，将图 4-5 中的 101 房间的部分家具移到 102 房间。

此练习示范，请参阅配套素材中实践视频文件 4-01.mp4。

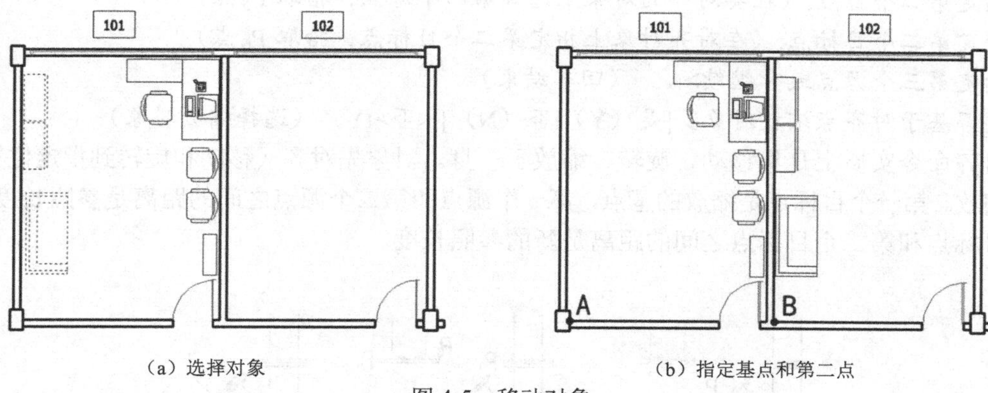

（a）选择对象　　（b）指定基点和第二点

图 4-5　移动对象

移动命令执行过程如下。

命令:_move

选择对象:（选择移动的对象）

选择对象:↙（回车结束选择）

指定基点或 [位移(D)] <位移>:（指定图中的点 A 作为位移的基点）

指定第二个点或 <使用第一个点作为位移>:（指定图中的点 B 作为位移的第二点）

说明如下。

（1）如果在“指定第二点”提示下指定点，则按两点定义的矢量作为移动对象的距离和方向；若直接回车或右击，则第一点坐标值将被作为对象相对于 *X*、*Y*、*Z* 位移。

（2）“指定基点或 [位移(D)] <位移>”，选择“位移(D)”选项后，若输入单一数值，如 60，则对象将以沿光标从原点处牵出一条线作为方向，沿此方向移动 60；若输入坐标，则该坐标值为对象相对于 *X*、*Y*、*Z* 位移。

4.3.2　对齐（align）命令

对齐命令可以将一个对象与另一个对象对齐，对齐的对象可以是二维图形也可以是三维实体，此命令常在零件的装配中使用。调用对齐命令的方法如下。

- 功能区：【默认】标签|【修改】面板|【对齐】按钮；
- 命令行：align ↙。

在进行对象对齐时，首先选择要对齐的对象，再一一指定源点和目标点，并确定是否将对象缩放到对齐点，通过端点对象捕捉可以精确地对齐对象。

示例：将图 4-6 中右上角的图形源点 P_3、P_5 与 P_4、P_6 相对齐。

此练习示范，请参阅配套素材中实践视频文件 4-02.mp4。

打开本书配套素材中练习文件“4-2.dwg”，命令执行过程如下。

命令:_align

选择对象:（从 P_1 拉到 P_2 用窗交选择方式选择要对齐的对象）

选择对象:↙（回车结束选择）

指定第一个源点:（在要对齐的对象上选择第一个源点，拾取 P_3 点）

指定第一个目标点:（在对齐对象上指定第一个目标点，拾取 P_4 点）

指定第二个源点:（在要对齐的对象上选择第二个源点，拾取 P_5 点）

指定第二个目标点:（在对齐对象上指定第二个目标点，拾取 P_6 点）

指定第三个源点或 <继续>:↙　（回车结束）

是否基于对齐点缩放对象？[是（Y）|否（N）]<否>:Y↙（选择缩放对象）

对齐命令实质上是集移动、旋转、缩放于一身。对象先对齐（移动和旋转到指定位置），然后缩放。第一个目标点是缩放的基点，第一个源点和第二个源点之间的距离是参照长度，第一个目标点和第二个目标点之间的距离是新的参照长度。

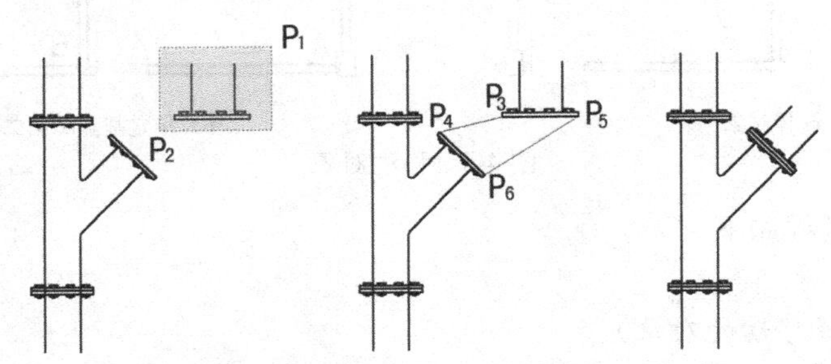

图 4-6　按照源点和目标点对齐对象

4.3.3　拉伸（stretch）命令

拉伸命令用于移动图形对象的指定部分，同时保持与图形对象未移动部分相连接。凡是与直线、圆弧、图案填充、多段线等对象的连线都可以拉伸。在拉伸的过程中需要指定一个基点，然后用窗交或圈交（即交叉窗口或交叉多边形）的方式选择拉伸对象，将对象捕捉、相对坐标输入与夹点编辑等结合在一起可以实现精确拉伸。调用拉伸命令的方法如下。

- 功能区：【默认】标签|【修改】面板|【拉伸】按钮 ；
- 命令行：stretch（s）↙。

拉伸命令根据所处理对象的不同类型，进行不同的处理。如位于窗口内的直线端点可以移动，而窗口外的端点则不动，对于圆弧的处理与直线相同。对于多段线则将逐段当作直线或圆弧处理，但对多段线的宽度、切角和曲线拟合信息不予处理。

对于其他对象例如圆，系统需要判别对象的定义点是否包含在窗口内，如果对象的定义点包含在窗口内，则按移动处理对象，反之不做任何改变。

示例：打开本书配套素材中练习文件“4-3.dwg”，有一个房间平面图，现在需要将卫生间的水平尺寸由 1700 改为 2000，可以通过将卫生间右半部分水平拉伸 300 来实现，如图 4-7 所示。

拉伸命令执行过程如下。

命令:_stretch

以交叉窗口或交叉多边形选择要拉伸的对象...

选择对象:（用窗交的方式选择拉伸的对象，分别拾取 P_1 和 P_2）

选择对象:↙（回车结束选择）

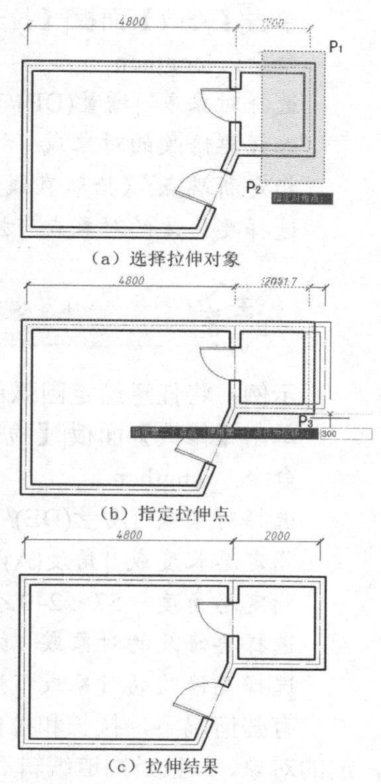

图 4-7　拉伸对象

指定基点或 [位移(D)] <位移>:（指定基点 P3，基点可以任意选择）

指定第二个点或 <使用第一个点作为位移>:300↙（打开正交，将光标水平向右移动，然后输入 300）

执行完拉伸后，卫生间被向右拉伸了 300，长度尺寸变为 2000。

此练习示范，请参阅配套素材中实践视频文件 4-03.mp4。

4.3.4　拉长（lengthen）命令

通过拉长命令可以精确修改圆弧的包含角和某些对象的长度。可以修改开放直线、圆弧、开放多段线、椭圆弧和开放样条曲线的长度。可用以下几种方法改变对象长度：

（1）动态拖动对象的端点；

（2）按总长度或角度的百分比指定新长度或角度；

（3）指定从端点开始测量的增量长度或角度；

（4）指定对象的总绝对长度或包含角。

调用拉长命令的方法如下。

- 功能区：【默认】标签|【修改】面板|【拉长】按钮 ；
- 命令行：lengthen（len）↙。

执行拉长命令后，命令行提示如下。

选择对象或 [增量(DE)/百分数(P)/全部(T)/动态(DY)]:

其中：

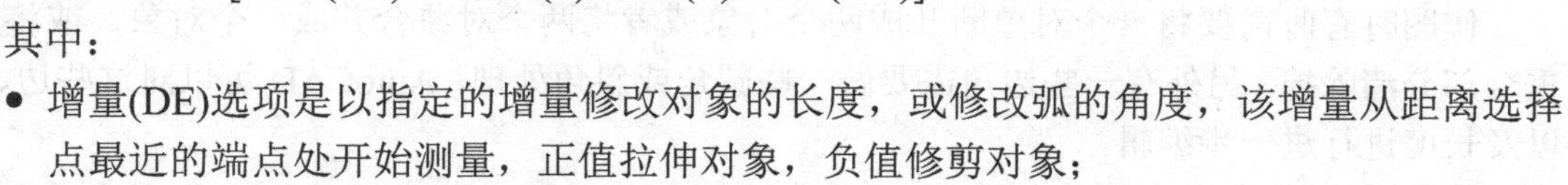

- 增量(DE)选项是以指定的增量修改对象的长度，或修改弧的角度，该增量从距离选择点最近的端点处开始测量，正值拉伸对象，负值修剪对象；
- 百分数(P)选项是按照对象总长度的指定百分数修改对象长度，大于 100%拉长对象，小于 100%缩短对象；
- 全部(T)选项是通过指定从固定端点测量的总长度的绝对值来设置选定对象的长度，“全部”选项也按照指定的总角度设置选定圆弧的包含角；
- 动态(DY)选项是通过拖动选定对象的端点之一来改变其长度，其他端点保持不变，动态方式对样条曲线无效。

示例：将图 4-8（a）中的圆弧拉长至如图 4-8（b）所示，确保圆弧半径不变。

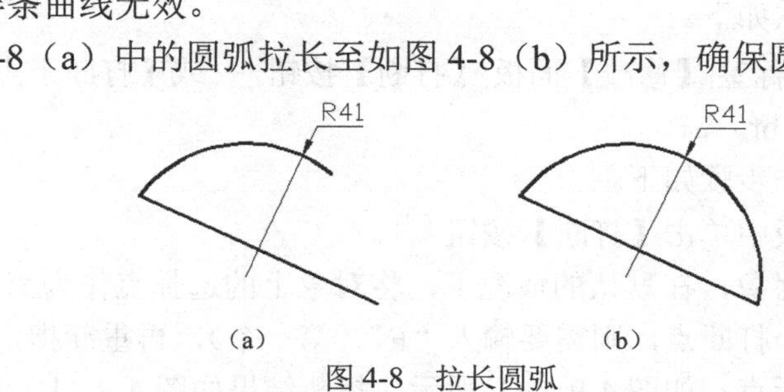

图 4-8　拉长圆弧

单击【修改】面板|【拉长】按钮 ，命令执行过程如下。

命令: _lengthen

选择对象或 [增量(DE)/百分数(P)/全部(T)/动态(DY)]: dy↙ （选择动态拉长方式）

选择要修改的对象或 [放弃(U)]:（选择圆弧）

指定新端点:（拾取直线端点）

选择要修改的对象或 [放弃(U)]: ↙（回车结束拉长命令）

拉伸命令或夹点编辑也可以将圆弧拉长，但是不能确保圆弧半径不变。

示例：将任意给定圆弧包角修改为240°。

单击【修改】面板|【拉长】按钮 ，命令执行过程如下。

命令: _lengthen

选择对象或 [增量(DE)/百分数(P)/全部(T)/动态(DY)]: t↙ （选择全部方式）

指定总长度或 [角度(A)] <1.0000>: a↙ （选择角度）

指定总角度 <57>: 240↙ （输入总角度值）

选择要修改的对象或 [放弃(U)]:（选择要修改的圆弧）

选择要修改的对象或 [放弃(U)]: ↙（回车结束拉长命令）

有些情况下，拉长和拉伸命令可以通用。但与拉伸命令不同的是，拉长命令只能编辑开放的对象，并且当知道编辑后的对象尺寸时或确保对象某些尺寸不变时使用拉长命令更适合。

4.4 边、角、长度的编辑

作图时有时需要将一个对象断开成两个对象或者将两个对象合并成一个对象，或将对象重合部分清除掉。另外有一些边角需要做一些圆角或斜角处理，AutoCAD 可以对这些边、角，以及长度进行进一步编辑。

4.4.1 打断图线

打断命令用于删除对象中的一部分或把一个对象分为两部分。可以打断的对象包括：直线、圆弧、圆、二维多段线、椭圆弧、构造线、射线和样条曲线。打断对象时，可以先在第一个断点处选择对象，然后再指定第二个打断点；或者也可以先选择对象，再指定两个打断点。调用打断命令的方法如下。

- 功能区：【默认】标签|【修改】面板|【打断】按钮 或【打断于点】按钮 ；
- 命令行：break （br）↙。

执行打断命令的操作步骤如下。

（1）在【修改】面板中单击【打断】按钮 。

（2）选择要打断的对象，在默认的情况下，将对象上的选择点作为第一个断点。如果要选择另一个点作为第一个打断点，则需要输入“F”（第一个），再重新指定第一个打断点。

（3）指定第二个打断点，如图 4-9（a）所示，打断结果如图 4-9（b）所示。

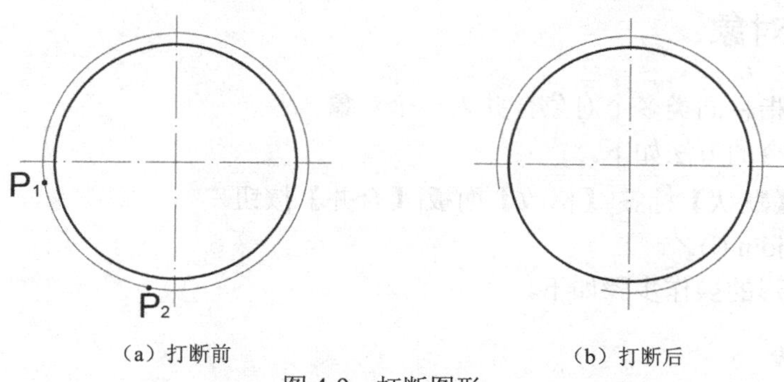

（a）打断前　　（b）打断后

图 4-9　打断图形

执行打断于点命令的操作步骤如下。

（1）在【修改】面板中单击【打断于点】按钮 。

（2）选择要打断的对象。

（3）指定打断点。

说明如下。

如果需要在一点上将对象打断，并使第一个打断点和第二个打断点重合，则在输入第二个点时，输入一个“@”即可。另外，在拾取打断点的时候，可以将对象捕捉关闭，以免影响点的拾取。

示例：将图 4-10（a）P 点左侧的直线修改成图 4-10（b）所示的虚线。

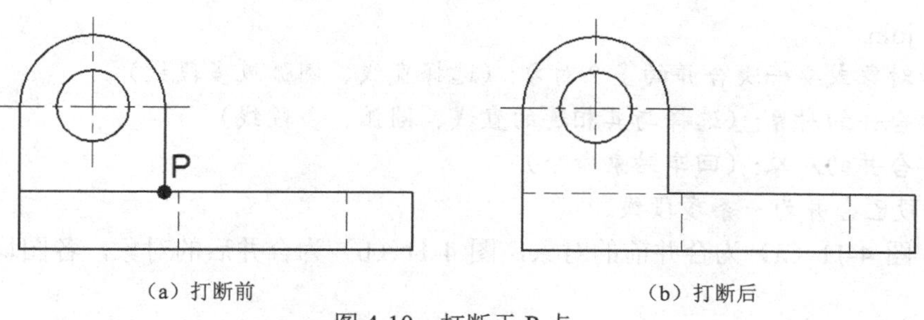

（a）打断前　　（b）打断后

图 4-10　打断于 P 点

作图过程为：首先用“打断于点”命令将直线在 P 点处断开，然后，选择 P 点左侧的直线，再用【特性】面板上“线型”修改直线线型。打断直线操作过程：单击【修改】面板的【打断于点】按钮 ，命令执行过程如下。

命令: _break

选择对象:（选择直线）

指定第二个打断点 或 [第一点(F)]: _f（系统自动转入第一点(F)模式）

指定第一个打断点: (拾取 P 点作为打断点)

指定第二个打断点: @（系统自动输入@结束打断命令）

在封闭的对象上进行打断时，打断部分按逆时针方向从第一点到第二点断开。

4.4.2　合并对象

合并对象是指将同类多个对象合并为一个对象。

调用合并命令的方法如下。

- 功能区：【默认】标签|【修改】面板|【合并】按钮 ；
- 命令行：join (j)↙。

执行合并图形的操作步骤如下。

1. 合并直线

命令:_join
选择源对象或要一次合并的多个对象:（选择一条或多条直线）
选择要合并的对象:（选择要合并的直线）

2. 合并圆弧（椭圆弧）

命令:_join
选择源对象或要一次合并的多个对象:（选择圆弧）
选择要合并的对象:
选择圆弧，以合并到源或进行 [闭合(L)]:（选择要合并的圆弧或输入 L 闭合圆）

3. 与多段线合并

命令:_join
选择源对象或要一次合并的多个对象:（选择直线、圆弧或多段线）
选择要合并的对象:（选择与其相连的直线、圆弧、多段线）
选择要合并的对象:（回车结束命令）
x 条线段已合并为一条多段线

例如，图 4-11（a）为合并前的对象，图 4-11（b）为合并后的对象，各图均为从左向右拾取对象。

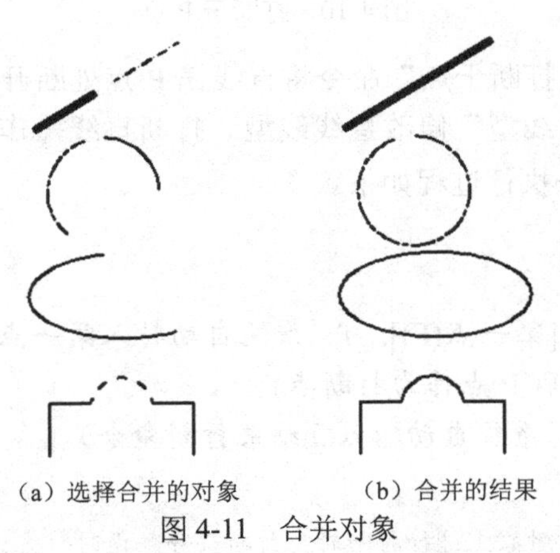

（a）选择合并的对象　　（b）合并的结果

图 4-11　合并对象

说明如下。

- 合并的直线必须位于同一条无限长的直线上，它们之间可以有间隙。

- 合并多段线时，选择的第一个对象可以是多段线、直线或圆弧，其余要合并的对象也可以是直线、多段线、圆弧。对象之间不能有间隙，并且必须位于与 UCS 的 *XY* 平面平行的同一平面上。
- 圆弧对象必须位于同一假想的圆上，它们之间可以有间隙。“闭合”选项可将源圆弧转换成圆。注意合并两条或多条圆弧时，将从源对象开始按逆时针方向合并圆弧。
- 椭圆弧必须位于同一假想的椭圆上，它们之间允许有间隙。“闭合”选项可将源椭圆弧闭合成完整的椭圆。注意合并两条或多条椭圆弧时，将从源对象开始按逆时针方向合并椭圆弧。
- 样条曲线对象必须位于同一平面内，并且必须首尾相邻（端点到端点放置）。
- 两个对象特性不相同时，合并后的对象特性与第一个拾取对象特性相一致。

4.4.3 删除重复对象

删除重复对象命令可以删除多余的几何对象。另外，还可以合并局部重叠或连续的对象。调用删除重复对象命令的方法如下。

- 功能区：【默认】标签|【修改】面板|【删除重复对象】按钮 ；
- 命令行：overkill↙。

执行删除重复对象图形的操作步骤如下。

（1）在【修改】面板中单击【删除重复对象】按钮 。

（2）选择参与删除重复对象的图形。

（3）在【删除重复对象】对话框中进行“对象比较设置”和“选项”设置，如图 4-12 所示。

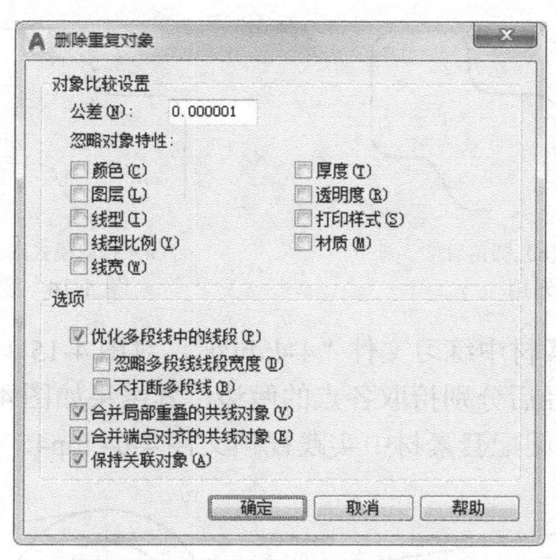

图 4-12 【删除重复对象】对话框

执行删除重复对象结果说明如下。

- 删除重复的对象副本。
- 删除在圆的某些部分上绘制的圆弧。
- 以相同角度绘制的局部重叠的线被合并到单条线。
- 删除与多段线线段重叠的重复的直线或圆弧段。

4.4.4 圆角、倒角和光顺

圆角是按照指定的半径创建一条圆弧，或自动修剪和延伸要圆角的对象使之光滑连接。倒角是连接两个非平行的对象，通过延伸或修剪使之相交或用斜线连接。光顺是在两条选定直线或曲线之间的间隙中创建样条曲线，使两对象光滑连接。

1. 圆角命令

调用圆角命令的方法如下。

- 功能区：【默认】标签|【修改】面板|【圆角】按钮 ；
- 命令行：fillet（f）↙。

可以进行圆角操作的对象包括直线、圆弧、圆、二维多段线的直线段、椭圆弧、构造线和射线，两条平行的直线段也可以进行圆角操作。如果进行圆角操作的对象都位于同一个图层，圆角线则建立于该层；反之，圆角线应在当前层创建，并按照当前层设置其颜色、线型和线宽等特性。

执行圆角的操作步骤如下。

（1）在【修改】面板中单击【圆角】按钮。

（2）选择“R”选项，设置圆角的半径。

（3）选择要进行圆角操作的对象或设置相应的选项。

在执行圆角命令时，系统提示“选择第一个对象或 [放弃(U)/多段线(P)/半径(R)/修剪(T)/多个(M)]:”。其中，“多段线”选项用设置的圆角半径对整个多段线的各线段进行圆角，如图 4-13 所示；“修剪”选项用于在圆角过程中设置是否自动修剪原对象，如图 4-14 所示；“多个”选项用于在一次圆角命令执行过程中对多个对象进行两两圆角，而不退出圆角命令。

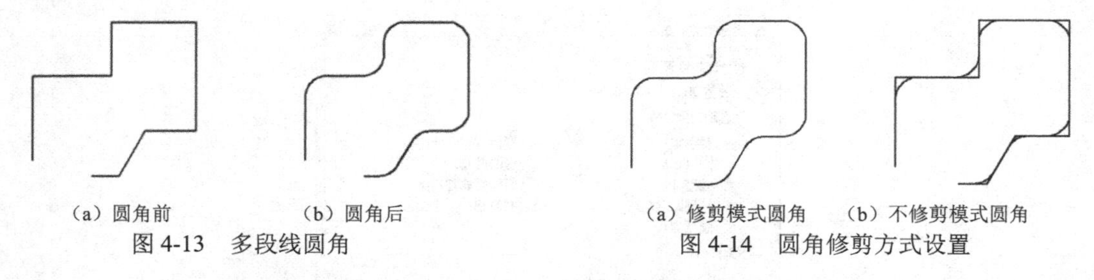

（a）圆角前 （b）圆角后

图 4-13 多段线圆角

（a）修剪模式圆角 （b）不修剪模式圆角

图 4-14 圆角修剪方式设置

示例：打开本书配套素材中练习文件“4-4.dwg”，对图 4-15（a）所示的 A、B、C、D 处进行圆角处理，在设置半径后分别拾取各点的两边，其结果如图 4-15（b）所示。

此练习示范，请参阅配套素材中实践视频文件 4-04.mp4。

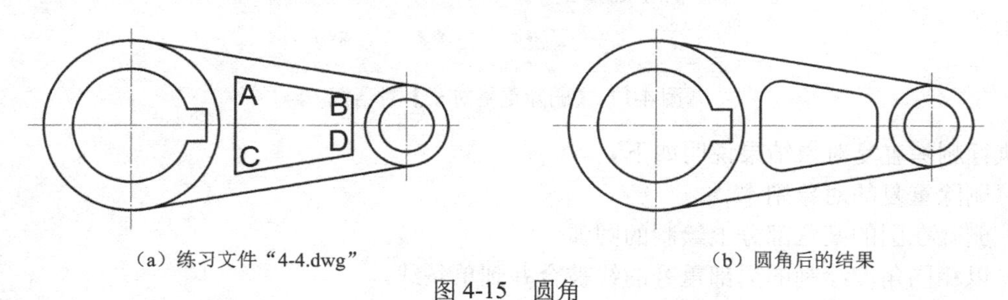

（a）练习文件“4-4.dwg” （b）圆角后的结果

图 4-15 圆角

命令执行过程如下。

命令:_fillet

当前设置:模式 = 修剪，半径 = 0.0000

选择第一个对象或 [放弃(U)/多段线(P)/半径(R)/修剪(T)/多个(M)]:R↙（设置圆角半径）

指定圆角半径 <0.0000>:5↙（设置圆角半径为 5）

选择第一个对象或 [放弃(U)/多段线(P)/半径(R)/修剪(T)/多个(M)]:m↙（对多个对象进行圆角）

选择第一个对象或 [放弃(U)/多段线(P)/半径(R)/修剪(T)/多个(M)]:（选择第一个圆角对象，拾取 A 点对应的一条边）

选择第二个对象，或按住 Shift 键选择要应用角点的对象:（选择第二个圆角对象，拾取 A 点对应的另一条边）

选择第一个对象或 [放弃(U)/多段线(P)/半径(R)/修剪(T)/多个(M)]:（选择第一个圆角对象，拾取 B 点对应的一条边）

也可以对平行的直线（射线和构造线）进行圆角，由于两条平行线可以确定唯一的平面，所以圆角线在此平面上创建。要保证两条线必须是直线、射线和构造线，而平行的多段线不能进行圆角操作。在进行圆角处理的过程中不用设置圆角半径，系统会自动计算半径值。在机械设计中，键槽等类似结构可用此方法绘制。如图 4-16（a）所示，执行圆角命令，分别选择 P_1、P_2 点和 P_3、P_4 点，执行结果如图 4-16（b）所示。

如果需要连接两条不平行的直线，如图 4-16（c）所示，可以将圆角半径设置为 0 进行圆角操作，结果如图 4-16（d）所示。

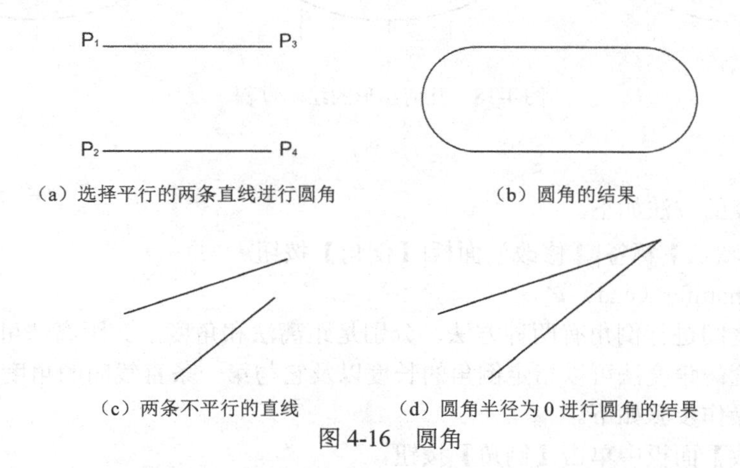

（a）选择平行的两条直线进行圆角　（b）圆角的结果

（c）两条不平行的直线　（d）圆角半径为 0 进行圆角的结果

图 4-16　圆角

示例：绘制如图 4-17 所示的几何图形，通过练习熟悉椭圆、多边形的绘制，掌握圆角、修剪命令的使用。

此练习示范，请参阅配套素材中实践视频文件 4-05.mp4。

作图过程如下。

（1）分别用直线命令及偏移命令绘制椭圆以及直径分别为 10、33 的圆的中心定位线。

（2）用椭圆命令，通过给定中心点、长轴和短轴的长度绘制椭圆；用圆命令，通过给定圆心、直径绘制直径为 10 及 33 的圆；用圆命令，通过给定圆心、半径绘制半径为 10 的圆；用多边形命令，通过给定边数、外切于圆方式绘制正六边形。结果如图 4-18（a）所示。

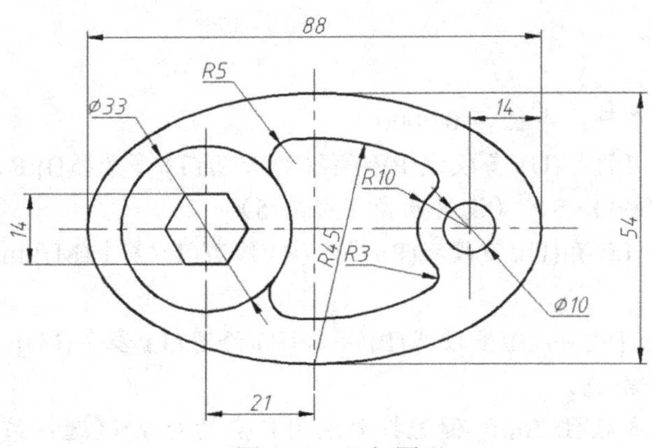

图 4-17　几何图形

（3）分别以椭圆短轴端点为圆心、45 为半径绘制圆；用修剪命令、删除命令对图形进行编辑，结果如图 4-18（b）所示。

（4）用圆角命令进行 *R*5 和 *R*3 的圆角；用修剪命令、删除命令对图形进行编辑；用夹点命令将中心线伸缩到合适的位置，结果如图 4-18（c）所示。

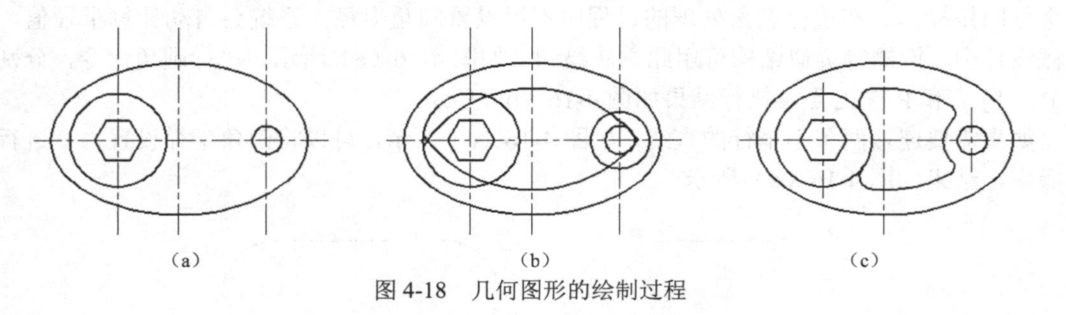

图 4-18　几何图形的绘制过程

2．倒角命令

调用倒角命令的方法如下。

- 功能区：【默认】标签|【修改】面板|【倒角】按钮 ；
- 命令行：chamfer（cha）↙。

在两个对象之间进行倒角有两种方法，分别是距离法和角度法。距离法可指定倒角边被修剪或延伸的长度；角度法可以指定倒角的长度以及它与第一条直线间的角度。

执行倒角的操作步骤如下。

（1）在【修改】面板中单击【倒角】按钮。

（2）选择“D”选项，设置倒角的距离；或选择“A”选项，设置倒角的距离和角度。

（3）选择要进行倒角的对象或设置相应的选项。

和圆角命令类似，在执行倒角命令时，系统提示“选择第一条直线或 [放弃(U)/多段线(P)/距离(D)/角度(A)/修剪(T)/方式(E)/多个(M)]:”。“多段线”选项用设置的倒角距离对整个多段线的各线段进行倒角；“修剪”选项用于在倒角过程中设置是否自动修剪原对象；“方式”选项设定按距离方式还是按角度方式进行倒角；“多个”选项用于在一次倒角命令执行过程中对多个对象进行倒角，而不退出倒角命令。

示例：打开本书配套素材中练习文件“4-5.dwg”，对图 4-19 中的图形采用距离法进行倒角，第一和第二倒角距离均设置为 1。由于对同一直线段进行两次倒角，为确保其效果，对 P_1、P_2 处将修剪设置为“修剪”，对 P_3、P_4 处将修剪设置为“不修剪”，并用直线将倒角后的线连接起来，用修剪命令去掉多余的线段，最后再进行填充。

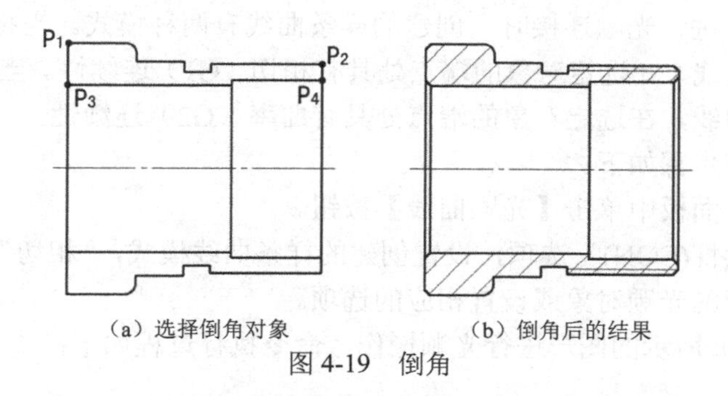

（a）选择倒角对象　（b）倒角后的结果

图 4-19　倒角

此练习示范，请参阅配套素材中实践视频文件 4-06.mp4。

命令执行过程如下。

命令:_chamfer

(“修剪”模式) 当前倒角距离 1 = 0.0000，距离 2 = 0.0000

选择第一条直线或[放弃(U)/多段线(P)/距离(D)/角度(A)/修剪(T)/方式(E)/多个(M)]:D↙（设置倒角距离）

指定第一个倒角距离<0.0000>:1↙（设置第一个倒角距离）

指定第二个倒角距离<1.0000>:1↙（设置第二个倒角距离）

选择第一条直线或[放弃(U)/多段线(P)/距离(D)/角度(A)/修剪(T)/方式(E)/多个(M)]:M↙（一次对多个对象进行倒角）

选择第一条直线或[放弃(U)/多段线(P)/距离(D)/角度(A)/修剪(T)/方式(E)/多个(M)]:（选择 P1 点的一条边）

选择第二条直线，或按住 Shift 键选择要应用角点的直线:（选择 P1 点的另一条边，完成一个倒角）

选择第一条直线或[放弃(U)/多段线(P)/距离(D)/角度(A)/修剪(T)/方式(E)/多个(M)]:（选择 P2 点的一条边）

选择第一条直线或[放弃(U)/多段线(P)/距离(D)/角度(A)/修剪(T)/方式(E)/多个(M)]:（选择 P2 点的另一条边）

选择第一条直线或[放弃(U)/多段线(P)/距离(D)/角度(A)/修剪(T)/方式(E)/多个(M)]:T↙（设置修剪模式）

输入修剪模式选项[修剪(T)/不修剪(N)] <修剪>:N↙（选择不修剪模式）

选择第一条直线或[放弃(U)/多段线(P)/距离(D)/角度(A)/修剪(T)/方式(E)/多个(M)]:（选择 P3 点的一条边）

选择第二条直线，或按住 Shift 键选择要应用角点的直线:（选择 P3 点的另一条边）

…

3. 光顺命令

在两条选定直线或曲线之间的间隙中创建样条曲线。

调用光顺命令的方法如下。

- 功能区：【默认】标签|【修改】面板|【光顺曲线】按钮；
- 命令行：blend↙。

在两个对象之间进行光顺连接时，创建的样条曲线有两种模式。当指定为“相切”时，创建一条 3 阶样条曲线，在选定对象的端点处具有相切（G1）连续性。当指定为“平滑”时，创建一条 5 阶样条曲线，在选定对象的端点处具有曲率（G2）连续性。

执行光顺的操作步骤如下。

（1）在【修改】面板中单击【光顺曲线】按钮。

（2）选择“连续性(CON)”选项，设置创建的样条曲线模式，“相切”或“平滑”。

（3）选择要进行的光顺对象或设置相应的选项。

对如图 4-20（a）所示的图形进行光顺操作，命令执行过程如下：

命令: _blend

连续性 = 相切

选择第一个对象或 [连续性(CON)]:（选择直线）

选择第二个点:（选择圆弧，对直线与圆弧进行“相切”模式光顺，完成样条曲线 1 的绘制，如图 4-20（b）所示）

命令: _blend

连续性 = 相切

选择第一个对象或 [连续性(CON)]: con（设置创建的样条曲线模式）

输入连续性 [相切(T)/平滑(S)] <相切>: s（选择平滑模式）

选择第一个对象或 [连续性(CON)]:（选择圆弧）

选择第二个点: （选择椭圆弧，对圆弧与椭圆弧进行“平滑”模式光顺，完成样条曲线 2 的绘制，如图 4-20（b）所示）

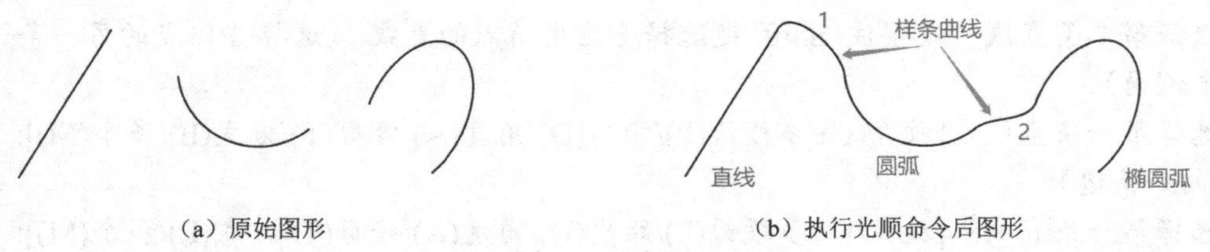

（a）原始图形　　（b）执行光顺命令后图形

图 4-20　光顺

4.4.5　分解对象

在 AutoCAD 中，有许多组合对象，如块、矩形、圆环、多边形、多段线、标注、多线、图案填充、三维网格、面域等。要对这些对象进行进一步的修改，需要将它们分解为各个层次的组成对象。通常分解后在图形外观上看不出任何的变化，但用鼠标直接拾取对象后可以发现它们之间的区别，如图 4-21 所示。

调用分解命令的方法如下。

- 功能区：【默认】标签|【修改】面板|【分解】按钮；
- 命令行：explode ↙。

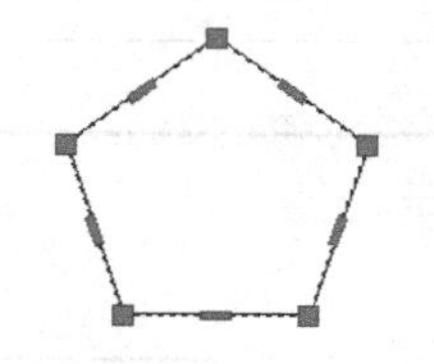
（a）正多边形分解前
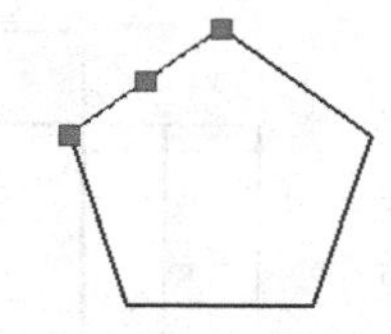
（b）正多边形分解后
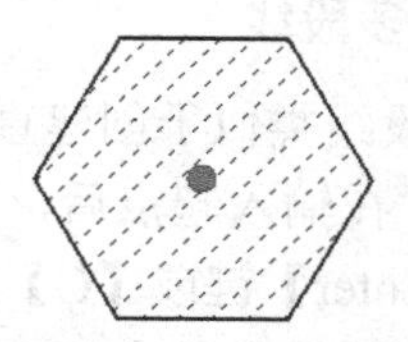
（c）填充图案分解前
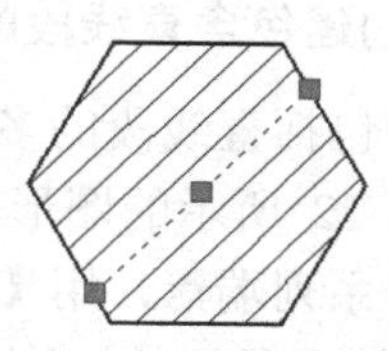
（d）填充图案分解后

图 4-21　对象分解

执行分解命令的过程如下。

（1）在【修改】面板中单击【分解】按钮。

（2）选择要分解的对象。

高级对象可以通过分解命令形成下一级对象，除极个别情况外，分解命令没有逆操作。

使用分解对象命令时，请三思后行，对于图案填充、标注、三维实体要慎用或根本不用。

4.5　多段线的绘制与编辑

多段线是由许多段首尾相连的直线段和圆弧段组成的一个独立对象，它提供单个直线所不具备的编辑功能。例如，可以调整多段线的宽度和圆弧的曲率。创建多段线之后，可以使用 pedit 命令对其进行编辑，或者使用 explode 命令将其转换成单独的直线段和弧线段。用户可以使用 spline 命令将样条拟合的多段线转换为真正的样条曲线，使用闭合多段线创建多边形，由重叠对象的边界创建多段线，为二维图形向三维实体转换提供良好的基础。

4.5.1　多段线的绘制

调用绘制多段线命令的方法如下。

- 功能区：【默认】标签|【绘图】面板|【多段线】按钮 ；
- 命令行：pline （pl）↙。

使用此命令时，系统提示如下。

命令:_pline

指定起点:

当前线宽为 0.0000

指定下一个点或 [圆弧(A)/半宽(H)/长度(L)/放弃(U)/宽度(W)]:

多段线命令中各选项的功能如下。

- 封闭（C）：当绘制两条以上的直线段或圆弧段以后，此选项可以封闭多段线。
- 放弃（U）：在多段线命令执行过程中，将刚刚绘制的一段或几段取消。
- 宽度（W）：设置多段线的宽度，可以输入不同的起始宽度和终止宽度。
- 半宽（H）：设置多段线的半宽度，只需要输入宽度的一半。
- 长度（L）：在与前一线段相同的角度方向上绘制指定长度的直线段。
- 圆弧（A）：将画线方式转化为画弧方式，将弧线段添加到多段线中。

1. 创建包含直线段的多段线

创建包括直线段的多段线类似于创建直线。绘制如图 4-22 所示的图形，在输入起点后，可以连续输入一系列端点，用【Enter】键或【C】键结束命令。直接用鼠标拾取刚绘制的多段线对象就会发现，如同用矩形命令、多边形命令创建的对象一样，创建的多段线为一个对象。

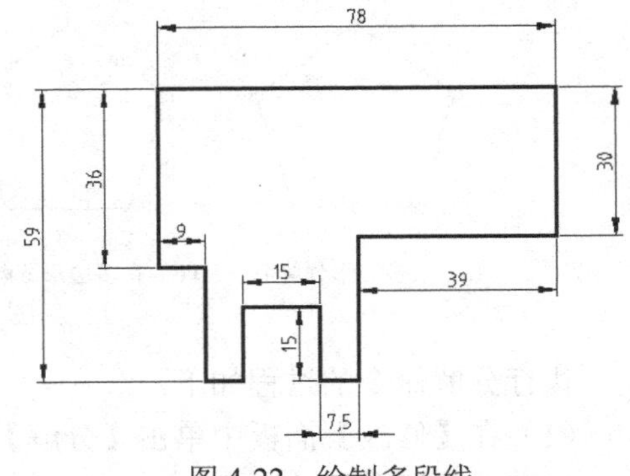

图 4-22　绘制多段线

2. 创建具有宽度的多段线

首先指定直线段的起点，然后输入宽度（W）选项，再输入直线段的起点宽度值。要创建等宽度的直线段，在终止宽度提示下按【Enter】键。要创建不等宽线段，需要在起点和端点分别输入一个不同的宽度值，再指定线段的端点，并根据需要继续指定线段端点。

示例：在工程图中，当绘制局部视图或斜视图时，需要用箭头指明位置和投影方向。创建箭头的方法如下。

此练习示范，请参阅配套素材中实践视频文件 4-07.mp4。

命令:_pline
指定起点:（拾取 P_1 点）
当前线宽为 0.0000
指定下一个点或[圆弧(A)/半宽(H)/长度(L)/放弃(U)/宽度(W)]:W↙（选择指定线宽方式）
指定起点宽度<0.0000>:2↙（指定起始宽度值）
指定端点宽度<2.0000>:↙（指定终止宽度值）
指定下一个点或[圆弧(A)/半宽(H)/长度(L)/放弃(U)/宽度(W)]:（指定 P_2 点）
指定下一点或[圆弧(A)/闭合(C)/半宽(H)/长度(L)/放弃(U)/宽度(W)]:W↙（选择指定线宽方式）
指定起点宽度<2.0000>:5↙（指定起始宽度）
指定端点宽度<5.0000>:0↙（指定终止宽度）
指定下一点或[圆弧(A)/闭合(C)/半宽(H)/长度(L)/放弃(U)/宽度(W)]:（指定 P_3 点）
指定下一点或[圆弧(A)/闭合(C)/半宽(H)/长度(L)/放弃(U)/宽度(W)]:（回车结束命令）

执行结果如图 4-23 所示。

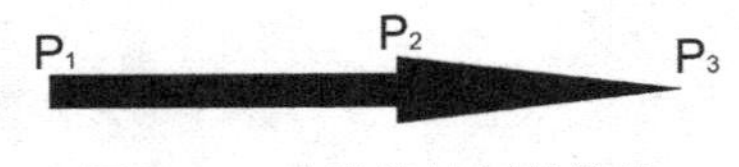

图 4-23　多段线绘制的箭头

用多段线命令所画的带有宽度的线段，在利用 explode 命令将其打碎以后，多段线中设置的线宽消失，分解后对象的线宽由所在图层的线宽特性决定。

3. 创建直线和圆弧组合的多段线

用户可以绘制由直线段和圆弧段组合的多段线。在选项中输入 A 后，切换到“圆弧”模

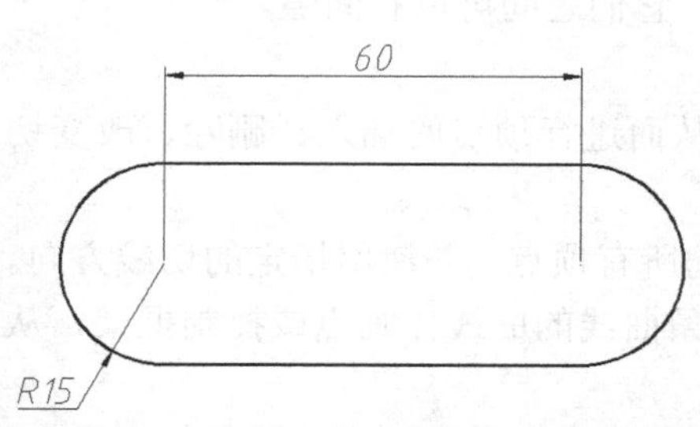

图 4-24　绘制包含圆弧和直线的多段线

式。在绘制“圆弧”模式下，输入 L，返回到“直线”模式。绘制圆弧段的操作和绘制圆弧的命令相同，需要注意的是，圆弧的起点就是前一条线段的端点。例如，绘制如图 4-24 所示的键槽图形，绘制前打开正交，作图过程如下。

此练习示范，请参阅配套素材中实践视频文件 4-08.mp4。

命令:_pline

指定起点:（拾取一点）

当前线宽为 0.0000

指定下一个点或[圆弧(A)/半宽(H)/长度(L)/放弃(U)/宽度(W)]:60↙（鼠标向右拖动，输入数值后回车）

指定下一点或[圆弧(A)/闭合(C)/半宽(H)/长度(L)/放弃(U)/宽度(W)]:A↙（选择圆弧方式）

指定圆弧的端点或[角度(A)/圆心(CE)/闭合(CL)/方向(D)/半宽(H)/直线(L)/半径(R)/第二个点(S)/放弃(U)/宽度(W)]:30↙（鼠标向上拖动，输入数值后回车）

指定圆弧的端点或[角度(A)/圆心(CE)/闭合(CL)/方向(D)/半宽(H)/直线(L)/半径(R)/第二个点(S)/放弃(U)/宽度(W)]:L↙（选择直线方式）

指定下一点或[圆弧(A)/闭合(C)/半宽(H)/长度(L)/放弃(U)/宽度(W)]:60↙（鼠标向左拖动，输入数值后回车）

指定下一点或[圆弧(A)/闭合(C)/半宽(H)/长度(L)/放弃(U)/宽度(W)]:A↙（选择圆弧方式）

指定圆弧的端点或[角度(A)/圆心(CE)/闭合(CL)/方向(D)/半宽(H)/直线(L)/半径(R)/第二个点(S)/放弃(U)/宽度(W)]:CL↙（选择闭合多段线结束命令）

4.5.2　多段线的编辑

对于现有的多段线，当形状、控制点等不满足图形要求时，可以通过闭合或打开多段线，以及移动、添加或删除单个顶点来修正。在编辑的过程中，可以将直线、圆弧等转化为多段线，可以在任何两个顶点之间拉直多段线，也可以切换非实线线形的显示方式，即是否生成经过多段线顶点的连续图案线形。同时既可以为整个多段线设置统一的宽度，也可以分别控制各个线段的宽度。另外还可以通过多段线创建线性近似样条曲线。

调用多段线编辑命令的方法如下。

- 功能区：【默认】标签|【修改】面板|【编辑多段线】按钮；
- 命令行：pedit（pe）↙。

使用此命令时，系统提示如下。

选择多段线或[多条(M)]:（选择多段线）

输入选项[闭合(C)/合并(J)/宽度(W)/编辑顶点(E)/拟合(F)/样条曲线(S)/非曲线化(D)/线形生成(L)/反转(R)/放弃(U)]:

各选项的功能如下。

- 闭合：将被编辑的多段线首尾闭合。当多段线开放时，系统提示含此项。
- 打开：将被编辑的闭合多段线变成开放的多段线。当多段线闭合时，系统提示含此项。

- 合并：将直线、圆弧或多段线合并为一条多段线，它们之间可以有间隙。
- 宽度：指定整个多段线的新的统一宽度。
- 编辑顶点：对构成多段线的各个顶点进行编辑，从而进行顶点的插入、删除、改变切线方向、移动等操作。
- 拟合：用圆弧来拟合多段线，该曲线通过多段线的所有顶点，并使用指定的切线方向。
- 样条曲线：使用选定多段线的顶点作为近似 B 样条曲线的曲线控制点或控制框架，从而生成样条曲线。
- 非曲线化：删除由拟合或样条曲线插入的其他顶点，并拉直所有多段线线段。
- 线形生成：生成经过多段线顶点的连续图案的线形。
- 反转：通过反转方向来更改指定给多段线的线形中的文字的方向。

示例：将图 4-25（a）中的直线和圆弧合并为一个对象，结果如图 4-25（b）所示。

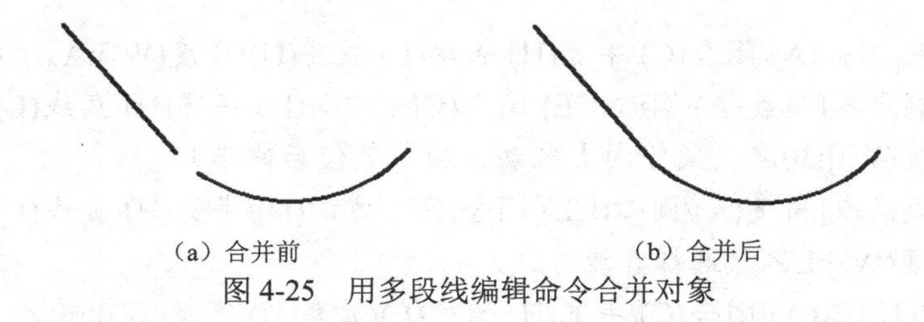

图 4-25　用多段线编辑命令合并对象

作图过程如下。

命令:_pedit

选择多段线或 [多条(M)]: m↙（选择多个对象方式）

选择对象:找到 2 个（选择直线和圆弧）

选择对象: ↙（回车结束选择对象）

是否将直线和圆弧转换为多段线？[是(Y)/否(N)]? <Y>:y↙（将所选对象转换为多段线）

输入选项 [闭合(C)/打开(O)/合并(J)/宽度(W)/拟合(F)/样条曲线(S)/非曲线化(D)/线形生成(L)/放弃(U)]: j↙(选择合并对象方式)

合并类型 = 延伸

输入模糊距离或 [合并类型(J)] <0>:200↙（输入模糊距离值，即允许两段多段线之间的最大间隙）

多段线已增加 1 条线段

输入选项 [闭合(C)/打开(O)/合并(J)/宽度(W)/拟合(F)/样条曲线(S)/非曲线化(D)/线形生成(L)/放弃(U)]: ↙（回车结束命令，AutoCAD 将首尾不相连的两个对象合并为一条多段线）

示例：打开本书配套素材中练习文件“4-6.dwg”。将图 4-26（a）所示的对象分别用多段线各选项进行编辑。操作过程如下。

此练习示范，请参阅配套素材中实践视频文件 4-09.mp4。

命令:_ pedit

选择多段线或 [多条(M)]: m↙（选择一次编辑多条多段线方式）

选择对象: all↙（选择所有多段线）

选择对象: ↙（回车）

输入选项 [闭合(C)/打开(O)/合并(J)/宽度(W)/拟合(F)/样条曲线(S)/非曲线化(D)/线形生成

(L)/放弃(U)]: c↙（选择闭合多段线，结果如图 4-26（b）所示）

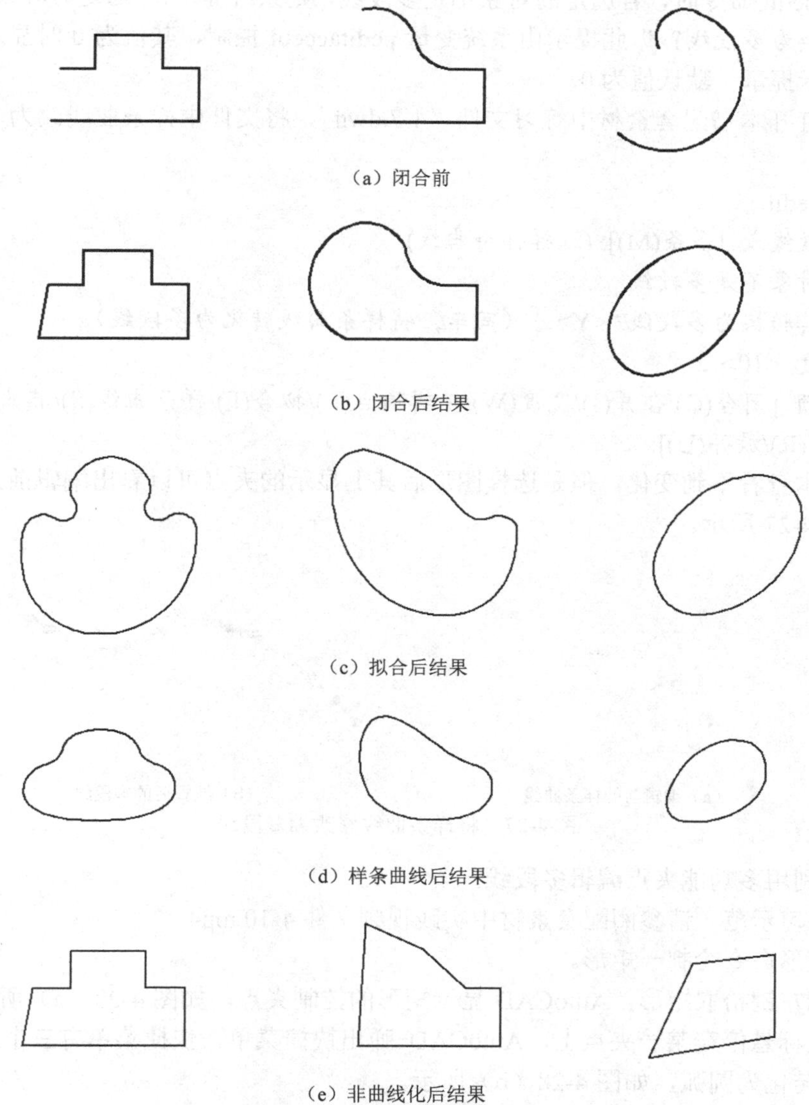

（a）闭合前

（b）闭合后结果

（c）拟合后结果

（d）样条曲线后结果

（e）非曲线化后结果

图 4-26 编辑多段线使其闭合

输入选项 [闭合(C)/打开(O)/合并(J)/宽度(W)/拟合(F)/样条曲线(S)/非曲线化(D)/线形生成(L)/放弃(U)]: f↙（选择拟合多段线，结果如图 4-26（c）所示）

输入选项 [闭合(C)/打开(O)/合并(J)/宽度(W)/拟合(F)/样条曲线(S)/非曲线化(D)/线形生成(L)/放弃(U)]: s↙（选择将多段线转为样条曲线，结果如图 4-26（d）所示）

输入选项 [闭合(C)/打开(O)/合并(J)/宽度(W)/拟合(F)/样条曲线(S)/非曲线化(D)/线形生成(L)/放弃(U)]: d↙（选择将多段线非曲线化，结果如图 4-26（e）所示）

输入选项 [闭合(C)/打开(O)/合并(J)/宽度(W)/拟合(F)/样条曲线(S)/非曲线化(D)/线形生成(L)/放弃(U)]: ↙（回车结束命令）

由图 4-26（b）可知，当闭合多段线时，用直线、圆弧还是曲线来闭合多段线由构成多段线的最后一段多段线来决定。例如最后一段是圆弧，就由圆弧来闭合多段线。

在使用 pedit 命令时，若选定的对象不是多段线，则系统提示："选定的对象不是多段线，是否将其转换为多段线？"此提示由系统变量 peditaccept 控制，其值为 0 时显示提示，其值为 1 时不显示提示。默认值为 0。

示例：打开本书配套素材中练习文件"4-7.dwg"，将文件中样条曲线改为多段线。操作过程如下。

命令: _pedit

选择多段线或 [多条(M)]: (选择样条曲线)

选定的对象不是多段线

是否将其转换为多段线? <Y>↙（回车，将样条曲线转化为多段线）

指定精度 <10>:↙

输入选项 [闭合(C)/合并(J)/宽度(W)/编辑顶点(E)/拟合(F)/样条曲线(S)/非曲线化(D)/线形生成(L)/反转(R)/放弃(U)]: ↙

从图形本身看不到变化，但是选择图形后其上显示的夹点可以看出编辑前后图形特性的不同，如图 4-27 所示。

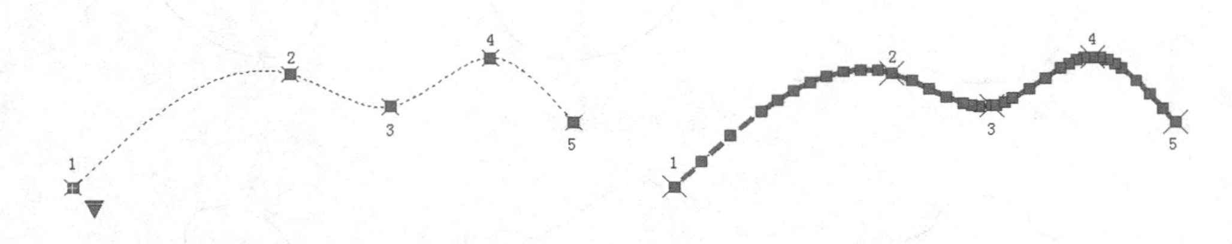

（a）编辑前的样条曲线　　（b）编辑后的多段线

图 4-27　将样条曲线修改为多段线

示例：利用多功能夹点编辑多段线。

此练习示范，请参阅配套素材中实践视频文件 4-10.mp4。

1．用矩形命令绘制一矩形。

2．鼠标左键拾取矩形，AutoCAD 显示矩形的控制夹点，如图 4-28（a）所示。

3．将鼠标悬停在某一夹点上，AutoCAD 弹出快捷菜单，快捷菜单有三个选项：拉伸、添加顶点、转化为圆弧，如图 4-28（b）所示。

4．将鼠标悬停在矩形上方中间夹点上，选择"添加顶点"选项，向下拖动鼠标后再拾取，完成了拉伸和添加顶点操作，结果如图 4-28（c）所示。

5．鼠标悬停在矩形下方中间夹点上，选择"转换为圆弧"选项，向下拖动鼠标后再拾取，完成了拉伸和转换为圆弧操作，结果如图 4-28（d）所示。

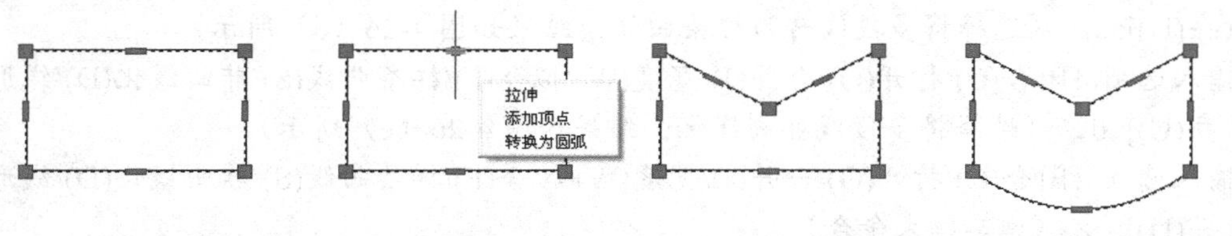

（a）矩形的控制夹点　（b）夹点编辑快捷菜单　（c）拉伸和添加顶点　（d）拉伸并将直线段转换为圆弧

图 4-28　夹点编辑多段线

4.6 样条曲线的绘制

样条曲线是通过拟合一系列离散的点而生成的光滑曲线，它可以根据统计的实测数据生成拟合曲线，这种方法最早在船舶工业中得到广泛的应用。AutoCAD 使用一种称为“非均匀关系基本样条（Non-Uniform Rational Basis Splines，简称 NURBS）”曲线的特殊样条曲线类型。这种类型的曲线会在控制点之间产生一条光滑的曲线，并保证其偏差很小。它用于创建形状不规则的曲线，例如，用于地理信息系统（GIS）的曲线边界或地质剖面和采矿进度计划的平面，生成统计数据的曲线，为汽车、船舶、航空设计绘制轮廓线。

样条曲线的偏差表示样条曲线与指定拟合点集的拟合精度。偏差越小，样条曲线与拟合点越接近，但必须保证曲线的光滑度。偏差为 0 时，表示样条曲线将通过该点。在绘制样条曲线时，可以改变样条曲线拟合公差以查看效果。

AutoCAD 提供了两种创建样条曲线的方法。

（1）使用多段线编辑（pedit）命令的“样条曲线”选项创建样条曲线，可以对创建的多段线进行样条曲线拟合。

（2）使用样条曲线（spline）命令创建样条曲线（NURBS 曲线），可以很容易地将样条曲线拟合的多段线转换为真正的样条曲线。

调用样条曲线绘制命令的方法如下。

- 功能区：【默认】标签|【绘图】面板|【样条曲线拟合】按钮；
- 功能区：【默认】标签|【绘图】面板|【样条曲线控制点】按钮；
- 命令行：spline ↙。

创建样条曲线时，当单击【样条曲线拟合】按钮时，系统提示如下。

当前设置：方式=拟合　　节点=弦

指定第一个点或 [方式(M)/节点(K)/对象(O)]: _M（系统自动转入方式选项）

输入样条曲线创建方式 [拟合(F)/控制点(CV)] <拟合>: _FIT（系统自动选择拟合模式）

当前设置：方式=拟合　　节点=弦（显示当前系统设置方式）

指定第一个点或 [方式(M)/节点(K)/对象(O)]:

用户可以通过指定一系列离散点创建样条曲线，也可以使用选项“对象（O）”将多段线转换为样条曲线。用指定的点创建样条曲线可以在“指定下一点:”提示下继续指定离散的点，一直到完成样条曲线的定义为止。输入点后，AutoCAD 将给出下面的提示。

输入下一个点或 [起点切向(T)/公差(L)]:（输入一个点后的提示）

输入下一个点或 [端点相切(T)/公差(L)/放弃(U)]:（输入二个点后的提示）

输入下一个点或 [端点相切(T)/公差(L)/放弃(U)/闭合(C)]:（输入三个以上点的提示）

选择“闭合”选项，可以使最后一点与起点重合，构成闭合的样条曲线。选择“公差”选项，可以修改当前样条曲线的拟合公差。根据新的公差值和现有点重新定义样条曲线。可以重复更改拟合公差，但这样做会更改所有控制点的公差。如果公差设置为 0，则样条曲线通过离散的拟合点，而输入大于 0 的公差，将使样条曲线在指定的公差范围内通过拟合点。用户不要认为公差越小拟合就越好，因为公差越小，曲线波动也越大。样条曲线要保证曲线的光滑，因此要根据具体情况设置公差。

创建样条曲线时，当单击【样条曲线控制点】按钮时，系统提示如下。

当前设置：方式=拟合　　节点=弦

指定第一个点或 [方式(M)/节点(K)/对象(O)]: _M（系统自动转入方式选项）

输入样条曲线创建方式 [拟合(F)/控制点(CV)] <拟合>: _CV（系统自动选择控制点方式选项）

当前设置：方式=控制点　　阶数=3 （显示当前系统设置方式）

指定第一个点或 [方式(M)/阶数(D)/对象(O)]:

在"指定下一点:"提示下继续指定离散的点，一直到完成样条曲线的定义为止。

示例：打开本书配套素材中练习文件"4-8.dwg"，通过给定点绘制样条曲线。过程如下。

此练习示范，请参阅配套素材中实践视频文件 4-11.mp4。

（1）右击状态栏捕捉对象按钮，在快捷菜单上选择节点，激活捕捉对象按钮。

（2）用"样条曲线拟合"方式绘制样条曲线，方法如下。

单击【绘图】面板的【样条曲线拟合】按钮，激活样条曲线命令，执行过程如下。

命令: _spline

当前设置：方式=拟合　　节点=弦

指定第一个点或 [方式(M)/节点(K)/对象(O)]: _M

输入样条曲线创建方式 [拟合(F)/控制点(CV)] <拟合>: _FIT

当前设置：方式=拟合　　节点=弦

指定第一个点或 [方式(M)/节点(K)/对象(O)]: （拾取点 1）

输入下一个点或 [起点切向(T)/公差(L)]: （拾取点 2）

输入下一个点或 [端点相切(T)/公差(L)/放弃(U)]: （拾取点 3）

输入下一个点或 [端点相切(T)/公差(L)/放弃(U)/闭合(C)]: （拾取点 4）

输入下一个点或 [端点相切(T)/公差(L)/放弃(U)/闭合(C)]: （拾取点 5）

输入下一个点或 [端点相切(T)/公差(L)/放弃(U)/闭合(C)]: ↙（回车结束指定点）

结果如图 4-29 所示。

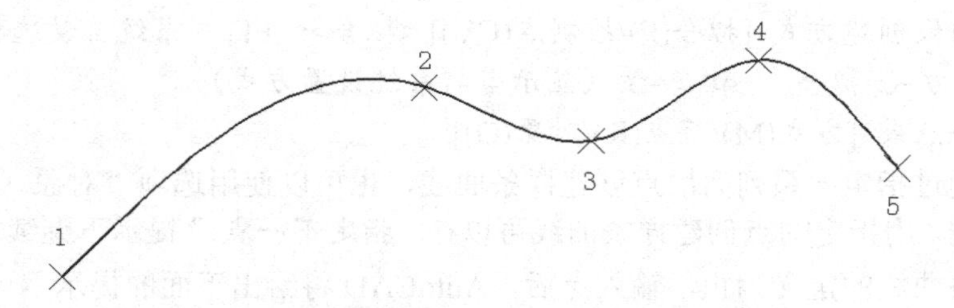

图 4-29　根据已知点用拟合方式创建样条曲线

（3）用"样条曲线控制点"方式绘制样条曲线，方法如下。

单击【绘图】面板的【样条曲线控制点】按钮，激活样条曲线命令，执行过程如下。

命令: _spline

当前设置：方式=拟合　　节点=弦

指定第一个点或 [方式(M)/节点(K)/对象(O)]: _M

输入样条曲线创建方式 [拟合(F)/控制点(CV)] <拟合>: _CV

当前设置：方式=控制点　　阶数=3

指定第一个点或 [方式(M)/阶数(D)/对象(O)]: （拾取点 1）

输入下一个点: （拾取点 2）

输入下一个点或 [放弃(U)]:（拾取点3）

输入下一个点或 [闭合(C)/放弃(U)]:（拾取点4）

输入下一个点或 [闭合(C)/放弃(U)]:（拾取点5）

输入下一个点或 [闭合(C)/放弃(U)]: ↙（回车结束指定点）

结果如图4-30所示。

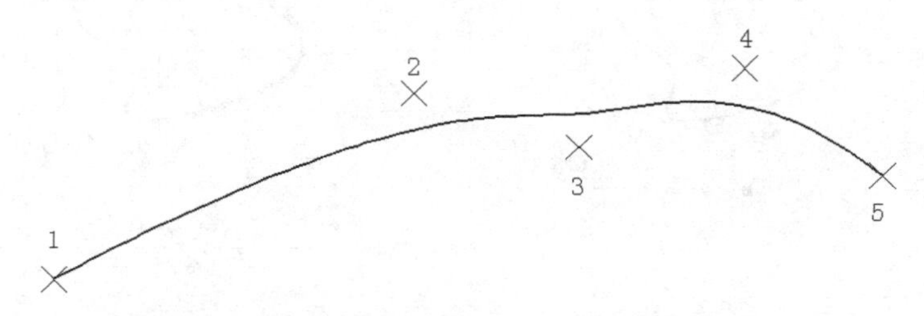

图4-30　根据已知点用控制点方式创建样条曲线

示例：用样条曲线绘制凸轮。凸轮各点坐标在本书配套素材的“凸轮坐标.txt”文件中。操作过程如下。

命令: _spline

当前设置: 方式=拟合　　节点=弦

指定第一个点或 [方式(M)/节点(K)/对象(O)]: _M

输入样条曲线创建方式 [拟合(F)/控制点(CV)] <拟合>: _FIT

当前设置: 方式=拟合　　节点=弦

指定第一个点或 [方式(M)/节点(K)/对象(O)]:（将“凸轮坐标.txt”文件中数据全部复制在此处）

…

指定下一点或 [闭合(C)/拟合公差(F)] <起点切向>: 36.3731,21↙（回车）

指定下一点或 [闭合(C)/拟合公差(F)] <起点切向>: c↙（输入c闭合曲线）

完成凸轮的作图，如图4-31所示。

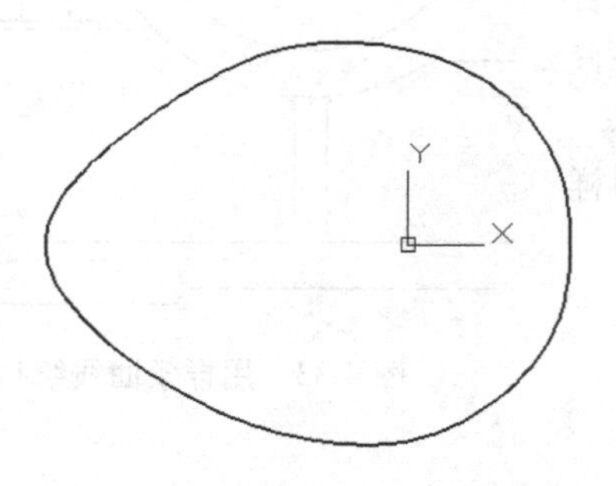

（a）用拟合方式创建的凸轮

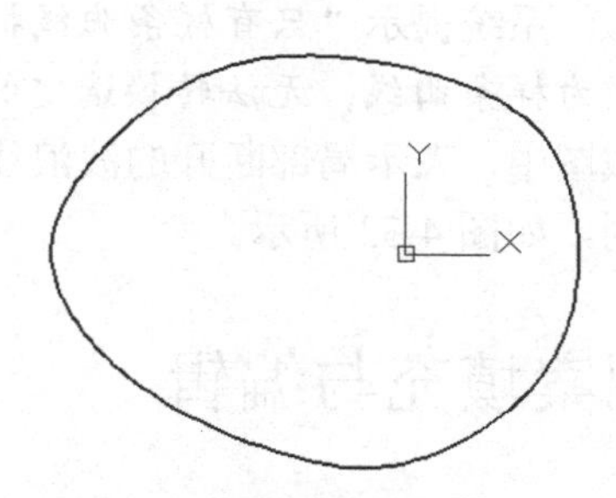

（b）用控制点方式创建的凸轮

图4-31　凸轮

在AutoCAD提示输入点时，可以将文本文件中表示坐标值的全部数据一次复制到命令行中，AutoCAD自动识别输入点的数量。

也可以将多段线转换为样条曲线。打开本书配套素材中练习文件“4-9.dwg”，如图 4-32 所示，虽然两个图看起来十分相像，通过特性查询可以发现：（a）图为多段线，（b）图为转换后的样条曲线。

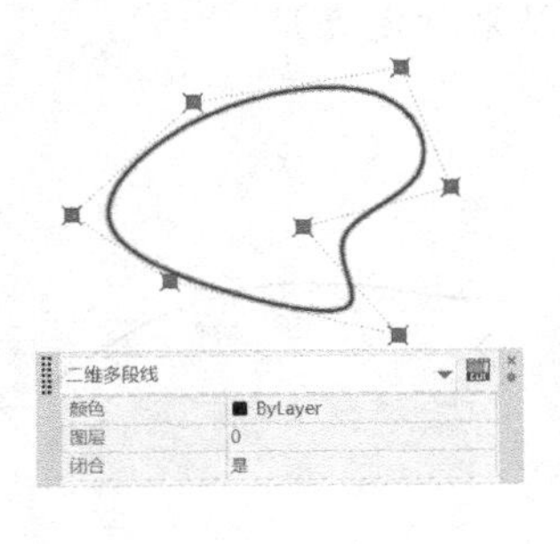

（a）多段线

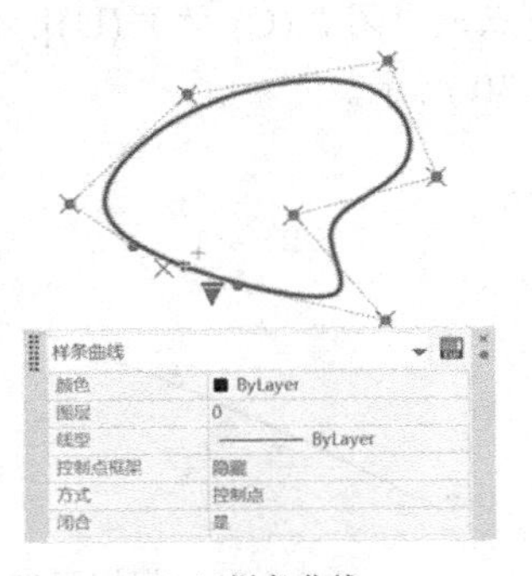

（b）样条曲线

图 4-32　将拟合的多段线转换为样条曲线

此练习示范，请参阅配套素材中实践视频文件 4-12.mp4。

命令执行过程如下。

命令: _spline

当前设置: 方式=拟合　　节点=弦

指定第一个点或 [方式(M)/节点(K)/对象(O)]: _M

输入样条曲线创建方式 [拟合(F)/控制点(CV)] <CV>: _FIT

当前设置: 方式=拟合　　节点=弦

指定第一个点或 [方式(M)/节点(K)/对象(O)]: o↙（选择对象方式）

选择样条曲线拟合多段线: 找到 1 个（选择要转换为样条曲线的多段线）

选择样条曲线拟合多段线: ↙（回车结束命令）

要注意的是，并不是所有多段线都可以直接转换为样条曲线。只有用 pedit 命令进行样条曲线拟合的多段线才可以转换为样条曲线。在转换未拟合的多段线时，系统提示“只有样条曲线拟合的多段线可以转换为样条曲线，无法转换选定的对象”。

在机械图中，表示局部断开的波浪线需要用样条曲线绘制，如图 4-33 所示。

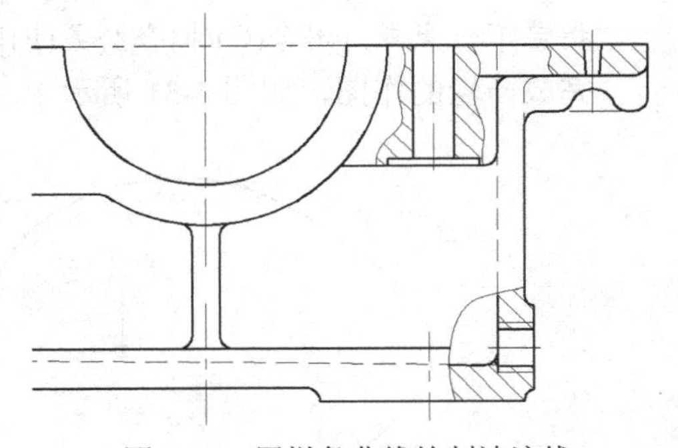

图 4-33　用样条曲线绘制波浪线

4.7　图案填充与编辑

在工程和产品设计中，经常会通过图案填充来区分设备的零件或表现组成对象的材质。例如，机械零件的剖面线代表零件的剖切断面；在建筑图中用填充的图案表示构件的材质或用料，如图 4-34 所示。

AutoCAD 提供了实体填充以及 60 多种行业标准填充图案，可以使用它们区分零件或表现对象的材质。AutoCAD 还提供了 11 种符合 ISO（国际标准化组织）标准的填充图案。

调用图案填充命令的方法如下。

- 功能区：【默认】标签|【绘图】面板|【图案填充】按钮 ；
- 命令行：bhatch（bh）↙。

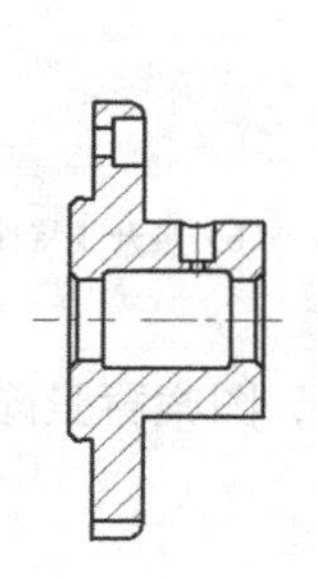
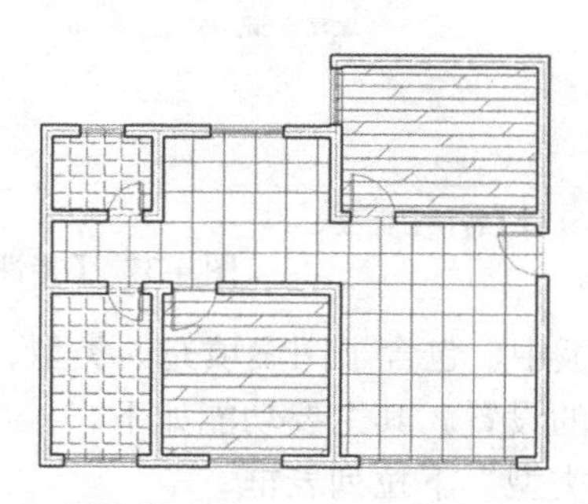

图 4-34 图案填充

4.7.1 【图案填充创建】选项卡

单击【图案填充】按钮，功能区面板转换为【图案填充创建】专用功能区上下文选项卡，如图 4-35 所示。

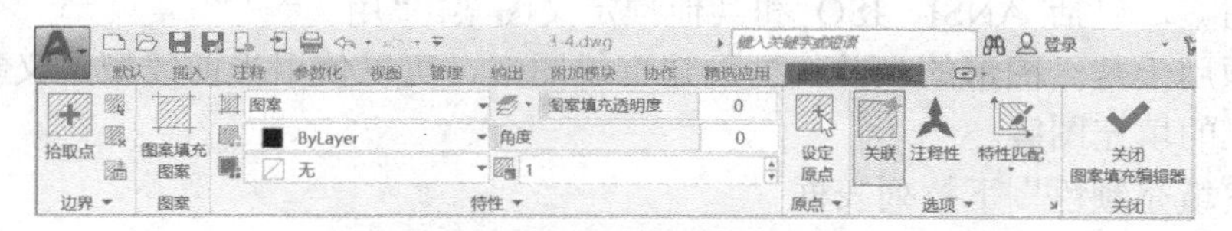

图 4-35 【图案填充创建】选项卡

1.【图案】面板

显示所有预定义和自定义图案的预览图像，用于填充的图案设置。单击“图案填充图案”按钮 展开【图案】面板，如图 4-36 所示。用户可以从中选取填充的图案。

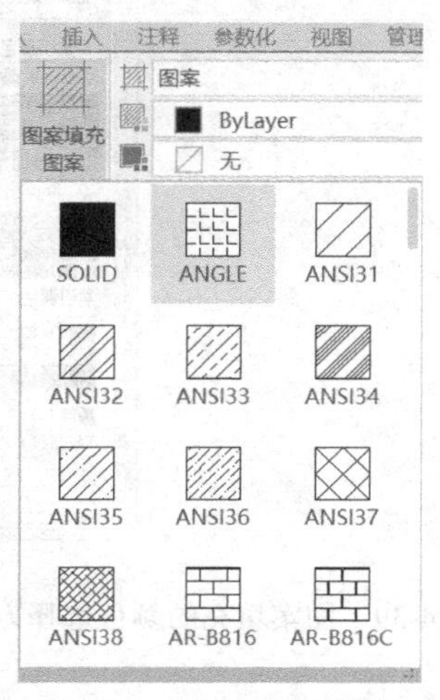

图 4-36 【图案】面板

2.【特性】面板

用于设置填充图案的特性，如图 4-37 所示。

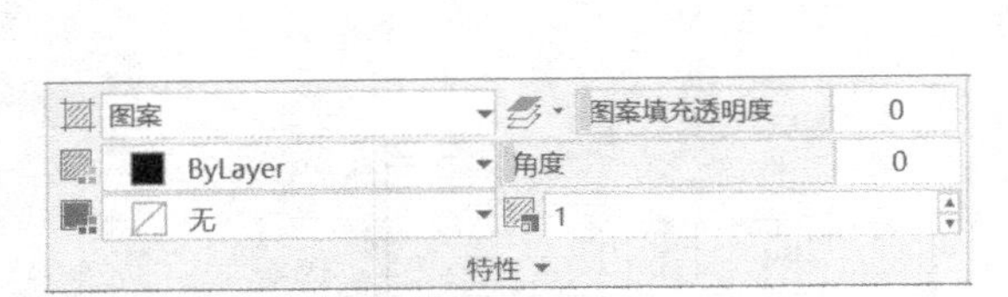

(a)【特性】面板

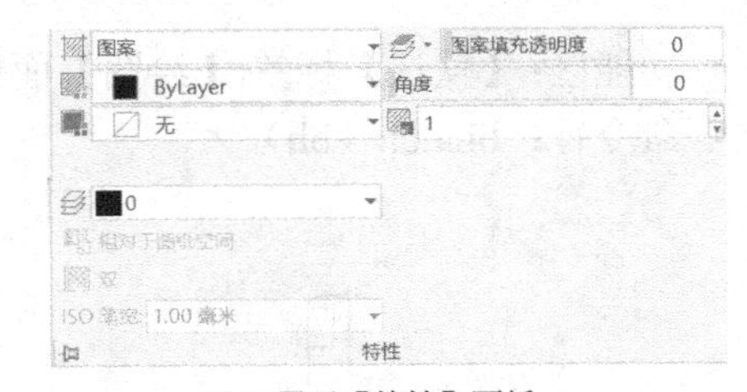

(b) 展开【特性】面板

图 4-37 【特性】面板

在【特性】面板中，包含了图案填充的类型、图案颜色、图案背景颜色、图案的透明度、角度、比例等内容的设置。其主要功能如下。

1)“图案填充类型”下拉列表框

用于设置填充图案的类型，其中包括：“实体”“图案”“渐变色”“用户定义”四个选项，单击“图案填充类型”列表框，弹出“图案填充类型”下拉列表框，如图 4-38 所示。选择其中任何一种图案类型，则在“图案”面板显示相应类型的填充图案。实体、图案、渐变色选项可以让用户使用系统提供的已定义的图案，包括 ANSI、ISO 和其他预定义图案。“用户定义”选项用于基于图形的当前线型创建直线图案，可以使用当前线型定义指定角度和比例，创建自己的填充图案。

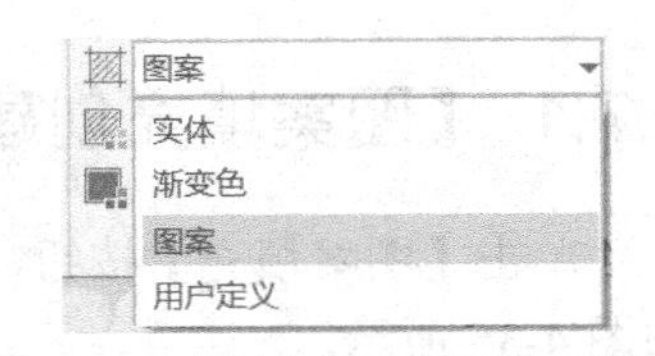

图 4-38 “图案填充类型”下拉列

2)“图案填充颜色”下拉列表框

用于设置填充图案的颜色。单击“图案填充颜色”列表框，弹出“图案填充颜色”下拉列表框，如图 4-39（a）所示。用户可以在其中选择一种颜色，或单击“更多颜色”，在【选择颜色】对话框中选择一种颜色作为填充图案的颜色，如图 4-39（b）所示，则填充图案以此颜色来填充选定图形。

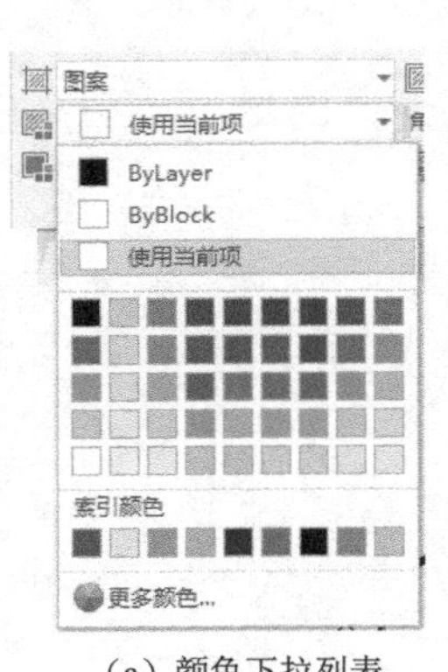

(a) 颜色下拉列表

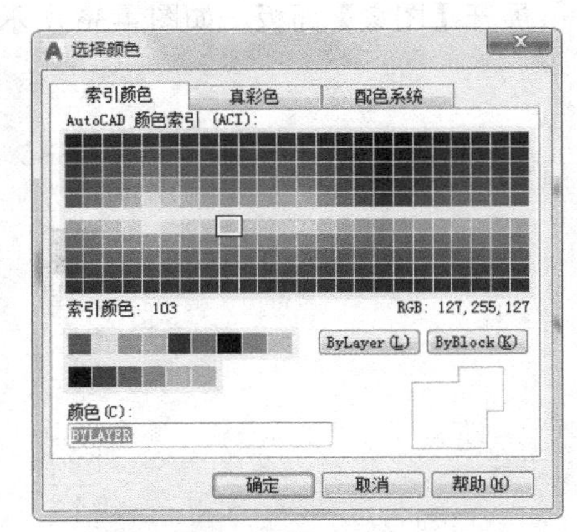

(b)【选择颜色】对话框

图 4-39 图案填充的颜色选择方法

3)“背景色”下拉列表框

用于设置填充图案区域的背景颜色。单击“背景色”列表框，弹出“背景色”下拉列表框，与图 4-39（a）类似。用户在下拉列表框中选择一种颜色或单击“选择颜色”，在【更多颜色】对话框中选择一种颜色作为填充图案背景的颜色。

4）“图案填充透明度”列表框

用于设置新的填充图案的透明度。拖动滑块或直接输入数值指定透明度值。透明度值越大，填充图案颜色越浅；若存在被其遮挡的对象，则该对象显示越清晰。

5）“图案填充角度”列表框

用于设置填充图案的旋转角度（相对当前 UCS 坐标系的 *X* 轴）。拖动滑块或直接输入数值指定角度，选择填充图案为“ANSI31”，角度分别为 0°、60°和 90°，填充结果如图 4-40 所示。当填充图案为“实体”时，此项不可用。

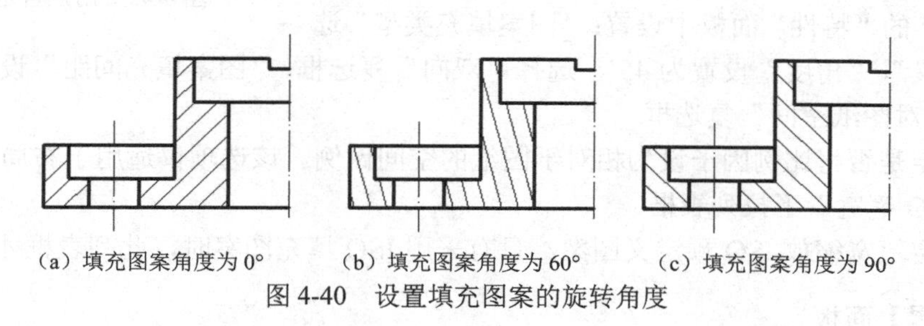

（a）填充图案角度为 0°　（b）填充图案角度为 60°　（c）填充图案角度为 90°

图 4-40　设置填充图案的旋转角度

6）“填充图案比例”列表框

放大或缩小预定义或自定义图案，如图 4-41 所示。只有将“图案填充类型”设置为“图案”时，此选项才可使用。

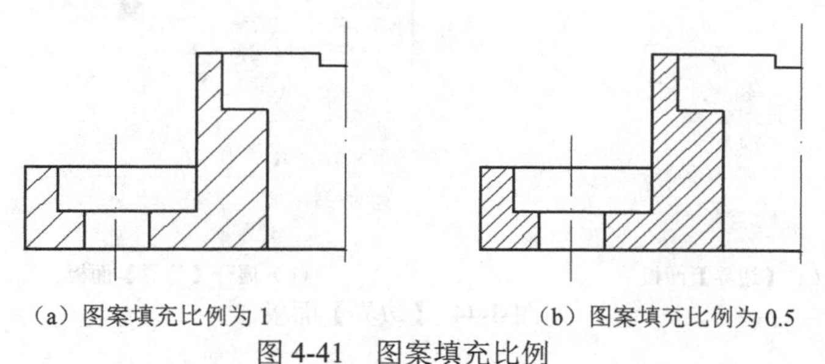

（a）图案填充比例为 1　（b）图案填充比例为 0.5

图 4-41　图案填充比例

7）“图案填充间距”列表框

指定用户定义图案中的直线间距。仅当“图案填充类型”设定为“用户定义”时，此选项才可用。图 4-42 中，“图案填充类型”设定为“用户定义”，角度为 0°，“图案填充间距”分别为 1 和 3。

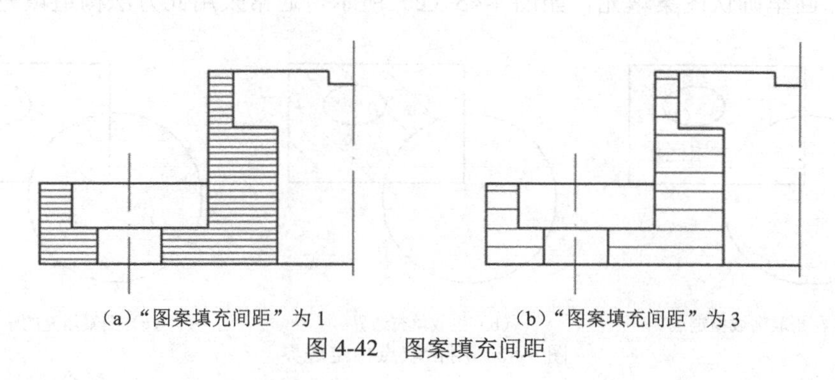

（a）“图案填充间距”为 1　（b）“图案填充间距”为 3

图 4-42　图案填充间距

8）“图案填充图层替代”下拉列表框

用于设置填充图案所在的图层。默认状态为“使用当前图层”，用户可以在下拉列表中选择其他图层来替代当前图层。

9)“双向”复选框

对于“用户定义”图案，选择此选项将绘制第二组直线，这组直线相对于初始直线成 90°，从而构成交叉填充。只有在“图案填充类型”下拉列表中选择了“用户定义”后，此选项才可用。要实现图 4-43 所示的填充，需要在“图案填充创建”的“特性”面板中设置：“图案填充类型”选择“用户定义”，“角度”设置为 45°，选择“双向”复选框，“图案填充间距”设置为 2。

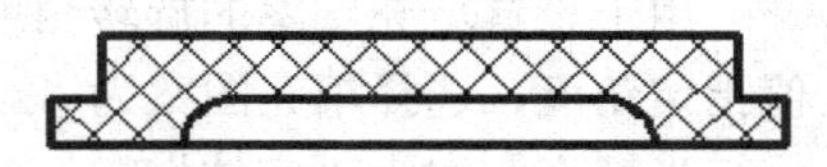

图 4-43　用户自定义填充

10)“相对图纸空间”复选框

用于决定是否将比例因子设为相对于图纸的空间比例。该选项仅适用于布局。

11)“ISO 笔宽”下拉列表框

基于选定笔宽缩放 ISO 预定义图案。只有采用 ISO 填充图案时，此列表框才可使用。

3.【边界】面板

用于填充的边界选择和设置，如图 4-44 所示。其主要功能如下。

(a)【边界】面板

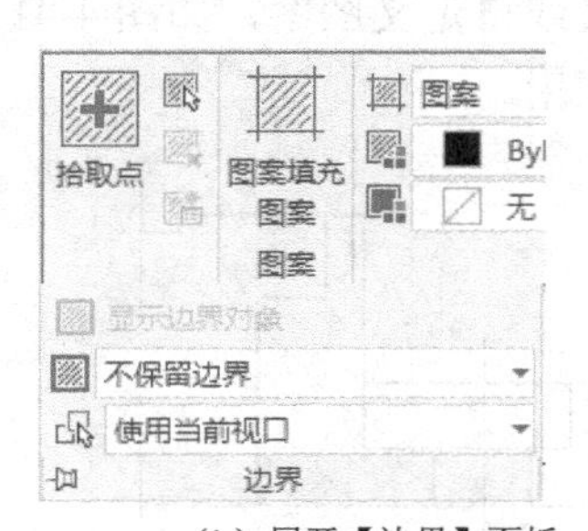

(b) 展开【边界】面板

图 4-44 【边界】面板

1)“拾取点”按钮

用于指定边界内的任意一点，并在现有对象中检测距该点最近的边界，构成一个闭合区域，如图 4-45 所示。当鼠标停留在某封闭区域内时，系统显示填充效果。在封闭区域拾取鼠标，则 AutoCAD 亮显填充边界及填充结果，如图 4-45（b）所示，可以继续拾取点，添加新的填充边界，回车确认图案填充，如图 4-45（c）所示。通常采用此方法构造填充边界。

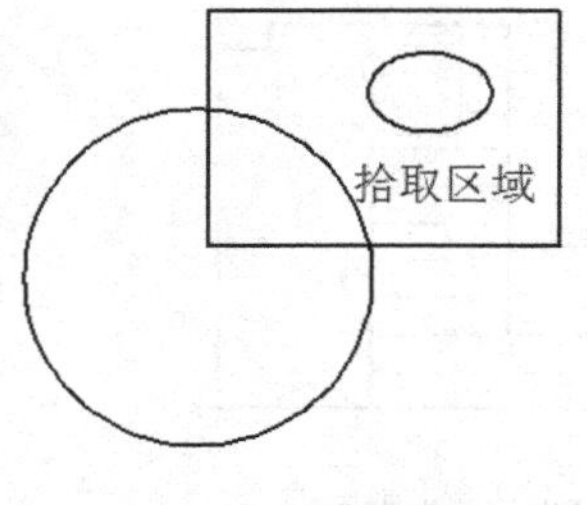

(a) 在拾取区域指定点

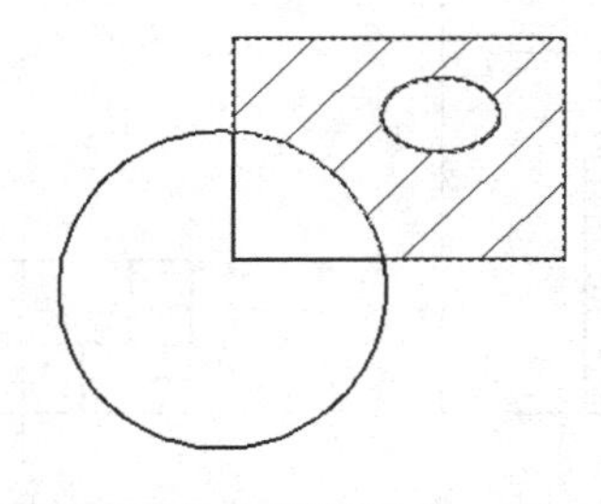

(b) 生成填充边界

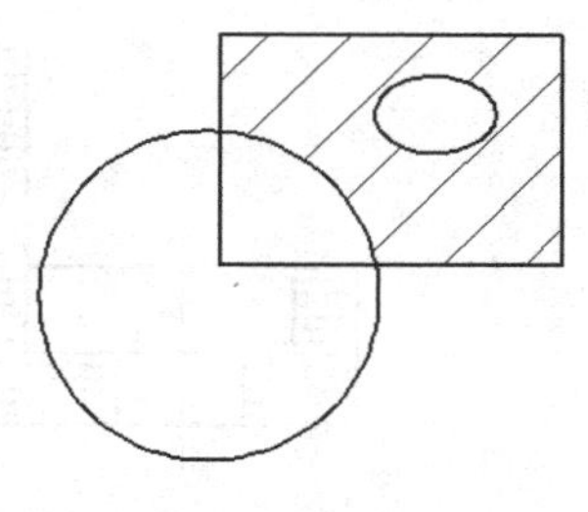

(c) 图案填充的结果

图 4-45　用拾取点指定边界

2)“选择边界对象”按钮

通过选择边界对象，用指定的图案填充到区域，如图 4-46 所示。

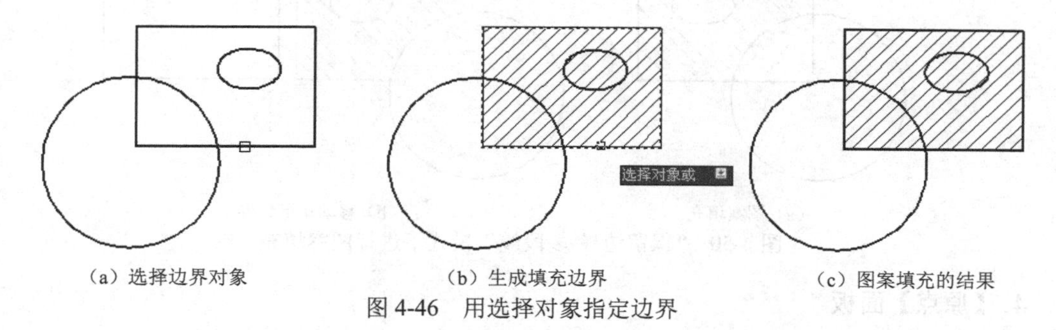

（a）选择边界对象　　（b）生成填充边界　　（c）图案填充的结果

图 4-46　用选择对象指定边界

选择对象时，可以随时在绘图区域右击以显示快捷菜单。可以利用此快捷菜单更改选择方式，或打开【图案填充和渐变色】对话框，进行相应的设置。

3）“删除边界对象”按钮

图形中已定义填充边界后，此按钮才可以使用。单击此按钮，选择其中的某些边界对象，则该对象不再作为填充边界，AutoCAD 根据图形关系确定新的填充边界，如图 4-47 所示。

4）“保留边界对象”下拉列表

单击“保留边界对象”列表框，系统弹出“保留边界对象”下拉列表如图 4-48 所示。该下拉列表用来选择是否沿已填充的图案边界创建新的对象。其中“不保留边界”选项，将不创建新的对象；“保留边界-多段线”选项，沿填充的图案边界创建新的对象并且该对象为多段线；“保留边界-面域”选项，沿填充的图案边界创建新的对象并且该对象为面域。

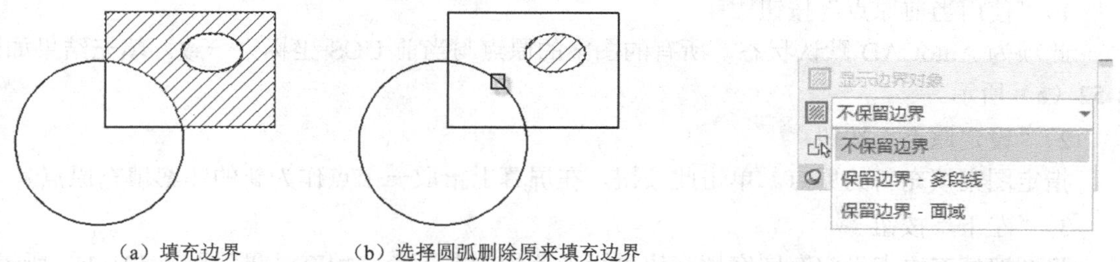

（a）填充边界　　（b）选择圆弧删除原来填充边界

图 4-47　“删除”填充边界　　图 4-48　“保留边界对象”下拉列表

图 4-49（a）选择“不保留边界”选项，填充图案后，移动矩形边界，如图 4-49（b）所示，填充图案没有边界。图 4-50（a）选择“保留边界-多段线”选项，填充图案后，移动矩形边界，可以看到 AutoCAD 沿填充边界绘制了新的图形，如图 4-50（b）所示。

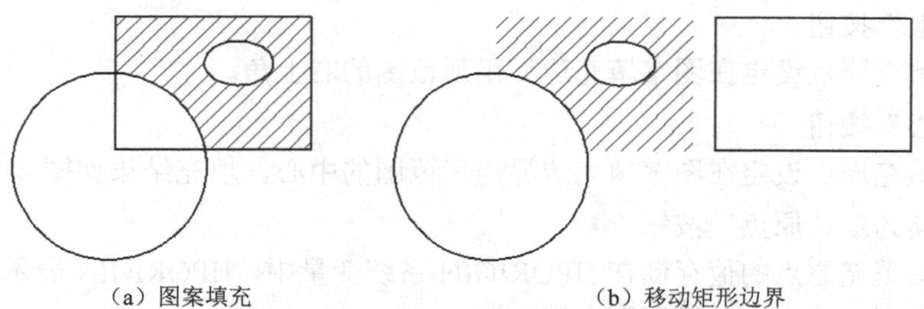

（a）图案填充　　（b）移动矩形边界

图 4-49　“不保留边界”模式下进行图案填充

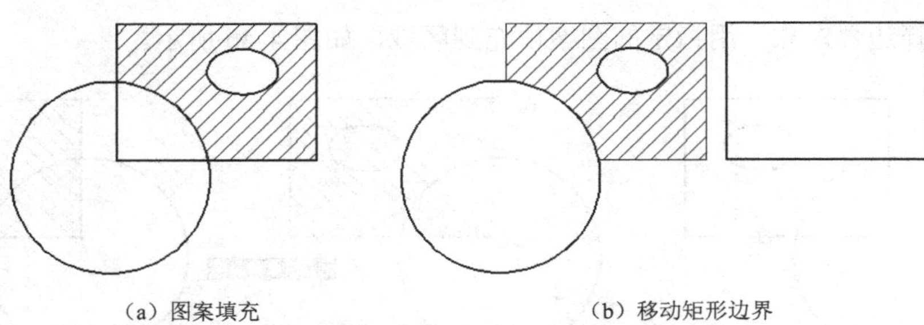

（a）图案填充　　（b）移动矩形边界

图 4-50 “保留边界-多段线”模式下进行图案填充

4.【原点】面板

用来控制图案填充的初始位置，如图 4-51 所示。一些类似于砖形的图案需要从边界的一点排成一行，有时需要调整其初始位置。【原点】面板主要功能如下。

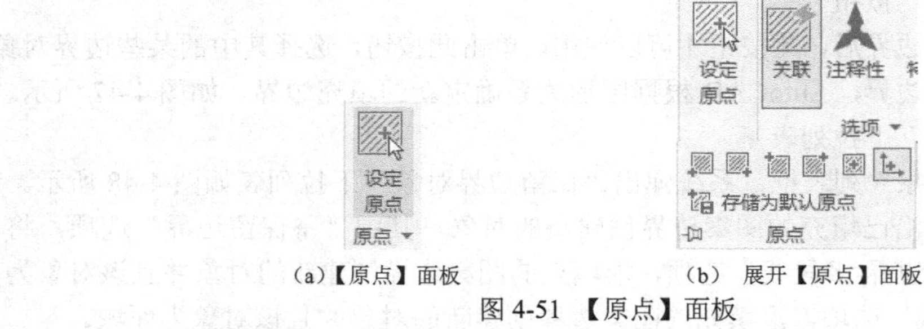

（a）【原点】面板　（b） 展开【原点】面板

图 4-51 【原点】面板

1）“使用当前原点”按钮

此项为 AutoCAD 默认状态，所有的图案的原点与当前 UCS 坐标系一致。填充结果如图 4-52（a）所示。

2）“设定原点”按钮

指定图案填充新的原点。单击此按钮，在屏幕上拾取一个点作为新的图案填充原点。

3）“左下”按钮

将图案填充原点设定在图案填充边界矩形范围的左下角。填充结果如图 4-52（b）所示。

4）“右下”按钮

将图案填充原点设定在图案填充边界矩形范围的右下角。

5）“左上”按钮

将图案填充原点设定在图案填充边界矩形范围的左上角。

6）“右上”按钮

将图案填充原点设定在图案填充边界矩形范围的右上角。

7）“中心”按钮

将图案填充原点设定在图案填充边界矩形范围的中心。填充结果如图 4-52（c）所示。

8）“存储为默认原点”按钮

将新图案填充原点的值存储在 HPORIGIN 系统变量中。HPORIGIN 表示相对于当前用户坐标系为新的图案填充对象设置图案填充原点。

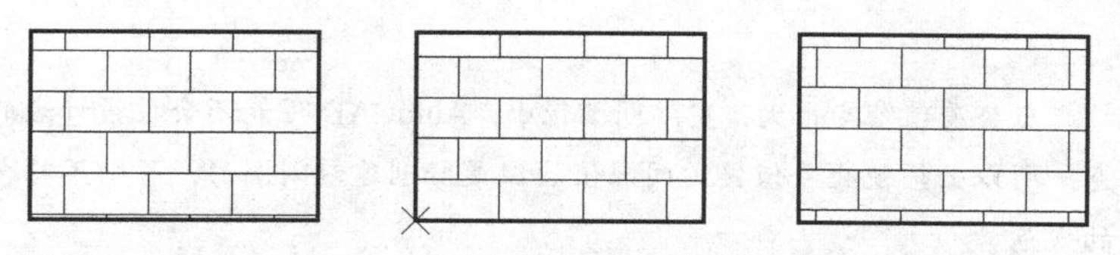

（a）默认图案填充原点　（b）左下角为图案填充原点　（c）图形正中为图案填充原点

图 4-52　图案填充原点的控制

5.【选项】面板

【选项】面板控制几个常用的图案填充模式或填充选项，如图 4-53 所示。其主要功能如下。

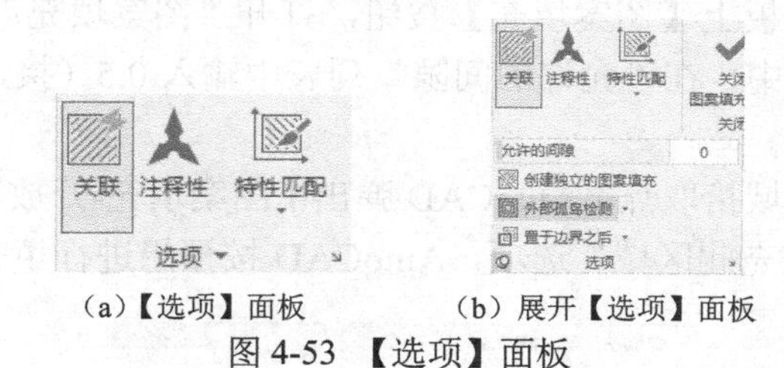

（a）【选项】面板　（b）展开【选项】面板

图 4-53　【选项】面板

1）“关联”按钮

选择此项即关联填充，当使用编辑命令修改边界时，图案填充自动随边界做出关联的改变，以图案自动填充新的边界，如图 4-54（b）所示。若不选择关联填充时，图案填充将不随边界的改变而变化，仍保持原来的形状，如图 4-54（c）所示。

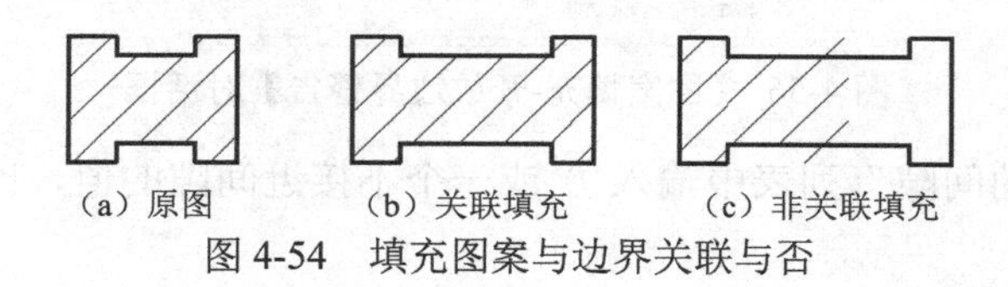

（a）原图　（b）关联填充　（c）非关联填充

图 4-54　填充图案与边界关联与否

2）“注释性”按钮

指定图案填充是否为可注释性的。选择注释性时填充图案显示比例为注释比例乘以填充图案比例，关于注释性的详细介绍参见本书第 7 章。

3）“特性匹配”按钮

用于选择一个已使用的填充样式及其特性来填充指定的边界，相当于复制填充样式。特性匹配有两个选项，选择“使用当前原点”选项时，使用选定图案填充对象但不包括图案填充原点，来设定新的图案填充的特性；选择“使用源图案填充的原点”选项时，使用选定图案填充对象包括图案填充原点，来设定新的图案填充的特性。

4）“允许的间隙”输入框

如果图案填充边界未完全闭合，AutoCAD 会检测到无效的图案填充边界，并用红色圆圈来显示问题区域的位置，如图 4-55 所示。此时退出 hatch 命令后，红色圆圈仍处于显示状态，从而有助于用户查找和修复图案填充边界。再次启动 hatch 时，或者如果输入 redraw 或 regen 命令，红色圆圈将消失。

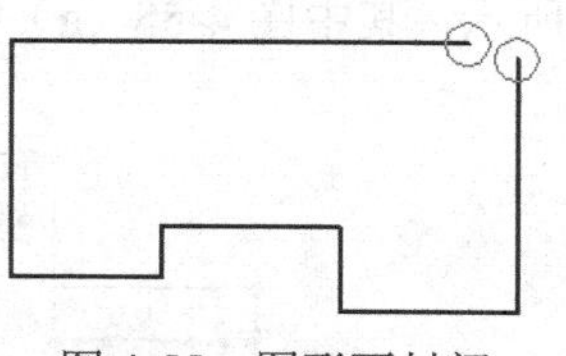

图 4-55　图形不封闭

但是当在“允许的间隙”中指定值后，可以填充在允许的间隙范围内的不封闭图形。“允许的间隙”默认为 0，范围在 0～5000 之间。

当公差值给定很大，实际间隙很小，AutoCAD 可能不会按设计者的意图填充，所以必须使公差值接近间隙值。但最好创建封闭图形，否则不符合工程图的规范。

示例：打开本书配套素材中练习文件“4-10.dwg”，对图纸中局部剖位置进行图案填充。

此练习示范，请参阅配套素材中实践视频文件 4-13.mp4。

操作步骤如下。

（1）单击【绘图】面板上【图案填充】按钮，打开“图案填充创建”功能区标签。

（2）在【选项】面板中，在“允许的间隙”列表中输入 0.5（接近间隙值），单击【边界】面板上【拾取点】按钮。

（3）在图形中填充区域拾取点。AutoCAD 弹出【图案填充-开放边界警告】对话框，如图 4-56 所示。选择“继续填充此区域”选项，AutoCAD 按预想进行填充，如图 4-57（a）所示。

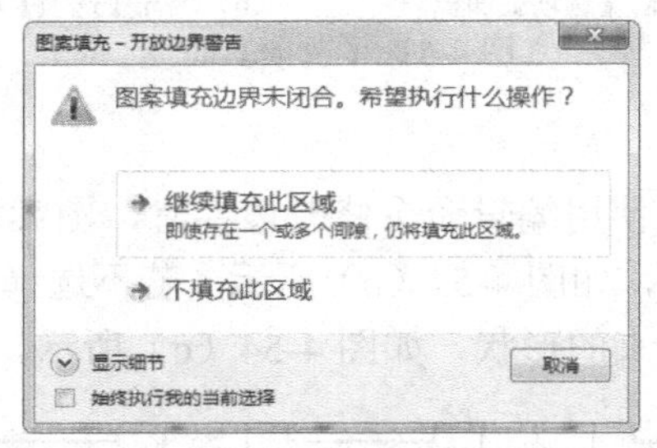

图 4-56 【图案填充-开放边界警告】对话框

（4）若在“允许的间隙”列表中输入 0 或一个不接近间隙的值，比如 5，则填充结果如图 4-57（b）所示。

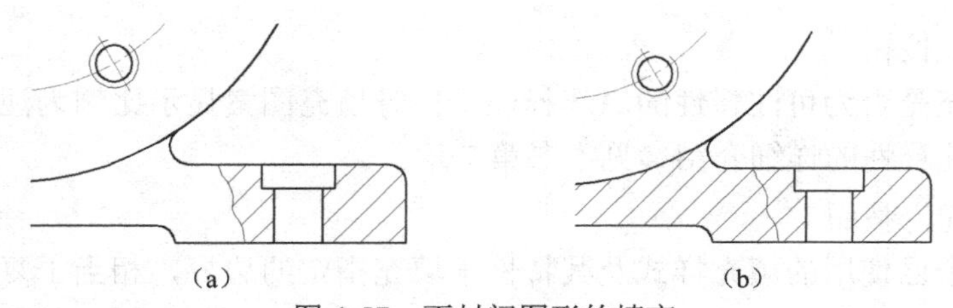

图 4-57　不封闭图形的填充

（5）“创建独立的图案填充”按钮 。

选择此项，一次创建的多个填充对象为互相独立对象，可单独进行编辑或删除，如图 4-58 所示，其中图 4-58（a）中 4 块填充图案为 1 个对象，图 4-58（b）中 4 块填充图案为 4 个对象。

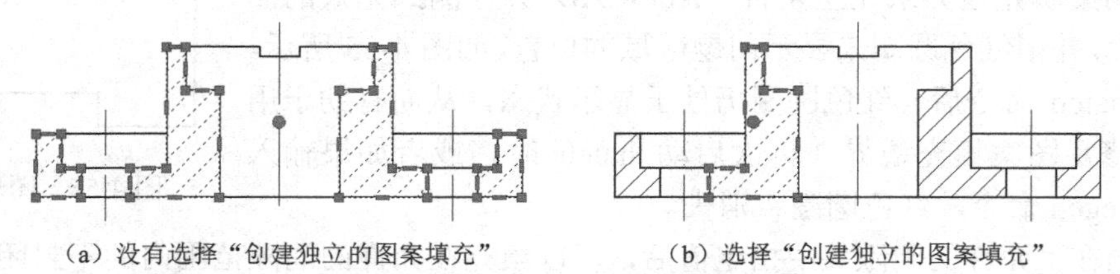

图 4-58　是否“创建独立的图案填充”

（6）“孤岛检测”下拉列表。

用于设置孤岛的填充方式，包括“普通孤岛检测”“外部孤岛检测”“忽略孤岛检测”“无孤岛检测”4 个选项，如图 4-59 所示。

（7）“绘图次序”列表。

为图案填充或填充指定绘图次序。包括不指定、前置、后置、置于边界之前、置于边界之后等多种选择，如图 4-60 所示，可以通过不同的选择把填充图案置于指定的层次。

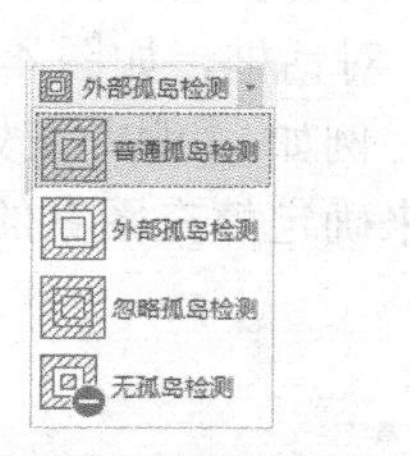

图 4-59 “孤岛检测”下拉列表

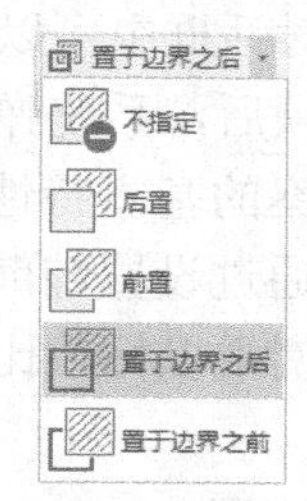

图 4-60 “绘图次序”列表

（8）“图案填充和渐变色”对话框。

单击【选项】面板右下角的对话框启动器按钮，AutoCAD 打开【图案填充和渐变色】对话框，如图 4-61 所示，用此对话框可以进行图案的设置、边界的选取等。对话框各选项与【图案填充创建】功能区上各面板相同，不再赘述。

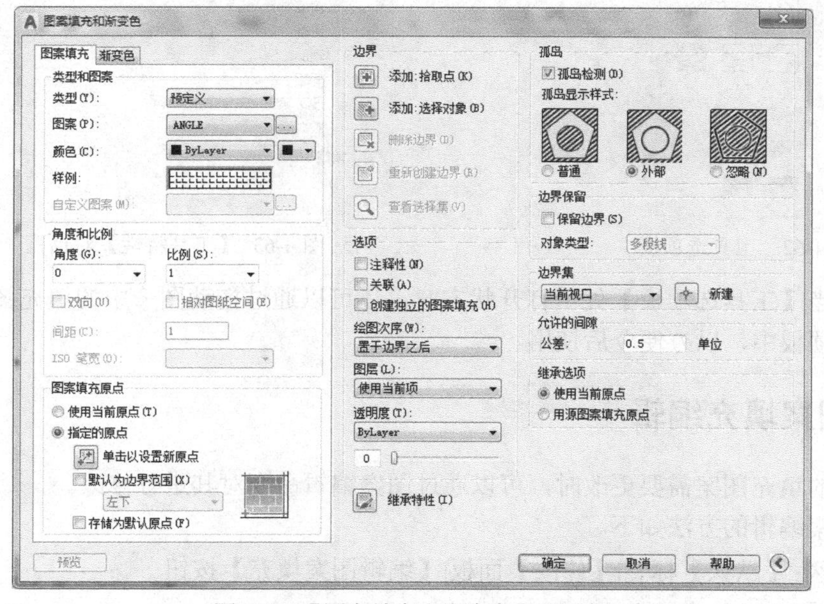

图 4-61 【图案填充和渐变色】对话框

4.7.2 使用工具选项板

利用 AutoCAD 的工具选项板，可以将常用的填充图案放置在工具选项板上。当需要向图形中添加填充图案时，只需将其从工具选项板拖动至图形中即可。通过设计中心可以把共享的填充图案添加到当前的工具选项板中。使用工具选项板进行图案填充提高了图案填充的效率，丰富了填充的图案。调用工具选项板的方法如下。

- 功能区：【视图】标签|【选项板】面板|【工具选项板】按钮 ；
- 命令行：toolpalettes ↙。

当【工具选项板】处于打开状态时，如图 4-62 所示，拖动工具选项板中的填充图案到图形中待填充区域即可完成图案填充。或单击填充图案，再单击填充区域，也可完成图案填充。

在【工具选项板】的填充图案上右击，从快捷菜单中选择【特性】选项，系统弹出【工具特性】对话框，在此对话框中可以直接修改填充图案的参数。例如，选择图案“砖块”，并右击，选择【特性】选项后，系统弹出【工具特性】对话框，如图 4-63 所示。在此对话框中可以修改选定的填充图案的基本特性以及图案特性。例如：可以修改图案的名称、填充图案的角度和比例，还可以通过设置辅助比例的类型，来确定填充图案的插入比例是当前比例乘以打印比例还是当前比例乘以标注比例。

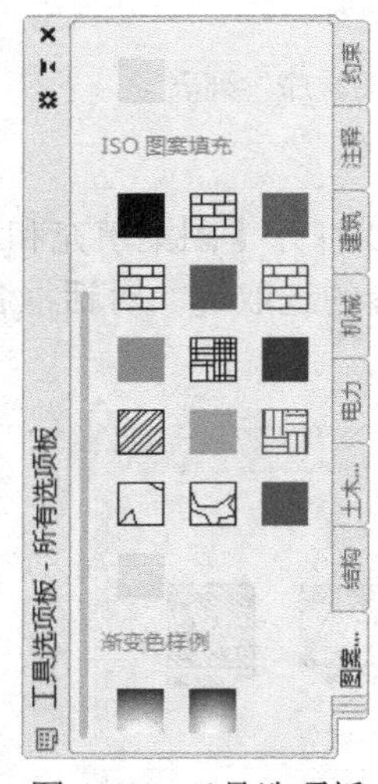

图 4-62　工具选项板

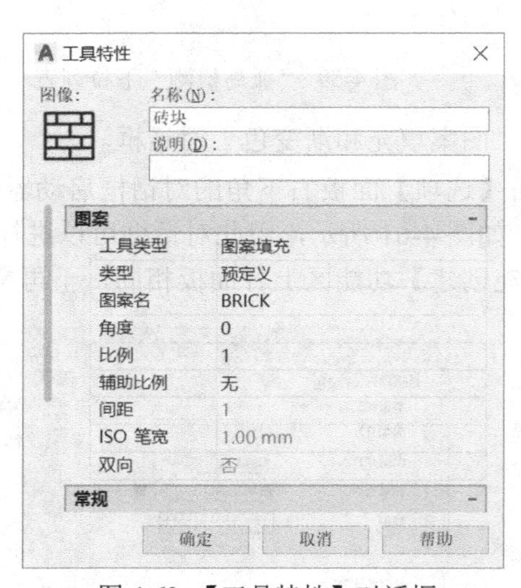

图 4-63　【工具特性】对话框

另外，当【工具选项板】处于打开状态时，还可以通过拖动图形中的填充图案，将图案拖到工具选项板中，以方便今后使用。

4.7.3　图案填充编辑

当绘制的填充图案需要更改时，可以通过图案编辑命令对其进行修改。

调用图案编辑的方法如下。

- 功能区：【默认】标签|【修改】面板|【编辑图案填充】按钮 ；
- 命令行：hatchedit ↙；
- 单击要编辑的填充图案。

用户可以单击【编辑图案填充】按钮或输入命令 hatchedit 来激活【图案填充编辑】对话框，如图 4-64 所示，从中修改现有图案或渐变填充的相关参数。单击要编辑的填充图案，功能区转换为【图案填充编辑器】专用功能区上下文选项卡，如图 4-65 所示。

无论是【图案填充编辑】对话框还是【图案填充编辑器】专用功能区上下文选项卡，都显示了选定图案填充对象或渐变填充对象的当前特性，用户可以对其进行修改。此时【重新创建边界】按钮 可用，下面介绍一下该按钮的作用，其余各项功能不再赘述。

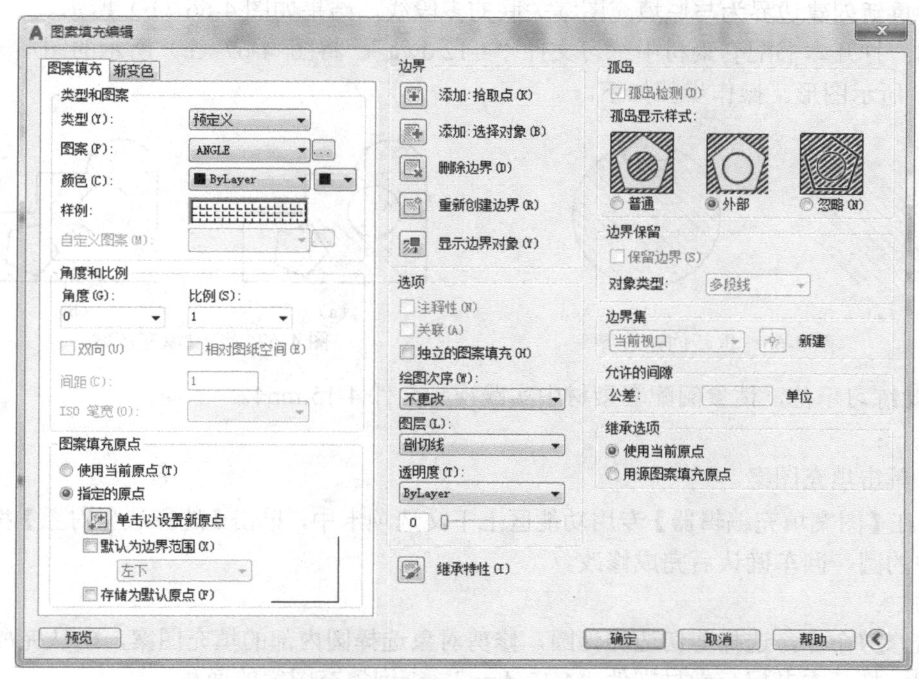

图 4-64　【图案填充编辑】对话框

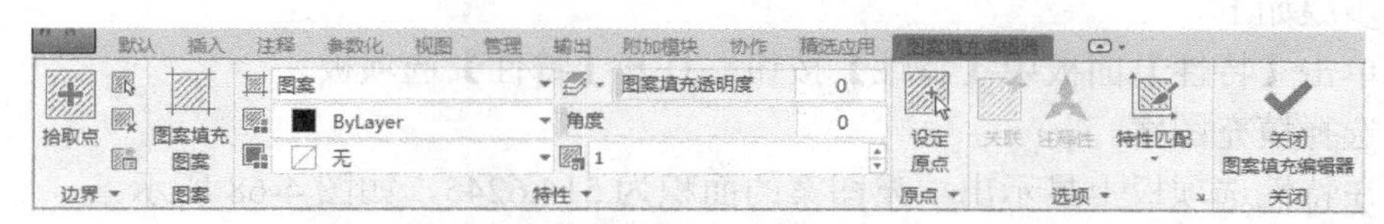

图 4-65　【图案填充编辑器】专用功能区上下文选项卡

- 【重新创建边界】按钮 ：编辑填充图案时，此选项才可以使用。当编辑删除了边界的填充图案时，单击该按钮，系统提示：“输入边界对象的类型 [面域(R)/多段线(P)] <多段线>: ”，选择指定类型后，沿被编辑的填充边界轮廓创建一多段线或面域，并可选择其与填充图案是否关联，若原边界线未删除，则原边界线仍保留。

创建的关联填充图案可以修改为不关联，但是不关联的填充图案不可以改为关联。若要将不关联的填充图案改为关联，则通过重新创建边界可以实现。

通过下面的练习，进一步熟悉填充图案的编辑方法。

示例：打开本书配套素材中对应的练习文件“4-11.dwg”，如图 4-66（a）所示。重新生成该图案的填充边界。操作步骤如下。

此练习示范，请参阅配套素材中实践视频文件 4-14.mp4。

（1）单击填充图案。

（2）在【图案填充编辑器】专用功能区上下文选项卡中，单击【重新创建边界】按钮 ，AutoCAD 在命令行提示如下。

输入边界对象的类型 [面域(R)/多段线(P)] <多段线>:↙（回车则创建新边界是多段线）

要关联图案填充与新边界吗？[是(Y)/否(N)] <Y>:↙（回车则图案与新边界关联）

（3）重新创建边界为与原填充图案关联的多段线，结果如图 4-66（b）所示。

示例：打开本书配套素材中练习文件“4-12.dwg”。将图 4-67（a）所示的图形编辑为图 4-67（b）所示图形。操作步骤如下。

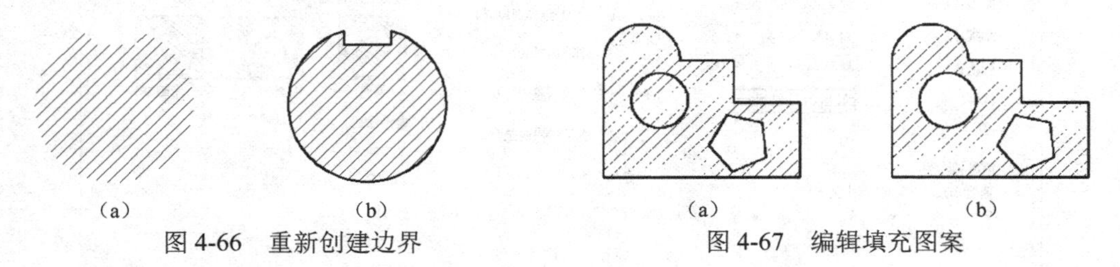

（a）　（b）　（a）　（b）

图 4-66　重新创建边界　　图 4-67　编辑填充图案

此练习示范，请参阅配套素材中实践视频文件 4-15.mp4。

方法一：

（1）单击填充图案。

（2）在【图案填充编辑器】专用功能区上下文选项卡中，单击【选择边界对象】按钮，选择图中的圆，回车确认后完成修改。

方法二：

单击修剪命令，选择剪切边界为圆，修剪对象选择圆内部的填充图案，确认完成修改。

示例：打开本书配套素材文件“4-13.dwg”。查询填充图案的面积。

操作步骤如下。

（1）单击【特性】面板中【特性】按钮，打开【特性】选项板。

（2）选择填充图案。

（3）在特性选项板上显示出填充图案的面积为 514.6245，如图 4-68 所示。

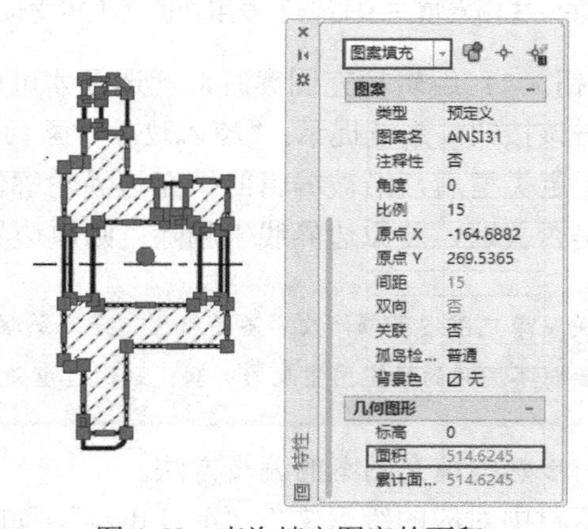

图 4-68　查询填充图案的面积

（4）在【图案填充编辑器】专用功能区上下文选项卡中，在【选项】面板上选择“独立的图案填充”，将填充图案分解为各自独立。

（5）拾取填充图案，读者会发现此时填充图案不再是一个独立对象，而是四个独立对象，如图 4-69（a）所示，依次选取填充图案。

（6）在特性选项板上显示出填充图案的累计面积总和，如图 4-69（b）所示。

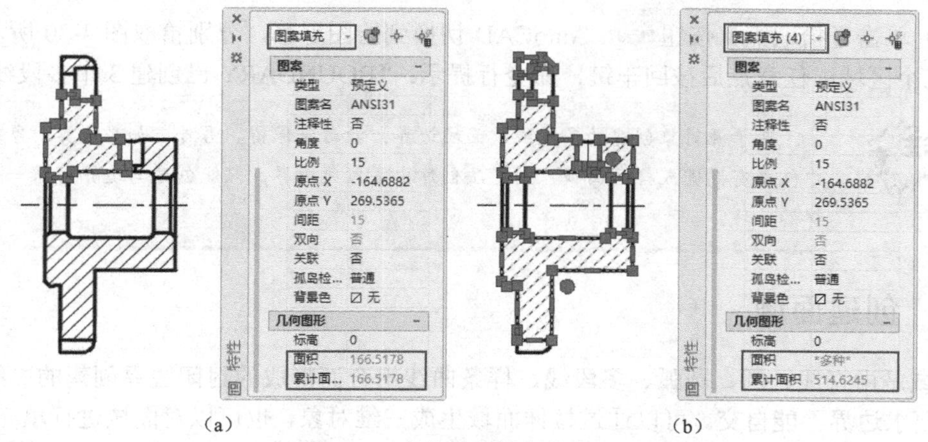

图 4-69　查询填充图案的面积

4.8　创建边界与面域

有了一个由许多零散图线构成的封闭区域后，就可以利用此封闭区域创建出与此区域形状一样的多段线或面域对象。

4.8.1　创建边界

边界命令可将由直线、圆弧、多段线等多个对象组合形成的封闭图形构建为一个独立的多段线或面域对象。可以用面积命令查询该对象的相关特性，也可以通过拉伸或旋转方式将其生成三维对象。

调用边界命令的方法如下。

- 功能区：【默认】标签|【绘图】面板|【边界】按钮；
- 命令行：boundary ↙。

示例：打开本书配套素材中练习文件“4-14.dwg”，将图 4-70 所示的 A、B、C 三个区域创建为边界。

此练习示范，请参阅配套素材中实践视频文件 4-16.mp4。

操作步骤如下。

（1）单击【绘图】面板的【边界】按钮，系统弹出【边界创建】对话框，如图 4-71 所示。

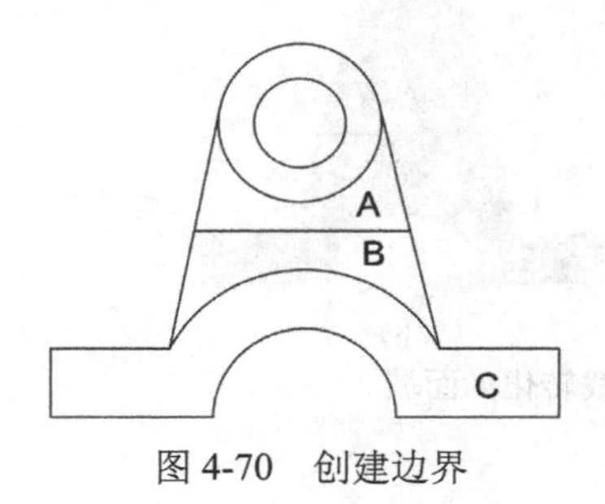

图 4-70　创建边界

图 4-71　【边界创建】对话框

（2）单击【拾取点】按钮，AutoCAD 切换到绘图屏幕，分别拾取图 4-70 所示的 A、B、C 三个区域中任意点后按回车键，命令行提示：“BOUNDARY 已创建 3 个多段线”。

基于源对象创建的多段线或面域边界，源对象保留。另外，如果边界对象中包含有椭圆或样条曲线，则无法创建出多段线边界，只能创建与边界形状一样的面域。

4.8.2 创建面域

面域是由直线、圆、圆弧、多段线、样条曲线组合而形成的封闭边界创建的二维闭合区域，它要求边界不能自交。可以通过拉伸面域生成三维对象，也可以对面域进行填充和着色。生成的面域可以用质量特性（massprop）命令分析，如面域的面积、质心等，并能从面域中提取其设计信息；还可以将多个面域进行布尔运算，生成形状更为复杂的面域。

调用面域命令的方法如下。

- 功能区：【默认】标签|【绘图】面板|【面域】按钮；
- 命令行：region ↙。

AutoCAD 将选择集的闭合多段线、直线和曲线进行转换，以形成闭合的平面环（面域的外边界和孔）。如果有两个以上的曲线共用一个端点，得到的面域可能是不确定的。

面域的边界由端点相连的曲线组成，曲线上的每个端点仅连接两条边。AutoCAD 不接受所有相交或自交的曲线。

示例：打开本书配套素材中练习文件“4-15.dwg”，将图 4-72（a）所示的图形转换为面域。

此练习示范，请参阅配套素材中实践视频文件 4-17.mp4。

命令执行过程如下。

命令:_region
选择对象:（窗口选择全部对象）
选择对象:↙（回车结束选择）
系统提示生成的环和面域:
已提取 3 个环。
已创建 3 个面域。

从图形表面看不出任何变化，选择【视图】标签的【选项板】面板的【视觉样式】列表的“概念”选项后，可以看到如图 4-72（b）的效果。

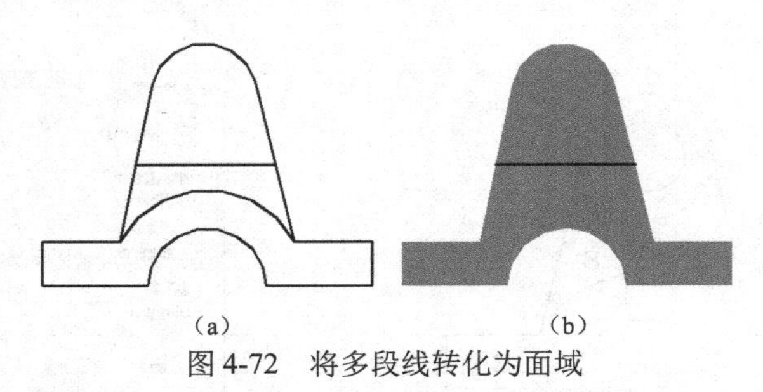

（a）　（b）

图 4-72　将多段线转化为面域

4.9　创建圆环

在 AutoCAD 中，可以绘制实心圆或圆环。调用绘制圆环命令的方法如下。

- 功能区：【默认】标签|【绘图】面板|【圆环】按钮 ◎；
- 命令行：donut（do）↙。

使用创建圆环命令时，系统提示如下。

指定圆环的内径 <0.5>:

指定圆环的外径 <1.0>:

指定圆环的中心点或 <退出>:

说明：圆环由两条圆弧多段线组成，这两条圆弧多段线首尾相接而形成圆形。多段线的宽度由指定的内直径和外直径决定。要创建实心的圆，请将内径值指定为零。

示例：绘制如图 4-73 所示弯头—出口向上法兰连接示意图。

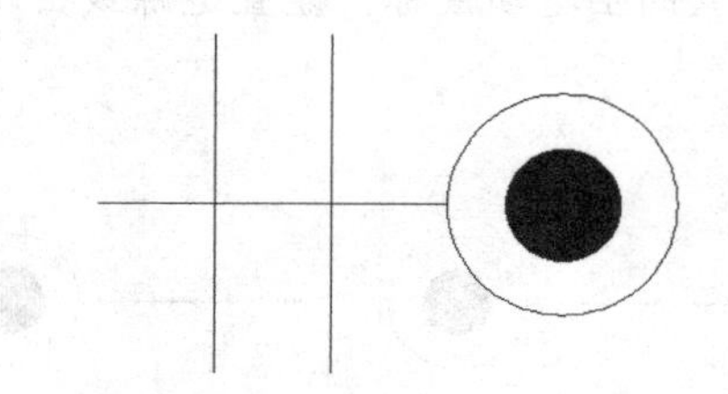

图 4-73　弯头—出口向上法兰连接示意图

操作步骤如下。

（1）打开对象捕捉，激活捕捉圆心、象限点、节点。

（2）绘制实心圆。

单击【绘图】面板的【圆环】按钮 ◎，命令行提示如下。

命令: _donut

指定圆环的内径 <0.5000>: 0↙

指定圆环的外径 <1.0000>: 2.5↙

指定圆环的中心点或 <退出>:（拾取任一点回车结束圆环命令）

结果如图 4-74（a）所示。

（3）绘制圆。

单击【绘图】面板的【圆】按钮，绘制半径为 2.5 的圆，且圆心与圆环同心。

命令: _circle

指定圆的圆心或 [三点(3P)/两点(2P)/切点、切点、半径(T)]:（拾取圆环的圆心）

指定圆的半径或 [直径(D)] <5.0000>: 2.5↙（输入圆的半径）

结果如图 4-74（b）所示。

（4）绘制水平直线。

单击【绘图】面板的【直线】按钮，以圆左端象限点为起点，向左绘制长度为 8 的直线。

命令: _line

指定第一点:（拾取圆左端象限点）

指定下一点或 [放弃(U)]: 8↙（向左拖动鼠标，待水平追踪线出现后，输入 8，回车）

结果如图 4-74（c）所示。

（5）三等分直线。

单击【绘图】面板的【定数等分】按钮，命令行提示如下。

命令: _divide

选择要定数等分的对象:（选择直线）

输入线段数目或 [块(B)]: 3↙（将直线等分为 3 份）

结果如图 4-74（d）所示。

（6）绘制两条长度为 8 的竖直直线。

单击【绘图】面板的【直线】按钮，命令行提示如下。

命令: _line

指定第一点: 4↙（鼠标放在节点上不拾取，待捕捉节点符号出现后，向上拖动鼠标，竖直追踪线出现后，输入 4）

指定下一点或 [放弃(U)]: 8（向上拖动鼠标，竖直追踪线出现后，输入 8）

结果如图 4-74（e）所示。

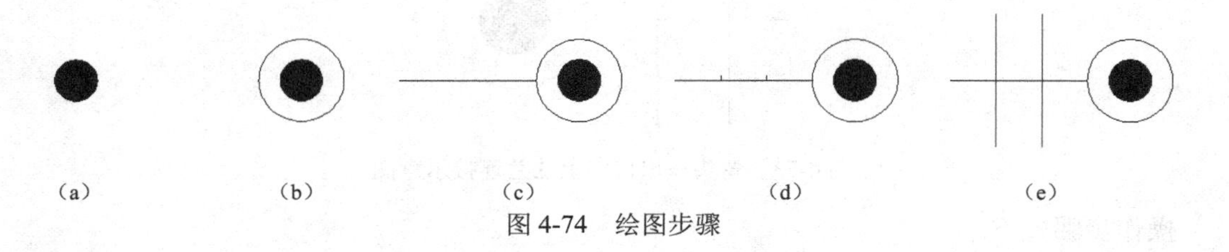

图 4-74　绘图步骤

4.10　GRIPS 菜单

GRIPS 菜单即右键快捷菜单，是加速绘图速度、方便用户使用的一种有效工具。在屏幕的不同区域上右击，可以显示不同的快捷菜单，用户可以从中选择要执行的命令。通常快捷菜单包含：重复执行输入的上一个命令、取消当前操作、显示用户最近输入的命令列表、剪切、复制、粘贴等。

在绘图区域显示 GRIPS 菜单分三种情况，不选择对象时的 GRIPS 菜单（如图 4-75（a）所示）、选择对象时的 GRIPS 菜单（如图 4-75（b）所示）、画圆命令执行过程中的 GRIPS 菜单（如图 4-75（c）所示）。从图中可以看出它们的共同点和不同点。当然选取的对象不同、执行的命令不同时，快捷菜单的相关显示是不同的。

读者可以尝试在命令窗口、工具栏、状态栏或工具选项板上打开快捷菜单，仔细观察一下显示内容，不难发现，快捷菜单的内容与鼠标所在的位置、用户正在进行的操作、用户选择的对象密切相关。在设计过程中，随时随地使用快捷菜单，便于及时定位，减少了查找、输入命令的时间，加快了作图速度。

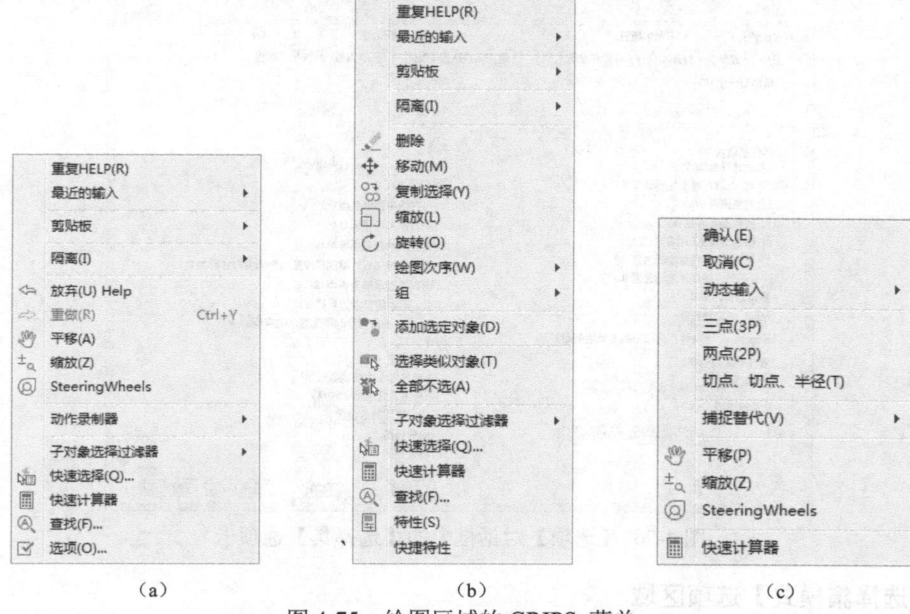

图 4-75　绘图区域的 GRIPS 菜单

4.11　高级选择集

上一章介绍了常用的选择集的构造方法，AutoCAD 中还有一些构造选择集的方法，分别是快速选择、循环选择、选择集过滤器、编组等，本节将逐一介绍。

4.11.1　选择集模式

AutoCAD 采用的构造选择集模式与很多其他的软件（如 Office 和 PhotoShop）是不同的。利用“选项”对话框的“选择集”选项卡，通过调整参数，用户可以设置自己喜欢的模式。

调用“选项”对话框的方法如下。

- 【应用程序】按钮 /【选项】按钮 ；
- 命令行：options ↙；
- 快捷键：右键快捷菜单中。

打开【选项】对话框的【选择集】选项卡，可以设置选择对象的各个选项，如图 4-76 所示。下面对各选项进行详细说明。

1. 【拾取框大小】选项区域

拾取框是在执行编辑命令时鼠标光标的显示形式，该项控制拾取框的显示尺寸，调整滑块改变拾取框的大小。

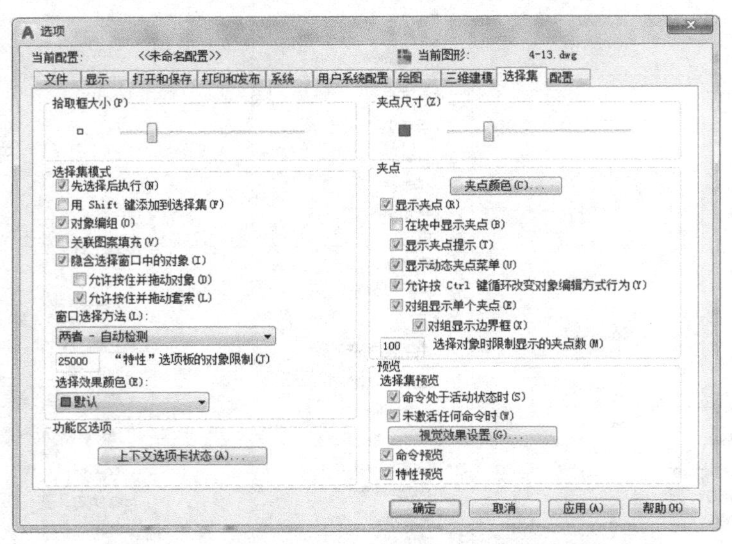

图 4-76 【选项】对话框中的【选择集】选项卡

2.【选择集模式】选项区域

该选项区包含的各个复选框用来设置对象的选择模式。主要部分说明如下。

- 【先选择后执行】复选框：是否允许调用命令时，对调用命令之前选择的对象或选择集产生影响。可以用此模式的命令有：copy、move、mirror、wblock、stretch、scale、list、array、erase、change、rotate、explode、block、3dalign、dview、properties、chprop。默认选择此复选框。
- 【用 Shift 键添加到选择集】复选框：是否允许按【Shift】键并选择对象时，可以向选择集中添加对象或从选择集中删除对象。要快速清除选择集，在图形的空白区域绘制一个选择窗口即可。
- 【对象编组】复选框：是否允许选择编组中的一个对象就选择了编组中的所有对象。将 pickstyle 系统变量设置为 1 也可以设置此选项。
- 【关联图案填充】复选框：如果选择该选项，那么选择了关联填充的图案对象时也选定边界对象。也可以通过将 pickstyle 系统变量设置为 2 来设置此选项。
- 【隐含选择窗口中的对象】复选框：是否允许在对象外选择了一点时，初始化选择窗口中的图形。从左向右绘制选择窗口将选择完全处于窗口边界内的对象。从右向左绘制选择窗口将选择处于窗口边界内和与边界相交的对象。
- 【允许按住并拖动对象】复选框：是否允许通过选择一点然后按住鼠标拖动至第二点来绘制选择窗口。如果未选择此选项，则可以选择两个单独的点来绘制选择窗口。
- 【窗口选择方法】列表：使用下拉列表来更改 pickdrag 系统变量的设置。
- 【"特性"选项板的对象限制】：确定可以使用"特性"和"快捷特性"选项板一次更改的对象数的限制。

3.【预览】选项区域

控制激活或未激活命令时，当拾取框光标过对象时，对象是否亮显。利用"视觉效果设置"按钮，可以打开【视觉效果设置】对话框，控制选择预览的外观。

4.【夹点尺寸】选项区域

在对象被选中后，其上将显示一些小方块，称为夹点，该选项用来控制夹点的显示尺寸。调整滑块可以改变夹点的大小。

5.【夹点】选项区域

- 【夹点颜色】按钮：单击【夹点颜色】按钮，打开【夹点颜色】对话框，如图 4-77 所示，进行夹点颜色的相关设置。包括：未选中时夹点的颜色、选中时夹点的颜色、悬停时夹点的颜色、夹点轮廓的颜色，选择相应的下拉列表，可以修改其颜色。

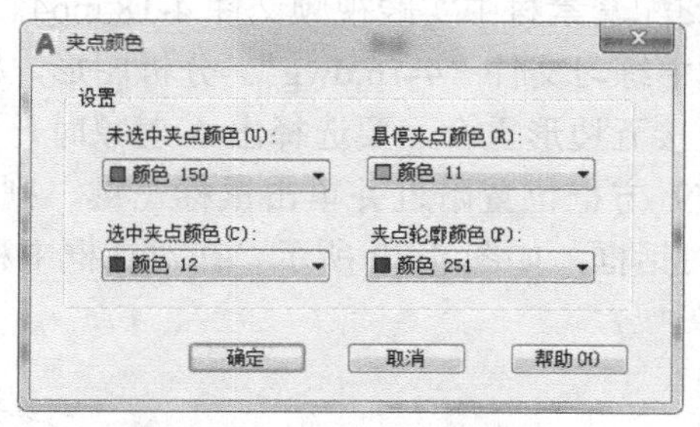

图 4-77 【夹点颜色】对话框

- 【显示夹点】复选框：选择对象时是否在对象上显示夹点。通过选择夹点和使用快捷菜单，可以用夹点来编辑对象。
- 【在块中显示夹点】复选框：控制在选中块后如何在块上显示夹点。如果选择此选项，将显示块中每个对象的所有夹点。如果清除此选项，仅在块的插入点处显示一个夹点。
- 【显示夹点提示】复选框：当光标悬停在支持夹点提示的自定义对象的夹点上时，显示夹点的特定提示。
- 【显示动态夹点菜单】复选框：将鼠标悬停在多功能夹点上时显示动态菜单。
- 【允许按 Ctrl 键循环改变对象编辑方式行为】复选框：允许按【Ctrl】键循环改变多功能夹点的对象编辑方式行为。
- 【对组显示单个夹点】复选框：控制对象编组后如何显示夹点。选择此选项，对象组显示单个夹点；清除此选项，组中每个对象都将显示其控制夹点。
- 【对组显示边界框】复选框：控制是否围绕编组对象的范围显示边界框。
- 选择对象时限制显示的夹点数：当初始选择集中的对象多于指定数目时，夹点不显示。有效值的范围从 1 到 32767，默认设置是 100。

6.【功能区选项】区域

- 【上下文选项卡状态】按钮：可以为功能区上下文选项卡的显示设置对象选择设置，如图 4-78 所示。

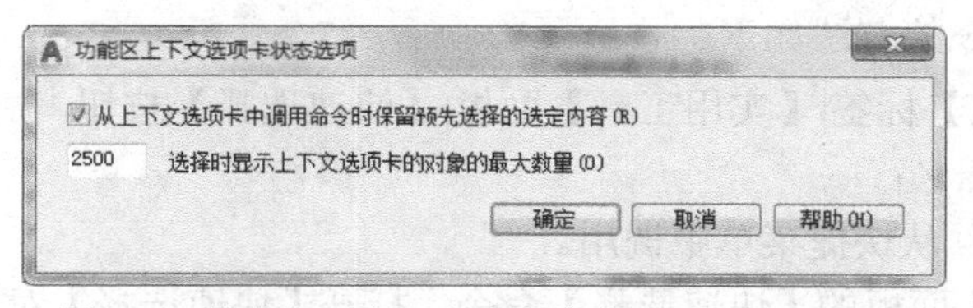

图 4-78 【功能区上下文选项卡状态选项】对话框

4.11.2　循环选择

有些情况下，多个对象外形十分相近甚至完全一样，此时要把它们区分开来并不容易，只能通过循环切换选择进行。

调用循环选择对象的方法如下。

- 激活“状态栏”选择循环按钮。
- 快捷键：Ctrl+W。

示例：将图 4-79 所示的图形中 A 对象颜色特性改为红色。

此练习示范，请参阅配套素材中实践视频文件 4-18.mp4。

（1）打开本书配套素材中练习文件“4-16.dwg”。分析图形，构成 A 区图形对象，一部分与外圆重合，另一部分与内接五边形重合，要选择出 A 对象时，可以通过循环选择方式。

（2）将鼠标放在图 4-79 方框位置附近并单击鼠标左键，则圆或者 A 对象亮显，同时 AutoCAD 弹出【选择集】对话框，如图 4-80 所示。在对话框中移动鼠标，直到 A 对象亮显为止，单击鼠标拾取 A 对象。

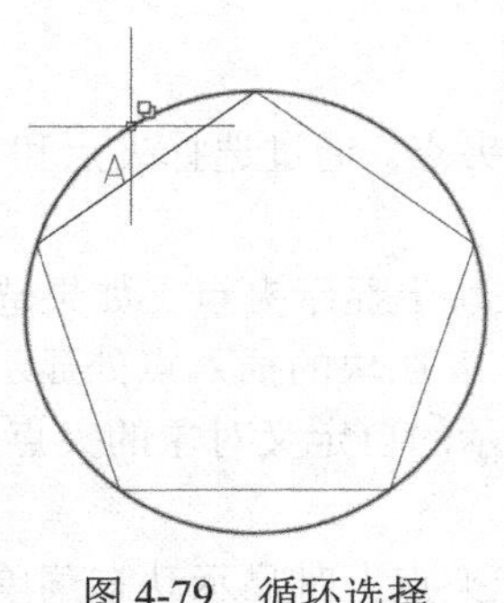

图 4-79　循环选择

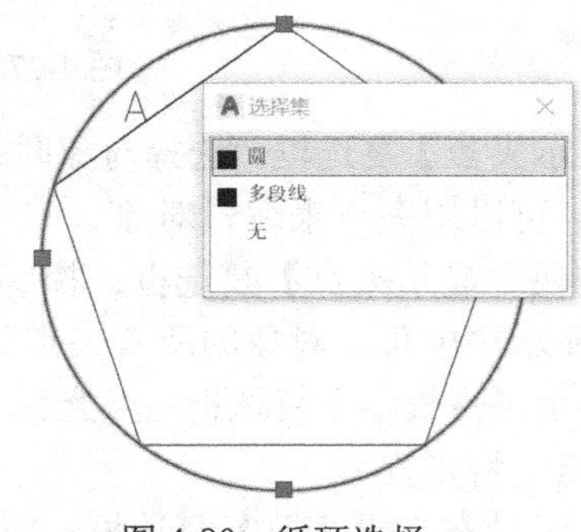

图 4-80　循环选择

（3）单击【特性】面板“对象颜色”下拉列表，选择红色。

对于多个外形十分相近甚至完全一样的对象，还可以通过图层进行控制，即把这些对象分别放在不同图层上，通过开关不同的图层可以达到区分选择的目的。

4.11.3　快速选择

利用快速选择工具可以轻松实现构造具有共同特性的对象选择集。快速选择通过使用对象特性或对象类型作为过滤条件来将对象包含在选择集中或排除在选择集外。

激活快速选择命令的方法如下。

- 功能区：【默认】标签|【实用工具】面板|【快速选择】按钮；
- 命令行：qselect↙；
- 快捷键：右击，从快捷菜单中调用。

执行【实用工具】面板的【快速选择】命令，打开【快速选择】对话框，如图 4-81 所示。

在对话框中分别通过下拉列表确定应用范围、对象类型、特性和特性值，然后选择是包含在新选择集中还是排除在外，最后按【确定】按钮即可。

【快速选择】对话框中各选项含义如下。

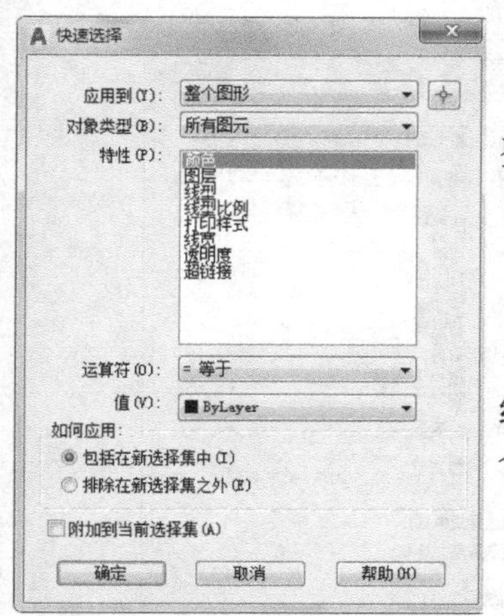

图 4-81　【快速选择】对话框

1.【应用到】下拉列表

将过滤条件应用到整个图形或当前选择集。应用范围除了整个图形，还可以单击右侧的【选择对象】按钮，在图形窗口上拉出矩形窗口或者单击对象来确定快速选择的范围。

2.【对象类型】下拉列表

指定要包含在过滤条件中的对象类型，如直线、圆、多段线等。如果过滤条件应用于整个图形，则“对象类型”列表包含全部的对象类型。否则，该列表只包含选定对象的对象类型。

3.【特性】列表

指定相关的对象特性，如图层、颜色、线型等，可按照对象的特性和类型创建选择集。

4.【运算符】下拉列表

指定逻辑运算符，如“大于”“等于”“小于”等。

5.【值】下拉列表

指定相应的图层、颜色、线型等。通过对象类型、特性、运算符及相应值指定过滤条件。

6.【如何应用】选项区

指定是将符合给定过滤条件的对象包括在新选择集中还是排除在新选择集之外。选择“包括在新选择集中”复选框，创建新的选择集中只有符合过滤条件的对象。选择“排除在新选择集之外”复选框，创建新选择集中只有不符合过滤条件的对象。

7.【附加到当前选择集】复选框

指定用快速选择命令创建的选择集是替换当前选择集还是附加到当前选择集中。

示例：打开本书配套素材中练习文件“4-17.dwg”，选择直径大于 2 且非洋红色的圆。步骤如下。

此练习示范，请参阅配套素材中实践视频文件 4-19.mp4。

（1）右击，在快捷菜单中选择“快速选择”选项，在弹出的【快速选择】对话框中进行如下设置：在【对象类型】列表中选择“圆”，【特性】列表中选择“直径”，【运算符】列表中选择“>大于”，【值】列表中输入“2”，如图 4-82 所示，单击【确定】按钮，命令行提示如下。

命令: _qselect

已选定 64 个项目。

（2）再次打开【快速选择】对话框，按图 4-83 进行设置。注意：【应用到】一定要选择

“当前选择”，【如何应用】选项区域选择【排除在新选择集之外】，使当前选择集排除颜色为洋红色的圆。命令行提示如下。

命令: _qselect

已选定 54 个项目。

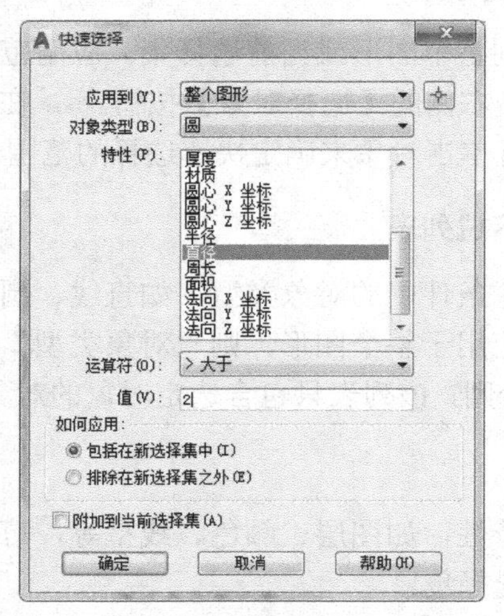

图 4-82　设置【快速选择】对话框中

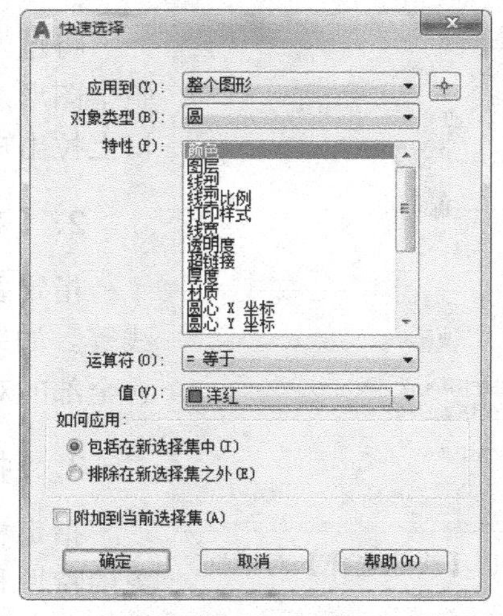

图 4-83　【快速选择】对话框设置筛选条件

（3）也可以将条件设为“不等于洋红色”，【如何应用】选择【包括在新选择集中】，结果一样，读者尝试做一下。

4.11.4　编组

编组是保存的对象选择集。对于需要经常在一起进行编辑的对象，可以将其编为一组并为之命名。组中的对象可以根据需要一起选择和编辑，也可以分别选择和编辑。编组提供了以组为单位操作图形元素的简单方法，使原本毫无联系的对象成为一组对象。相关的命令集中在功能区组面板上，如图 4-84 所示。

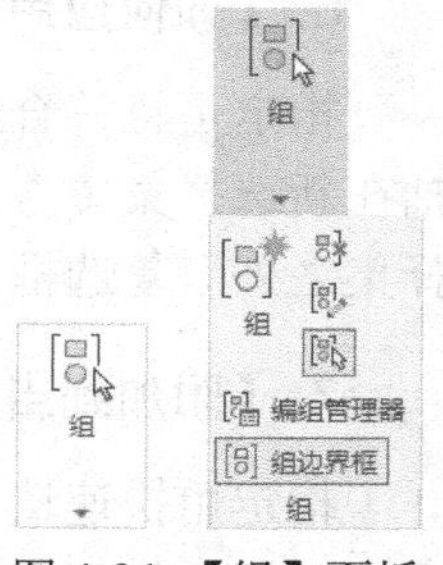

图 4-84　【组】面板

1. 组

将图形中的对象进行编组。对象编组后，可以在编辑命令提示“选择对象”时，单击组内任意一个对象而选取全组对象，或在命令行输入组名将整个编组中的对象加入选择集中。调用编组命令方法如下。

- 功能区：【默认】标签|【组】面板|【组】按钮 ；
- 命令行：group（g）↙。

使用此命令时，系统提示如下。

命令: _group

选择对象或 [名称(N)/说明(D)]:

说明如下。

“选择对象”为当前组选择对象成员，一个对象可以位于不同的组。创建组时，组中至少要包含一个对象，即不可以创建没有对象的组；

“名称（N）”为当前组命名，编组名最多可以包含 31 个字符，但不包括空格；如果不为组命名，则系统为组自动命名，默认名称*An。

“说明（D）”为当前组进行说明注释。

示例：创建组。打开本书配套素材中练习文件“4-18.dwg”。操作过程如下。

单击【组】面板的【组】按钮，AutoCAD 提示如下。

命令: _group

选择对象或 [名称(N)/说明(D)]:n↙（转入名称选项）

输入编组名或 [?]: 办公家具↙（输入编组名称）

选择对象或 [名称(N)/说明(D)]:（窗口选择全部对象）

选择对象或 [名称(N)/说明(D)]: ↙（回车结束选择对象）

组“办公家具”已创建。

用夹点拾取图 4-85 中的座椅，图 4-85（a）为编组前，仅座椅亮显。图 4-85（b）为编组后，组成员全部亮显。

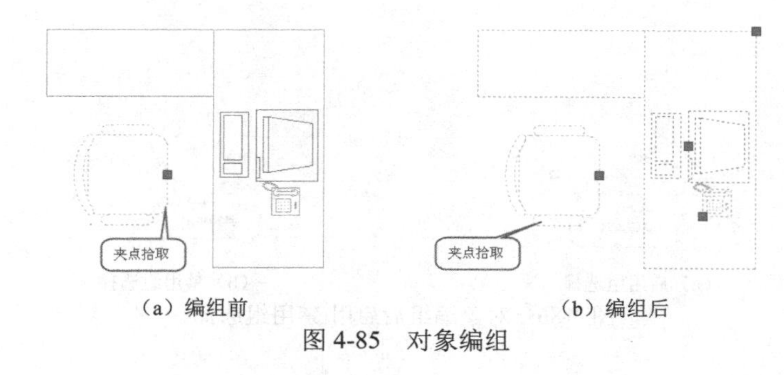

（a）编组前　　（b）编组后

图 4-85　对象编组

2．解除编组

解除编组将从图形中删除选择的编组，但编组中的对象仍保留在图形中。调用解除编组命令方法如下。

- 功能区：【默认】标签|【组】面板|【解除编组】按钮；
- 命令行：ungroup↙。

使用此命令时，系统提示如下。

命令: _ungroup

选择组或 [名称(N)]:

选择组中的对象或输入组名称，则 AutoCAD 解除该编组。

3．组编辑

组编辑可以添加或删除对象来更改编组的成员，还可以重命名编组。调用组编辑命令方法如下。

- 功能区：【默认】标签|【组】面板|【组编辑】按钮；
- 命令行：groupedit↙。

使用此命令时，系统提示如下。

命令: groupedit

选择组或 [名称(N)]:(指定组)

输入选项 [添加对象(A)/删除对象(R)/重命名(REN)]:

说明："添加对象"将选择的对象添加到组中；"删除对象"将选择的对象从组中去除；"重命名"重新命名选择的组。

4. 启用/禁用组选择

指定组是否可选择。"启用组选择"时，选择组中的一个对象将会选择整个组。"禁用组选择"时，组中成员只能单独选择。调用启用/禁用组选择命令方法如下。

- 功能区：【默认】标签|【组】面板|【启用/禁用组选择】按钮。

图 4-86 所示的办公家具为一个编组，分别进行启用和禁用组选择，再用夹点选择电脑图形，被选中的对象是不同的。其中图 4-86（a）为"启用组选择"时，夹点选择电脑图形，全部组成员被选中；图 4-86（b）为"禁用组选择"时，夹点选择电脑图形，仅电脑图形被选中。

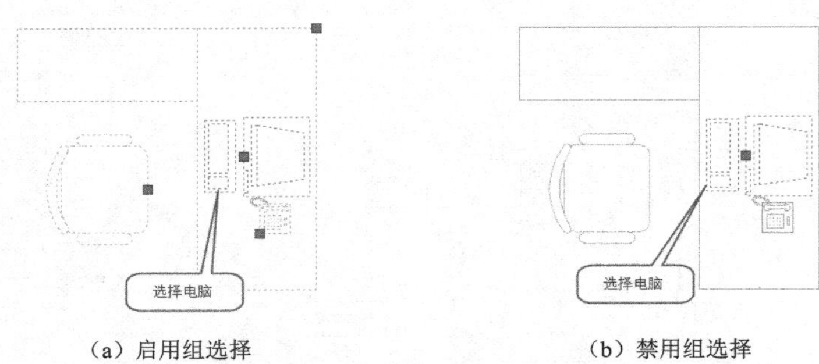

（a）启用组选择　　（b）禁用组选择

图 4-86　对象编组后启用/禁用组选择

5. 组边界框

启用和禁用组边界框。图 4-87 所示为组边界框显示与否。

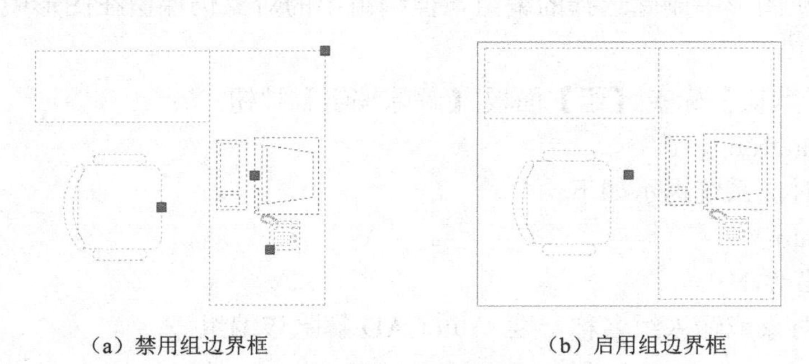

（a）禁用组边界框　　（b）启用组边界框

图 4-87　组边界框

6. 编组管理器

编组管理器可以实现创建组和编辑组等功能。

调用编组管理器命令方法如下。

- 功能区：【默认】标签|【组】面板|【编组管理器】按钮。

单击【编组管理器】按钮，弹出【对象编组】对话框。创建新的编组时，首先在"编组标识”选项区中填写编组名和说明文字，然后单击【新建】按钮，选择编组的对象，回车确认，则编组完成，新的编组出现在【编组名】栏内，如图 4-88 所示。

在【对象编组】对话框中，各按钮和选项功能如下。

1）【编组名】列表

- 【编组名】：显示现有组的名称。
- 【可选择的】：指定编组是否可选择。如果某个编组为可选择编组，则选择该编组中的一个对象将会选择整个编组。否则，组中成员只能单独选择。

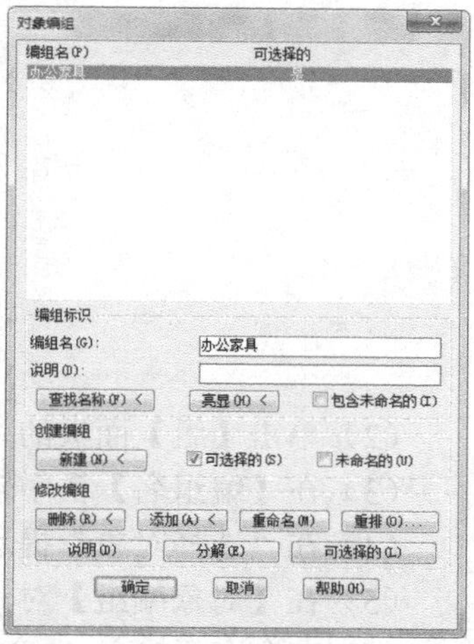

2）【编组标识】选项区

- 【编组名】列表：指定新建的编组名称。
- 【说明】列表：对新建编组的一些注释说明。
- 【查找名称】按钮：拾取对象，列出所选的对象所属的编组名。
- 【亮显】按钮：显示图形区域中选定编组的成员。
- 【包含未命名的】复选框：在复制组对象操作中，系统会自动为复制后的组对象命名，这些组称为“未命名的”。此项指定是否列出未命名编组。当不选择此选项时，系统只显示已命名编组。

图 4-88　【对象编组】对话框

3）【创建编组】选项区

- 【新建】按钮：选定对象创建新编组。
- 【可选择的】复选框：指出新编组是否可选择。
- 【未命名的】复选框：选择此项可以创建不命名的组。系统为组自动命名，默认名称*An。

4）【修改编组】选项区

- 【删除】按钮：从选定的编组中删除对象，对象仍保留在图形中。
- 【添加】按钮：将对象添加到选定的编组中。
- 【重命名】按钮：将选定的编组重命名为在【编组标识】选项区域的【编组名】框中输入的名称。
- 【重排】按钮：显示【编组排序】对话框，从中可修改选定编组中对象的编号次序。可以修改单独编组成员或范围编组成员的编号位置，也可以逆序重排编组中的所有成员，编组中的第一个对象编号为 0 而不是 1。
- 【说明】按钮：将选定编组的说明更新为“说明”中输入的内容。
- 【分解】按钮：删除选定编组的定义，编组中的对象仍保留在图形中。
- 【可选择的】按钮：指定编组是否可选择。

为了方便灵活使用编辑对象，使用快捷键【Ctrl+Shift+A】或快捷键【Ctrl+H】随时打开或关闭编组的“可选择”性。

示例：将图 4-89 中 102 房间家具布置与 101 房间一致。

此练习示范，请参阅配套素材中实践视频文件 4-20.mp4。

作图步骤如下。

（1）打开本书配套素材中练习文件“4-19.dwg”。

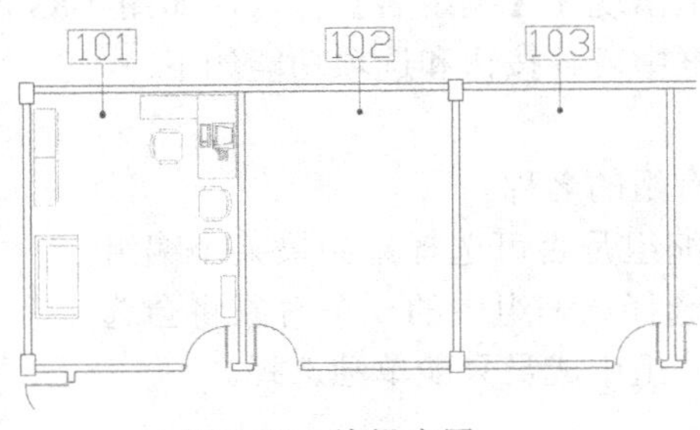

图 4-89　编组应用

（2）单击【组】面板的【编组管理器】按钮 ，系统弹出【对象编组】对话框。

（3）在【编组名】框中输入“家具”，然后单击【新建】按钮。

（4）在“选择对象”提示下，选择 101 房间中的所有家具，回车结束选择对象。

（5）在【对象编组】对话框，确保选择了“可选择的”复选框，单击【确定】按钮。

（6）在命令行输入 cp 命令，选择对象时，拾取 101 房间任一家具，整个房间家具全部被选中，然后将家具复制到 102 房间。

（7）打开【对象编组】对话框，选择“包含未命名的”复选框，可以看到，系统自动为 102 房间的家具组命名为*A1，如图 4-90 所示。

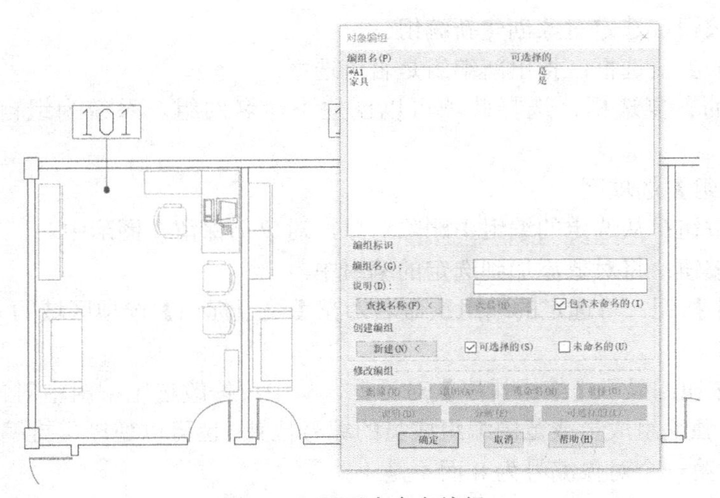

图 4-90　显示未命名编组

（8）若要删除 102 房间部分家具，按住【Ctrl+Shift+A】或【Ctrl+H】，使编组关闭，或在对象编组对话框中，选中编组名中*A1 后，在“修改编组”中单击【可选择的】按钮，使组不可选，这样组中每个成员就可以单独编辑，比如删除两把椅子。

编组是已命名的对象选择集，编组将随图形保存。如果删除一个对象或把它从编组中删除使编组为空，那么编组仍保持原定义。如若存在大量空的编组，将严重影响选择速度，因此应及时删除无对象的编组。

4.11.5　对象选择过滤器

对象选择过滤器可以根据对象特性和对象类型作为过滤条件来构造选择集。在复杂图形中，要从大量的图形对象中选择特定对象既烦琐又困难，借助于“对象选择过滤器”，将特性以列表形式作为筛选条件，可以快速准确地从整个图形中或指定区域中选择出需要的对象。

调用对象选择过滤器命令方法如下。

- 命令行：filter（fi）↙。

当命令行提示“选择对象”时，输入’filter 使其成为透明命令。

示例：打开本书配套素材中练习文件“4-20.dwg”，复制洋红色且半径大于 1 的圆，步骤如下。

此练习示范，请参阅配套素材中实践视频文件 4-21.mp4。

（1）在命令行输入 cp 后回车，在提示“选择对象”时输入’fi，回车后系统弹出【对象选择过滤器】对话框。

（2）在【对象选择过滤器】对话框中，在“选择过滤器”下拉列表中选择“圆半径”，选择其下的列表，在弹出的关系运算符号列表中选择“大于”符号，在旁边的文本框中输入“1”，单击【添加到列表】按钮，该条件被添加到过滤器列表中。

（3）在“选择过滤器”下拉列表中选择“颜色”，单击“选择”按钮，在【选择颜色】对话框中选择洋红色。单击【添加到列表】按钮，该条件被添加到过滤器列表中，如图 4-91 所示。

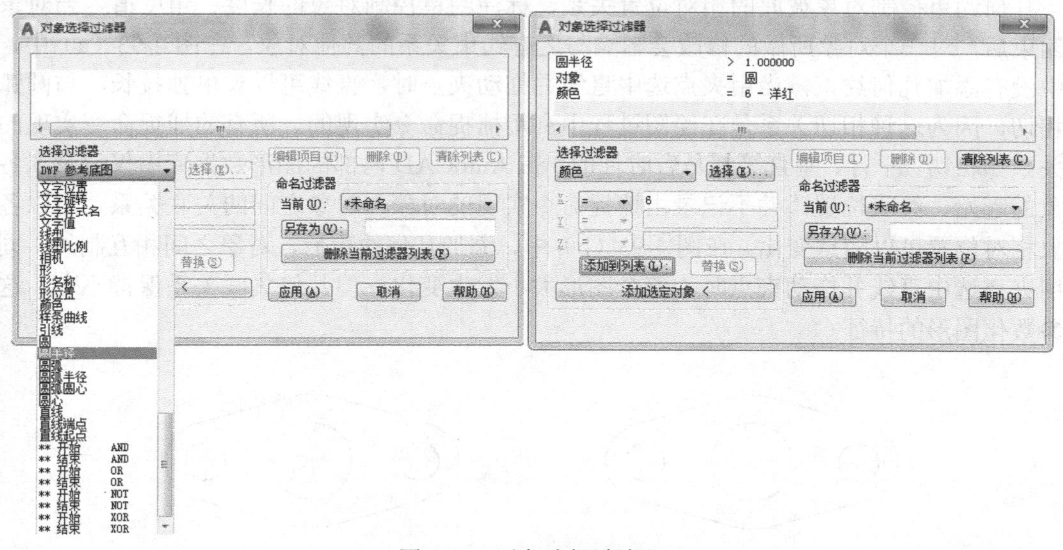

图 4-91　对象选择过滤器

（4）单击“应用”按钮，在命令行提示“选择对象”时，输入“all”回车，对当前图形中的全部对象进行过滤。

（5）命令行提示“找到 33 个”，回车，选择复制基点和第二点，完成复制。

从上面的例子可以看出，当输入多个条件时，它们之间是“与”的关系。除此之外，还可以使用其他逻辑运算符。当使用逻辑运算符时（AND、OR、XOR 和 NOT），要确保在过滤器列表中正确地成对使用，即有开始运算符、中间运算对象和结束运算符。各运算符的使用如表 4-1 所示。

表 4-1　逻辑运算符

开始运算符	包　含	结束运算符
开始 AND	一个或多个运算对象	结束 AND
开始 OR	一个或多个运算对象	结束 OR
开始 XOR	两个运算对象	结束 XOR
开始 NOT	一个运算对象	结束 NOT

示例：打开本书配套素材中练习文件“4-20.dwg”，选择颜色为红色或半径大于 0.5 的对象。对象选择集的过滤条件设置如图 4-92 所示。

创建的过滤器可以命名，以便其他文件调用。命名的过滤器保存在 filter.nfl 文件中。

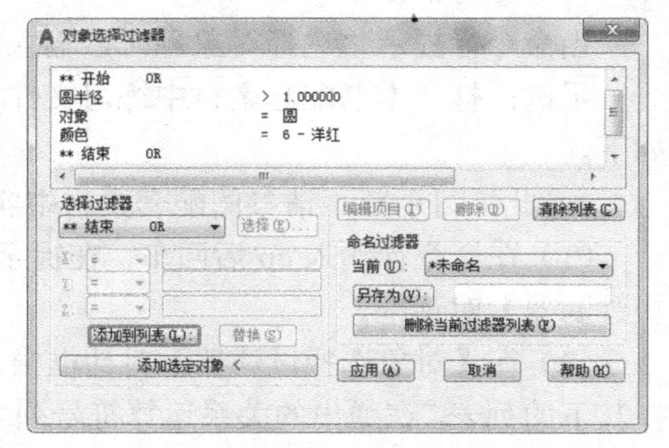

图 4-92　过滤条件的设置

4.12　参数化图形

AutoCAD 参数化绘图功能，通过基于设计意图的图形对象约束来提高设计能力。几何和尺寸约束确保在对象修改后还保持特定的关联及尺寸关系。

几何约束控制对象彼此的相对位置关系，标注约束控制对象的长度、角度值。当对象添加约束后，对一个对象所做的修改会影响与之有约束关系的其他对象。在图 4-93（a）中，图形中没有添加几何约束，当用夹点选中直线并拖动夹点时，直线可以被单独拉长，与圆弧不再相切，因为这种相切关系是在绘图过程中利用捕捉命令实现的。所有的捕捉命令实现的关联关系如相切、平行、垂直等都是暂时性的，在 AutoCAD 内部的图形数据库中仅记录了各个对象的起始、终止位置，并不记录由捕捉命令实现的对象与对象之间的关联关系，所以各个对象相对位置可以随意变化。在图 4-93（b）中，添加几何约束后，对象之间相互制约，同样再用夹点选中直线并拖动夹点时，整个图形大小发生变化，但几何关联关系保持不变，这就是参数化图形的特征。

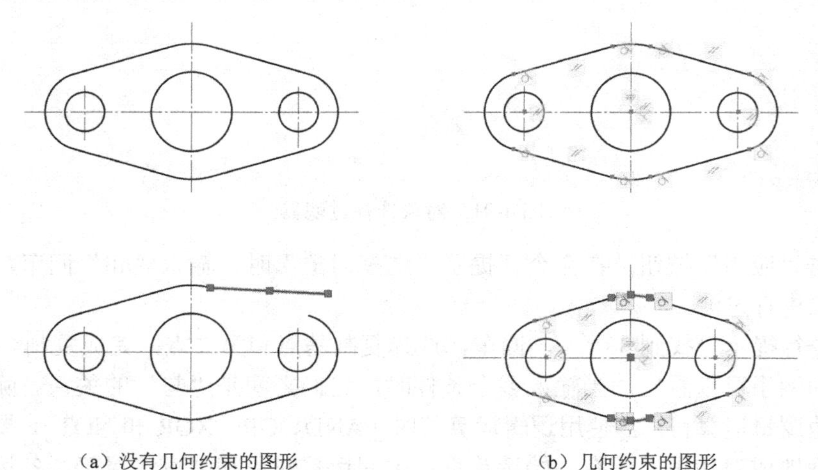

（a）没有几何约束的图形　　　　（b）几何约束的图形

图 4-93　参数化图形的特征

4.12.1　几何约束

几何约束可以确定对象之间或对象上的点之间的关系。通常为对象添加约束时先添加几何约束，以确定结构设计的形状，再添加标注约束，以确定对象的大小。可以将多个约束应用于图形中的每个对象。创建几何约束后，它们将限制可能会违反约束的所有更改。几何约束的相关命令在功能区【参数化】标签中【几何】面板中，如图 4-94 所示。

图 4-94　【几何】面板

1．几何约束类型

AutoCAD 包含的几何约束类型及功能含义见表 4-2。

2．添加几何约束

添加什么类型的几何约束由结构设计来决定。结构设计需要的几何约束可以由 AutoCAD 推断自动添加，也可以由用户手动添加。

表 4-2　几何约束类型及功能

约束类型	图　标	含　义
水平		使一条直线或一对点与当前 UCS 的 *X* 轴保持平行
竖直		使一条直线或一对点与当前 UCS 的 *Y* 轴保持平行
垂直		使两条直线或多段线线段的夹角保持 90 度
平行		使两条直线保持相互平行
相切		使直线和曲线或两条曲线保持相切或与其延长线保持相切
相等		使两条直线或多段线线段具有相同长度，或强制使圆弧具有相同半径值
平滑		使一条样条曲线与其他样条曲线、直线、圆弧或多段线保持几何连续性
重合		重合约束强制使两个点或一个点和一条直线重合
同心		使选定的圆、圆弧或椭圆保持同一中心点
共线		使两条直线位于同一条无限长的直线上
对称		使对象上的两条曲线或两个点关于选定直线保持对称
固定		使一个点或一条曲线固定到相对于世界坐标系（WCS）的指定位置和方向上

示例：打开本书配套素材中练习文件“4-21.dwg”，如图 4-95 所示，以该图形为例讲解常用的几何约束添加、显示、删除等方法。操作步骤如下。

此练习示范，请参阅配套素材中实践视频文件 4-22.mp4。

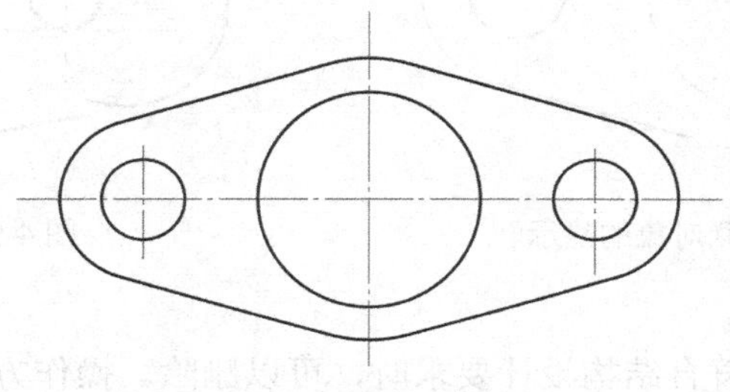

图 4-95　未添加约束的图形

1）添加“相切”约束

单击功能区【参数化】标签中【几何】面板的【相切】约束按钮，对图形中 4 段圆弧和 4 条直线之间添加相切约束。命令执行过程如下。

命令: _geomconstraint（单击相切约束按钮）

输入约束类型 [水平(H)/竖直(V)/垂直(P)/平行(PA)/相切(T)/平滑(SM)/重合(C)/同心(CON)/共线(COL)/对称(S)/相等(E)/固定(F)] <相切>:_Tangent(系统自动转入相切约束模式)

选择第一个对象:（选择圆弧 1）

选择第二个对象:（选择相邻直线 1）

重复上述命令，将直线与圆弧之间全部添加相切约束，执行结果如图 4-96 所示，每一个约束处显示了约束图标。

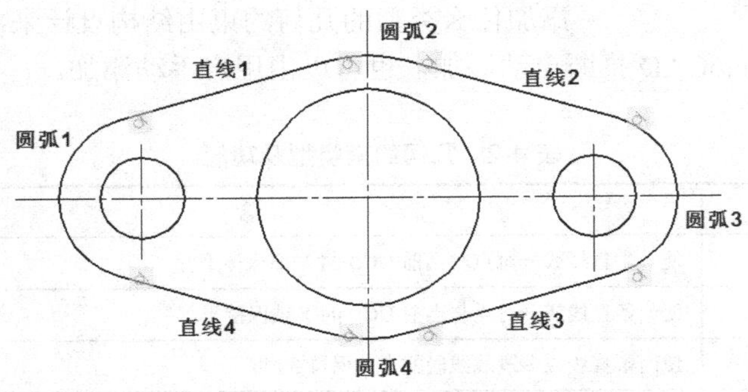

图 4-96　直线与圆弧之间添加相切约束

2）约束关联对象的显示

将鼠标悬停在约束图标上，AutoCAD 将亮显与该约束关联的所有对象，并显示约束名称。例如在图 4-97 中，将鼠标放在右上角的约束符号上，则亮线右上部分直线和圆弧，同时显示约束名称为“相切”，表明他们之间存在相切约束关系。

3）欠约束状态下图形的特点

单击图形中任意对象，拖动其控制夹点，会发现拖动后已添加的约束关系将保持不变，但整个图形会变形，甚至会变得面目皆非，如图 4-98 所示。说明图形处在欠约束状态（缺少几何约束或尺寸约束），要想使图形在拖曳过程中不变形，需要将图形全部约束。

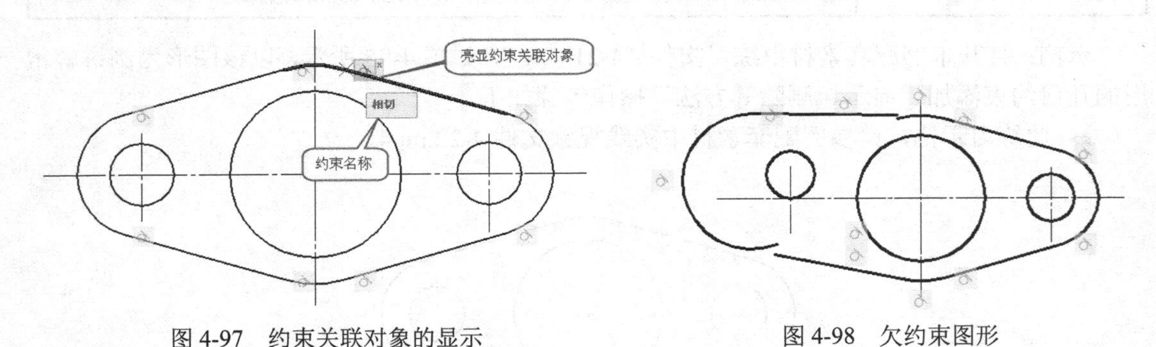

图 4-97　约束关联对象的显示　　　　图 4-98　欠约束图形

4）删除几何约束

当添加的某些约束不符合结构设计要求时，可以删除。操作方法为：首先选择约束，然后右击，在快捷菜单中选择“删除”，即可删除不需要的约束。

5）添加“相等”约束

单击功能区【参数化】标签中【几何】面板的【相等】约束按钮 =，将左右两个小圆、两个圆弧和上下两个圆弧之间添加相等约束。命令执行过程如下。

命令: _geomconstraint（单击相等约束按钮）

输入约束类型 [水平(H)/竖直(V)/垂直(P)/平行(PA)/相切(T)/平滑(SM)/重合(C)/同心(CON)/共线(COL)/对称(S)/相等(E)/固定(F)] <相等>:_Equal（系统自动转入相等约束模式）

选择第一个对象或 [多个(M)]:（选择左侧圆弧）

选择第二个对象:（选择右侧圆弧）

重复执行上述命令，分别将三对对象添加相等约束，如图 4-99 所示。

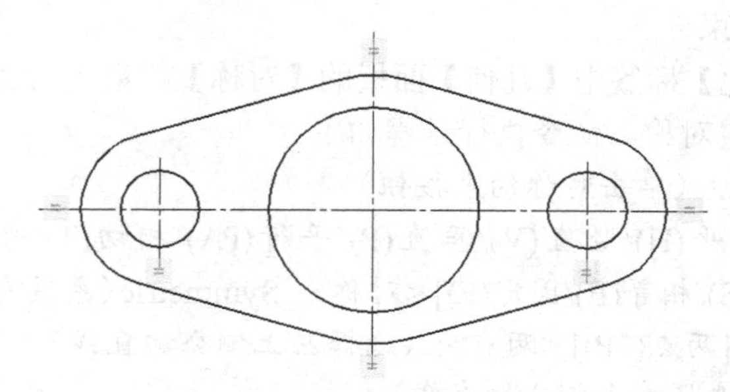

图 4-99　添加相等约束

6）添加“同心”约束

单击功能区【参数化】标签中【几何】面板的【同心】约束按钮，将左侧的圆和圆弧、右侧的圆和圆弧，以及中间大圆和上下两段圆弧之间添加同心约束。命令执行过程如下。

命令: _geomconstraint（单击同心约束按钮）

输入约束类型 [水平(H)/竖直(V)/垂直(P)/平行(PA)/相切(T)/平滑(SM)/重合(C)/同心(CON)/共线(COL)/对称(S)/相等(E)/固定(F)] <同心>:_Concentric（系统自动转入同心约束模式）

选择第一个对象:（选择左侧圆弧）

选择第二个对象:（选择左侧圆）

重复执行上述命令，分别将四对对象添加同心约束，如图 4-100 所示。

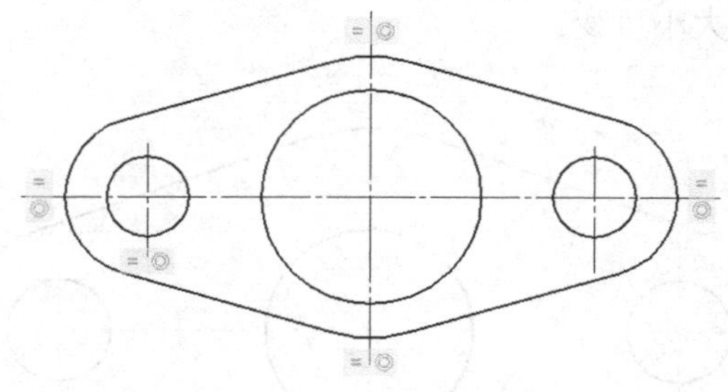

图 4-100　添加同心约束

7）添加“重合”约束

单击功能区【参数化】标签中【几何】面板的【重合】约束，分别将图中三个圆的圆心与水平中心线、竖直中心线之间添加重合约束。命令执行过程如下。

命令: _geomconstraint（单击重合约束按钮）

输入约束类型 [水平(H)/竖直(V)/垂直(P)/平行(PA)/相切(T)/平滑(SM)/重合(C)/同心(CON)/共线(COL)/对称(S)/相等(E)/固定(F)] <重合>:_Coincident（系统自动转入重合约束模式）

选择第一个点或 [对象(O)/自动约束(A)] <对象>:（选择左侧圆）

选择第二个点或 [对象(O)] <对象>: o（选择对象模式）

选择对象:（选择水平中心线）

重复执行上述命令，分别将三个圆与水平中心线、竖直中心线添加重合约束。

8）添加“重合”约束

单击功能区【参数化】标签中【几何】面板的【重合】约束，将所有的直线与圆弧的切点处添加重合约束。

9）添加“对称”约束

单击功能区【参数化】标签中【几何】面板的【对称】约束，添加对称约束使 4 条与圆弧相切的直线和中心线对称。命令执行过程如下。

命令: _geomconstraint（单击对称约束按钮）

输入约束类型 [水平(H)/竖直(V)/垂直(P)/平行(PA)/相切(T)/平滑(SM)/重合(C)/同心(CON)/共线(COL)/对称(S)/相等(E)/固定(F)] <对称>:_Symmetric（系统自动转入对称约束模式）

选择第一个对象或 [两点(2P)] <两点>:（选择左上侧公切直线）

选择第二个对象:（选择右上侧公切直线）

选择对称直线:（选择竖直中心线）

重复执行上述命令，分别完成其他直线与中心线的对称。

10）添加“水平”约束

单击功能区【参数化】标签中【几何】面板的【水平】约束，为水平中心线添加水平约束。命令执行过程如下。

命令: _geomconstraint（单击水平约束按钮）

输入约束类型 [水平(H)/竖直(V)/垂直(P)/平行(PA)/相切(T)/平滑(SM)/重合(C)/同心(CON)/共线(COL)/对称(S)/相等(E)/固定(F)] <水平>:_Horizontal（系统自动转入水平约束模式）

选择对象或 [两点(2P)] <两点>:（选择水平中心线）

现在图形如图 4-101 所示。用夹点激活图中任意对象并拖动，图形几何对象之间保持关联关系，基本形状不变，大小可变。

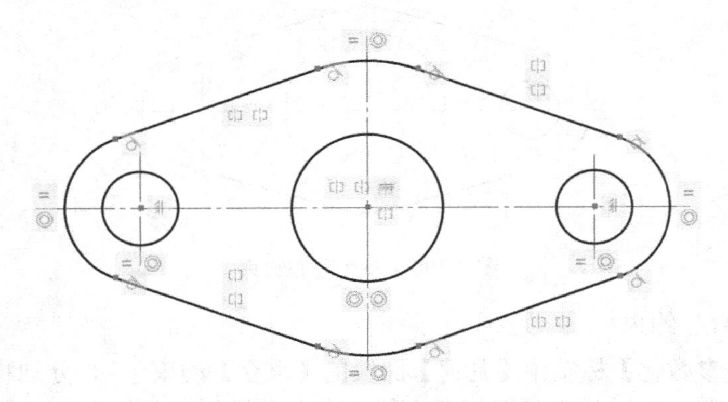

图 4-101　添加了几何约束的图形

3．几何约束的显示与隐藏

添加在对象上的几何约束可以显示也可以隐藏。当显示约束时，AutoCAD 利用约束栏来显示一个或多个与图形中的对象关联的几何约束。将鼠标悬停在某个对象上可以亮显与对象关联的所有约束图标。将鼠标悬停在约束图标上可以亮显与该约束关联的所有对象。

1）【全部隐藏】命令

单击功能区【参数化】标签中【几何】面板的【全部隐藏】按钮，则图形中的约束栏全部隐藏，如图 4-102（a）所示。

2）【显示/隐藏】命令

单击功能区【参数化】标签中【几何】面板的【显示/隐藏】按钮，AutoCAD 提示如下

命令: _constraintbar

选择对象:（选择一个对象，如直线）

选择对象: ↙(回车)

输入选项 [显示(S)/隐藏(H)/重置(R)]<显示>:↙(回车)

则图形中被选对象的约束栏显示，如图 4-102（b）所示。在“输入选项 [显示(S)/隐藏(H)/重置(R)]<显示>:”提示下选择“隐藏”，则将被选对象显示的约束栏隐藏。

3）【全部显示】命令

单击功能区【参数化】标签中【几何】面板的【全部显示】按钮，则图形中的约束栏全部显示，如图 4-102（c）所示。

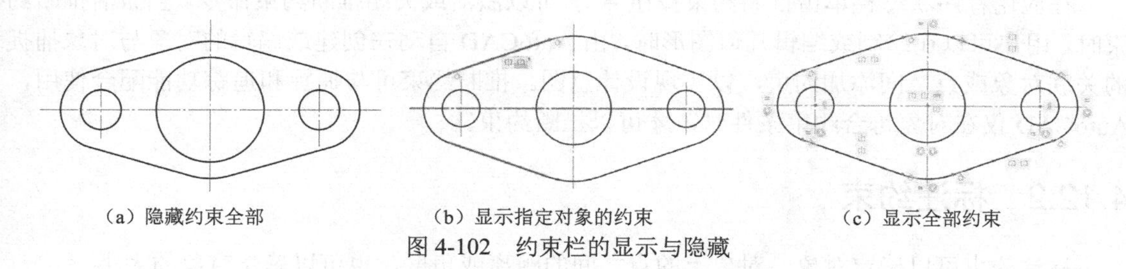

（a）隐藏约束全部　（b）显示指定对象的约束　（c）显示全部约束

图 4-102　约束栏的显示与隐藏

4．自动约束

利用自动约束，AutoCAD 实现自动应用约束到指定公差内的几何形状中。

示例：打开本书配套素材中练习文件“4-22.dwg”，用自动约束命令为图形添加几何约束。步骤如下。

此练习示范，请参阅配套素材中实践视频文件 4-23.mp4。

（1）单击功能区【参数化】标签中【几何】面板的【自动约束】按钮，命令执行过程如下。

命令: _autoconstrain

选择对象或 [设置(S)]:（窗口选择全部对象）

指定对角点: 找到 15 个

选择对象或 [设置(S)]:（回车结束）

已将 36 个约束应用于 15 个对象

（2）AutoCAD 自动为图形添加几何约束，结果如图 4-103 所示。

说明：在“选择对象或 [设置(S)]:”提示下，选择“设置”选项，AutoCAD 弹出【约束设置】对话框，如图 4-104 所示。在对话框中，单击应用列表下的按钮，确定哪些约束可以自动添加；选择某一约束，单击【上移】或【下移】按钮，改变约束的优先次序；【相切对象必须共用同一交点】复选框控制应用相切约束的两条曲线是否必须共用一个点；【垂直对象必须共用同一交点】复选框控制应用垂直约束的直线，是否必须相交或者一条直线的端点必须与另一条直线或直线的端点重合；公差是设置可接受的公差值以确定是否可以应用约束。

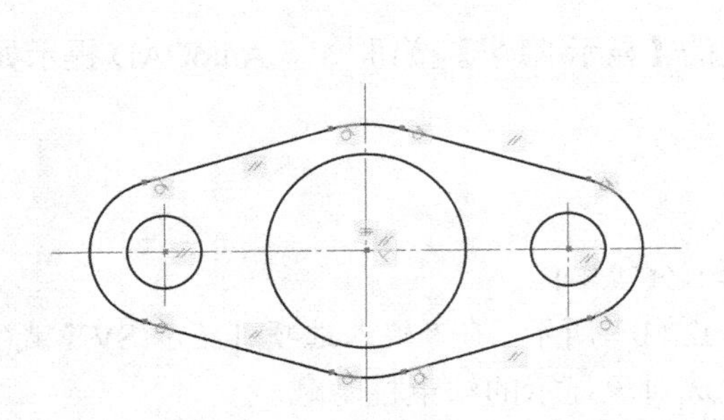

图 4-103　用自动约束命令添加约束的图形

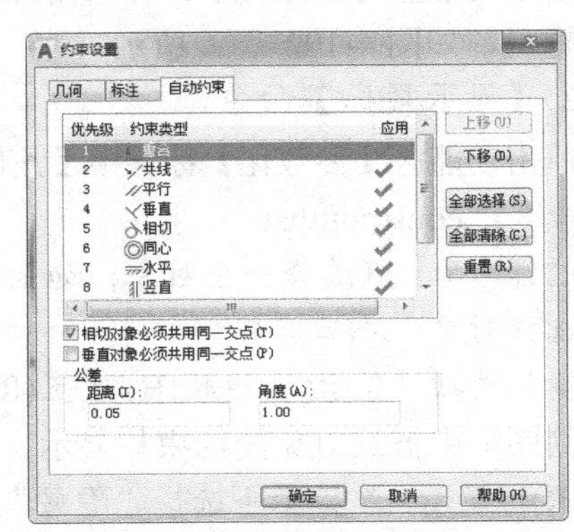

图 4-104　【约束设置】对话框

5. 推断几何约束

在应用程序状态栏单击推断约束按钮 ，可以激活或关闭推断约束命令。当激活推断约束时，用户可以在绘制或编辑几何图形时，由 AutoCAD 自动在创建或编辑的对象与对象捕捉的关联对象或点之间添加约束，以实现设计意图。推断约束可与捕捉和追踪功能配合使用，AutoCAD 仅在对象符合约束条件时，才可以推断约束。

4.12.2　标注约束

标注约束可以确定对象、对象上的点之间的距离或角度，也可以确定对象的大小。

标注约束包括“名称和值”。“名称”由系统给定，用户可以通过【参数管理器】对名称进行修改；“值”中可以输入数值，也可以输入公式。编辑标注约束中的值时，关联的几何图形会自动调整大小。

标注约束相关命令在功能区【参数化】标签中【标注】面板中，如图 4-105 所示。

示例：打开本书配套素材中练习文件“4-23.dwg”，以该图形为例讲解标注约束添加的方法。操作步骤如下。

图 4-105　【标注】面板

此练习示范，请参阅配套素材中实践视频文件 4-24.mp4。

1）添加“半径”尺寸约束

单击功能区【参数化】标签中【标注】面板|【半径】按钮 ，为图 4-106 中的圆弧 1 和圆弧 2 添加“半径”约束。命令执行过程如下。

标注圆弧 1：

命令: _dcradius

选择圆弧或圆: （选择“圆弧 1”）

标注文字 =26（系统给定当前测量尺寸）

指定尺寸线位置：（指定尺寸位置并将尺寸文本框中的数值修改为 30）

AutoCAD 显示的标注为“半径 1=30”。其中，“半径 1”为系统给定的约束参数变量名，此参数变量名可以通过“参数管理器”修改。“30”为标注约束的数值，该值将驱动图形对象大小的变化，并自动更新受影响的对象。

标注圆弧 2：

命令: _dcradius

选择圆弧或圆：（选择“圆弧 2”）

标注文字 =52.5

指定尺寸线位置：（指定尺寸位置并将尺寸文本框中数值修改为 2*半径 1）

在尺寸文本框中可以直接输入参数变量名“半径 1”，也可以移动鼠标到约束表达式“半径 1=30”附近，待鼠标图标变成 形状拾取，则尺寸文本框中会自动显示参数变量名。

AutoCAD 显示的标注为“半径 2=2*半径 1”，如图 4-106 所示。由此可知，在尺寸文本框中可以输入数值也可以输入公式。

2）添加“直径”尺寸约束

单击功能区【参数化】标签中【标注】面板|【直径】按钮 ，为图 4-106 中的圆 1 和圆 2 添加直径约束。命令执行过程如下。

标注圆 1：

命令: _dcdiameter

选择圆弧或圆:（选择“圆 1”）

标注文字 =30

指定尺寸线位置：（指定文字位置并输入直径 1=30）

AutoCAD 显示的标注为“直径 1=30”。

标注圆 2：

命令: _dcdiameter

选择圆弧或圆:（选择“圆 2”）

标注文字 =80

指定尺寸线位置：（指定文字位置并输入直径 2=60）

AutoCAD 显示的标注为“直径 2=60”，如图 4-106 所示。

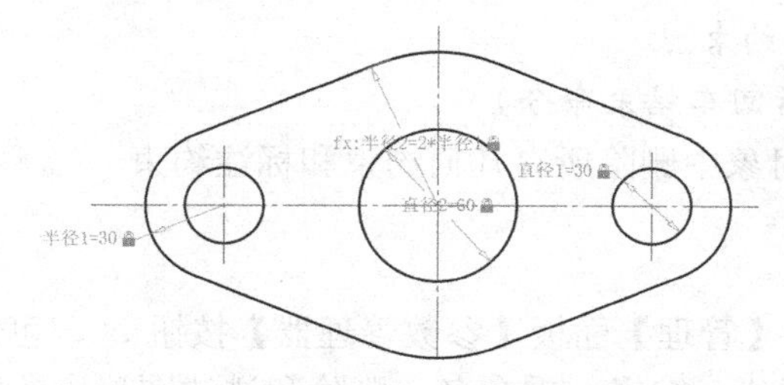

图 4-106　直径尺寸约束和半径尺寸约束

3）添加“线性”尺寸约束

单击功能区【参数化】标签中【标注】面板|【线性】按钮，为左右两个小圆的圆心位置添加线性约束。命令执行过程如下。

命令: _dclinear
指定第一个约束点或 [对象(O)] <对象>:（捕捉左侧小圆圆心）
指定第二个约束点: （捕捉右侧小圆圆心）
指定尺寸线位置: （鼠标拾取尺寸线位置）
标注文字 =162.5（在尺寸文本框中输入长度数值为 180）

如图 4-107 所示，现在图形已经被全约束了，无论怎样拖动，形状、大小都不变化。

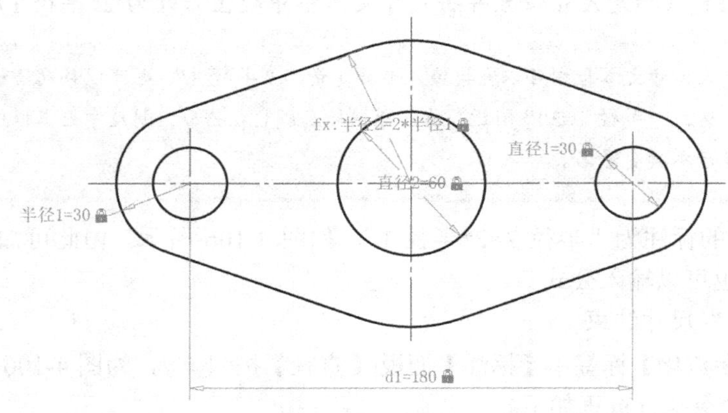

图 4-107　全约束图形

4）编辑尺寸

双击任何尺寸数值，尺寸数值成为可编辑状态，修改数值，尺寸将驱动图形变化。

4.12.3　管理

管理面板包含删除约束和参数管理器，如图 4-108 所示。删除约束可以删除指定对象上的所有约束。参数管理器，除了可管理尺寸约束外，还可以创建和管理自定义参数。

1．删除约束

单击【参数化】标签中【管理】面板【删除约束】按钮，AutoCAD 提示如下。

命令: _delconstraint
将删除选定对象的所有约束...
选择对象:（选择对象后回车结束命令）

AutoCAD 将从选定的对象中删除所有几何约束和标注约束。

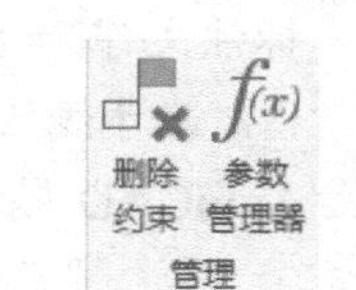

图 4-108　管理面板

2．参数管理器

选择【参数化】标签中【管理】面板【参数管理器】按钮，可以打开参数管理器。利用参数管理器，用户可以创建、编辑、重命名、删除和过滤图形中的所有标注约束变量和用户定义变量。变量的表达式可以是数值或公式，表达式可以引用其他参数从而形成关联变量。还可以对变量进行分组管理。

此练习示范，请参阅配套素材中实践视频文件 4-25.mp4。

（1）打开本书配套素材中练习文件“4-24.dwg”。

（2）单击【参数化】标签中【管理】面板【参数管理器】按钮，系统弹出【参数管理器】对话框，如图 4-109 所示。

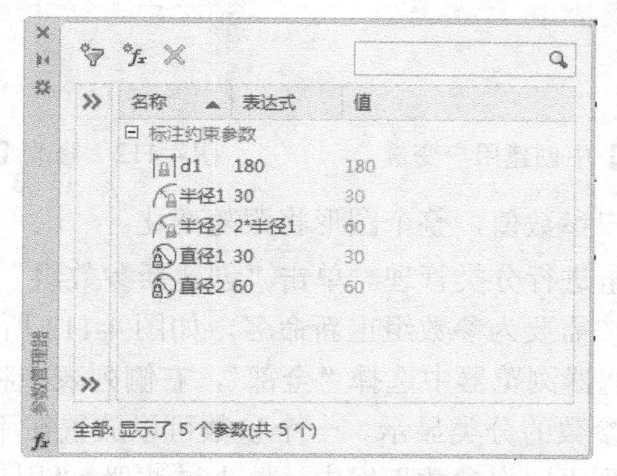

图 4-109 【参数管理器】对话框

（3）在【参数管理器】对话框中双击名称或表达式，可以对其内容进行修改。通过更改表达式列表中的值来驱动受约束的几何图形中的更改，也可以双击表达式单元格后，在右键快捷菜单中，选择函数和常数，如图 4-110 所示。

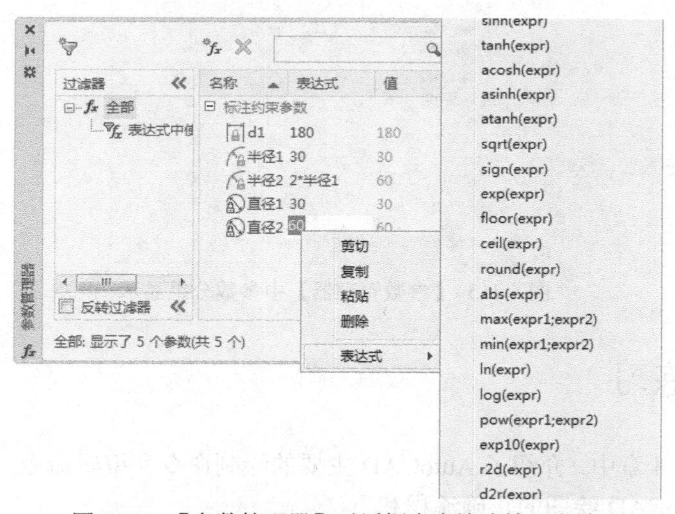

图 4-110 【参数管理器】对话框中表达式输入方法

（4）在【参数管理器】对话框中，单击列表中的标注约束可以亮显图形中的关联标注约束。此时单击“删除选定参数”按钮，将删除选定约束。

（5）在【参数管理器】对话框中，单击“创建新的用户参数”按钮，可以创建用户变量。创建一个用户变量，变量名称为“user1”，值为 30，如图 4-111 所示。

（6）按图 4-112 所示对参数管理器进行修改，使所有的参数直接或间接与 user1 关联。

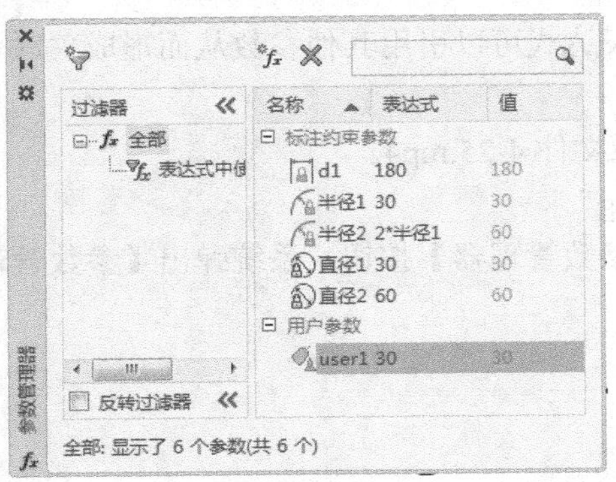

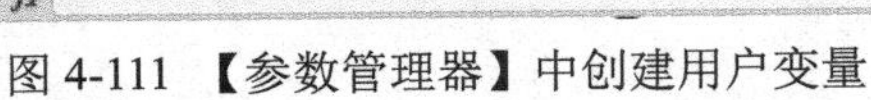
图 4-111 【参数管理器】中创建用户变量

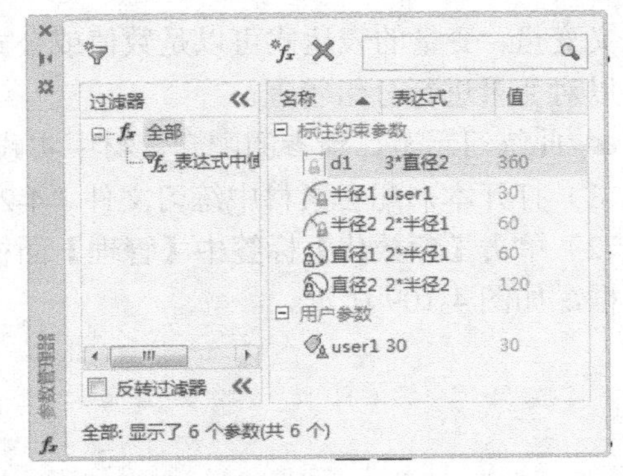

图 4-112 修改【参数管理器】的表达式

（7）现在只要修改用户参数值，整个图形将跟随变化。

（8）利用参数组对变量进行分类管理。单击“创建新参数组”按钮，在过滤器浏览器中增加参数组，用户可以按需要为参数组重新命名，如图 4-113 所示。

（9）参数分组。在过滤器浏览器中选择“全部”，右侧列表中将显示全部参数。拖动参数到定义的参数组中，实现参数的分类显示。一个参数可以放置在不同的参数组中。如将用户定义的参数“user1”拖动到“用户参数”组中，单击过滤器 “用户参数”，【参数管理器】对话框显示如图 4-113 所示。

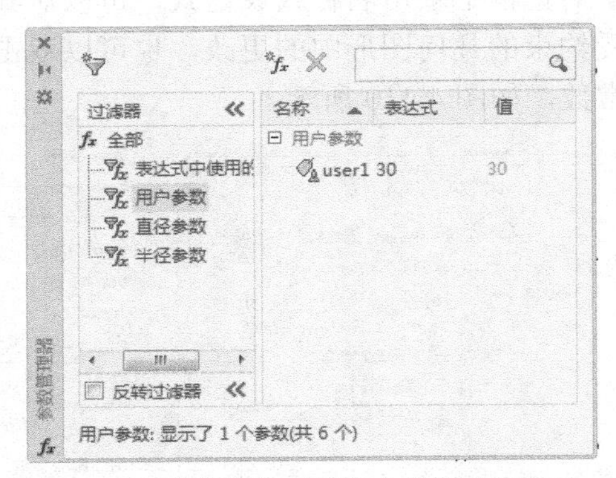

图 4-113 【参数管理器】中参数分组显示

4.13 综合练习

在第 3 章和第 4 章中，介绍了 AutoCAD 主要的绘制命令和编辑命令，下面通过综合练习来进一步熟悉 AutoCAD 绘图的正确流程和方法。

绘制如图 4-114 所示的机械零件图。绘图前先建立图层，将不同类型的图线放到不同类型的图层中，并且设置相应的线型、线宽和颜色。

分析图形后，发现这是一个对称图形，不但左右对称，而且上下也有对称的部分，因此可以先绘制上半部分，然后镜像到下面；再将底座的左半部分绘制好，镜像到右面。最后仔细加以修饰，即可完成图形绘制。

此练习示范，请参阅配套素材中实践视频文件 4-26.mp4。

作图的基本步骤如下。

（1）新建图形文件（可以使用 GB 样板图来新建）。

（2）规划好图层，需要轮廓线、中心线、虚线、剖切线、标注等图层。

（3）以中心线为当前图层开始绘图，首先绘制出水平和垂直的中心线。

（4）偏移出三条水平中心线，以上面的中心线与垂直中心线的交点为圆心画圆。

（5）同时绘制出轮廓线和中心线的圆，将之放到相应的图层中。

（6）以上面的水平中心线和圆中心线的交点为中心绘制出螺孔。

（7）环形阵列螺孔，总共 4 个，填充角度为 180°。

（8）将上半部分图形以中间的水平中心线为镜像线镜像到下面，再用修剪、延伸、圆角等命令修饰图形。

（9）用直线、偏移、修剪、延伸、圆角等命令绘制出左边的底座。

（10）以垂直中心线为镜像线镜像到右面。

（11）继续细化绘制出的剖切线边界，然后填充剖切线，完成图形。

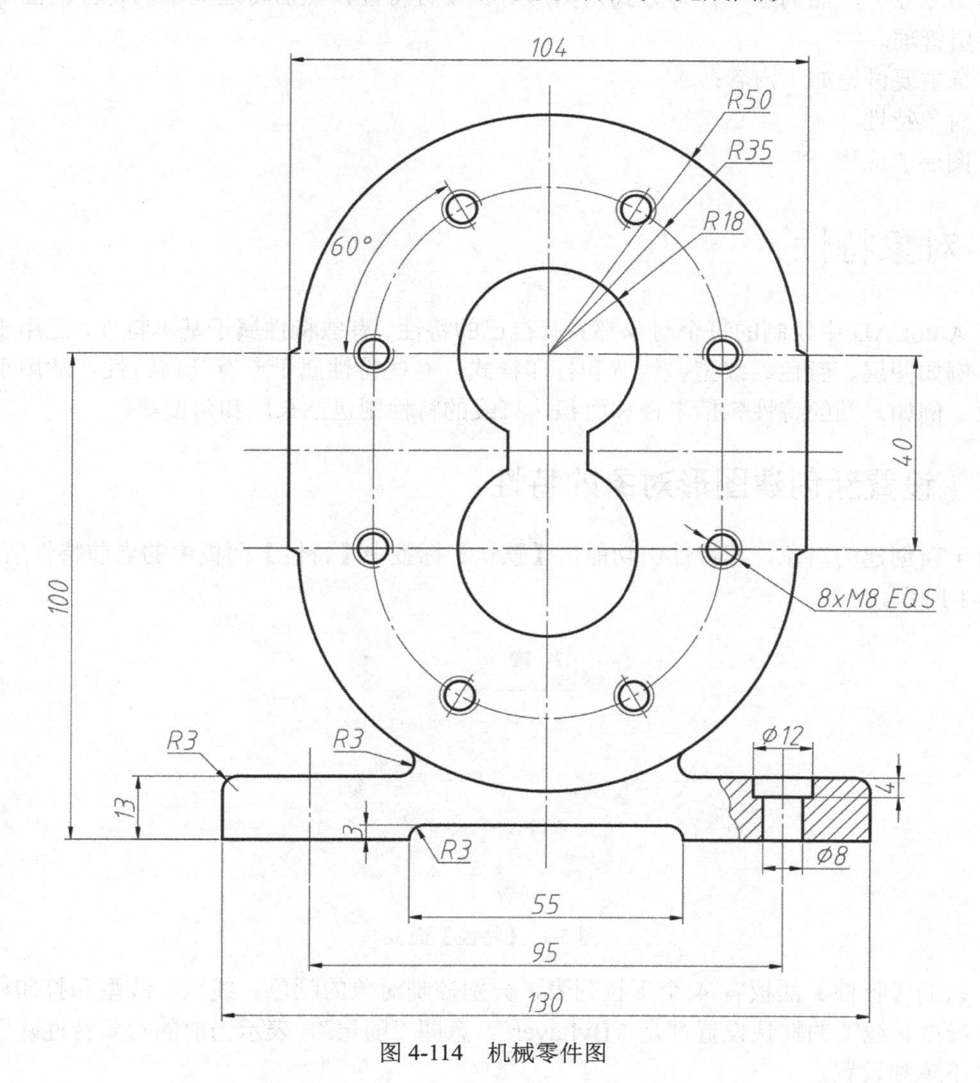

图 4-114　机械零件图

第 5 章 对象特性与图层

在工程图纸中，有很多种不同类型的图线，它们代表了不同的含义，每一类图线都有线型和线宽等特性。同样，在 AutoCAD 中，用户创建的图形对象也可以具有不同的特性。AutoCAD 用图层工具来组织不同特性的图形对象，并对设计图形进行分类管理。用户可以先按不同的专业、产品的零部件等方式为图形对象设置特性，然后将这些不同特性的图形对象进行分层管理。

本章主要讨论如下内容：

- 对象特性
- 图层的应用

5.1 对象特性

在 AutoCAD 中绘制的每个对象都具有自己的特性。有些特性属于基本特性，适用于所有对象，例如图层、颜色、线型、线宽和打印样式；有些特性属于专有几何特性，适用于某一类对象，例如，圆的特性包括半径和面积，直线的特性则包括长度和角度等。

5.1.1 设置新创建图形对象的特性

对于新创建的对象，其特性由功能区【默认】标签中【特性】面板中的当前特性所控制，如图 5-1 所示。

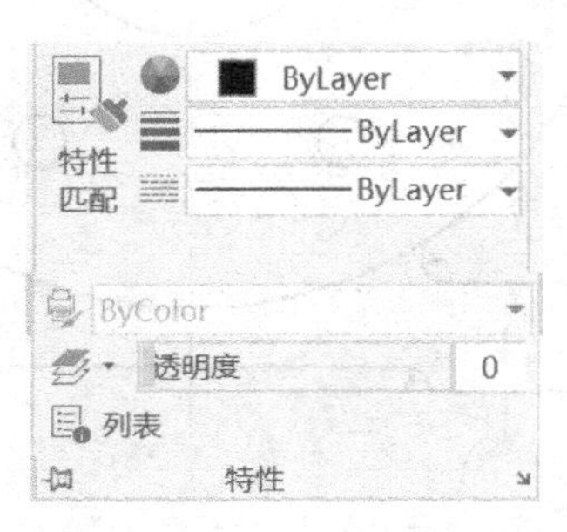

图 5-1 【特性】面板

默认的【特性】面板有 4 个下拉列表，分别控制对象的颜色、线宽、线型和打印样式。颜色、线型、线宽的默认设置都是“ByLayer”，意即“随层”，表示当前的对象特性随图层而定，并不单独设置。

打印样式的当前设定为“ByColor”，意即“随颜色”，但是此列表为灰显，也就是说，在此状态下不能进行设置。打印样式有两种选择，颜色相关和命名相关，一般情况下都是用默认的颜色相关打印样式，有关打印样式详见打印章节。

透明度用来控制对象的显示特征。默认状态下透明度随层并且不透明。

利用【特性】面板可以设置对象的特性，显示当前的特性设置，还可以在选择对象时，显示被选择对象的特性。

1．设置颜色

可以为对象设置颜色，一旦颜色设置后，以后创建的对象皆采用此颜色，直至选择新的颜色为止。

调用颜色命令的方法如下。

- 功能区：【默认】标签|【特性】面板|【颜色】下拉列表；
- 命令行：color ↙。

用户可以在【颜色】下拉列表中选择一种颜色，如图 5-2（a）所示。或单击【更多颜色...】选项，AutoCAD 弹出【选择颜色】对话框，如图 5-2（b）所示。在其中选择一种颜色块作为当前颜色，以后创建的对象都使用此颜色，直至选择新的颜色为止。

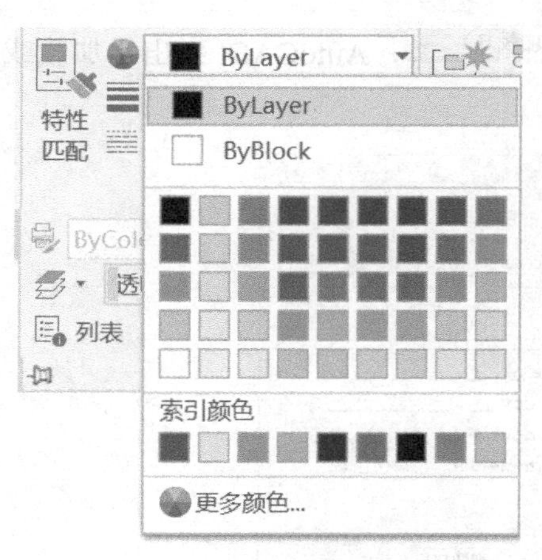

（a）颜色下拉列表

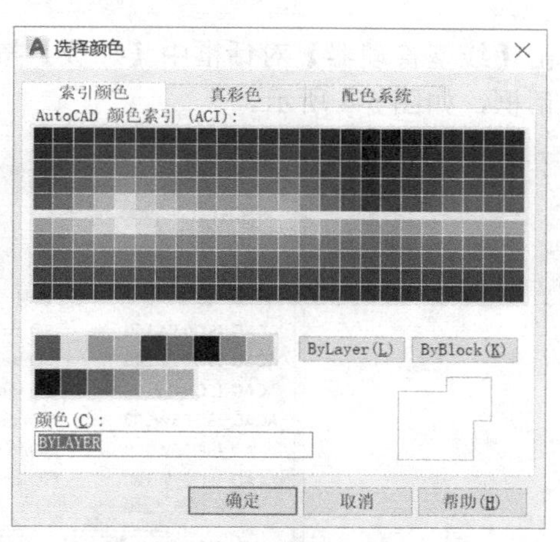

（b）【选择颜色】对话框

图 5-2　选择颜色

可以看到，列表中有“ByLayer”和“ByBlock”两项，这都属于逻辑特性，在线型、线宽特性列表中都有这两项。对于“ByLayer”，就是随图层而定，而“ByBlock”表示对象的颜色特性随图块而定。

2．设置线型

用户可以根据需要为对象设置线型。一旦线型设置后，以后创建的对象皆采用此线型，直至选择新的线型为止。

调用线型命令的方法如下。

- 功能区：【默认】标签|【特性】面板|【线型】下拉列表；
- 命令行：linetype ↙。

用户在【线型】下拉列表中选择一种线型，如图 5-3（a）所示。或选择【其他...】选项，AutoCAD 弹出【线型管理器】对话框，如图 5-3（b）所示。并不是全部线型都出现在“线型”

列表中，默认的图形中只加载了三种线型，其中两种是逻辑线型特性“ByLayer”和“ByBlock”，另外一种是连续线，也就是实线。如果还需要使用其他线型，可以从线型文件中去加载。

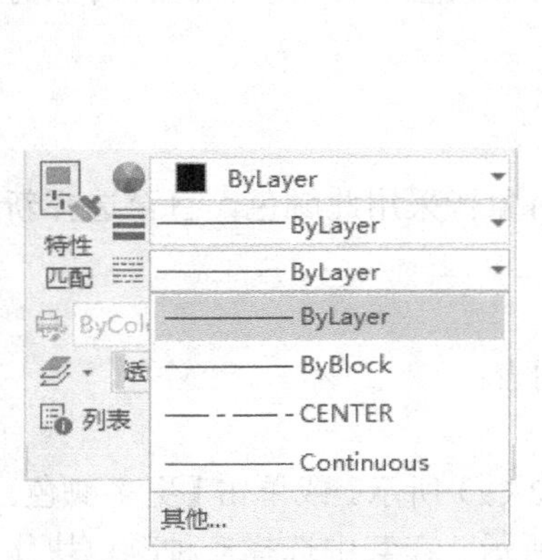

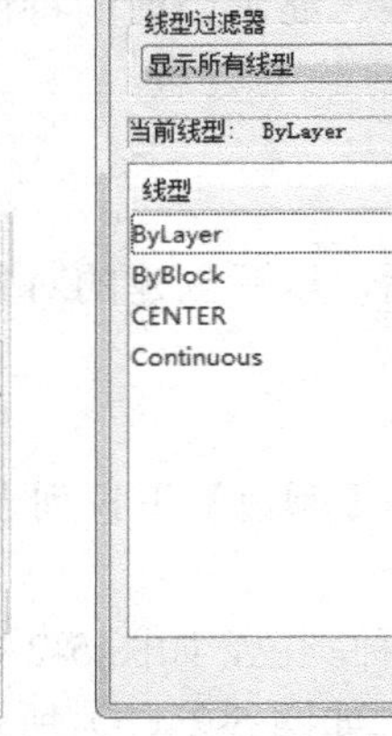

（a）线型下拉列表　　（b）【线型管理器】对话框

图 5-3　选择线型

单击【线型管理器】对话框中【加载】按钮 加载(L)... ，AutoCAD 弹出【加载或重载线型】对话框，如图 5-4 所示。

图 5-4　【加载或重载线型】对话框

用户可以在【加载或重载线型】对话框中选择要加载的线型，或在列表中右击，在右键快捷菜单中选择“全部选择”，单击【确定】按钮，选择的线型就被添加到【线型管理器】对话框的“线型”列表中。

【加载或重载线型】对话框所列的线型都是在线型文件“acadiso.lin”中定义的，它表示这是符合 ISO 标准的 AutoCAD 线型定义。用户也可以选择其他线型文件，甚至可以自定义需要的线型文件。

有时由于线型的比例不合适，绘制的线条不能正确反映线型。如虚线、中心线等显示仍为实线。可以通过调整线型比例来解决此问题。在【线型管理器】对话框中单击【显示细节】按钮 显示细节(D) ，可以打开“详细信息”选项区域，如图 5-5 所示。

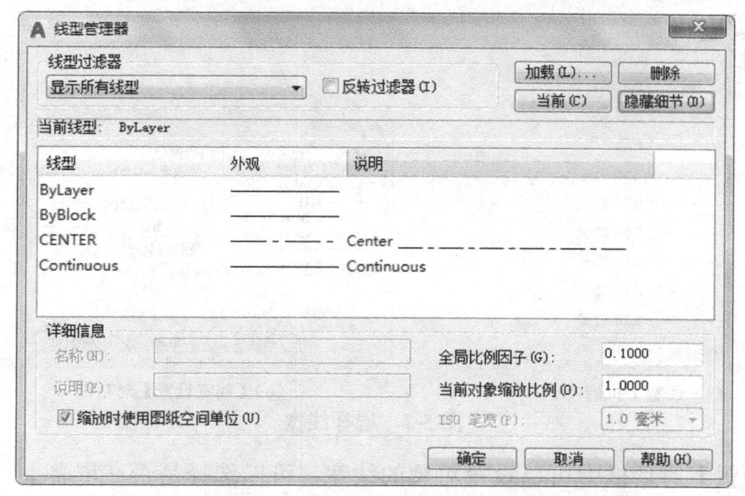

图 5-5 【线型管理器】对话框的“详细信息”选项区域

其中的“全局比例因子”文本框可以设置整个图形中所有对象的线型比例，“当前对象缩放比例”文本框可以设置当前新创建对象的线型比例。如果绘图时线型不能正常显示，例如在图 5-6（a）中，中心线显示为实线。则通过调整全局比例因子（放大或缩小，由图纸大小而定），使中心线正常显示，如图 5-6（b）所示。

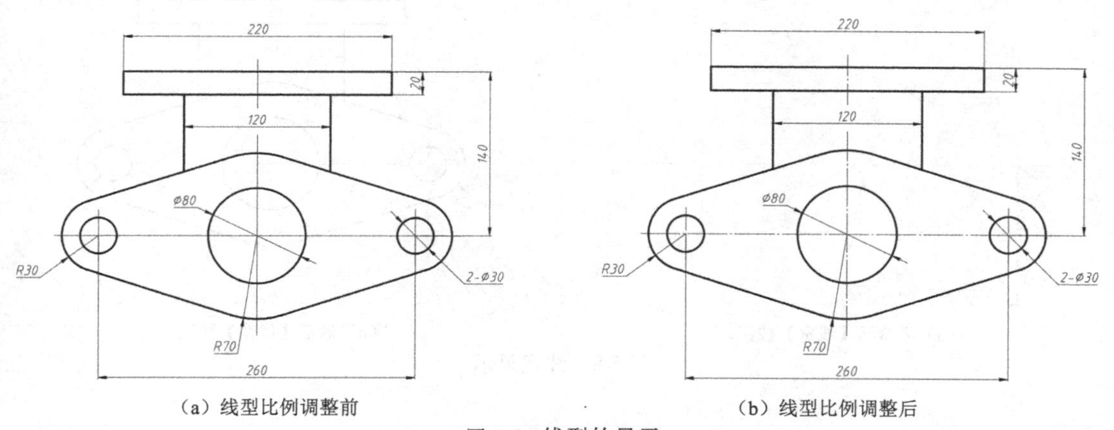

（a）线型比例调整前　　（b）线型比例调整后

图 5-6　线型的显示

3．设置线宽

线宽是指线条在打印输出时的宽度，这种线宽可以显示在屏幕上，并输出到图纸中。一旦线宽设置后，以后创建的对象皆采用此线宽，直至选择新的线宽为止。

调用线宽命令的方法如下。

- 功能区：【默认】标签|【特性】面板|【线宽】下拉列表；
- 命令行：lweight ↙。

用户可以在【线宽】下拉列表中选择线宽，如图 5-7（a）所示。或选择【线宽设置...】选项，AutoCAD 弹出【线宽设置】对话框，如图 5-7（b）所示。

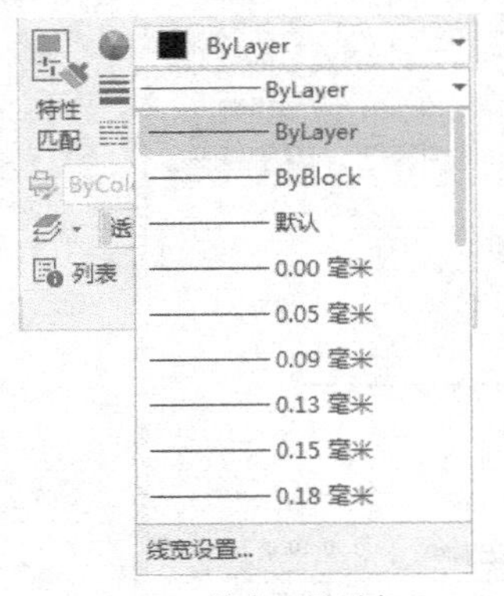

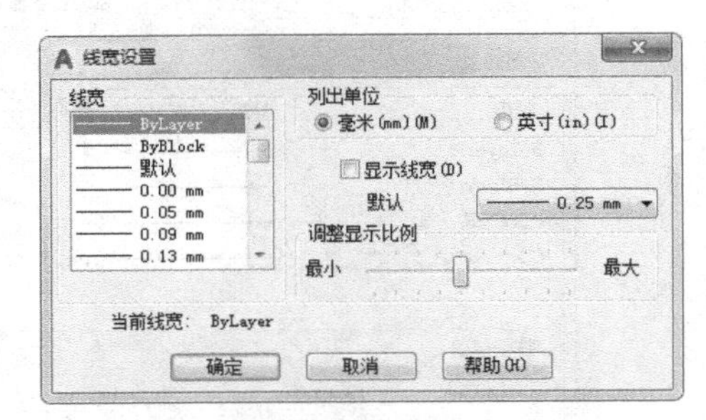

（a）线宽下拉列表　　（b）【线宽设置】对话框

图 5-7　选择线宽

在【线宽设置】对话框中可以设置对象的线宽，可以选择是否在屏幕上“显示线宽”，还可以调整线宽的默认宽度和显示比例。一旦选择了“显示线宽”，则屏幕上再创建的图形就会按照此线宽显示。状态栏的显示/隐藏【线宽】按钮，也是用来控制屏幕上是否显示线宽。图 5-8 为显示/隐藏【线宽】按钮激活与否的图形显示。

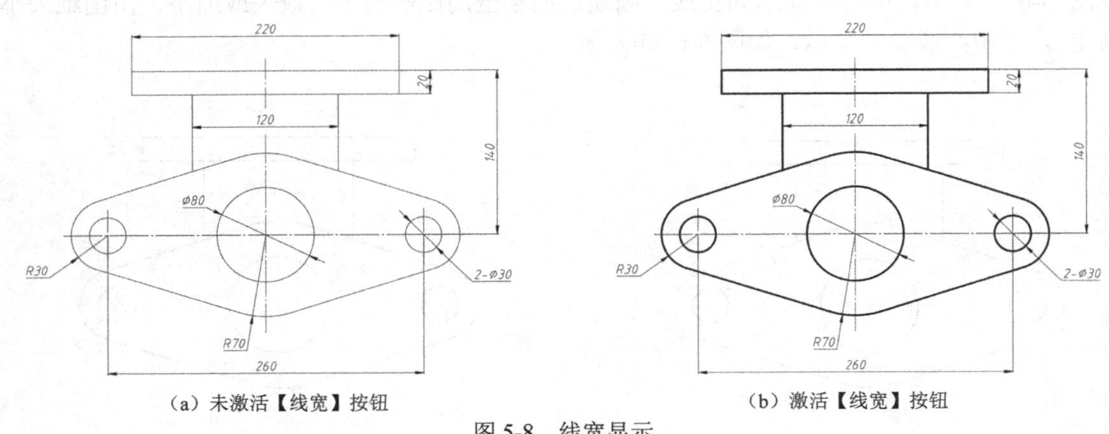

（a）未激活【线宽】按钮　　（b）激活【线宽】按钮

图 5-8　线宽显示

为了最后打印出图的效果，一般的工程图细线线宽可以设置为 0.25mm，粗线线宽可以设置为 0.50~0.60mm。另外，模型空间的线宽并不能正确地显示不同线宽之间的比例，只是一个示意性的线宽。

4．设置透明度

用户可以根据需要为对象设置透明度。通过拖动透明度滑块或直接输入数值来改变对象的透明度，透明度取值范围为 0~90，0 表示完全不透明，值越大透明度越高，即对象本身显示越浅，背景越清晰。一旦透明度设置后，以后创建的对象皆采用此透明度，直至选择新的透明度为止。

调用透明度命令的方法如下。

- 功能区：【默认】标签|【特性】面板|【透明度】滑块；
- 命令行：cetransparency ↙。

在图 5-9（a）、5-9（b）、5-9（c）中，三边形用“solid”实体进行填充，填充图案的透明度分别设置为 0、45、90，可以看到显示情况是截然不同的，透明度数值越大，背景对象越清晰。

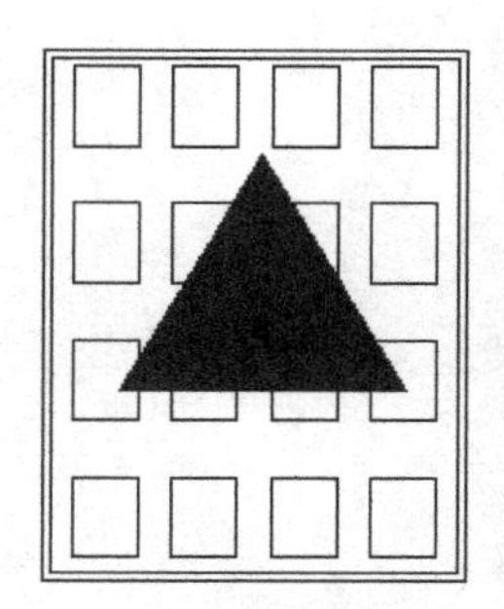
（a）填充图案透明度为 0

（b）填充图案透明度为 45

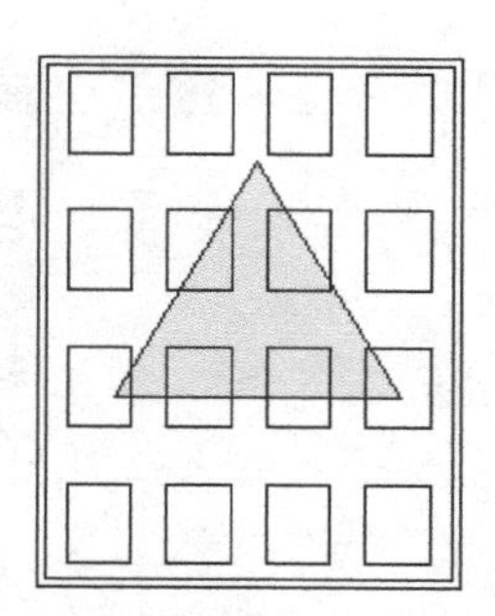
（c）填充图案透明度为 90

图 5-9　透明度设置效果

5.1.2　改变现有图形对象的特性

对于已经创建好的对象，如果想要改变其特性，AutoCAD 也提供了方便的修改方法，主要可以使用功能区特性面板、特性选项板、特性匹配工具和快捷特性等来进行修改。

1. 使用功能区【特性】面板

使用功能区【特性】面板可以显示和修改对象特性，如颜色、线型和线宽。

操作过程如下。

（1）选择图形对象，将对象加入选择集。

（2）在功能区【特性】面板中的颜色、线型、线宽的下拉列表和透明度中选择想要更改成的特性。

打开本书配套素材中练习文件“5-1.dwg”，如图 5-10（a）所示，将图中细实线表示的中心线改为中心线线型，并将颜色改为红色，线宽改为 0.20mm，透明度 30。

此练习示范，请参阅配套素材中实践视频文件 5-01.mp4。

步骤如下。

（1）鼠标单击选择要修改的中心线图形对象，如图 5-10（a）所示，此时【特性】面板上显示被选择对象的特性，全部为“ByLayer”。

（2）单击功能区【特性】面板的“颜色”下拉列表，选择“红”作为中心线对象颜色。

（3）单击功能区【特性】面板的“线宽”下拉列表，选择“0.20 毫米”作为中心线对象线宽。

（4）单击功能区【特性】面板的“线型”下拉列表，选择“CENTER”作为中心线对象线型。

（5）单击功能区【特性】面板的“透明度”，将透明度数值改为 30。此时【特性】面板如图 5-11 所示。修改后的结果如图 5-10（b）所示。

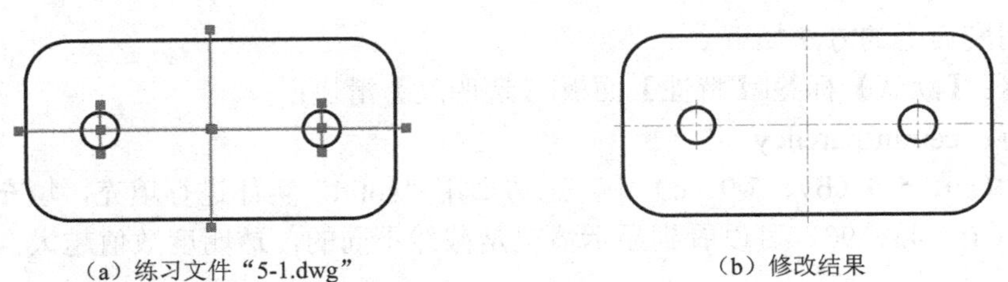

（a）练习文件“5-1.dwg”　　（b）修改结果

图 5-10　修改对象特性

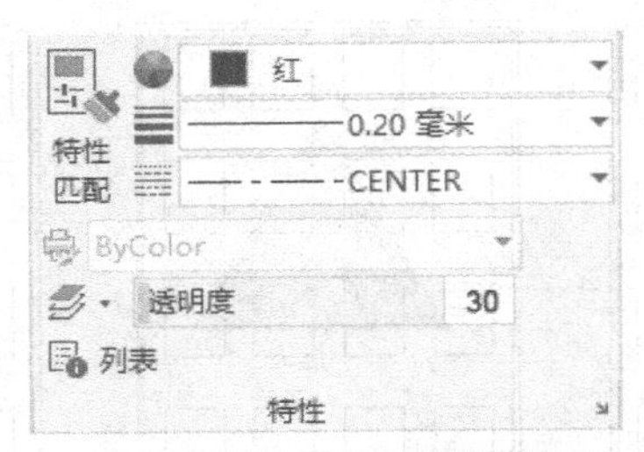

图 5-11　【特性】面板的设置

2. 使用【快捷特性】选项板

利用【快捷特性】选项板，可以在图形中显示和更改任何对象的当前特性。首先激活状态栏【快捷特性】按钮，然后选择一个或多个对象，AutoCAD 自动弹出【快捷特性】选项板，如图 5-12 所示。在【快捷特性】选项板上，用户可以直接修改对象颜色、图层、线型等特性。

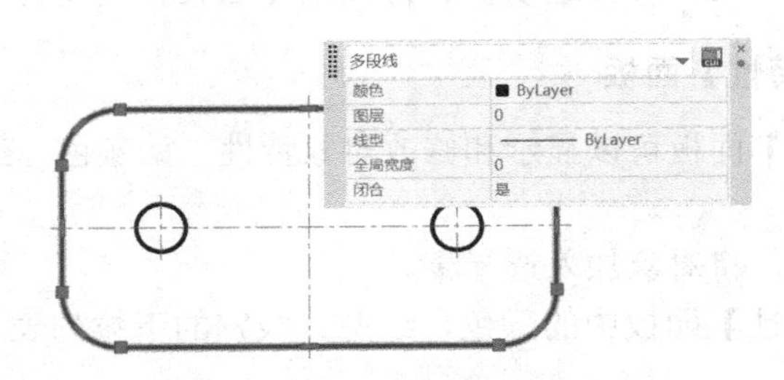

图 5-12　【快捷特性】选项板

3. 使用【特性】选项板

可以在【特性】选项板中修改和查看对象的特性。

调用对象特性管理器的方法如下。

- 功能区：【默认】标签|【特性】面板|【特性】对话框启动器按钮；
- 功能区：【视图】标签|【选项板】面板|【特性】按钮；
- 命令行：properties ↙；
- 快捷键：Ctrl+1。

单击如图 5-13 所示的【特性】面板右下角【特性】对话框启动器按钮，AutoCAD 弹出【特性】选项板，如图 5-14 所示。【特性】选项板中包括颜色、图层、线型、线型比例、线宽、透明度、厚度等基本特性，也包括半径、面积、周长和角度等专有特性，用户可以直接修改已选对象的这些特性。

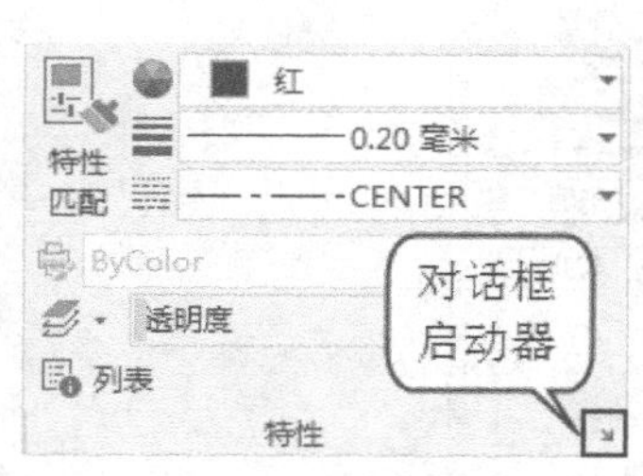

图 5-13 【特性】面板

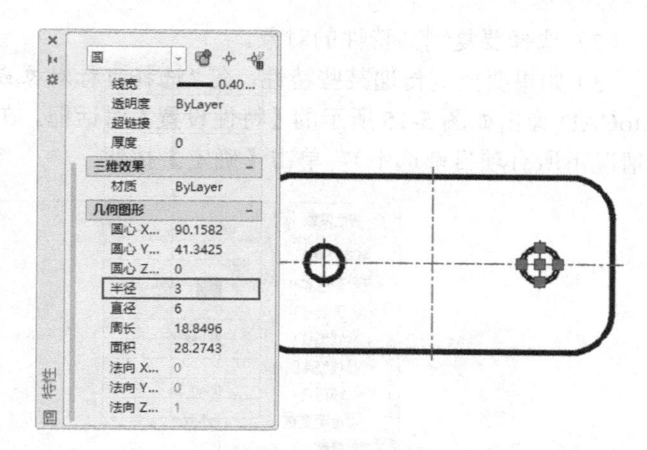

图 5-14 【特性】选项板和修改对象特性

同样是本书配套素材中练习文件“5-1.dwg”，如果用【特性】选项板来修改对象特性，步骤如下。

此练习示范，请参阅配套素材中实践视频文件 5-02.mp4。

（1）单击【特性】面板上对话框启动器按钮，打开【特性】选项板。

（2）选择图形中要修改的中心线对象。

（3）在【特性】选项板“常规”选项区域的“颜色”下拉列表中选择“红”作为对象颜色。

（4）在【特性】选项板“常规”选项区域的“线型”下拉列表中，选择“CENTER”作为对象线型。

（5）在【特性】选项板“常规”选项区域的“线宽”下拉列表中，选择“0.20 毫米”作为对象线宽。

（6）在【特性】选项板“常规”选项区域的“透明度”列表中，将“ByLayer”改为“30”。

另外，还可以修改对象的专有几何特性。例如，要将文件“5-1.dwg”中的两个圆孔半径由 3 改为 4，先选择这两个圆孔，然后单击【特性】按钮，如图 5-14 所示。在“几何图形”选项区域的“半径”文本框中将 3 修改为 4 回车即可。也可以修改圆心坐标值，甚至还可以直接修改圆的面积，AutoCAD 会自动计算圆的半径获得已知面积的圆。

4. 利用“特性匹配”修改对象特性

使用“特性匹配”可以将一个对象的某些或所有特性复制到其他对象。可以复制的特性类型包括：颜色、图层、线型、线型比例、线宽、透明度、打印样式和厚度等。

默认情况下，所有可应用的特性都自动地从选定的第一个对象复制到其他对象。如果不希望复制某些特性，可使用“设置”选项禁止复制该特性。可以在执行该命令的过程中随时选择并修改“设置”选项。

调用对象特性匹配的方法如下。

- 功能区：【默认】标签|【特性】面板|【特性匹配】按钮；
- 命令行：matchprop ↙（回车）。

将一个对象特性复制到其他对象的步骤如下。

（1）单击【特性】面板|【特性匹配】按钮，激活“特性匹配”命令。

（2）选择要复制其特性的对象。

（3）如果要控制传递某些特性，在“选择目标对象或[设置(S)]:”提示下输入“S”（设置）。AutoCAD 弹出如图 5-15 所示的【特性设置】对话框。在对话框中清除不需要复制的项目（默认情况下所有项目都选中），单击【确定】按钮。

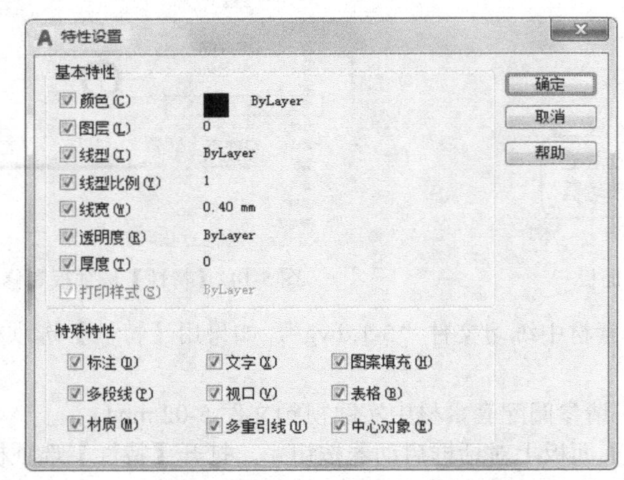

图 5-15 【特性设置】对话框

（4）选择应用选定特性的对象，被选择的对象将采用指定对象的特性。

打开本书配套素材中练习文件“5-2.dwg”，读者可以尝试将板的中心线的特性复制给圆孔的轴线。

此练习示范，请参阅配套素材中实践视频文件 5-03.mp4。

5. 利用“设置为 ByLayer”命令修改对象特性

使用 SetByLayer 命令可以将选定对象的特性更改为“ByLayer”，即随图层特性，包括颜色、线型、线宽、透明度和材质等特性。默认情况下，所有可应用的特性都自动地更改为“ByLayer”。如果不希望更改某些特性，可使用“设置”选项禁止更改该特性。

调用设置为随层的方法如下。

- 功能区：【默认】标签|【修改】面板|【设置为 ByLayer】按钮；
- 命令行：setbylayer ↙（回车）。

将一个对象特性更改为“ByLayer”的步骤如下。

（1）单击【修改】面板|【设置为 ByLayer】按钮，激活“设置为 ByLayer”命令。

（2）选择要设置为随层的对象。

（3）如果要控制更改某些特性，在“选择对象或[设置(S)]:”提示下输入“S”（设置）。AutoCAD 弹出如图 5-16 所示的【SetByLayer 设置】对话框。在对话框中清除不需要更改的项目（默认情况下所有项目都打开），单击【确定】按钮。

（4）选择对象，回车确认后，系统提示如下。

是否将 ByBlock 更改为 ByLayer? [是(Y)/否(N)] <是(Y)>: ↙（回车确认）

是否包括块? [是(Y)/否(N)] <是(Y)>:↙（回车确认）

则被选择的对象将采用“ByLayer”特性。

打开本书配套素材中练习文件“5-2.dwg”，读者可以尝试将全部图形对象特性更改为 ByLayer。

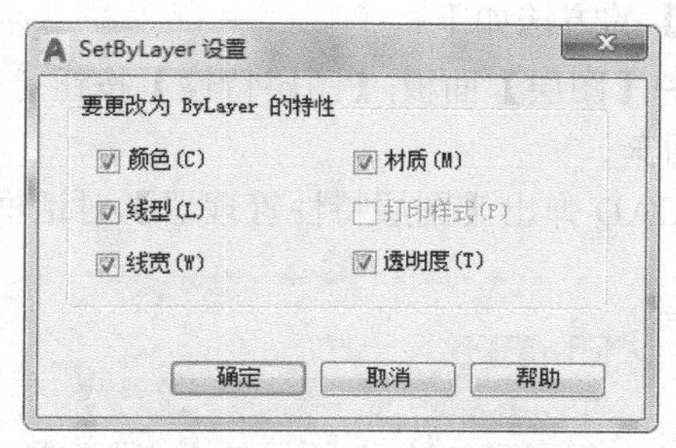

图 5-16 【SetByLayer 设置】对话框

5.2　图层的应用

每一类对象都有多种特性，如果每绘制一个对象都需要对其特性进行一系列设定的话，是一件比较烦琐的工作，那么，如何来方便地设置和管理这些不同类型的对象呢？AutoCAD 引入了图层工具。

图 5-17　图层的概念

形象化地说，图层就像是透明的胶片，可以在其上绘制不同的对象，同一个图层中的对象默认情况下都具有相同的颜色、线型、线宽等对象特征，可以透过一个或者多个图层看到下面其他图层上绘制的对象，如图 5-17 所示，而每个图层还具备控制图层可见和锁定等的控制开关，可以很方便地进行单独控制，而且运用图层可以很好地组织不同类型的图形信息，使得这些信息便于管理。

当用户创建一个文件时，系统自动生成一个默认的图层，图层名为“0”。用户可以根据设计的需要创建自己的图层，例如在设计院中，根据项目按专业划分创建不同的图层，并设置不同的特性，如颜色、线型、线宽等。然后使用图层将对象分类，利用不同图层的不同颜色、线型和线宽来识别对象。例如，在建筑图中，按照专业分别将对象绘制在墙体、给排水、照明、暖通等图层上，每个图层都有自己的颜色、线型、线宽等特性。这样绘制的图形易于区分，而且可以对每个图层进行单独控制，可以更方便、更有效地对图形进行编辑和管理。

5.2.1　图层的创建

可以为设计概念上相关的图形对象创建和命名图层，并为这些图层指定通用的特性。通过将对象分类到各自的图层中，可以更方便、更有效地进行编辑和管理。

在开始绘制一个新图形时，系统创建一个名为“0”的图层，该图层颜色为 7（黑色或白色，由背景来确定），continous（连续）线型，而且线宽为默认（0.25mm），“0”层不能被删除或重命名。

启动【图层特性管理器】，可以创建新的图层、指定图层的各种特性、设置当前图层、选择图层和管理图层。【图层特性管理器】是一种无模式工具，能够在使用其他命令的同时维持其显示状态，并且在其上所做的修改可以实时地应用于图纸。

调用【图层特性管理器】的方法如下。

- 功能区：【默认】标签|【图层】面板|【图层特性】按钮 ；
- 命令行：layer ↙（回车）。

激活图层命令后，AutoCAD 弹出【图层特性管理器】对话框，如图 5-18 所示。

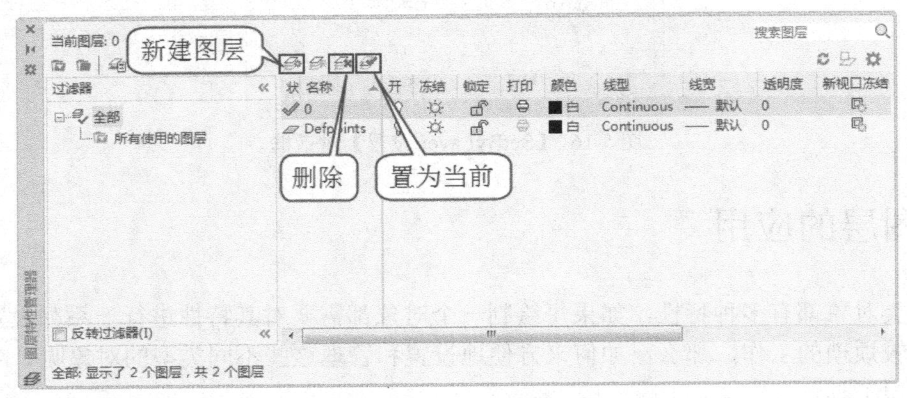

图 5-18 【图层特性管理器】对话框

创建图层的过程如下。

（1）单击功能区【图层】面板上的【图层特性】按钮 ，打开【图层特性管理器】对话框。

（2）在【图层特性管理器】中单击【新建】按钮 ，新的图层以临时名称“图层 1”显示在列表中，并采用默认设置的特性。

（3）为新建图层命名。单击图层的颜色、线型、线宽等特性，可以修改该图层上对象的基本特性。

（4）需要创建多个图层时，要再次单击【新建】按钮 ，并输入新的图层名。

（5）关闭图层对话框，系统将自动保存当前图形的图层设置。

图层创建完毕后，在【图层】面板的【图层】控件下拉列表中可以看到新创建的图层，如图 5-19 所示。

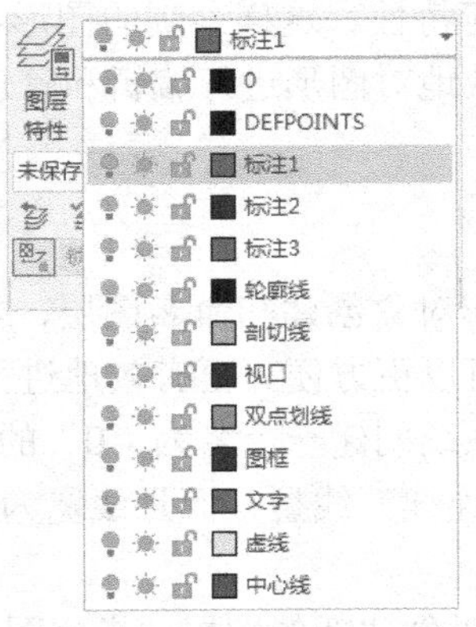

图 5-19 【图层】下拉列表

对于一般的机械图和建筑平面图，读者可以参考图 5-20 和图 5-21 来创建图层，本书配套素材中练习文件“5-3.dwg”和“5-4.dwg”分别保存了这些图层设置。

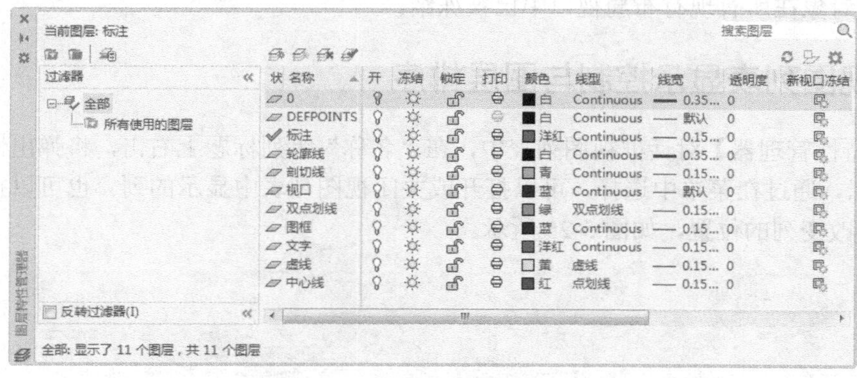

图 5-20　一般机械图的图层设置

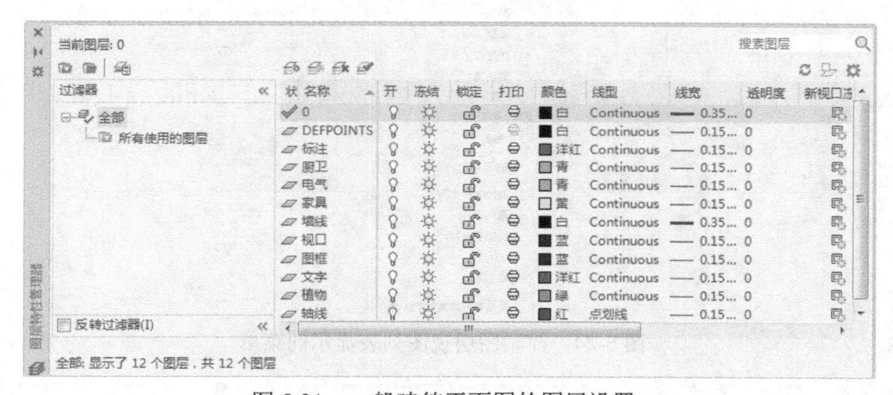

图 5-21　一般建筑平面图的图层设置

在【图层特性管理器】对话框中，可以将指定层设置为当前层。首先选择一个图层，然后单击对话框上方工具栏中的【置为当前】按钮，如图 5-22 所示。也可以选择一个图层并右击，在快捷菜单中选择【置为当前】。用户绘制的图形都在当前图层上，当前图层在【图层特性管理器】对话框的图层列表中状态图标也是。

在【图层特性管理器】对话框中，可以将没有对象的图层删除。首先选择一个图层，然后单击对话框上方工具栏中的【删除图层】按钮，如果是空图层，AutoCAD 删除该图层，否则系统弹出如图 5-23 所示的警告信息，提示哪些图层不可删除。

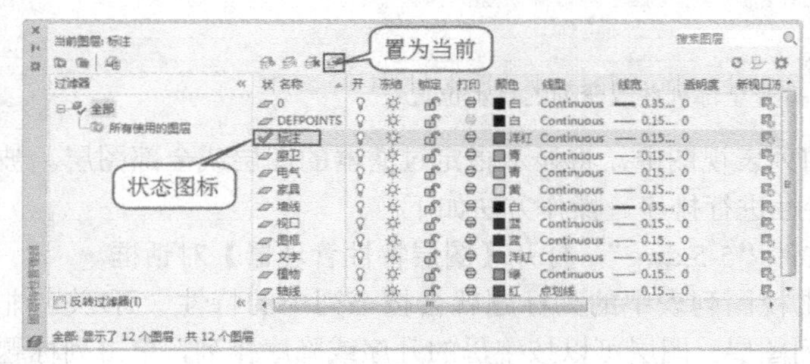

图 5-22　设置当前层

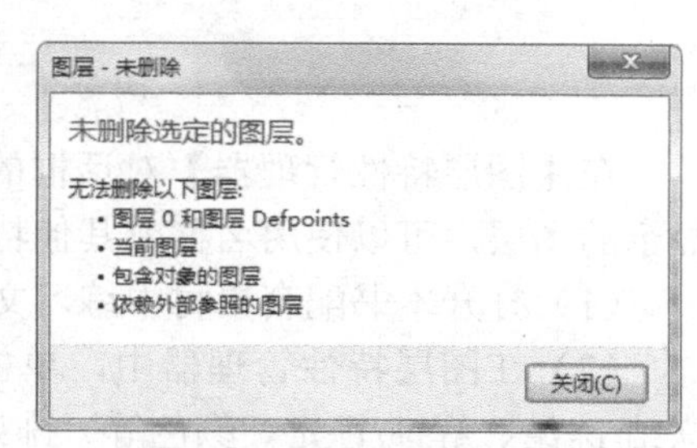

图 5-23　删除图层时 AutoCAD 警告

在【图层特性管理器】对话框中，可以创建在所有视口中都被冻结的新图层。单击对话框上方工具栏中的【在所有视口中都被冻结的新图层视口】按钮，则创建了新图层，并且该图层上的对象在所有现有布局视口中已被冻结。

5.2.2 视图列表显示控制与图层排序

【图层特性管理器】对话框视图列表中，在“名称”等列标题上右击，将弹出快捷菜单如图 5-24 所示，通过在菜单中选择，可以打开或关闭视图列表中显示的列。也可以按住列标题左右拖动，改变列的位置，如图 5-25 所示。

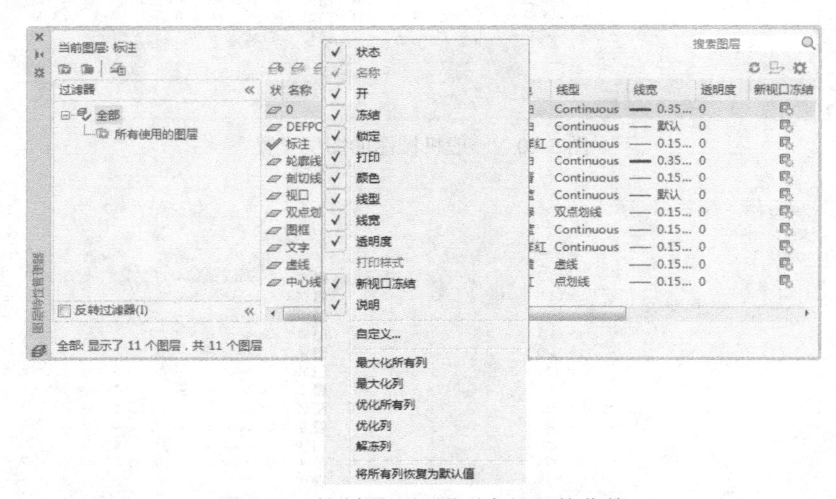

图 5-24 控制图层视图列表显示的菜单

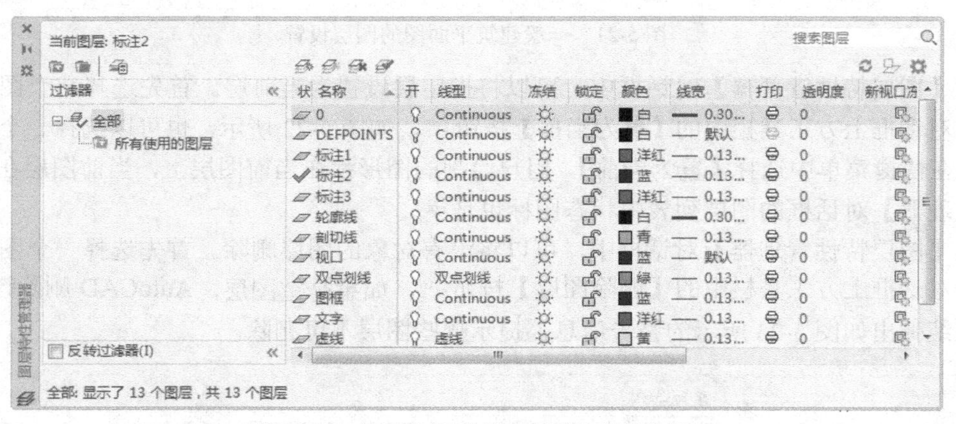

图 5-25 打开全部列并改变列的显示位置

在【图层特性管理器】对话框的列表视图中，将显示指定过滤器的图层或全部图层。被显示的图层，可以使用名称或其他特性进行排序。操作方法如下。

（1）打开本书配套素材中练习文件“5-5.dwg”，打开【图层特性管理器】对话框。

（2）在图层特性管理器中，单击视图列表中的列标题就会按该列中的特性（开/关、非冻结/冻结、解锁/锁定、颜色等）排列图层。图层可以按字母的升序或降序排列，单击列标题来改变排序。

5.2.3　利用图层管理不同类型的图形对象

AutoCAD 可以控制图层里的对象的显示及编辑。用于控制图层的工具有开/关、冻结/解冻、锁定/解锁、打印/不打印等。使用这几个工具很简单，可以在【图层特性管理器】对话框的“图层”列表中单击相应图层的控制图标，或在功能区【图层】面板的【图层】控件下拉列表中单击相应图层的控制图标，对于打印/不打印则只能在【图层特性管理器】对话框中控制。

1．开/关图层

在工程设计中，经常将一些与本专业设计无关的图层关闭，使得相关的图形更加清晰。可以随时打开关闭的图层。如果不想打印某些图层中的对象，也可关闭这些图层。

开/关图层用于显示和不显示图层上的对象，控制图标是打开图层 和关闭图层 。单击打开图层图标 可以实现“关闭图层”，相应图层里的对象就不可见。单击关闭图层图标 可以实现“打开图层”，被隐藏的图层里的对象又会被显示出来。

如果被关闭的是当前图层，将会有一个警告信息提示当前图层将被关闭，如图 5-26 所示。在此警告信息中用户选择“关闭当前图层”还是“使当前图层保持打开状态”。

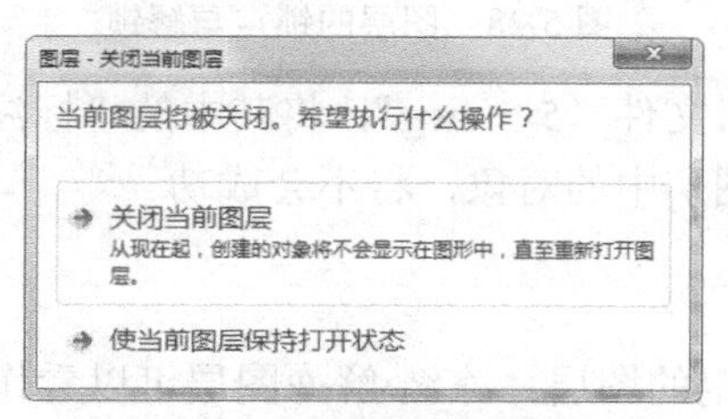

图 5-26　关闭当前图层提示框

初学者在绘制图形的时候，经常发现无论如何新绘制的对象都看不到，这时候应该检查一下是否将当前图层关闭了。

打开本书配套素材中练习文件“5-5.dwg”，尝试将其中的“标注”图层关闭，只显示零件的视图，如图 5-27（a）所示。打开关闭的“标注”图层，则全部尺寸线又都被显示出来，如图 5-27（b）所示。

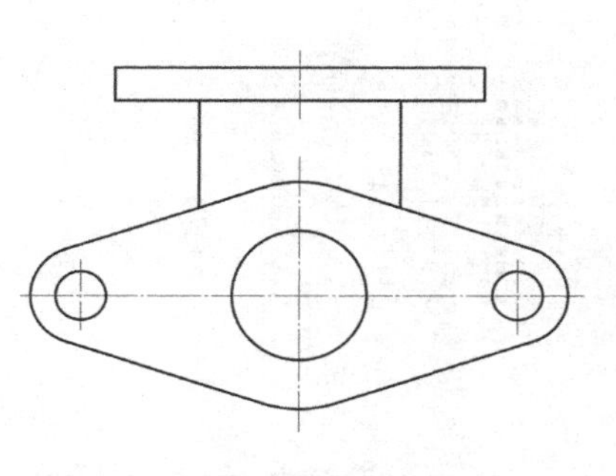

（a）关闭“标注”图层

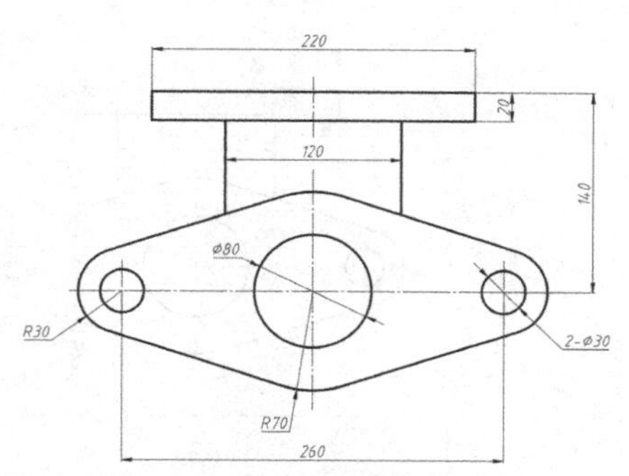

（b）打开“标注”图层

图 5-27　图层的打开与关闭

2．锁定/解锁图层

对于设计中不希望修改的某些对象，可以将对象所在的图层锁定起来。锁定/解锁图层用于锁定和解锁图层上的对象，控制图标是开锁 🔒 和锁定 🔓 。单击开锁图标可以实现锁定图层，这时图层里的对象暗显并且不能被编辑，图 5-28（a）所示为锁定“标注”图层，但是可以在此图层里新建对象；单击锁定图标可以实现解锁图层，如图 5-28（b）所示，解锁后图层里的对象正常显示并且可以被编辑。

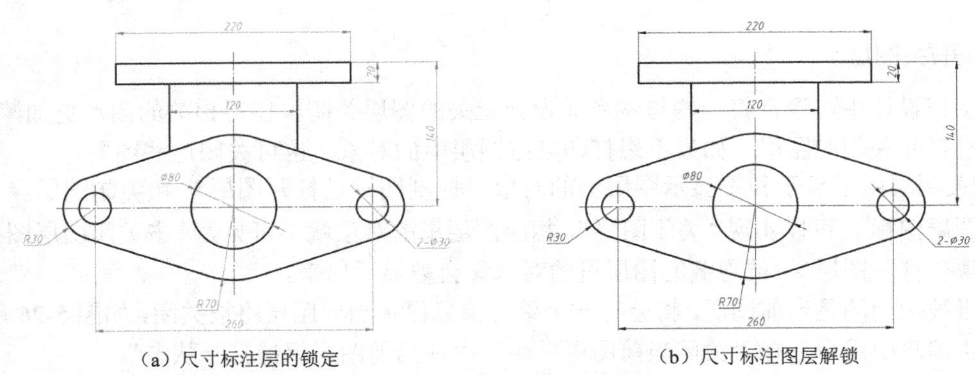

（a）尺寸标注层的锁定　　（b）尺寸标注图层解锁

图 5-28　图层的锁定与解锁

打开本书配套素材中练习文件“5-5.dwg”，将其中的“标注”图层锁定，然后使用删除、移动等修改工具尝试修改此图层中的对象，将不会成功。

3．冻结/解冻图层

冻结/解冻所有视口中选定的图层。冻结/解冻图层可以看作是开/关图层和锁定/解锁图层的一个结合体，也就是说，被冻结的图层里的图形对象既不显示也不能被修改，而关闭图层里的对象可以被某些选择集命令（如 all 全部命令）选择并修改。控制图标是太阳 ☼ 和雪花 ❄ ，单击太阳图标可以实现冻结图层，这时图层里的对象将被隐藏并且不能被编辑，单击雪花图标可以实现解冻图层。

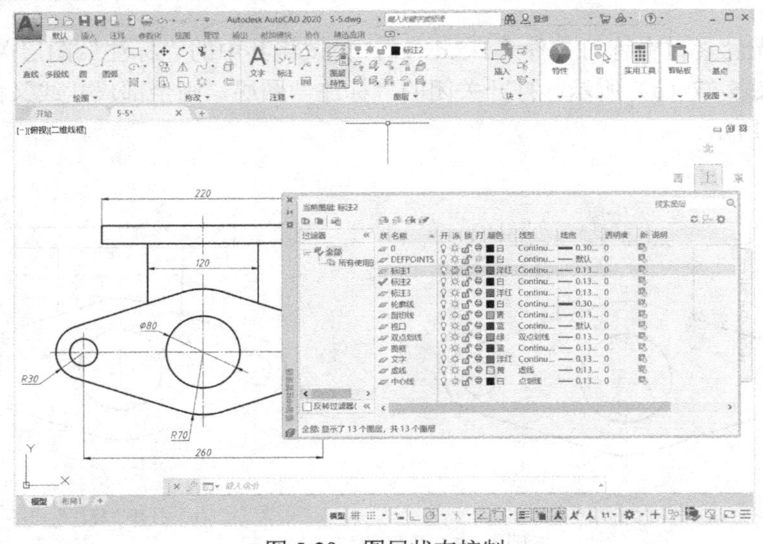

图 5-29　图层状态控制

打开本书配套素材中练习文件“5-5.dwg”，并打开图层特性管理器，将鼠标放在“图层特性管理器”对话框的标题处，按住并拖动对话框，调整到如图 5-29 所示的位置，以便能清楚地观察到图形。

先将其中的“中心线”图层关闭，如图 5-30 所示。然后使用【移动】命令移动对象，在提示选择对象时使用选择集命令“all”，移动此图形中的全部对象到新的位置。移动完成后将“中心线”图层打开，发现“中心线”图层里的对象一样被选择，并随其他对象一起移动了，这说明被关闭的图层里的对象也可以被编辑，如图 5-31 所示。

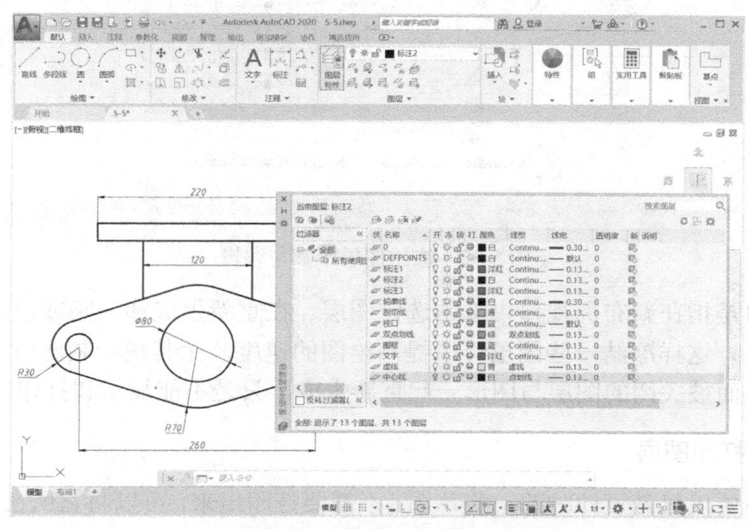

图 5-30　关闭“中心线”图层

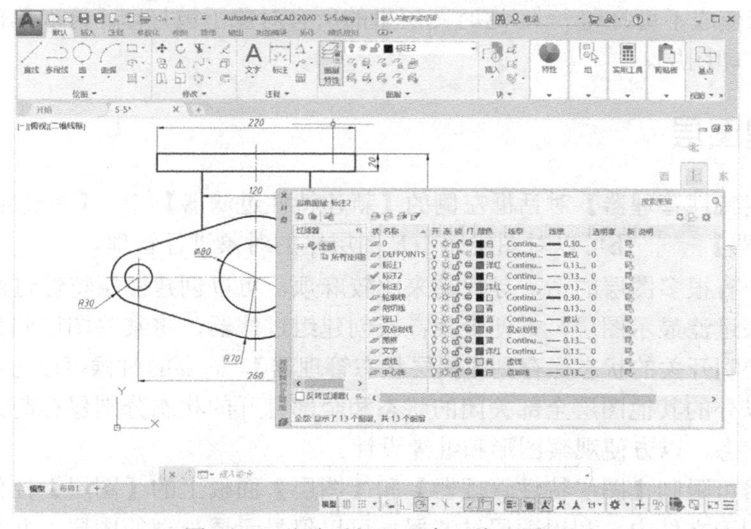

图 5-31　移动后打开“中心线”图层

将图形移回到如图 5-29 所示的位置。接下来将其中的“中心线”图层冻结，然后使用【移动】命令移动对象，在提示选择对象时使用选择集命令“all”，移动此图形中的全部对象到新的位置。移动完成后，将“中心线”图层解冻，发现“中心线”图层里的对象并没有被移动，说明被冻结的图层里的对象不可以被编辑，如图 5-32 所示。

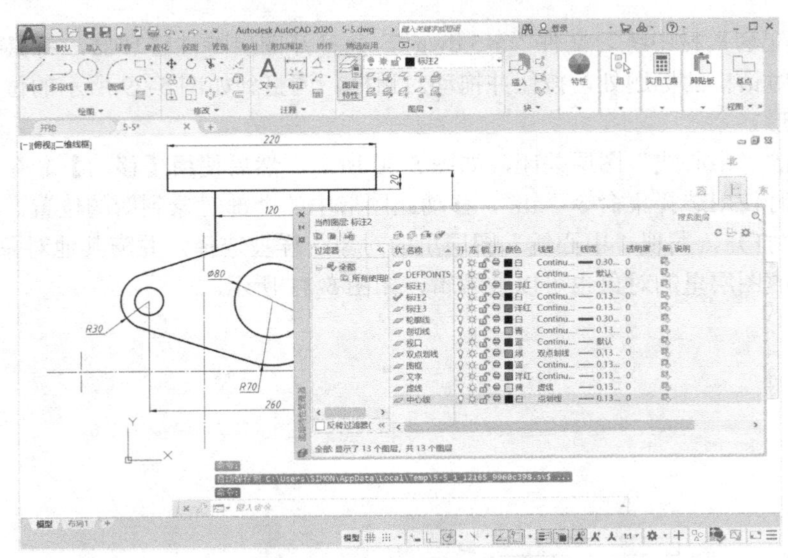

图 5-32　冻结图层不参与编辑

冻结新视口是指在新布局视口中冻结选定图层。在重新生成和消隐或渲染时，计算机不处理冻结的信息，这样冻结一些图层可以提高绘图的速度，尤其在绘制比较大的图形时，其影响是很大的。而被关闭的图层与图形一起重新生成，只是不能显示和打印。

4．打印/不打印图层

如果某些图层仅仅是设计时的一些草图，不需要打印出来，可以将它所在的图层设为“不打印”。打印/不打印图层用于控制图层上的对象是否被打印出来，控制图标是打印机 。单击此图标，图标变成不可打印 ，这时图层里的所有对象不被打印，再次单击此控制工具图标又可以实现打印图层。

5.2.4　管理图层

利用【图层特性管理器】对话框左侧的【新建特性过滤器】 、【新建组过滤器】 和【图层状态管理器】 ，还可以对图层而不是图层里的对象进行管理。

如果图形中有很多图层的话，寻找起来比较麻烦，可以创建图层特性过滤器，根据图层的名称或特性来过滤显示图层，方便查找；或创建组过滤器，将某些图层归为一组来显示；还可以将图层控制开关的状态保存到【图层状态管理器】，需要的时候可以方便地调用。比如将除了轮廓线以外的其他图层全部关闭的状态和全部打开的状态分别保存起来，这样可以随时切换这两种状态，以方便观察图形和继续设计。

图层过滤器可限制【图层特性管理器】和【图层】面板上的【图层】控件中显示的图层数量。在较大图形文件中，利用图层过滤器，可以仅显示要处理的图层，并且可以按图层名称或图层特性对其进行排序。图层特性管理器中左侧的浏览器显示了默认的图层过滤器以及当前图形中创建并保存的所有命名过滤器，如图 5-33 所示。图层过滤器旁边的图标表明过滤器的类型。AutoCAD 有三个默认过滤器。

（1）全部：显示当前图形中的所有图层；

（2）所有使用的图层：显示当前图形中包含对象的所有图层；

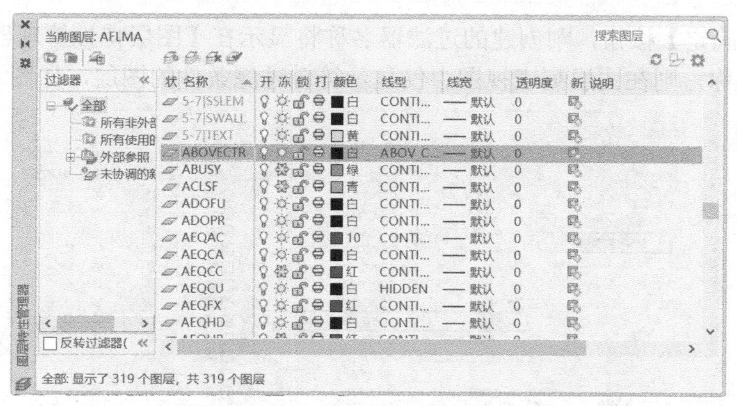

图 5-33 【图层特性管理器】对话框

（3）外部参照：如果图形附着了外部参照，将显示从其他图形参照的所有图层。

一旦命名并定义了图层过滤器，就可以在浏览器中选择该过滤器，以便在列表视图中显示图层。还可以将过滤器应用于“图层”面板，以使“图层”控件仅显示当前过滤器中的图层。

1．图层特性过滤器的创建

可以根据图层名称或图层的一个或多个特性创建图层特性过滤器。图层特性过滤器可以嵌套在其他特性过滤器或组过滤器下。图层特性过滤器创建方法如下。

（1）打开本书配套素材中练习文件“5-6.dwg”，单击【图层】面板的【图层特性】按钮，打开【图层特性管理器】对话框。

（2）在【图层特性管理器】对话框中，单击【新建特性过滤器】按钮，打开【图层过滤器特性】对话框。

（3）在该对话框中，在“过滤器名称”中为新建过滤器命名，在“过滤器定义”中选择过滤条件。每行中可以选择一个或多个筛选条件，当选择多个筛选条件时，各个筛选条件为“并”关系。也可以在不同的行设置筛选条件，行与行之间筛选条件为“或”关系。单击相应特性表格并在弹出的列表中选择过滤条件即可设置筛选条件。例如在第一行选择红色、非冻结、连续直线线型；在第二行选择黄色，则在“过滤器预览”列表中显示出满足第一行或第二行条件的所有图层，如图 5-34 所示。

图 5-34 【图层过滤器特性】对话框

（4）单击【确定】按钮，刚创建的过滤器名称将显示在【图层特性管理器】的浏览器中，选择此过滤器名称，则在图层列表视图中仅显示符合过滤条件的图层，如图 5-35 所示。

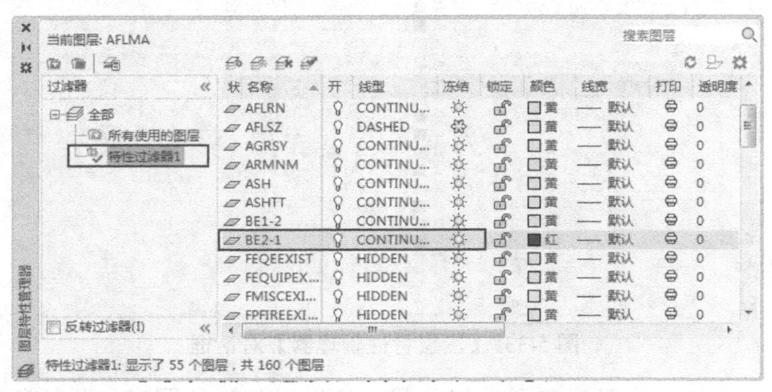

图 5-35 【图层特性管理器】对话框

将图层“BE2-1”的颜色改为绿色后，观察视图列表会发现，此时列表中不再显示图层“BE2-1”。也就是说，图层“BE2-1”不再满足“特性过滤器 1”的过滤条件。由此可知图层特性过滤器中的图层数量会因图层特性的改变而改变。

下面对【图层过滤器特性】和【图层特性管理器】对话框的一些选项进行说明。

（1）在【图层过滤器特性】对话框中定义过滤条件时，在该对话框中可以选择要包括在过滤器定义中的以下任何特性。

- 图层名称、颜色、线型、线宽、透明度和打印样式。
- 图层是否正被使用。
- 打开还是关闭图层。
- 在当前视口或所有视口中冻结图层还是解冻图层。
- 锁定图层还是解锁图层。
- 是否设置打印图层。

其中图层的名称，可以使用“通配符”来建立过滤器。其定义如表 5-1 所示。如果要在命名对象的名称中使用通配符字符，请在该字符前加单引号（'），以免将其解释为通配符。

表 5-1　通配符的定义

字　符	定　义	举　例
#（井号）	匹配任意数字字符	
@（At）	匹配任意字母字符	
.（句点）	匹配任意非字母数字字符	
*（星号）	匹配任意字符串，可以在搜索字符串的任意位置使用	
?（问号）	匹配任意单个字符	?BC 匹配 ABC、3BC 等
~（波浪号）	匹配不包含自身的任意字符串	，~*AB* 匹配所有不包含 AB 的字符串
[ ]	匹配括号中包含的任意一个字符	[AB]C 匹配 AC 和 BC
[~]	匹配括号中未包含的任意字符	[AB]C 匹配 XC 而不匹配 AC
[-]	指定单个字符的范围	[A-G]C 匹配 AC、BC 等，直到 GC，但不匹配 HC
`（单引号）	逐字读取其后的字符	`~AB 匹配 ~AB

（2）【图层特性管理器】对话框中“反转图层过滤器”选项，显示不在该过滤器中的其他所有图层。

（3）【图层特性管理器】对话框中“设置”按钮，可以打开【图层设置】对话框，如图 5-36 所示。该对话框控制何时发出新图层通知以及是否将图层过滤器应用到【图层】面板上的“图层”控件中；同时控制图层特性管理器中视口替代的背景色。

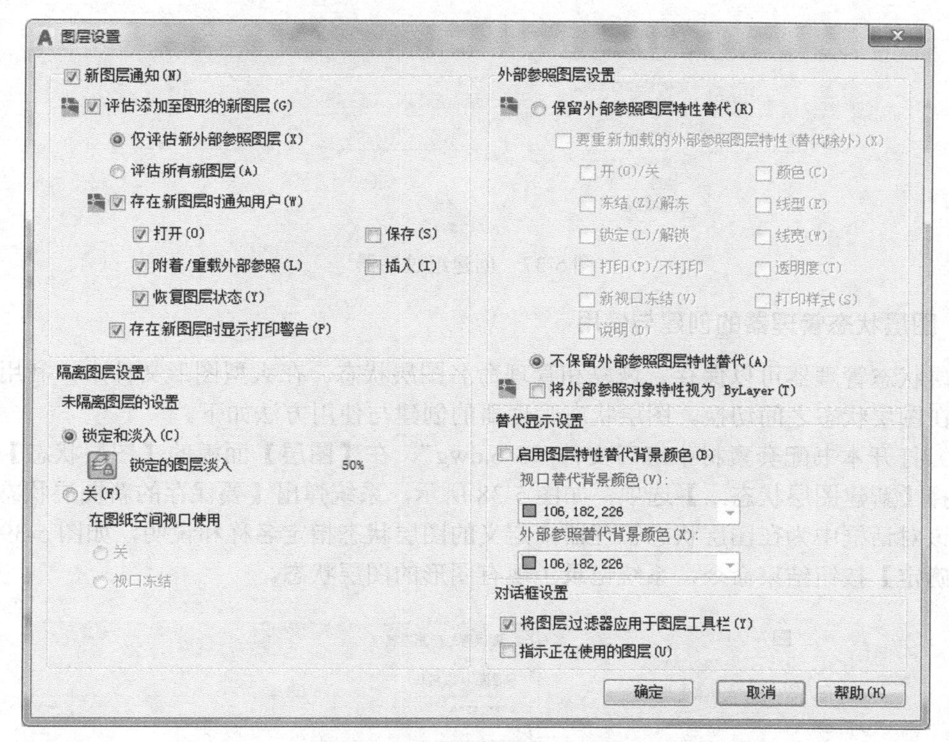

图 5-36 【图层设置】对话框

2. 组过滤器的创建

创建图层组过滤器时，不依赖图层名称或特性，而是人为地将选择的某些图层放入在一起的一种过滤器。图层组过滤器只包含那些明确指定到该过滤器中的图层，图层组过滤器只能嵌套到其他图层组过滤器下。图层组过滤器创建方法如下。

（1）打开本书配套素材中练习文件“5-6.dwg”，单击【图层】面板的【图层特性管理器】按钮，打开【图层特性管理器】对话框。

（2）在【图层特性管理器】对话框中，单击【新建组过滤器】按钮，系统给出默认的组过滤器名称为“组过滤器 1”，可以为其重新命名。

（3）在“组过滤器 1”名称上右击，在弹出的快捷菜单上选择“选择图层”|“添加”，如图 5-37 所示。AutoCAD 提示选择对象，用户可以选择一个或多个对象，则该对象所在的图层被添加到组过滤器中，完成选择后按回车键或鼠标右键结束创建组过滤器。还可以通过右键快捷菜单上“选择图层”|“替换”，重新定义该组过滤器中的图层。

（4）修改组过滤器中的图层的特性，如颜色、线型等，在浏览器中单击“组过滤器 1”，观察视图列表发现，即使修改了指定到该过滤器中的图层的特性，这些图层仍属于该过滤器。

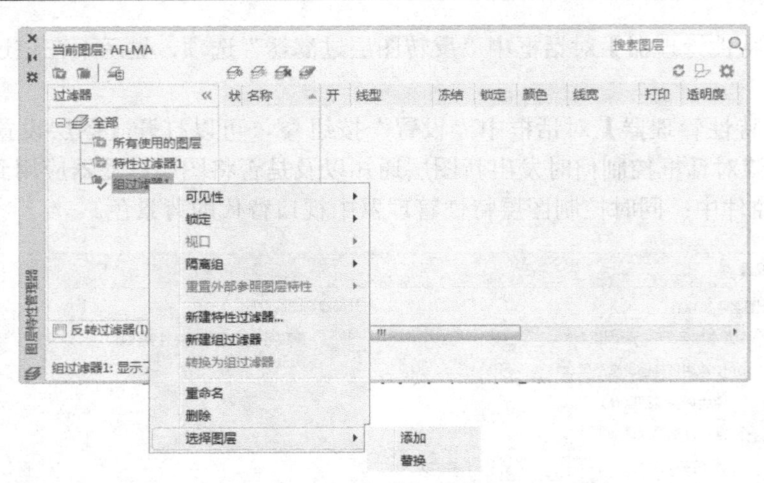

图 5-37　创建组过滤器

3．图层状态管理器的创建与使用

图层状态管理器可以保存、恢复和管理命名图层状态。在大型图形文件中，利用它可以方便地在图层状态之间切换。图层状态管理器的创建与使用方法如下。

（1）打开本书配套素材中练习文件“5-6.dwg”，在【图层】面板的【图层状态】下拉列表中选择【新建图层状态...】选项，如图 5-38 所示，系统弹出【要保存的新图层状态】对话框，在该对话框中为在图层状态管理器中定义的图层状态指定名称和说明，如图 5-39 所示，单击【确定】按钮结束命令，系统记录了现有图形的图层状态。

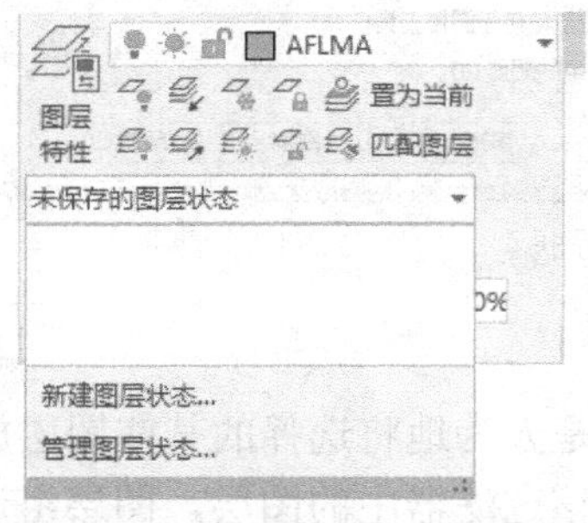

图 5-38 【图层状态】下拉列表

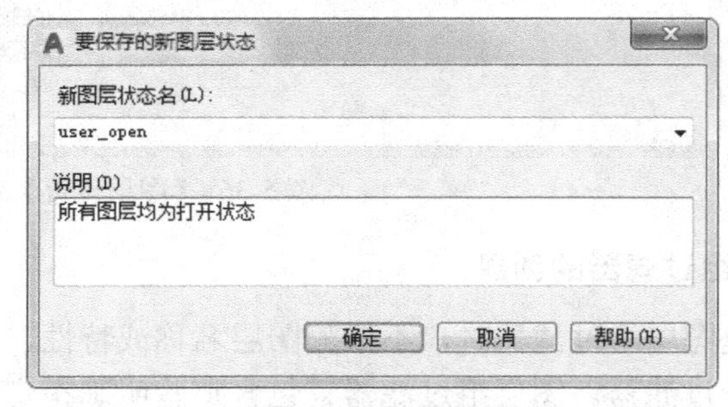

图 5-39 【要保存的新图层状态】对话框

（2）在【图层】面板的【图层状态】下拉列表中选择【管理图层状态...】选项，系统弹出【图层状态管理器】对话框，如图 5-40 所示。在此可以新建图层状态，也可以通过编辑修改已命名的图层状态。单击【编辑】按钮，系统弹出【编辑图层状态】对话框，如图 5-41 所示。在对话框中修改图层的开关、颜色等特性状态，单击【确定】按钮，保存对图层状态的修改。

（3）打开【图层特性管理器】对话框中，修改图层状态和特性，如关闭所有图层或对一些图层的颜色或线型等特性进行修改，确认并应用。然后可以继续对图形进行编辑或进行一些其他操作。

（4）当需要恢复命名的图层状态时，单击【图层】面板上【图层状态】下拉列表，选择某一命名的图层状态，系统恢复原来的图层状态设置。

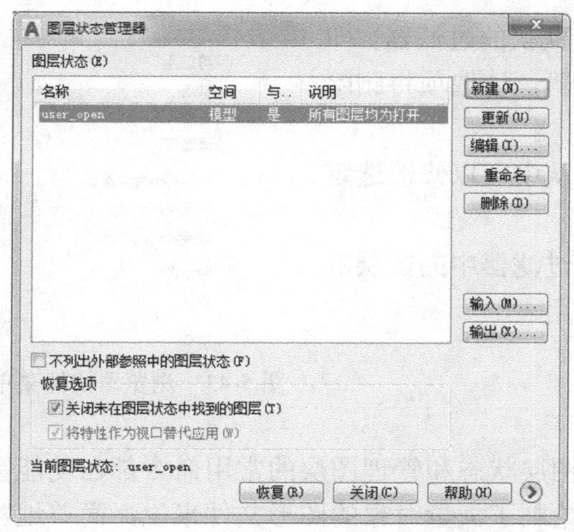

图 5-40 【图层状态管理器】对话框

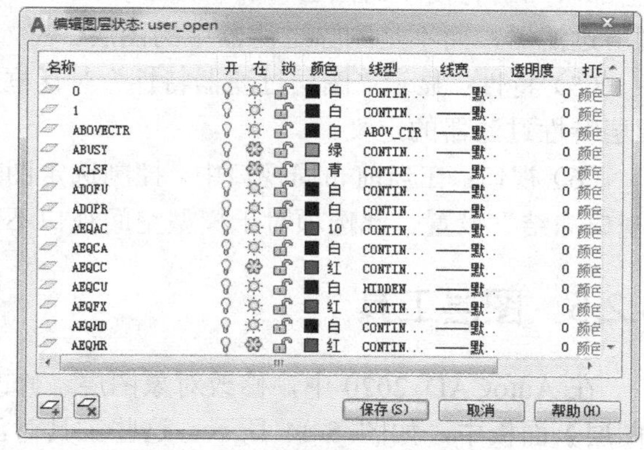

图 5-41　编辑图层状态对话框

4．特性过滤器转换为组过滤器

可以将图层特性过滤器转换为图层组过滤器。更改图层组过滤器中的图层特性将不会影响该过滤器。操作方法如下。

（1）打开本书配套素材中练习文件“5-7.dwg”，打开【图层特性管理器】对话框。

（2）在浏览器中选择名称为“green”的过滤器并右击，在弹出的快捷菜单上选择“转换为组过滤器”，如图 5-42 所示，则“green”过滤器的图标发生变化，该图层特性过滤器自动转换为组过滤器。

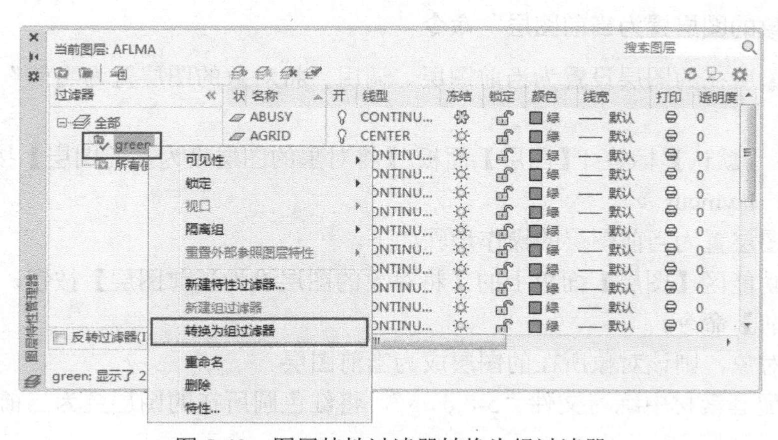

图 5-42　图层特性过滤器转换为组过滤器

5．过滤器中快捷菜单的功能

在【图层特性管理器】对话框中的过滤器浏览器中选择一个过滤器并右击时，弹出快捷菜单，如图 5-43 所示。该快捷菜单中的主要选项功能如下。

（1）可见性：更改选定过滤器中所有图层的可见性状态。可以打开、关闭、冻结、解冻选定过滤器中全部图层。

（2）锁定：对选定过滤器中的图层上的对象进行锁定或解锁。

（3）隔离组：关闭所有不在选定过滤器中的图层。只有选定过滤器中的图层是可见图层。

（4）删除：删除选定的图层过滤器，不能删除默认的过滤器，即“全部”、“所有使用的图层”和“外部参照”过滤器。该选项将删除图层过滤器，而不是删除过滤器中的图层。

（5）特性：显示“图层过滤器特性”对话框，从中可以修改选定图层特性过滤器的定义。

（6）视口：在当前布局视口中，控制选定图层过滤器中的图层的“视口冻结”设置。此选项对于模型空间视口不可用。

可见性
锁定
视口
隔离组
新建特性过滤器...
新建组过滤器
转换为组过滤器
重命名
删除
特性...

图 5-43　浏览器快捷菜单

5.2.5　图层工具

在 AutoCAD 2020 中，修改对象图层、修改图层状态和管理图层的常用命令都在功能区【图层】面板中，如图 5-44 所示。这些工具对已绘制了大量对象的图形文件来说，简单地实现了对象的图层更新和图层显示控制，并且还可以将图层合并及删除包含对象的图层。

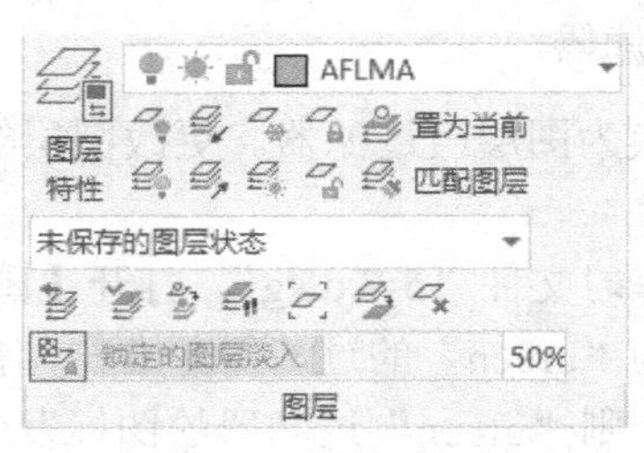

图 5-44　图层面板

1．“将对象的图层置为当前图层”命令

将选定对象所在的图层设置为当前图层。调用“将对象的图层置为当前”命令的方法如下。

- 功能区：【默认】标签 |【图层】面板|【将对象的图层设为当前图层】按钮；
- 命令行：laymcur ↙。

将对象的图层置为当前图层的操作步骤如下。

（1）单击功能区【图层】面板上的【将对象的图层设为当前图层】按钮，激活【将对象的图层置为当前】命令。

（2）选择对象，则该对象所在的图层成为当前图层。

打开本书配套素材中练习文件“5-8.dwg”，将红色圆所在的图层置为当前层。命令执行过程如下。

命令: _laymcur
选择将使其图层成为当前图层的对象:（选择红色圆）
中心线 现在为当前图层

2．“匹配”命令

更改选定对象所在的图层，以使其匹配到目标图层。如果在错误的图层上创建了对象，可以通过选择目标图层上的对象来更改该对象的图层。调用“匹配”命令的方法如下。

- 功能区：【默认】标签 |【图层】面板|【匹配】按钮 ；

● 命令行：laymch ↙。

图层匹配操作步骤如下。

（1）单击功能区【图层】面板上的【匹配】按钮，激活【匹配】命令。

（2）选择要改变图层的对象。

（3）选择目标图层上的对象。

打开本书配套素材中练习文件“5-8.dwg”，将黄色圆放到红色圆所在的图层上。命令执行过程如下。

命令: _laymch
选择要更改的对象:（选择黄色圆）
选择对象: ↙（回车结束选择对象）
选择目标图层上的对象或 [名称(N)]:（选择红色圆）
XX 个对象更改到图层“中心线”

3.“上一个”命令

放弃使用“图层”控件或图层特性管理器对图层状态设置所做的上一个或一组更改。调用“上一个”命令的方法如下。

● 功能区：【默认】标签 |【图层】面板|【上一个】按钮 ；

● 命令行：layerp ↙。

在文件“5-8.dwg”上继续操作，单击【上一个】命令，可以将刚才置为当前层或关闭图层等操作回退。

4.“隔离和取消隔离”命令

图层“隔离”是仅打开隔离选定对象所在的图层，关闭或锁定其他所有图层。图层“取消隔离”是将图层隔离中关闭或锁定的图层打开。调用图层“隔离或取消隔离”命令的方法如下。

● 功能区：【默认】标签 |【图层】面板|【隔离】按钮 或【取消隔离】按钮 ；

● 命令行：layiso（隔离）/ layuniso（取消隔离）↙。

图层隔离和取消隔离的操作步骤如下。

（1）单击功能区【图层】面板上的【隔离】按钮，激活图层【隔离】命令。

（2）在系统提示：“选择要隔离的图层上的对象或 [设置(S)]:”中，选择“S”来设置未隔离图层是关闭还是锁定，然后选择要隔离的图层上的对象，可以选择不同图层上的多个对象；回车确认后，其余图层被关闭或锁定。

（3）单击功能区【图层】面板上的【取消隔离】按钮，关闭的图层被重新打开或锁定的图层被解锁。

打开本书配套素材中练习文件“5-8.dwg”，将粉色圆所在的图层隔离。命令执行过程如下。

命令: _layiso
当前设置: 锁定图层, Fade=50
选择要隔离的图层上的对象或 [设置(S)]:（选择粉色圆）
选择要隔离的图层上的对象或 [设置(S)]: ↙（回车结束选择对象）
已隔离图层标注

5. “冻结与解冻所有图层”命令

“冻结”命令是冻结选定对象所在的图层，“解冻所有图层”命令将解冻图形中的所有被冻结的图层。调用“冻结或解冻所有图层”命令的方法如下。

- 功能区：【默认】标签 |【图层】面板|【冻结】按钮 或【解冻所有图层】按钮 ；
- 命令行：layfrz（冻结）/ laythw（解冻所有图层）↙。

图层冻结与解冻所有图层的操作步骤如下。

（1）单击【图层】面板上的【冻结】按钮，激活【冻结】命令。

（2）选择要冻结的图层上的对象，可以选择不同图层上的多个对象，则冻结被选对象所在的图层。

（3）单击【图层】面板上的【解冻所有图层】按钮，激活【解冻所有图层】命令；则当前图形中全部图层被解冻。

打开本书配套素材中练习文件“5-8.dwg”，将红色和粉色圆所在的图层冻结。之后再解冻。命令执行过程如下。

命令: _layfrz
当前设置: 视口=视口冻结，块嵌套级别=块
选择要冻结的图层上的对象或 [设置(S)/放弃(U)]:（选择红色圆）
图层“中心线”已冻结
选择要冻结的图层上的对象或 [设置(S)/放弃(U)]: （选择粉色圆）
图层“标注”已冻结
选择要冻结的图层上的对象或 [设置(S)/放弃(U)]: ↙（回车结束命令）
命令: _laythw
所有图层均已解冻

6. “关闭与打开所有图层”命令

“关闭”命令是关闭选定对象所在的图层，执行“打开所有图层”命令将打开图形中的所有图层。调用“关闭或打开所有图层”命令的方法如下。

- 功能区：【默认】标签 |【图层】面板|【关闭】按钮 或【打开所有图层】按钮 ；
- 命令行：layoff（关闭） / layon（打开所有图层）↙。

图层关闭与打开所有图层的操作步骤如下。

（1）单击【图层】面板上的【关闭】按钮，激活【关闭】命令。

（2）选择要关闭的图层上的对象，可以选择不同图层上的多个对象，则关闭被选对象所在的图层。

（3）单击【图层】面板上的【打开所有图层】，激活【打开所有图层】命令；则当前图形中全部图层被打开。

打开本书配套素材中练习文件“5-8.dwg”，将红色和粉色圆所在的图层关闭，之后再打开。命令执行过程如下。

命令: _layoff
当前设置: 视口=视口冻结，块嵌套级别=块
选择要关闭的图层上的对象或 [设置(S)/放弃(U)]:（选择红色圆）

已经关闭图层“中心线”

选择要关闭的图层上的对象或 [设置(S)/放弃(U)]:（选择粉色圆）

已经关闭图层“标注”

选择要关闭的图层上的对象或 [设置(S)/放弃(U)]:↙（回车结束命令）

命令: _layon

所有图层均已打开

7. “锁定与解锁”命令

“锁定”将锁定选定对象所在的图层，“解锁”将解锁选定对象所在的图层。调用“锁定”与“解锁”命令的方法如下。

- 功能区：【默认】标签 |【图层】面板|【锁定】按钮 或【解锁】按钮 ；
- 命令行：laylck（锁定）或 layulk（解锁）↙。

图层锁定与解锁的操作步骤如下。

（1）单击【图层】面板上的【锁定】按钮，激活【锁定】命令。

（2）选择要锁定图层上的对象，则锁定被选对象所在的图层。

（3）单击【图层】面板上的【解锁】按钮，激活【解锁】命令。

（4）选择要解锁图层上的对象，则解锁被选对象所在的图层。

8. “更改为当前图层”命令

将选定对象所在的图层特性更改为当前图层。调用“更改为当前图层”命令的方法如下。

- 功能区：【默认】标签 |【图层】面板|【更改为当前图层】按钮 ；
- 命令行：laycur ↙。

更改为当前图层的操作步骤如下。

（1）单击【图层】面板上的【更改为当前图层】按钮，激活【更改为当前图层】命令。

（2）选择要更改到当前图层的对象，可以选择不同图层上的多个对象，按回车键，则选择的对象成为当前图层上的对象。

打开本书配套素材中练习文件“5-8.dwg”，将红色和粉色圆所在的图层更改为当前图层。命令执行过程如下。

命令: _laycur

选择要更改到当前图层的对象:（选择红色圆）

选择要更改到当前图层的对象:（选择粉色圆）

选择要更改到当前图层的对象:↙（回车结束选择）

2 个对象已更改到图层“0”(当前图层)

9. “将对象复制到新图层”命令

将选定的一个或多个对象复制到其他图层上，源对象保留。调用“将对象复制到新图层”命令的方法如下。

- 功能区：【默认】标签 |【图层】面板|【将对象复制到新图层】按钮 ；
- 命令行：copytolayer ↙。

将对象复制到新图层的操作步骤如下。

（1）单击【图层】面板上的【将对象复制到新图层】按钮，激活【将对象复制到新图层】命令。

（2）选择要复制的对象，可以选择不同图层上的多个对象。

（3）选择目标图层上的对象，以确定复制的对象将要到的图层。

（4）指定复制的基点和位移量。

打开本书配套素材中练习文件“5-8.dwg”，将红色和粉色圆复制到蓝色圆所在的图层。命令执行过程如下。

命令: _copytolayer

选择要复制的对象: （选择红色圆）

选择要复制的对象: （选择粉色圆）

选择要复制的对象: ↙（回车结束选择对象）

选择目标图层上的对象或 [名称(N)] <名称(N)>:（选择蓝色圆）

2 个对象已复制并放置在图层“图框”上

指定基点或 [位移(D)/退出(X)] <退出(X)>:（指定复制的基点）

指定位移的第二个点或 <使用第一点作为位移>:（指定第二点，完成圆的复制）

10. “图层漫游”命令

动态显示在图层列表中选择的图层上的对象。调用“图层漫游”命令的方法如下。

- 功能区：【默认】标签 |【图层】面板|【图层漫游】按钮 ；
- 命令行：laywalk↙。

图层漫游的操作步骤如下。

（1）单击【图层】面板上的【图层漫游】按钮，激活【图层漫游】对话框，如图 5-45 所示。

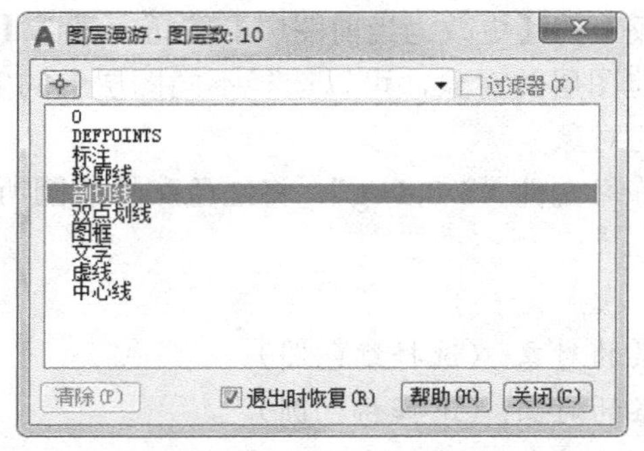

图 5-45 【图层漫游】对话框

（2）在该对话框中，选择一个或多个图层，则在图形屏幕上仅显示被选择图层上的对象。

11. “合并”命令

将选定的图层合并到目标图层，使原图层上的对象成为目标图层上的对象，原图层被删除。调用图层“合并”命令的方法如下。

- 功能区：【默认】标签 |【图层】面板|【合并】 ；
- 命令行：laymrg ↙。

图层合并的操作步骤如下。

（1）单击【图层】面板上的【合并】按钮，激活【合并】命令。

（2）选择要合并的图层上的对象，可以选择不同图层上的多个对象。

（3）选择目标图层上的对象，确认后，选定图层上的对象成为目标图层上的对象，原图层被删除。

12．“删除”命令

删除选定对象所在的图层和图层上的所有对象。调用图层“删除”命令的方法如下。

- 功能区：【默认】标签 |【图层】面板|【删除】；
- 命令行：laydel ↙。

图层删除的操作步骤如下。

（1）单击【图层】面板上的【删除】按钮，激活【删除】命令。

（2）选择要删除的图层上的对象，可以选择不同图层上的多个对象，则删除被选定对象所在的图层和图层上的所有对象。

以上各项命令都可以用本书配套素材中练习文件“5-8.dwg”来练习，读者可以自己尝试一下这些功能。

第 6 章　利用绘图辅助工具精确绘图

在产品设计过程中，无论采用“自上而下”还是“自下而上”的设计模式，都需要对设计方案或总体装配进行反复论证和修改，包括零件尺寸、形状、配合、位置和动作等。在此需求下，需要设计人员必须准确地绘制图纸。AutoCAD 提供了对象捕捉、追踪、极轴、栅格、正交等功能，来辅助工程人员实现精确绘图。

本章主要介绍如下内容：

- 精确绘图辅助工具
- 图形显示控制
- 查询对象的几何特性

6.1　精确绘图辅助工具

AutoCAD 提供的精确绘图工具主要显示在应用程序状态栏上，如图 6-1 所示。精确绘图工具主要包括捕捉和栅格、正交与极轴、对象捕捉与追踪、动态输入等，本节将逐一介绍这些工具。

图 6-1　应用程序状态栏上精确绘图工具

6.1.1　栅格和捕捉

1. 栅格

栅格像一张坐标纸，显示在用户定义的图形界限内。单击应用程序状态栏的【栅格】按钮或者按【F7】键可以打开或关闭栅格显示。在 AutoCAD 2020 默认的新图设置中，打开栅格显示如图 6-2 所示。

激活栅格设置的方法如下。

- 应用程序状态栏：在【栅格】按钮上右击，在快捷菜单中选择【网格设置】，弹出【草图设置】对话框的【捕捉和栅格】选项卡；
- 命令行：grid ↙。

激活栅格设置命令后，AutoCAD 弹出【草图设置】对话框中的【捕捉和栅格】选项卡，如图 6-3 所示。选取“启用栅格”复选框，在“栅格间距”中的“栅格 X 轴间距”和“栅格 Y 轴间距”框中输入栅格间距（栅格间距按图形单位计算）。默认的 X、Y 方向的栅格间距会自动设置成相同的数值，也可以改变为行、列不同的间距值。

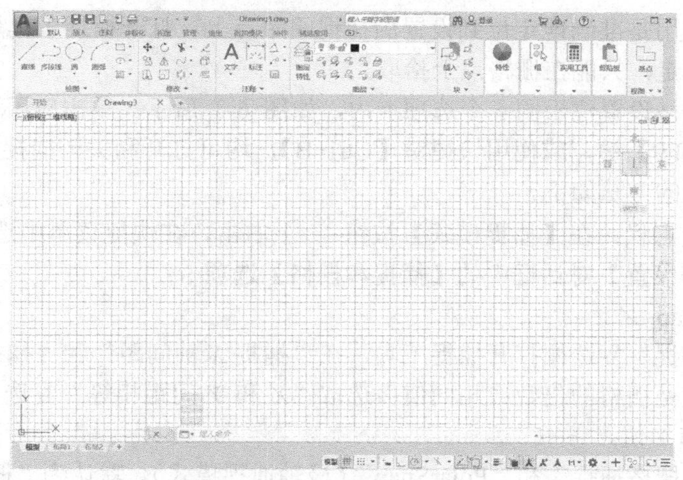

图 6-2　显示栅格

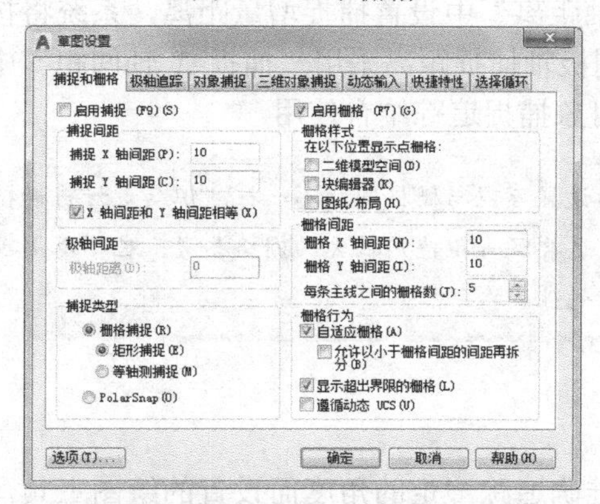

图 6-3　【草图设置】对话框【捕捉和栅格】选项卡

在“栅格样式”中可以选择是否在二维模型空间、图纸/布局或块编辑器中以“点阵”样式显示栅格，如选择“二维模型空间”，则屏幕显示如图 6-4 所示。

图 6-4　以“点阵”样式显示栅格

2. 捕捉

捕捉工具的作用是准确地定位到设置的捕捉间距点上。打开捕捉工具后，可以发现光标在屏幕上“蹦”着走，只能在栅格点上拾取。

捕捉设置和栅格设置位于同一个选项卡内，如图 6-3 所示。单击应用程序状态栏的【捕捉】按钮，或按【F9】键，或使用快捷键【Ctrl+B】，均可打开和关闭捕捉工具。

激活捕捉设置的方法如下。

- 应用程序状态栏：在【捕捉模式】按钮 上右击，在快捷菜单中选择【捕捉设置】，弹出【草图设置】对话框中的【捕捉和栅格】选项卡；
- 命令行：snap ↙。

选取“启用捕捉”复选框打开捕捉工具，在“捕捉 *X* 轴间距”和“捕捉 *Y* 轴间距”框中输入间距值，一般是栅格的倍数或相同值；选取“*X* 和 *Y* 间距相等”复选框，将强制捕捉间距使用相同的 *X* 和 *Y* 值。

捕捉类型有“栅格捕捉”和“PolarSnap”（极轴捕捉模式），默认为“栅格捕捉”。若激活“PolarSnap”，需要在“极轴距离”中设置捕捉增量距离，系统将按设置的距离倍数沿极轴方向捕捉。如果该值为 0，则极轴捕捉距离采用“捕捉 *X* 轴间距”中设置的值。通常“极轴距离”设置与极坐标追踪和对象捕捉追踪结合使用。

> 捕捉间距的设置可以与栅格间距不一样，但是最好将栅格间距设置为捕捉间距的整数倍，这样既可以使用较大的栅格参考，也可以用较小的捕捉间距以保证定位点的精确性。

6.1.2　正交与极轴

正交与极轴都是为了准确追踪一定的角度而设置的绘图工具，不同的是正交仅能追踪到水平和垂直方向的角度，而极轴可以追踪更多的角度。

1. 正交

打开 AutoCAD 的正交方式，将光标限制在只能沿水平或垂直方向移动。移动光标时，水平轴或垂直轴哪个离光标最近，拖引线将沿着该轴移动，如图 6-5（a）所示。

设置正交方式时，可以键入“ortho”命令，或者单击应用程序状态栏的【正交】按钮 ，或使用【F8】键打开和关闭正交模式。

需要说明的是，“栅格捕捉”类型的设置会影响到正交模式的作用，如果选择了“等轴测捕捉”选项，正交模式将对准等轴测平面的两条轴测线，如图 6-5（b）所示。

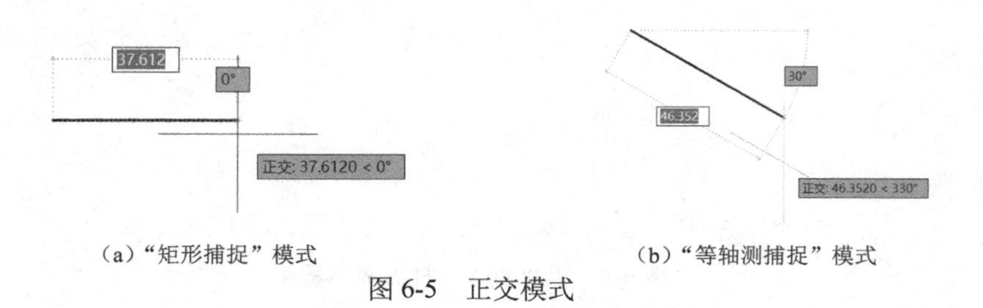

（a）“矩形捕捉”模式　　（b）“等轴测捕捉”模式

图 6-5　正交模式

2. 极轴

使用极轴追踪，光标将按指定角度提示角度值。使用极轴捕捉，光标将沿极轴角按指定增量进行移动，通过极轴角的设置，可以在绘图时捕捉到各种预先设置好的角度方向。在 AutoCAD 的动态输入中可以直接显示当前光标点的角度。单击应用程序状态栏的【极轴】按钮或者按【F10】键可以打开或关闭【极轴】追踪工具。

激活极轴设置的方法如下。

- 应用程序状态栏：在【极轴追踪】按钮上右击，在快捷菜单中选择【正在追踪设置】，弹出【草图设置】对话框中的【极轴追踪】选项卡；
- 命令行：dsettings ↙。

在绘制图形的过程中打开极轴后，当光标靠近设置的极轴角时就可以出现高亮显示的极轴追踪线（绿色虚线）和角度值，如图 6-6 所示。显示极轴追踪线时指定的点将采用极轴追踪角度，这可以方便地绘制各种设置极轴角度方向的图线。

在应用程序状态栏【极轴】按钮上右击，在快捷菜单中选择角度，如图 6-7 所示，则 AutoCAD 按 0°和选定角度的整数倍角度进行追踪。

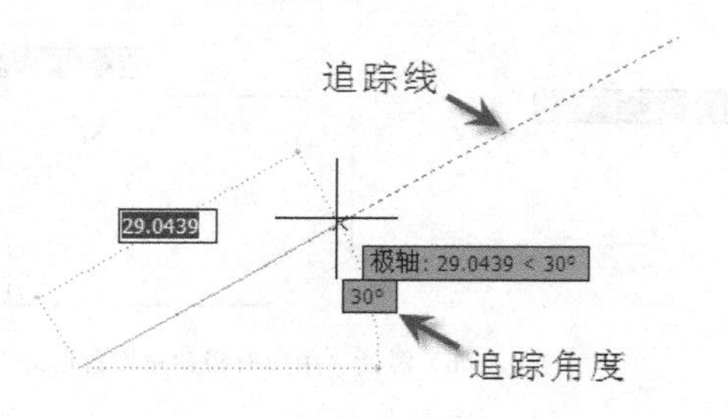

图 6-6　极轴追踪模式

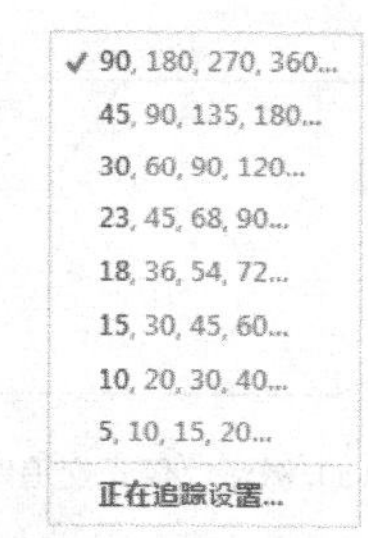

图 6-7　极轴右键快捷菜单

也可以在【草图设置】对话框中设置极轴角。在应用程序状态栏【极轴】按钮上右击，在快捷菜单中选择【正在追踪设置】，将弹出【草图设置】对话框中的【极轴追踪】选项卡，如图 6-8 所示。

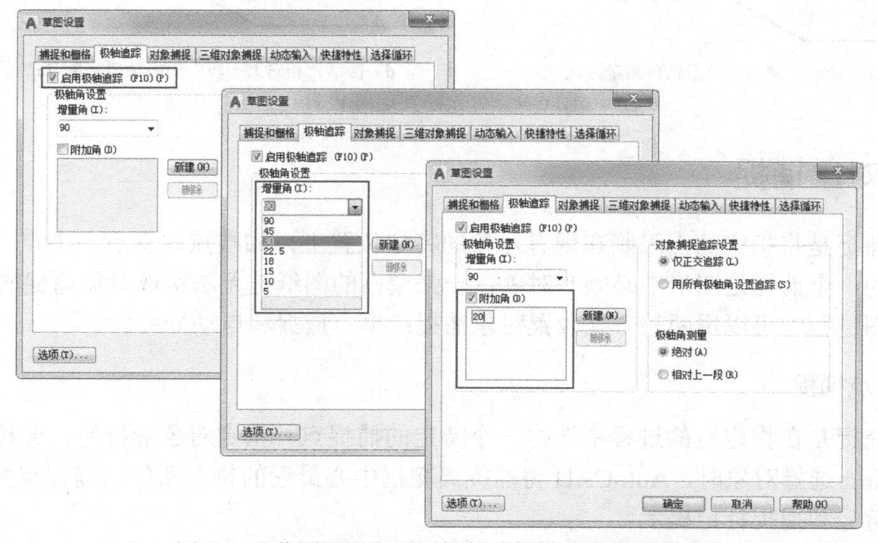

图 6-8　【草图设置】对话框的【极轴追踪】选项卡

选取“启用极轴追踪”复选框激活极轴追踪，在“极轴角设置”选项区域的“增量角”下拉列表中，如图 6-8 所示，可以选择一个极轴角追踪的增量角，也可以直接输入一个列表中没有的角度，这样，所有 0°和增量角的整数倍角度都会被追踪到。如果极轴增量角度仍不能满足绘图需求，还可以增加附加角来设置单独的极轴角。选取“附加角”复选框，单击【新建】按钮，如图 6-8 所示，在列表框中输入角度值即可，可以设置多个附加角。附加角与增量角不同，AutoCAD 仅追踪附加角，而不追踪附加角的倍数角。

在“对象捕捉追踪设置”选项区域有两个选项，其中“仅正交追踪”选项表示当对象捕捉追踪打开时，仅显示已获得的对象捕捉点的水平或垂直的对象捕捉追踪路径，如图 6-9（a）所示；“用所有极轴角设置追踪”选项表示如果对象捕捉追踪打开，则当指定点时，允许光标沿已获得的对象捕捉点的任何极轴角的追踪路径进行追踪，如图 6-9（b）所示。“极轴角测量”选项区域也有两个选项，其中“绝对”选项表示根据当前用户坐标系确定极轴追踪角度，如图 6-9（c）所示；“相对上一段”选项表示根据上一个绘制线段确定极轴追踪角度，如图 6-9（d）所示。

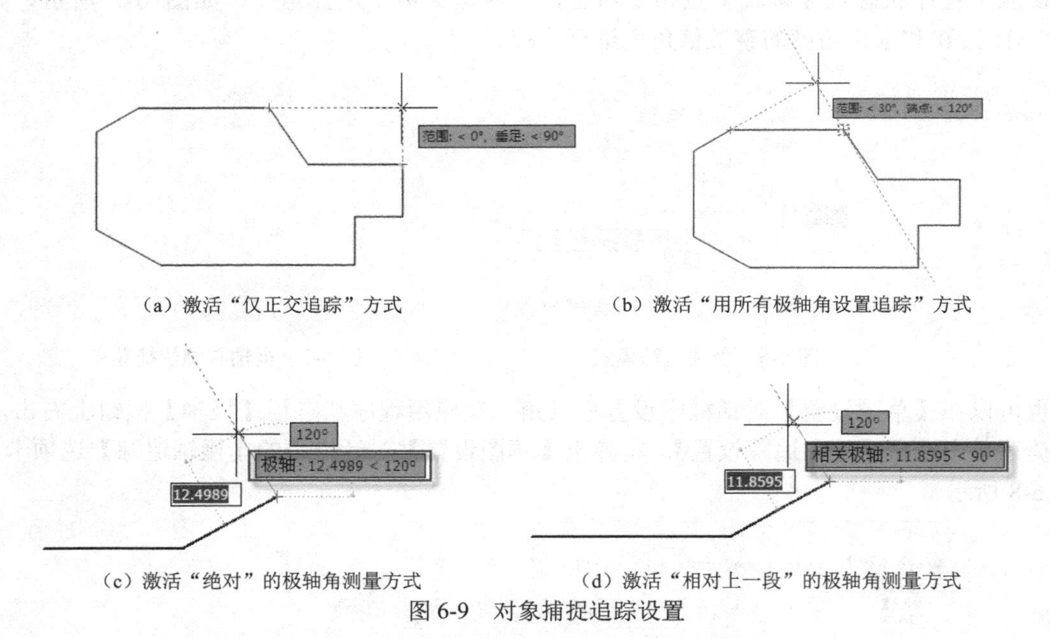

（a）激活“仅正交追踪”方式　　（b）激活“用所有极轴角设置追踪”方式

（c）激活“绝对”的极轴角测量方式　　（d）激活“相对上一段”的极轴角测量方式

图 6-9　对象捕捉追踪设置

6.1.3　对象捕捉

对象捕捉是将指定的点限制在现有对象的特定位置上，如端点、交点、中点、圆心等。对象捕捉的一个前提是图形中必须有对象，一张空白的图纸是无法实现对象捕捉的。

在绘图过程中可以用两种方式设置对象捕捉：单点捕捉和自动捕捉。

1. 单点捕捉

单点捕捉是在指定点的过程中选择一个特定的捕捉点。指定对象捕捉时，光标将变为对象捕捉靶框。选择对象时，AutoCAD 将捕捉离靶框中心最近的符合条件的捕捉点并给出捕捉到该点的符号和捕捉标记提示。

激活单点对象捕捉的方法是：在命令执行过程中右击，在快捷菜单中选择【捕捉替代】，将打开【对象捕捉】菜单，如图 6-10 所示。

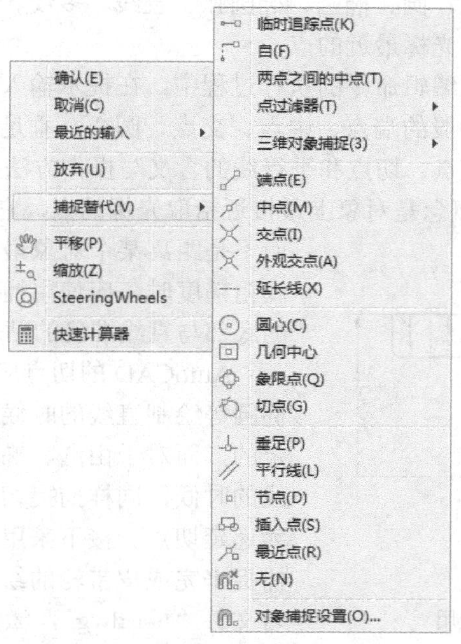

图 6-10 【对象捕捉】快捷菜单

另外，在绘图的时候，按住【Shift】键或【Ctrl】键右击可以随时调出对象捕捉快捷菜单，可以从中选择需要的捕捉点。

以下为常用的对象捕捉类型。

- 端点：捕捉到圆弧、直线、多段线线段、样条曲线、面域或射线等最近的端点或捕捉实体、三维面域的最近角点。
- 中点：捕捉到圆弧、椭圆、椭圆弧、直线、多线、多段线线段、面域、实体、样条曲线或参照线的中点。
- 交点：捕捉到圆弧、圆、椭圆、椭圆弧、直线、多线、多段线、射线、面域、样条曲线或参照线的交点。
- 外观交点：捕捉两个在三维空间不相交，但可能在当前视图中看起来相交的交点。
- 延长线：当光标经过对象的端点时，显示临时延长线，以便用户使用延长线上的点绘制对象。
- 圆心：捕捉到圆弧、圆、椭圆或椭圆弧的中心点。在使用该方式时，可以将光标放到圆心位置上，也可以放到圆周上。
- 几何中心：捕捉到任意闭合多段线和样条曲线的质心。
- 象限点：捕捉到圆弧、圆、椭圆或椭圆弧的象限点，即 0°、90°、180°、270°弧线上的位置。
- 切点：捕捉到圆弧、圆、椭圆、椭圆弧或样条曲线的切点。
- 垂足：捕捉到对象的垂足点。
- 平行线：控制绘制的直线和选定的对象平行。
- 节点：捕捉到点对象、标注定义点或标注文字的起点。

- 插入点：捕捉到属性、块、形或文字的插入点。
- 最近点：捕捉到圆弧、圆、椭圆、椭圆弧、直线、多线、点、多段线、射线、样条曲线或参照线的离鼠标光标最近的点。

对象捕捉必须在绘图或编辑命令的执行过程中，在提示输入点时才可以使用。在上面列出的可以捕捉的类型中，一般的端点、中点、交点、圆心、垂足等都比较容易理解和操作，需要特别说明的是捕捉最近点、切点和平行线的含义与操作方法。

AutoCAD 的最近点的概念是对象上最接近拾取光标的点，它可以是对象上的任意一点。而不是距离某个对象最近的一个点。在工程图中标注粗糙度时，应使用捕捉最近点方式，才能使符号的底部与直线准确的贴合，如图 6-11 所示。

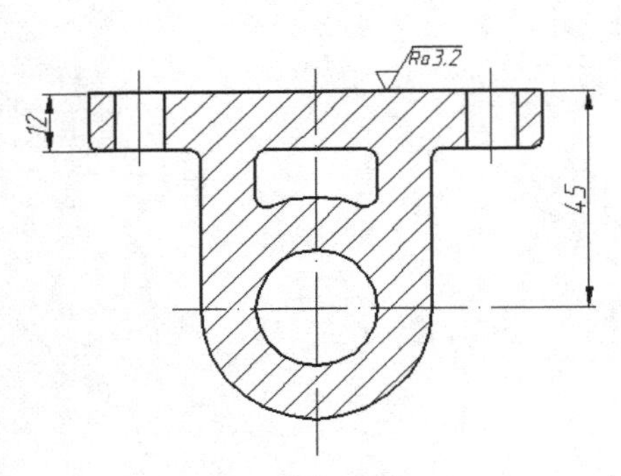

图 6-11　最近点的应用

AutoCAD 的切点应用对于由一个固定点向圆、椭圆等绘制直线的时候很简单，因为这个切点是固定的，而对于由圆、椭圆等对象向其他对象绘制直线的时候，同样捕捉切点，切点却是不固定的，称为递延切点。接下来用一个例子讲解如何利用切点捕捉来完成皮带轮的绘制。打开本书配套素材中练习文件“6-1.dwg”，激活绘制直线的命令，命令行提示如下。

命令:_line 指定第一点:_tan 到（先选择捕捉切点，出现“_tan 到”提示后，将光标放在图 6-12（a）中的 A 点附近，出现切点符号后再拾取点）

指定下一点或[放弃(U)]:_tan 到（再次选择捕捉切点，出现“_tan 到”提示后，将光标放在图 6-12（b）中的 B 点附近，出现切点符号后再拾取点）

指定下一点或[放弃(U)]:（按回车键结束命令）

命令结束后，绘制出 AB 点间的切线连线；回车重复执行直线命令，绘制出 BC、DE、EF 点之间的连线，最后完成的图形如图 6-12（c）所示。

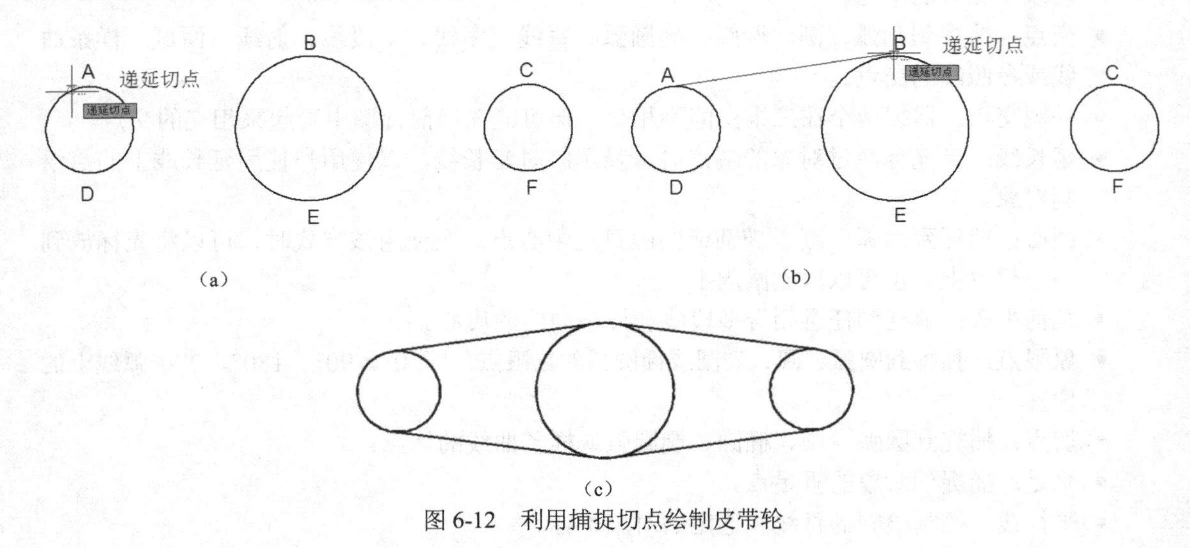

图 6-12　利用捕捉切点绘制皮带轮

此练习示范，请参阅配套素材中实践视频文件 6-01.mp4。

以绘制图 6-13 所示 AB 直线的平行线为例，说明 AutoCAD 的平行线使用方法。首先激活直线命令，在拾取了直线的第一点后，拾取第二点时先选择捕捉“平行线”，然后将鼠标放在 AB 直线上晃动但不拾取，出现平行线的捕捉标记后，如图 6-13（a）所示，回到与要平行的对象接近平行的位置时，AutoCAD 会弹出一条平行的追踪线，如图 6-13（b）所示，沿这条追踪线拾取点就可以绘制出与 AB 直线平行的线段。

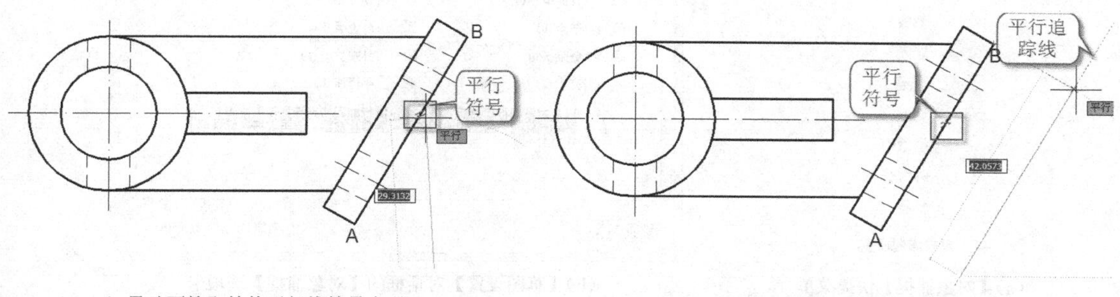

（a）晃动不拾取等待平行线符号出现　　（b）在平行的追踪线出现后拾取鼠标

图 6-13　绘制与已知直线平行的线段

2. 自动捕捉

单点捕捉可以比较灵活地选择捕捉方式，但是操作比较烦琐。系统提供了另一种持续有效的捕捉方式，可以避免每次遇到输入点的提示后都必须先选择捕捉方式，这就是预设置对象的自动捕捉方式。用户可以一次选择多种捕捉方式，在命令操作中只要打开对象捕捉，捕捉方式即可持续生效。

调用设置对象捕捉方式的方法如下。

- 应用程序状态栏：在【对象捕捉】按钮上右击，在右键快捷菜单中直接选择捕捉方式或选择【对象捕捉设置】，弹出【草图设置】对话框中的【对象捕捉】选项卡；
- 命令行：osnap ↙。

在设置捕捉方式时，在【对象捕捉】按钮上右击，系统弹出【对象捕捉】快捷菜单。用户可以直接选择捕捉模式，如端点、中点、圆心等，被激活的捕捉模式图标用“勾选”标识，如图 6-14（a）所示。

用户也可以在右键快捷菜单中选择【对象捕捉设置】，系统将弹出【草图设置】对话框的【对象捕捉】选项卡，如图 6-14（b）所示。在对话框中选择对象捕捉模式，即勾选各捕捉模式前的复选框，然后单击【确定】按钮。

以上两种方法设置完对象捕捉模式后，当激活“对象捕捉”后，用户在绘制图形遇到点提示时，一旦光标进入特定点的范围，该点就被捕捉到。【F3】键用于启动或关闭对象捕捉方式。

通常，用户将最常用的对象捕捉方式设置为“持续”方式，其他捕捉方式可以根据需求用单点捕捉进行设置。

3.【Tab】键在 AutoCAD 捕捉功能中的使用

当需要捕捉一个对象上的特殊点时，只要将鼠标靠近某个对象，不断地按【Tab】键，这个对象的某些特殊点（如端点、中点、垂足、交点、圆的象限点等）就会显示出来，找到需要的点后单击即可捕捉到。

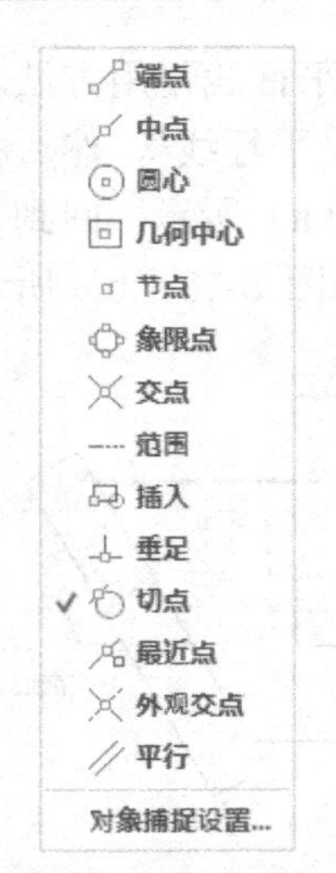

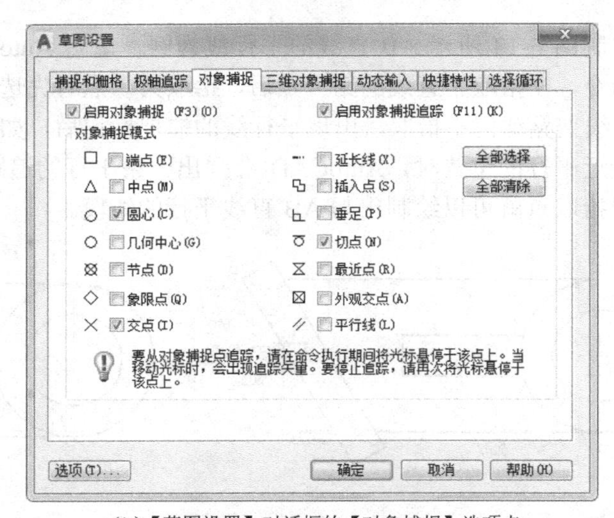

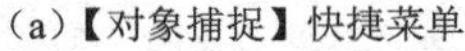
(a)【对象捕捉】快捷菜单　　(b)【草图设置】对话框的【对象捕捉】选项卡

图 6-14　对象捕捉设置

当鼠标靠近两个对象的交点附近时，这两个对象的特殊点将先后轮换显示出来（其所属对象会变为虚线），这对于在图形局部较为复杂时捕捉点很有用。

自动对象捕捉时如果选择的捕捉类型太多，使用起来并不一定方便，因为邻近的对象上可能会同时捕捉到多个捕捉类型而相互干扰。因此，除了很常用的捕捉类型（如端点、交点、圆心等），最好不要过多选择其他的捕捉类型，当临时需要一些不常用的捕捉类型的时候，使用单点捕捉。

6.1.4　对象追踪

对于无法用对象捕捉直接捕捉到的某些点，利用对象追踪可以快捷地定义这些点的位置。对象追踪可以根据现有对象的特征点定义新的坐标点。对象追踪由应用程序状态栏上的【对象追踪】按钮开关控制，按【F11】键也可以激活或关闭对象追踪。

对象追踪必须配合自动对象捕捉完成，也就是说，使用对象追踪的时候必须将应用程序状态栏上的对象捕捉也打开，同时设置了相应的捕捉类型，对象追踪仅追踪自动对象捕捉设置的捕捉类型。

示例：在一直线上方绘制一个半径为 30 的圆，且圆心与直线两端的连线分别与直线夹角为 30° 和 120°。

此练习示范，请参阅配套素材中实践视频文件 6-02.mp4。

操作步骤如下。

（1）激活“端点”捕捉方式并打开应用程序状态栏上的【对象捕捉】。

（2）在【极轴】上右击，在右键快捷菜单上选择“正在追踪设置”，在弹出的【草图设置】对话框的【极轴追踪】选项卡上，在“极轴角设置”中设置极轴增量角为 30°；在“对象捕捉追踪设置”中，选择“用所有极轴角设置追踪”；勾选“启用极轴追踪”，如图 6-15 所示。

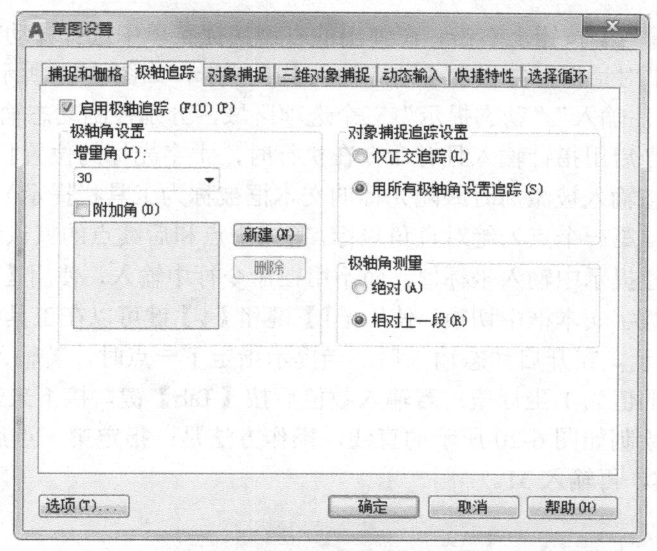

图 6-15 【极轴追踪】设置

（3）单击功能区【默认】标签 |【绘图】面板|【圆】按钮，激活画圆命令。

（4）光标在直线左端处停留但不拾取，出现端点标记后移开，再将光标放在直线右端处停留不拾取，出现端点标记后，将光标移向屏幕上方。

（5）待屏幕上出现追踪线并在光标附近的工具栏提示中显示交点的坐标为“端点<30，端点<120”时，如图 6-16（a）所示，单击拾取该点作为圆心，然后指定圆的半径为 30，结果如图 6-16（b）所示。

利用对象追踪不用作辅助线就可以直接生成相关的特征点，方便省时，通常绘制工程图时利用对象追踪来保证视图之间的长对正、高平齐的关系，不用再作辅助线。

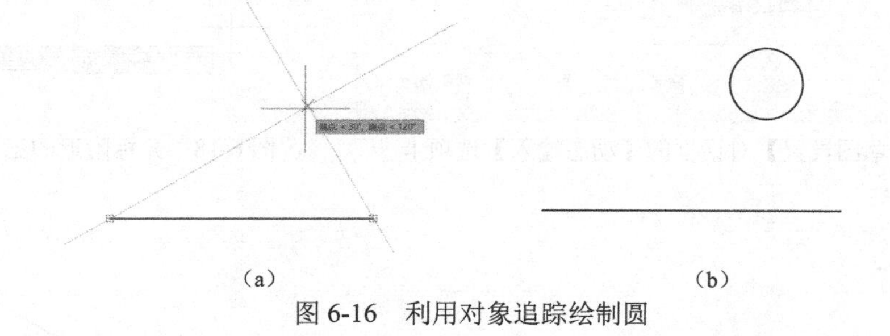

图 6-16　利用对象追踪绘制圆

6.1.5　动态输入

动态输入主要由指针输入、标注输入、动态提示三部分组成。激活动态输入设置的方法如下。

- 应用程序状态栏：在【动态输入】按钮上右击，在快捷菜单中选择【动态输入设置】，弹出【草图设置】对话框的【动态输入】选项卡；
- 命令行：dsettings ↙。

动态输入由应用程序状态栏上的【动态输入】按钮控制，按【F12】键也可以激活动态输入。

用户在【动态输入】按钮上右击，在弹出的右键快捷菜单中选择【动态输入设置】，系统将弹出【草图设置】对话框，并显示【动态输入】选项卡，如图 6-17 所示，在这个选项卡内有“指针输入”“标注输入”“动态提示”三个选项区域，分别控制动态输入的三项功能。

- 指针输入：当启用指针输入且有命令在执行时，十字光标的位置将在光标附近的工具栏提示（动态输入被激活时跟随光标的文本框被称为工具栏提示）中显示为坐标，如图 6-18 所示。第一个点为绝对直角坐标，第二个点和后续点的默认设置为相对极坐标。可以在工具栏提示中输入坐标值，而不用在命令行中输入，使用【Tab】键可以在工具栏提示中的数字文本框中切换，使用【↑】键和【↓】键可以在工具栏命令提示中切换，如图 6-19 所示。在开启动态输入后，当提示指定下一点时，若输入数值后输入逗号，接下来输入的值为 *Y* 坐标值；若输入数值后按【Tab】键，接下来输入的值为角度值。用动态输入绘制如图 6-20 所示的直线，操作方法是：指定第一点后，输入 206，然后按【Tab】键，再输入 31。

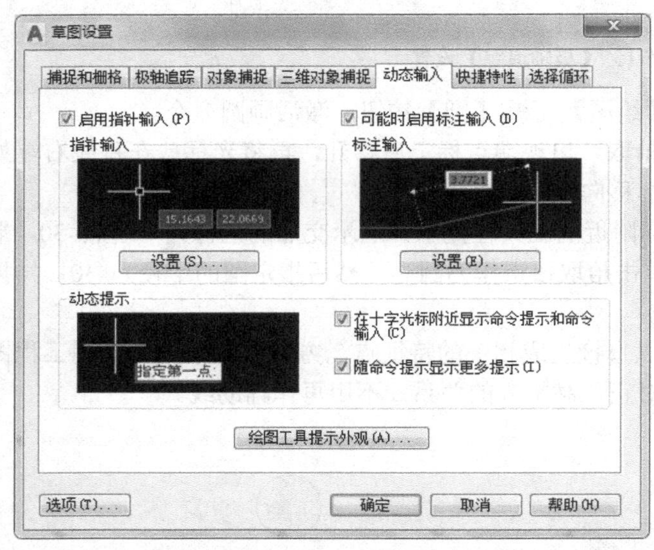

图 6-17 【草图设置】对话框的【动态输入】选项卡

图 6-18 光标附近的工具栏提示

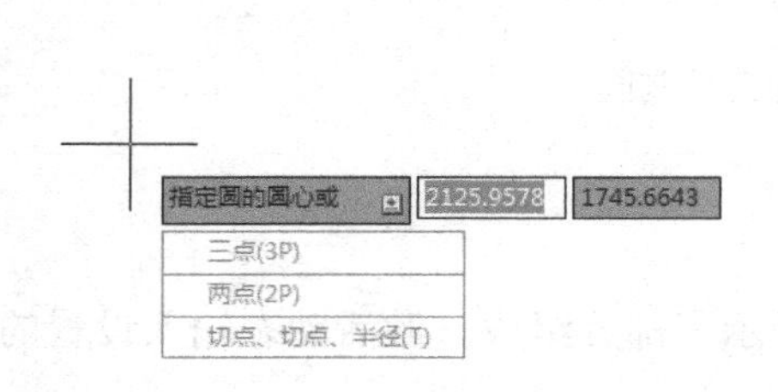

图 6-19 绘制圆按【Tab】键的工具栏提示

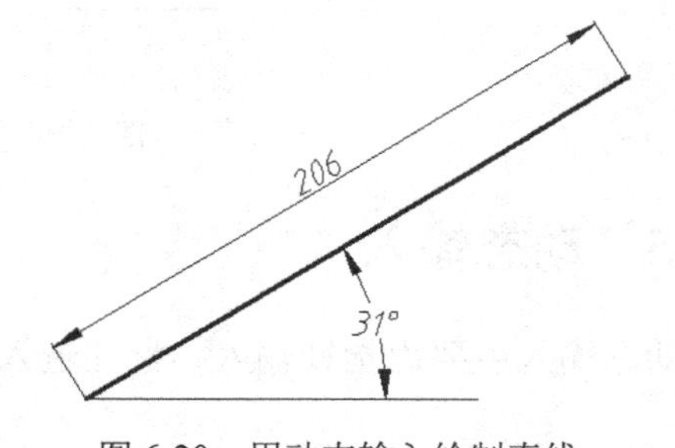

图 6-20 用动态输入绘制直线

- 标注输入：启用标注输入时，当命令提示输入第二点时，工具栏提示将显示距离和角度值，如图 6-21 所示。在工具栏提示中的值将随着光标移动而改变。可以在工具栏提示中输入距离或角度值，按【Tab】键可以移动到要更改的值。标注输入可用于绘制直线、多段线、圆、圆弧、椭圆等命令。

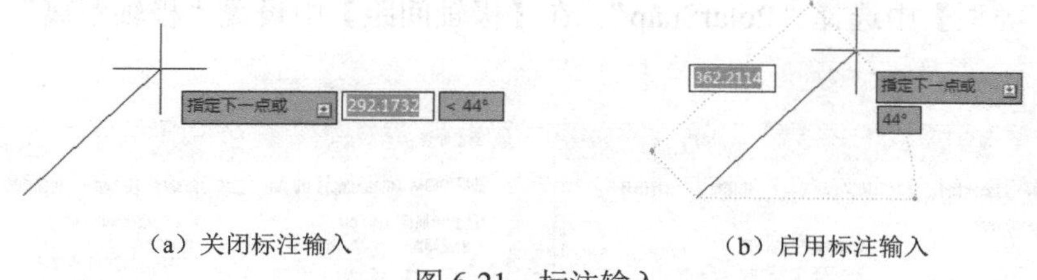

（a）关闭标注输入　（b）启用标注输入

图 6-21　标注输入

- 动态提示：启用动态提示时，提示会显示在光标附近的工具栏提示中，如图 6-21 所示。用户可以在工具栏提示（而不是在命令行）中输入响应。按【↓】键可以查看和选择选项；按【↑】键可以显示最近的输入。

捕捉和栅格、正交和极轴、对象捕捉和追踪、动态输入等绘图辅助工具可以在绘图过程中随时打开或关闭，并且可以随时修改设置以适应绘图需求。

6.1.6　综合练习

示例：绘制如图 6-22 所示几何图形。

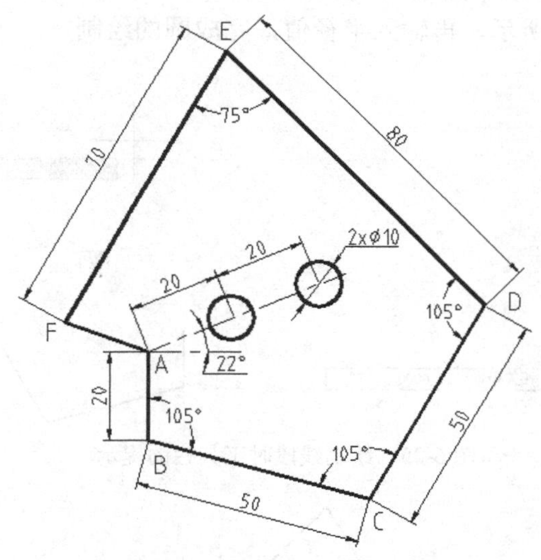

图 6-22　几何图形

作图步骤如下。

（1）分析图形：从图形可以看出，线段长度均是 10 的倍数，直线间夹角均是 15°的倍数，所以可以通过设置极轴捕捉和极轴追踪来直接绘图。

（2）极轴追踪设置：在应用程序状态栏【极轴】按钮上右击，在右键快捷菜单上选择“正在追踪设置”，打开【草图设置】对话框中【极轴追踪】选项卡，进行设置；在【极轴角设置】中，增量角为 15°，附加角为 22°；在【对象捕捉追踪设置】中，选择“用所有极轴角设置追踪”；在【极轴角测量】中，选择“相对上一段”，如图 6-23 所示。

（3）极轴捕捉设置：打开【草图设置】对话框中【捕捉和栅格】选项卡，勾选“启用捕捉”，在【捕捉类型】中选择“PolarSnap”。在【极轴间距】中设置“极轴距离”为 10，如图 6-24 所示。

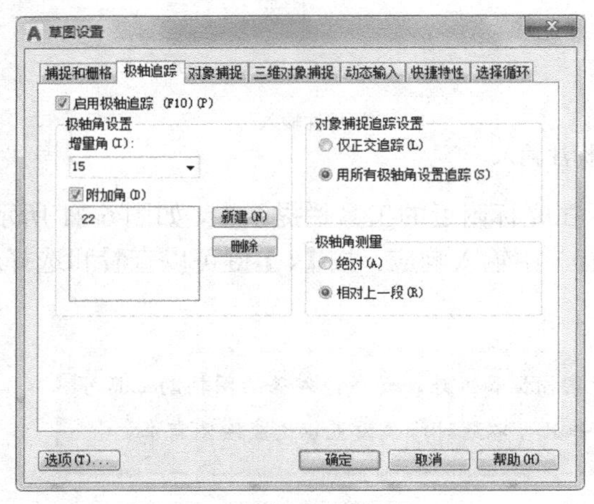

图 6-23　极轴追踪设置

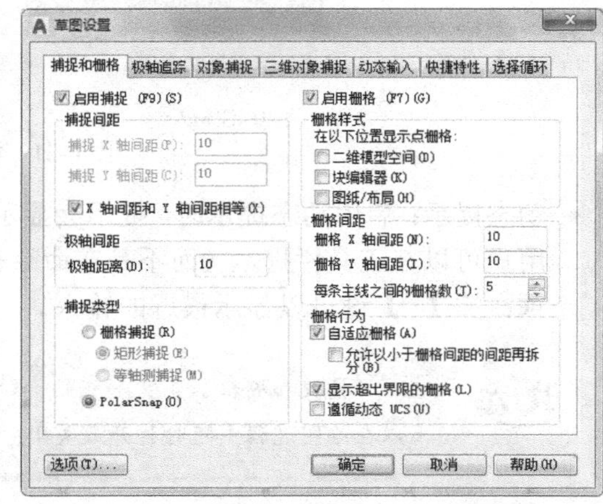

图 6-24　捕捉和栅格设置

（4）用多段线命令绘制几何图形，从点 A 开始按 ABCDEFA 顺序依次绘出，绘图时注意工具栏提示，如图 6-25 所示。满足条件直接拾取即可，不需输入任何数值。

（5）利用追踪线绘制与水平面成 22°斜线。绘制圆，在与水平面呈 22°斜线上用极轴捕捉直接拾取圆心，如图 6-26 所示，再输入半径值，完成圆的绘制。

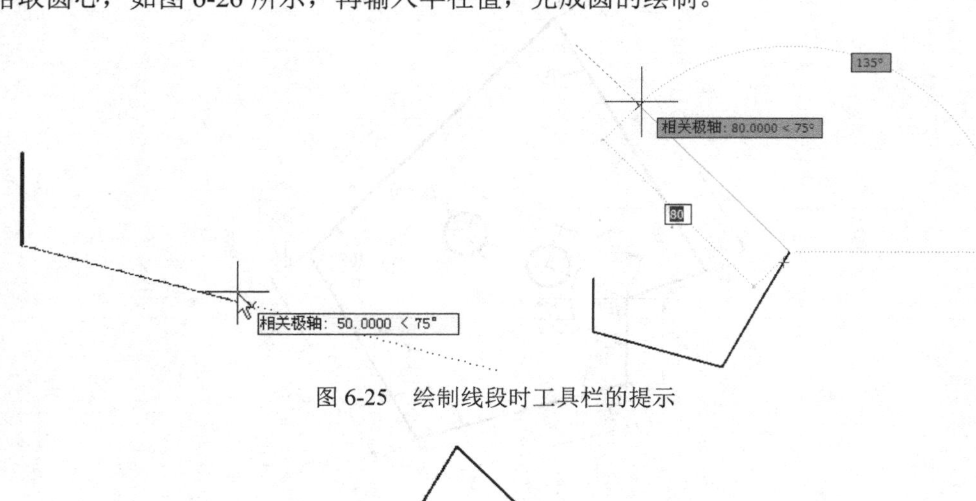

图 6-25　绘制线段时工具栏的提示

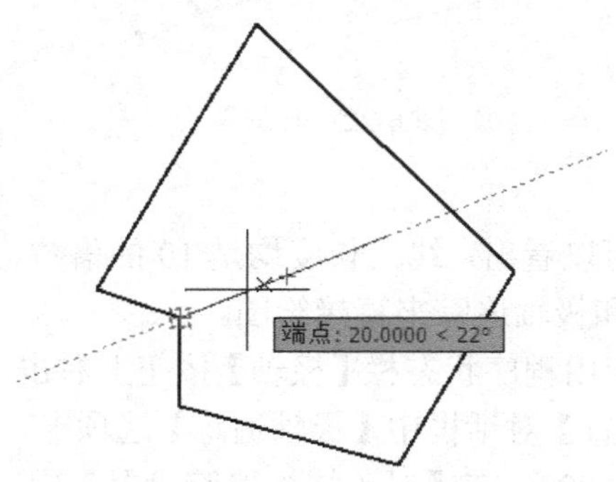

图 6-26　绘制圆时工具栏的提示

6.2　图形显示控制

应用 AutoCAD 进行设计时，用户需要通过显示控制命令控制图形在显示器中的显示，以观察设计的整体或局部内容。本节介绍常用的显示控制命令，包括视图的平移和缩放显示、视图的命名等。

6.2.1　图形的平移和缩放显示

按照一定的比例、观察位置和角度显示图形称为视图。根据设计的需要，改变视图最常用的方法是选择缩放和平移命令来放大或缩小图形区中的图像，以便局部详细或整体观察图形。

缩放命令的功能如同照相机中的变焦镜头，它能够放大或缩小当前视口中观察对象的视觉尺寸，而对象的实际尺寸并不改变。放大一个视觉尺寸，能够更详细地观察图形中的某个较小的区域，反之，可以更大范围地观察图形。

平移命令在不改变图形的缩放显示比例的情况下，观察当前图形的不同部位，使用户能看到以前在屏幕以外的图形。该命令的作用如同通过一个显示窗口审视一幅图纸，可以将图纸上、下、左、右移动，而观察窗口的位置不变。

AutoCAD 在功能区【视图】标签的【导航】面板中提供了常用的显示控制命令：【平移】、【动态观察】及【范围】组合下拉按钮，同时在屏幕右侧导航栏也有【平移】和【范围】组合下拉菜单命令，如图 6-27 所示。下面介绍常用的显示缩放命令。

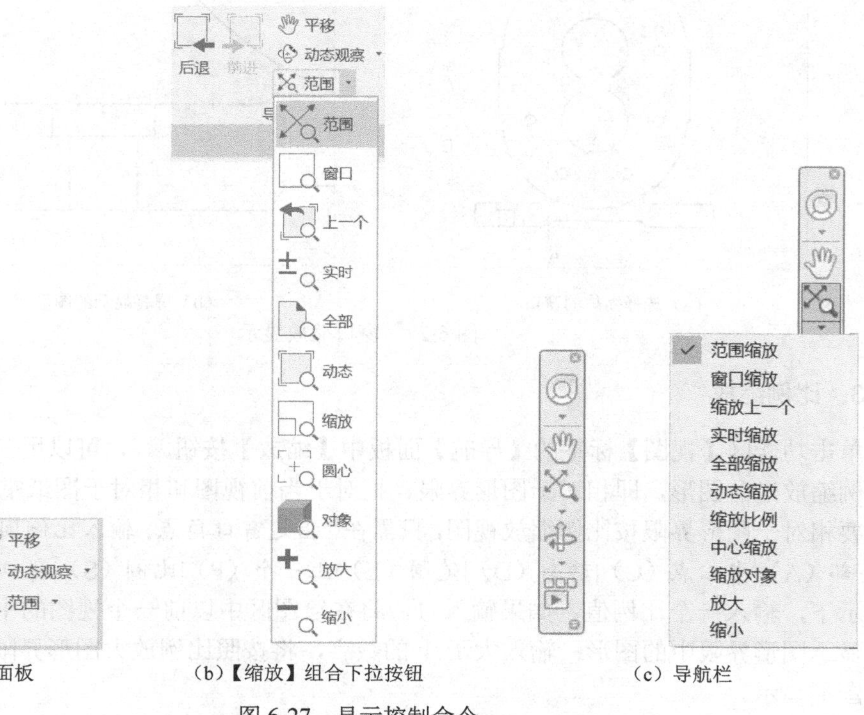

（a）导航面板　（b）【缩放】组合下拉按钮　（c）导航栏

图 6-27　显示控制命令

1．平移和实时缩放

【平移】和【实时缩放】可以通过拖动鼠标进行交互式缩放和平移，它是最为简便的显示控制工具。

选择【平移】时，屏幕上会出现一个小手的标志，用户可以向左、右、上、下拖动图形，将窗口移到图形新的位置，退出【平移】时，按【Enter】键或【Esc】键即可，或右击显示快捷菜单，选择【退出】选项。

选择【实时缩放】时，光标变成一个放大镜标志，用户可以拖动光标调整显示的大小。向上移动为放大图形，向下移动为缩小图形。要退出【实时缩放】时，按【Enter】键或【Esc】键即可，或右击显示快捷菜单，选择【退出】选项。

AutoCAD支持带滚轮的鼠标，滚动鼠标滚轮执行实时缩放功能，按住鼠标滚轮执行实时平移功能。

2．窗口缩放

【窗口缩放】是在当前图形中选择一个矩形区域，将该区域的所有图形放大到整个屏幕。在确定窗口缩放区域的时候，如图6-28（a）所示，用鼠标拾取A点和B点，拖出一个矩形，结果如图6-28（b）所示。

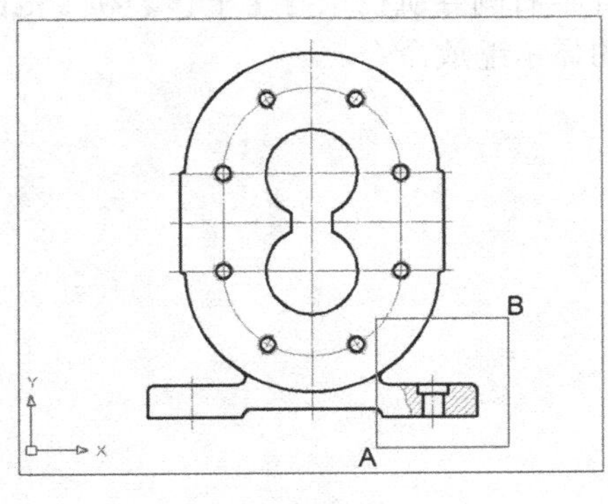

（a）选择缩放的窗口

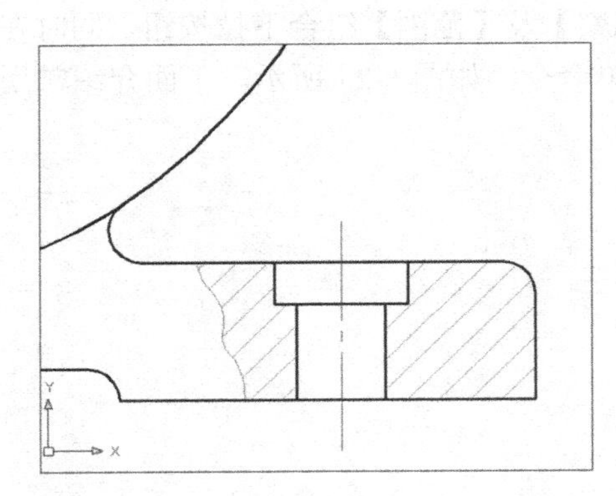

（b）屏幕显示的图形

图6-28　窗口缩放显示

3．比例缩放

单击功能区【视图】标签的【导航】面板中【缩放】按钮，可以用三种方式实现精确的比例缩放当前图形，即相对于图形界限、相对于当前视图和相对于图纸空间单位。

要相对于图形界限按比例缩放视图，只需在“指定窗口角点，输入比例因子（nX或nXP），或[全部（A）|中心点（C）|动态（D）|范围（E）|上一个（P）|比例（S）|窗口（W）]<实时>:”的提示下，输入一个比例值。如果输入1，将在绘图区中以前一个视图的中点为中心尽可能大地显示图形界限中的图形；输入大于1的数字，将按照比例放大图形界限中的图形，反之缩小图形显示。

要相对于当前窗口按比例缩放视图，需在输入的比例值之后加上一个X。它相对于当前屏幕所显示的图形放大或缩小图形的显示。

相对于图纸空间单位按比例缩放视图，需在输入的比例值之后加上一个 XP。它等同于指定视口的视图比例。

4．全部缩放

【全部缩放】是在当前视口中缩放显示整个图形界限大小，它是一种常用的缩放显示方式，如图 6-29 所示。通常在确定新的图形界限后，必须使用此缩放方式才能显示和观察整个图形界限中的图形，否则屏幕上仍显示当前的视图。

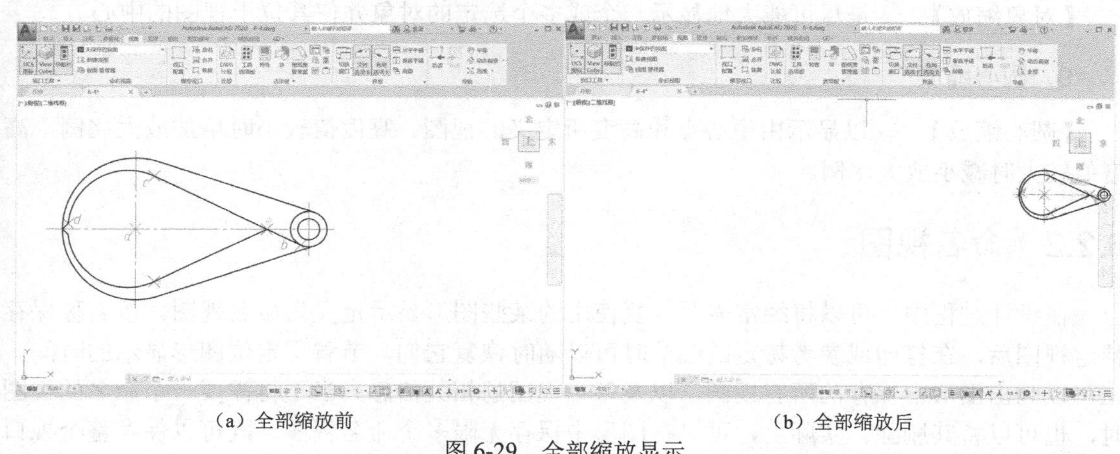

（a）全部缩放前　　（b）全部缩放后

图 6-29　全部缩放显示

5．范围缩放

【范围缩放】是使图形中所有的对象最大地显示在屏幕上。例如，如图 6-30 所示，绘制的图形在屏幕上的一个角落，可以缩放“范围”，将所有的图形放到整个屏幕，而不考虑图形界限的影响。

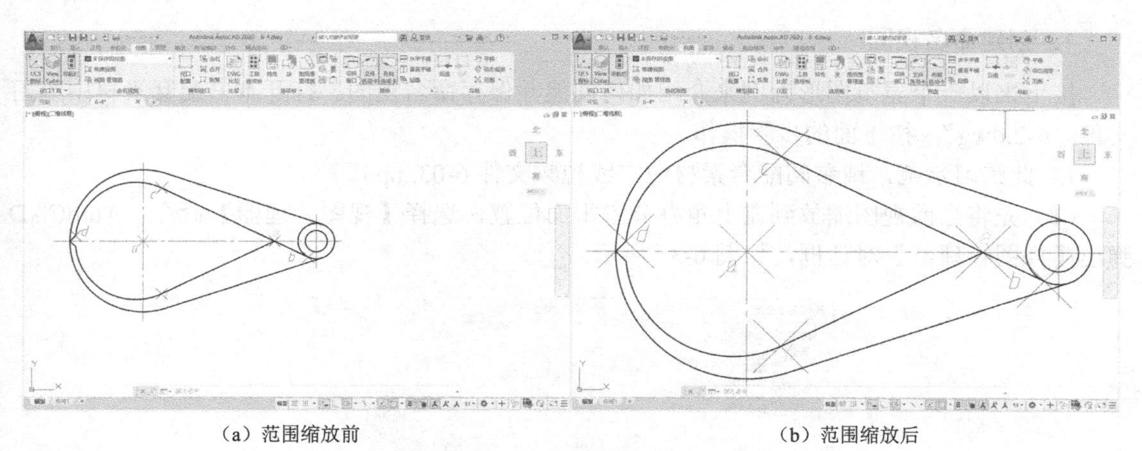

（a）范围缩放前　　（b）范围缩放后

图 6-30　范围缩放显示

6．上一个缩放

【上一个缩放】是显示上一个视图，最多可恢复此前的 10 个视图。通常将缩放“上一个”和“窗口”缩放显示结合使用。例如，在绘图开始时，先缩放全图，再局部放大窗口，观察细节，一旦设计好细节后，可以用“上一个缩放”恢复前一个视图，这样可以提高显示的速度，尤其在绘制复杂和具有大量图形对象的图形时，更能显示其优点。

7. 放大和缩小

【放大】和【缩小】显示是相对于当前视图的中心将当前视图放大一倍或缩小一半。

8. 对象缩放

【对象缩放】是尽可能大地显示一个或多个选定的对象并使其位于视图的中心。

9. 圆心缩放

【圆心缩放】以显示由中心点和高度所定义的视图。高度值较小时增加放大比例，高度值较大时减小放大比例。

6.2.2 命名视图

在设计过程中，可以将经常需要反复使用的某些图形显示定义为命名视图。按名称保存特定视图后，在打印或参考特定的细节时可以随时恢复它们，节省了定位图形显示的时间。还可以列出图形中保存的所有视图，以及每个视图的相关信息。当不再需要一个命名的视图时，也可以将其删除。实际上，可以在图形中保存无限多个命名视图。既可以保存整个视口的显示，也可以只保存其中的一部分。恢复视图时能够恢复视图的中点、观察方向、缩放比例因子和透视图等设置。

激活命名视图的方法如下。

- 功能区：【视图】标签|【视图】面板|【视图管理器】按钮；
- 命令行：view ↙。

1. 创建命名视图

接下来以一个建筑图形为例来介绍如何创建并保存命名视图。打开本书配套素材中练习文件“6-2.dwg”，按下面的步骤操作。

此练习示范，请参阅配套素材中实践视频文件 6-03.mp4。

（1）先将当前视图缩放到左上角办公室平面位置，选择【视图管理器】命令，AutoCAD 弹出【视图管理器】对话框，如图 6-31 所示。

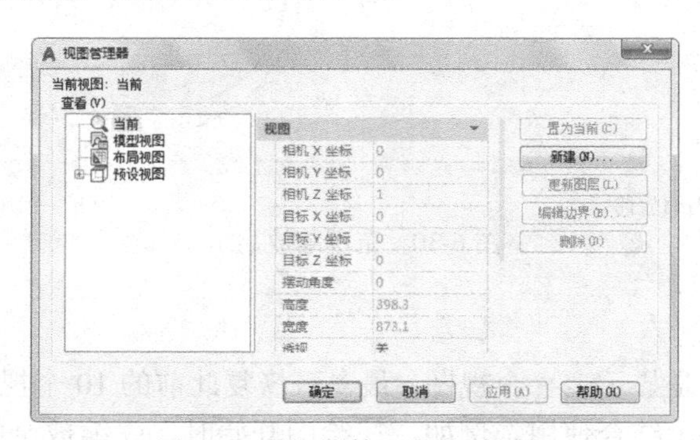

图 6-31 【视图管理器】对话框

（2）在【视图管理器】对话框中单击【新建】按钮，弹出【新建视图/快照特性】对话框，如图 6-32 所示。

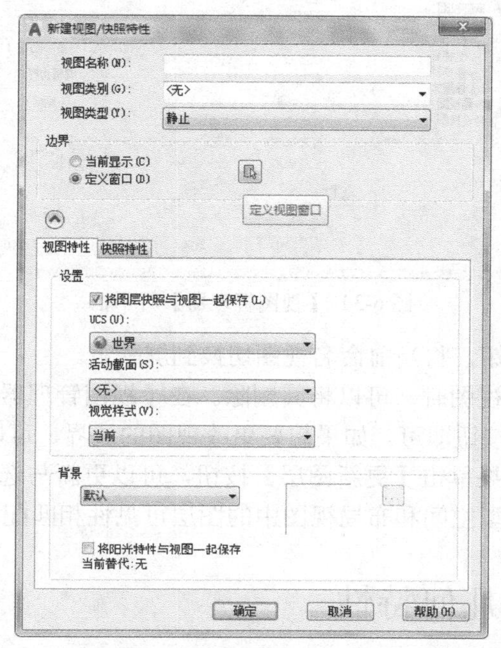

图 6-32 【新建视图/快照特性】对话框

（3）在【新建视图/快照特性】对话框中，为当前视图命名，名称最多可以包含 255 个字符。

（4）如果只想保存当前视图的一部分，则选择“定义窗口”，然后单击【定义视图窗口】按钮，此对话框将暂时关闭，然后使用光标指定视图的两个对角。

（5）单击【确定】按钮，保存新视图并退出【新建视图/快照特性】对话框。

用同样的方法可以创建多个命名视图。在以后的设计过程中可以十分方便地使用命名视图。

2. 恢复命名视图

当图形显示需要使用已命名的视图时，可以将其恢复。打开本书配套素材中练习文件“6-3.dwg”，恢复命名视图的过程如下。

方法一：

单击【视图】标签|【视图】面板|【视图】列表控件，如图 6-33 所示，选择要恢复的视图名称，则屏幕显示切换到选择的命名视图。

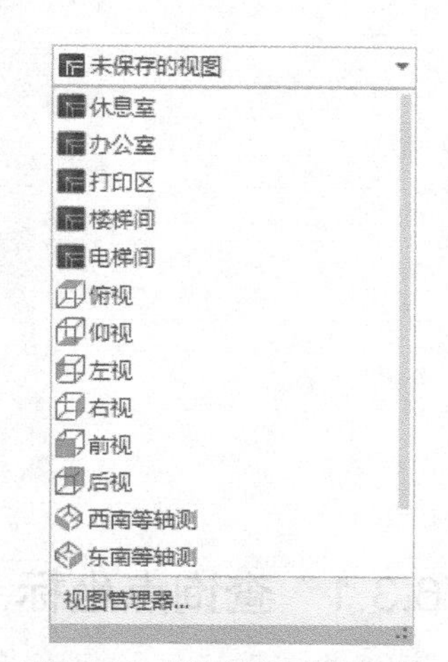

图 6-33 【视图】列表控件

方法二：

（1）选择【视图】标签|【视图】面板|【视图管理器】按钮，出现【视图管理器】对话框。

（2）在查看列表中，选择要恢复的视图，单击【置为当前】按钮，则在【视图管理器】对话框中的列表中显示当前命名视图的相关特性，如图 6-34 所示。

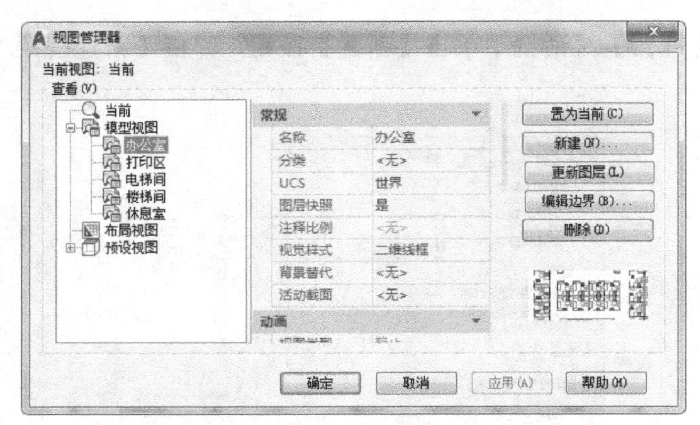

图 6-34 【视图管理器】对话框

（3）单击【确定】按钮，将当前命名视图切换到屏幕上。

如果不需要一个命名视图时，可以将其删除。在【视图管理器】对话框中选择要删除的命名视图，单击【删除】按钮即可。如果想要更改视图的边界，可以使用【编辑边界】按钮，为视图重新指定边界。如果单击【更新图层】按钮，可以更新与选定的命名视图一起保存的图层信息，使其与当前模型空间和布局视图中的图层可见性相匹配。

6.3 查询对象的几何特性

AutoCAD 的图形是一个图形数据库，其中包括大量与图形相关的信息。使用查询命令就可以查询和提取这些图形信息。可以对点坐标、两点之间的距离、圆或圆弧的半径、角度、封闭图形的面积、体积、图形对象的特性列表等信息进行查询。这些命令在功能区【默认】标签|【实用工具】面板上，如图 6-35 所示。

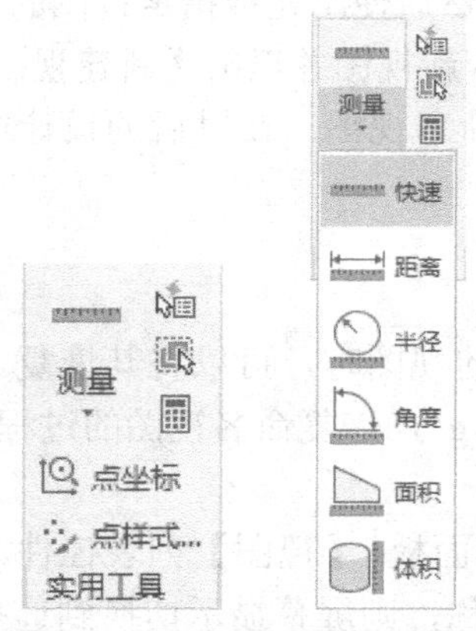

图 6-35 【实用工具】面板

6.3.1 查询点坐标

调用查询点坐标命令的方法如下。

- 功能区：【默认】标签|【实用工具】|【点坐标】按钮 ；
- 命令行：id ↙。

在查询点坐标时，一般通过对象捕捉确定要查询的点。执行该命令并拾取点后，系统将会列出该点的 X、Y、Z 坐标值。

打开本书配套素材中练习文件“6-4.dwg”，如图 6-36 所示，查询 a 点坐标。

命令执行过程如下。

命令:_id

指定点:　X = 759.2　　Y = 228.2　　Z = 0.0

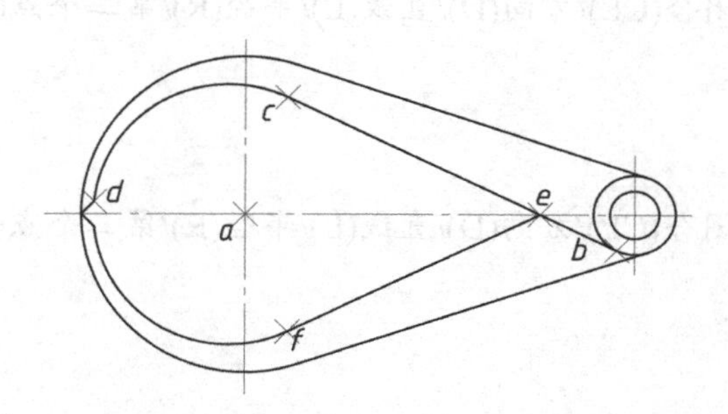

图 6-36　练习文件“6-4.dwg”

6.3.2　查询距离

调用查询距离命令的方法如下。

- 功能区：【默认】标签 |【实用工具】|【距离】按钮；
- 命令行：　measuregeom↙。

打开本书配套素材中练习文件“6-4.dwg”，查询 BC 直线的长度。

命令执行过程如下。

命令: _measuregeom　（单击距离按钮）

输入选项 [距离(D)/半径(R)/角度(A)/面积(AR)/体积(V)] <距离>: _distance（系统自动转入距离模式）

指定第一点: （拾取 B 点的位置）

指定第二个点或 [多个点(M)]: （拾取 C 点的位置）

距离 =89.2，xy 平面中的倾角 =154.3，　与 xy 平面的夹角 =0.0

x 增量 =−80.3，　y 增量 =38.7，　z 增量 =0.0

系统列出了两点间的距离、x 增量、y 增量和 z 增量，这两点在 xy 平面中的倾角以及与 xy 平面的夹角。

如果在“指定第二个点或 [多个点(M)]:”提示下，输入 M，则将基于现有直线段和当前橡皮线计算总距离。总长将随光标移动进行更新，并显示在工具提示中。最后给定的距离为总长度。打开本书配套素材中练习文件“6-4.dwg”，查询 BC 直线和 CD 圆弧的总长度。

命令执行过程如下。

命令: _measuregeom（单击距离按钮）

输入选项 [距离(D)/半径(R)/角度(A)/面积(AR)/体积(V)] <距离>: _distance（系统自动转入距离模式）

指定第一点: （拾取 B 点的位置）

指定第二个点或 [多个点(M)]: m ↙（转入多个点方式）

指定下一个点或 [圆弧(A)/长度(L)/放弃(U)/总计(T)] <总计>:（拾取 C 点的位置）

距离 = 89.2

指定下一个点或 [圆弧(A)/闭合(C)/长度(L)/放弃(U)/总计(T)] <总计>: a（转入圆弧）

距离 = 89.2

指定圆弧的端点或

[角度(A)/圆心(CE)/闭合(CL)/方向(D)/直线(L)/半径(R)/第二个点(S)/放弃(U)]:（拾取 D 点的位置）

距离 = 152.7

指定圆弧的端点或

[角度(A)/圆心(CE)/闭合(CL)/方向(D)/直线(L)/半径(R)/第二个点(S)/放弃(U)]

…

6.3.3 查询半径

调用查询半径命令的方法如下。

- 功能区：【默认】标签|【实用工具】|【半径】按钮；
- 命令行： measuregeom↙。

测量指定圆弧或圆的半径和直径。

打开本书配套素材中练习文件“6-4.dwg”，查询 CD 圆弧的半径。

命令执行过程如下。

命令: _measuregeom（单击半径按钮）

输入选项 [距离(D)/半径(R)/角度(A)/面积(AR)/体积(V)] <距离>: _radius（系统自动转入半径模式）

选择圆弧或圆:（选择 CD 圆弧）

半径 = 33.0（系统给定选择对象的半径）

直径 = 66.0（系统给定选择对象的直径）

输入选项 [距离(D)/半径(R)/角度(A)/面积(AR)/体积(V)/退出(X)] <半径>: X↙（退出命令）

6.3.4 查询角度

调用查询角度命令的方法如下。

- 功能区：【默认】标签|【实用工具】|【角度】按钮；
- 命令行： measuregeom↙。

此命令可以测量指定圆弧、圆、直线或顶点的角度。

1. 测量圆弧的角度

打开本书配套素材中练习文件“6-4.dwg”，查询 CD 圆弧的角度。

命令执行过程如下。

命令: _measuregeom（单击角度按钮）

输入选项 [距离(D)/半径(R)/角度(A)/面积(AR)/体积(V)] <距离>: _angle（系统自动转入角

度模式）

选择圆弧、圆、直线或 <指定顶点>:（选择 CD 圆弧）

角度 ＝110.3°（系统给定测量的角度）

2．测量圆上两点的角度

命令执行过程如下。

命令: _measuregeom（单击角度按钮）

输入选项 [距离(D)/半径(R)/角度(A)/面积(AR)/体积(V)] <距离>: _angle（系统自动转入角度模式）

选择圆弧、圆、直线或 <指定顶点>:（选择圆并将拾取点作为指定角的第一个端点）

指定角的第二个端点:（拾取圆上第二点）

角度 ＝XX（系统给定测量的角度）

3．测量两直线的夹角

打开本书配套素材中练习文件“6-4.dwg”，查询 BC 和 EF 的夹角。

命令执行过程如下。

命令: _measuregeom（单击角度按钮）

输入选项 [距离(D)/半径(R)/角度(A)/面积(AR)/体积(V)] <距离>: _angle（系统自动转入角度模式）

选择圆弧、圆、直线或 <指定顶点>:（选择 BC 直线）

选择第二条直线：（选择 EF 直线）

角度 ＝128.5°（系统给定测量的角度）

输入选项 [距离(D)/半径(R)/角度(A)/面积(AR)/体积(V)/退出(X)] <角度>: X↙（退出命令）

4．测量顶点的夹角

打开本书配套素材中练习文件“6-4.dwg”，查询∠CEF 夹角。

命令执行过程如下。

命令: _measuregeom（单击角度按钮）

输入选项 [距离(D)/半径(R)/角度(A)/面积(AR)/体积(V)] <距离>: _angle（系统自动转入角度模式）

选择圆弧、圆、直线或 <指定顶点>:↙（回车）

指定角的顶点:（拾取 E 点）

指定角的第一个端点:（拾取 C 点）

指定角的第二个端点：（拾取 F 点）

角度 ＝ 51.5°（系统给定测量的角度）

输入选项 [距离(D)/半径(R)/角度(A)/面积(AR)/体积(V)/退出(X)] <角度>: X↙（退出命令）

6.3.5　查询面积

可以计算和显示点序列或封闭对象的面积和周长。如果需要计算多个对象的组合面积时，可在选择集中每次加或减一个选择对象的面积，并计算总面积。调用面积命令的方法如下。

- 功能区：【默认】标签|【实用工具】|【面积】按钮；
- 命令行： measuregeom↙。

根据实际情况，有 3 种查询面积的方法。

1. 按序列点查询面积

可以测量指定点所定义的任意形状的封闭区域，这些点所在的平面必须与当前 UCS 的 *XY* 平面平行。

打开本书配套素材中练习文件“6-5.dwg”，计算如图 6-37 所示的大房间的面积。图形的边界由直线段组成，可以通过选择图形的顶点计算由这些序列点围成的面积。

此练习示范，请参阅配套素材中实践视频文件 6-04.mp4。

命令执行过程如下。

命令: _measuregeom

输入选项 [距离(D)/半径(R)/角度(A)/面积(AR)/体积(V)] <距离>: _area（系统自动转入面积模式）

指定第一个角点或 [对象(O)/增加面积(A)/减少面积(S)/退出(X)] <对象(O)>: （待端点符号出现时，拾取图 6-37 中的 A 点）

指定下一个点或 [圆弧(A)/长度(L)/放弃(U)]:（按逆时针方向拾取下一点 B）

指定下一个点或 [圆弧(A)/长度(L)/放弃(U)/总计(T)] <总计>:（按逆时针方向拾取下一点 C）

…

按逆时针方向依次拾取图形各个端点

…

面积 = 16625234.5505，周长 = 16505.3582

输入选项 [距离(D)/半径(R)/角度(A)/面积(AR)/体积(V)/退出(X)] <面积>: X（退出）

这样就将房间的面积查询出来了，上例结果中的单位为 mm^2，折合为 $16.6m^2$ 左右。

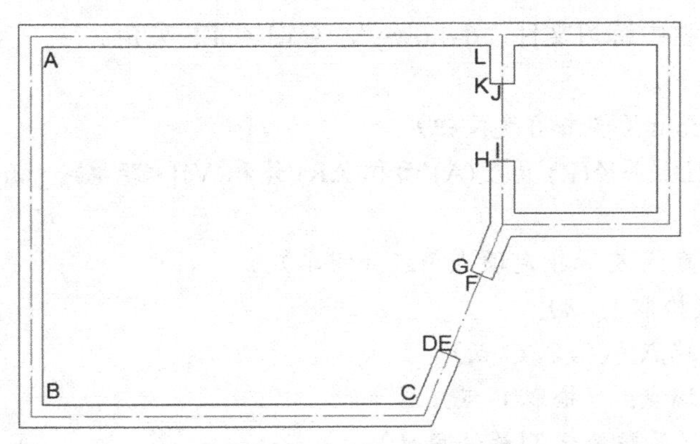

图 6-37 用序列点的方式计算面积

2. 查询封闭对象的面积和周长

还可以查询圆、椭圆、多段线、多边形、面域和 AutoCAD 三维实体的闭合面积、周长或圆周，显示的信息根据所选对象的类型而有所不同。

在查询这类图形对象的面积时，只需先选择“对象（O）”选项，然后再选择对象即可。

打开本书配套素材中练习文件“6-5.dwg”，查询如图 6-37 所示的小房间的面积。

此练习示范，请参阅配套素材中实践视频文件 6-05.mp4。

操作步骤如下。

（1）利用边界命令创建封闭的多段线对象。

单击功能区【绘图】面板的【边界】按钮，在弹出的【边界创建】对话框中，单击【拾取点】按钮，在小房间内任意位置拾取，AutoCAD 提示如下。

命令: _boundary

拾取内部点: 正在选择所有对象...

正在选择所有可见对象...

正在分析所选数据...

正在分析内部孤岛...

拾取内部点:（回车）

BOUNDARY 已创建 1 个多段线

（2）查询对象面积

命令: _measuregeom

输入选项 [距离(D)/半径(R)/角度(A)/面积(AR)/体积(V)] <距离>: _area（系统自动转入面积模式）

指定第一个角点或 [对象(O)/增加面积(A)/减少面积(S)/退出(X)] <对象(O)>: o↙（执行对象选择）

选择对象:（选择图 6-38 中多段线围成的小房间）

区域 ＝2665600.0000，周长 ＝6680.0000

输入选项 [距离(D)/半径(R)/角度(A)/面积(AR)/体积(V)/退出(X)] <面积>: x（结束命令）

对于不封闭的多段线，一样可以查询出面积。AutoCAD 在计算面积的时候会自动地将多段线的起点和端点连接起来作为封闭多段线来计算面积。

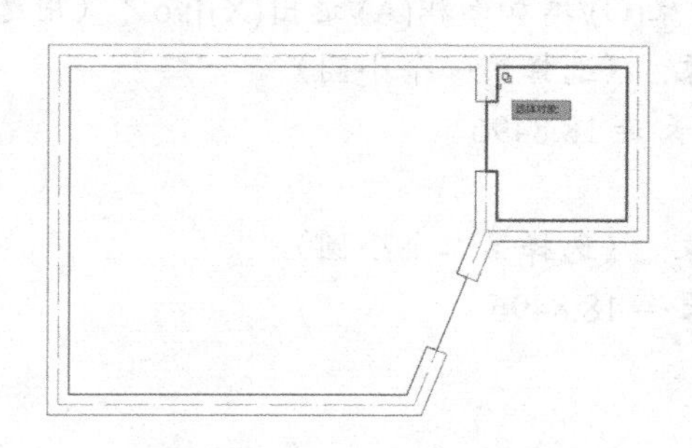

图 6-38　用对象方式计算面积

3．利用加、减方式查询组合面积

AutoCAD 提供了加、减查询组合面积的功能，如果选择了加或减运算，可以从当前计算的总面积中加或减当前的面积。如果计算合并的面积，可以通过指定点或选择对象测量多个面积。例如，可以在建筑平面图中测量选定房间的总面积。另外，还可以从已经计算的组合面积中减去一个或多个面积，例如，首先计算建筑平面的总面积，然后减去一个或多个房间的面积。

创建需要减去内部某些面积的总面积时（例如，从建筑平面图中减去一部分面积，或计算矿体面积需要剔除夹石的情况），都需要使用加或减的方式。

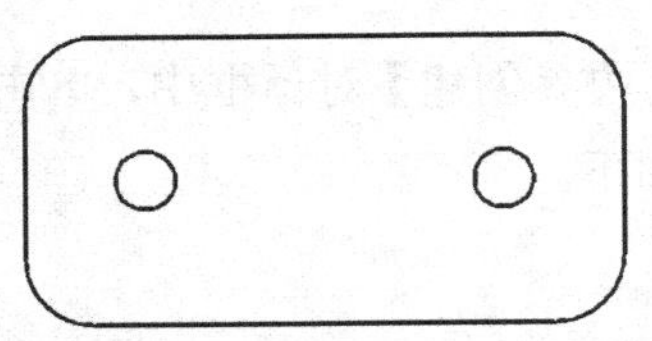

图 6-39 利用加、减方式计算组合面积

打开本书配套素材中练习文件“6-6.dwg”，计算如图 6-39 所示图形的面积，这个面积需要将矩形上的两个孔的面积从总面积中减去。总面积在 area 命令开始时总是为零，“加”或“减”方式在命令执行中一直保持有效。

首先，将计算方式设置为“加”模式，计算图形的轮廓的总面积。再设置为“减”模式，减去小圆的面积。

此练习示范，请参阅配套素材中实践视频文件 6-06.mp4。

命令执行过程如下。

命令: _measuregeom

输入选项 [距离(D)/半径(R)/角度(A)/面积(AR)/体积(V)] <距离>: _area（系统自动转入面积模式）

指定第一个角点或 [对象(O)/增加面积(A)/减少面积(S)/退出(X)] <对象(O)>: a↙（选择“加”模式，添加面积）

指定第一个角点或 [对象(O)/减少面积(S)/退出(X)]: o↙（用选择对象的方式查询面积）

(“加”模式) 选择对象:（选择外框对象）

区域 = 1757.9380，周长 = 167.9823

总面积 = 1757.9380

(“加”模式) 选择对象: ↙（按回车键结束选择）

区域= 1757.9380，周长 = 167.9823

总面积 = 1757.9380

指定第一个角点或 [对象(O)/减少面积(S)/退出(X)]: s↙（切换到“减”模式，去除面积）

指定第一个角点或 [对象(O)/增加面积(A)/退出(X)]: o↙（用选择对象的方式查询面积）

(“减”模式) 选择对象:（选择第一个小圆）

区域 = 28.2743，圆周长 = 18.8496

总面积 = 1729.6637

(“减”模式) 选择对象:（选择第二个小圆）

区域= 28.2743，圆周长 = 18.8496

总面积 = 1701.3894

…

可以看到，在命令执行过程中，AutoCAD 不断地根据加减对象面积的情况给出当前的总面积。

对于面积的查询，AutoCAD 提供的这三种方法各有所长，但第一种和第三种操作起来比较烦琐，稍不小心就可能出错。因此，为了更简单也更可靠地查询出封闭图形的面积，对于第一、三种情况可以采用如下两种方法。

（1）对于封闭的图形，如果不是多段线的边界，使用边界命令可以为之创建一个多段线的边界。这样，直接查询多段线边界的面积就可以了，比一点一点地描边界要简单且准确得多。有时候边界太复杂（比如包含样条曲线等）以致无法创建多段线边界，创建成面域也可以实现同样的结果。

（2）对于需要计算多个对象面积总和时，可以将所有的对象都创建成面域，然后使用三维实体编辑里的布尔运算求并集、差集等，将全部对象合并为一个整体（可以在体着色的状态下检验），直接查询这个整体面域的面积就方便多了。

6.3.6　查询体积

测量对象或定义区域的体积。调用查询体积命令的方法如下。

- 功能区：【默认】标签|【实用工具】|【体积】按钮；
- 命令行： measuregeom↙。

示例：打开本书配套素材中练习文件“6-7.dwg”，这是采用前面提到的第二种查询面积的方法创建的面域对象。查询此面域的体积，需要指定面域的假想高度。命令执行过程如下。

命令: _measuregeom

输入选项 [距离(D)/半径(R)/角度(A)/面积(AR)/体积(V)] <距离>: _volume（系统自动转入体积模式）

指定第一个角点或 [对象(O)/增加体积(A)/减去体积(S)/退出(X)] <对象(O)>: o↙（选择对象模式）

选择对象: （选择打开文件中的对象）

指定高度: 20↙（指定二维图形的高度）

体积 ＝34027.7874

…

示例：打开练习文件“6-8.dwg”，如图 6-40 所示。查询此轴承座的体积。

命令执行过程如下。

命令: _measuregeom

输入选项 [距离(D)/半径(R)/角度(A)/面积(AR)/体积(V)] <距离>: _volume 系统自动转入体积模式）

指定第一个角点或 [对象(O)/增加体积(A)/减去体积(S)/退出(X)] <对象(O)>: o↙（选择对象模式）

选择对象:（选择打开文件中的对象）

体积 ＝60223.7202

图 6-40　轴承座三维实体

6.3.7 列表查询

列表命令用于查询对象的类型、所在的图层、相对于当前用户坐标系（UCS）的 *X*、*Y*、*Z* 位置，以及对象是位于模型空间还是图纸空间等。

调用列表命令的方法如下。

- 功能区：【默认】标签|【特性】|【列表】按钮 ；
- 命令行：list ↙。

打开本书配套素材中的“6-7.dwg”文件，查询此面域对象的基本特性列表，命令执行过程如下。

命令:_list
选择对象:找到 1 个（选择打开文件中的对象）
选择对象:↙（回车）
REGION 图层:0
空间:模型空间
句柄=24e
面积:1701.3894
周长:205.6814
边界框:边界下限 X=42.1582，Y=26.3425，Z=0.0000
边界上限 X=102.1582，Y=56.3425，Z=0.0000

选择的对象不同，列表显示的信息也不同。列表把选择对象的属性和基本信息都报告出来。列表命令也能将面积、周长等信息显示出来，并且命令的执行方式比较简单，因此，也常常用它来代替查询面积的命令。

另外用特性选项板也可以查询并修改选择对象的几何信息和基本特性，操作更加便捷。

列表命令常用来查询面积，由于查询多段线等对象面积的时候不需要输入参数，因此查询面积的效率比专门的面积查询命令还要高。

第 7 章　文字与表格

在工程图中除了要将实际物体绘制成几何图形外，还需要加上必要的注释，最常见的如技术要求、尺寸、标题栏、明细栏等。利用注释可以将一些用几何图形难以表达的信息表示出来，可以说，这些注释是对工程图形非常必要的补充，在 AutoCAD 中，所有这些注释都离不开一种特殊对象——文字，AutoCAD 支持文字的分栏、段落设置等，新增的注释性工具很好地解决了文字在各种非 1:1 比例图中文字比例缩放的问题，同时注释性工具还可以应用在标注、块、图案填充等对象上，本书第 7、8、9、10 章都会涉及注释性工具，本章将对注释性工具作简单的介绍。

以往在 AutoCAD 中想要绘制表格是比较麻烦的，先要逐条绘制表格线，然后将文字逐个写到表格中，还要花时间让文字与表格线对得比较整齐。从 AutoCAD 2005 开始提供了新的表格工具，一改以往烦琐的绘制方法，让用户可以轻松地完成复杂、专业的表格，在 AutoCAD 2020 中，表格工具还支持表格分段、序号自动生成、更强的表格公式以及外部数据链接等。

另外，为了在整个工程项目中更有效率地使用经常变化的文字，AutoCAD 还引入了字段。

本章主要讲述以下内容：

- 文字的使用
- 表格的使用
- 字段的使用

7.1　文字的使用

文字是工程图纸中重要的组成部分，它可以对工程图中几何图形难以表达的部分进行补充说明，AutoCAD 2020 中可以很方便地引用文字。

7.1.1　AutoCAD 中可以使用的文字

与一般的 Windows 应用软件不同，在 AutoCAD 中可以使用两种类型的文字，分别是 AutoCAD 专用的形（SHX）字体和 Windows 自带的 TureType 字体。

1．形（SHX）字体

早期的 AutoCAD 是在 DOS 环境下工作的，它使用编译形（SHX）来书写文字。形字体的特点是字形简单，占用计算机资源低，形字体文件的后缀是“.shx”。早期的英文版 AutoCAD 没有提供中文形字体，很多用户使用一些第三方软件开发商提供的中文形字体来解决在英文版 AutoCAD 中使用中文的问题，比如“hztxt.shx”等。由于并非所有的 AutoCAD 用户都安装了这样的字体，因此会导致使用了这种字体的文件在其他计算机上显示为问号或乱码，或者一些中西文字体间比例失调等问题。在 AutoCAD 2000 中文版以后的版本里，提供了中国用户专用的符合国标要求的中西文工程形字体，其中有两种西文字体和一种中文长仿宋体工程字，两种西文字体的字体名分别是“gbenor.shx”和“gbeitc.shx”，前者是正体，后者是斜体；中文长仿宋体工程字的字体名是“gbcbig.shx”，如图 7-1 所示。

1234567890abcdeABCDE
1234567890abcdeABCDE
中文工程字

图 7-1　符合国标要求的中西文工程形字体

如果要按国标要求规范绘图的正规图纸，建议大家选用这几种中西文工程形字体，既符合国标，又避免了在其他计算机上显示为问号或乱码的麻烦。

2. TureType 字体

在 Windows 操作环境下，几乎所有的 Windows 应用程序都可以直接使用由 Windows 操作系统提供的 TureType 字体，包括宋体、黑体、楷体、仿宋体等，AutoCAD 也不例外。TureType 字体的特点是字形美观，占用计算机资源较多，对于计算机的硬件配置较低的用户不适用，并且 TureType 字体不完全符合国标对工程图用字的要求，除非是工程图中设计部门的标识等必须使用某些特定的字体，一般情况下不推荐大家使用 TureType 字体。TureType 字体文件的后缀是“.ttf”，字形如图 7-2 所示。

1234567890abcdeABCDE
中文宋体字
中文仿宋字

图 7-2　TureType 字体

7.1.2　写入文字

AutoCAD 提供了两种书写文字的工具，分别是单行文字和多行文字，对简短的输入项可以使用单行文字，对带有内部格式的较长的输入项则使用多行文字比较合适。

1. 写入单行文字

对于不需要多种字体或多行的内容，可以创建单行文字。单行文字对于标签（也就是简短文字）非常方便，激活命令的方式如下。

- 功能区：【注释】标签|【文字】面板|【多行文字】下拉式列表|【单行文字】按钮 A；
- 命令行：dtext（或 text，dt）↙。

在此举一个例子，打开本书配套素材中练习文件“7-1.dwg”，注写标题栏内的文字，操作如下。

此练习示范，请参阅配套素材中实践视频文件 7-01.mp4。

（1）书写文字“设计”“审核”“批准”

命令: dt ↙（回车）

TEXT（AutoCAD 自动给出简化命令的全称）

当前文字样式:Standard 当前文字高度: 2.5000 注释性: 否

指定文字的起点或 [对正(J)/样式(S)]:（在标题栏左上角表格内拾取接近左下角点，作为

文字输入的左下角基点）

指定高度<2.5000>:5↙（回车）

指定文字的旋转角度<0>:↙（回车）

AutoCAD 会在文字起点位置显示输入文本框，此时输入“设计↙（回车）审核↙（回车）批准↙（回车）”，完成三行文字的输入后，再次回车结束命令。

操作完成后，输入了三行字高为 5 的文字。这个单行文字命令执行完成后，看起来输入了三行文字对象，但实际上，这三行文字分别是三个独立的文字对象，如果对它们进行文字编辑，则需要分别进行。

（2）书写文字“图样名称”

回车重复刚才的命令，先键入选项 J，当提示“输入选项”的时候，输入 c 指定文字对齐方式为“中心”，提示“指定文字的中心点:”的时候，在标题栏中间大表格内拾取接近中间偏下点，作为文字输入的中心基点，指定文字高度为 10，指定文字的旋转角度为 0，输入文字“图样名称”。

操作完成后，结果如图 7-3 所示。这次操作过程中用到了单行文字的对齐功能。也就是说，在注写单行文字的时候，使用对齐功能可以为不同需求的文字指定不同的对齐方式。

设计			图样名称		
审核					
批准					

图 7-3　书写单行文字的操作结果

在这里使用单行文字工具能够直接书写出中文是因为事先对文字样式进行了中文字体的定义。如果读者新建一个图形文件做这样的操作，输入的中文将显示成问号，因为默认的文字样式设置中没有对中文字体进行设置，AutoCAD 无法识别这样的字体。有关文字样式的定义将在下一节中讨论。

单行文字中的对正（J）选项用于决定字符的哪一部分与指定的基点对齐，默认的对齐方式是左对齐，因此对于左对齐文字，可以不必设置对正选项。AutoCAD 共提供了 13 种对齐方式，如图 7-4 所示。

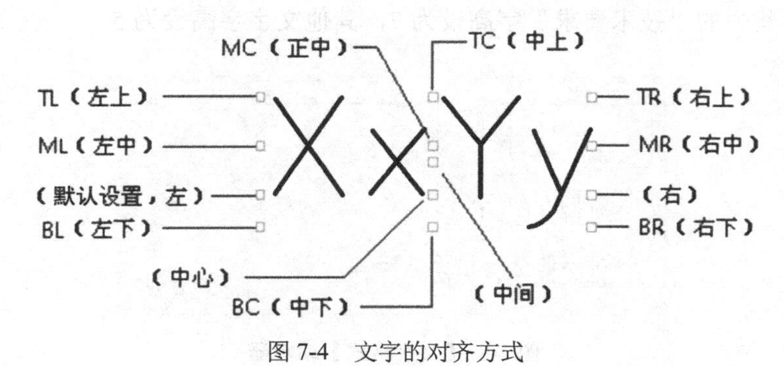

图 7-4　文字的对齐方式

2. 写入多行文字

对于较长、较复杂的内容，可以创建多行或段落文字。多行文字实际上是一个类似于 Word 软件一样的编辑器，它是由任意数目的文字行或段落组成的，布满指定的宽度，并可以沿垂直方向无限延伸。多行文字的编辑选项比单行文字多。例如，可以将对下画线、字体、颜色和高度的修改应用到段落中的每个字符、词语或短语，用户可以通过控制文字的边界框来控制文字段落的宽度和位置。

多行文字与单行文字的主要区别在于，无论行数是多少，创建的段落集都被认为是单个对象。

多行文字命令的激活方式如下。

- 功能区：【注释】标签|【文字】面板|【多行文字】下拉式列表|【多行文字】按钮 A；
- 命令行：mtext （mt）↙。

打开本书配套素材中练习文件“7-2.dwg”，在此图形文件中，尝试使用多行文字工具注写“技术要求”。

此练习示范，请参阅配套素材中实践视频文件 7-02.mp4。

（1）激活多行文字命令，提示如下。

命令:_mtext 当前文字样式:“Standard” 当前文字高度:10 注释性: 否

指定第一角点:（在标题栏上方拾取一点）

指定对角点或 [高度(H)/对正(J)/行距(L)/旋转(R)/样式(S)/宽度(W)/栏(C)]:（在第一角点的右上角再拾取一点，如图 7-5 所示的矩形书写区域）

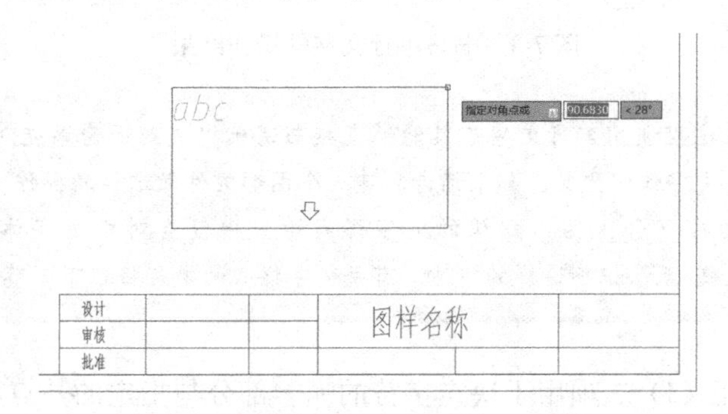

图 7-5 选取多行文字的书写区域

（2）设定书写区域后，界面切换到【文字编辑器】，在文字编辑区域键入所需文字，如图 7-6 所示，并将其中的“技术要求”字高设为 7，其他文字字高设为 5。

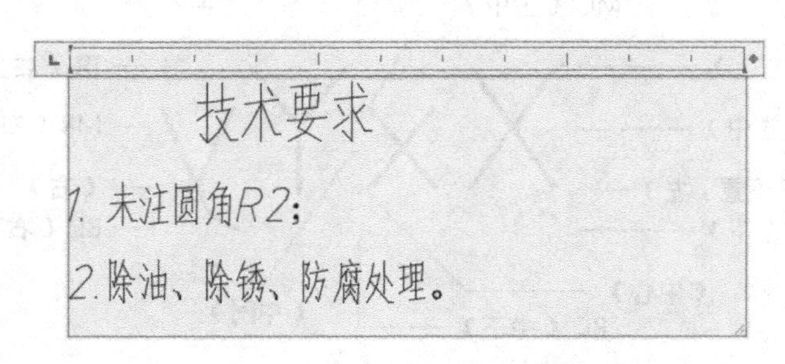

图 7-6 【文字格式】编辑器

（3）单击【关闭文字编辑器】按钮，完成多行文字的输入，操作结果如图 7-7 所示。

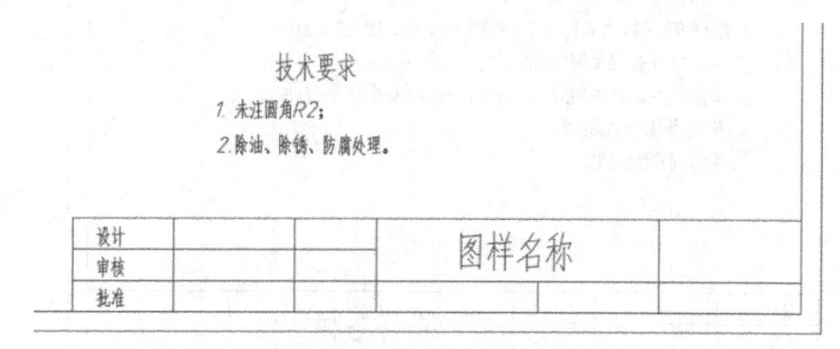

图 7-7　多行文字命令的操作结果

可以看到，多行文字一次可以创建多个段落，还可以对文字设置不同的字高等。另外，AutoCAD 软件的多行文字编辑器可以直接将在其他软件中录入好的含有大段文字的文本文件输入进来，AutoCAD 可以接受的文本格式有纯文本文件（文件后缀为“.txt”）和 RTF 格式文本文件（文件后缀为“.rtf”）。方法如下。

此练习示范，请参阅配套素材中实践视频文件 7-03.mp4。

（1）打开本书配套素材练习文件中的“7-3.dwg”，激活多行文字命令，在输入书写文字区域的提示下拾取一个矩形区域，此时 AutoCAD 界面切换到【文字编辑器】，在文字编辑区域中右击，弹出一个右键菜单，如图 7-8 所示，选择其中的【输入文字】菜单。此时 AutoCAD 会弹出【选择文件】对话框，确保“文件类型”下拉列表的选择为“文本 / 样板 / 提取文件(*.txt)”，找到文件“技术要求.txt”，单击【打开】按钮，完成文件的输入。

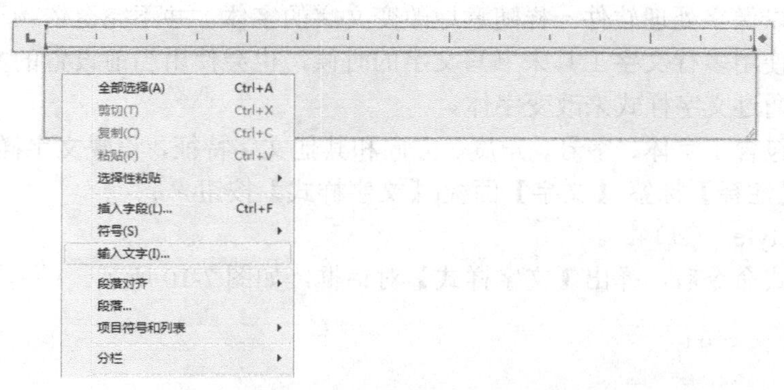

图 7-8　文字编辑区域的右键菜单

（2）此时文件“技术要求.txt”中的内容会全部显示到文本编辑区域，现在可以对一些不合适的格式进行修改，例如把“技术要求”一行的字高设置为 7，单击【确定】按钮，完成文本的书写，这样，所有文字将按照当前文字样式的设置和后来的调整显示到绘图区域，如图 7-9 所示。

其实对于多行文字编辑器并不一定必须采取这种方法才能输入已经编辑好的大段文字，使用 Windows 系统中的“复制+粘贴”操作，就可以直接将编辑好的多段文字粘贴到多行文字编辑器中。

技 术 要 求

1. 焊接应牢固可靠，焊缝不允许有宏观焊接缺陷，焊后打磨内外表面焊缝；
2. 组焊后应校形，曲面与样板间隙不大于2mm；
3. 侧窗对角线长度偏差应小于±2.5mm，侧窗高度偏差应小于±1.0mm；
4. 除油、除锈，作防腐处理；
5. 带?尺寸待组合时定。

设计			图样名称	
审核				
批准				

图 7-9　输入文字最终效果

在 AutoCAD 2020 中多行文字编辑器还有项目符号和透明背景功能，并可以自动为换行文本添加项目符号，透明背景让文字和图形的关系更加明了。总之，新的多行文字编辑器更接近于专业的字处理软件，使用起来更加顺手。

7.1.3　定义文字样式

AutoCAD 图形中的所有文字都具有与之相关联的文字样式。对于单行文字工具，如果想要使用其他的字体来创建文字或者改变字体，并不像 Word 一类字处理软件那样简单，必须对每一种字体设置一个文字样式，然后通过改变这行文字的文字样式来达到改变字体的目的；多行文字工具可以像字处理软件一样随意地改变文字的字体，并不完全依赖于文字样式的设置，但实际上在使用多行文字工具来书写文字的时候，也会使用当前设置的文字样式进行书写，并且还可以通过文字样式来改变字体。

文字样式中包含了字体、字号、角度、方向和其他文字特征，设置文字样式的方法如下。

- 功能区：【注释】标签|【文字】面板|【文字样式】按钮 ↘；
- 命令行：style （st）↙。

激活文字样式命令后，弹出【文字样式】对话框，如图 7-10 所示。

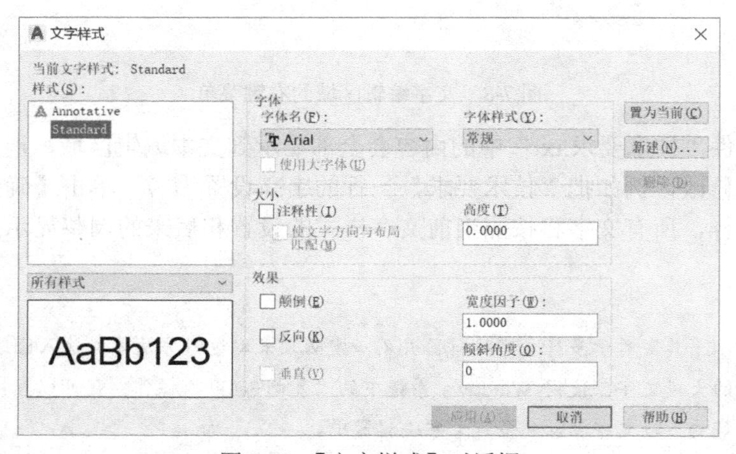

图 7-10　【文字样式】对话框

AutoCAD 默认的当前文字样式是“Standard”，另有一个名为“Annotative”的注释性文字样式。默认的“Standard”文字样式设置了“宋体”为当前文字字体。如果想要使用其他中国 GB 西文字体，可以直接修改当前“Standard”文字样式的设置，这样做的结果是图形中如果已经使用“Standard”文字样式注写了一些文字，那么这些文字都将随着“Standard”文字样式的修改而改变，也就是说一个文字样式只能设置一种文字特征；也可以为需要使用的每一种字体或文字特征创建一个文字样式，这样可以在同一个图形文件中使用多种字体。

下面用前面提到的国标字体来创建一个新的文字样式，样式名为“工程字”，方法如下。

（1）在【文字样式】对话框中单击【新建】按钮，弹出【新建文字样式】对话框，在“样式名”文本框中输入“工程字”，如图 7-11 所示，单击【确定】按钮，创建了一个名为“工程字”的新文字样式。

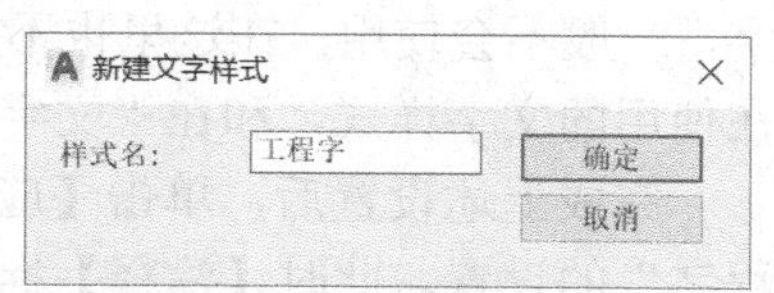

图 7-11　【新建文字样式】对话框

（2）创建完新样式后，需要对样式的字体等特征进行设置，先来设置字体。前面提到过，AutoCAD 可以使用两类字体，一类是形（shx）字体，一类是 TrueType 字体，国标字体都属于形（shx）字体，要想使用的话必须选取“使用大字体”复选框。所谓大字体是指亚洲国家如日本、韩国、中国等使用非拼音文字的大字符集字体，AutoCAD 为这些国家专门提供了符合地方标准的形（shx）字体。

在“字体”选项区域的“字体名”下拉列表中选取“gbeitc.shx”，此时“字体名”下拉列表会变更为“shx 字体”，确保选取了“使用大字体”复选框，在“大字体”下拉列表中选取“gbcbig.shx”，如图 7-12 所示。

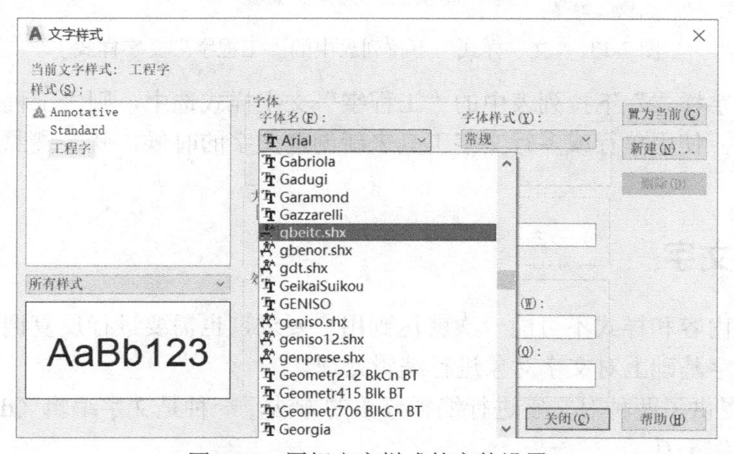

图 7-12　国标文字样式的字体设置

“shx 字体”下拉列表设定的是西文及数字的字体，前面提到过有两种字体，分别是“gbenor.shx”和“gbeitc.shx”，前者是正体，后者是斜体；“大字体”下拉列表设定的是中文等大字符集字体，国标长仿宋体工程字的字体名是“gbcbig.shx”。

对话框中的“注释性”复选框用于设置文字样式的注释性特性，此处将之勾选，选上后会发现“工程字”文字样式旁增加了一个比例尺的符号，这表示这个文字样式具有注释性特性。文本框“高度”用于定义文字的字高，一般情况最好不要改变它的默认设置“0”，如果在这里修改成其他数值，则以此样式输入单行文字的字高便不会提示了，并且如果在以后的标注中使用了这个文字样式，标注的字高就被固定，不能在标注设置中更改了。

对话框中的“宽度比例”文本框用于设置文字的纵横比，默认值为“1”，如果设置为小于 1 的正数，则压缩文字宽度，若大于 1，则放宽文字。国标要求工程用字采用长仿宋体，如果字体是方块字，则可以设置为小于 1，对于“gbcbig.shx”，因为它的字形本身就是长仿宋体，所以这个设置保持默认值“1”就可以了。

对话框中的“倾斜角度”文本框用于设置文字的倾斜角使其变为斜体字，保持其默认设置为“0”。

对话框中的【删除】按钮用来删除不用的文字样式。要注意的是，“Standard”文字样式不能被删除。对话框中的“颠倒”选项是确定是否倒写文字，“反向”选项是确定是否反写文字，一般不会使用，在这里也不做选取。【置为当前】按钮用来将选中的文字样式置为当前正在使用的文字样式，和在“文字样式”下拉列表中选取的效果是一样的。

完成上述设置后，单击【应用】按钮，再单击【关闭】按钮，完成对国标文字样式“工程字”的设置。此时【注释】标签|【文字】面板中的“文字样式”下拉列表中就有了刚刚新创建的“工程字”文字样式，如图 7-13 所示。

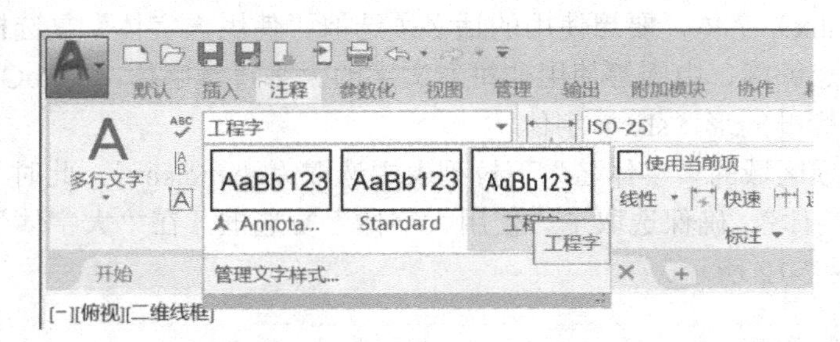

图 7-13 “文字样式”下拉列表中的“工程字”文字样式

如果将“文字样式”下拉列表中的“工程字”文字样式选中，则“工程字”文字样式为当前的文字样式，使用单行或多行文字工具来新创建文字的时候，就会遵照此文字样式的设置注写文字。

7.1.4 编辑文字

文字输入的内容和样式不可能一次就达到用户要求，也需要进行反复调整和修改。此时就需要在原有文字基础上对文字对象进行编辑处理。

AutoCAD 提供了两种对文字进行编辑修改的方法，一种是文字编辑（ddedit）命令，另外一种是“特性”工具。

激活文字编辑命令的方法如下。

- 命令行：ddedit （ed）↙；
- 直接在需要编辑的文字上双击，本方法是自 AutoCAD 2004 版以后提供的最便捷的方法。

激活文字编辑命令后，AutoCAD 对于单行文字和多行文字的响应是不同的。共同的地方是：在 AutoCAD 2020 中无论单行文字还是多行文字，都是采用在位编辑的方式，也就是说，被编辑的文字并不离开原来文字在图形中的位置，这样保证了文字与图形相对位置的一致，实现真正的“所见即所得”。

1. 编辑单行文字

对于单行文字，打开本书配套素材中练习文件“7-4.dwg”，在文字“图样名称”上双击，AutoCAD 会直接将被编辑的文字转化为一个文本编辑器，如图 7-14 所示。

此练习示范，请参阅配套素材中实践视频文件 7-04.mp4。

在此可以随意编辑文字内容，修改完成后只需要直接回车即可进行下一个文字对象的编辑，再回车即可结束命令。

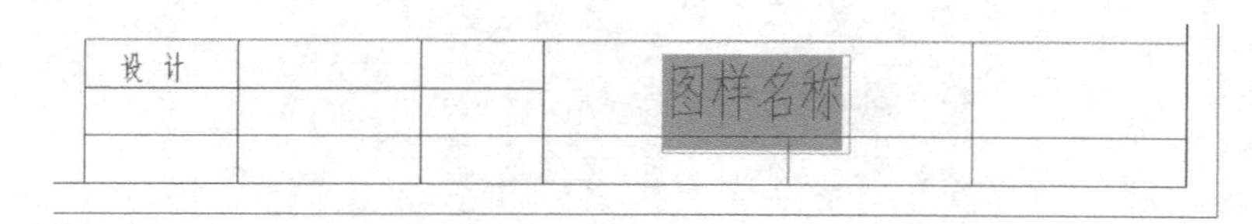

图 7-14　单行文字文本编辑器

由此看来，编辑单行文字比写入单行文字要快捷得多。这样的话，在创建多个特征近似的简短文字的时候，可以先写入单行文字，然后从相应位置点复制到新的位置，再编辑修改成所需内容即可。

单行文字的编辑太过简单，只能修改文字的内容，如果还想进一步修改其他的文字特性，可以使用 AutoCAD 2020 的【特性】工具，先选择文字对象，按快捷键【Ctrl+1】或在右键快捷菜单中选择【特性】选项，弹出【特性】选项板，如图 7-15 所示。

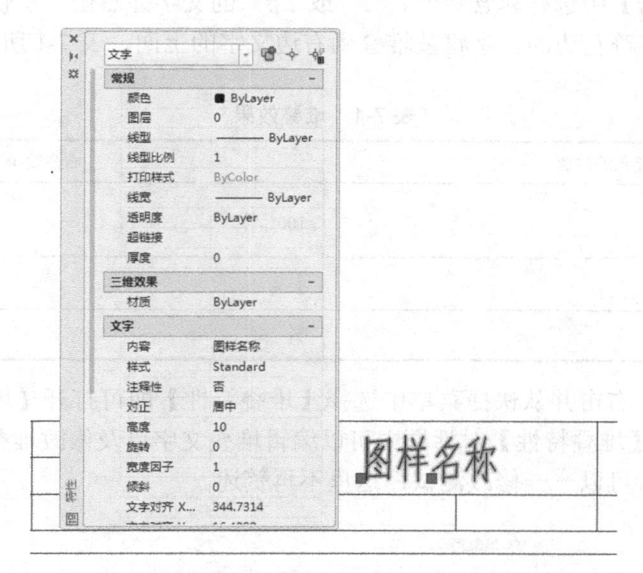

图 7-15　利用【特性】选项板编辑单行文字

【特性】选项板不但可以修改文字的内容、文字样式、注释性、高度、旋转、宽度比例、倾斜、颠倒、反向等文字样式管理器里的全部项目，而且连颜色、图层、线型等基本特性也可以在这里修改。当然，打开【特性】选项板后再选择文字对象也可以实现文字编辑。

2. 编辑多行文字

对于多行文字，同样打开例图“7-4.dwg”，在多行文字“技术要求……”上双击，AutoCAD 界面将切换为【文字编辑器】，如图 7-16 所示。

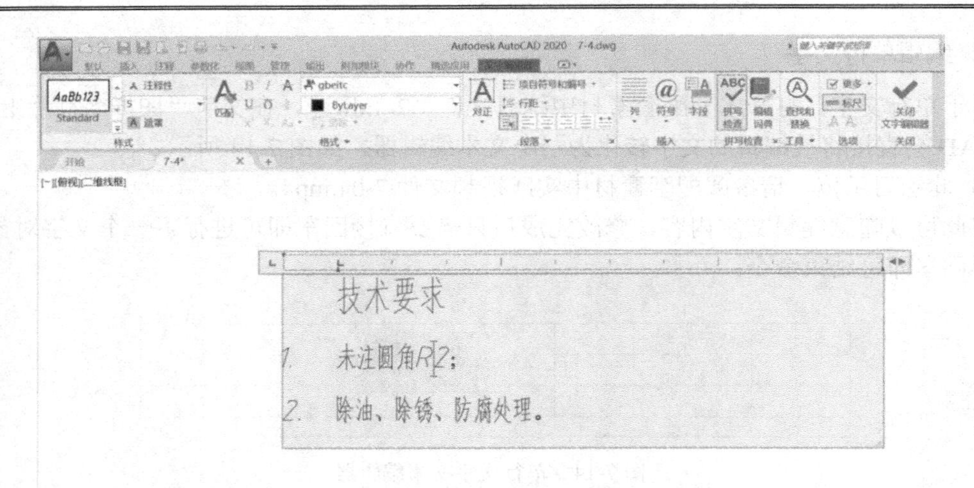

图 7-16 【文字编辑器】

在这里可以像 Word 等的字处理软件一样对文字的字体、字高、加粗、斜体、下画线、颜色、文字样式，甚至是段落、缩进、制表符、分栏等特性进行编辑，编辑完成后只需单击【关闭文字编辑器】按钮即可，接下来对工程图中常用的特性进行说明。

1. 堆叠特性的应用

在【文字编辑器】中选择包含“^”、“/”或“#”的文字并右击，从快捷菜单中选择【堆叠】菜单项，这个字符左边的文字将被堆叠到右边文字的上面，表 7-1 所示为几种堆叠效果。

表 7-1　堆叠效果

键入的内容	堆叠效果
100+0.02^–0.03 （对+0.02^–0.03 应用堆叠）	$100^{+0.02}_{-0.03}$
2/3	$\frac{2}{3}$
2#3	⅔

选择堆叠文字，右击并从快捷菜单中选择【堆叠特性】即可打开【堆叠特性】对话框，如图 7-17 所示。在【堆叠特性】对话框中可以编辑堆叠文字以及修改堆叠文字的类型、对正和大小等设置，读者可以一一修改测试，这里不再赘述。

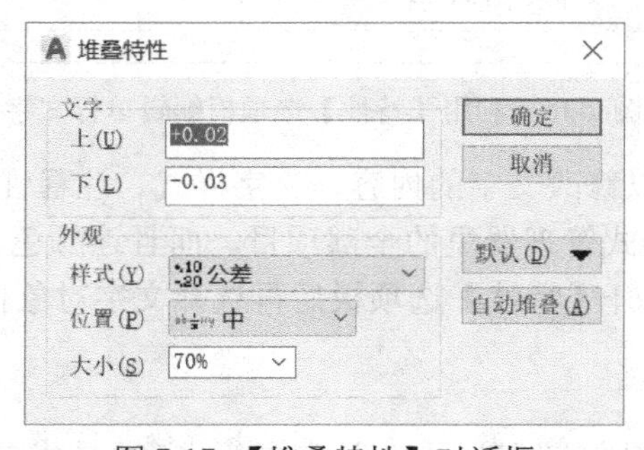

图 7-17 【堆叠特性】对话框

2．符号的应用

在 AutoCAD 中输入文字的时候，偶尔会遇到一些特殊的工程符号不能直接从键盘键入，以往 AutoCAD 采用以“%%”开头的控制码来实现，常用的特殊符号和代码如表 7-2 所示，这些符号常会用到，但是代码并不好记，【符号】按钮可以帮助我们直接输入这样的符号，如图 7-18 所示，通过选择这些菜单项可以完成度符号、公差符号、直径符号等常用符号的输入。

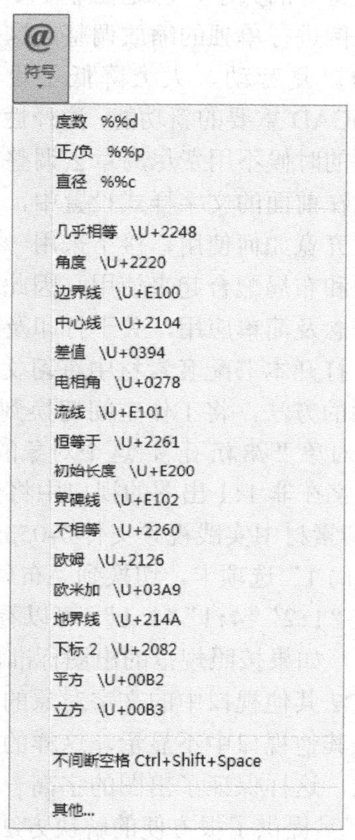

图 7-18 【符号】按钮菜单

表 7-2　常用的特殊符号代码表

控制代码	结　果
%%d	度符号（°）
%%p	公差符号（±）
%%c	直径符号（Ø）
%%%	百分号（%）

对于多行文字，也可以利用【特性】工具对文字进行编辑，方法是先选择文字对象，单击【标准】工具栏上的【特性】按钮，弹出【特性】选项板，如图 7-19 所示。对话框中的“文字”选项区域就是对多行文字的一些特性进行修改的地方，不过对于文字内容，最好还是到【文字格式】编辑器中进行修改。当然，与单行文字或其他对象一样，打开【特性】选项板后再选择文字对象也可以实现文字编辑。

7.1.5　注释性特性的应用

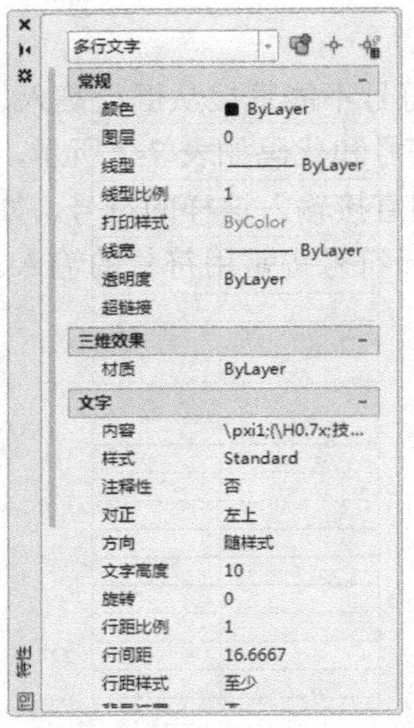

图 7-19 利用【特性】工具编辑多行文字

在规范的工程图纸中，文字、标注、符号等对象在最终图纸上应该有统一的标准，在 AutoCAD 中对这些对象进行大小设置后，对于 1:1 的出图比例，可以很方便地实现标准的字高、标注以及符号的大小，但是在非 1:1 的出图比例中，就需要为每个出图比例进行单独的缩放调整，这是一个很烦琐的工作，而且有大量的重复劳动，大大降低了设计绘图的效率。注释性特性是 AutoCAD 重要的新功能，注释性特性的目的是为了让非 1:1 比例出图的时候不用费尽周章去调整文字、标注、符号的比例。

在前面的文字样式设置中，都进行了注释性的设置，注释性特性究竟如何使用，接下来用一个例子来说明，由于注释性特性必须和布局配合起来使用，因此本章的例子仅仅简单介绍注释性的概念及简单应用，关于打印及布局将在第 10 章中介绍。

打开本书配套素材中练习文件“7-5.dwg”，然后使用第一章介绍的方法，将工作空间切换到“二维草图与注释”，如图 7-20 所示，此图中注写一个单行文字对象“ϕ8 沉孔”，这个对象的文字字高是 7，目前这个文字对象的注释性未被打开，这样的文字在非 1:1 出图的视口中将会呈现不同的大小。

此练习示范，请参阅配套素材中实践视频文件 7-05.mp4。

单击绘图区域左下角的“布局 1”选项卡，切换到“布局 1”，在这个布局中有三个视口，如图 7-21 所示，显示比例分别是“1:2”“4:1”“1:1”，可以看到在这三个视口中文字对象“ϕ8 沉孔”显示出的字高是不一致的，如果按照规范的出图标准，只有 1:1 出图比例视口中的文字字高是正确的，按照往常的方法其他视口中的文字对象的字高都需要专门为这个视口重新注写并调整字高，还需要设定在其他视口中不显示，这样的方法显然比较烦琐，有时候也采取直接在布局中书写文字的方法，这样保证了出图的字高一致，但是这些文字在模型空间中又不可见。AutoCAD 的注释性工具提供了很方便的解决方法，步骤如下。

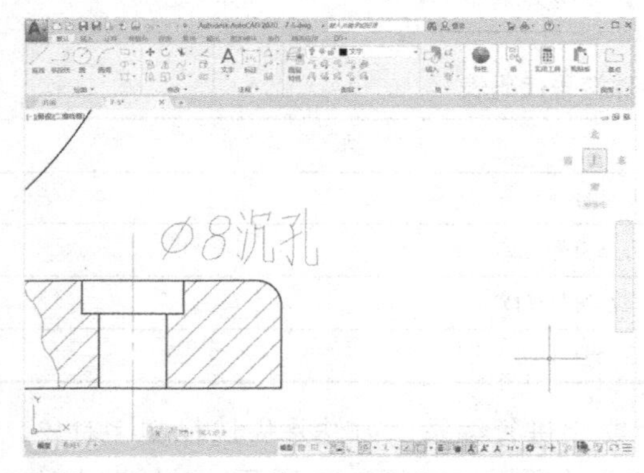

图 7-20　文件 7-5.dwg 中图形

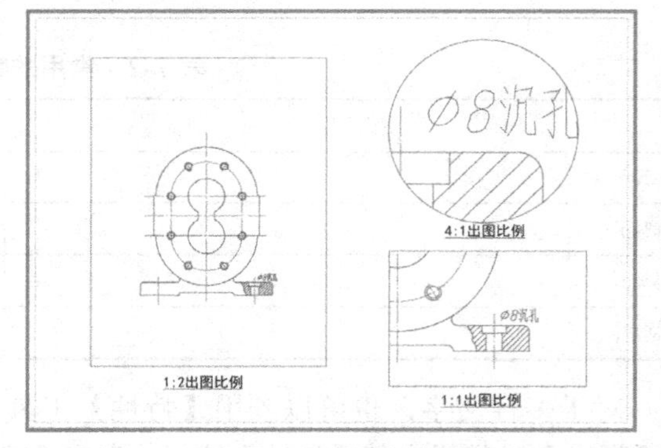

图 7-21　“布局 1”选项卡中的三个视口

（1）单击“模型”选项卡，切换到“模型”，单击选中文字对象“Φ8 沉孔”，按快捷键【Ctrl+1】或在右键快捷菜单中选择【特性】选项，弹出【特性】选项板，将其中“注释性”下拉列表选择为“是”，如图 7-22 所示，这样就为文字对象打开了注释性，对于前面讲到的使用原本就打开了注释性的文字样式注写的文字对象，这一步可以略去。

（2）此时会发现“注释性”下拉列表下面增加了一项“注释比例”列表项，单击旁边的【…】按钮，打开【注释对象比例】对话框，此时对象比例列表中只有“1:1”这个比例，单击【添加】按钮将“1:2”“4:1”的出图比例添加进去（需要进行什么样的出图比例就添加什么出图比例），如图 7-23 所示，单击【确定】按钮关闭【注释对象比例】对话框，然后关闭【特性】选项板。

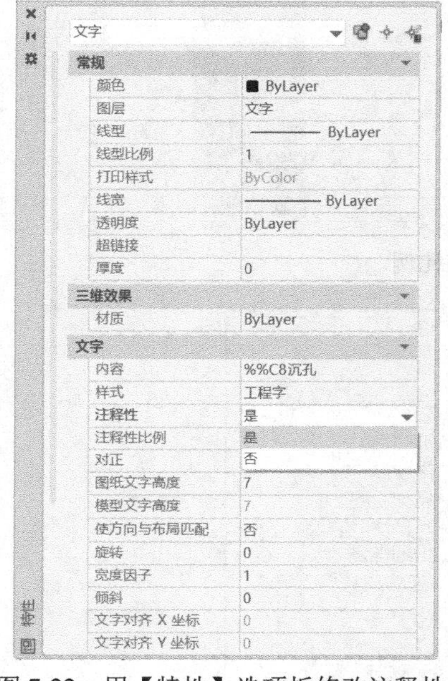

图 7-22　用【特性】选项板修改注释性

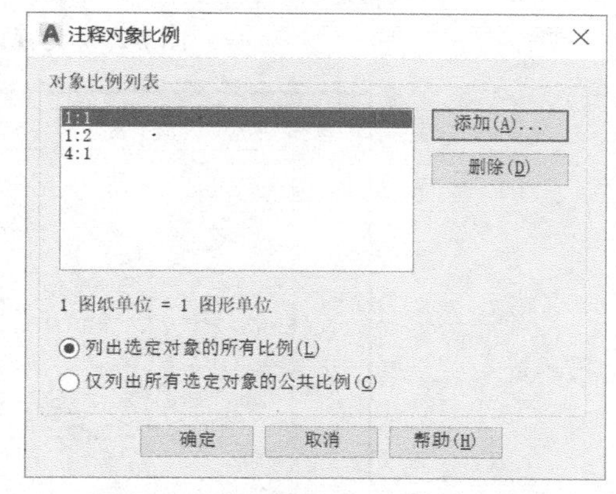

图 7-23　【注释对象比例】对话框

（3）此时再单击选中文字对象“ϕ8 沉孔”，会发现文字对象变成了多个字高的显示，如图 7-24 所示，移动到文字对象上方的十字光标旁也多了注释性的三角比例尺符号。

图 7-24　附带注释性的文字对象

（4）此时再单击“布局 1”选项卡，切换到“布局 1”，会发现各个视口中的文字对象字高仍无变化，如图 7-21 所示，这是因为没有为视口设置注释比例，单击选择左侧“1:2 出图比例”视口边框，然后单击状态栏上“视口比例”列表，在列表中再次选择“1:2”确认此视口的比例（注意原来可能就已经选择了“1:2”，但那是在没有增加注释性特性的情况下创建视口时选择的，在这里需要再次选择将之确认为注释性的视口比例），如图 7-25 所示，选择完毕后会发现此视口中的文字高度变得和“1:1 出图比例”视口中一致了。

（5）依次再确认“1:1 出图比例”“4:1 出图比例”两个视口的视口比例，最后结果如图 7-26 所示，这样实现了一个文字对象在多个不同出图比例视口中的正常显示。

在 AutoCAD 中还为注释性提供了工具面板和状态栏按钮，这些工具可以更方便地应用对象的注释性特性，说明如下。

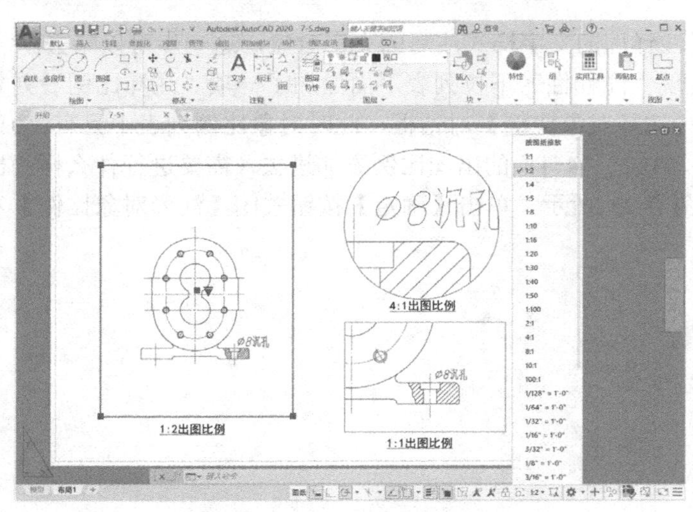

图 7-25　为视口选择视口比例

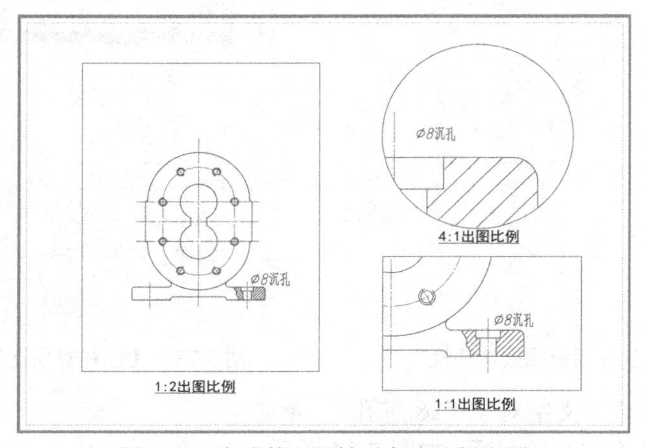

图 7-26　完成的注释性对象多比例出图

1. 工具面板按钮

- 【添加当前比例】按钮：选择一个或多个注释性对象将当前注释比例添加到对象中。
- 【删除当前比例】按钮：选择一个或多个注释性对象将当前注释比例从对象中删除。
- 【添加/删除比例…】按钮：选择一个或多个注释性对象打开【注释对象比例】对话框进行添加/删除注释比例的操作。
- 【比例列表】按钮：控制布局视口、页面布局和打印可用的缩放比例列表。
- 【同步比例位置】按钮：重置选定注释性对象的所有换算比例图示的位置。

2. 状态栏按钮

- 【选定视口的比例】按钮：设置当前视口应用注释性时的视口比例，对于每个视口，视口比例和注释比例应该相同。
- 【当前视图的注释比例】按钮：设置当前视口应用注释性时的注释比例，对于每个视口，注释比例和视口比例应该相同。
- 【显示注释对象】按钮：注释可见性开关，对于模型空间或布局视口，用户可以显示所有的注释性对象，或仅显示那些支持当前注释比例的对象。

- 【在注释比例发生变化时，将比例添加到注释性对象】按钮：打开此开关后，会在当前注释比例更改时自动将更改后的比例添加至图形中所有具有注释性特性的对象中。

对于文字、标注、块、图案填充等可以附加注释性特性的对象都可以方便地应用这些工具，此后章节不再赘述。

7.2　表格的使用

表格是在行和列中包含数据的对象。在工程上大量使用到表格，例如标题栏和明细栏都属于表格的应用。以前版本的 AutoCAD 没有提供专门的表格工具，所有的表格都需要先将表格线条绘制出来，然后在里面逐个地写入文字，文字与表格单元框的位置关系都要手工逐个对齐。从 AutoCAD 2005 开始新增了专门的表格工具，在 AutoCAD 2020 支持表格分段、序号自动生成，更强的表格公式以及外部数据链接等。可以直接使用 AutoCAD 的表格工具做一些简单的统计分析。本节将用一个明细栏的例子介绍表格的使用方法。

7.2.1　创建表格样式

创建表格对象时，首先要创建一个空表格，然后在表格的单元格中添加内容。在创建空表格之前先要进行表格样式的设置。

激活表格样式命令的方法如下。

- 功能区：【注释】标签|【表格】面板|【表格样式】按钮；
- 命令行：tablestyle （ts）↙。

打开本书配套素材中练习文件“7-6.dwg”，在这个文件中创建一个明细栏。

此练习示范，请参阅配套素材中实践视频文件 7-06.mp4。

（1）单击【表格样式】按钮，弹出【表格样式】对话框，如图 7-27 所示。

在【表格样式】对话框的“样式”列表里有一个名为“Standard”的表格样式，不用改动它，单击【新建】按钮，弹出【创建新的表格样式】对话框，在“新样式名”文本框中输入“明细栏”，表示专门新建一个名为“明细栏”的表格样式。

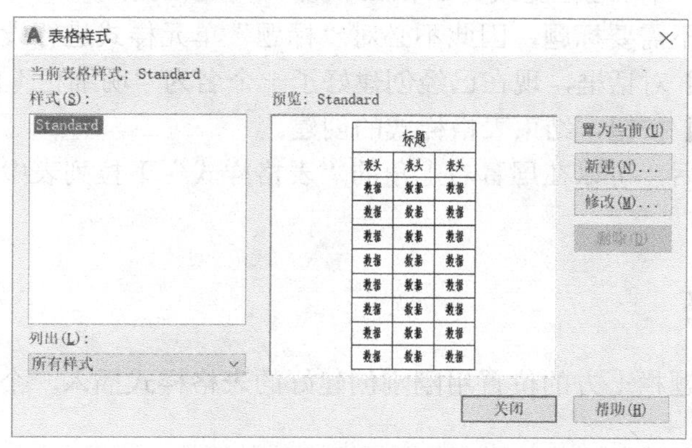

图 7-27 【表格样式】对话框

（2）单击【继续】按钮，弹出【新建表格样式：明细栏】对话框，如图 7-28 所示。

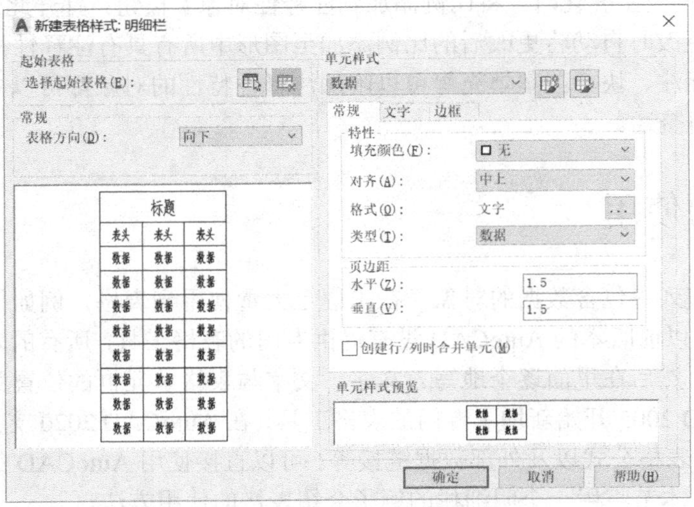

图 7-28 【新建表格样式：明细栏】对话框

（3）将“常规”选项区域中“表格方向”下拉列表更改为“向上”，这是明细表的形式，数据向上延伸。表格里面有三个基本要素，分别是“标题”“表头”“数据”，在“单元样式”下拉列表中控制，在预览图形里可以看见这三个要素分别代表的部位。

（4）确保“单元样式”下拉列表选择了“数据”，“常规”选项卡里“页边距”选项区域控制文字和边框的距离，对于水平距离不用做更改，垂直距离需要根据明细栏的行高来定，预期的行高为 8，文字高度为 5，但是文字的高度还要加上上下的余量，现在无法准确地估算，因此将垂直距离暂时设置为 0.5。

（5）选择“文字”选项卡，将文字高度更改为 5。

（6）选择“边框”选项卡，此选项卡控制表格边框线的特性，将外边框更改为 0.4mm 线宽，内边框更改为 0.15mm 线宽，要注意此处的更改要先选择线宽，然后再单击需要更改的边框按钮。

（7）在“单元样式”下拉列表选择了“表头”，重复步骤（4）、（5）、（6）的设置，同样将文字高度更改为 5，将外边框更改为 0.4mm 线宽，内边框更改为 0.15mm 线宽。

（8）由于明细栏不需要标题，因此不必对“标题”单元样式进行设置，单击【确定】按钮，回到【表格样式】对话框，现在已经创建好了一个名为“明细栏”的表格样式。

（9）单击【关闭】按钮，结束表格样式的创建。

创建完表格样式后，可以在屏幕右上角的“表格样式”下拉列表中选择此“明细栏”作为当前的表格样式。

7.2.2 插入表格

接下来可以在标题栏上方的位置用刚刚创建好的表格样式插入一个表格，插入表格命令的激活方式如下。

- 功能区：【注释】标签|【表格】面板|【表格】按钮；

- 命令行：table （tb）↙。

继续刚才的练习，步骤如下。

（1）单击【表格】按钮，激活插入表格的命令，AutoCAD将弹出【插入表格】对话框，在此可以进行插入表格的设置。

（2）确保“表格样式”名称选择了刚才创建的“明细栏”，将“插入方式”选定为“指定插入点”方式，在“列和行设置”选项区域中设置为7列3行，列宽为40，行高为1行，由于明细栏不需要标题，因此需要在“设置单元样式”选项区域将“第一行单元样式”下拉列表选择为“表头”，然后将“第二行单元样式”下拉列表选择为“数据”，如图7-29所示，然后单击【确定】按钮。

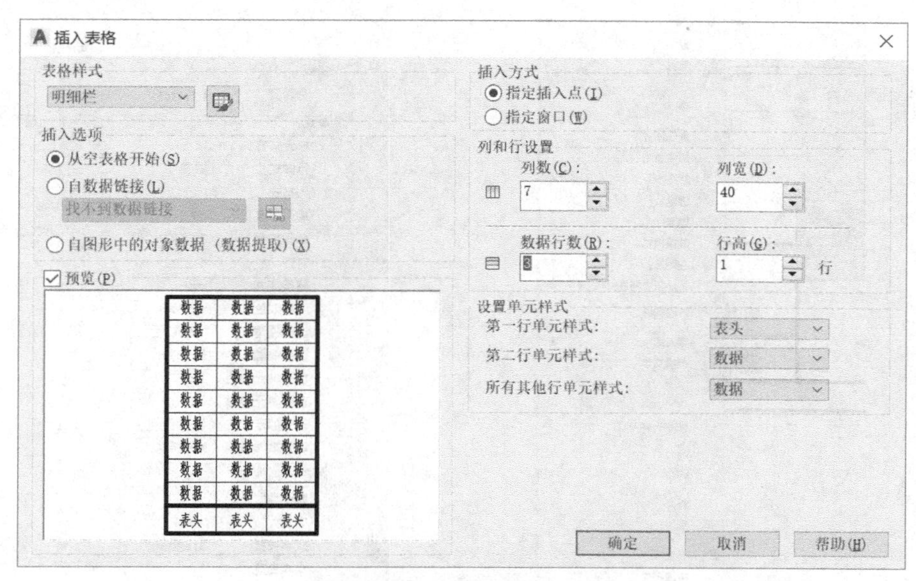

图7-29 【插入表格】对话框

（3）指定标题栏的左上角点为表格插入点，然后在随后提示输入的列标题行中填入“序号”“代号”“名称”“数量”“材料”“重量”“备注”七项，在“序号”一列向上填入1~4，可以采用类似Excel电子表格里的方法，先填入1和2，然后选择这两个单元格，其他数据采取按住单元格边界右上角夹点拉动的方法完成，AutoCAD可以自动填入数列，最后效果如图7-30所示。

此时已经完成表格的插入，明细栏已经有了一个雏形，接下来进一步编辑此表格，使其更加完善。

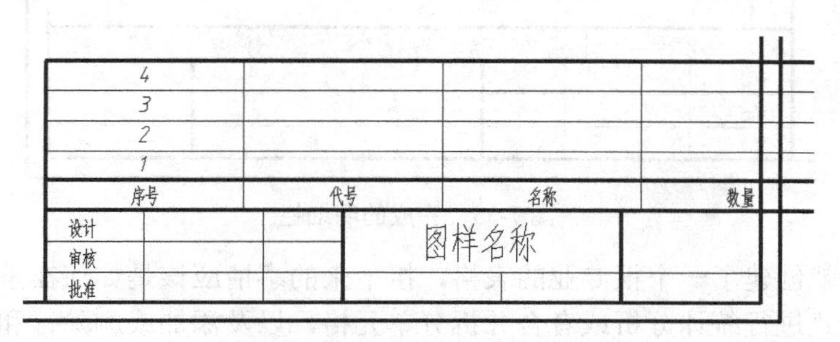

图7-30 完成插入后的表格

7.2.3 编辑表格

表格的每一个单元格的高度和宽度都需要设定，对于复杂的表格，也可以像在 Excel 一类软件中一样合并和拆分单元格。接下来利用【特性】选项板对明细栏进行编辑，步骤如下。

（1）按住鼠标左键并拖动可以选择多个单元格，将“序号”一列全部选中并右击，弹出快捷菜单，如图 7-31 所示，在这个菜单里包括【单元样式】、【边框】、【行】、【列】、【合并】、【数据链接】等编辑命令，如果选择单个单元格，右键菜单里还会包括公式等选项。

（2）选择【特性】菜单项，弹出【特性】选项板，如图 7-32 所示。将“单元宽度”项更改为 10，将“单元高度”项更改为 8。

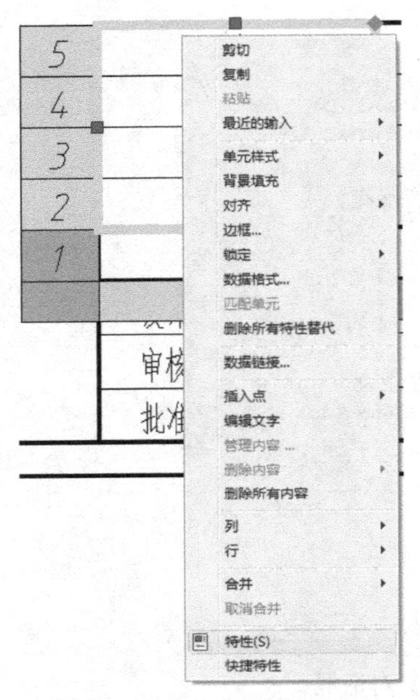

图 7-31 表格快捷编辑菜单

图 7-32 【特性】选项板

（3）在绘图区域继续选择其他列，分别将“代号”列保持为 40、“名称”列改为 50、“数量”列改为 10、“材料”列保持为 40、“重量”和“备注”列改为 15，最后完成的明细栏如图 7-33 所示。

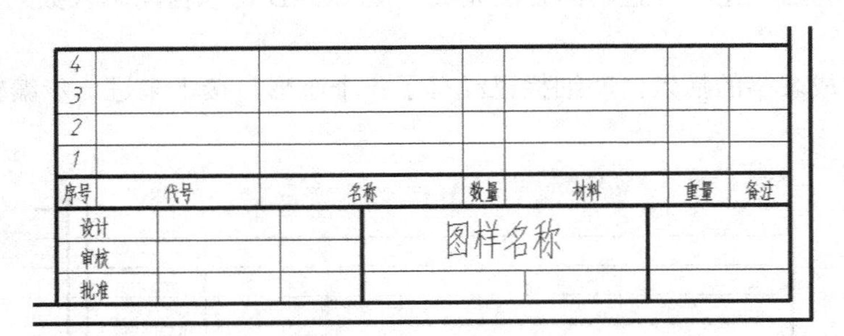

图 7-33 完成的明细栏

这样，我们就创建了一个很专业的表格，接下来的事情应该是如何在里面填写数据了，包括应用一些公式进行统计分析或者合并拆分单元格，以及添加或删除行和列等，在这里就不再赘述了，读者有兴趣可以将明细栏下面的标题栏也用表格的形式创建出来。

7.2.4 利用现有表格创建新的表格样式

前面创建的明细栏表格样式，如果要继续用来插入表格，在以前版本的 AutoCAD 中只能重新做一遍单元格的编辑，AutoCAD 2020 的表格工具有了更强大的功能，可以直接利用现有的表格创建出新的表格样式，这一类的表格样式完全保留了修改后的专业表格的所有设置，使用它来创建表格可以直接创建出专业表格，下面举例介绍。

打开本书配套素材中练习文件“7-7.dwg”，利用此文件中创建好的明细栏创建新的表格样式。步骤如下。

此练习示范，请参阅配套素材中实践视频文件 7-07.mp4。

（1）单击【表格样式】按钮，弹出【表格样式】对话框，在【表格样式】对话框的“样式”列表里有“Standard”“明细栏”两个表格样式，不用改动它，选择“明细栏”作为当前的表格样式，单击【新建】按钮，弹出【创建新的表格样式】对话框，在“新样式名”文本框中输入“明细栏 2”，新建一个基于“明细栏”的新表格样式。

（2）单击【继续】按钮，弹出【新建表格样式：明细栏 2】对话框，如图 7-34 所示。

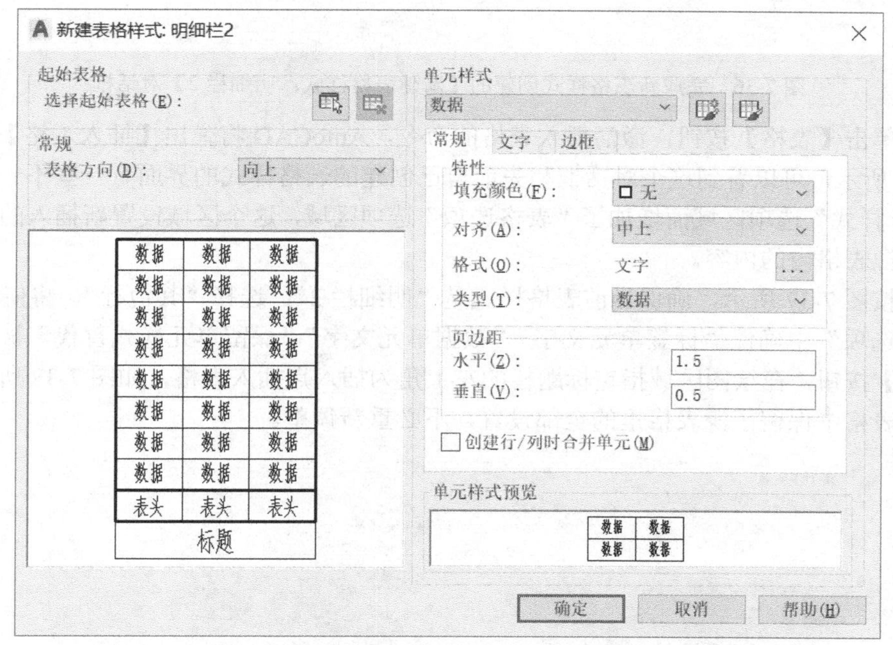

图 7-34 【新建表格样式：明细栏 2】对话框

（3）单击“起始表格”选项区域的 按钮，命令行提示选择一个表格用作此表格样式的起始表格，在绘图区域选择下方创建好的明细栏，如图 7-35 所示。

选择表格:

4						
3						
2						
1						
序号	代号	名称	数量	材料	重量	备注

图 7-35 选择下方创建好的明细栏

（4）选择完成后回到【新建表格样式：明细栏 2】对话框，此时表格样式已经基于现有的明细栏表格完成创建，如图 7-36 所示，单击【确定】按钮，回到【表格样式】对话框，表格样式列表中已经增加了名为“明细栏 2”的样式，单击【关闭】按钮结束表格样式创建。

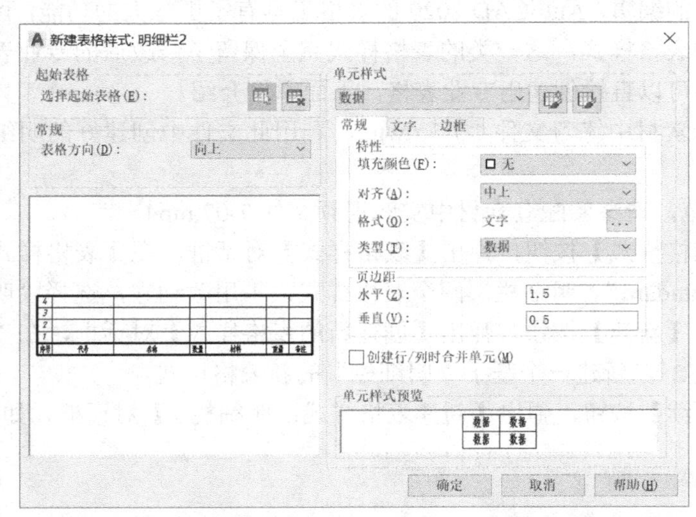

图 7-36　完成新表格样式创建的【新建表格样式：明细栏 2】对话框

（5）单击【表格】按钮，激活插入表格的命令，AutoCAD 将弹出【插入表格】对话框，如图 7-37 所示，可以看到这个对话框和先前自己创建的表格样式的界面有一些不一样，少了“设置单元样式”选项区域而增加了“表格选项”选项区域，这个区域设置新插入的表格需要保留那些源表格内的内容。

（6）按图 7-37 所示，确保当前表格样式是“明细栏 2”，选择“其他行”，将值设为 15，在“表格选项”中确保“标签单元文字”“数据单元文字”“保留单元样式替代”被勾选，单击【确定】按钮，在绘图区域指定标题栏的左上角为插入点插入表格，如图 7-38 所示。可以看到这个表格中保留了源表格里的全部设置，不必重新调整。

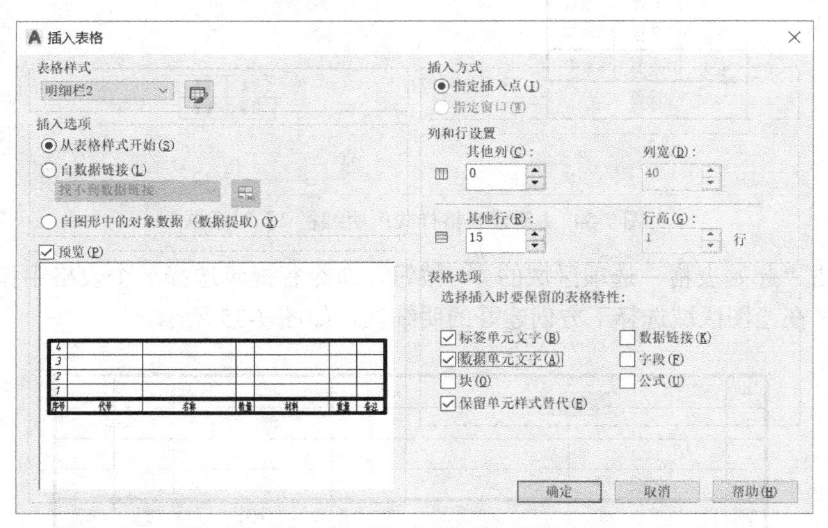

图 7-37　【插入表格】对话框

（7）由于有更多的增加行，对于增加行可以按先前讲过的方法将行高调整为 8，拉动夹点完成序号的自动填入，对于如此多栏目的明细栏，AutoCAD 2020 可以支持表格的分栏，接下来设置表格分栏。

（8）选择刚创建的表格，在右键快捷菜单中选择“特性”菜单项，打开【特性】选项板，在“表格打断”区域选择“启用”下拉列表为“是”，如图 7-39 所示。

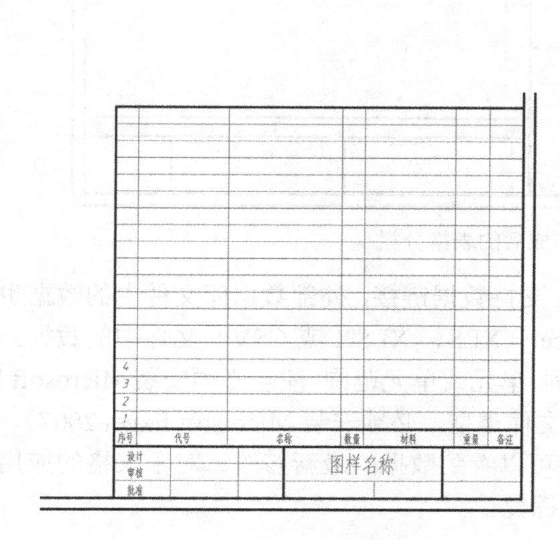

图 7-38　完成后的表格图

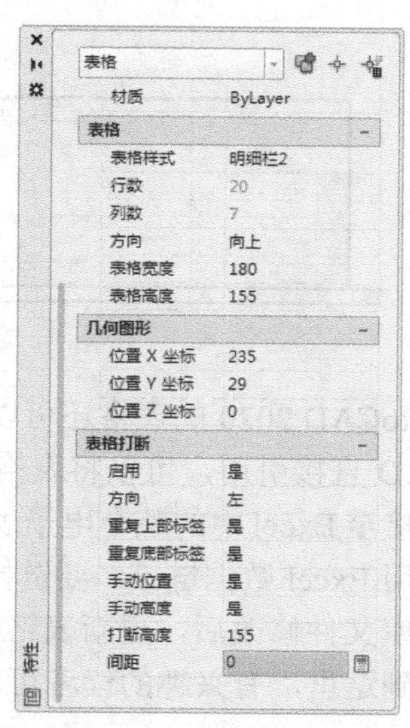

图 7-39 【特性】选项板

（9）按图 7-39 所示，将“表格打断”区域的“方向”改为“左”，将“重复上部标签”“重复底部标签”“手动位置”“手动高度”改为“是”，“间距”改为 0。

（10）关闭【特性】选项板，回到绘图界面，此时表格的顶部夹点如图 7-40 所示。

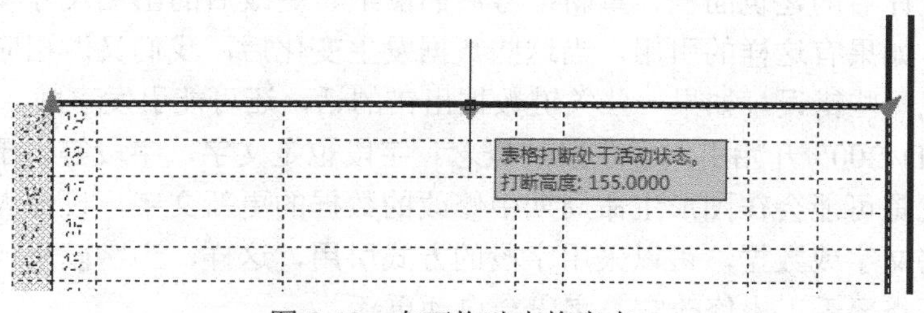

图 7-40　向下拖动表格夹点

（11）向下拉动中间的夹点，将表格修改为如图 7-41 所示。

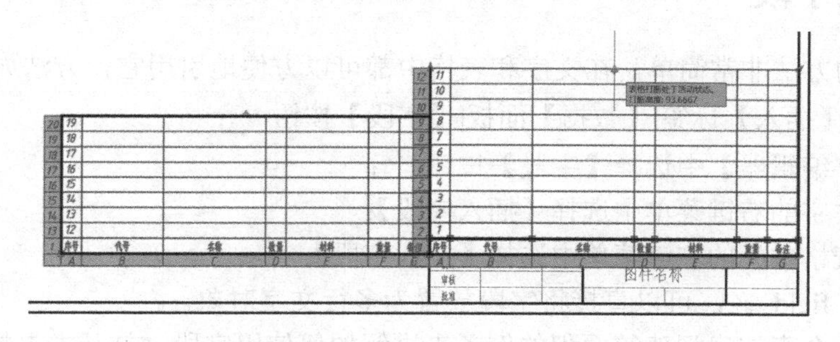

图 7-41　调整后的表格分栏

（12）向下拉动表格左下角的夹点，把左边分栏的起始点调整到与图框底边对齐，最后结果如图 7-42 所示。

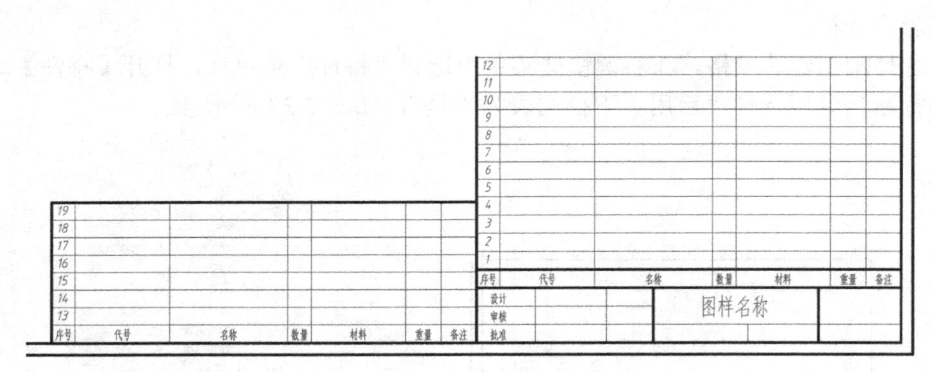

图 7-42　完成后的表格分栏

AutoCAD 2020 的表格还可以应用公式、支持数据链接，外部数据库文件中的数据也能被 AutoCAD 直接引用，可以将表格链接至 Excel（XLS、.XLSX 或 CSV）文件中的数据。可以将其链接至 Excel 中的整个电子表格、各行、列、单元或单元范围（注意必须安装 Microsoft Excel 才能使用 Excel 数据链接。要链接至 XLSX 文件类型，必须安装 Microsoft Excel 2007）。当外部数据库文件修改后，更新表格的数据链接可以看到数据的最新修改。对于表格的应用本节就介绍到这里，有兴趣的读者可以更深入地探究。

7.3　字段的使用

工程图中经常用到一些在设计过程中发生变化的文字和数据，比如说建筑图中引用的视图方向、修改设计后的建筑面积、重新编号后的图纸、更改后的出图尺寸和日期，以及公式的计算结果等。如果有这样的引用，当这些数据发生变化后，我们又做相应的手工修改，就会在图纸中出现一些错误，如果一些关键数据出错的话，还可能引发事故。

从 AutoCAD 2005 开始引入了字段的概念。字段也是文字，字段等价于可以自动更新的“智能文字”，就是可能会在图形生命周期中修改的数据的更新文字，设计人员在工程图中如果需要引用这些文字或数据，可以采用字段的方式引用，这样，当字段所代表的文字或数据发生变化时，不需要手工去修改它，字段会自动更新。

7.3.1　插入字段

引用字段的方法非常简单，在文字和表格中都可以方便地引用它，方法如下。

- 功能区：【插入】标签|【数据】面板|【字段】按钮；
- 在【文字编辑器】中选择【字段】按钮；
- 在编辑文字的右键菜单中选择【插入字段】；
- 在编辑表格单元的右键菜单中选择【插入字段】；
- 命令行：field ↙，可以直接将字段放置为多行文字对象。

本节将用一个查询房间建筑面积的例子来讲解如何使用字段，打开本书配套素材中练习文件“7-8.dwg”，里面是一张建筑平面图，并且创建了一个房间面积表，如图 7-43 所示。

使用前一章中讲授的查询面积的方法，通过为封闭区域创建一个多段线边界，然后查询多段线面积的方法，将三个房间的面积信息以字段的形式添加到表格中，步骤如下。

此练习示范，请参阅配套素材中实践视频文件 7-08.mp4。

（1）从功能区：【默认】标签|【绘图】面板|【图案填充】下拉式列表|【边界】按钮，激活边界命令，弹出【边界创建】对话框，如图 7-44 所示。单击【拾取点】按钮，然后在图 7-43 中所示房间 1、2、3 内部的位置单击左键拾取点，按回车键结束命令，这样在这三个房间中就创建了三个封闭多段线边界，这三个多段线的面积便是房间的面积。

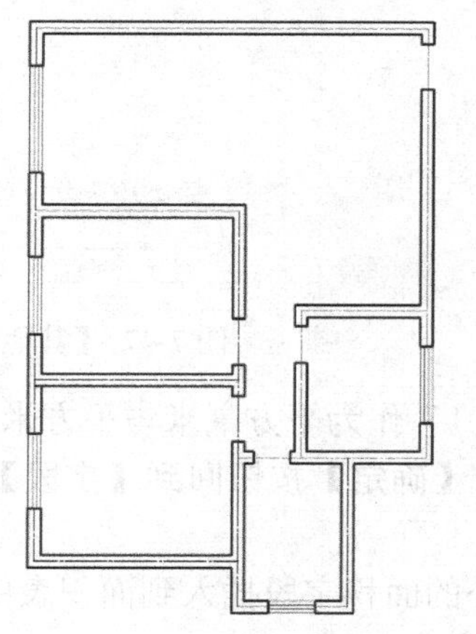

序号	房间	面积 m^2
1	客厅	
2	主卧	
3	次卧	

图 7-43　文件“7-8.dwg”中的建筑平面图

（2）在表格的“客厅”右侧单元格中单击，此时 AutoCAD 界面切换为【表格单元】，如图 7-45 所示，选择其中的【字段】按钮。

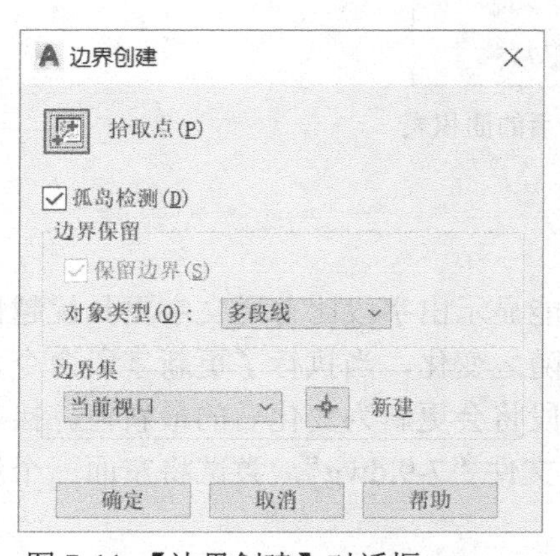

图 7-44　【边界创建】对话框

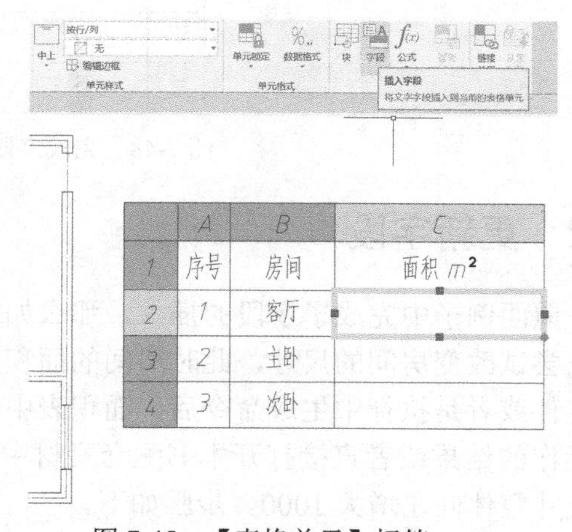

图 7-45　【表格单元】标签

（3）此时弹出【字段】对话框，在“字段类别”下拉列表中选择“对象”，然后单击【选择对象】按钮，如图 7-46 所示。

（4）拾取客厅（1 号房间）的多段线边界，返回到【字段】对话框，此时的“对象类型”文本框中将显示为“多段线”，在“特性”列表中选择面积，确保【格式】列表中选择了额“当前单位”，然后单击【其他格式】按钮，打开【其他格式】对话框，如图 7-47 所示。

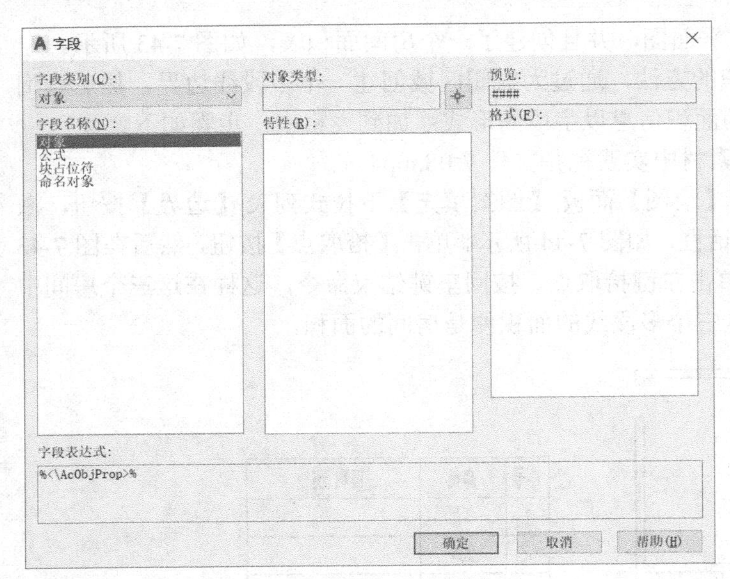

图 7-46 【字段】对话框图

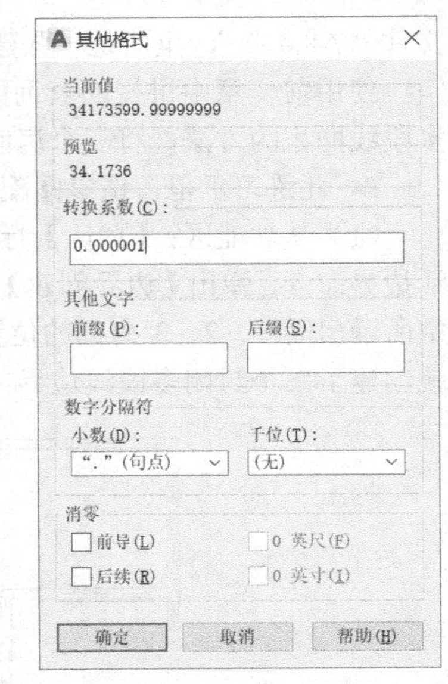

图 7-47 【其他格式】对话框

（5）在“转换系数”文本框中填入“0.000001”作为平方毫米与平方米之间的转换系数，勾选“消零”选项区域的“后续”复选框，单击【确定】按钮回到【字段】对话框，再单击【确定】按钮结束此字段的插入。

（6）重复步骤（2）~（5），分别将主卧和次卧的面积字段插入到面积表中，最后如图 7-48 所示。

序号	房间	面积 m^2
1	客厅	34.1736
2	主卧	12.4056
3	次卧	11.3076

图 7-48　完成字段插入后的面积表

7.3.2　更新字段

在前面例子中完成了字段的插入，那么如何才能显示出字段比普通文字更具优越性呢？接下来尝试改变房间的尺寸，此时房间的面积应该随之变化，当执行了更新字段命令、重新开启文件或者是执行中生成命令后，面积表中的字段将会更新为变化后的最新值。接着前面文件操作的结果或者直接打开本书配套素材中练习文件“7-9.dwg”，尝试将左面三个房间的水平尺寸整体向左增大 1000。步骤如下。

（1）单击【默认】标签|【修改】面板中的【拉伸】按钮，激活拉伸命令，此时命令行提示如下。

命令:_stretch
以交叉窗口或交叉多边形选择要拉伸的对象…
选择对象:(从左上角偏右的位置向左下角偏左的位置拉出一个交叉窗口，如图 7-49 所示)
指定对角点:找到 50 个

选择对象:（按回车键结束选择）

指定基点或[位移(D)] <位移>:（在屏幕上任意拾取一点）

指定第二个点或<使用第一个点作为位移>:1000（确保正交或极轴在开启的情况下将光标水平向左移，然后再输入位移值）

命令指令完成后，三个房间的水平尺寸整体向左扩大了 1000，然而面积表中的面积字段并没有发生变化。

（2）选择【插入】标签|【数据】面板|【更新字段】按钮，在命令行提示“选择对象:”的时候直接选择面积表，按回车键结束选择后，面积表中的面积更新为扩大后的面积，如图 7-50 所示。和图 7-48 对比，会发现字段确实得到了更新。

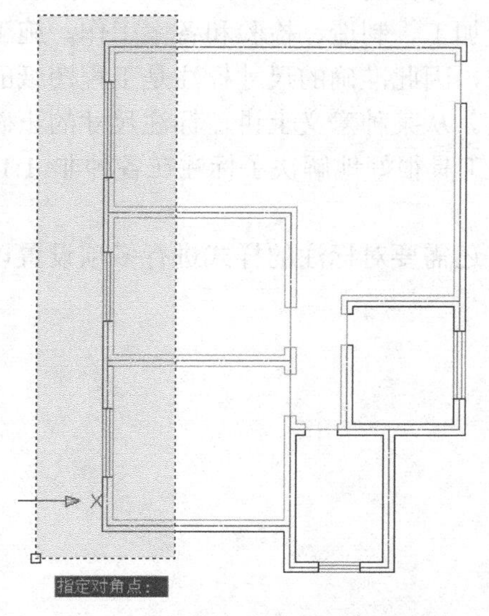

图 7-49　拉伸命令选择对象的方法

序号	房间	面积 m^2
1	客厅	37.5336
2	主卧	15.7656
3	次卧	14.3676

图 7-50　更新字段后的面积表

前面的例子为大家简单介绍了字段的应用方法。另外，字段的类型还包括日期、时间、打印、文档、图纸集等，有兴趣的读者可以参考帮助文件进行更深入的学习，而且最后一章关于图纸集的内容还会介绍字段在图纸集中的应用，这里暂留伏笔，先不细讲。

第8章 尺寸标注

对于一张完整的工程图，准确的尺寸标注是必不可少的。标注可以让工程人员清楚地知道几何图形的严格数字关系和约束条件，方便进行加工、制造、检验和备案工作。施工人员和工人是依靠工程图中的尺寸来进行施工和生产的，因此准确的尺寸标注是工程图纸的关键所在，错误就意味着返工、经济损失，甚至是事故。从某种意义上讲，标注尺寸的正确性甚至比图纸实际尺寸比例的正确性更为重要。注释性工具很好地解决了标注在各种非 1:1 比例出图中文字比例缩放的问题。

由于不同行业对于标注的规范要求不尽相同，还需要对标注的样式进行多项设置以使其满足不同行业的需求。

本章主要讲述以下内容：

- 创建各种尺寸标注
- 定义标注样式
- 标注的编辑与修改
- 创建公差标注

8.1 创建各种尺寸标注

AutoCAD 的标注是建立在精确绘图的基础上的。如果图纸尺寸精确，设计人员不必花时间计算应该标注的尺寸，只需要准确地拾取到标注点，AutoCAD 便会自动给出正确的标注尺寸，而且标注尺寸和被标注对象相关联，修改了标注对象，尺寸便会自动得以更新。

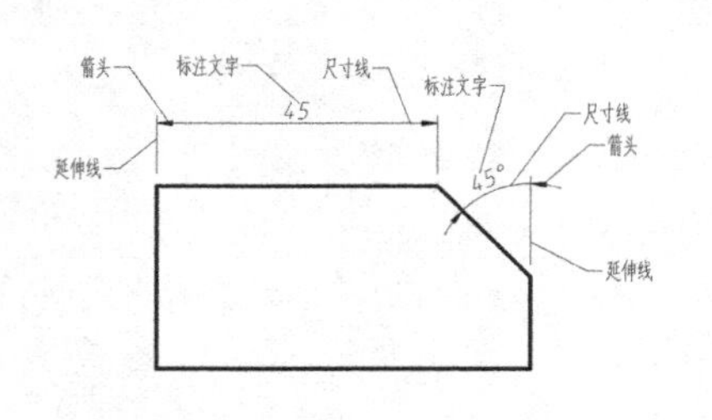

图 8-1　尺寸标注的组成

一般的标注尺寸由尺寸线、尺寸界线、箭头、标注文字 4 部分组成，如图 8-1 所示。这 4 个部分一般是以块的形式出现（关于“块”将在第 9 章讨论），选择了一个标注时，它们是一个整体。

AutoCAD 中提供了十几种标注命令以满足不同的需求，这一节将逐一为大家介绍。

不要试图用分解的方法来修改一个标注尺寸，因为这样会使所有的标注组成部分都解体为零散的对象，并且标注尺寸的关联性也全部丧失。

8.1.1 线性标注与对齐标注

1. 线性标注

线性标注命令提供水平或者垂直方向上的长度尺寸标注，如图 8-2 所示。

命令的激活方法如下。

- 功能区：【注释】标签|【标注】面板|【线性】下拉式列表|【线性】按钮 ；
- 命令行：dimlinear ↙。

打开本书配套素材中练习文件“8-2.dwg”，如图 8-3 所示，下面我们来一步步地完成此线性标注。

此练习示范，请参阅配套素材中实践视频文件 8-01.mp4。

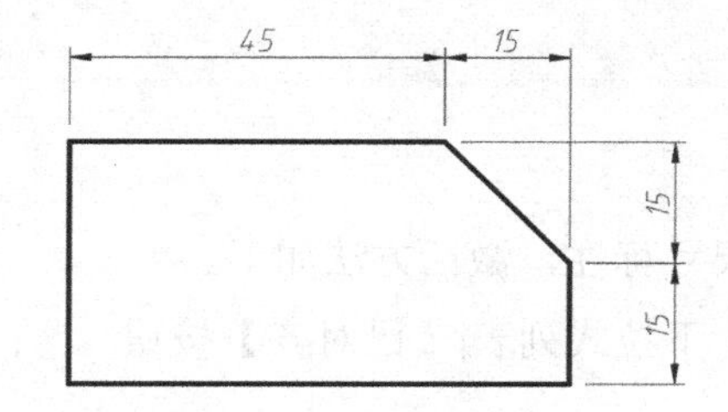

图 8-2 线性标注

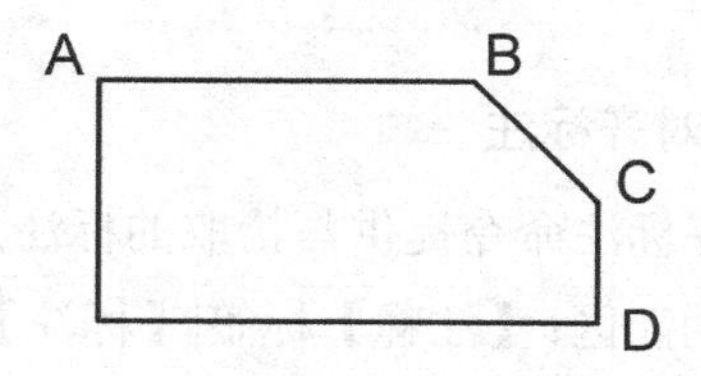

图 8-3 文件“8-2.dwg”中的图形

（1）激活命令，命令行提示如下。

命令:_dimlinear

指定第一个尺寸界线原点或 <选择对象>:

指定第二条尺寸界线原点:

指定尺寸线位置或[多行文字(M)/文字(T)/角度(A)/水平(H)/垂直(V)/旋转(R)]: （向上拉出标注尺寸线，自定义合适的尺寸线位置）

标注文字 =45

大家注意到，最后一行并没有专门去输入标注值“45”，而是由 AutoCAD 根据拾取到的两个标注点之间实际的投影距离自动给出了这个标注值。另外，执行命令的时候，如果提示指定第一条尺寸界线原点的时候直接回车，可以激活选择标注对象的方式，只要选取到对象，AutoCAD 会自动将这个对象的两个端点作为标注点进行线性标注。

（2）按回车键继续执行线性标注命令，命令行提示如下。

命令:_dimlinear

指定第一个尺寸界线原点或<选择对象>:

选择标注对象:（选择 B、C 点间的斜线段）

指定尺寸线位置或[多行文字(M)/文字(T)/角度(A)/水平(H)/垂直(V)/旋转(R)]:（向上拉出标注尺寸线，使用对象捕捉工具捕捉到前一个标注的箭头尖端位置以使标注与前一个标注对齐）

标注文字=15

（3）重复步骤（2），在拉出尺寸线的时候向右拉，可以拉出垂直方向的线性标注。

（4）按回车键继续执行线性标注命令，对 CD 段进行标注，最后的结果如图 8-2 所示。

需要说明的是，在执行到“指定尺寸线位置或[多行文字(M)/文字(T)/角度(A)/水平(H)/垂直(V)/旋转(R)]:”这一步时，默认的响应是拉出标注尺寸线，自定义合适的尺寸线位置，其他的各种选项可以自定义标注文字的内容（弹出多行或单行文字编辑器）、角度以及尺寸线的旋转角度，一般情况下不推荐大家进行修改。

线性标注只能标注水平、垂直方向或者指定旋转方向的直线尺寸，可以看到，对图 8-2 中的斜线进行线性标注时，只能拖出水平或垂直方向投影的尺寸线来，而无法标注出斜线的长度（使用旋转选项方法除外）。

最后的标注文字是 AutoCAD 根据拾取到两点之间准确的距离值自动给出的，不用人工键入，这样的尺寸标注具备关联性，而人工键入的尺寸可能会导致关联性的丧失。

在拾取标注点的时候，一定要打开对象捕捉功能，精确地拾取标注对象的特征点，这样才能在标注与标注对象之间建立关联性，也就是说，标注值会随着标注对象的修改而自动更新。

2. 对齐标注

对齐标注命令提供与拾取的标注点对齐的长度尺寸标注，激活方法如下。

- 功能区：【注释】标签|【标注】面板|【线性】下拉式列表|【已对齐】按钮；
- 命令行：dimaligned ↙。

对齐标注与线性标注的使用方法基本相同，它可以标注出斜线的尺寸。同样在“8-2.dwg”文件中，如果使用对齐标注形式来标注图中的斜线，标注的执行过程如下。

此练习示范，请参阅配套素材中实践视频文件 8-02.mp4。

命令:_dimaligned

指定第一个尺寸界线原点或<选择对象>:（拾取图 8-3 中的 B 点）

指定第二条尺寸界线原点:（拾取图 8-3 中的 C 点）

指定尺寸线位置或[多行文字(M)/文字(T)/角度(A)]:（拉出标注尺寸线，自定合适的尺寸线位置）

标注文字=21.21

最后的标注结果如图 8-4 所示。

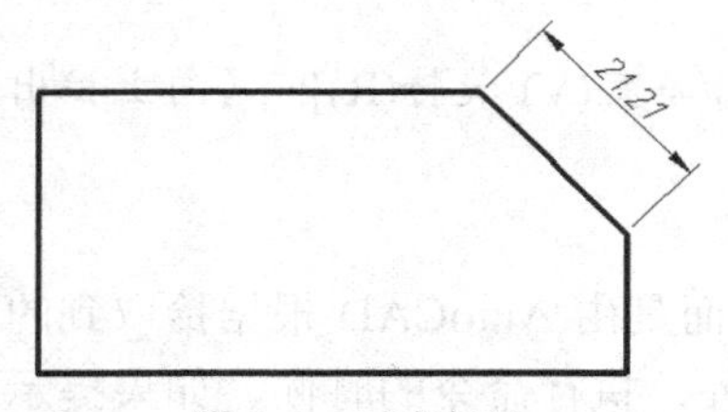

图 8-4　对齐标注

8.1.2　半径标注与直径标注

AutoCAD 对圆或者圆弧可以进行直径和半径的标注。对于半径，标注尺寸值之前会自动加上半径符号“R”，对于直径，标注尺寸值之前会自动加上直径符号“ϕ”。

1. 半径的标注

半径标注命令提供对圆或者圆弧半径的标注，激活方法如下。

- 功能区：【注释】标签|【标注】面板|【线性】下拉式|【半径】按钮；
- 命令行：dimradius ↙。

打开本书配套素材中练习文件“8-3.dwg”，激活半径标注命令，提示如下。

此练习示范，请参阅配套素材中实践视频文件 8-03.mp4。

命令:_dimradius

选择圆弧或圆:（选择图形左上角的圆弧）

标注文字=7

指定尺寸线位置或[多行文字(M)/文字(T)/角度(A)]:（拉出标注尺寸线，自定义合适的尺寸线位置）

执行完的结果如图 8-5 所示。

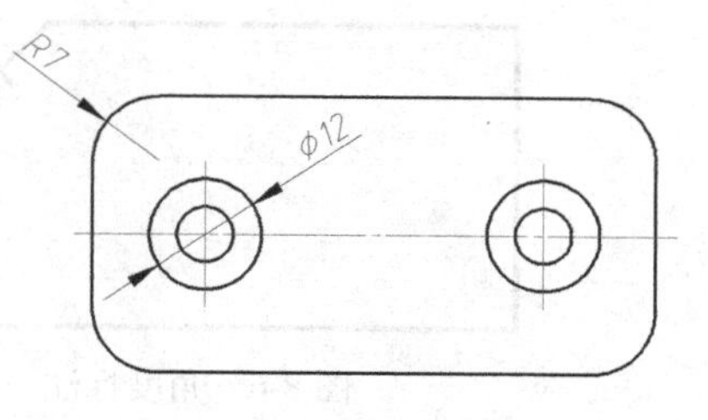

图 8-5　半径与直径标注

2．直径的标注

直径标注命令提供对圆或者圆弧直径的标注，激活方法如下。

- 功能区：【注释】标签|【标注】面板|【线性】下拉式列表|【直径】按钮；
- 命令行：dimdiameter ↙。

同样还是在文件“8-3.dwg”中，激活直径标注命令，提示如下。

命令:_dimdiameter

选择圆弧或圆:（选择图形左边两个圆中的外圆）

标注文字=12

指定尺寸线位置或[多行文字(M)/文字(T)/角度(A)]:（拉出标注尺寸线，自定义合适的尺寸线位置）

标注完成后的结果如图 8-5 所示。读者可以自己尝试图形中其他圆或圆弧的标注。

半径或直径标注的对象既可以是完整的圆，也可以是圆弧，拉出的标注尺寸线可以在圆或圆弧的内部，也可以在圆或圆弧的外部。

8.1.3　角度尺寸的标注

AutoCAD 可以对两条非平行直线形成的夹角、圆或圆弧的夹角或者是不共线的三个点进行角度标注，标注值为度数，因此 AutoCAD 会自动为标注值后面加上度数单位“°”。

角度标注命令的激活方法如下。

- 功能区：【注释】标签|【标注】面板|【线性】下拉式列表|【角度】按钮；
- 命令行：dimangular ↙。

打开本书配套素材中练习文件“8-4.dwg”，激活直径标注命令，提示如下。

此练习示范，请参阅配套素材中实践视频文件 8-04.mp4。

命令:_dimangular

选择圆弧、圆、直线或 <指定顶点>:（选择斜线段）

选择第二条直线：（选择斜线段下面垂直线段）

指定标注弧线位置或 [多行文字(M)/文字(T)/角度(A)/象限点(Q)]：（向左上角拉出标注尺寸线，自定义合适的尺寸线位置）

标注文字 =45

最后标注结果如图 8-6 所示。

角度标注所拉出的尺寸线的方向将影响到标注结果，如图 8-7 所示，两条直线段间的角度在不同的方向可以形成 4 个角度值。

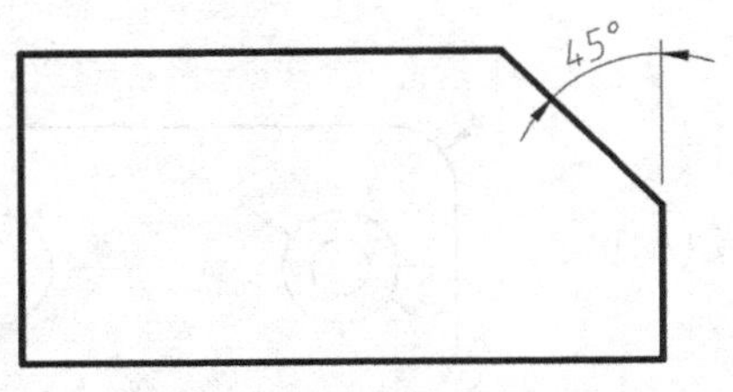

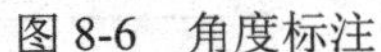
图 8-6　角度标注

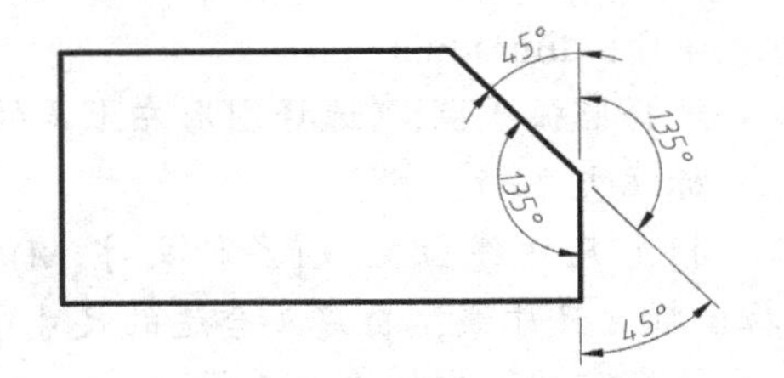

图 8-7　直线段间的 4 个角度标注结果

角度标注也可以应用到圆或者圆弧上，在激活命令的第一个提示“选择圆弧、圆、直线或<指定顶点>:”下，用户可以选择圆或者圆弧，然后可分别进行下面的操作。

- 如果选择圆弧，AutoCAD 会自动标注出圆弧起点及终点围成的扇形角度。
- 如果选择圆，则标注出拾取的第一点和第二点间围成的扇形角度。标注结果如图 8-8 所示。

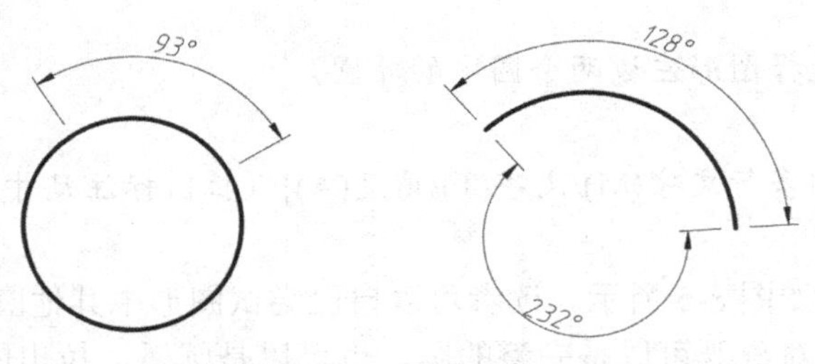

图 8-8　角度标注在圆和圆弧上的应用

- 如果在此提示下直接按回车键，则可以标注三点间的夹角(选取的第一点为夹角顶点)。

8.1.4　弧长的标注

绘图时，有时候还需要标注圆弧的弧长，而 AutoCAD 2020 的弧长标注功能可以帮助我们轻松实现。弧长标注可以标注出圆弧沿着弧线方向的长度而不是弦长。

弧长标注命令的激活方法如下。

- 功能区：【注释】标签|【标注】面板|【线性】下拉式列表|【弧长】按钮 ；
- 命令行：dimarc ↙。

打开本书配套素材中练习文件“8-5.dwg”，标注这条道路中心线中间圆弧的弧长。

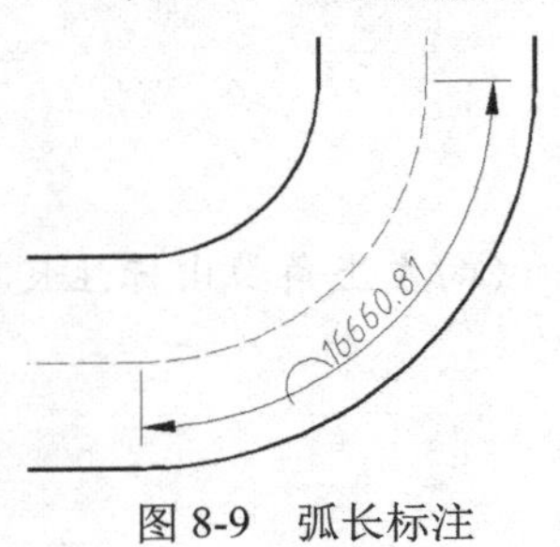

图 8-9　弧长标注

此练习示范，请参阅配套素材中实践视频文件 8-05.mp4。

命令:_dimarc

选择弧线段或多段线圆弧段：（选择道路中心弧线段）

指定弧长标注位置或 [多行文字(M)/文字(T)/角度(A)/部分(P)/]：（向下拉出合适尺寸线长度）

标注文字 = 16660.81

标注结果如图 8-9 所示。

对于包含角度小于 90°的圆弧，弧长标注的两条尺寸界线是平行的，显示为正交尺寸的尺寸界线；而对于大于或等于 90°的圆弧，弧长标注的两条尺寸界线是与被标注圆弧垂直的，显示为径向尺寸的尺寸界线。

8.1.5 折弯标注

有些图形中需要对大圆弧进行标注，这些圆弧的圆心甚至在整张图纸之外，此时在工程图中就对这样的圆弧进行省略的折弯标注。AutoCAD 2020 的折弯标注命令对这样的标注方法提供了很好的支持。

折弯标注命令的激活方式如下。

- 功能区：【注释】标签|【标注】面板|【线性】下拉式列表|【已折弯】按钮 ；
- 命令行：dimjogged ↙。

打开本书配套素材中练习文件“8-6.dwg”，对道路中心线中间圆弧的半径进行标注，激活命令后，命令行提示如下。

此练习示范，请参阅配套素材中实践视频文件8-06.mp4。

命令:_dimjogged

选择圆弧或圆：（选择道路中心弧线段）

指定图示中心位置：（拾取图 8-10 中的 A 点）

标注文字 =32965.43

指定尺寸线位置或 [多行文字(M)/文字(T)/角度(A)]:（拾取图 8-10 中的 B 点）

指定折弯位置：（拾取图 8-10 中的 C 点）

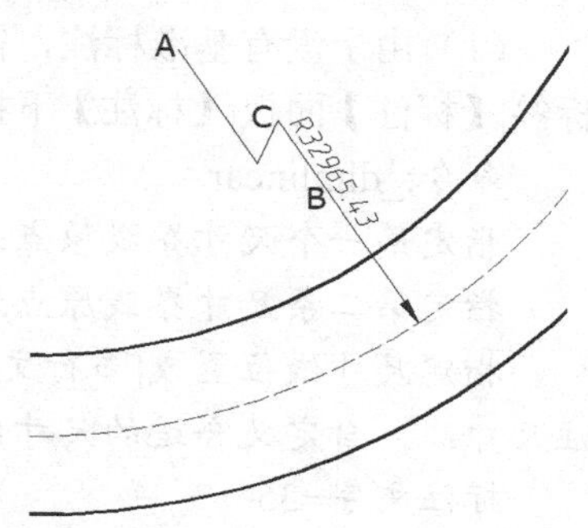

图 8-10 折弯标注

最后的结果如图 8-10 所示，在 AutoCAD 2020 中还可以对线性标注进行折弯标注，用法是先创建一个线性标注，然后使用下拉菜单中【标注】|【线形折弯】工具为之添加一个折弯点，读者可以自行尝试。

8.1.6 基线标注与连续标注

基线标注与连续标注的实质是线性标注、坐标标注、角度标注的延续，在某些特殊情况中，比如一系列尺寸是由同一个基准面引出的或者是首尾相接的一系列连续尺寸，AutoCAD 提供了专门的标注工具以提高标注的效率。

1. 基线标注

对于由同一个基准面引出的一系列尺寸，可以使用基线标注，激活方法如下。

- 功能区：【注释】标签|【标注】面板|【连续】下拉式列表|【基线】按钮 ；
- 命令行：dimbaseline ↙。

无论是基线标注或是连续标注，都需要预先指定一个完成的标注作为标注的基准，这个标注可以是线性标注、坐标标注、角度标注，一旦指定了基准标注，接下来的基线标注或连续标注也和基准标注形式一样。

需要注意，如果刚刚执行了一个标注，那么激活基线标注或连续标注后，会自动以刚刚执行完的线性标注为基准进行标注，如果不是刚执行的线性标注，执行基线标注或连续标注的时候，命令行会提示选择一个已经执行完成的标注作为基准。如果当前图形中一个标注都没有，那么基线标注或连续标注命令无法执行下去。

打开本书配套素材中练习文件“8-7.dwg”，文件中是一个阶梯轴图形，如图 8-11 所示。下面我们一步步对其进行基线标注。

此练习示范，请参阅配套素材中实践视频文件 8-07.mp4。

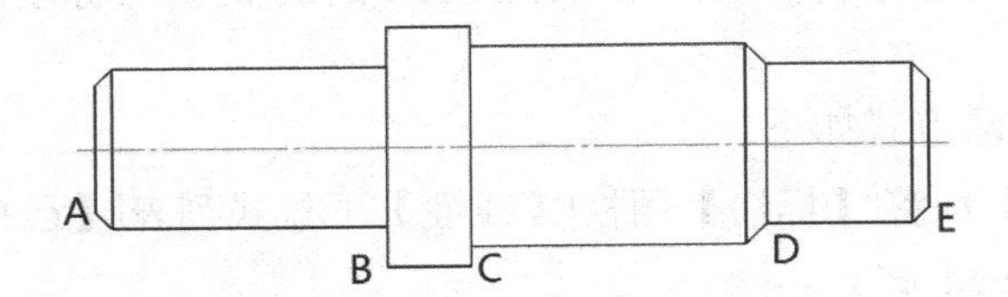

图 8-11　文件“8-7.dwg”中的阶梯轴图形

（1）由于没有基准标注，需要先在 A、B 点间创建一个线性标注。单击功能区【注释】标签|【标注】面板|【标注】下拉式列表|【线性】按钮，激活线性标注命令，命令行提示如下。

命令:_dimlinear

指定第一个尺寸界线原点或<选择对象>:（打开对象捕捉，拾取图 8-11 中的 A 点）

指定第二条尺寸界线原点:（拾取图 8-11 中的 B 点）

指定尺寸线位置或[多行文字(M)/文字(T)/角度(A)/水平(H)/垂直(V)/旋转(R)]:（向下拉出标注尺寸线，自定义合适的尺寸线位置）

标注文字=35

（2）单击功能区【注释】标签|【标注】面板|【连续】下拉式列表|【基线】按钮，因为刚刚执行完一个线性标注，AutoCAD 会直接以刚执行完的线性标注作为基准标注，提示输入下一个尺寸点，基准面是这个线性标注选择的第一个标注点，依次选择 C、D、E 点，会得到完整的基线标注，执行过程如下。

命令:_dimbaseline

指定第二条尺寸界线原点或[放弃(U)/选择(S)]<选择>:（拾取图 8-11 中的 C 点）

标注文字=45

指定第二条尺寸界线原点或[放弃(U)/选择(S)]<选择>:（拾取图 8-11 中的 D 点）

标注文字=80

指定第二条尺寸界线原点或[放弃(U)/选择(S)]<选择>:（拾取图 8-11 中的 E 点）

标注文字=100

指定第二条尺寸界线原点或[放弃(U)/选择(S)]<选择>:（直接按回车键）

选择基准标注:（直接按回车键结束命令）

最终标注完成的结果如图 8-12 所示。

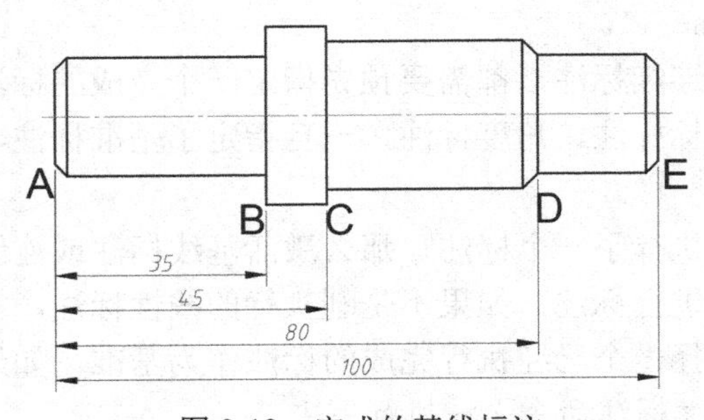

图 8-12　完成的基线标注

2. 连续标注

对于首尾相接的一系列连续尺寸，可以使用连续标注，连续标注的激活方法如下。

- 功能区：【注释】标签|【标注】面板|【连续】下拉式列表|【连续】按钮 ；
- 命令行：dimcontinue ↙。

打开本书配套素材中练习文件“8-8.dwg”，它是一个建筑平面图，如图 8-13 所示。下面我们一步步对其进行连续标注。

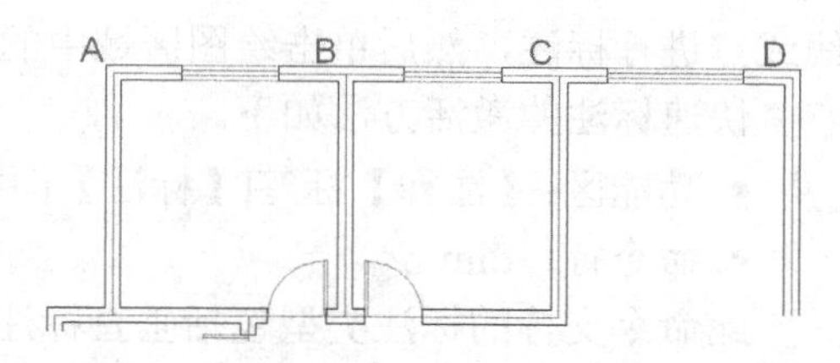

图 8-13 文件“8-8.dwg”中的建筑平面图

此练习示范，请参阅配套素材中实践视频文件 8-08.mp4。

（1）同样，由于没有基准标注，需要先在 A、B 点（注意，所有的标注点都是轴线上的交点）间创建一个线性标注。单击功能区【注释】标签|【标注】面板|【标注】下拉式列表|【线性】按钮，激活线性标注命令，命令行提示如下。

命令:_dimlinear

指定第一条尺寸界线原点或<选择对象>:（打开对象捕捉，拾取图 8-13 中的 A 点）

指定第二条尺寸界线原点:（拾取图 8-13 中的 B 点）

指定尺寸线位置或[多行文字(M)/文字(T)/角度(A)/水平(H)/垂直(V)/旋转(R)]:（向上拉出标注尺寸线，自定义合适的尺寸线位置）

标注文字=3600

（2）单击功能区【注释】标签|【标注】面板|【连续】下拉式列表|【连续】按钮，AutoCAD 会直接以刚才执行完的线性标注作为基准标注，提示输入下一个尺寸点。依次选择 C、D 点，会得到完整的连续标注，执行过程如下。

命令:_dimcontinue

指定第二条尺寸界线原点或[放弃(U)/选择(S)]<选择>:（拾取图 8-13 中的 C 点）

标注文字=3300

指定第二条尺寸界线原点或[放弃(U)/选择(S)]<选择>:（拾取图 8-13 中的 D 点）

标注文字=3600

指定第二条尺寸界线原点或[放弃(U)/选择(S)]<选择>:（直接按回车键）

选择连续标注:（直接按回车键结束命令）

标注完成的结果如图 8-14 所示。

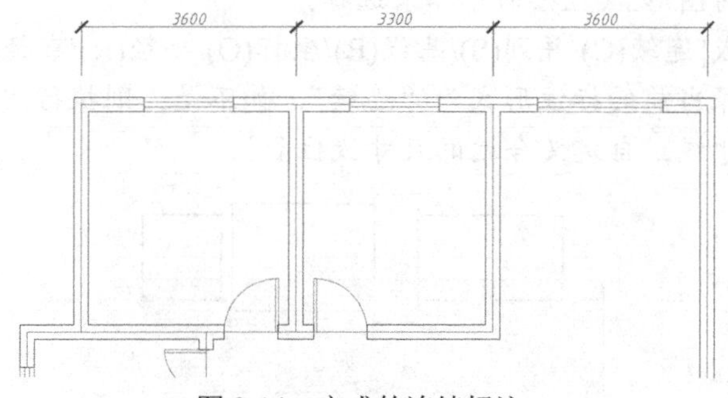

图 8-14 完成的连续标注

8.1.7 标注（DIM）

从 AutoCAD 2016 版开始新增了一个名为【标注】（DIM）的快速标注命令，此命令非常强大，将光标悬停在标注对象上时，DIM 命令将自动预览要使用的合适标注类型。选择对象、线或点进行标注，然后单击绘图区域中的任意位置绘制标注。

快速标注的激活方法如下。

- 功能区：【注释】标签|【标注】面板|【标注】按钮 ；
- 命令行：dim ↙。

此命令支持的标注类型包括垂直标注、水平标注、对齐标注、旋转的线性标注、角度标注、半径标注、直径标注、折弯半径标注、弧长标注、基线标注和连续标注。如果需要，可以使用命令行选项更改标注类型。

8.1.8 快速标注

AutoCAD 中提供了一个快速标注命令，可以用来快速创建或编辑一系列标注。当需要创建一系列基线、连续或并列标注，或者为一系列圆或圆弧创建标注时，快速命令特别有用。

快速标注的激活方法如下。

- 功能区：【注释】标签|【标注】面板|【快速】按钮 ；
- 命令行：qdim ↙。

接下来以两个例子为大家讲解如何使用快速标注创建一个连续标注和并列标注。

1．对阶梯轴应用快速标注

打开本书配套素材中练习文件“8-9.dwg”，文件中有一个阶梯轴的图形，使用快速标注命令为这个阶梯轴创建一个连续标注，方法如下。

单击功能区的【注释】标签|【标注】面板|【快速】按钮，激活快速标注命令，命令行提示如下。

此练习示范，请参阅配套素材中实践视频文件 8-09.mp4。

命令:_qdim

关联标注优先级=端点

选择要标注的几何图形:(使用窗口选择方式选中阶梯轴下面的全部图线，如图 8-15 所示)

指定对角点:找到 5 个

选择要标注的几何图形:（直接回车结束选择）

指定尺寸线位置或[连续(C)/并列(S)/基线(B)/坐标(O)/半径(R)/直径(D)/基准点(P)/编辑(E)/设置(T)]<连续>:（确保当前的标注形式为“连续”，如不是，则执行“C”命令调整为连续标注，向下拉出标注尺寸线，自定义合适的尺寸线位置）

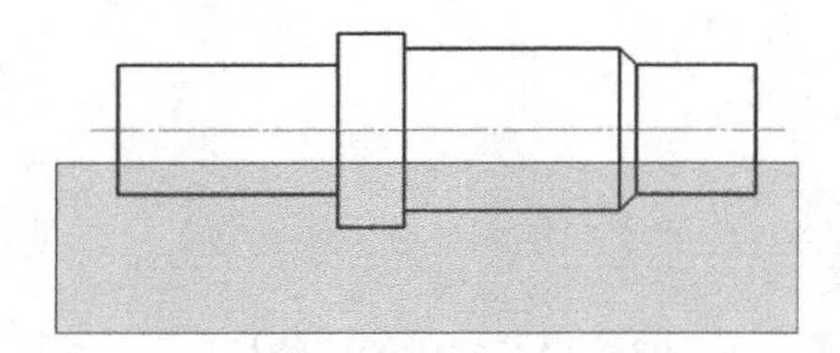

图 8-15 使用窗口选择方式选中阶梯轴下面的全部图线

完成后的快速连续标注如图 8-16 所示。

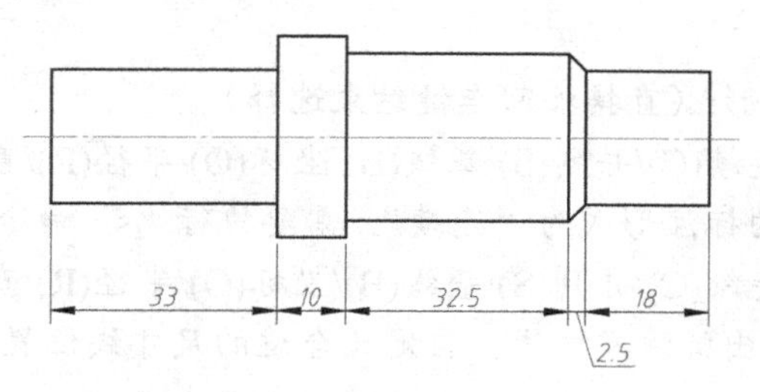

图 8-16 完成后的快速连续标注

2．对泵盖应用快速标注

打开本书配套素材中练习文件“8-10.dwg”，文件中有一个泵盖图形，使用快速标注命令为这个泵盖创建一个并列的直径标注。因为要创建的是直径标注，而拾取的标注对象全部是线性对象，因此需要给全部标注增加一个直径符号的前缀，添加方法将用到下一节讨论的【标注样式管理器】，这里只是使用，关于用法下一节再详细讲解。方法如下。

此练习示范，请参阅配套素材中实践视频文件 8-10.mp4。

（1）单击功能区的【注释】标签|【标注】面板|【标注，标注样式】按钮，弹出【标注样式管理器】，如图 8-17 所示。

（2）确保在样式列表中选中“GB-35”，单击【替代】按钮，弹出【替代当前样式：GB-35】对话框，选择其中的【主单位】选项卡，在“线性标注”选项区域的“前缀”文本框中输入直径符号“ϕ”在 AutoCAD 中的控制码“%%c”，如图 8-18 所示。

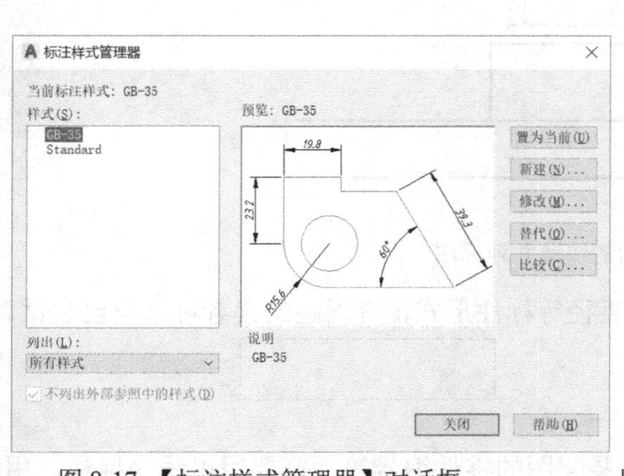

图 8-17 【标注样式管理器】对话框

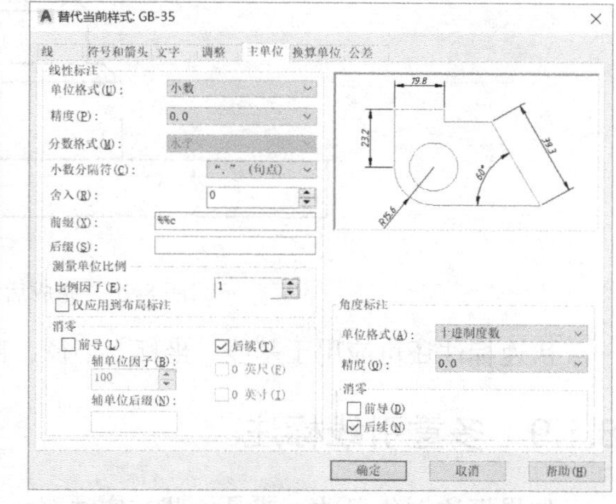

图 8-18 【替代当前样式】对话框中【主单位】选项卡

（3）单击【确定】按钮回到【标注样式管理器】对话框，再单击【关闭】按钮回到绘图界面，这样就完成了对直径符号的添加。当前标注替代样式的线性标注将临时加上直径符号，再重新选择这个“GB-35”样式时，将会恢复为没有前缀。

（4）单击功能区的【注释】标签|【标注】面板|【快速标注】按钮，激活快速标注命令，命令行提示如下。

命令:_qdim

关联标注优先级=端点

选择要标注的几何图形:（使用窗口选择方式选中泵盖上部的全部图线，如图 8-19 所示）指定对角点:找到 13 个

选择要标注的几何图形:（直接按回车键结束选择）

指定尺寸线位置或[连续(C)/并列(S)/基线(B)/坐标(O)/半径(R)/直径(D)/基准点(P)/编辑(E)/设置(T)]<连续>:s（当前的标注形式为“连续”，需要执行“s”命令调整为并列标注）

指定尺寸线位置或[连续(C)/并列(S)/基线(B)/坐标(O)/半径(R)/直径(D)/基准点(P)/编辑(E)/设置(T)]<并列>:（向上拉出标注尺寸线，自定义合适的尺寸线位置）

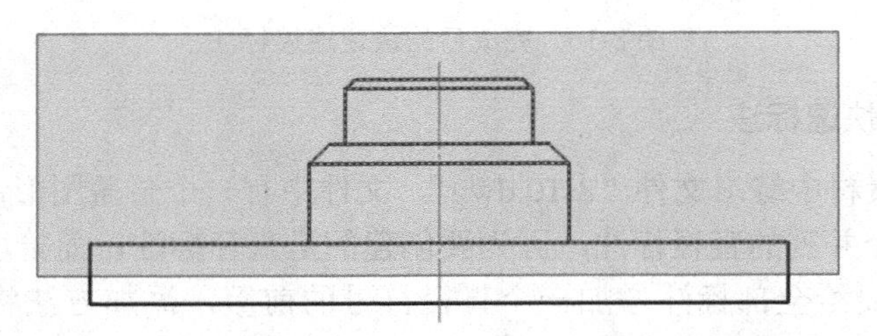

图 8-19　使用窗口选择方式选中泵盖上部的全部图线

完成后的快速并列标注如图 8-20 所示。

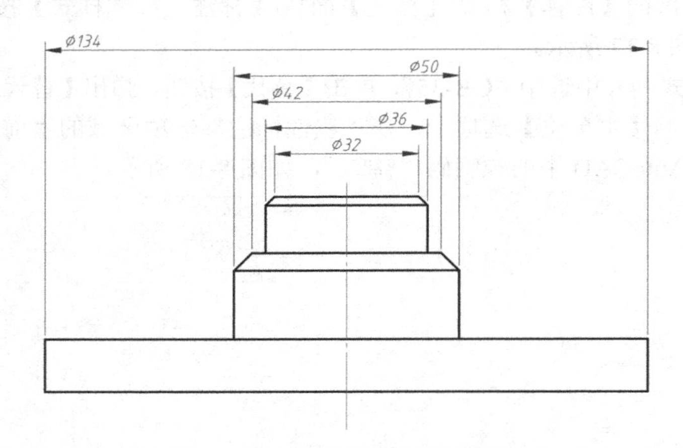

图 8-20　完成后的快速并列标注

快速标注还可应用于基线、坐标、半径、直径等标注形式，有兴趣的读者可以自己尝试。

8.1.9　多重引线标注

如果标注倒角尺寸，或是一些文字注释、装配图的零件编号等，需要用引线来标注，用于取代快速引线标注的功能更强大的多重引线标注，可以帮助我们完成这样的工作，多重引线工具主要排放在【注释】标签|【引线】面板中，如图 8-21 所示。

1. 命令的激活方法

- 功能区：【注释】标签|【引线】面板|【多重引线】按钮 ；
- 命令行：mleader ↙。

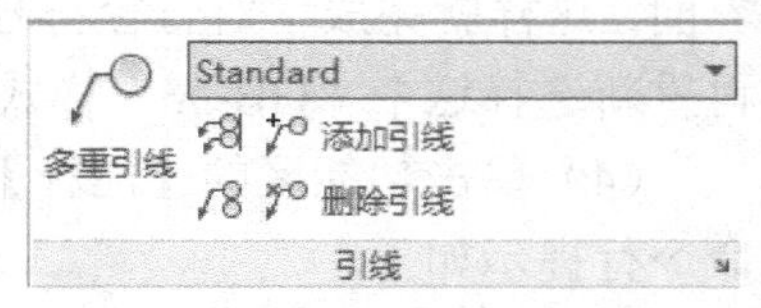

图 8-21 【引线】面板

2. 命令的使用方法

打开本书配套素材中文件“8-7.dwg”，对图形中的倒角进行标注。因为需要标注45°的倒角，所以预先在草图中设置45°作为极轴增量角，然后单击功能区的【注释】标签|【引线】面板|【多重引线】按钮激活命令，命令行提示如下。

此练习示范，请参阅配套素材中实践视频文件8-11.mp4。

命令: _mleader

指定引线箭头的位置或 [引线基线优先(L)/内容优先(C)/选项(O)] <选项>:（打开对象捕捉工具，拾取如图8-22中A点作为引线起点）

指定引线基线的位置:（打开极轴工具捕捉45°角，拾取B点作为引线第二点）

在弹出的多行文字编辑器里输入C2（C2表示倒角45°，倒角距离为2），单击【确定】按钮，最后完成的引线标注如图8-22所示。

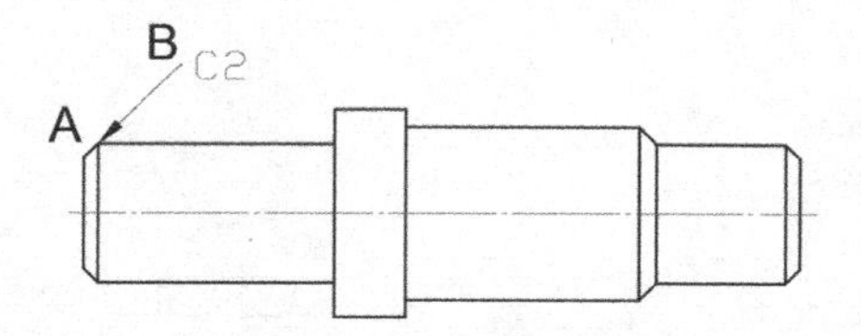

图8-22 用快速引线标注倒角尺寸

3. 多重引线标注样式的设置

一般标注的设置都在下一节将会讲到的标注样式中进行，而多重引线标注有专门的多重引线样式，在【多重引线样式管理器】中进行设置。前面进行的引线标注样式显然不符合规范制图的要求，接下来介绍如何设置多重引线。

- 功能区：【注释】标签|【引线】面板|【多重引线样式管理器】按钮；
- 命令行：mleaderstyle↙。

继续在刚才的文件中操作，设置多重引线样式，步骤如下。

此练习示范，请参阅配套素材中实践视频文件8-12.mp4。

（1）单击【引线】面板|【多重引线样式管理器】按钮，打开【多重引线样式管理器】对话框，如图8-23所示，此对话框“样式”列表中有一个名为“Standard”的多重引线样式。

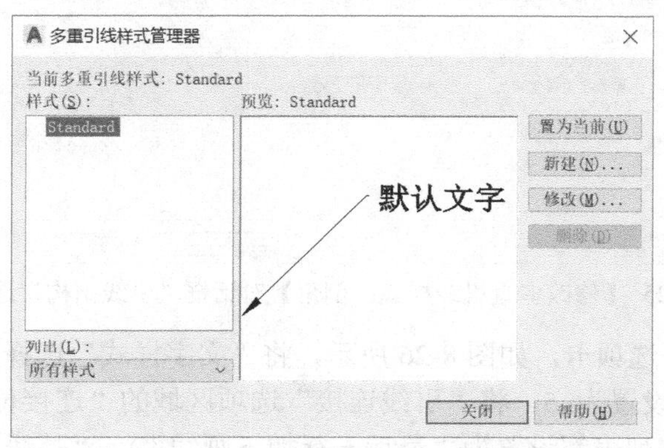

图8-23 【多重引线样式管理器】对话框

（2）单击【新建】按钮，弹出【创建新多重引线样式】对话框，将“新样式名”设置为

“倒角”，单击【继续】按钮，打开【修改多重引线样式：倒角】对话框，此对话框中有三个选项卡，默认打开的是“引线格式”选项卡，如图 8-24 所示。由于倒角引线标注不需要箭头，因此将“箭头”选项区域的“符号”下拉列表选择为“无”。

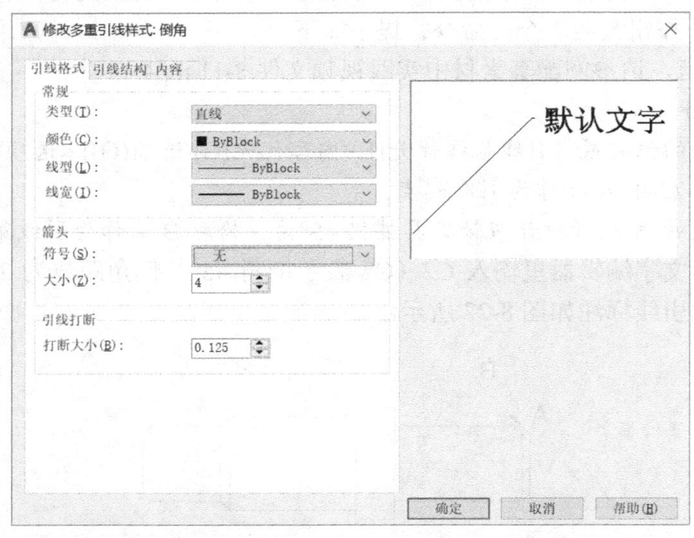

图 8-24 【修改多重引线样式：倒角】对话框“引线格式”选项卡

（3）选择“引线结构”选项卡，如图 8-25 所示，将“第一段角度”复选框勾选并设置为 45，这样不必设置极轴也可以自动将第一段引线设置为 45°角。勾选此选项卡中“注释性”复选框为多重引线样式添加注释性特性。

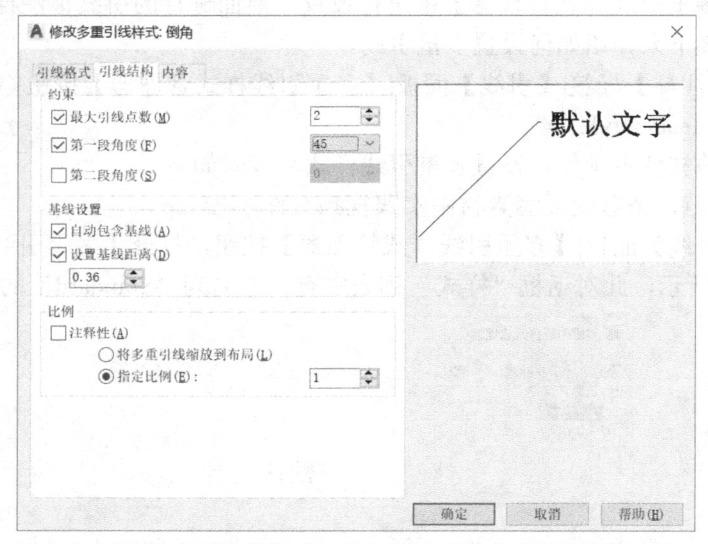

图 8-25 【修改多重引线样式：倒角】对话框“引线结构”选项卡

（4）选择“内容”选项卡，如图 8-26 所示，将“文字样式”选择为事前设置好的“工程字”，将“文字高度”设置为 5，将“引线连接”选项区域的“连接位置 – 左”下拉列表和“连接位置 – 右”下拉列表都设置为“最后一行加下画线”①，“基线间隙”设置为“6”。单

① 注：图上的原选项为“最后一行加下划线”，其中“下划线”应为“下画线”的误写。

击【确定】按钮回到【多重引线样式管理：倒角器】对话框，单击【关闭】按钮完成设置。

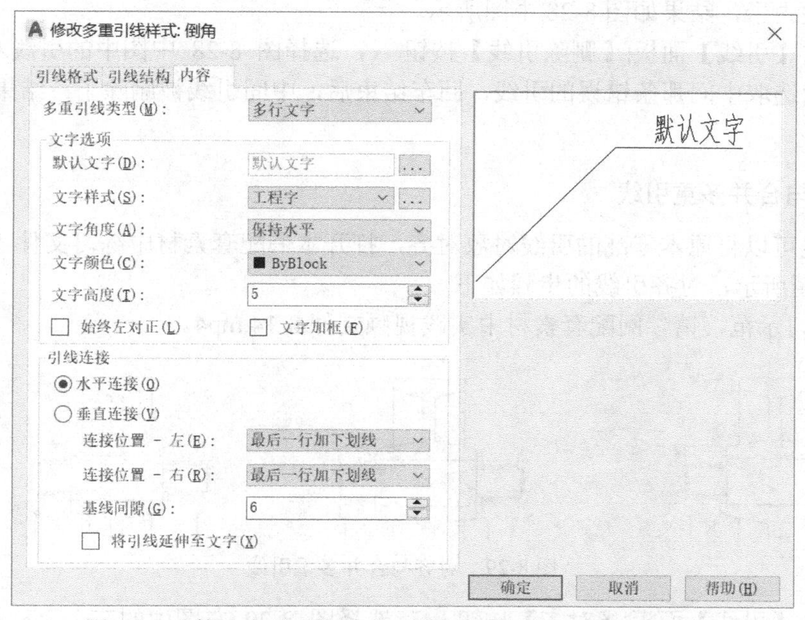

图 8-26 【修改多重引线样式：倒角】对话框“内容”选项卡

（5）确保【多重引线样式控制】下拉列表中的当前样式是“倒角”，删除掉原来标注的引线，重复两次对左右两个倒角进行多重引线标注，最后结果如图 8-27 所示。

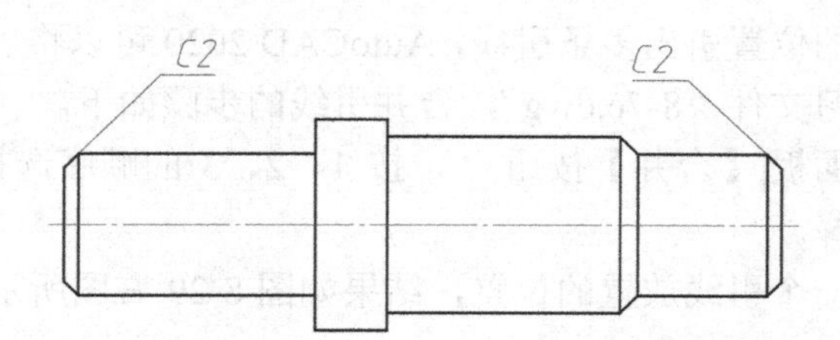

图 8-27 设置完多重引线样式后标注的倒角尺寸

4．添加或删除多重引线

多重引线可以随意为已有的引线对象添加更多的引线，或者删除不需要的引线，打开本书配套素材中练习文件“8-7b.dwg”，如图 8-28 左图所示，添加或删除引线的步骤如下。

此练习示范，请参阅配套素材中实践视频文件 8-13.mp4。

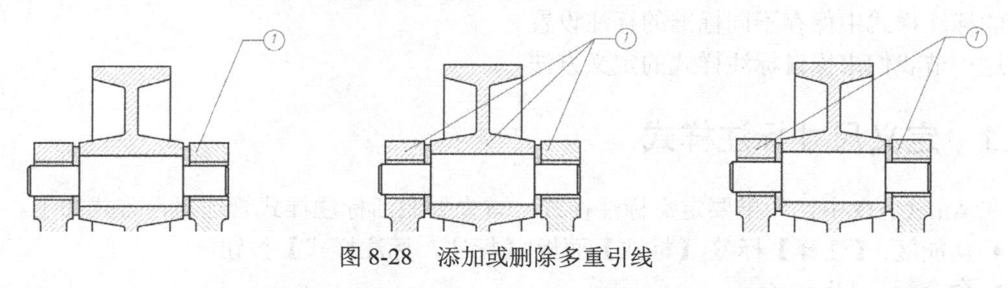

图 8-28 添加或删除多重引线

（1）单击【引线】面板|【添加引线】按钮，选择图 8-28 左图中的引线对象，回车结

束选择，然后在需要更多引线的中间和左边零件中间单击指定引线箭头的位置，回车结束后，引线被添加进去了，结果如图 8-28 中图所示。

（2）单击【引线】面板|【删除引线】按钮，选择图 8-28 中图中的引线对象，回车结束选择，然后选取中间那条错误的引线，回车结束后，中间引线被删除了，结果如图 8-28 右图所示。

5. 对齐与合并多重引线

多重引线可以将原本零乱的引线对象对齐，打开本书配套素材中练习文件“8-7c.dwg”，如图 8-29 左图所示，对齐引线的步骤如下。

此练习示范，请参阅配套素材中实践视频文件 8-14.mp4。

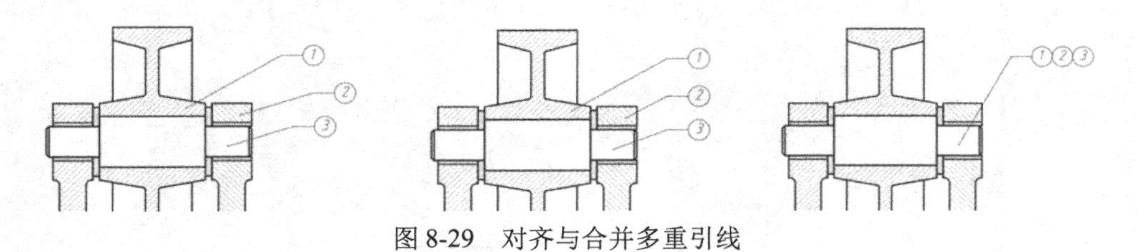

图 8-29　对齐与合并多重引线

（1）单击【引线】面板|【对齐】按钮，选择图 8-29 左图中的三个引线对象，回车结束选择。

（2）命令行提示选择要对齐到的多重引线对象，选择序号为“1”的引线。

（3）打开极轴垂直向下拾取一点指定对齐的方向，结果如图 8-29 中图所示。

如果是同一个很小的位置引出多条引线，AutoCAD 2020 可以将多条引线合并起来，同样打开本书配套素材中练习文件“8-7c.dwg”，合并引线的步骤如下。

（1）单击【引线】面板|【合并】按钮，按 1、2、3 的顺序选择图 8-29 左图中的三个引线对象，回车结束选择。

（2）拾取一点指定一个引线放置的位置，结果如图 8-29 右图所示。

8.2　定义标注样式

前面一节讲解了标注命令的使用方法。对于使用的标注，都有一个样式，样式中定义了标注的尺寸线与界线、箭头、文字、对齐方式、标注比例等各种参数，由于不同国家或不同行业对于尺寸标注的标准不尽相同，因此需要使用标注样式来定义不同的尺寸标注标准，在不同的标注样式中保存不同标准的标注设置。

这一节我们来探讨标注样式的定义方法。

8.2.1　定义尺寸标注样式

在 AutoCAD 中，如果要定义标注样式，首先要激活标注样式管理器，方式如下。

- 功能区：【注释】标签|【标注】面板|【标注，标注样式】按钮；
- 命令行：ddim ↙。

激活命令后，弹出【标注样式管理器】对话框，如图8-30所示，如果使用了acadiso.dwt作为样板图来新建图形文件，则在【标注样式管理器】对话框的“样式”列表中有一个名为“ISO-25”的标注样式和名为“Standard”“Annotative”的两个标注样式，“Annotative”是注释性标注样式，本章不过多讨论注释性，只讲如何设置，具体应用则放到第10章讲解。

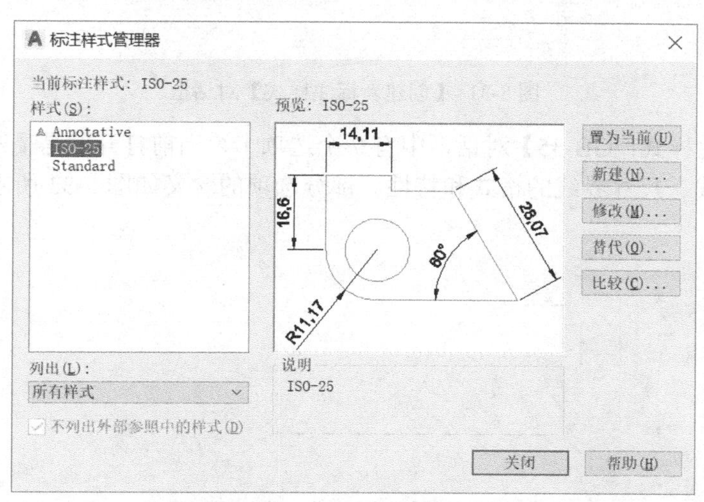

图8-30 【标注样式管理器】对话框

“ISO-25”是当前默认的标注样式，这是一个符合ISO标准的标注样式。一般AutoCAD“ISO”和“GB”样板图中标注样式的命名方式是以“-”号为界，前面部分是执行的标准命名，后面部分是标注文字及箭头尺寸的命名。

在【标注样式管理器】的右边有几个按钮，说明如下。

- 【置为当前】按钮将在“样式”列表下选定的标注样式设置为当前标注样式。
- 【新建】按钮将创建新的标注样式。
- 【修改】按钮将修改在“样式”列表下选定的标注样式。
- 【替代】按钮将设置在“样式”列表下选定的标注样式的临时替代，这在只是临时修改新建标注设置的时候非常有用。
- 【比较】按钮将比较两种标注样式的特性或列出一种样式的所有特性。

下面将以名为“GB-35”的样式为例，一步步讲解如何创建一个符合中国国家标准GB的标注样式以及标注样式各项设置的含义。

（1）想要创建新的标注样式，首先单击【标注样式管理器】对话框中的【新建】按钮，系统将弹出【创建新标注样式】对话框，如图8-31所示，在其中的“新样式名”文本框中键入“GB-35”。“基础样式”下拉列表中列出当前图形中的全部标注样式，选择其中之一作为新建标注样式的基本样式，因为当前图形中只有两个标注样式：“ISO-25”和名为“Annotative”的注释性标注样式，因此在这里不用改动，直接选择“ISO-25”，并勾选【注释性】复选框，这样在基于“ISO-25”基础上创建了具有注释性的标注样式。“用于”下拉列表中将会列出标注应用的范围，如果需要设置一个标注子样式的话，可以修改它，在这里使用默认设置。关于标注子样式稍后会讨论。

（2）单击【继续】按钮，继续新标注样式的创建，此时AutoCAD弹出【新建标注样式：GB-35】对话框，如图8-32所示。

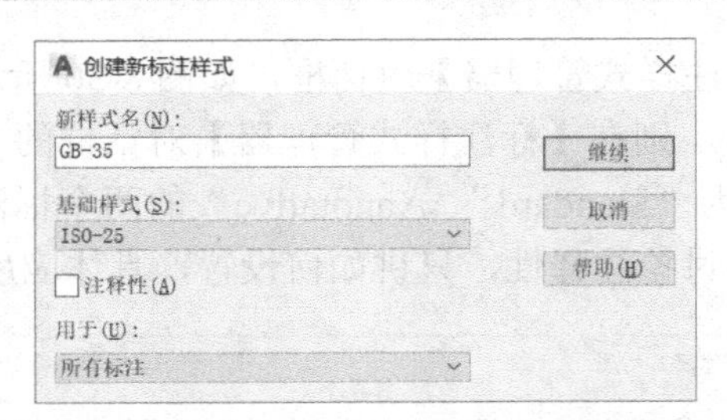

图 8-31 【创建新标注样式】对话框

在【新建标注样式：GB-35】对话框中有 7 个选项卡，当前打开的是【线】选项卡，这个选项卡设置尺寸线、尺寸界线的格式和特性。部分选项的含义如图 8-33 所示。

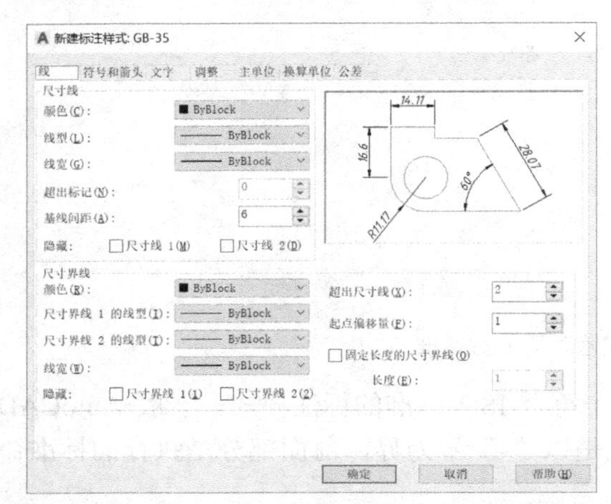

图 8-32 【新建标注样式：GB-35】对话框的【线】选项卡

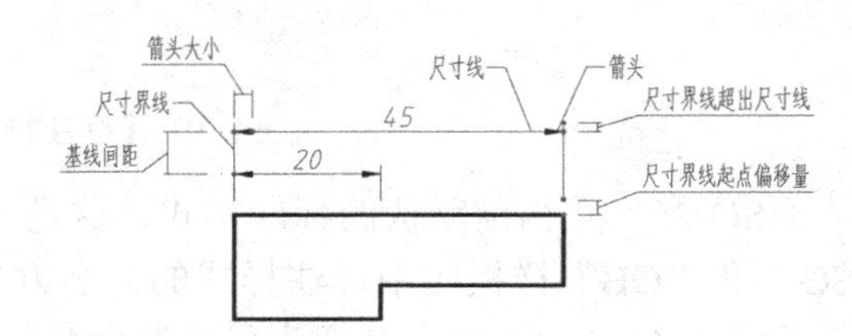

图 8-33 标注样式中部分选项的含义

在制图 GB 中对标注的各部分设置都有规定，例如在【线】选项卡中做如下设置。

- 在“尺寸线”选项区域的“基线间距”文本框中输入“6”，这个值用于在进行基线标注的时候，调节两条平行尺寸线之间的距离。
- “尺寸线”选项区域中“隐藏”后面的“尺寸线 1”和“尺寸线 2”复选框可以省略其中一边的尺寸线。
- 在“尺寸界线”选项区域中的“超出尺寸线”文本框中输入“2”，这个值用于调节尺寸界线超出尺寸线的长度。
- 在“尺寸界线”选项区域中的“起点偏移量”文本框中输入“1”，这个值用于调节尺寸界线的起点与拾取的标注点之间的距离。
- “尺寸界线”选项区域中“隐藏”后面的“尺寸界线 1”和“尺寸界线 2”复选框可以省略其中一边的尺寸界线。
- “固定长度的尺寸界线”复选框用于设置尺寸界线从起点一直到终点的长度，不管标注尺寸线所在位置距离被标注点有多远，只要比这里的固定长度加上起点偏移量更大，那么所有的尺寸线都是按此固定长度绘制的，这对于建筑平面图的连续标注非常有用，无论建筑的外墙多么不平整，总是可以保证标注出整齐的连续型尺寸。在这里并不选择此复选框。

（3）【符号和箭头】选项卡用于控制标注文字的格式、位置和对齐方式，如图 8-34 所示。

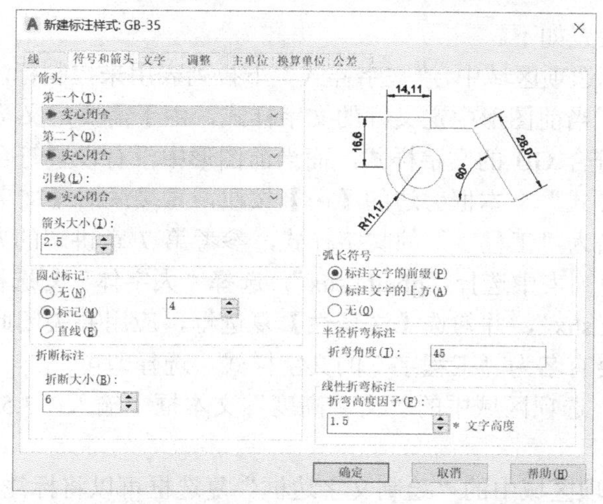

图 8-34 【新建标注样式：GB-35】对话框的【符号和箭头】选项卡

- “箭头”选项区域中的“第一个”和“第二个”下拉列表可以选择标注箭头的样式，对于机械图来说，可以选择“实心闭合”，对于建筑图来说，可以选择“建筑标记”。
- “箭头”选项区域中的“引线”下拉列表可以选择引线标注箭头的样式，在这里选择 “实心闭合”，有时候可以选择“小点”。
- “箭头”选项区域中的“箭头大小”文本框用于调节标注箭头的大小，在这里输入“2.5”。
- “圆心标记”选项区域用于设置【圆心标记】命令，使用,圆心标记和中心线的外观时选择“标记”选项，在文本框中输入“4”。
- “折断标注”选项区域用于控制折断标注的宽度，此处设置“折断大小”值为 6。
- “弧长符号”选项区域用于设置弧长符号的形式，此处保留“标注文字的前缀”不变。
- “半径折弯标注”选项区域控制 Z 型折弯标注的折弯角度，此处设置为 45。
- “线性折弯标注”选项区域控制线性折弯标注的折弯显示，此处设置“折弯高度因子”为 1.5 倍文字高度。

（4）【文字】选项卡用于控制标注文字的格式、放置位置和对齐方式，如图 8-35 所示。

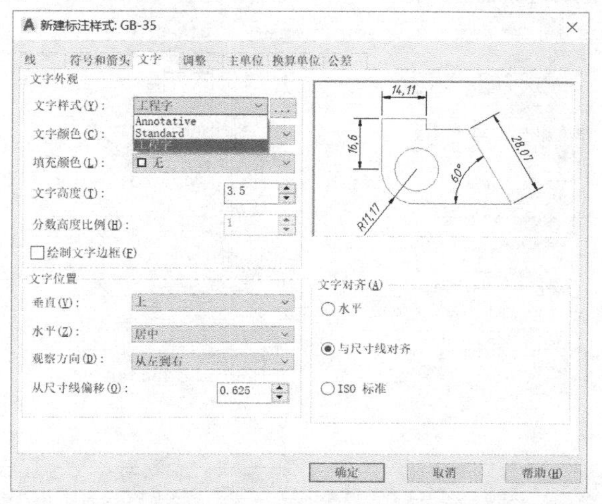

图 8-35 【新建标注样式：GB-35】对话框的【文字】选项卡

在这个选项卡中设置如下。

- 在“文字外观”选项区域中，“文字样式”下拉列表用来控制标注文字的样式，在这个下拉列表列出了当前图形中定义好的文字样式，由于需要定义符合 GB 的标注样式，因此也要使用符合 GB 的文字样式，而当前图形中没有设置符合 GB 的文字样式，则要单击“文字样式”文本框旁边的【…】按钮，直接激活【文字样式】对话框。

在这里新建一个名为“工程字”的文字样式，参考第 7 章讲解的方法，此文字样式的设置中在“字体名”下拉列表中选择“gbeitc.shx”，选择“大字体”复选框，并在“大字体”下拉列表中选择“gbcbig.shx”，并勾选【注释性】复选框，应用并关闭此对话框，此时的“文字样式”下拉列表中会有名为“工程字”的文字样式，选择即可。

- 在“文字外观”选项区域中的“文字高度”文本框中输入“3.5”，即将标注文字的字高设置为 3.5。
- “文字外观”选项区域中的“绘制文字边框”复选框可以将标注文字加上矩形边框。
- “文字位置”选项区域中的“垂直”和“水平”两个下拉列表用于控制标注文字相对尺寸线的垂直位置和相对于尺寸线和尺寸界线的水平位置，在此使用默认设置“上”和“居中”。“观察方向”控制标注文字的观察方向是按从左到右还是从右到左阅读的方式来放置文字，默认选择“从左到右”。
- 如果将“垂直”下拉列表设置为“上”的话，“文字位置”选项区域中的“从尺寸线偏移”文本框代表文字底部与尺寸线之间的距离，但是如果“垂直”下拉列表设置为“居中”的话，则这个文本框代表当尺寸线断开以容纳标注文字时标注文字周围的距离。在上一步的设置中已经将“垂直”下拉列表设置为“上方”，在这里输入“1”。
- “文字对齐”选项区域中有三个选项，其中“垂直”选项表示水平放置文字。“与尺寸线对齐”选项表示文字与尺寸线对齐。“ISO 标准”选项表示当文字在尺寸界线内时，文字与尺寸线对齐；当文字在尺寸界线外时，文字水平排列。在这里选择默认的“与尺寸线对齐”选项。

（5）选择【调整】选项卡，在此可以控制标注文字、箭头、引线和尺寸线的放置，如图 8-36 所示。

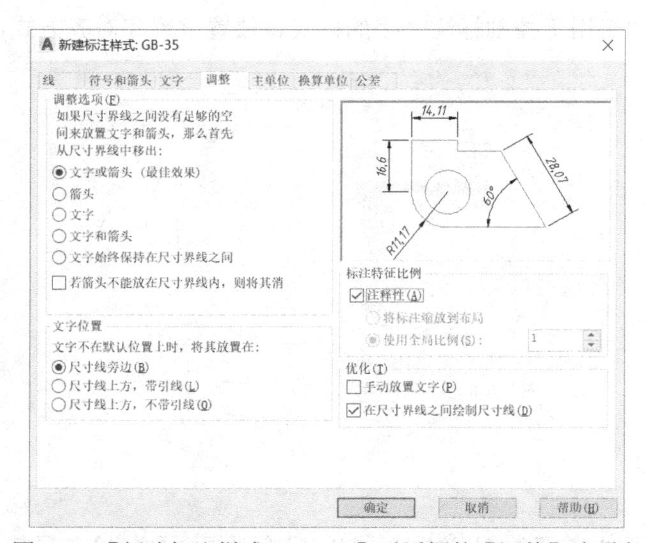

图 8-36 【新建标注样式：GB-35】对话框的【调整】选项卡

在这个选项卡中设置如下。

- “调整选项”选项区域控制基于尺寸界线之间可用空间的文字和箭头的位置，选择其默认选项“文字或箭头（最佳效果）”。
- “文字位置”选项区域设置标注文字从默认位置（由标注样式定义的位置）移动时的位置，选择“尺寸线旁边”选项。
- “标注特征比例”选项区域设置全局标注比例或图纸空间比例。所谓特征比例就是前面设置的箭头大小、文字尺寸、各种距离或间距等，在从前版本的AutoCAD中是一个很重要的标注设置，因为对于尺寸特别大的图形，由于使用1:1的比例来绘制，这些标注特征尺寸相对图形尺寸来说几乎不可见。此时如果选择“使用全局比例”文本框，后面设置的值就代表所有的这些标注特征值放大的倍数。在这里，如果在模型空间采用非1:1出图，比如采用“1:10”出图，则将这个值设置为出图比例的倒数，也就是“10”，默认的情况下采用1:1出图，这个值也就使用默认值“1”。如果选择“将标注缩放到布局”选项，则根据当前模型空间视口和图纸空间之间的比例确定比例因子。
  对于AutoCAD 2020，可以直接勾选【注释性】复选框，使用注释性方式来简单的解决以上问题，这在第10章讲解了打印及布局后大家就可以理解。在此勾选该项即可。
- “优化”选项区域中，“手动放置文字”复选框可以忽略所有水平对正设置，并把文字放在“尺寸线位置”提示下指定的位置。“在尺寸界线之间绘制尺寸线”复选框控制始终在测量点之间绘制尺寸线，即使AutoCAD将箭头放在测量点之外也是如此。在此选择默认的“在尺寸界线之间绘制尺寸线”复选框。

（6）选择【主单位】选项卡，在此可以控制主标注单位的格式和精度，并设置标注文字的前缀和后缀，如图8-37所示。

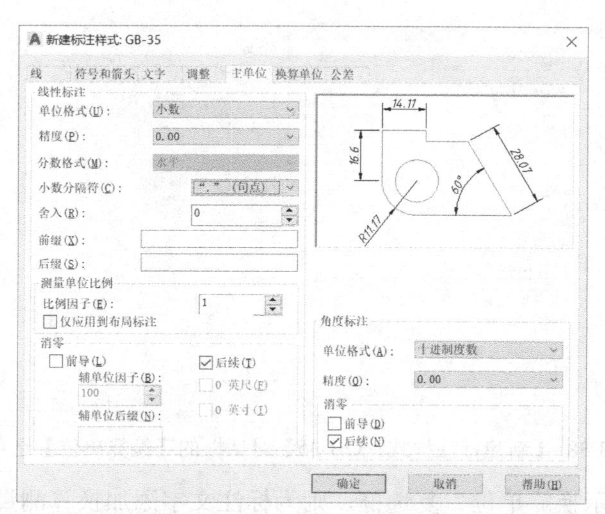

图8-37 【新建标注样式：GB-35】对话框的【主单位】选项卡

在这个选项卡中设置如下。

- “线性标注”选项区域设置线性标注的格式和精度。其中，“单位格式”下拉列表选择GB使用的“小数”；“精度”下拉列表决定标注线性尺寸的精度，注意此处的精度与“单位”命令对话框中的精度分别控制了标注线性尺寸的精度和工作绘图及查询时使用的线性尺寸精度，在这里仍选择“0.00”；“小数分隔符”下拉列表中选择GB使用的“‘.’

句点”;“舍入”文本框为“角度”之外的所有标注类型设置标注测量值的舍入规则;“前缀”“后缀”文本框给所有的标注文字指示一个前缀或后缀，前一节讲快速标注的时候曾用到这个设置。

- “测量单位比例”选项区域控制标注时测量的实际尺寸与标注值之间的比例，如果在绘图的时候使用了非 1:1 比例，那么此处的“比例因子”应设置为绘图比例的倒数才能正确标注，比如使用“1:10”的比例绘图，“比例因子”应该设置为“10”，在这里使用默认值“1”。“仅应用到布局标注”复选框控制仅对在布局中创建的标注应用线性比例值。
- “消零”选项区域控制不输出前导零和后续零，以及零英尺和零英寸部分。
- “角度标注”选项区域设置角度标注的当前角度格式。其中，在“单位格式”下拉列表中选择符合 GB 的“十进制度数”;“精度”下拉列表决定标注角度尺寸的精度，注意此处的精度与“单位”命令对话框中的精度分别控制了标注角度尺寸的精度和工作绘图及查询时使用的角度精度，如果使用默认值“0.00”，那么“0.5°”将会被标注成“1°”，在工程实际应用中这两个角度的偏差是非常大的，所以在这里选择“0.00”。
- “角度标注”选项区域的“消零”选项区域控制不输出前导零和后续零，在这里勾选“后续”复选框。

（7）选择【换算单位】选项卡，在此可以指定标注测量值中换算单位的显示，并设置其格式和精度，如图 8-38 所示。

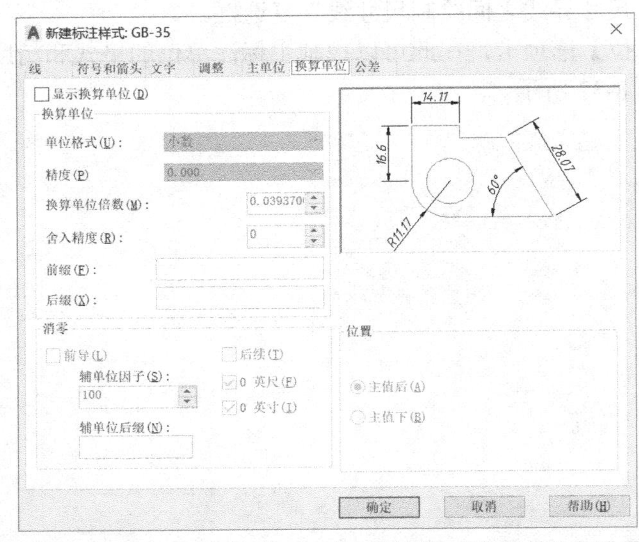

图 8-38 【新建标注样式：GB-35】对话框的【换算单位】选项卡

如果选择了“显示换算单位”复选框，则为标注文字添加换算测量单位。此选项卡中所有的选项将被激活。

这个选项卡在公、英制图纸之间进行交流的时候非常有用，可以将所有标注尺寸同时标注上公制和英制的尺寸，以方便不同国家的工程人员进行交流。

在这里使用默认的设置，不选择“显示换算单位”复选框。

（8）选择【公差】选项卡，在此可以控制标注文字中公差的显示与格式，如图 8-39 所示。

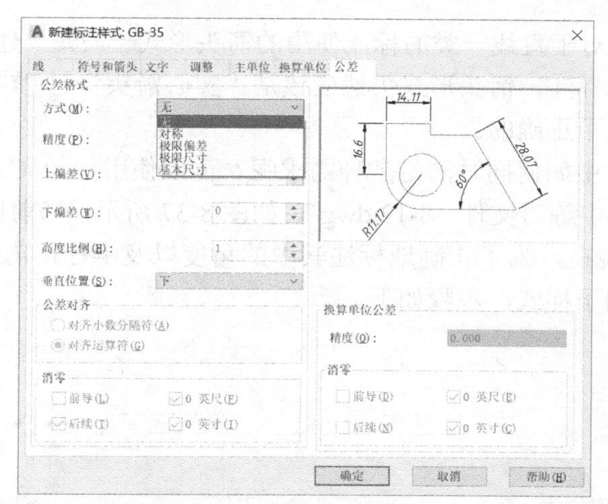

图 8-39 【新建标注样式：GB-35】对话框的【公差】选项卡

在这个选项卡中设置如下。

- “公差格式”选项区域用于控制公差的格式。其中，“方式”下拉列表中有“无”“对称”、“极限偏差”“极限尺寸”“基本尺寸”5 项内容，代表 4 种不同的公差标注方法和不标注；“精度”文本框控制公差的精度值；“上偏差”“下偏差”文本框用于输入使用“极限偏差”方式时的上下公差值；“高度比例”文本框控制公差文字和尺寸文字之间的大小比例；“垂直位置”下拉列表控制对称公差和极限公差的文字对正方式。
- “消零”选项区域控制不输出前导零和后续零，以及零英尺和零英寸部分。
- “换算单位公差”选项区域设置换算公差单位的精度和消零规则。

由于公差一旦设置后，所有的标注尺寸均会加上公差的标注，因此默认在【方式】下拉列表选择“无”。

（9）所有的设置结束之后，单击【确定】按钮，完成新标注样式的设置，退回到【标注样式管理器】对话框。此时的“样式”列表中有了一个名为“GB-35”的标注样式，选中这个标注样式，单击【置为当前】按钮，然后单击【关闭】按钮，回到绘图界面。此时【注释】标签|【标注】面板“标注样式”下拉列表上会出现“GB-35”缩略图，表明“GB-35”将被作为当前的标注样式，如图 8-40 所示。

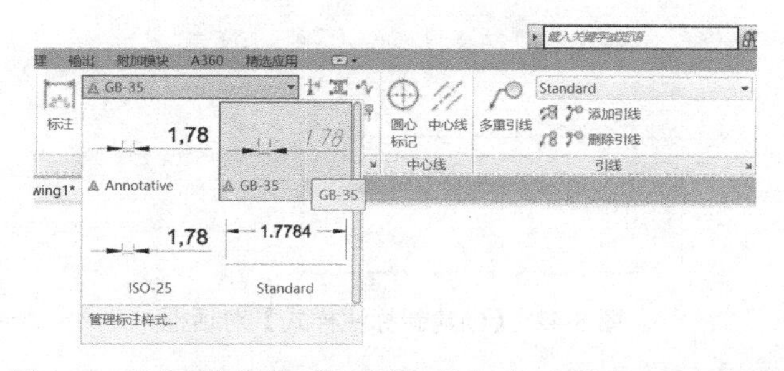

图 8-40 【注释】标签|【标注】面板“标注样式”下拉列表

8.2.2　定义标注样式的子样式

有时，在使用同一个标注样式进行标注的时候，并不能满足所有的标注规范，比如在进行建筑图标注的时候，对于直线一类的标注使用的箭头形式一般是“建筑标记”，而对于像角度、半径、直径一类的标注，箭头形式仍然应该是“实心箭头”，如图 8-41 所示，其中的角度以及半径的标注都是不正确的。

那么，在一个样式中如何同时满足多种需求呢？可以使用 AutoCAD 的标注子样式的功能。打开本书配套素材中练习文件“8-12.dwg”，如图 8-37 所示，当前以及图形中已经标注的样式都是“GB-35”。现在，为了正确地标注其中的角度以及半径，需要为“GB-35”增加针对各种不同标注类型的子样式，步骤如下。

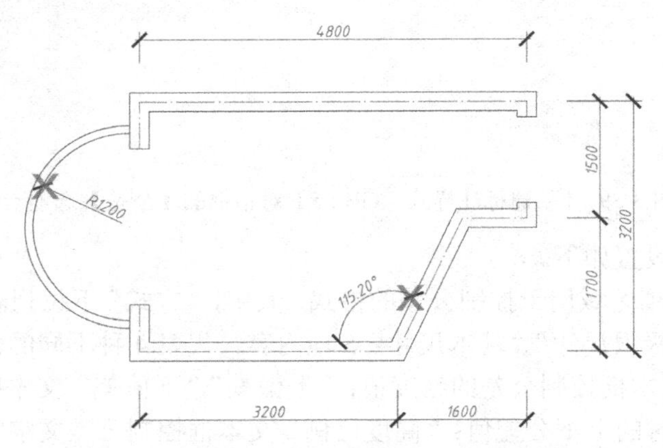

图 8-41　建筑图中不正确的角度以及半径的标注

此练习示范，请参阅配套素材中实践视频文件 8-15.mp4。

（1）选择【标注】面板|【标注，标注样式】按钮，弹出【标注样式管理器】对话框，在标注列表中选中“GB-35”，单击【新建】按钮，弹出【创建新标注样式】对话框，如图 8-42 所示，不用修改样式名，确保“基础样式”下拉列表中选择了“GB-35”，在“用于”下拉列表中选择“角度标注”，此时“新样式名”文本框中会出现“GB-35：角度”字样并虚化。

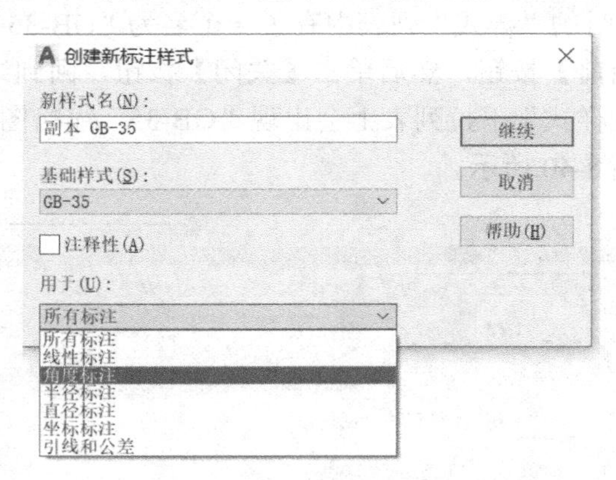

图 8-42　【创建新标注样式】对话框

（2）单击【继续】按钮，在弹出的【新建标注样式】对话框中选择【符号和箭头】选项卡，在“箭头”选项区域的“第一个”“第二个”下拉列表中都选择“实心闭合”。单击【确定】按钮，完成第一个角度标注子样式的设置。此时标注样式列表中的“GB-35”会出现一个名为“角度”的子样式，如图 8-43 所示。

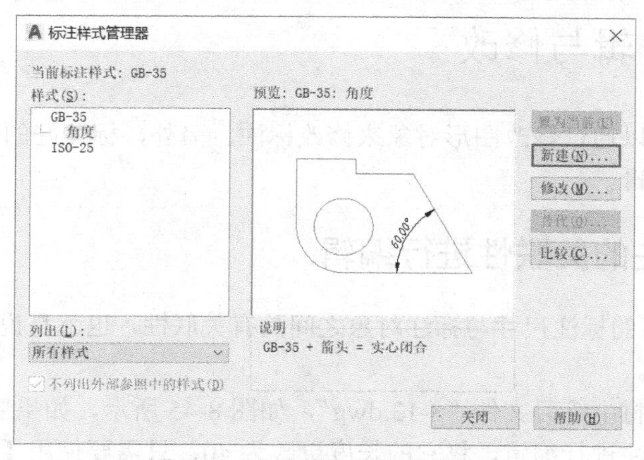

图 8-43　完成标注子样式的创建

（3）重复刚才的步骤，为“GB-35”标注样式创建出“半径”“直径”两个子样式，同样都将箭头“建筑标记”改为“实心闭合”。

（4）完成后单击【关闭】按钮，退回到绘图界面，此时图形中的角度以及半径标注应该被更新为正确的样式，如图 8-44 所示。如果当前的标注仍未更新为正确样式，可以选择【注释】标签|【标注】面板|【更新】按钮，选中全部标注，执行后可以得到正确的更新标注样式。

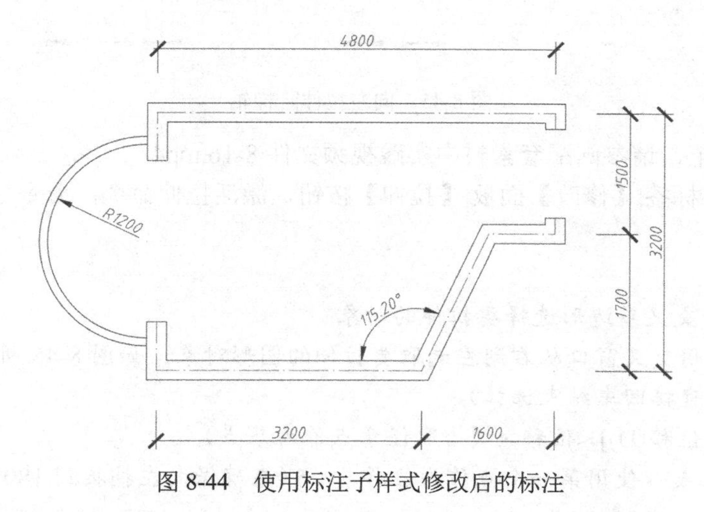

图 8-44　使用标注子样式修改后的标注

8.2.3　标注样式的编辑与修改

标注样式的编辑与修改都在【标注样式管理器】中进行，方法是选中“标注”列表中的样式，然后单击【修改】按钮，在【修改标注样式】对话框中进行修改，方法和新建标注样式一样，这里就不再赘述。

要想删除一个标注样式，可以在“标注”列表中选中标注样式，然后从右键菜单中选择【删除】，或者直接按键盘上的【Delete】键。要注意的是，当前的标注样式和正在使用中的标注样式不能被删除。

8.3　标注的编辑与修改

标注完成后，可以通过修改图形对象来修改标注。另外，标注好的尺寸也可以利用编辑工具直接对其进行编辑。

8.3.1　利用标注的关联性进行编辑

AutoCAD 中默认的标注尺寸与标注对象之间具有关联性，也就是说，如果修改了标注对象，标注会自动更新。

打开本书配套素材中练习文件“8-13.dwg”，如图 8-45 所示，如果要对图中左边的 35 个单位长的一段轴的标注进行编辑，将它的长度更改为 40，只需要使用【拉伸】命令，将这段轴的实际尺寸更改为 40，那么标注就会自动更新为 40。

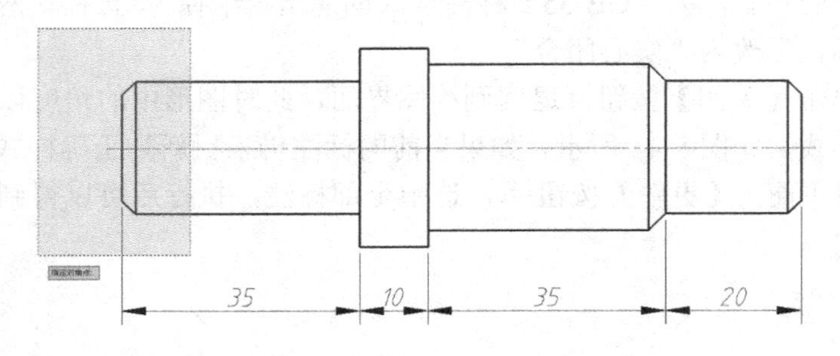

图 8-45　向左拉伸阶梯轴

☛ 此练习示范，请参阅配套素材中实践视频文件 8-16.mp4。

单击【默认】标签|【修改】面板|【拉伸】按钮，激活拉伸命令，命令行提示如下。

命令:_stretch

STRETCH

以交叉窗口或交叉多边形选择要拉伸的对象...

选择对象:（用交叉窗口从右到左选取要拉伸的图形对象，如图 8-45 所示）

选择对象:（直接回车结束选择）

指定基点或 [位移(D)] <位移>:（拾取任意点作为基点）

指定第二个点或 <使用第一个点作为位移>:　5（在确保向左捕捉到 180°极轴角的情况下输入偏移量 5）

完成拉伸后，发现图形拉长了，标注也更新了，如图 8-46 所示。

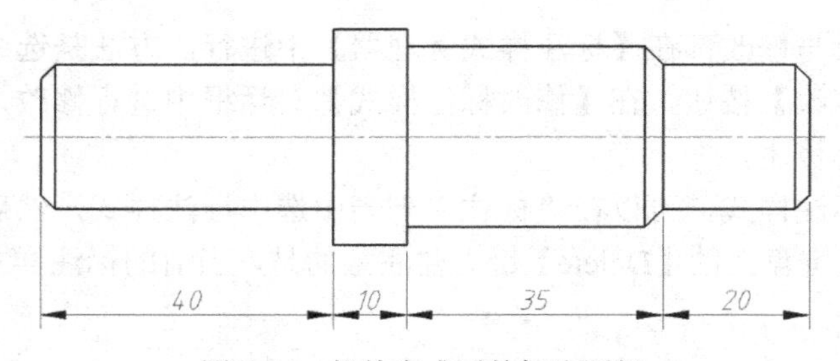

图 8-46　拉伸完成后的标注更新

8.3.2 编辑标注的尺寸文字

有时候需要对标注好的尺寸文字内容进行修改，比如在线性标注中增加直径符号等，可以利用文字编辑器进行修改。

打开本书配套素材中练习文件“8-14.dwg”，如图8-47所示。

此练习示范，请参阅配套素材中实践视频文件8-17.mp4。

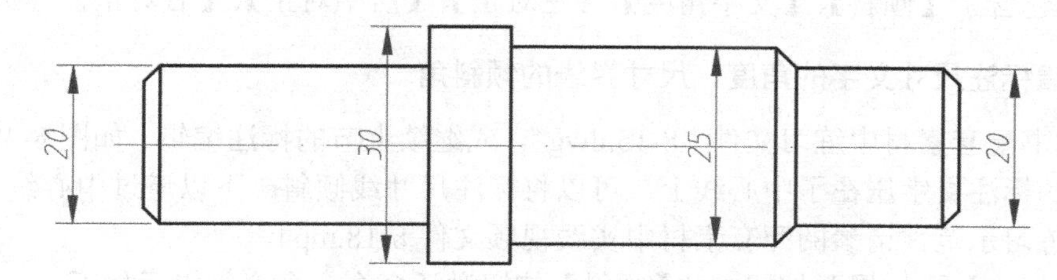

图8-47 文件“8-14.dwg”中的阶梯轴直径标注

其中，阶梯轴的直径标注部分是采用线性标注完成的，尺寸值前面缺少直径符号。要将直径符号添加进去，步骤如下。

（1）在命令行键入文字编辑的简化命令“ed”，在命令行提示选择注释对象的时候选择左边的标注值为20的线性标注，弹出【文字编辑器】。

（2）编辑器中的数字20带有背景，它代表关联的标注尺寸，也就是拾取的标注点之间的实际尺寸，不要改动它。在数字前面输入直径符号“ϕ”的控制码“%%c”（或者单击文字编辑器【插入】面板上的【@】符号按钮，在下拉菜单中选择“直径 %%c”也有同样的效果），此时标注中的文字将会直接预览为“ϕ20”，单击【关闭文字编辑器】按钮，为第一个尺寸添加直径符号，如图8-48所示。

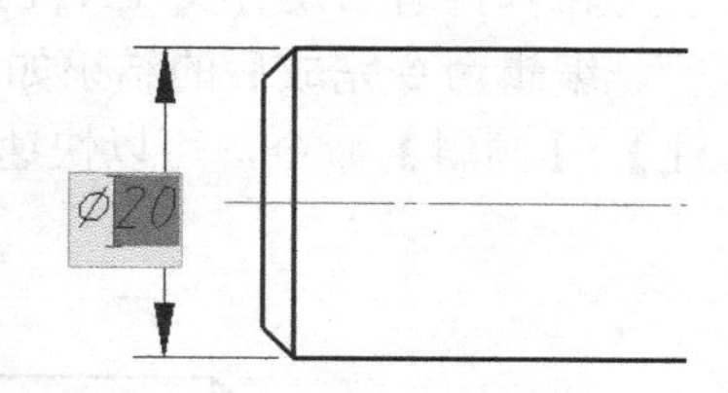

图8-48 【文字格式】编辑器

（3）在选择注释对象的提示下，继续选择其他几个线性标注，将直径符号添加进去，最后修改的结果如图8-49所示。

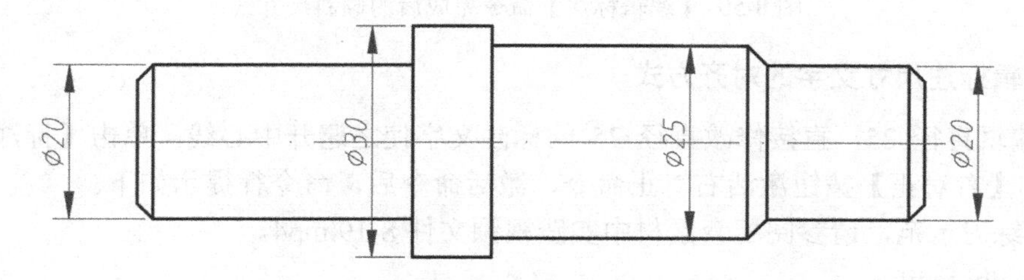

图8-49 修改完成的直径标注

当然，也可以直接在步骤（2）编辑器中将带有背景的数字20删除后直接换成需要的标注值，但是若非万不得已，我们不提倡这样做，因为这样做的结果会使标注的关联性丧失。也就是说，当修改了标注对象，标注值并不会自动更新。

8.3.3 编辑标注尺寸

对于完成的标注，还可以使用【编辑标注】命令对尺寸文字的角度、尺寸界线的倾斜角进行修改，命令的激活方法如下。

- 功能区：【注释】标签|【标注】面板展开按钮 | 工具组；
- 命令行：dimedit ↙。

这里面包含了【倾斜】、【文字角度】、【左对正】、【居中对正】、【右对正】等工具。

1. 编辑标注尺寸文字的角度、尺寸界线的倾斜角

打开本书配套素材中练习文件“8-15.dwg”，或继续上节的标注编辑。如图 8-49 所示，由于直径 30 的标注文字压在了中心线上，可以将标注尺寸线倾斜一下以避过中心线。

此练习示范，请参阅配套素材中实践视频文件 8-18.mp4。

单击【标注】面板展开按钮 |【倾斜】按钮激活命令，命令行提示如下。

命令: _dimedit

输入标注编辑类型 [默认(H)/新建(N)/旋转(R)/倾斜(O)] <默认>: _o

选择对象：（选择直径 30 的标注）找到 1 个

选择对象：（直接按回车键完成选择）

输入倾斜角度 (按 ENTER 表示无):–30（输入–30°表示顺时针方向倾斜 30°）

编辑命令完成后的结果如图 8-50 所示。另外，在 AutoCAD 2020 中，使用下拉菜单中【标注】|【倾斜】命令，可以快速地完成标注尺寸界线的倾斜。

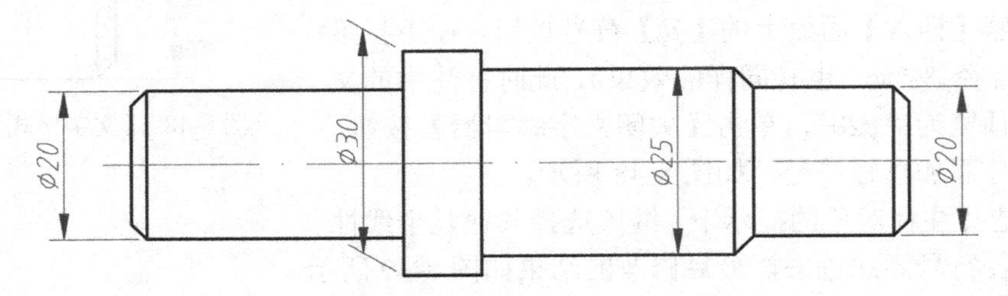

图 8-50 【编辑标注】命令完成后的倾斜尺寸线

2. 编辑标注尺寸文字的对齐方式

继续编辑直径 25，直接修改直径 25 的标注文字使之避开中心线，单击【标注】面板展开按钮 |【右对正】按钮激活右对正命令，激活命令后，命令行提示如下。

此练习示范，请参阅配套素材中实践视频文件 8-19.mp4。

命令: _dimtedit

选择标注：（选择直径 25 的标注）

为标注文字指定新位置或 [左对齐(L)/右对齐(R)/居中(C)/默认(H)/角度(A)]: _r

命令的执行结果如图 8-51 所示。

如果在“指定标注文字的新位置”的提示下不选择命令选项，可以使用鼠标任意地移动文字的位置。

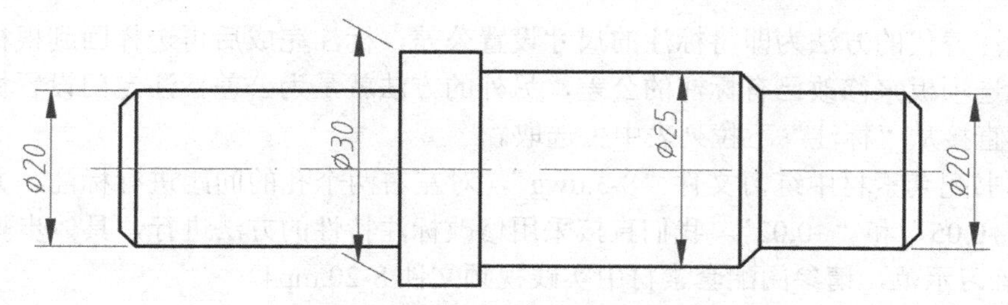

图 8-51 【编辑标注文字】命令的执行结果

8.3.4 利用对象特性管理器编辑尺寸标注

对象特性管理器是非常实用的工具，它可以对任何 AutoCAD 对象进行编辑。对于标注也不例外，任意在一个完成的标注上双击鼠标左键，将会弹出【特性】选项板，如图 8-52 所示，可以看到，在这里可以对标注样式到标注文字的几乎全部设置进行编辑。

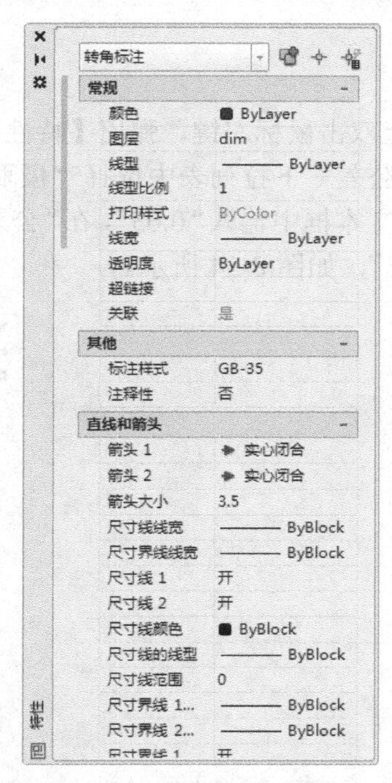

图 8-52 利用特性管理器编辑标注

8.4 创建公差标注

对于机械图来说，经常要对公差进行标注，公差又分为尺寸公差和形位公差，在 AutoCAD 中针对它们提供了不同的解决方法。

8.4.1 尺寸公差标注

在标注样式创建时可以为每一个尺寸都附加上尺寸公差，但公差并非每一个尺寸都需要，一般使用标注替代的方法为即将标注的尺寸设置公差，标注完成后再选择回到根标注。也可以通过特性选项板来修改已有标注的公差，另外的方法就是为公差标注专门设置标注样式，需要的时候直接从“标注”下拉列表中去选取。

打开本书配套素材中练习文件“8-3.dwg”，对左右两个孔的间距进行标注，并且附加上极限偏差“+0.05”和“–0.02”。我们直接采用修改标注特性的方法进行，具体步骤如下。

此练习示范，请参阅配套素材中实践视频文件 8-20.mp4。

（1）单击【标注】面板|【标注】下拉式列表|【线性】按钮激活线性标注命令，提示如下。

命令: _dimlinear

指定第一个尺寸界线原点或 <选择对象>:（确保打开对象捕捉，拾取左边圆心）

指定第二条尺寸界线原点:（拾取右边圆心）

指定尺寸线位置或

[多行文字(M)/文字(T)/角度(A)/水平(H)/垂直(V)/旋转(R)]:（向上拾取合适的标注尺寸线位置）

标注文字 ＝36

结果如图 8-53 所示。

（2）在完成的线性标注 36 上双击鼠标左键，弹出【特性】选项板，将选项列表拉到最下面“公差”选型区域，在“显示公差”下拉列表中选择“极限偏差”，确认“精度”下拉列表选择为“0.00”，在“公差上偏差”文本框中输入“0.05”，在“公差下偏差”文本框中输入“0.02”，将“公差文字高度”设置为“0.5”，如图 8-54 所示。

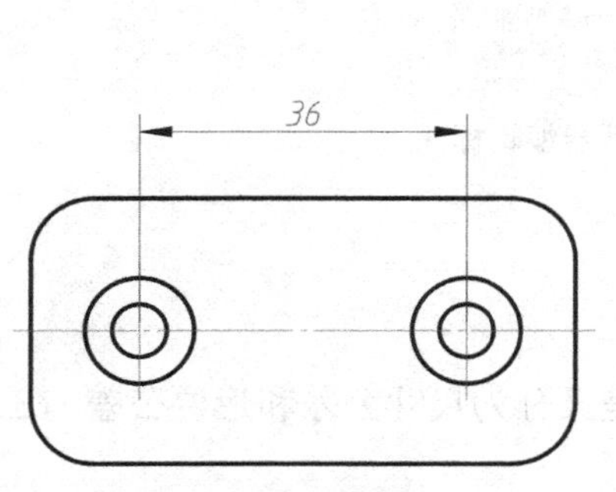

图 8-53　完成的线性标注

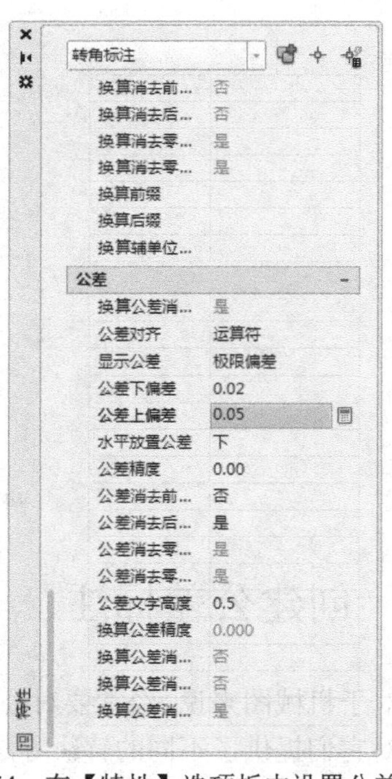

图 8-54　在【特性】选项板中设置公差

（3）关闭【特性】选项板，按【Esc】键取消标注对象的选择，结果如图 8-55 所示，为线性标注添加了尺寸公差。

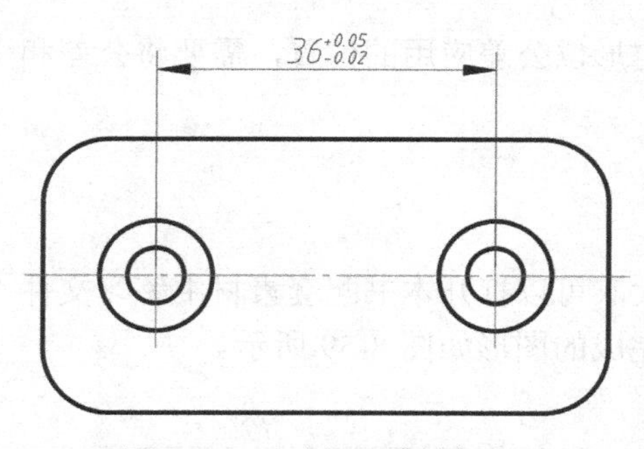

图 8-55　尺寸极限偏差标注

用同样的方法还可以标注“对称”“极限尺寸”“基本尺寸”等形式的带有公差的尺寸。

8.4.2　形位公差标注

形位公差是机械图中表明尺寸在理想尺寸中几何关系的偏差，比如垂直度、同轴度、平行度等。AutoCAD 提供了专门的形位公差工具，命令的激活方式如下。

- 功能区：【注释】标签|【标注】面板展开按钮 ▾ |【公差】按钮 ；
- 命令行：tolerance ↙。

命令激活后，AutoCAD 会弹出【形位公差】对话框，如图 8-56 所示。

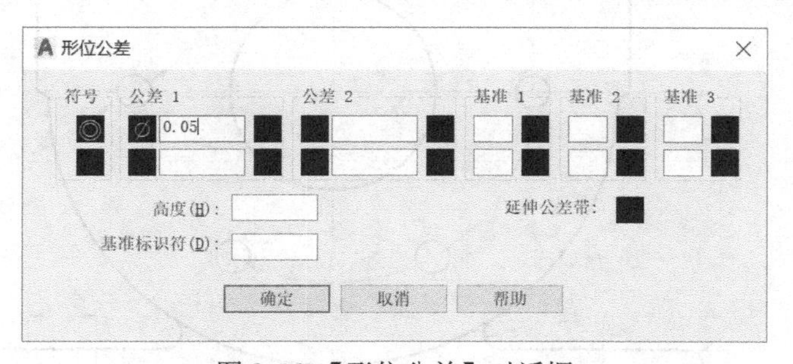

图 8-56　【形位公差】对话框

单击其中的“符号”图像框，弹出【符号】对话框，如图 8-57 所示。

单击选取一个同轴度符号，则退出【符号】对话框，返回【形位公差】对话框，在其中设置好其他参数，单击【确定】按钮后在图形中拾取一个位置，可以创建出形位公差，如图 8-58 所示。

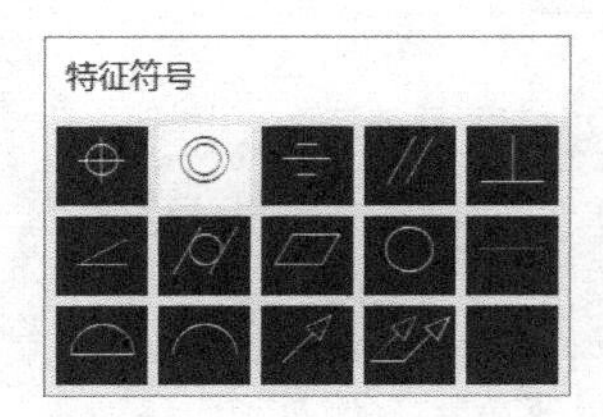

图 8-57　【符号】对话框

图 8-58　形位公差

完成的形位公差是一个整体，如果想要对其进行编辑，可以双击这个形位公差，在弹出的【形位公差】对话框中进行进一步的编辑。形位公差的具体应用方法还请参考有关机械设计方面的资料。

另外，要想准确地指定形位公差应用的位置，需要将公差和引线标注联合使用。

8.5　综合练习

学习完本章课程后，大家可以打开本书配套素材中练习文件“8-16.dwg”，用前面学习的方法进行综合练习。最后完成的图形如图 8-59 所示。

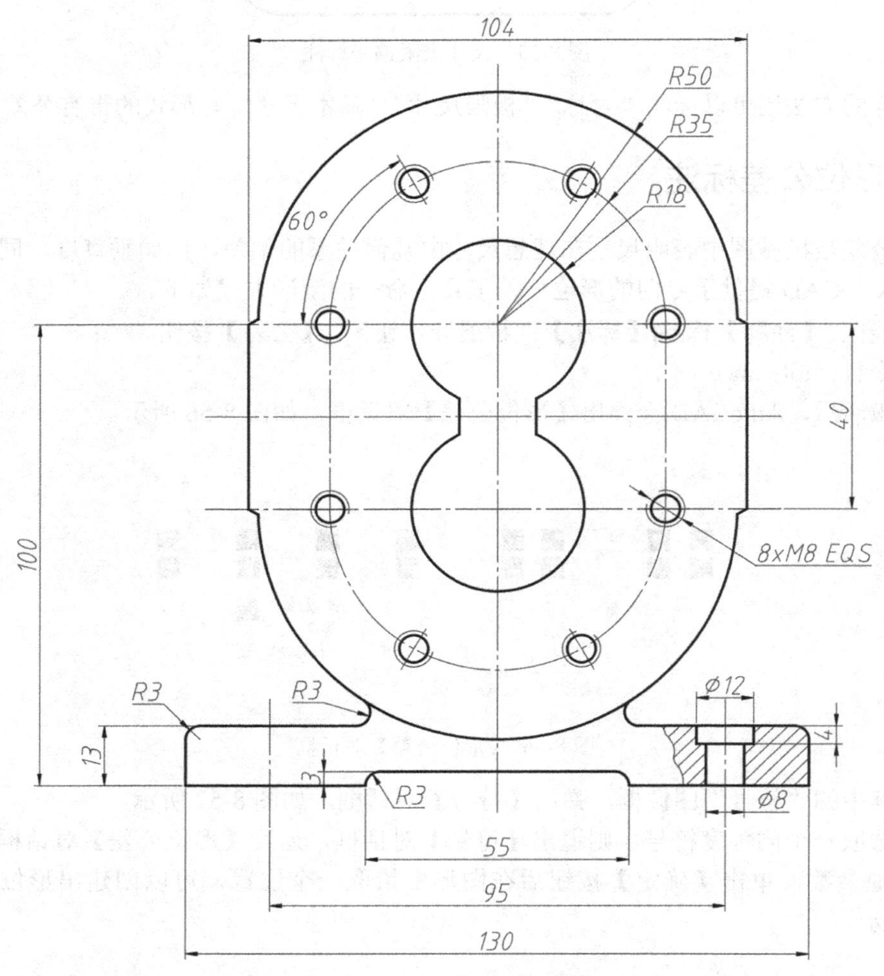

图 8-59　尺寸标注综合练习

第 9 章　块 的 使 用

在工程设计中，有很多图形元素需要大量重复应用，例如机械行业中的螺钉、螺母等标准紧固件，建筑行业中的座椅、家具等。这些多次重复使用的图形，如果每次都从头开始设计和绘制，不仅麻烦费时，而且也没有必要，因为在 AutoCAD 中可以将逻辑上相关联的一系列图形对象定义成一个整体，称之为块。

块是组成复杂图形的一组图形对象，块的定义实际上是在图形文件中定义了一个块的库，插入块则相当于在相应的插入点调用块库中的定义。所以，如果在图形中插入了很多相同的块，并不会显著增加图形文件的大小，也就是说，使用块还可以相对减小图形文件的占用空间。

自 AutoCAD 2006 开始提出了动态块的概念，动态块在块中增加可变量，比如我们可以将不同长度、角度、大小、对齐方式、个数，甚至整个块图形的样式设计到一个相关块中，插入块后仅需要简单拖动几个变量就能实现块的修改。动态块是 AutoCAD 的一项革命性创新，它极大地方便了块的使用，提高了绘图效率，并且极大地减少了块图形库创建的工作量，还可以精减块图形库，在 AutoCAD 2020 中还可以使用几何约束和标注约束以简化动态块创建。

注释性特性使得块在各种非 1:1 比例出图中很好地解决了比例缩放的问题，本章主要讲述以下内容：

- 块的创建与使用
- 块的编辑与修改
- 块的属性
- 动态块
- 设计动态块图形库

9.1　块的创建与使用

在 AutoCAD 中使用块可以大大提高绘图的效率，但在使用块之前，首先需要将块创建出来，这实际上就是向块库里增加块的定义。

9.1.1　创建块

创建块的前提是要将组成块的图形对象预先绘制出来。有了绘制好的原始图形对象后，创建块的过程就很简单了，首先要激活创建块的命令，方法如下。

- 功能区：【插入】标签|【块定义】面板|【创建块】下拉式列表|【创建块】按钮 ；
- 命令行：block （b）↙。

下面用一个简单的实例来讲解块的创建过程。打开本书配套素材中练习文件“9-1.dwg”，出现一个公共汽车的断面图和两个座椅的视图：一个是正视，一个是侧视，如图 9-1 所示。

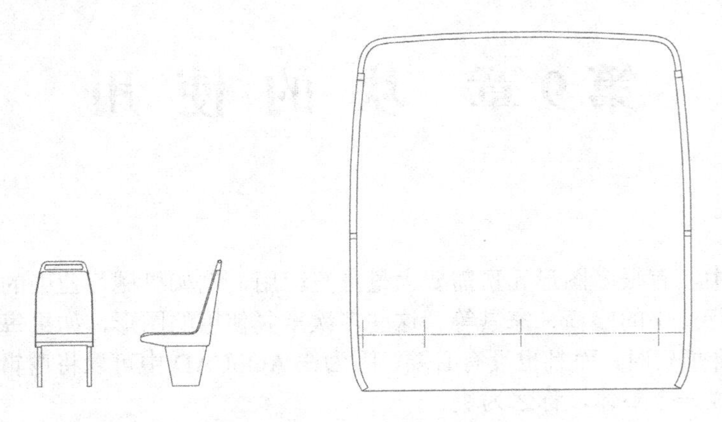

图 9-1　文件“9-1.dwg”中的图形

现在需要绘制这个公共汽车的断面布置图，也就是说要经常将正视和侧视的座椅进行移动调整，或使用多个座椅。如果将座椅创建成块，就可以方便设计工作。现在将左边的两个座椅视图创建成块，过程如下。

此练习示范，请参阅配套素材中实践视频文件 9-01.mp4。

（1）单击【插入】标签|【块定义】面板|【创建块】下拉式列表|【创建块】按钮，此时 AutoCAD 会弹出【块定义】对话框，在“名称”下拉列表框中输入“正视座椅”作为块名，如图 9-2 所示。

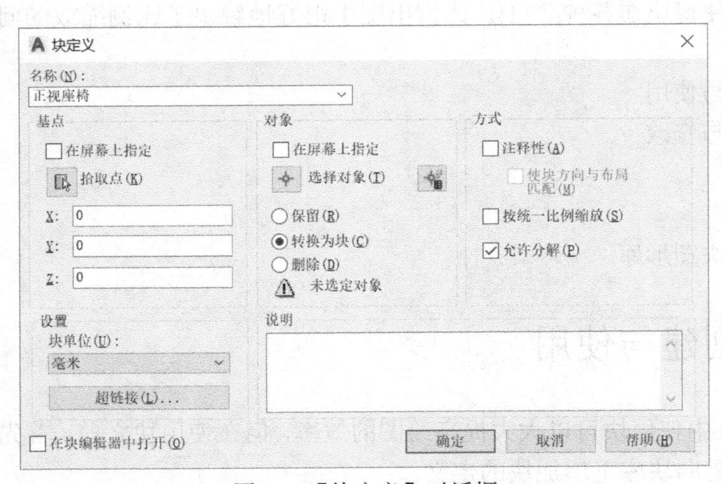

图 9-2　【块定义】对话框

（2）单击“基点”选项区域的【拾取点】按钮，提示拾取一个坐标点作为这个块的基点（也就是块的插入点），单击鼠标左键拾取左边座椅的左下角点，此时应打开对象捕捉功能以确保准确地拾取到左下角端点，如图 9-3 所示。拾取好基点后回到【块定义】对话框。

（3）单击“对象”选项区域的【选择对象】按钮，AutoCAD 会提示选取组成块的图形对象，这时使用窗口选择模式全部选取座椅图形对象，如图 9-4 所示。选择完对象后按回车键回到【块定义】对话框，此时的对话框如图 9-5 所示。

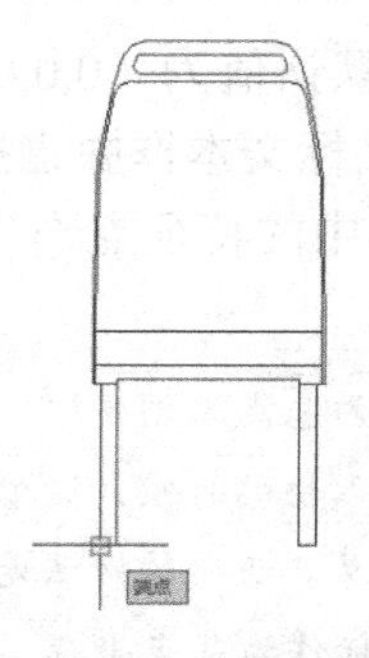

图 9-3 拾取左下角点作为基点

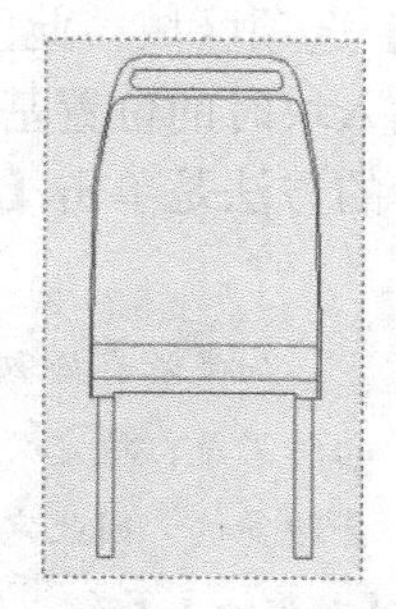

图 9-4 使用窗口选择模式全部选取座椅图形对象

（4）确保在“对象”选项区域中选择“转换为块”选项，注意此处“注释性”复选框不用勾选，因为对于图形块来说，是需要在不同出图比例中进行缩放的，而符号块才需要增加注释性特性。选择单击【确定】按钮，完成块的定义，此时单击刚刚定义好的块或者将光标移到块图形上，就会发现原本零散的图形对象变成了一个整体。

（5）重复刚才的创建块的过程，将侧视的座椅创建成一个名为“侧视座椅”的块，注意在拾取基点的时候应拾取侧视座椅的右下角点，如图 9-6 所示。

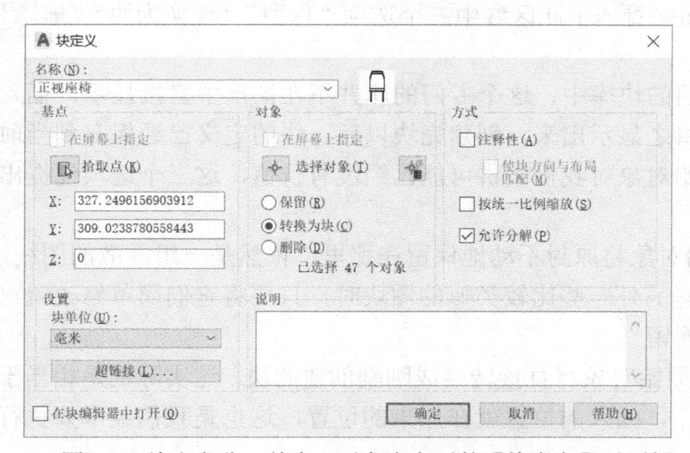

图 9-5 给出名称、基点、对象定义后的【块定义】对话框

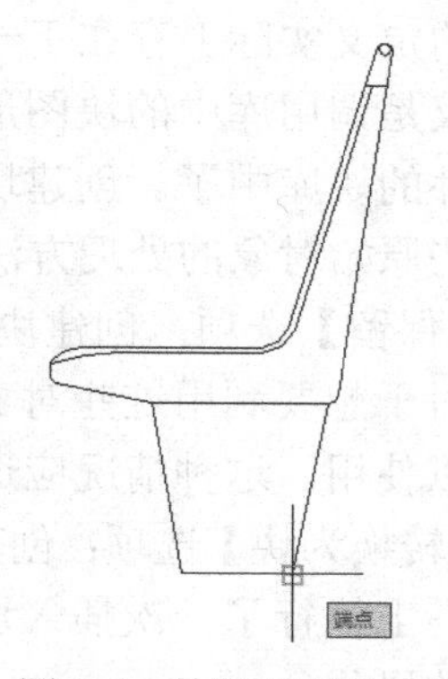

图 9-6 拾取右下角点作为基点

这样就在当前图形中创建了两个块，分别是“正视座椅”和“侧视座椅”。

块的定义包括三个基本要素：名称、基点、对象，这三个要素缺一不可。下面对【块定义】对话框中各选项做一个说明。

（1）【名称】下拉列表框：在相应的文本编辑框中输入块名或者在下拉列表中选取当前图形中已经存在的块名。

如果没有名称，块是无法创建的，推荐读者使用中文来给块命名，并且在名称中尽可能表达清楚这个块的具体用处，而不要使用“aa”“111”等随意键入的名字，这样在创建了多个块定义后仍然能将不同用处的块区分开来以方便使用。

（2）【基点】选项区域：此区域指定块的插入基点坐标。默认值为（0,0,0）。定义块时的基点实际上是插入块时的位置基准点，可以在 *X*、*Y*、*Z* 三个坐标文本框中直接键入坐标值。当然，我们推荐的方法是单击【拾取点】按钮选取一个块图形中的特征点作为基点坐标。

如果没有拾取基点，块会以默认值为（0,0,0）作为基点来创建块，这样做的结果是：块定义中的对象距离坐标原点有多远，插入块的时候，这个图块就会跑多远。因此定义块的时候一定不要遗漏基点的定义。正确的做法是：单击【拾取点】按钮，然后拾取块对象上的某个特征点坐标作为基点坐标，注意在拾取坐标的过程中打开状态栏上的【对象捕捉】开关，确保精确拾取到块上的坐标点。

（3）【对象】选项区域：此区域指定新块中要包含的对象，以及创建块以后是保留或删除选定的对象，还是将它们转换成块实例。虽然在 AutoCAD 2020 中允许不包含对象的空块被创建，但是对于工程实际应用来讲，没有图形的空块是没有实际应用价值的。

选择对象的方法不做赘述，下面来看一下此区域中三个选项“保留”“转换为块”“删除”的含义。

块的定义实际上存在于一个专门的块库中，这个专门的库并不在图形中直接显示，插入块时仅仅是调用库中的块图形，并将之显示出来，创建完块以后，块的定义已经保存到当前图形文件的块库中了。创建块的原始对象对我们来讲可能已经没有价值，这三个选项便提出了对这些原始对象的处理方法。

- 【保留】选项：创建块的原始对象将原封不动地保留在那里，依然是一组零散的图线，对于想要利用这些对象来创建另外一些比较类似的图块时，只要将它们简单修改就可以使用，这种情况应选择“保留”。
- 【转换为块】选项：创建块的原始对象将直接转换成刚刚创建的块，这实际上是相当于马上执行了一次插入块的操作，插入的位置就在原来的位置，这也是我们经常要执行的操作。
- 【删除】选项：这也是常常令人感到困惑的一个选项，创建块的原始对象将被从当前图形中删除掉而变得不可见了。如果目的是要创建一个块的库，比方说在做一个机械零件库，块定义完成后，这些原始对象对我们来讲就没有意义了，此时便可以将这个选项删除。

（4）【设置】选项区域：此区域指定块的一些特性设置。

- 【块单位】下拉列表：使用设计中心、工具选项板将块拖放到图形时，指定块的缩放单位。在这里最好指定一个单位而不要使用“无单位”，因为在设计中心将块拖放图块的时候，AutoCAD 会自动换算单位而不会出现比例问题。
- 【超链接】按钮：打开【插入超链接】对话框，可用它将超链接与块定义相关联。

（5）【方式】选项区域：此区域指定块的行为方式。

- 【注释性】复选框：指定块为注释性。
- 【按统一比例缩放】复选框：选择这一选项后，插入块的时候不允许块沿 *X*、*Y*、*Z* 方向使用单独的缩放比例。

● 【允许分解】复选框：指定块是否可以被分解。

另外，块的定义支持嵌套，也就是说，已经是块的图形对象还可以被包含到另一个与之不同名的块定义中。

9.1.2　使用块

前面在当前图形中创建了两个块，如何使用这两个块呢？使用创建好的块有 3 种方法，分别是：

- 使用【插入】命令插入块；
- 使用设计中心插入块；
- 使用工具选项板插入块。

接下来对这 3 种方法分别进行介绍。

1. 使用【插入】命令插入块

激活插入块命令的方法如下。

- 功能区：【插入】标签|【块】面板|【插入】下拉式按钮 ；
- 命令行：insert （i）↙。

继续以刚才的实例或者以配套素材中练习文件“9-2.dwg”为例来讲解插入块的方法。现在需要在公共汽车断面图上插入刚刚创建的“正视座椅”和“侧视座椅”块，步骤如下。

此练习示范，请参阅配套素材中实践视频文件 9-02.mp4。

（1）单击【插入】标签|【块】面板|【插入】下拉式按钮，如果文件中有定义好的块，会出现块的图形列表，如图 9-7 左图所示；如果没有定义块，则会出现【插入】对话框，如图 9-7 右图所示。

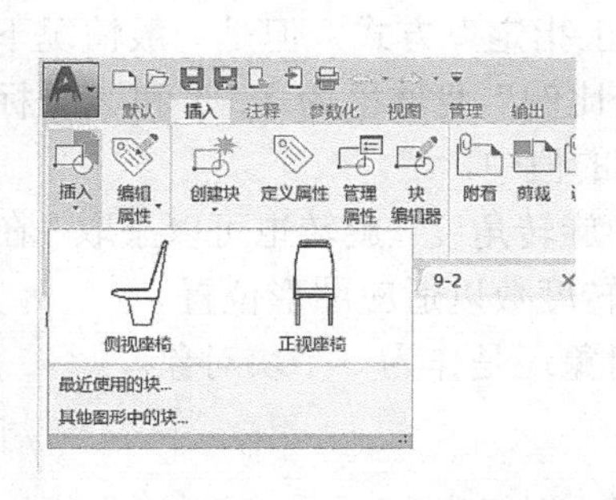

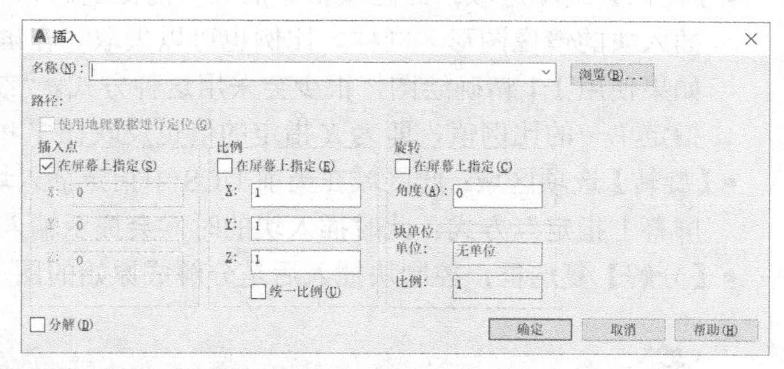

图 9-7　块列表和【插入】对话框

（2）选择“正视座椅”，单击【确定】按钮，AutoCAD 提示如下。

命令: _insert

单位: 毫米　转换:　1.0000

指定插入点或 [基点(B)/比例(S)/X/Y/Z/旋转(R)]: _Scale 指定 XYZ 轴的比例因子 <1>: 1 指定插入点或 [基点(B)/比例(S)/X/Y/Z/旋转(R)]: _Rotate

指定旋转角度 <0>: 0

指定插入点或 [基点(B)/比例(S)/X/Y/Z/旋转(R)]:（打开对象捕捉，拾取图 9-8 所示的左边地板与定位红线的交点，完成块的插入）

（3）重复上面的过程，可以再次插入“正视座椅”和“侧视座椅”块，插入点都是地板与定位红线的交点，最后完成插入块工作后的公共汽车断面图，如图 9-9 所示。

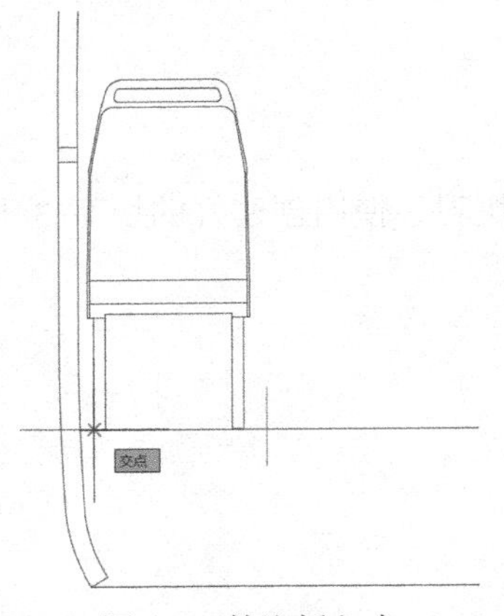

图 9-8　拾取插入点

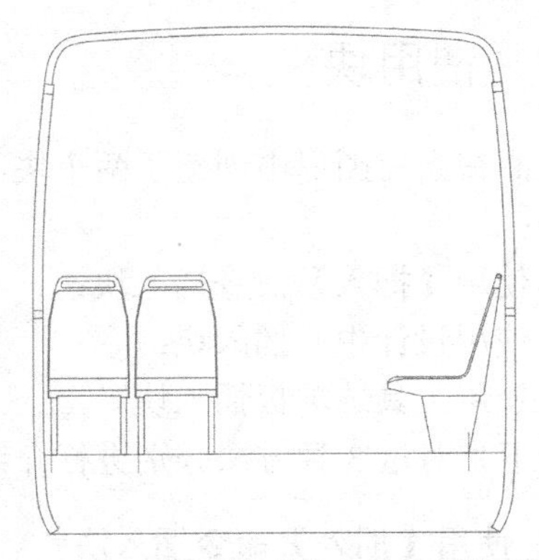

图 9-9　完成插入块后的公共汽车断面图

完成块的插入后，再来看看【插入】对话框中各选项的含义（参照图 9-7）。

- 【名称】下拉列表框：指定要插入的块名，或指定要作为块插入的文件名。如果当前图形中有定义好的块，可以直接从下拉列表中选择。另外，AutoCAD 还可以直接将 DWG 图形作为块插入到当前图形中来，方法是使用【浏览】按钮，选择需要插入的文件，完成后“路径”中提示当前插入文件的位置。
- 【插入点】选项区域：此区域指定块的插入点。如果选择“在屏幕上指定”复选框，则可以用鼠标在绘图区域拾取块的插入点。还可以直接在 *X*、*Y*、*Z* 三个文本框中直接输入坐标值。推荐大家采取“在屏幕上指定”方式以便快捷地定出插入点。
- 【比例】选项区域：此区域指定插入块的比例。如果指定负的 *X*、*Y* 和 *Z* 比例因子，则插入块的镜像图形。同样，比例也可以采取“在屏幕上指定”方式，但是一般情况下如果使用 1:1 精确绘图，很少会采用这种方式。“统一比例”复选框为 *X*、*Y* 和 *Z* 坐标指定单一的比例值，即为 *X* 指定的值也反映在 *Y* 和 *Z* 的值中。
- 【旋转】选项区域：此区域在当前 UCS 中指定插入块的旋转角度。旋转也可以采取“在屏幕上指定”方式，此时插入块的时候会提示输入旋转度数以适应图形位置。
- 【分解】复选框：控制块插入后是分解成原始的图形对象还是作为一个块对象。

在 AutoCAD 创建块的过程中，“0”图层是一个浮动图层，以此图层中的对象创建成的图块，如果其原始对象的其他特性（如颜色、线型、线宽等）都设置为逻辑属性“ByLayer”（随层），插入后将会随插入图层（也就是当前图层）的特性变化，而用其他图层中的对象创建的图块则保留原始图线所在图层的特性。

了解了这一点后，可以得出这样的经验：如果用户想要创建一个通用的图块库以便在各图层中使用，最好是将创建图块的原始图线放到“0”层中，并且将其颜色、线型、线宽等特性都设置为逻辑属性“ByLayer”（随层）。

2．使用设计中心插入块

如果要想在其他文件中使用当前图形中的块，早前 AutoCAD 使用写块命令将块写入到一个文件中，然后其他文件以插入外部图形作为块来调用，但是如果有大量的块需要在其他文件中使用，这样的操作方法不方便也不直观，因此，从 AutoCAD 2000 开始提供了设计中心，可以很好地解决这样的问题。

在设计中心可以找到并打开任何图形文件（可以是 DWG、DWT、DWS 文件）以获得图形里的块定义，并将缩略图直观地显示出来。通过简单地拖动就可以实现在当前图形中插入其他图形中的块。激活设计中心的方法如下。

- 功能区：【视图】标签|【选项板】面板|【设计中心】按钮；
- 快捷键：Ctrl + 2；
- 命令行：adcenter ↙。

打开本书配套素材中练习文件“9-2.dwg”和“9-3.dwg”两个文件，并确保当前图形文件是“9-3.dwg”，尝试将“9-2.dwg”文件中定义好的“侧视座椅”块插入到“9-3.dwg”文件中相应的插入点，操作步骤如下。

此练习示范，请参阅配套素材中实践视频文件 9-03.mp4。

（1）按下快捷键【Ctrl+2】，此时 AutoCAD 弹出【设计中心】对话框，选择其中的【打开的图形】选项卡，展开“9-2.dwg”文件，并选择其中的“块”，如图 9-10 所示。

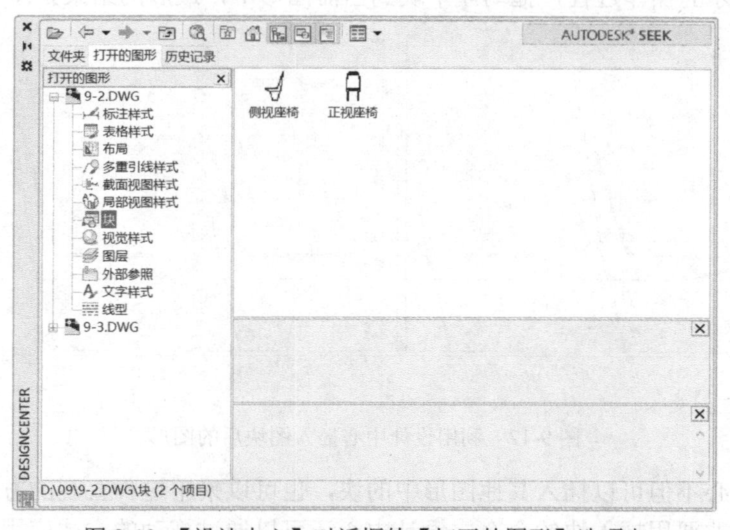

图 9-10 【设计中心】对话框的【打开的图形】选项卡

（2）可以看到，“9-2.dwg”文件中定义的块都直观地显示在设计中心中了，此时只要选中需要的块，按住鼠标左键拖动就可以将块插入到当前图形中。为了方便拖动，可以将设计中心拖动到屏幕左方，以使当前图形和设计中心都能显示出来：用鼠标左键按住【设计中心】对话框的标题栏向左边拖动，直到出现一个纵向的矩形框后松手，此时设计中心的位置如图 9-11 所示。选择其中的“侧视座椅”块，按住鼠标左键将之拖动到图 9-11 中所示的地板与定位红线交点位置。注意，拖动的时候打开对象捕捉以帮助精确定位。

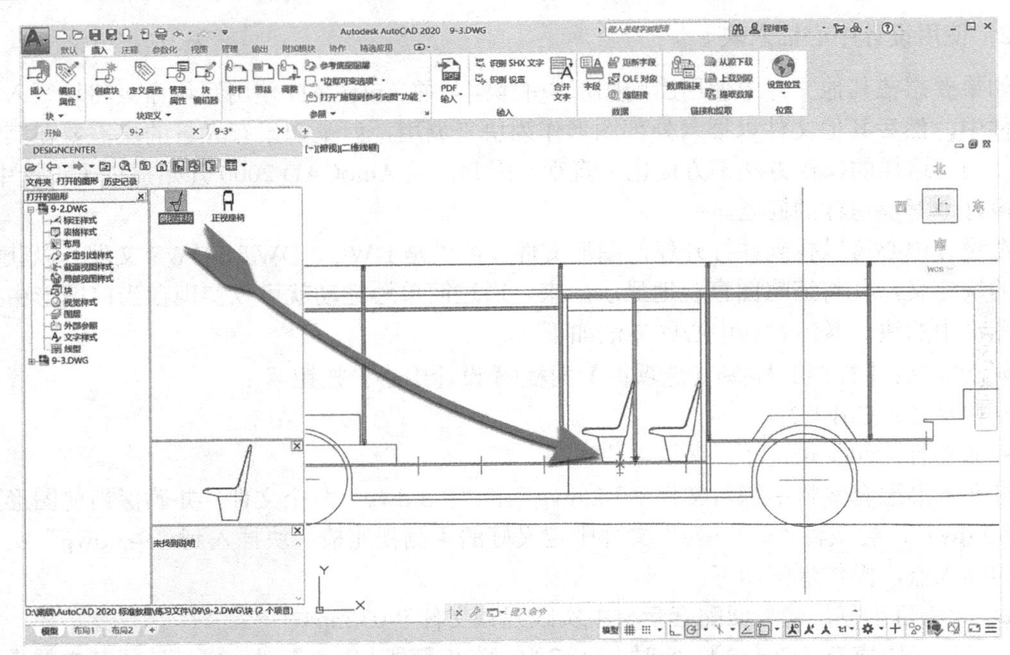

图 9-11　利用设计中心从其他文件中插入图块

（3）重复刚才的操作过程，拖动 4 个块到当前图形中，最后的结果如图 9-12 所示。

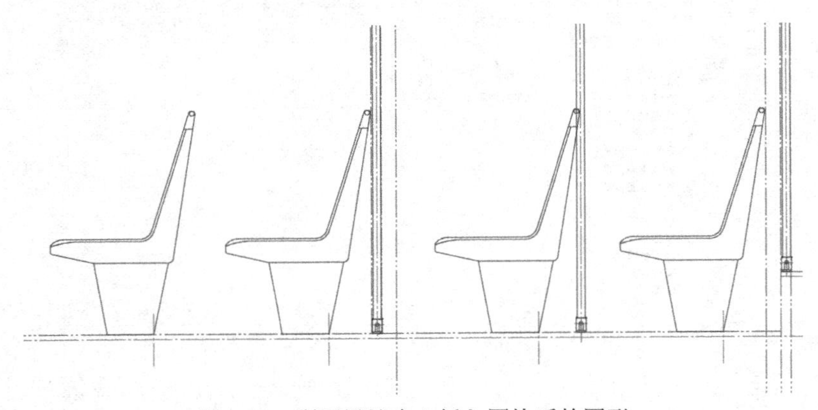

图 9-12　利用设计中心插入图块后的图形

利用设计中心不但可以插入其他图形中的块，也可以采用这种直观的方式插入当前图形中的块，不一定非要用插入块的命令。设计中心还可以通过拖动的方式应用其他图形中的标注样式、文字样式、线型、图层等元素到当前图形。

本书配套素材中练习文件还有“9-4.dwg”和“9-5.dwg”两个文件，分别是创建好的家具库和一个平面布置图，读者可以自行练习使用设计中心将“9-4.dwg”里的家具图块拖动到“9-5.dwg”中，进行家具布置。

使用 Windows 的【复制】、【粘贴】命令也可以实现在不同文件间调用块或图形对象，但是【复制】、【粘贴】命令将忽略块中的基点定义，使用整个图形对象的左下角点作为基点插入，而在设计中心中块的基点定义依然有效。

3. 使用工具选项板插入块

工具选项板将一些常用的命令、块和填充图案集合到一起分类放置，需要的时候只要拖动它们就可插入到图形中，极大地方便了块和填充的使用。

打开工具选项板的方法如下。

- 功能区：【视图】标签|【选项板】面板|【工具选项板】按钮；
- 快捷键：Ctrl + 3；
- 命令行：toolpalettes（tp）↙。

打开工具选项板后，屏幕上将会显示一个工具选项板窗口，这里面已经定义好了很多按专业分类的块，直接拖动就可以将块插入到当前图形中。

接下来还是使用本书配套素材中练习文件“9-2.dwg”和“9-3.dwg”两个文件，尝试将“9-2.dwg”中的两个块放到工具选项板中去，然后再从工具选项板中将之插入到“9-3.dwg”中。

将块放到工具选项板的方法有如下几种。

- 使用设计中心将块拖动到工具选项板。
- 使用设计中心右键菜单直接创建工具选项板。
- 将块复制到剪贴板中，然后粘贴到工具选项板。
- 单击选择块，然后直接拖动到工具选项板。

对于前面几种方法，将会在以后的章节中专门介绍，在这里直接使用第 4 种方法，步骤如下。

此练习示范，请参阅配套素材中实践视频文件 9-04.mp4。

（1）打开本书配套素材中练习文件中的“9-2.dwg”和“9-3.dwg”两个文件，确保当前文件是“9-2.dwg”，并插入了两个座椅块，按工具选项板快捷键【Ctrl+3】，打开工具选项板，在选项板标签或标题栏位置右击，在弹出的右键菜单中选择【新建选项板】命令，创建一个名为“座椅”的选项板。

（2）在“9-2.dwg”图形中的“正视座椅”块上单击以选中这个块，然后按住鼠标左键将这个块直接拖动到新创建的工具选项板中去，如图 9-13 所示。重复这样的方法，将“侧视座椅”也拖动到工具选项板中。

（3）将当前图形切换到“9-3.dwg”中，将工具选项板上的“侧视座椅”逐个拖动到图形中相应的位置中，如图 9-14 所示。

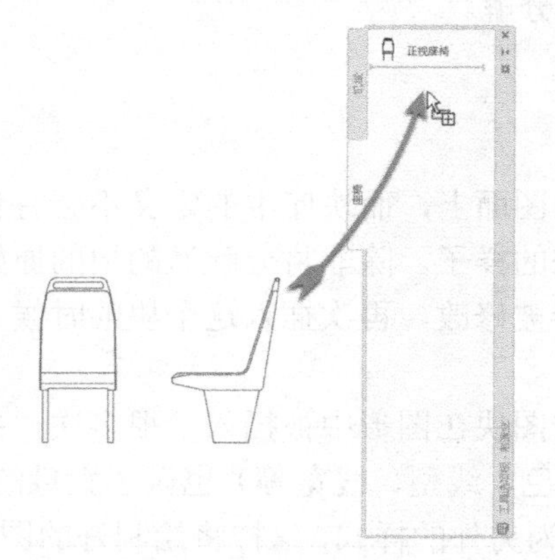

图 9-13 将块直接拖动到工具选项板中

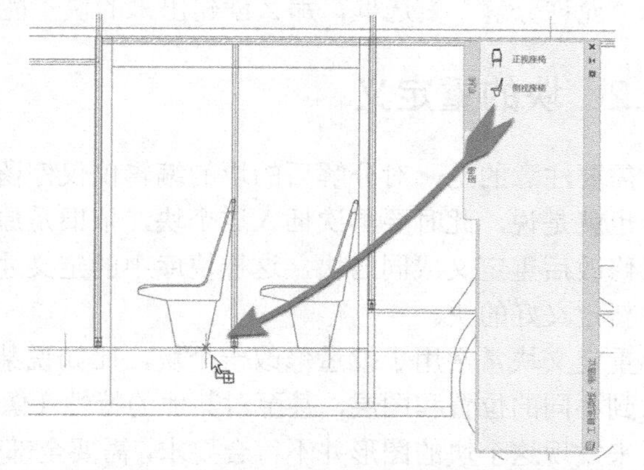

图 9-14 将块从工具选项板中拖动到当前图形中

通过工具选项板可以很方便地组织和使用块，但是要注意，工具选项板中的块必须有源图，也就是说，如果选项板中的块的原始文件发生了变化，比如说被删除、移动或修改了，此时虽然工具选项板中仍然有这个块图形，但是已经无法再使用了。

9.2 块的编辑与修改

块在插入到图形之后，表现为一个整体，我们可以对这个整体进行删除、复制、镜像、旋转等操作，但是不能直接对组成块的对象进行操作，也就是说不能直接修改块在库中的定义。AutoCAD 提供了 3 种方法对块的定义进行修改，分别是块的分解加重定义、块的在位编辑和块编辑器。

在 AutoCAD 图形中，删除了图块依然可以将块继续插入进来使用。由于块的定义实际上存在于一个专门的块库中，这个库是不依赖于显示在图形中的对象而存在的，因此将文件中所有插入的图块都删除掉，图块的定义依然还保存在块库中，需要时随时可以插入。如果想要将在图形中没有用的块彻底删除，仅仅在画面上删除是不够的，因此，AutoCAD 提供了清理（purge）命令，可以清理掉这些没有用的图块。

9.2.1 块的分解

分解命令可以将块由一个整体分解为组成块的原始图线，然后可以对这些图线执行任意的修改，命令的激活方式如下。

- 功能区：【默认】标签|【修改】面板|【分解】按钮；
- 命令行：explode ↙。

激活命令后，在命令提示下选择需要分解的块，选择完毕按回车键后，块就被分解成零散的图线，此时可对这些图线进行编辑。一次分解只能分解一级的块，如果是嵌套块，还需要将嵌套进去的块进一步分解才能成为零散的图线。另外必须注意，在创建块的时候如果不选择“允许分解”复选框，那么创建出来的块不能被分解。

9.2.2 块的重定义

需要注意的是，对分解后的块的编辑仅仅停留在图面上，而块库中的定义不会有任何变化，也就是说，此时要再次插入这个块，依旧是原来的样子。除非将分解后的块的原始图线编辑修改后重定义成同名块，这样块库中的定义才会被修改，再次插入这个块的时候，会变成重新定义好的块。

重定义块常常用于批量修改一个块，比如说某个图块在图形中被插入了很多次，并且是插入到不同的位置和图层，甚至对其他的特性（像颜色、线型、线宽等）也做了大量的调整，而后来发现这个块的图形并不符合要求，需要全部变为另外的样式，这样将绘制好的图块（可以是分解块后经过简单修改的，也可以是完全重新绘制的图形）以相应的插入点重新定义，完成后，图形中全部同名块将会被修改为新的样式。

块的重定义实际使用起来很简单，和创建块的过程一样，只是在选择块名的时候可以选择“名称”下拉列表中的已有块。接下来用一个实例来说明如何进行块的重定义操作。

打开本书配套素材练习文件中的“9-6.dwg”，如图9-15所示。这是一个餐厅的家具布置图，假设这是一项工程的设计阶段，甲方（也就是餐厅的业主）对这个设计不满意，相比圆形餐桌而言，他们更喜欢方形的餐桌（也就是左下角绘制好的方形餐桌）。此时如果要更改设计的话，需要在布置好的位置重新插入一遍方形餐桌的块。这是一项很费时的工作，因为餐桌的位置是根据各种人体工学的原理设计出来而非随意布置的。这时候如果使用块的重定义，就可以轻而易举地完成这个修改，步骤如下。

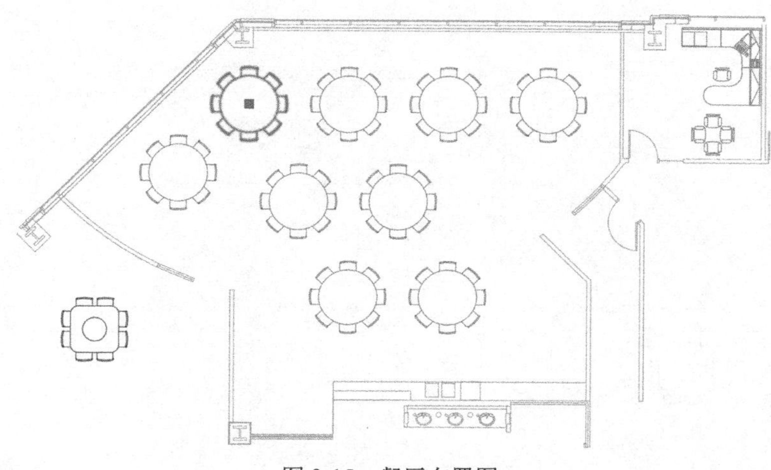

图9-15 餐厅布置图

此练习示范，请参阅配套素材中实践视频文件9-05.mp4。

（1）由于块的重定义是在原来插入点（也就是基点）的位置将块替换掉，所以对应的插入点显得尤为重要。单击选择其中一个圆形餐桌的块（如图9-15所示的左上角圆形餐桌块），可以看到这个块的插入点在餐桌的中心位置（中心位置显示出一个蓝色夹点，这个夹点便是块的基点所在），在重定义块的时候，只需要将基点定到新块的中心位置即可。按两下【Esc】键取消对这个块的选择。

（2）选择桌子图块，按快捷键【Ctrl+1】打开【特性】窗口，找到“名称”信息栏，可以看到这个圆形餐桌的块名为“8 座桌”（这个操作可以帮助我们了解重定义块的目标所在），单击【×】按钮，关闭特性窗口。

（3）单击【插入】标签|【块定义】面板|【创建块】下拉式|【创建块】按钮，此时AutoCAD会弹出【块定义】对话框，在“名称”下拉列表框中选择“8 座桌”，单击“基点”选项区域的【拾取点】按钮，提示拾取一个坐标点作为这个块的基点，拾取左边方形餐桌中间转盘的圆心点（此时应打开对象捕捉），如图9-16所示。拾取好基点后会回到【块定义】对话框。

（4）单击“对象”选项区域的【选择对象】按钮，这时使用窗口选择模式全部选取方形餐桌图形对象，选择完后按回车键回到【块定义】对话框，单击【确定】按钮，此时AutoCAD会弹出一个名为【块-重新定义块】警告信息框，如图9-17所示，单击【重新定义块】按钮确定所做的操作。

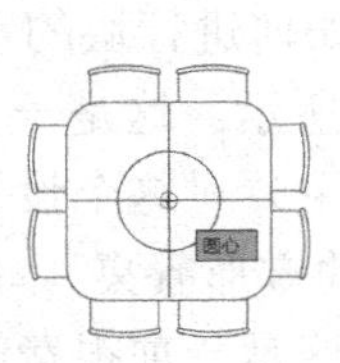

图 9-16　拾取到方形餐桌中间转盘的圆心点作为基点

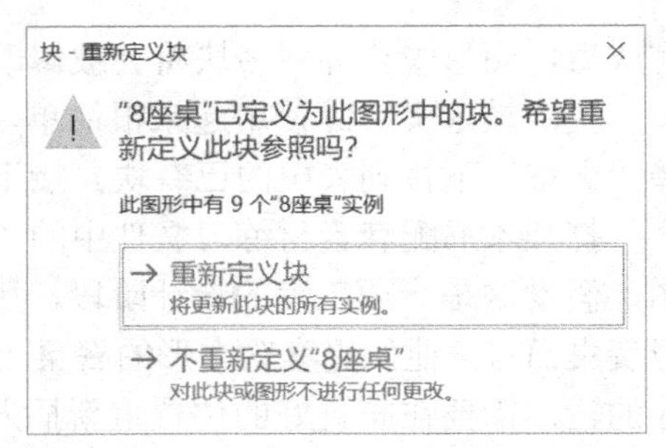

图 9-17　【块-重新定义块】警告信息框

（5）此时会发现，图形中所有的“8 座桌”块由原来的圆形餐桌更新为方形餐桌，如图 9-18 所示。

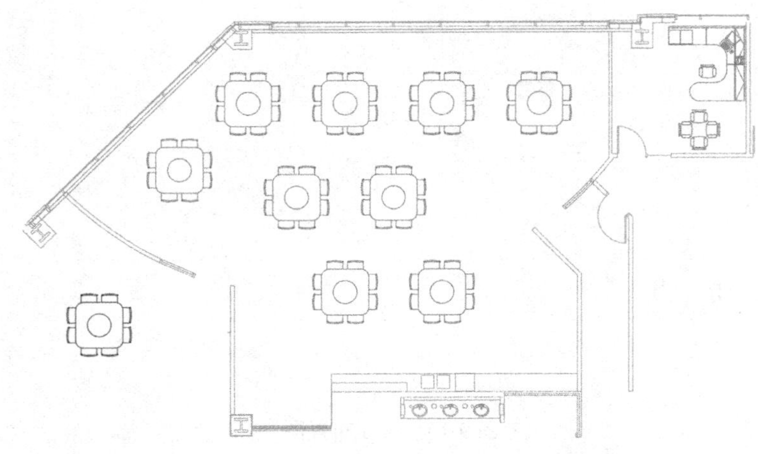

图 9-18　重定义“8 座桌”块后的餐厅布置图

通过上面的实例可以看到，块的重定义是一个非常实用的工具，利用它可以轻松地完成以往需要大量时间才能完成的工作。

对于块的重定义，除了需要了解基点位置之外，创建块的原始对象所在的图层也很重要，如果原来的块的原始图线所在层是 0 图层，重定义块的原始图线最好也放到 0 图层，这样，如果这个块插入到了其他的图层或者改变了某些特性（颜色、线型、线宽等）时，重定义的块将一样保留这些更改过的特性。

9.2.3　块的在位编辑

除了前面讲到的重定义方法，AutoCAD 还有一个“在位编辑”的工具直接供用户修改块库中的块定义。所谓在位编辑，就是在原来图形的位置上进行编辑，这是一个非常便捷的工具，不必分解块就可以直接对它进行修改，而且可以不必理会插入点的位置和原始图线所在图层。

在位编辑命令的激活方法如下。

- 选择块，在其右键菜单中选择【在位编辑块】命令；

- 命令行：refedit ↙。

下面用和上面类似的例子来讲解如何进行块的在位编辑。打本书配套素材中练习文件“9-7.dwg”，同样是这个餐厅的家具布置图，甲方（也就是餐厅的业主）对这个设计基本满意，但是他们提出要在圆形餐桌中间加一个转盘。使用块的在位编辑的方法可以完成这个修改，步骤如下。

此练习示范，请参阅配套素材中实践视频文件 9-06.mp4。

（1）选择块，在块的右键菜单中选择【在位编辑块】命令，打开【参照编辑】对话框，如图 9-19 所示。这个对话框中显示出要编辑的块的名字“8 座桌”。

（2）如果块中有嵌套的块，还会将嵌套的树状结构显示出来，这样可以自由选择是编辑当前的根块还是编辑嵌套进去的子块。确保选择了“8 座桌”，然后单击【确定】按钮，此时 AutoCAD 会进入一个参照和块编辑的状态，除了块定义的图形以外，其他图形全部褪色，并且除了当前正在编辑的块图形外，看不到其他插入进去的相同的块，如图 9-20 所示。同时，功能区当前标签右侧会出现【编辑参照】面板。

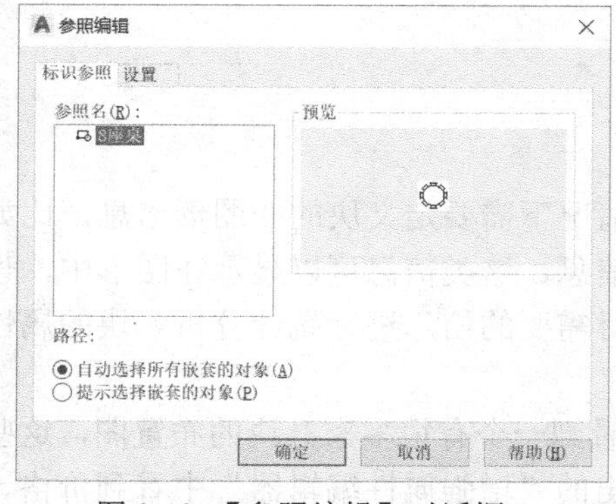

图 9-19 【参照编辑】对话框

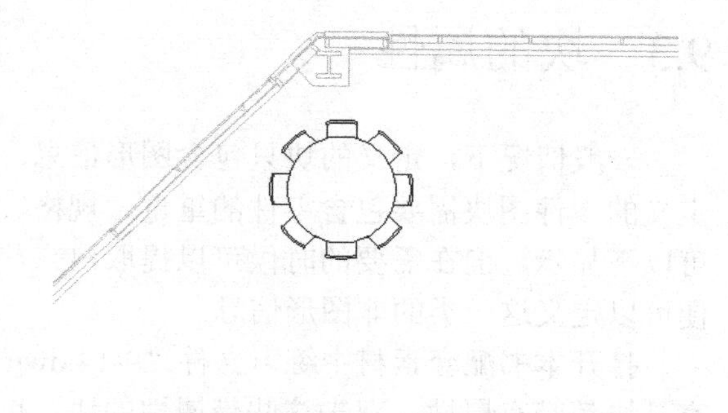

图 9-20 参照和块在位编辑的状态

（3）在命令行输入命令 c 激活画圆命令，以餐桌的圆心为圆心，绘制一个半径为 200 的圆表示转盘，完成对块定义的修改后，单击【编辑参照】面板|【保存修改】按钮，在弹出的警告对话框中单击【确定】按钮，将修改保存到块的定义中，最后完成的餐厅家具布置图如图 9-21 所示。

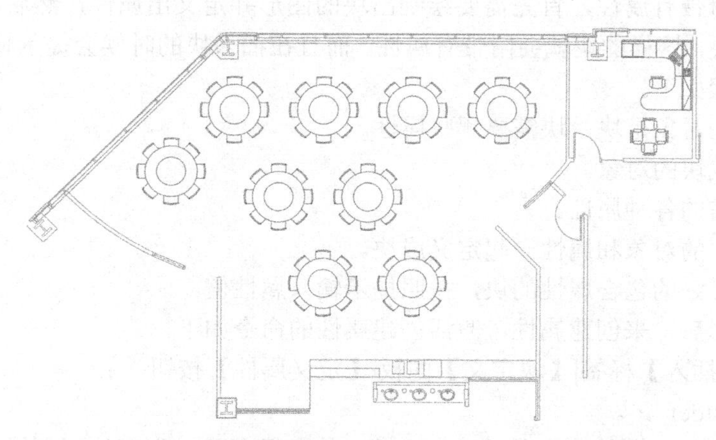

图 9-21 在位编辑“8 座桌”块后的餐厅家具布置图

通过上面的例子可以发现，在位编辑块可以快速地修改块定义，那么什么时候使用重定义或者在位编辑块呢？一般来说，如果已经绘制好了一个可以替代块的图形后，使用重定义块比较方便；如果仅仅是在块上做简单修改而没有一个可以替代块的图形时，使用在位编辑更快捷一些。

9.2.4 块编辑器

块编辑器是从 AutoCAD 2006 版新增加的工具，它的使用方法和块的在位编辑相似，不同的是它将会打开一个专门的编辑器而不是在原来图形的位置上进行编辑。它主要是为了动态块的创建而设计的，是一个功能更强大的编辑器。激活方法如下。

- 功能区：【插入】标签|【块定义】面板|【块编辑器】按钮；
- 命令行：bedit （be）↙；
- 选择块，在块上右击，从弹出的右键菜单中选择【块编辑器】。

关于块编辑器，在学习动态块的时候还会进行详细的介绍，在这里先不做赘述。

9.3 块的属性

一般情况下，定义的块只包含图形信息，而有些情况下需要定义块的非图形信息，比如定义的零件图块需要包含零件的重量、规格、价格等信息，这类信息可以显示在图形中，也可以不显示，但在需要的时候可以提取出来，还可以对需要的信息进行统计分析。块的属性便可以定义这一类的非图形信息。

打开本书配套素材中练习文件“9-14.dwg”，可以看到一个有很多家具块的布置图，这些家具块都带有属性，双击这些带属性的块，可以在弹出的“增强属性编辑器”中看到价格、规格、名称等信息，这些属性有些是显示在图形中的，有些不需要显示的属性（如价格、规格等）则没有显示出来。

9.3.1 定义及使用块的属性

要让一个块附带有属性，首先需要绘制出块的图形并定义出属性，然后将属性连同图形对象一起创建成块，这样的块就会附带有属性。而且在插入块的时候会提示输入这些属性值。使用块属性的步骤如下。

（1）规划哪些对象是块，块需要哪些属性。

（2）创建组成块的对象。

（3）定义所需的各种属性。

（4）将组成块的对象和属性一起定义成块。

（5）插入定义好的包含属性的块，按照提示输入属性值。

在绘制好图形后，来创建属性，激活创建属性的命令如下。

- 功能区：【插入】标签|【块定义】面板|【定义属性】按钮；
- 命令行：attdef ↙。

打开本书配套素材中练习文件“9-8.dwg”，其中保存了一张床的平面图形，现在尝试将此图形定义成块并给块加上名称、规格、价格 3 个属性。

此练习示范，请参阅配套素材中实践视频文件 9-07.mp4。

（1）定义属性。单击【插入】标签|【块定义】面板|【定义属性】按钮，弹出【属性定义】对话框，如图 9-22 所示。

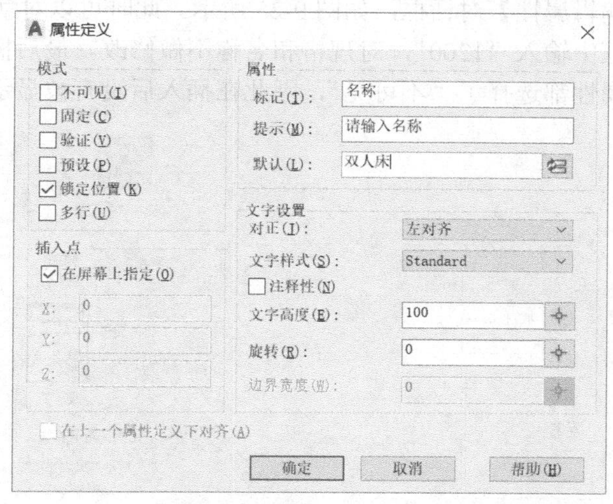

图 9-22 【属性定义】对话框

左边的“模式”选项区域列出了属性的 6 种模式，说明如下。

- “不可见”模式设定此属性在图形中不显示。
- “固定”模式设定此属性已被预先给出属性值，不必在插入块时输入，并且此属性值不能修改。
- “验证”模式设定此属性在插入块时提示验证属性值是否正确。
- “预设”模式设定此属性在插入块时将属性值设置为默认值。
- “锁定位置”模式设定此属性在块中的位置。
- “多行”模式设定此属性可以包含多行文字。

右边的“属性”选项区域内有 3 个文本框，说明如下。

- “标记”指定此属性的代号。
- “提示”指定在插入包含该属性定义的块时显示的提示。
- “默认”指定默认属性值，也可以输入字段。

（2）在“属性”选项区域内的“标记”文本框中输入属性标记“名称”，在“提示”文本框中输入“请输入名称”，在“默认”文本框中输入“双人床”。选取“模式”选项区域的“锁定位置”复选框，然后单击【拾取点】按钮，在床中间位置拾取一点，回到【属性定义】对话框中，在“文字设置”选项区域的“文字高度”文本框中输入“150”，最后单击【确定】按钮，完成“名称”属性的定义。

（3）按照此方法完成“规格”和“价格”属性的定义，注意定义这两个属性时都只选取“不可见”复选框，并且选取“在上一个属性定义下对齐”复选框，“规格”和“价格”属性的值分别为“2000×1500”和“1200”。最后完成的属性定义如图 9-23 所示。

（4）将此图形连同属性一起定义为“双人床”的块。单击【插入】标签|【块定义】面板|【创建块】按钮，弹出的【块定义】对话框，基点拾取床的左上角，选取对象时将床连同属性

一起选中，并选取“删除”选项，最后单击【确定】按钮，完成后屏幕上的图形将消失。此时图形已经被定义成块并存放在文件的块库中，在图形中并不显示。

（5）在当前图形中插入定义好的带属性的块。单击【插入】标签|【块】面板|【插入】下拉式按钮，出现块列表，选择刚刚创建的“双人床”块，如图 9-24 所示，在屏幕上拾取一个插入点，此时弹出【编辑属性】对话框，如图 9-25 所示。此时可以对默认的属性进行修改，在提示输入价格文本框中输入“1200”，对规格和名称不做修改。最后插入的块如图 9-26 所示。因为规格和价格属性都选择了“不可见”，因此在插入后没有被显示出来。

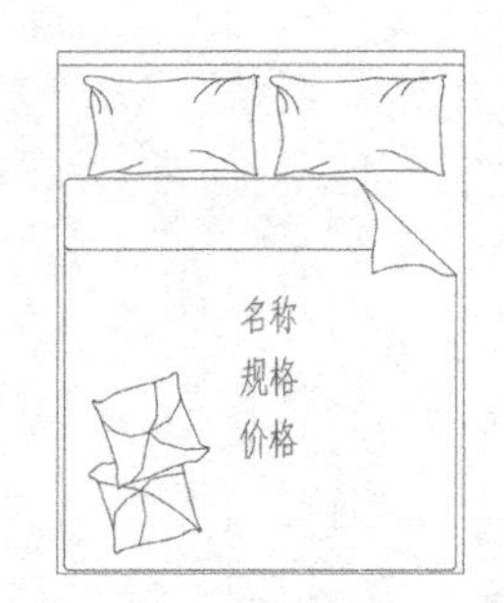

图 9-23　完成的属性定义

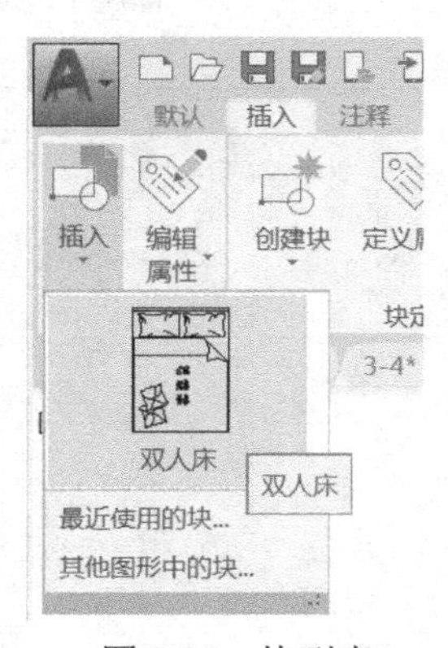

图 9-24　块列表

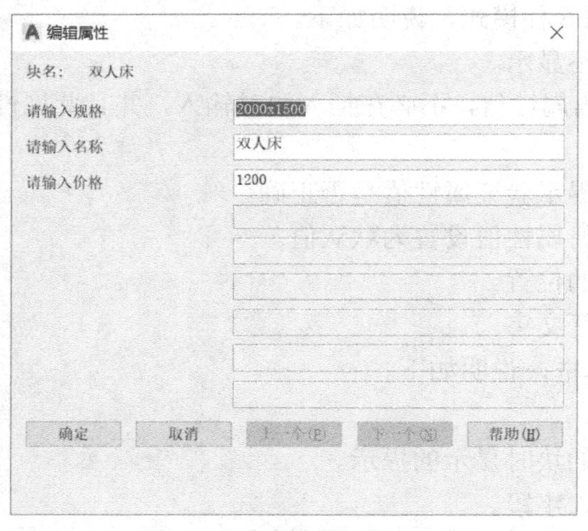

图 9-25 【编辑属性】对话框

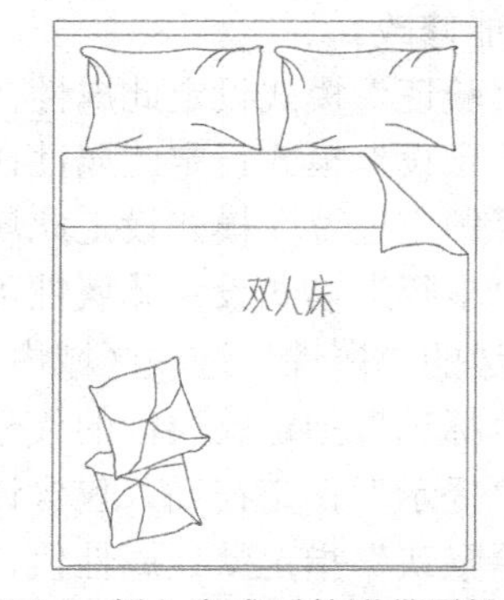

图 9-26　插入完成后的附带属性的块

利用属性还可以创建一些带参数的符号和标题栏等，AutoCAD 样板图中的标题栏就使用了带属性的块来创建。使用的时候仅需要按提示输入属性就可以完成标题栏中各项目的填写，有兴趣的读者可以打开本书配套素材中练习文件“9-9.dwg”，尝试插入名为“A3 图框标题栏”的图块，在提示下完成标题栏的填写。

下面用一个简单的例子来讲解如何利用属性创建带参数的符号。

打开配套素材中练习文件“9-10.dwg”，里面有一个创建好的基轴坐标图块、一个创建好属性的粗糙度符号和一个尚未创建属性的建筑标高符号，如图 9-27 所示。

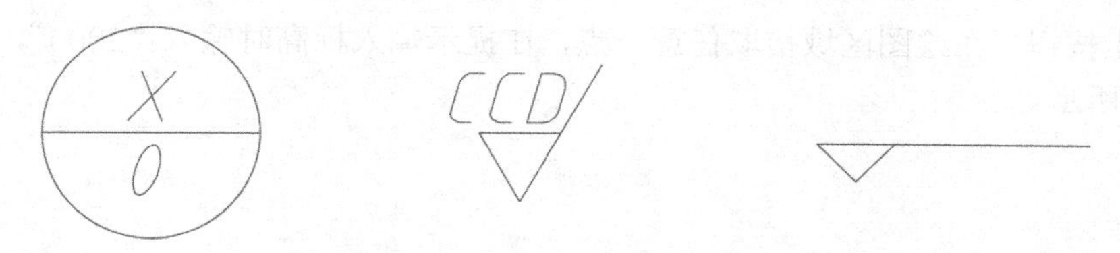

图 9-27　文件“9-10.dwg”中的符号图形

做如下练习。

此练习示范，请参阅配套素材中实践视频文件 9-08.mp4。

（1）基轴坐标是大型装配图纸里常用的符号，第一个练习插入基轴坐标图块。这个图块里有两个属性，一个是坐标轴，一个是坐标。单击【插入】标签|【块】面板|【插入】下拉式按钮，选择“基轴坐标”块，再单击【确定】按钮，在绘图区域拾取任意一点，在提示输入坐标轴时输入“*Y*”，提示输入坐标时输入“1000”。最后，插入的块如图 9-28 所示。

（2）粗糙度是机械图纸里的常用符号，下面练习创建一个加工表面的粗糙度符号。确保打开了文件“9-10.dwg”，如图 9-27 中间的图形，“CCD”是一个创建好的属性，为了保证粗糙度数字位数变化时插入的属性不至于压过图线，在创建这个粗糙度属性时，文字选项的对正方式选择了“右”对齐。

（3）单击【插入】标签|【块定义】面板|【创建块】按钮，在弹出的【块定义】对话框中的“名称”文本框中输入“加工表面粗糙度”，基点拾取图形底部的角点，在“对象”选项区域中选取“删除”选项。由于这些都是符号块，需要打开块的注释性以适应不同的出图比例，确保“注释性”复选框被勾选，单击【确定】按钮，将图形连同属性创建为“加工表面粗糙度”的图块。

然后单击【插入】标签|【块】面板|【插入】下拉式按钮，选择“加工表面粗糙度”块，单击【确定】按钮，在绘图区域拾取任意一点，在提示输入粗糙度时输入“6.3”，最后插入的块如图 9-29 所示。

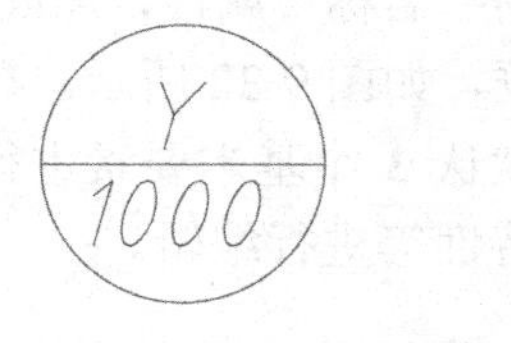

图 9-28　插入后的基轴坐标符号块

6.3

图 9-29　插入后的粗糙度符号块

（3）建筑标高是建筑图纸里常用符号，下面练习创建一个建筑标高的符号。确保打开了文件“9-10.dwg”，如图 9-27 中右边的图形，这里标高符号已经绘制好，需要创建一个标高的属性。单击【插入】标签|【块定义】面板|【定义属性】按钮，弹出【属性定义】对话框，在“标记”文本框中输入“BG”，在“提示”文本框中输入“标高”，在“值”文本框中输入“0.0”，插入点拾取图 9-27 右边图形中“+”号位置，在“文字选项”选项区域的“对正”下拉列表框中选择“右”，在“文字样式”下拉列表框中选择“工程字”，在“高度”文本框中输入“3.5”。确保“注释性”复选框被勾选，单击【确定】按钮，创建了“标高”属性，如图 9-30 所示。

参照上一个练习，将此图形连同属性一起创建为“建筑标高”块，注意基点拾取到图形底部的角点上。单击【插入】标签|【块】面板|【插入】下拉式按钮，选择“建筑标高”块，

单击【确定】按钮，在绘图区域拾取任意一点，在提示输入标高时输入“2000”，最后插入的块如图 9-31 所示。

图 9-30　定义好属性的建筑标高符号　　图 9-31　插入后的建筑标高符号块

通过上面的练习，创建了三个经常使用的带参数符号的图块，读者可以利用这些方法根据自己的专业创建出自己的符号库以方便使用。

要注意的是，在定义属性时文字的对齐方式要根据需要做出调整，不然使用的时候可能会出现属性值压过图线的情况。

对于符号块，在定义块的时候需要打开块的注释性以适应不同的出图比例，确保“注释性”复选框被勾选，这样哪怕是不带注释性的块属性也会随块的注释性适应各个不同的出图比例。而对于在定义属性时，则可以不必打开注释性。

9.3.2　属性的编辑

属性的编辑分为两个层次，即创建块之前和创建块之后。

1. 创建块之前

创建块之前属性编辑方法如下。

- 命令行：ddedit ↙；
- 直接在属性上双击。

打开本书配套素材中练习文件“9-11.dwg”，这个文件中有 4 个创建好的属性尚未定义到块中，双击其中的“名称”属性，AutoCAD 弹出【编辑属性定义】对话框，如图 9-32 所示。在这里可以对属性的标记、提示、默认 3 个基本要素进行编辑，但是不能对其模式、文字特性等进行编辑。

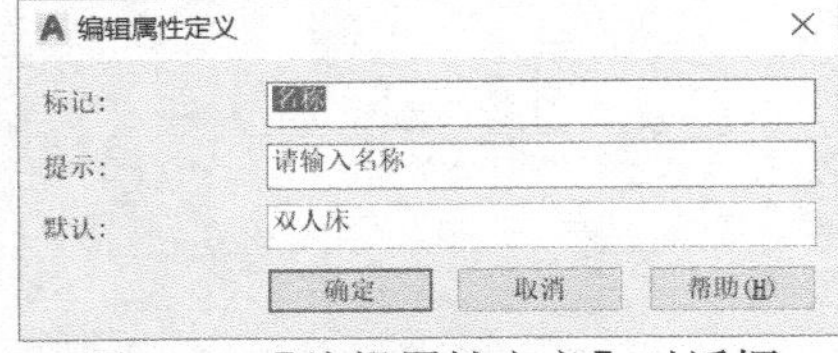

图 9-32　【编辑属性定义】对话框

2. 创建块之后

创建块之后属性的编辑方法如下。

- 功能区：【插入】标签|【块】面板|【编辑属性】下拉式列表|【单个】按钮；
- 命令行：eattedit ↙；
- 直接在附带属性的块上双击（注意，如果在没有附带属性的块上双击，会打开块编辑器的【编辑块定义】对话框）。

打开本书配套素材中练习文件“9-12.dwg”，这个文件中有一个附带 4 个属性的块，双击这个块，弹出【增强属性编辑器】对话框，如图 9-33 所示。在这里可以对属性的值、文字选项、特性进行编辑，但是不能对其模式、标记、提示进行编辑。如果修改了属性值，而且这个属性的模式又是可见的，那么图形中显示出来的属性将随之变化。

AutoCAD 还提供了一个“块属性管理器”，这是一个功能非常强的工具，它可以对整个图形中任意一个块中的属性标记、提示、值、模式（除“固定”之外）、文字选项、特性等进行编辑，甚至可以调整插入块时提示属性的顺序。块属性管理器的激活方式如下。

- 功能区：【插入】标签|【块定义】面板|【管理属性】按钮 ；
- 命令行：battman ↙。

打开文件“9-13.dwg”，文件中保存了一张床的块的定义，单击【插入】标签|【块定义】面板|【管理属性】按钮，弹出对话框，如图 9-34 所示。

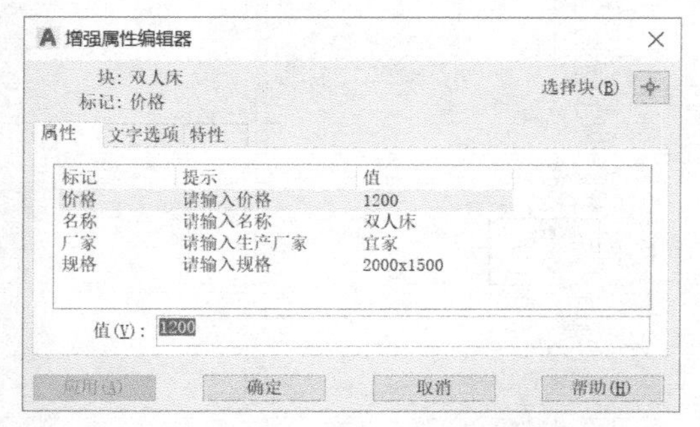

图 9-33 【增强属性编辑器】对话框

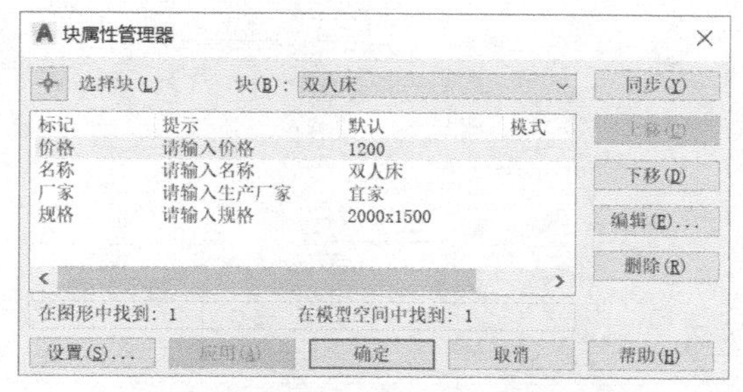

图 9-34 【块属性管理器】对话框

使用【上移】或【下移】按钮可以将顺序调整至“名称”→“规格”→“价格”→“厂家”。重新插入“双人床”块。注意：此时提示输入的顺序便是调整过后的顺序了。

此练习示范，请参阅配套素材中实践视频文件 9-09.mp4。

【块属性管理器】对话框中的【同步】按钮可以更新具有当前定义属性特性的选定块的全部实例。这不会影响在每个块中指定给属性的任何值。实际上，这在向已经插入好的块里增加属性的时候非常有用，通常在重定义这个块后，已经插入进图形的块并不显示新增属性，直到单击【同步】按钮并应用属性修改之后才能显示。这里的【同步】与【修改 II】工具栏中的【同步属性】按钮 以及命令行 attsync 等同。

9.3.3 属性的提取

带属性的块插入到图形中以后，有时需要将属性提取出来以供参考，最直接的方法就是双击插入的带属性的块，在弹出的【增强属性编辑器】对话框中可以很方便地查看或修改当前块的属性。

但是这样的方法只能提取单个块的属性，有时候需要将整个图形中所有带属性的块的属性提取出来用于统计分析，这就要用到 AutoCAD 提供的“数据提取”工具。在 AutoCAD 2020 中属性提取命令改由“数据提取”工具替代，激活方式如下。

- 功能区：【插入】标签|【链接和提取】面板|【数据提取】按钮 ；
- 命令行：dataextraction ↙；
- 命令行：eattext ↙。

下面用一个实例来讲解如何进行属性提取。打开图形文件“9-14.dwg”，此图中有一个住宅平面布置图，如图 9-35 所示。此图中所有的家具和洁具都采用了带属性的块的形式，现在想计算所有家具和洁具的总价格，具体步骤如下。

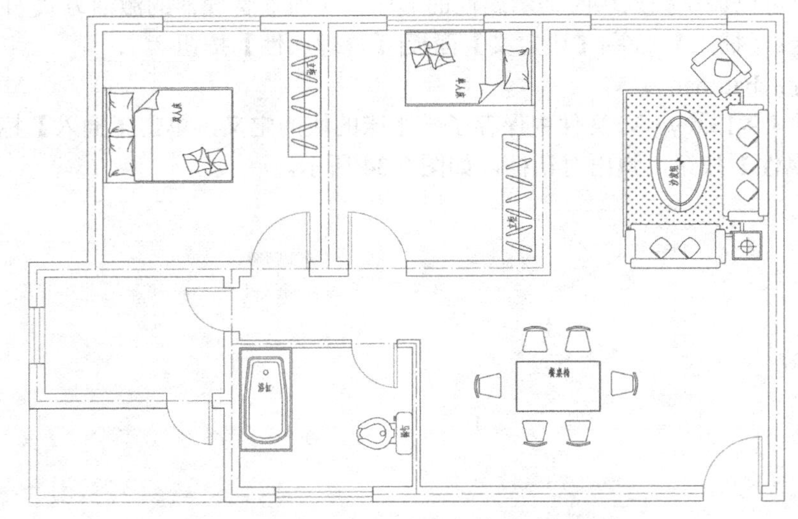

图 9-35 “9-14.dwg”文件中的平面布置图

✍ 此练习示范，请参阅配套素材中实践视频文件 9-10.mp4。

（1）单击【插入】标签|【链接和提取】面板|【数据提取】按钮，弹出【数据提取-开始】向导，如图 9-36 所示，确保选取了“创建新数据提取”项，单击【下一步】按钮。

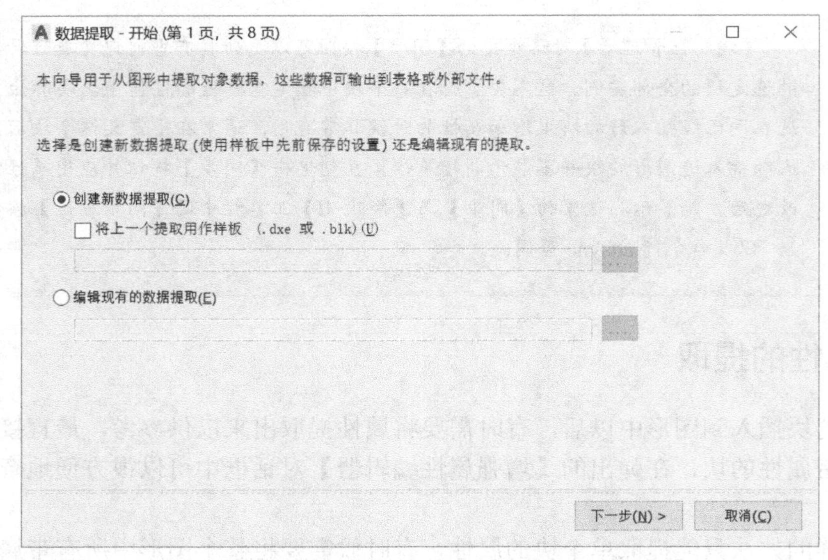

图 9-36 【数据提取-开始】界面

（2）下一个界面会提示“将数据提取另存为”某个“*.dxe”文件，给出文件名为“9-14.dxe”。

（3）单击【保存】按钮进入到向导的第 2 页【数据提取-定义数据源】界面，确保选取了“数据源”选项区域中的“图形/图纸集”项，并且勾选“包括当前图形”复选框，这可以从当前图形中的所有块中提取信息（如果想要从局部的块或者其他图形中提取属性，可以选择其他的选项）。单击【下一步】按钮。

（4）在向导的第 3 页【数据提取-选取对象】界面，去掉“显示所有对象类型”复选框的选择，确保选择“仅显示块”项，然后单击【下一步】按钮。

（5）在向导的第 4 页【数据提取-选择特性】界面，在“类别过滤器”列表中去掉“常规”“几何图形”“其他”“三维效果”“图形”复选框的选择，仅保留“属性”复选框的选择，然后在“特性”列表中去掉“名称”的选择（这是由于名称属性和块名重复了），如图 9-37 所示，单击【下一步】按钮。

（6）在向导的第 5 页【数据提取-优化数据】界面，显示出属性查询的结果，如图 9-38 所示。可以在此处调整前后列的位置对其进行重新排序，只需按住列标题左右拖动即可，在此将“名称”及“规格”属性往前移。然后单击【下一步】按钮。

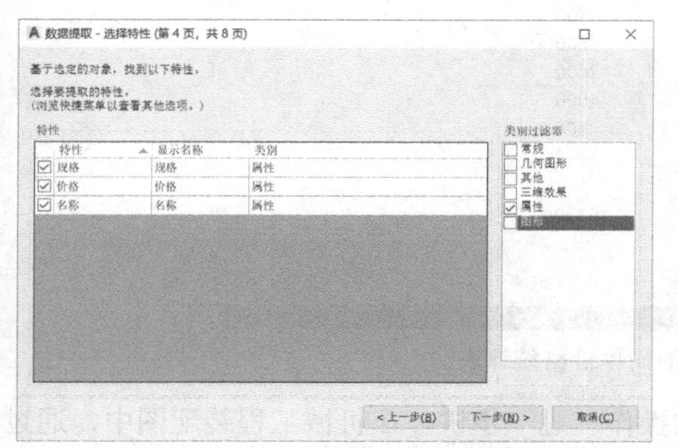

图 9-37 【数据提取-选择特性】界面

规格	名称	计数	价格
6座	餐桌椅	1	2400
3+2+1	沙发组	1	4000
2000x1200	单人床	1	800
2000x1500	双人床	1	1200
1650x810	浴缸	1	750
6L	马桶	1	600
2000x500	立柜	2	2800

图 9-38 【数据提取-优化数据】界面

（7）在向导的第 6 页“选择输出”界面中，选择“将数据提取处理表插入图形”复选框，可以将属性提取到 AutoCAD 的表中，再选择“将数据输出至外部文件”复选框，同时将属性提取到其他的外部文件中，比如 Excel 文件。单击【…】按钮，在弹出的【另存为】对话框的“文件类型”下拉列表中选择“*.xls”，在“文件名”文本框中输入保存的路径及文件名，单击【保存】按钮回到“结束输出”界面，然后单击【下一步】按钮。

（8）在向导的“表格样式”界面的“输入表格的标题”文本框中输入“外购件清单”，然后选择表样式，如图 9-39 所示。单击【下一步】按钮。

（9）在向导的“完成”界面中，单击【完成】按钮，以结束属性提取的操作。接下来会提示插入表，直接单击【是】按钮，在图形中选择插入表的位置，结果如图 9-40 所示。

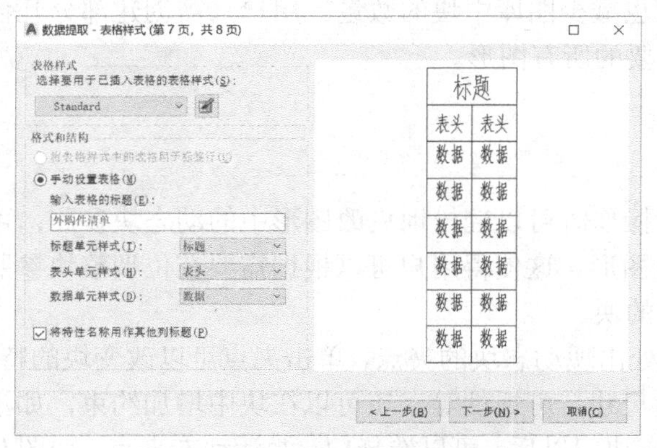

图 9-39 【数据提取-表格样式】界面

外购件清单			
名称	规格	计数	价格
双人床	2000x1500	1	1200
浴缸	1650x810	1	750
马桶	6L	1	600
餐桌椅	6座	1	2400
沙发组	3+2+1	1	4000
单人床	2000x1200	1	800
立柜	2000x500	2	2800

图 9-40 属性提取完成后生成的 AutoCAD 表

（10）提取属性完成后，打开输出的 Excel 文件，做一个简单的价格统计，如图 9-41 所示。要注意的是，提取出来的所有数据类型都是文本，如果要对其中的某些数值进行统计，需要将它们更改为数值类型。方法是去掉数据前面的单引号，最后保存到“9-1.xls”文件中。

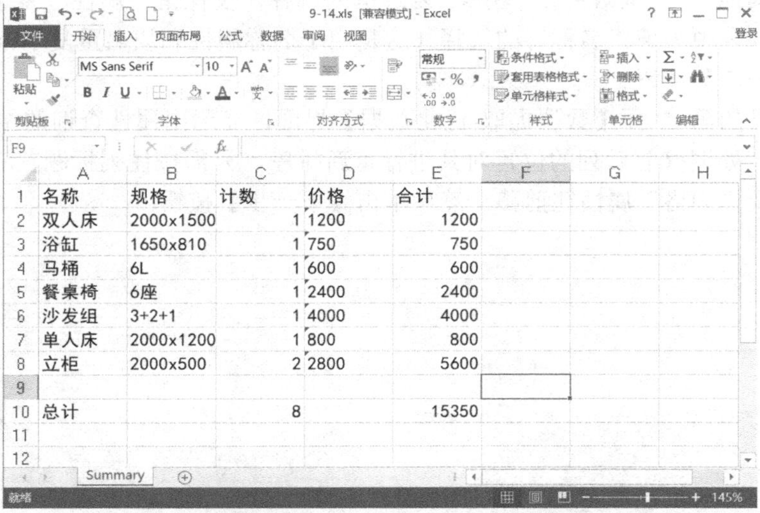

	A	B	C	D	E
1	名称	规格	计数	价格	合计
2	双人床	2000x1500	1	1200	1200
3	浴缸	1650x810	1	750	750
4	马桶	6L	1	600	600
5	餐桌椅	6座	1	2400	2400
6	沙发组	3+2+1	1	4000	4000
7	单人床	2000x1200	1	800	800
8	立柜	2000x500	2	2800	5600
9					
10	总计		8		15350

图 9-41 整理后的简单价格统计表

通过上面的实践，我们了解了属性提取的操作。进一步讲，在机械工程装配图中，通过属性提取可以建立设备表、明细表；在建筑工程中，还可以通过属性提取创建 Excel 文件，进行工程的概预算。当然，前提是每一个块在创建时都要把需要提取的属性一同创建。

另外，在 AutoCAD 的属性提取功能中，不但可以从当前的文件中提取属性，还可以从其他未打开的文件中提取属性。

9.4 动态块

动态块是 AutoCAD 2006 中新增的功能，在 AutoCAD 2020 中，动态块有着更强的功能，可以使用几何约束和标注约束以简化动态块创建。

使用动态块功能，可以无须定制许多外形类似而尺寸不同的图块，这样不仅减少了大量的重复工作，而且便于管理和控制，同时也减少图库中块的数量。用户只需创建部分几何图形即可定义创建每一形状和尺寸的块所需要的所有图形。

9.4.1 动态块的使用

动态块具有灵活性和智能性。用户在操作时可以轻松地更改图形中的动态块参照；可以通过自定义夹点或自定义特性来操作几何图形。这使得用户可以根据需要在位调整块参照，而不用搜索另一个块以插入或重定义现有的块。

当插入动态块以后，在块的指定位置处出现动态块的夹点，单击夹点可以改变块的特性，如块的位置、反转方向、宽度尺寸、高度尺寸、可视性等，还可以在块中增加约束，如沿指定的方向移动等。例如，在墙体中插入动态块门以后，可以选择门，激活动态夹点，如图 9-42

所示，然后通过选择夹点来修改门的开启方向、宽度和高度、位置等参数。用户可以由动态夹点的外形来识别夹点的功能，很方便地调整块的参数。

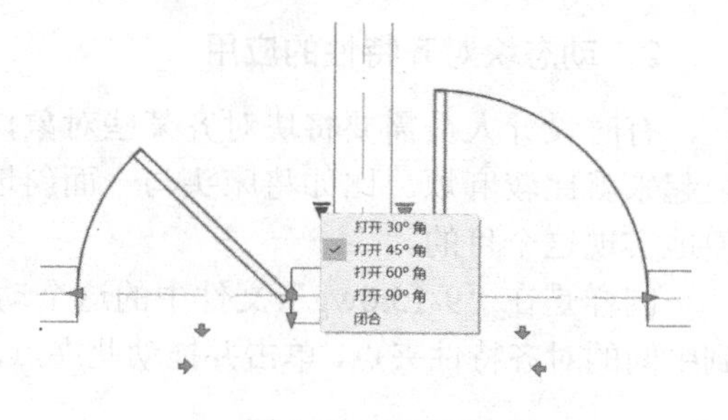

图 9-42　动态块

动态块可以具有自定义夹点和自定义特性。用户有可能能够通过这些自定义夹点和自定义特性来操作块，这取决于块的定义方式。默认情况下，动态块的自定义夹点的颜色与标准夹点的颜色不同。表 9-1 表示了可以包含在动态块中的不同类型的自定义夹点。

表 9-1　动态块夹点类型表

夹 点 类 型	夹 点 标 志	夹点在图形中的操作方式
标准		平面内的任意方向
线性		按规定方向或沿某一条轴往返移动
旋转		围绕某一轴
翻转		单击以翻转动态块参照
对齐		平面内的任意方向；如果在某个对象上移动，则使块参照与该对象对齐
查寻或可见性		单击以显示项目列表

比较常用的动态块特性有线性特性、对齐特性、旋转特性、翻转特性、可见性特性、查寻特性等，下面对这几个常用特性进行介绍。

1．动态块线性特性的应用

线性特性是最常见的动态块特性，是指动态块可沿着水平或垂直方向进行线性变化。打开本书配套素材中的文件“9-15.dwg”，这里面有一个名为“床”的动态块，它具有线性特性，宽度尺寸有 900、1200、1500、1800 四种，其中 900 和 1200 宽的床是单人床，床上只有一个枕头，而 1500 和 1800 宽的是双人床，床上有两个枕头。单击选择这个动态块，对照表 9-1，可以看到左右两侧的线性特性夹点。单击右边的夹点，可以拖出 900、1200、1500、1800 四个宽度尺寸来，同时当宽度尺寸变为 1500、1800 时，床上有两个枕头，如图 9-43 所示。

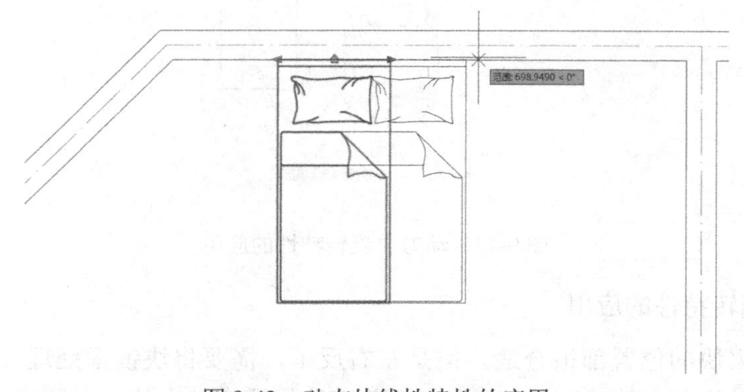
图 9-43　动态块线性特性的应用

2．动态块对齐特性的应用

有时设计人员需要将块对齐某些对象，要是这些对象本身并不是水平或垂直的，那么实现起来就比较麻烦。比如将床头与一面斜墙对齐时，动态块的对齐特性可以帮助设计人员方便地实现这个目的。

同样是在“9-15.dwg”文件中的这个动态块，单击选择这个动态块，对照表 9-1，可以看到中间的对齐特性夹点，单击并拖动此夹点，可以将床与其他任意一面墙对齐，如图 9-44 所示。

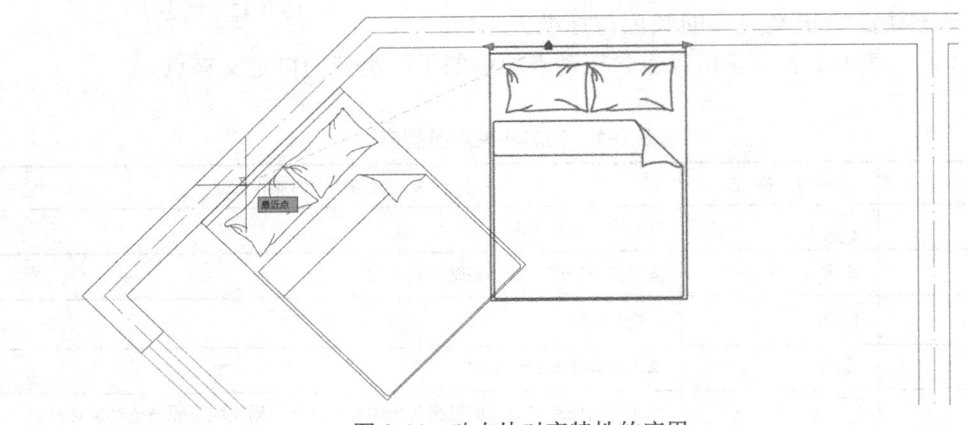

图 9-44　动态块对齐特性的应用

3．动态块旋转特性的应用

旋转特性可以旋转块中的全部或部分对象，以实现不同角度的块应用，常用于门的块中，可以将不同开度的门合并到一个动态块中。打开本书配套素材中练习文件“9-16.dwg”，这里面有一个名为“办公桌椅”的动态块，单击选择这个动态块，对照表 9-1，可以看到椅子旁边的旋转特性夹点，拖动此夹点，可以将椅子旋转正、负 90°，如图 9-45 所示。

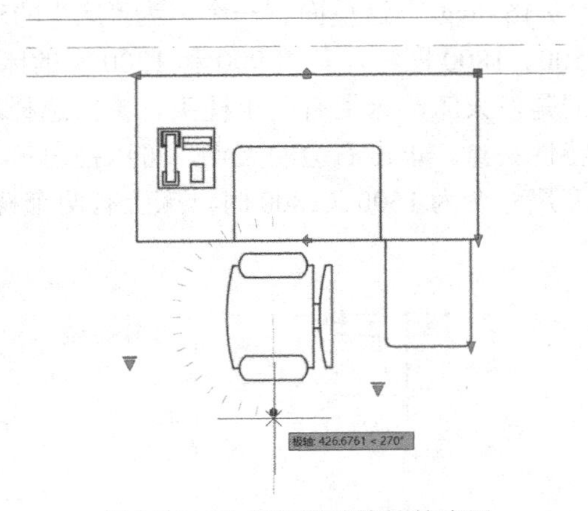

图 9-45　动态块旋转特性的应用

4．动态块翻转特性的应用

有时插入进来块的位置都很合适，但是左右反了，需要将块镜像处理，此时需要为块添加翻转特性。同样是在文件“9-16.dwg”中，单击选择这个动态块，对照表 9-1，可以看到桌子内侧旁边的翻转特性夹点，单击此夹点，可以将整个块左右翻转，如图9-46所示。翻转特性也可以只翻转块中的部分对象。

5．动态块可见性特性的应用

有时对于插入的动态块，只想让其中一部分不可见，比如这个办公桌椅，只需要看见桌子而不想看到椅子，因此可以使用可见性特性。同样是在文件“9-16.dwg”中，对照表9-1，可以看到桌子内侧旁边的查寻及可见性特性夹点。单击此夹点，可以打开可见性列表，选择其中的“桌子”，椅子将不可见；选择“桌子和椅子”，则都变得可见，如图9-47所示。

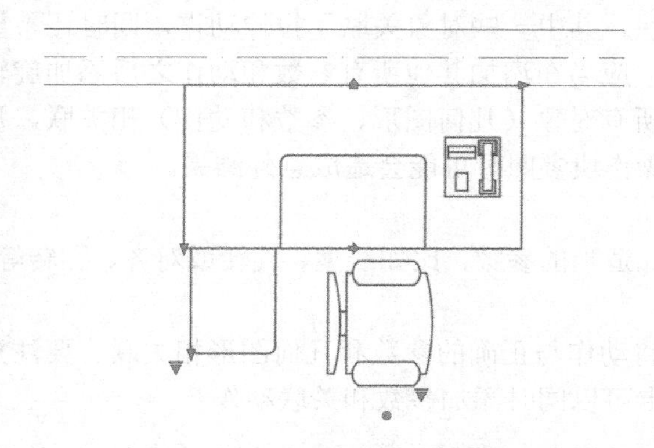

图9-46　动态块翻转特性的应用

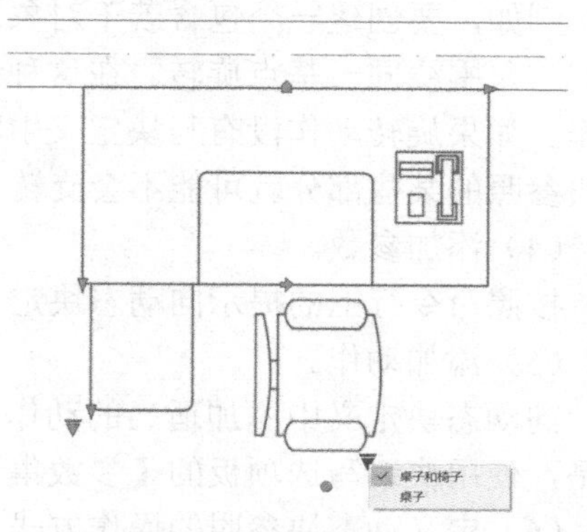

图9-47　动态块可见性特性的应用

6．动态块查寻特性的应用

有时我们为块添加了多个特性，每一个特性都有很多变化值，这样的动态块组合起来将会有数十种乃至无穷多种变化，但是标准允许的或者厂家提供的产品只是几种固定的规格，这时想要让块的变化符合标准或厂家提供的产品规格，就需要将允许的参数变化放到固定的查询表中。

同样是在文件“9-16.dwg”中，单击选择这个动态块，对照表9-1，可以看到左下角的查寻特性夹点，单击此夹点，将会弹出一个特性列表，里面列举了允许使用的4种固定规格的办公桌椅组合，如图9-48所示。当前动态块所调整的几个参数都不在允许使用的4种固定规格当中，所以显示为“自定义”。选择列表中的其他项，可以将动态块自动调整到相应允许使用的固定规格上。

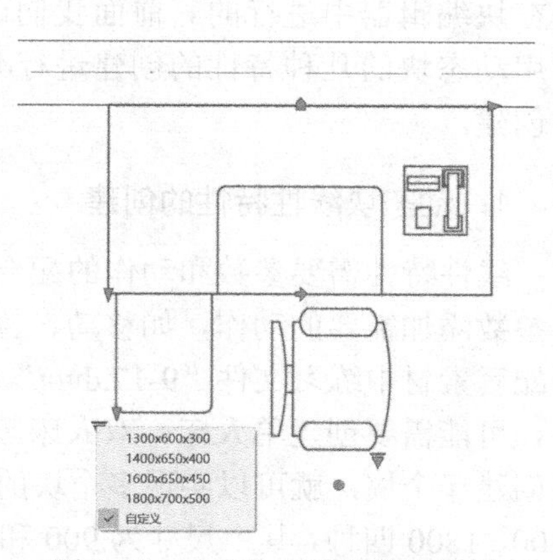

图9-48　动态块查寻特性的应用

9.4.2　动态块的创建

动态块使用起来非常方便，创建也并不复杂。为了创建高质量的动态块，以达到预期效果，首先需要了解动态块的创建流程。

（1）在创建动态块之前规划动态块的内容。

在创建动态块之前，应当了解其外观以及在图形中的使用方式。确定当操作动态块参照时，块中的哪些对象会更改或移动，还要确定这些对象将如何更改。这些因素决定了添加到块定义中的参数和动作的类型，以及如何使参数、动作和几何图形共同作用。

（2）绘制几何图形。

用户既可以在绘图区域或块编辑器中绘制动态块中的几何图形，也可以直接使用图形中的现有几何图形或现有的块定义。

（3）了解块元素如何共同作用。

在向块定义中添加参数和动作之前，应了解它们相互之间以及它们与块中的几何图形的相关性。在向块定义添加动作时，需要将动作与参数以及几何图形的选择集相关联。

例如，要创建一个包含若干对象的动态块，其中一些对象关联了拉伸动作，同时还希望所有对象围绕同一基点旋转。在这种情况下，应当在添加其他所有参数和动作之后添加旋转动作。如果旋转动作没有与块定义中的其他所有对象（几何图形、参数和动作）相关联，那么块参照的某些部分就可能不会旋转，或者操作块参照时可能会造成意外结果。

（4）添加参数。

按照命令行上的提示向动态块定义中添加适当的参数，比如线型、旋转或对齐、翻转等。

（5）添加动作。

向动态块定义中添加适当的动作。确保将动作与正确的参数和几何图形相关联。要注意的是，使用块编写选项板的【参数集】选项卡可以同时添加参数和关联动作。

（6）定义动态块参照的操作方式。

指定在图形中操作动态块参照的方式。

（7）保存块，然后在图形中进行测试。

保存动态块定义并退出块编辑器，然后将动态块参照插入到一个图形中，并测试该块的功能。

由于前面的章节已经讲解了绘制图形的方法和创建普通块的方法，所以对于上面 7 个步骤中的第（1）、（2）步不做赘述，这里主要介绍第（3）~（7）步，实际上这几步基本上都是在块编辑器中进行的。前面我们讲到动态块的几种基本特性，接下来我们用实例对其中常用动态块的几种特性的创建进行介绍。下一节会介绍使用几何约束和标注约束简化动态块创建。

1. 动态块线性特性的创建

线性特性需要参数和动作的配合，也就是说，先给动态块添加一个线性参数，然后为这个参数添加需要的动作，如移动、拉伸、阵列等，这一切都是在块编辑器中进行的。打开本书配套素材中练习文件“9-17.dwg”，此文件中已经创建了一个名为“床”的块。在实际应用中，可能需要创建单人床、双人床等不同规格的块放到图形库中。有了动态块的功能，只需要创建一个块，就可以实现多个块的应用。假定我们需要创建的床的宽度尺寸有 900、1200、1500、1800 四种，其中尺寸为 900 和 1200 的床是单人床，床上只有一个枕头，而尺寸为 1500 和 1800 的是双人床，床上有两个枕头，接下来的操作将使用一个块实现这 4 种规格的床的插入，步骤如下。

此练习示范，请参阅配套素材中实践视频文件 9-11.mp4。

（1）为这个名为“床”的块添加一个宽度可变的参数。单击【插入】标签|【块定义】面板|【块编辑器】按钮，激活块编辑器，弹出【编辑块定义】对话框，如图 9-49 所示。在“要

创建或编辑的块”列表中选择“床”。

（2）单击【确定】按钮，进入块编辑器状态，如图9-50所示。在这个状态中，屏幕颜色变为灰色，功能区自动切换到【块编辑器】标签，增加了【块编写选项板】窗口。选项板中有4个选项卡，分别是【参数】、【动作】、【参数集】、【约束】。想要为动态块增加什么样的可变量，首先要为这个变量选择一个参数，这个床的宽度变化需要增加一个水平方向线性变化的参数。

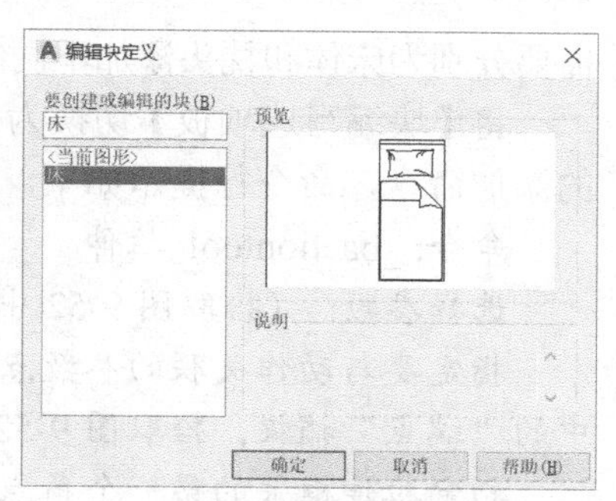

图9-49 【编辑块定义】对话框

选择块图形，在右键菜单中选择【块编辑器】菜单项可以直接进入块编辑器。

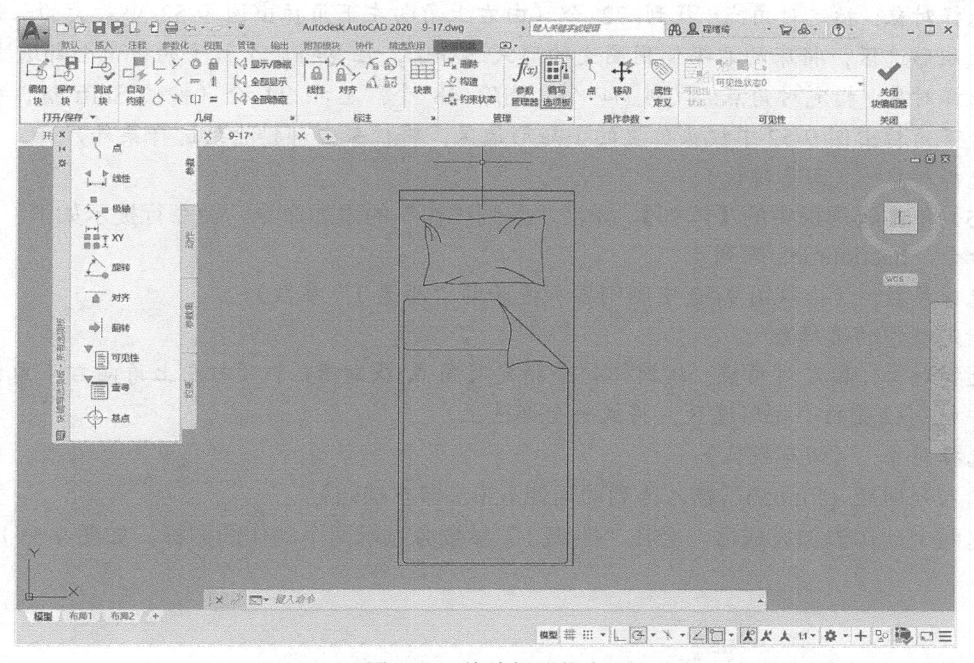

图9-50 块编辑器状态

（3）单击【块编写选项板】的【参数】选项卡中的【线性】，激活“线性参数”添加命令，命令行提示如下。

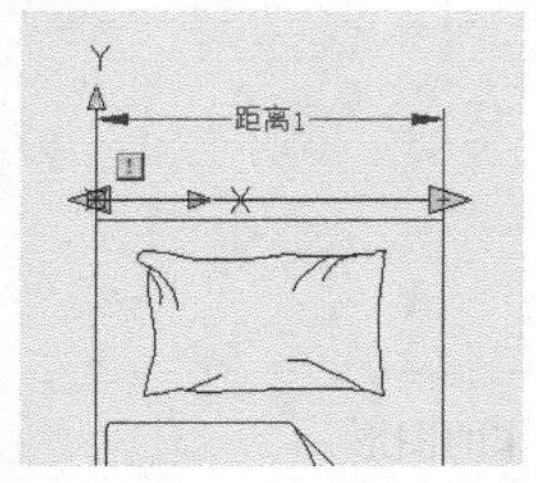

图9-51 添加完参数的图形

命令: _bparameter 线性

指定起点或 [名称(N)/标签(L)/链(C)/说明(D)/基点(B)/选项板(P)/值集(V)]: （确保打开了对象捕捉中的“端点”捕捉，拾取床图形的左上角点作为起点）

指定端点: （拾取床图形的右上角点作为端点）

指定标签位置: （向上拉出一个合适的标签位置）

完成后的图形如图9-51所示。

（4）接下来需要为这个水平变化的参数添加动作。对于床体宽度来讲，应该是被拉伸，但是对于床上的枕头而言，仅仅是当床的宽度变化到双人床的宽度后才增加为两个枕头，因此，需要分别为床体和枕头添加不同的动作，其中向床体添加拉伸动作，而向枕头添加阵列动作。

将【块编写选项板】切换为【动作】选项卡，单击选项板中的【拉伸】，激活“拉伸动作”的添加命令，命令行提示如下。

命令: _bactiontool 拉伸

选择参数: （拾取图 9-52 中刚刚添加进来的“距离 1”参数）

指定要与动作关联的参数点或输入 [起点(T)/第二点(S)] <第二点>:（确保打开了对象捕捉中的“端点”捕捉，拾取图 9-52 中床的右上角点）

指定拉伸框架的第一个角点或[圈交(CP)]:（拾取图 9-52 中最大的长矩形选区的右上角点）

指定对角点: （由右上角向左下角拉出图 9-52 中最大的长矩形选区，将床的右半侧用圈交的形式选择上，注意将床上被子的折角全部选上）

指定要拉伸的对象

选择对象: 指定对角点: 找到 72 个（由右上角向左下角拉出图 9-52 中最大的长矩形内部的长矩形选区，将床的右半侧用圈交的形式选择上，注意将床上被子的折角全部选上）

选择对象: 指定对角点: 找到 84 个，删除 48 个，总计 24 个（按住 Shift 键，由左上角向右下角拉出图 9-52 中枕头位置的小矩形选区，将枕头全部排除到选择集外）

选择对象: （回车确认）

（5）单击选项板中的【阵列】，激活“阵列动作”的添加命令，命令行提示如下。

命令: _bactiontool 阵列

选择参数: （拾取图 9-52 中刚刚添加进来的“距离 1”参数）

指定动作的选择集

选择对象: 指定对角点: 找到 84 个指定对角点:找到 84 个（由左上角向右下角拉出图 9-52 中枕头位置的小矩形选区，将枕头全部选上）

选择对象: （回车确认）

输入列间距 (|||): 650（输入阵列的间距 650，回车确认）

这两个动作添加完成后，会在“距离 1”参数旁显示两个动作的图标，如图 9-53 所示。

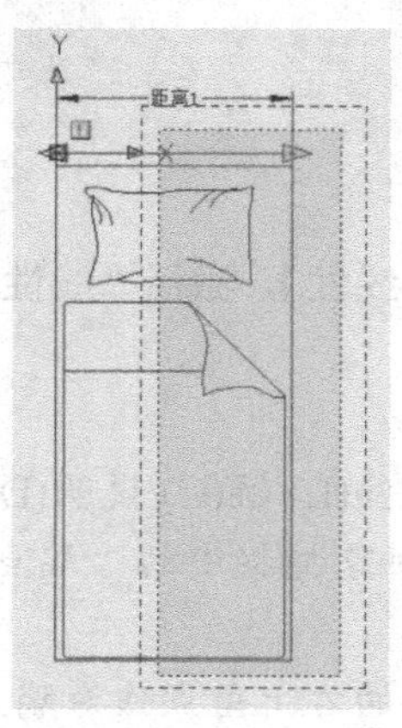

图 9-52　给参数添加动作

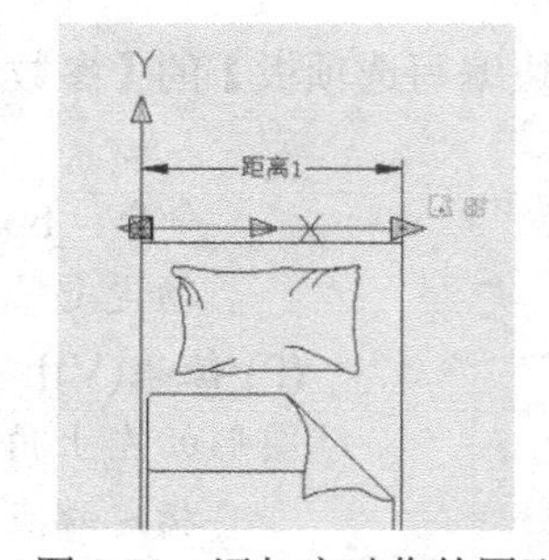

图 9-53　添加完动作的图形

（6）接下来需要为这个线性变化的参数确定几个值，也就是说，让它只能变化为固定宽度尺寸的床，而不是任意宽度。单击选择图形中的“距离 1”参数，按快捷键【Ctrl+1】，打开【特性】窗口，找到“值集”选项区域中的“距离类型”，在下拉列表中选择“列表”项，此时的“值集”选项区域将变化为只有“距离类型”和“距离值列表”两项。然后单击“距离值列表”旁的【…】按钮，打开【添加距离值】对话框，将1000、1200、1500、1800四个值添加进去，如图9-54所示。单击【确定】按钮关闭该对话框。

（7）关闭【特性】窗口，单击【块编辑器】标签|【打开/保存】面板|【保存块】按钮，将修改后的块保存起来，然后单击【块编辑器】标签|【关闭】面板|【关闭块编辑器】按钮，结束动态块的创建。

创建此动态块后，我们可以选择图形中的块，拖动其中的线性夹点进行动态块修改，如图9-55所示。可以看到，床的宽度可以被拉伸为900、1000、1200、1500、1800五种，并且在1500、1800两种双人床尺寸的状态下，枕头变成了两个。线性特性的动态块除了可以添加拉伸、阵列动作之外，还可以添加移动动作。另外，对于不是在水平或垂直方向变化的特性，可以添加极轴特性，方法大同小异，不再赘述。

图9-54 【添加距离值】对话框

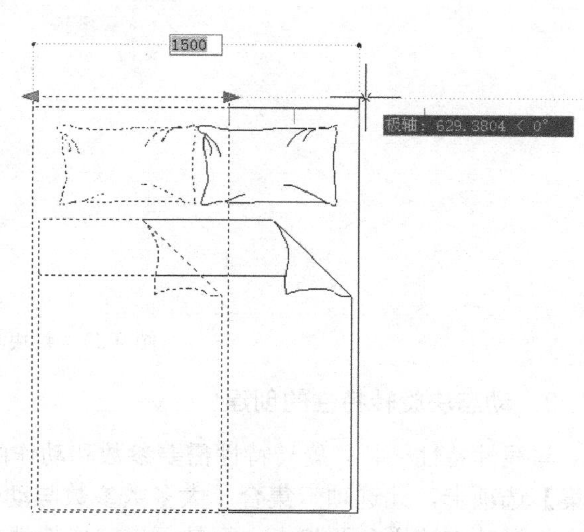

图9-55 动态修改刚创建的动态块

2. 动态块对齐特性的创建

继续刚才的操作，或者打开本书配套素材中练习文件“9-18.dwg”，继续为这个动态块添加对齐特性。对齐特性和其他的特性不太一样，仅仅通过对齐参数就可以独立实现，而不再需要动作配合。具体步骤如下。

此练习示范，请参阅配套素材中实践视频文件9-12.mp4。

（1）单击【插入】标签|【块定义】面板|【块编辑器】按钮，激活块编辑器，弹出【编辑块定义】对话框，在“要创建或编辑的块”列表中选择“床”。单击【确定】按钮，进入块编辑器状态。

（2）单击【块编写选项板】的【参数】选项卡中的【对齐】，激活“对齐参数”的添加命令，命令行提示如下。

命令: _bparameter 对齐

指定对齐的基点或 [名称(N)]: （确保打开了对象捕捉中的“中点”捕捉，拾取图9-56中床上沿的中点）

对齐类型 = 垂直

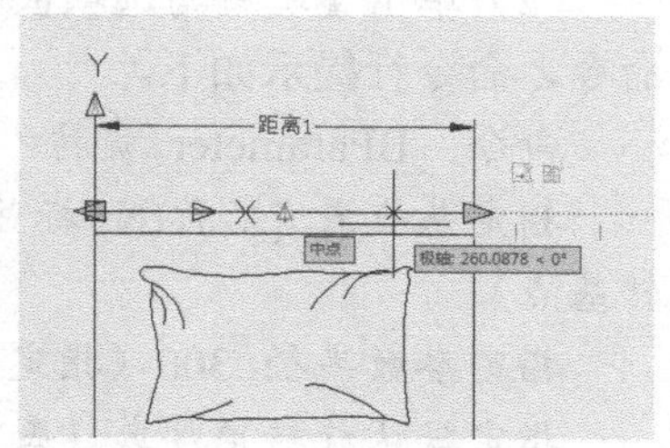

图9-56 对齐参数的添加

指定对齐方向或对齐类型 [类型(T)] <类型>:（确保打开了极轴或正交，在图 9-56 中床上沿中点水平向右合适的位置处拾取第二点）

（3）单击【块编辑器】标签|【打开/保存】面板|【保存块】按钮，将修改后的块保存起来，然后单击【块编辑器】标签|【关闭】面板|【关闭块编辑器】按钮，结束对齐参数的添加。

将“9-18.dwg”图形向右平移，显示出一个平面图。选择床的动态块，拖动床上沿中点的对齐夹点，使它与平面图中的斜墙中点对齐，如图 9-57 所示。

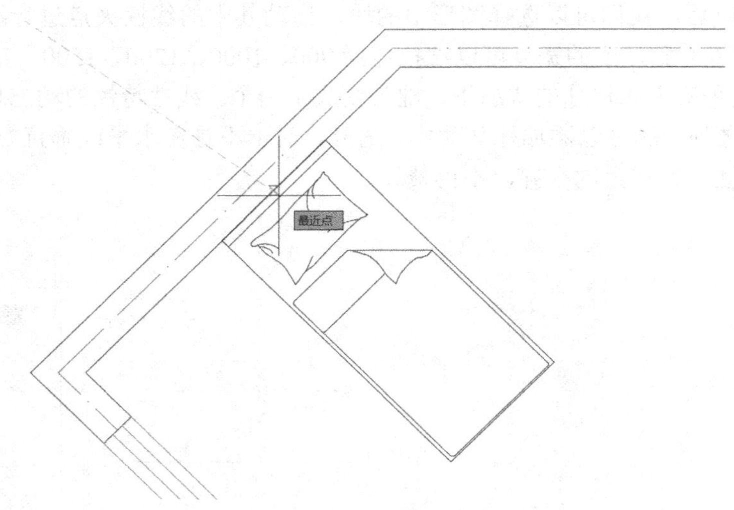

图 9-57　将块与墙对齐

3．动态块旋转特性的创建

与线性特性一样，旋转特性需要参数和动作的配合，在【块编写选项板】中，有一个【参数集】选项卡，此选项卡集合了大多数参数与动作的配合，使用这些选项可以不用先添加参数再添加动作这样分两步走，而是一步完成特性的添加。

打开本书配套素材中练习文件“9-19.dwg”，里面有一个创建好的“办公桌椅”动态块，此块已经被添加了几个动态块线性和对齐特性。接下来为块中的椅子添加旋转特性，使其可以进行正、负 90°的旋转，步骤如下。

此练习示范，请参阅配套素材中实践视频文件 9-13.mp4。

（1）单击【插入】标签|【块定义】面板|【块编辑器】按钮，激活块编辑器，弹出【编辑块定义】对话框，在“要创建或编辑的块”列表中选择“办公座椅”。单击【确定】按钮，进入块编辑器状态。

（2）单击【块编写选项板】的【参数集】选项卡中的【旋转集】，激活“旋转集”的添加命令，命令行提示如下。

命令: _BParameter 旋转

指定基点或 [名称(N)/标签(L)/链(C)/说明(D)/选项板(P)/值集(V)]:（拾取椅子中心作为旋转基点）

指定参数半径: 300（指定参数半径为 300）

指定默认旋转角度或 [基准角度(B)] <0>: 0（指定默认旋转角度为 0）

这样旋转集添加完毕，如图 9-58 所示。

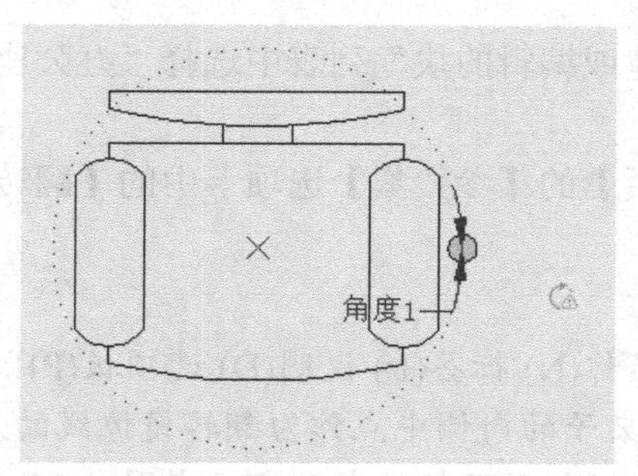

图9-58　添加旋转集

（3）为椅子的旋转角度确定一个范围，并让它按照一定的角度增量旋转。单击选择“角度 1”参数，按快捷键【Ctrl+1】，打开【特性】窗口，找到“值集”选项区域中的“距离类型”，在下拉列表中选择“增量”项，然后在“角度增量”文本框中输入“10”，在“最小角度”文本框中输入“270”，在“最大角度”文本框中输入“90”，然后关闭【特性】窗口。

（4）为这个旋转动作选择对象。在如图 9-58 所示右侧旋转动作图标上右击，选择右键菜单中的【动作选择集】|【新建选择集】菜单项，此时命令行提示“选择对象:”，用窗口模式将椅子全部选上。注意不要选择到桌子，按回车键结束选择。

（5）单击【块编辑器】标签|【打开/保存】面板|【保存块】按钮，将修改后的块保存起来，然后单击【块编辑器】标签|【关闭】面板|【关闭块编辑器】按钮，结束旋转特性的添加。

完成后，单击选择块，拖动椅子旁边的旋转夹点，可以将椅子旋转为需要的角度，如图 9-59 所示，但是只能在正、负 90°范围内以 10°的增量进行旋转。

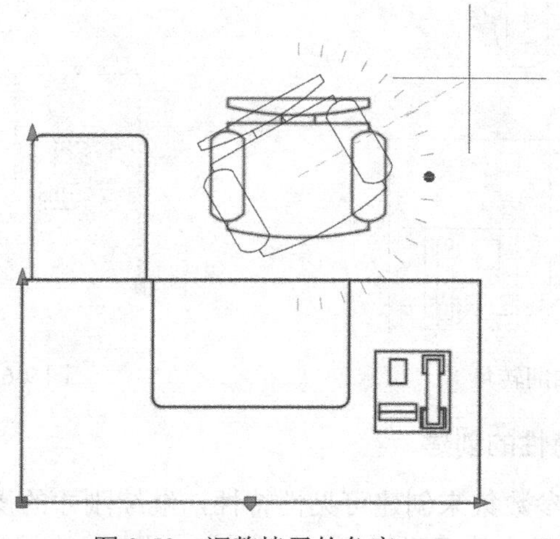

图 9-59　调整椅子的角度

4．动态块翻转特性的创建

翻转特性一样可以使用参数集来创建，继续刚才的操作或者打开本书配套素材中练习文件“9-20.dwg”，现在块已经被添加了线性、对齐和旋转这样一些动态块的特性，接下来为整个块中添加翻转特性，使其可以左右翻转，步骤如下。

此练习示范，请参阅配套素材中实践视频文件 9-14.mp4。

（1）单击【插入】标签|【块定义】面板|【块编辑器】按钮，激活块编辑器，弹出【编辑

块定义】对话框，在“要创建或编辑的块”列表中选择“办公座椅”。单击【确定】按钮，进入块编辑器状态。

（2）单击【块编写选项板】的【参数集】选项卡中的【翻转集】，激活“翻转集”的添加命令，命令行提示如下。

命令: _bparameter 翻转

指定投影线的基点或 [名称(N)/标签(L)/说明(D)/选项板(P)]:（确保打开对象捕捉中的“中点”捕捉，拾取图 9-60 所示桌子的内侧中点作为翻转镜像线的基点）

指定投影线的端点:（确保打开了极轴或正交，在图 9-60 中沿桌子内侧的中点垂直向下的合适位置拾取第二点）

指定标签位置:（如图 9-60 所示，指定一个合适的标签位置）

（3）接下来需要为翻转选择对象。在如图 9-60 所示“翻转状态 1”参数上面翻转动作图标上右击，选择右键菜单中的【动作选择集】|【新建选择集】菜单项，此时命令行提示“选择对象:”，用窗口模式将桌椅全部选上，回车结束选择。

（4）单击【块编辑器】标签|【打开/保存】面板|【保存块】按钮，将修改后的块保存起来，然后单击【块编辑器】标签|【关闭】面板|【关闭块编辑器】按钮，结束翻转特性的添加。

完成后，单击选择块，单击桌子内侧的翻转夹点，可以将整个办公桌椅块翻转，如图 9-61 所示。

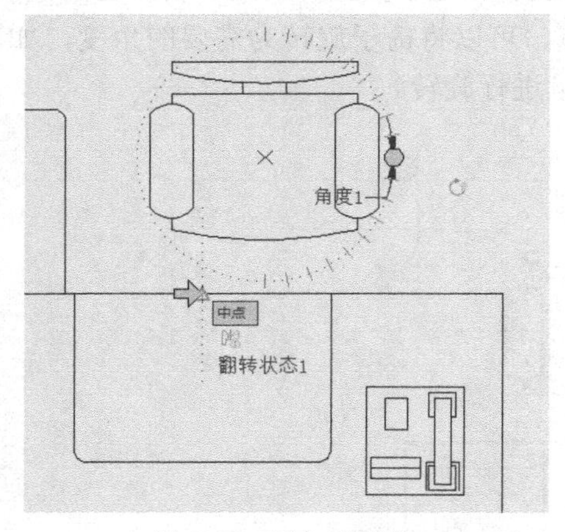

图 9-60　添加翻转集

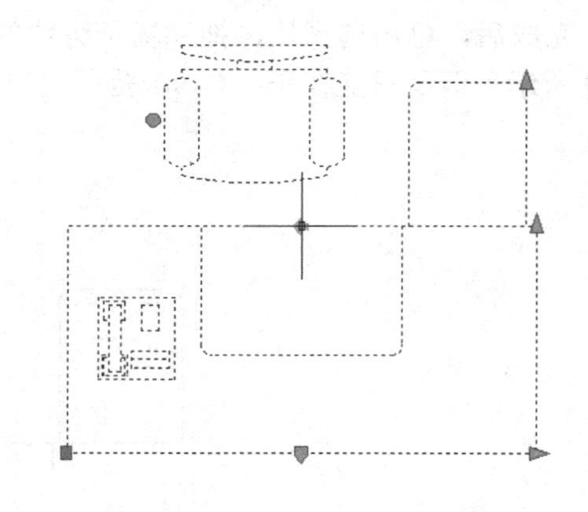
图 9-61　翻转办公桌椅块

5．动态块可见性特性的创建

我们一样可以使用参数集来创建可见性特性，继续刚才的操作或者打开本书配套素材中练习文件“9-21.dwg”，现在块已经被添加了线性、对齐、旋转和翻转这样一些动态块特性，接下来为椅子部分添加可见性特性，使其可以只显示桌子，步骤如下。

此练习示范，请参阅配套素材中实践视频文件 9-15.mp4。

（1）单击【插入】标签|【块定义】面板|【块编辑器】按钮，激活块编辑器，弹出【编辑块定义】对话框，在“要创建或编辑的块”列表中选择“办公座椅”。单击【确定】按钮，进入块编辑器状态。

（2）单击【块编写选项板】的【参数集】选项卡中的“可见性集”，激活“可见性集”的添加命令，命令行仅仅提示选定可见性集的位置，在块中椅子的右上角位置任意选取一点，结束命令，此时【块编辑器】的【可见性】面板会被激活，如图 9-62 所示。

（3）单击【可见性】面板|【可见性状态】按钮，出现【可见性状态】对话框，如图 9-63 所示，单击其中的【重命名】按钮，将“可见性状态 0”修改为“桌子和椅子”。

（4）单击【新建】按钮，弹出【新建可见性状态】对话框，确保选择了“在新状态中保持现有对象的可见性不变”选项，创建一个名为“桌子”的可见性状态，如图 9-64 所示。单击【确定】按钮结束创建，回到【可见性状态】对话框，再单击【确定】按钮结束可见性状态的编辑。

图 9-62 【可见性】面板

（5）选择【可见性】面板中“可见性状态”下拉列表中的“桌子和椅子”，然后单击【可见性】面板中【使可见】按钮，命令行提示选择对象，选择椅子图形，回车结束命令。

（6）选择【可见性】面板中“可见性状态”下拉列表中的“桌子”，然后单击【可见性】面板中【使不可见】按钮，工具栏提示选择对象，再选择椅子图形，回车结束命令，此时椅子从图形中消失了。

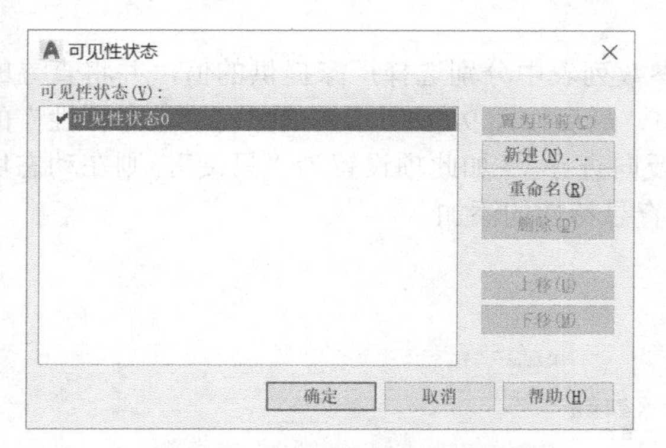

图 9-63 【可见性状态】对话框

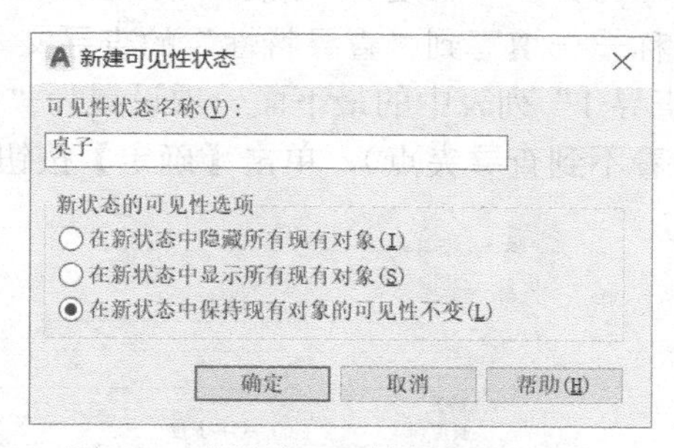

图 9-64 【新建可见性状态】对话框

（7）单击【块编辑器】标签|【打开/保存】面板|【保存块】按钮，将修改后的块保存起来，然后单击【块编辑器】标签|【关闭】面板|【关闭块编辑器】按钮，结束可见性特性的添加。

完成后，单击选择块，单击椅子旁边的可见性夹点，将弹出可见性列表，选择其中的“桌子”，则只显示桌子，椅子被隐藏，如图 9-65 所示。再选择其中的“桌子和椅子”，则桌子和椅子又都显示出来。

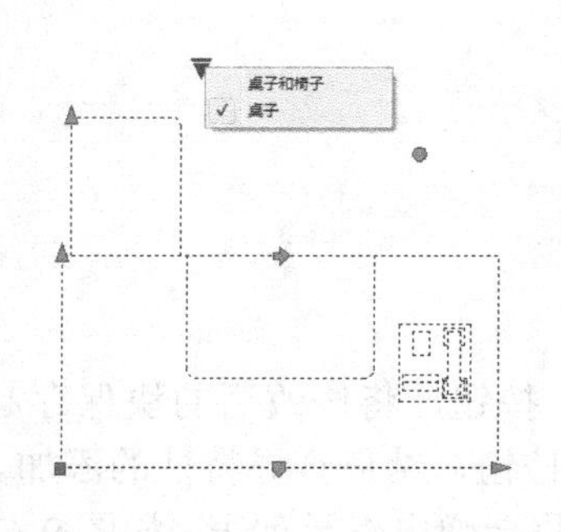

图 9-65　隐藏动态块中的椅子

6．动态块查寻特性的创建

查寻特性的创建相对比较复杂，需要将几个参数可能的变化组合一一列出。继续刚才的操作或者打开本书配套素材中练习文件“9-22.dwg”，现在块已经被添加了线性、对齐、旋转和翻转等动态块特性，接下来为整个块中添加查寻特性。假定厂家为我们提供了 4 种规格的办公桌椅，长度×宽度×矮柜长度分别是 1300×600×300、1400×650×400、1600×650×450、1800×700×500。创建查寻特性动态块的步骤如下。

此练习示范，请参阅配套素材中实践视频文件 9-16.mp4。

（1）单击【插入】标签|【块定义】面板|【块编辑器】按钮，激活块编辑器，弹出【编辑块定义】对话框，在“要创建或编辑的块”列表中选择“办公座椅”。单击【确定】按钮，进入块编辑器状态。

（2）单击【块编写选项板】的【参数集】选项卡中的【查寻集】，激活【查寻集】的添加命令，命令行仅仅提示选定查寻集的位置，在块中椅子的右上角位置任意选取一点，结束命令。

（3）现在需要为查寻动作添加参数。在这个动态块中，长度、宽度、矮柜长度都分别被创建为线性拉伸特性，因此我们只需要将这 3 个特性添加到查寻动作中即可。在“查询 1”参数下面的查询动作图标上右击，选择右键菜单中的【显示查询表】菜单项，此时会弹出【特性查寻表】对话框。

（4）单击【添加特性】按钮，弹出【添加参数特性】对话框，按住【Ctrl】键将“参数特性”列表中特性名为“长度”“宽度”“矮柜长度”的参数特性选上，然后单击【确定】按钮回到【特性查寻表】对话框。

（5）在“长度”“宽度”“矮柜长度”的参数列表中分别选择厂家提供的值，并将查寻的名称一一填写到“查寻特性”的查寻文本框中，最后如图 9-66 所示。确保将“查寻特性”的“查寻 1”列表中的最下面一项设置为“允许反向查寻”（如此项设置为“只读”，则在动态块中看不到查寻夹点），单击【确定】按钮结束查寻特性的添加。

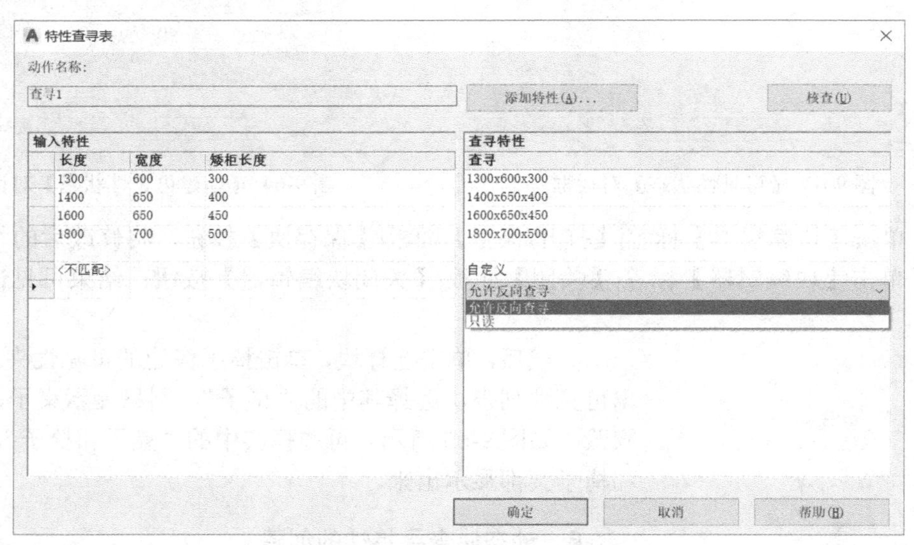

图 9-66 【特性查寻表】对话框

（6）单击【块编辑器】标签|【打开/保存】面板|【保存块】按钮，将修改后的块保存起来，再单击【块编辑器】标签|【关闭】面板|【关闭块编辑器】按钮，结束查寻特性的添加。

完成后，单击选择块，可以看到查寻夹点，单击查寻夹点，将会弹出查寻列表，如图 9-67 所示，当前动态块所调整的几个参数都不在厂家提供的尺寸中，所以显示为“自定义”。选择列表中的其他项，可以将动态块自动调整到相应厂家提供的规格上。

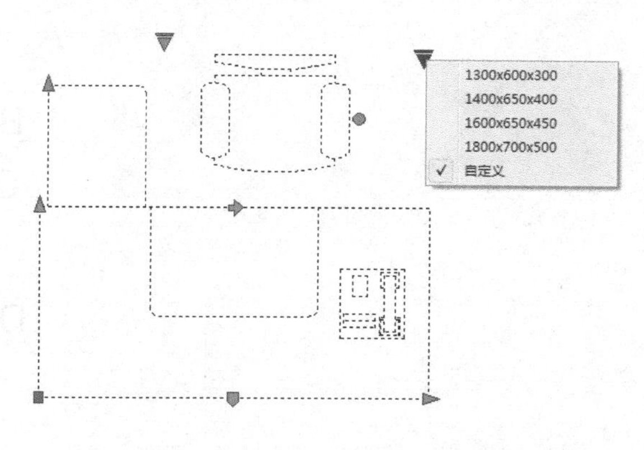

图 9-67　查寻列表

掌握了创建动态块的方法后，我们可以重新规划本设计部门的常用图形库。在机械设计中，可以将螺栓、螺母等标准件定义为动态块；在建筑设计中，可以将楼板、门窗、楼梯、屋顶板、墙体、幕墙等设置为动态块。在设计中还可以定义这些对象和修改对象的特性。

9.4.3　利用几何约束和标注约束创建动态块

上一节介绍了动态块的一般创建方法，本节介绍利用 AutoCAD 2011 版新增的几何约束和标注约束创建动态块。

启动 AutoCAD 2020，打开本书配套素材中练习文件“9-24.dwg”。此图形左边有一个插入好的名为“六角头螺栓”的块，为此块添加线性拉伸及查询特性，步骤如下。

此练习示范，请参阅配套素材中实践视频文件 9-17.mp4。

（1）单击【插入】标签|【块定义】面板|【块编辑器】按钮，激活块编辑器，弹出【编辑块定义】对话框，在“要创建或编辑的块”列表中选择“六角头螺栓”。单击【确定】按钮，进入块编辑器状态。

（2）AutoCAD 2020 的动态块和约束工具联系紧密，在此首先为图形添加自动约束，单击【块编辑器】标签|【几何】面板|【自动约束】按钮，命令行提示选择对象，使用窗口选择全部图形，再回车结束选择，AutoCAD 自动为全部图形添加上约束，如图 9-68 所示。

（3）局部地方需要增加约束，主要是螺帽上的小圆弧，最好是不要变化，因此为之添加几个相等约束和尺寸约束，单击【块编辑器】标签|【几何】面板|【相等】按钮，为几个小圆弧和直线添加相等约束，如图 9-69 所示，其中 A、C 圆弧相等，B、D 圆弧相等，E、F 直线段相等。

（4）还需要为小圆弧添加一个半径约束，单击【块编辑器】标签|【标注】面板|【半径】按钮，激活半径标注约束命令，命令行提示如下。

命令: _bcparameter

输入选项 [线性(L)/水平(H)/垂直(V)/对齐(A)/角度(AN)/半径(R)/直径(D)/转换(C)] <半径>: _radius

选择圆弧或圆: （选择左上端小圆弧）

指定尺寸线位置: （向上拉出尺寸线的位置）

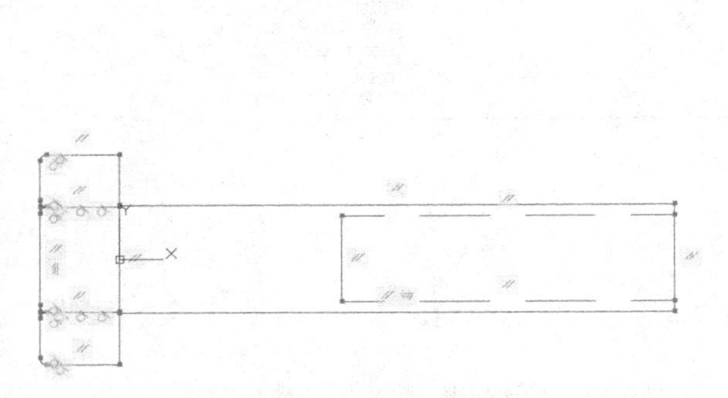

图 9-68　添加自动约束图　　　　图 9-69　局部增加约束

此时图形中会给出“弧度 1=0.6000”的默认值，回车。完成了圆弧半径约束的创建。

（5）螺栓是对称结构，需要一条对称轴，用直线工具捕捉中点绘制一条对称轴，如图 9-70 所示。

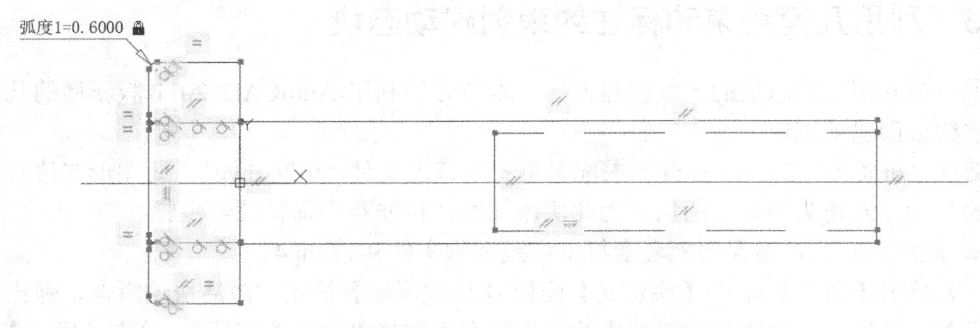

图 9-70　用直线工具绘制对称轴

（6）实际的使用中，并不需要将此对称轴显示出来，因此将此轴线转换为构造几何图形，单击【块编辑器】标签|【管理】面板|【构造】按钮，激活命令，命令行提示如下。

命令: _bconstruction

选择对象或 [全部显示(S)/全部隐藏(H)]:找到 1 个（选择轴线）

选择对象或 [全部显示(S)/全部隐藏(H)]:（回车结束选择）

找到 1 个

输入选项 [转换(C)/恢复(R)] <转换>: c（输入 c 命令确定转换）

1 个对象已转换为构造几何图形

（7）转换完成后对称轴变为虚线显示，单击【块编辑器】标签|【几何】面板|【对称】按钮，将如图 9-69 所示的 E、F 直线段以刚创建的对称轴对称，再单击【块编辑器】标签|【几何】面板|【固定】按钮，将对称轴线和螺帽螺栓结合的端面线设置为固定，结果如图 9-71 所示。

（8）单击【块编辑器】标签|【几何】面板|【全部隐藏】按钮，将几何约束都隐藏。

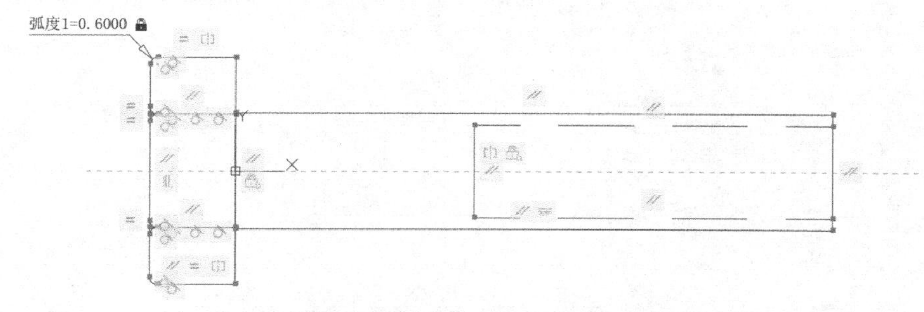

图 9-71 转换对称轴为构造几何图形

（9）单击【块编辑器】标签|【标注】面板|【线性】按钮，为螺栓部分添加一个线性标注约束，拾取如图 9-72 所示 A、B 交点作为标注点，命令行提示如下。

命令: _bcparameter

输入选项 [线性(L)/水平(H)/垂直(V)/对齐(A)/角度(AN)/半径(R)/直径(D)/转换(C)] <线性>: _linear

指定第一个约束点或 [对象(O)] <对象>:（拾取 A 点）

指定第二个约束点:（拾取 B 点）

指定尺寸线位置:（向下拉出尺寸线位置）

此时图形中会给出“d1=50.0000”的默认值，将“d1”修改为中文名称“螺栓长度”后，回车接受修改，结果如图 9-72 所示。

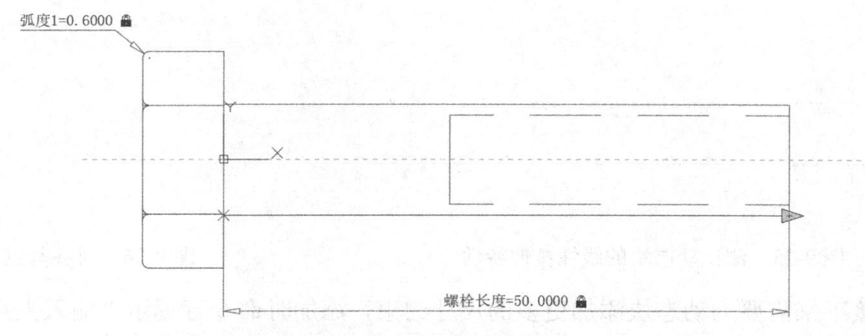

图 9-72 添加线性标注约束

（10）此动态块已经具备拉伸特性，但是拉伸的长度太随意，需要为之增加一个值集，选择此标注约束，并右击，在右键快捷菜单中选择【特性】菜单项，弹出【特性】选项板，将【值集】选项区域的【距离类型】修改为“增量”，【距离增量】修改为“10”，【最小距离】修改为“50”，【最大距离】修改为“200”，如图 9-73 所示，设置完成后参数如图 9-74 所示。

（11）此时可单击【块编辑器】标签|【打开/保存】面板|【测试块】按钮，测试此动态块的拉伸特性是否可行，实践确如预想一致，如图 9-75 所示。单击【关闭测试块窗口】按钮，关闭测试。

（12）单击【块编辑选项板】|【操作参数】标签|【对齐】选项，为动态块添加对齐特性，命令行提示如下。

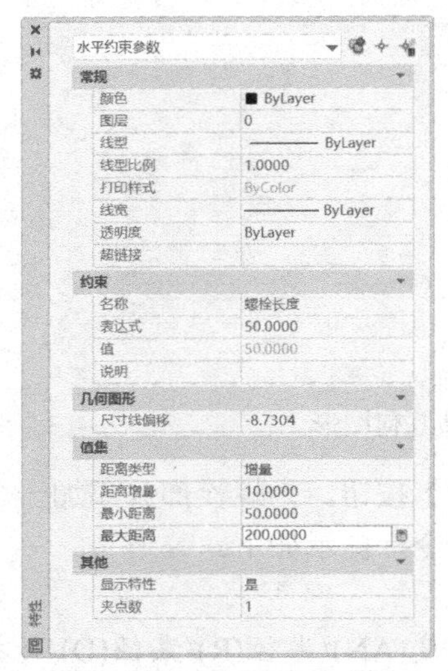

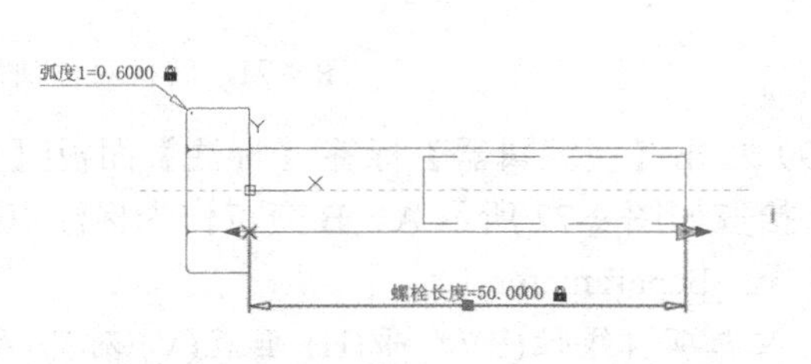

图 9-73　修改【特性】选项板【值集】选项区域　　　　图 9-74　设置值集完成后

命令: _bparameter 对齐

指定对齐的基点或 [名称(N)]:（选择如图 9-76 所示 A 点）

对齐类型 = 垂直

指定对齐方向或对齐类型 [类型(T)] <类型>:（向 B 点垂直拉出一条线）

为此动态块添加了对齐特性。

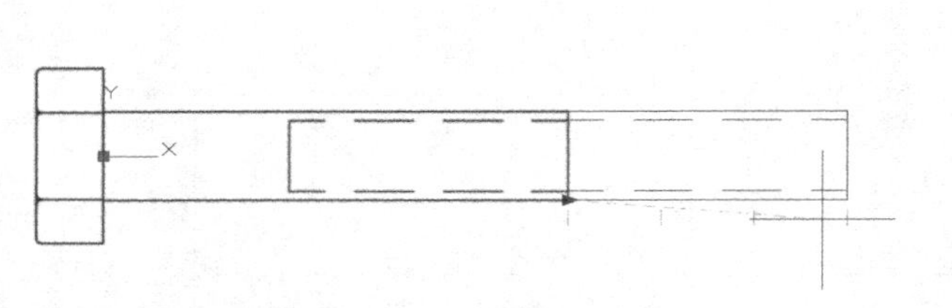

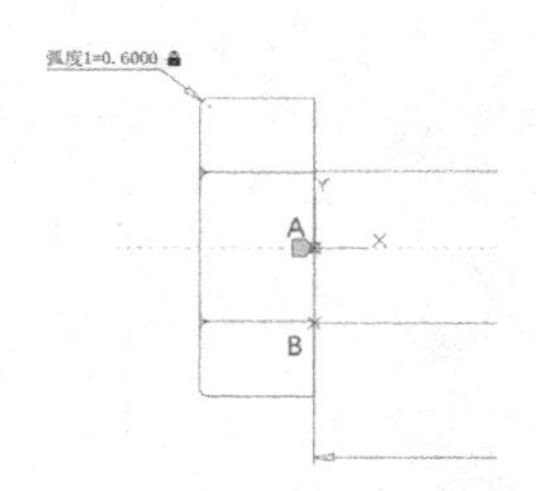

图 9-75　测试动态块的线性拉伸特性　　　　图 9-76　对齐基点选择

（13）接下来需要为动态块添加更多的尺寸约束，添加时命令行提示“输入夹点数:”时，均选择为“0”，如图 9-77 所示，其中“螺帽内径”“螺帽高度”“螺栓口径”“螺栓长度”为主要控制尺寸，其他尺寸为计算尺寸或非控制尺寸，“d1”和“d2”为“螺帽内径”的 1/4，而“d3”为“螺栓口径”的 1/2，“d4”为“螺栓长度”减去 30。

（14）单击【块编辑器】标签|【标注】面板|【块表】按钮，激活块表命令，命令行提示如下。

命令: _btable

指定参数位置或 [选项板(P)]:（在图形右下角指定一点作为块表放置位置）

输入夹点数 [0/1] <1>:（回车接受默认的 1 个夹点数）

（15）此时会弹出【块特性表】对话框，单击【块特性表】对话框左边的【添加在表中显示为列的特性】按钮，将“螺帽内径”“螺帽高度”“螺栓口径”添加为参数表的列，再单击【块特性表】对话框中间的【创建一个新的用户参数并将其添加到表中】按钮，创建一个名为“型号”，类型为“字符串”的参数，并将其拖曳到最左边，如图 9-78 所示。

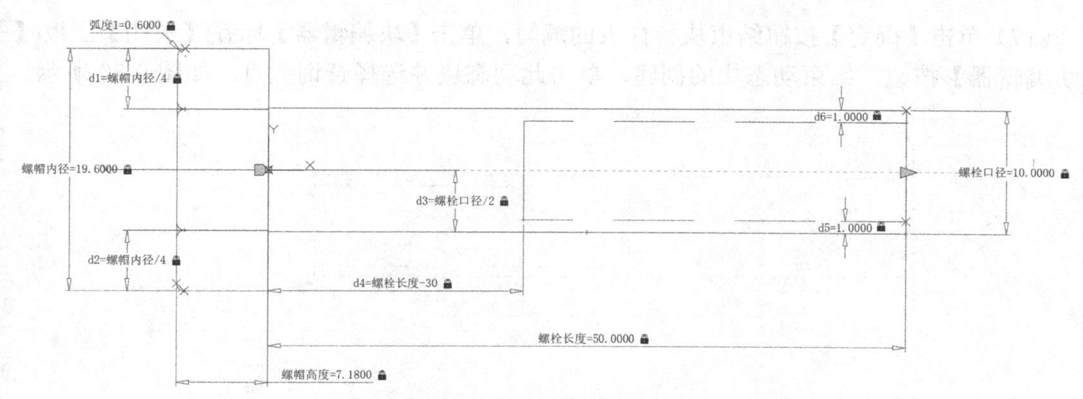

图 9-77　为动态块添加更多尺寸约束

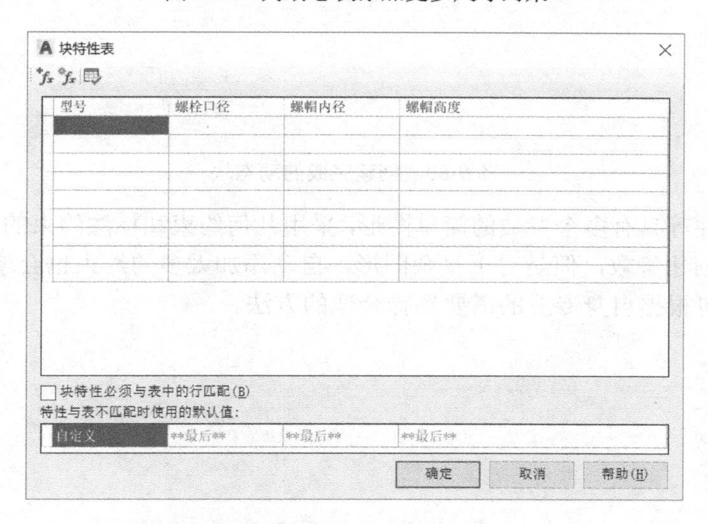

图 9-78　添加好参数的【块特性表】对话框

（16）在【块特性表】对话框中逐个填入参数的值，如图 9-79 所示。

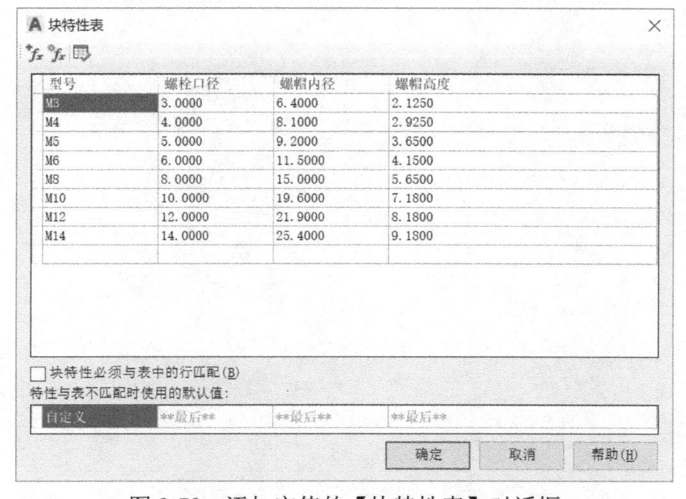

型号	螺栓口径	螺帽内径	螺帽高度
M3	3.0000	6.4000	2.1250
M4	4.0000	8.1000	2.9250
M5	5.0000	9.2000	3.6500
M6	6.0000	11.5000	4.1500
M8	8.0000	15.0000	5.6500
M10	10.0000	19.6000	7.1800
M12	12.0000	21.9000	8.1800
M14	14.0000	25.4000	9.1800

图 9-79　添加完值的【块特性表】对话框

（17）单击【确定】按钮结束块特性表的编写，单击【块编辑器】标签|【关闭】面板|【关闭块编辑器】按钮，结束动态块的创建，单击此动态块并选择查询夹点，如图 9-80 所示。

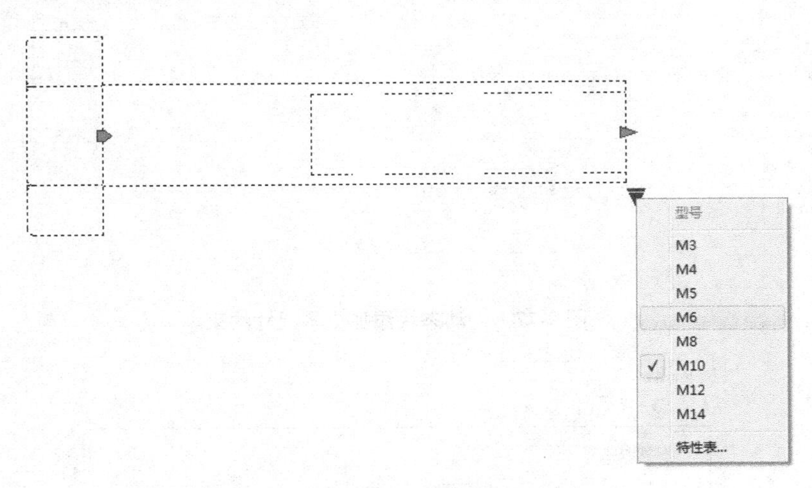

图 9-80　创建完成的动态块

对于机械零件等具有多个参数的简单图形，采用几何约束和标注约束的方式创建动态块，可以避免逐个去创建参数，但是对于复杂图形，自动添加太多的约束也会增加创建动态块的复杂程度，读者可根据自身专业的需要选择合适的方法。

第 10 章　图纸布局与打印输出

完成了设计绘图后，接下来需要进行打印输出。AutoCAD 中有两种不同的工作环境，称为模型空间和图纸空间，分别用“模型”和“布局”选项卡表示。这些选项卡位于绘图区域底部附近的位置。可以在模型空间中进行打印出图，还可以使用图纸空间——也就是布局的方法进行打印出图。

本章主要讲述如下内容：

- 模型空间与图纸空间
- 在模型空间中打印图纸
- 在图纸空间通过布局编排输出图形
- 布局中图纸的打印输出
- 使用打印样式表
- 管理比例列表
- 电子打印与批处理打印

10.1　模型空间与图纸空间

在 AutoCAD 中有两个工作空间，分别是模型空间和图纸空间。通常在模型空间 1:1 进行设计绘图；为了与其他设计人员交流和进行产品生产加工，或者工程施工，需要输出图纸，这就需要在图纸空间进行排版，即规划视图的位置与大小，将不同比例的视图安排在一张图纸上并对它们标注尺寸，给图纸加上图框、标题栏、文字注释等内容，然后打印输出。可以这么说，模型空间是设计空间，而图纸空间是表现空间。

10.1.1　模型空间

模型空间中的“模型”是指在 AutoCAD 中用绘制与编辑命令生成的代表现实世界物体的对象，而模型空间是建立模型时所处的 AutoCAD 环境，可以按照物体的实际尺寸绘制、编辑二维或三维图形，也可以进行三维实体造型，还可以全方位地显示图形对象，它是一个三维环境。因此人们使用 AutoCAD 首先是在模型空间工作。

当启动 AutoCAD 后，默认处于模型空间，绘图窗口下面的“模型”卡是激活的；而图纸空间是未被激活的。

10.1.2　图纸空间

图纸空间的“图纸”与真实的图纸相对应，图纸空间是设置、管理视图的 AutoCAD 环境。

在图纸空间可以按模型对象不同方位显示视图，按合适的比例在“图纸”上表示出来，还可以定义图纸的大小、生成图框和标题栏。模型空间中的三维对象在图纸空间中是用二维平面上的投影来表示的，因此它是一个二维环境。

10.1.3　布局

所谓布局，相当于图纸空间环境。一个布局就是一张图纸，并提供预置的打印页面设置。在布局中，可以创建和定位视口，并生成图框、标题栏等。利用布局可以在图纸空间方便快捷地创建多个视口来显示不同的视图；而且每个视图都可以有不同的显示缩放比例、冻结指定的图层。

在一个图形文件中模型空间只有一个，而布局可以设置多个。这样就可以用多张图纸多侧面地反映同一个实体或图形对象。例如，将在模型空间绘制的装配图拆成多张零件图；或将某一工程的总图拆成多张不同专业的图纸。

10.1.4　模型空间与图纸空间的切换

在实际工作中，常需要在图纸空间与模型空间之间作相互切换。切换方法很简单，单击绘图区域下方的布局及模型选项卡即可。

10.2　在模型空间中打印图纸

如果仅仅是创建具有一个视图的二维图形，则可以在模型空间中完整创建图形并对图形进行注释，并且直接在模型空间中进行打印，而不使用布局选项卡。这是使用 AutoCAD 创建图形的传统方法。

打开本书配套素材中练习文件“10-1.dwg”，此文件中有一个已经在模型空间中绘制好的图形，如图 10-1 所示。

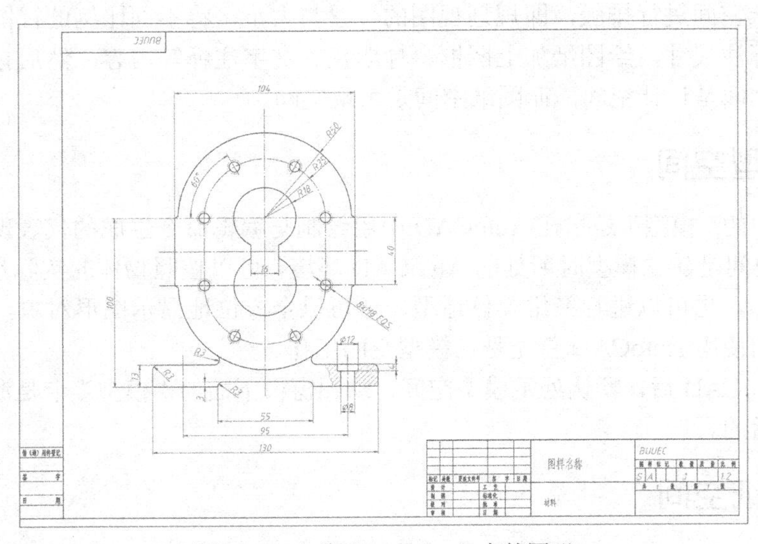

图 10-1　文件“10-1.dwg”中的图形

激活打印命令的方法如下。

- 功能区：【输出】标签|【打印】面板|【打印】按钮 ；
- 命令行：plot↙（回车）。

在模型空间中打印的步骤如下。

此练习示范，请参阅配套素材中实践视频文件 10-01.mp4。

（1）确保打开了文件“10-1.dwg”，激活打印命令，弹出【打印-模型】对话框，如图 10-2 所示。

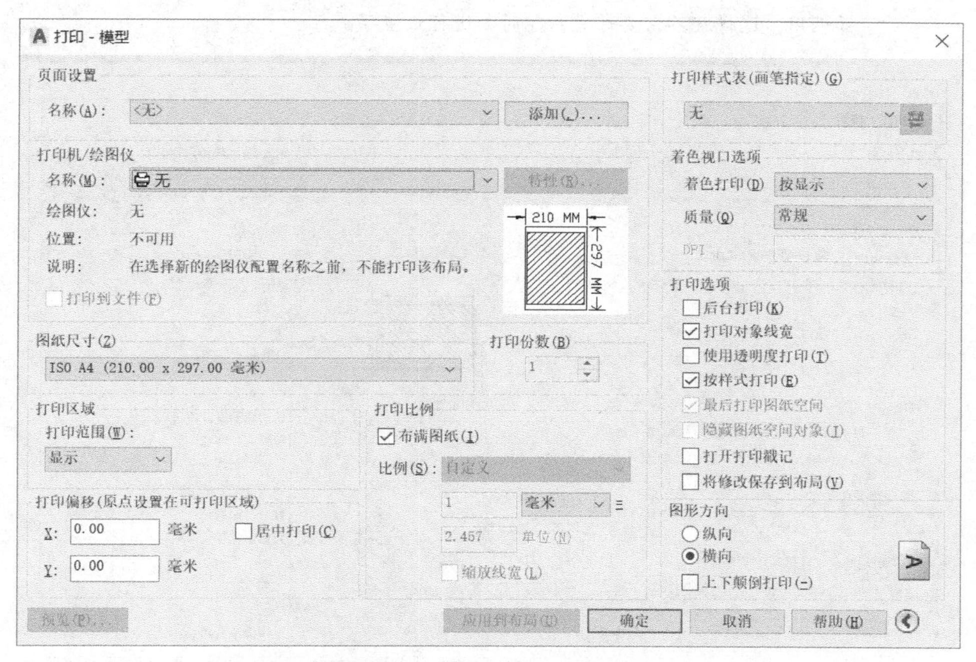

图 10-2 【打印-模型】对话框

（2）在【打印机/绘图仪】选项区域的【名称】下拉列表中选择打印机，如果计算机上真正安装了一台打印机，则可以选择此打印机；如果没有安装打印机，则选择 AutoCAD 提供的一个虚拟的电子打印机“DWF6 ePlot.pc3”。

（3）在【图纸尺寸】选项区域的下拉列表中选择纸张的尺寸，这些纸张都是根据打印机的硬件信息列出的。如果在第（2）步选择了电子打印机“DWF6 ePlot.pc3”，则在此选择“ISO full bleed A3(420.00 × 297.00 毫米)”，这是一个全尺寸的 A3 图纸。

（4）在【打印区域】选项区域的【打印范围】下拉列表中选择“窗口”，如图 10-3 所示。此选项将会切换到绘图窗口供用户选择要打印的窗口范围，确保激活了“对象捕捉”中的“端点”，选择图形的左上角点和右下角点，将整个图纸包含在打印区域中，勾选【居中打印】。

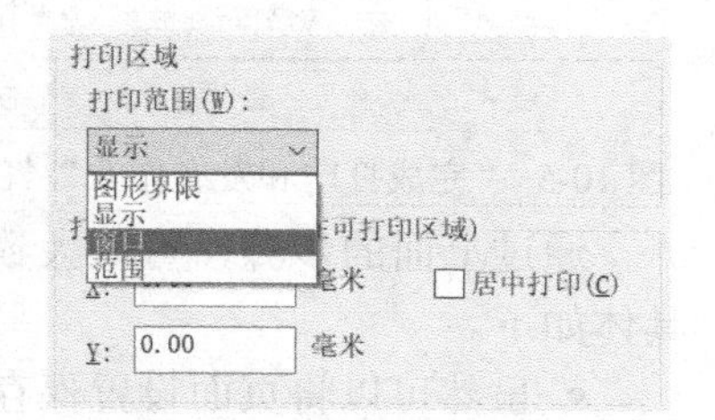

图 10-3 打印范围的选择

（5）去掉【打印比例】选项区域的【布满图纸】复选框的选择，在【比例】下拉列表中选择“1:1”，这个选项保证打印出的图纸是规范的 1:1 工程图，而不是随意的出图比例。当然，如果仅仅是检查图纸，可以使用【布满图纸】选项以最大化地打印出图形来。

（6）在【打印样式表】选项区域的下拉列表中选择“monochrome.ctb”，此打印样式表可以将所有颜色的图线都打印成黑色，确保打印出规范的黑白工程图纸，而非彩色或灰度的图纸。最后的打印设置如图 10-4 所示。

此时如果单击【页面设置】选项区域的【添加】按钮，将弹出【添加页面设置】对话框，输入一个名字，就可以将这些设置保存到一个命名页面设置文件中，以后打印的时候可以在【页面设置】选项区域的【名称】下拉列表中选择调用，这样就不需要每次打印时都进行设置了。

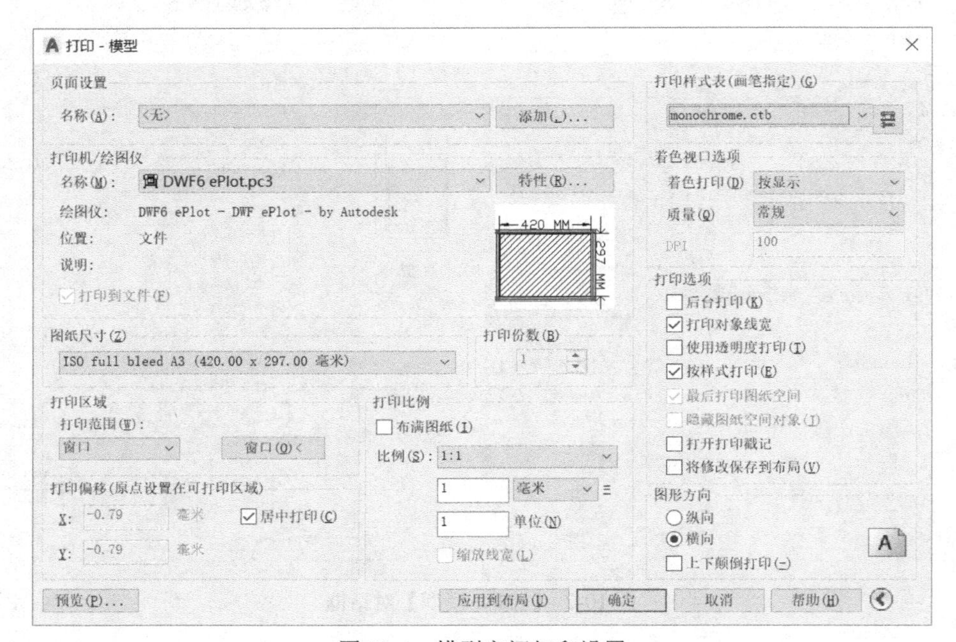

图 10-4　模型空间打印设置

（7）单击【预览】按钮，可以看到即将打印出来图纸的样子，在预览图形的右键菜单中选择【打印】选项或者在【打印-模型】对话框单击【确定】按钮开始打印。由于选择了虚拟的电子打印机，此时会弹出【浏览打印文件】对话框提示将电子打印文件保存到何处，选择合适的目录后单击【保存】按钮，打印便开始进行，打印完成后，右下角状态栏托盘中会出现“完成打印和发布作业”气泡通知，如图 10-5 所示。单击此通知会弹出【打印和发布详细信息】对话框，里面详细地记录了打印作业的具体信息。

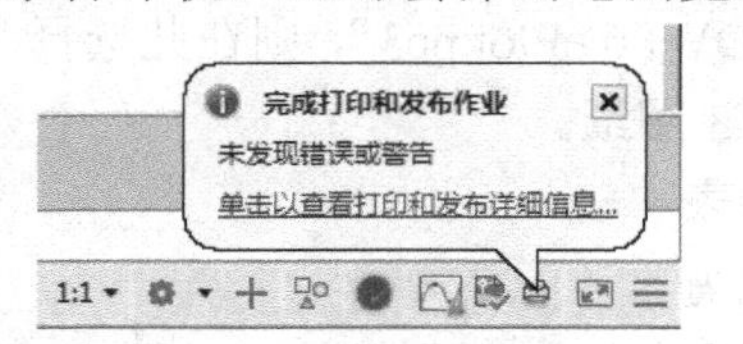

图 10-5　“完成打印和发布作业”气泡通知

通过上面的步骤，可以大致归纳出模型空间中打印是比较简单的，但是却有很多局限，具体如下。

- 虽然可以将页面设置保存起来（如第 6 步介绍的方法），但是和图纸并无关联，每次打印均须进行各项参数的设置或者调用页面设置。
- 仅适用于二维图形。
- 不支持多比例视图和依赖视图的图层设置。

● 如果进行非 1:1 的出图，缩放标注、注释文字和标题栏需要进行计算。

● 如果进行非 1:1 的出图，线型比例需要重新计算。

使用此方法，通常以实际比例 1:1 绘制图形几何对象，并用适当的比例创建文字、标注和其他注释，以在打印图形时正确显示大小。对于非 1:1 出图，一般的机械零件图并没有太多体会，如果绘制大型装配图或者建筑图纸，常常会遇到标注文字、线型比例等诸多问题，比如模型空间中绘制 1:1 的图形想要以 1:10 的比例出图，在注写文字和标注的时候就必须将文字和标注放大 10 倍，线型比例也要放大 10 倍，才能在模型空间中正确的按照 1:10 的比例打印出标准的工程图纸。这一类的问题如果使用图纸空间出图便迎刃而解。

10.3　在图纸空间通过布局编排输出图形

图纸空间在 AutoCAD 中的表现形式就是布局，想要通过布局输出图形，首先要创建布局，然后在布局中打印出图。

10.3.1　创建布局的方法

在 AutoCAD 2020 中有如下 4 种方式创建布局。

● 使用“布局向导（layoutwizard）”命令循序渐进地创建一个新布局。

● 使用“从样板…（layout）”命令插入基于现有布局样板的新布局。

● 通过布局选项卡创建一个新布局。

● 通过设计中心从已有的图形文件中或样板文件中把已建好的布局拖入到当前图形文件中。

为了加深对布局的理解，本书采用“布局向导”来创建新布局。激活布局向导的方法如下。

● 命令行：layoutwizard↙。

打开本书配套素材中练习文件“10-2.dwg”，如图 10-6 所示。下面以此图形为例来创建一个布局，步骤如下。

此练习示范，请参阅配套素材中实践视频文件 10-02.mp4。

（1）设置“视口”为当前层。

（2）在命令行输入“layoutwizard”，激活布局向导命令，屏幕上出现【创建布局-开始】对话框，在对话框的左边列出了创建布局的步骤。

（3）在【输入新布局的名称】编辑框中键入“零件图”，如图 10-7 所示。然后单击【下一步】按钮，屏幕上出现【创建布局-打印机】对话框，为新布局选择一种已配置好的打印设备，例如电子打印机“DWF6 ePlot.pc3”。

在使用“布局向导”创建布局之前，必须确认已安装了打印机。如果没有安装打印机，则选择电子打印机“DWF6 ePlot.pc3”。

（4）单击【下一步】按钮。屏幕上出现【创建布局-图纸尺寸】对话框，选择图形所用的单位为“毫米”，选择打印图纸为“ISO full bleed A3(420.00×297.00 毫米)”。

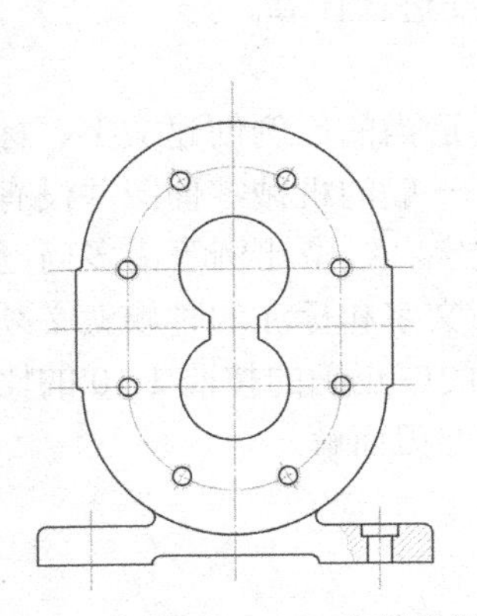

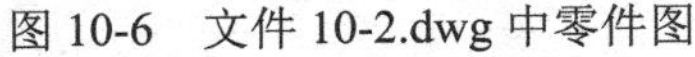

图 10-6　文件 10-2.dwg 中零件图

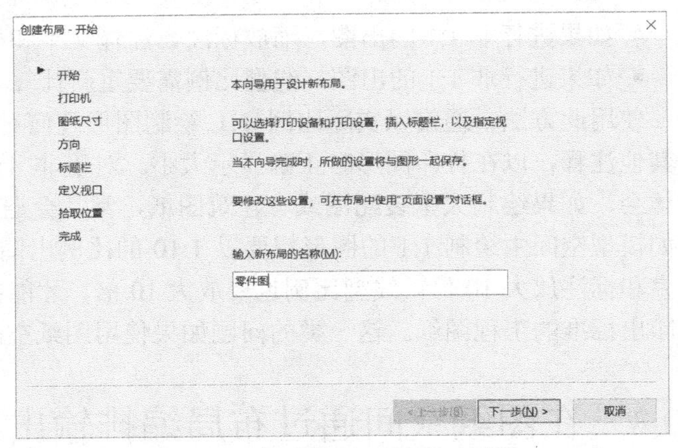

图 10-7　【创建布局-开始】对话框

（5）单击【下一步】按钮，屏幕上出现【创建布局-方向】对话框，确定图形在图纸上的方向为横向。

（6）单击【下一步】按钮确认。之后屏幕上又出现【创建布局-标题栏】对话框，如图 10-8 所示。选择图纸的边框和标题栏的样式为“A3 图框”，在【类型】框中，可以指定所选择的图框和标题栏文件是作为块插入，还是作为外部参照引用。

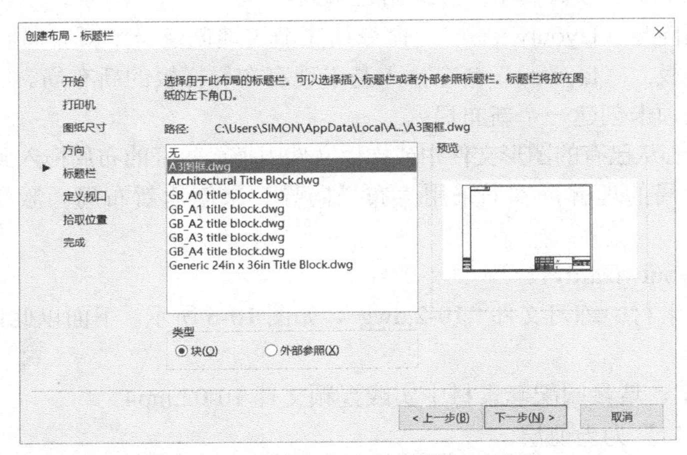

图 10-8　【创建布局-标题栏】对话框

此处的“A3 图框”在默认的文件夹中并不存在，这个标题栏可以通过创建带属性块的方法创建，然后用写块 wblock 命令写入到存储样板图文件的路径“C:\Users\USER\AppData\Local\Autodesk\AutoCAD 2020\R23.1\chs\Template”目录中，其中 USER 是当前操作系统登录的用户名。本书配套素材中已经保存了 GB 的 A0 至 A4 以及“A3 图框”总共 6 个标题栏文件，读者可以将之复制到样板文件夹中使用。

（7）单击【下一步】按钮后，出现【创建布局-定义视口】对话框，如图 10-9 所示。设置新建布局中视口的个数和形式，以及视口中的视图与模型空间的比例关系。对于此文件，设置视口为“单个”，视口比例为“1:1”，即把模型空间的图形按 1:1 显示在视口中。

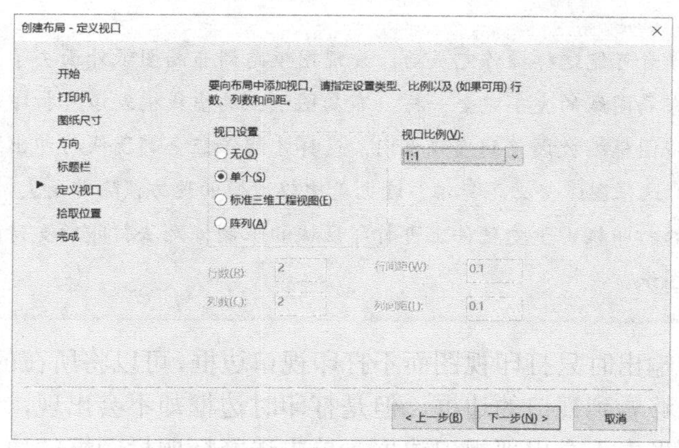

图 10-9 【创建布局-定义视口】对话框

（8）单击【下一步】按钮，出现【创建布局-拾取位置】对话框，单击【选择位置（L）<】按钮，AutoCAD 切换到绘图窗口，通过指定两个对角点指定视口的大小和位置，如图 10-10 所示，之后，直接进入【创建布局-完成】对话框。

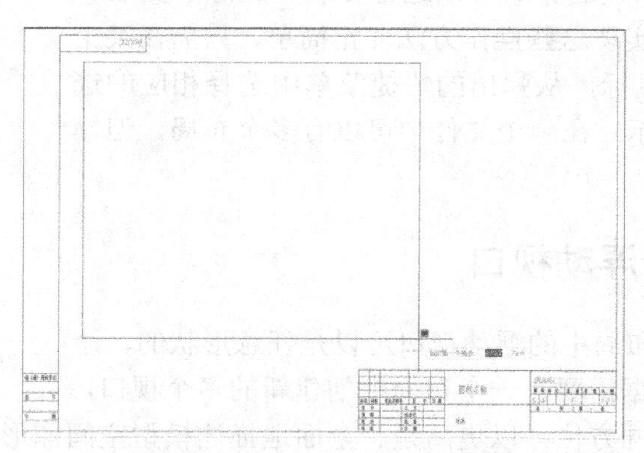

图 10-10　选择视口的位置大小

（9）单击【完成】按钮即完成新布局及视口的创建。所创建的布局出现在屏幕上（含视口、视图、图框和标题栏），如图 10-11 所示。此外，AutoCAD 将显示图纸空间的坐标系图标，在这个视口中双击，可以透过图纸操作模型空间的图形，为此，AutoCAD 将这种视口称为【浮动视口】。

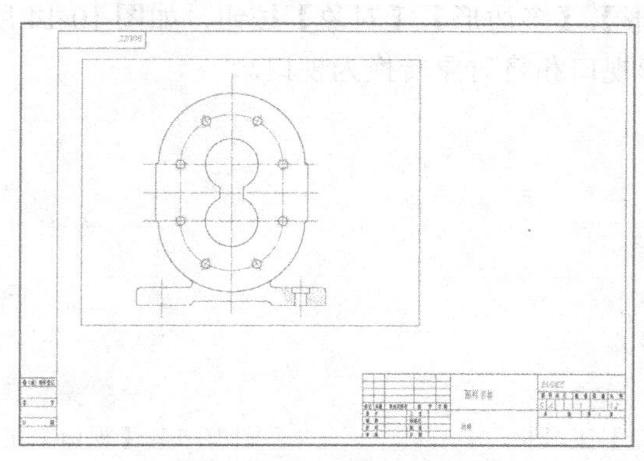

图 10-11　完成创建后的视口

读者可能这样操作完成后，发现图框跑到布局图纸外面去了，这是因为图框和布局图纸的大小完全一样，布局图纸上的虚线框表示可打印的区域，因此需要将图框缩放调整到虚线框内，这样才能保证全部图线打印出来。但是这样一来，这张图纸势必不标准，这也是比较遗憾的地方，除非是大幅面的绘图仪，普通的打印机由于受硬件上可打印区域的限制，无法打印所支持的最大幅面的标准图纸。

（10）为了在布局输出时只打印视图而不打印视口边框，可以将所在的层设置为“不打印”。这样虽然在布局中能够看到视口的边框，但是打印时边框却不会出现，读者可以将此布局进行打印预览，预览图形中不会出现视口边框。单击选择标题栏图框的块，使用图层下拉列表将之所在图层改为“图框”，因为创建布局的当前图层是“视口”，标题栏图框块被直接插入到“视口”图层中，这样如果“视口”图层不打印，图框也打印不出来，因此需要更改图框的图层。

AutoCAD 对于已创建的布局可以进行复制、删除、更名、移动位置等编辑操作。实现这些操作方法非常简单，只需在某个【布局】选项卡上右击鼠标，从弹出的快捷菜单中选择相应的选项即可，如图 10-12 所示。在一个文件中可以有多个布局，但模型空间只有一个。

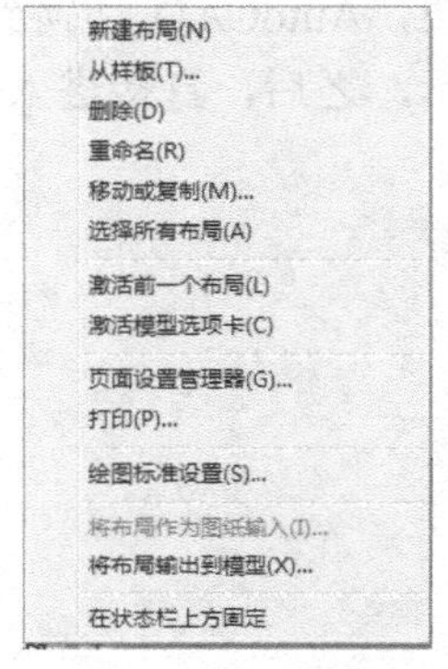

图 10-12　布局右键快捷菜单

10.3.2　建立多个浮动视口

在 AutoCAD 中，布局中的浮动视口可以是任意形状的，个数也不受限制，可以根据需要在一个布局中创建新的多个视口，每个视口显示图形的不同方位，以更清楚、全面地描述模型空间图形的形状与大小。

创建视口的方式有多种。在一个布局中视口可以是均等的矩形，平铺在图纸上；也可以根据需要有特定的形状，并放到指定位置，创建视口首先要切换到布局，命令激活方式如下。

- 功能区：【布局】标签|【布局视口】面板按钮，如图 10-13 所示；
- 命令行：vports↙。

【布局视口】面板中有【矩形】下拉式列表，【矩形】的右边有【剪裁】、【命名】等按钮，【矩形】下拉式中有【矩形】、【多边形】、【对象】按钮，如图 10-14 所示。接下来举例说明如何添加单个视口、多边形视口和将对象转换为视口。

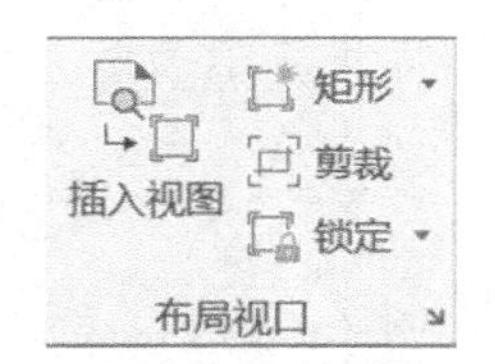

图 10-13　【视口】工具栏

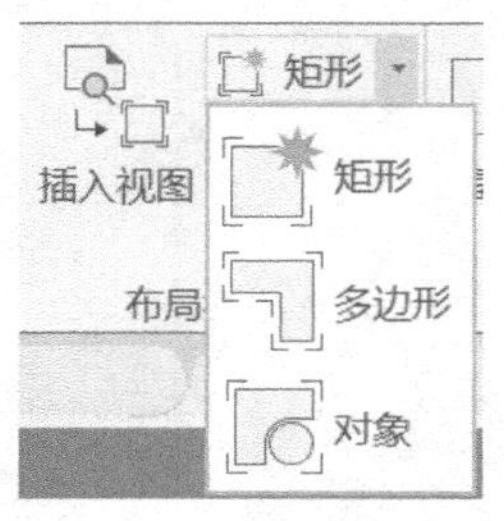

图 10-14　【视口】工具栏|【矩形】下拉式按钮

1．添加单个视口

下面在前面刚刚创建的布局（见图 10-11）中再建立其他视口，打开本书配套素材中练习文件“10-3.dwg”的“零件图”布局，步骤如下。

此练习示范，请参阅配套素材中实践视频文件 10-03.mp4。

（1）设置“视口”为当前层。

（2）单击“零件图”选项卡，进入图纸空间。

（3）单击【布局】标签|【布局视口】面板|【矩形】下拉式列表|【矩形】按钮，在布局原有视口下方拉出一个矩形区域，操作结果如图 10-15 所示。

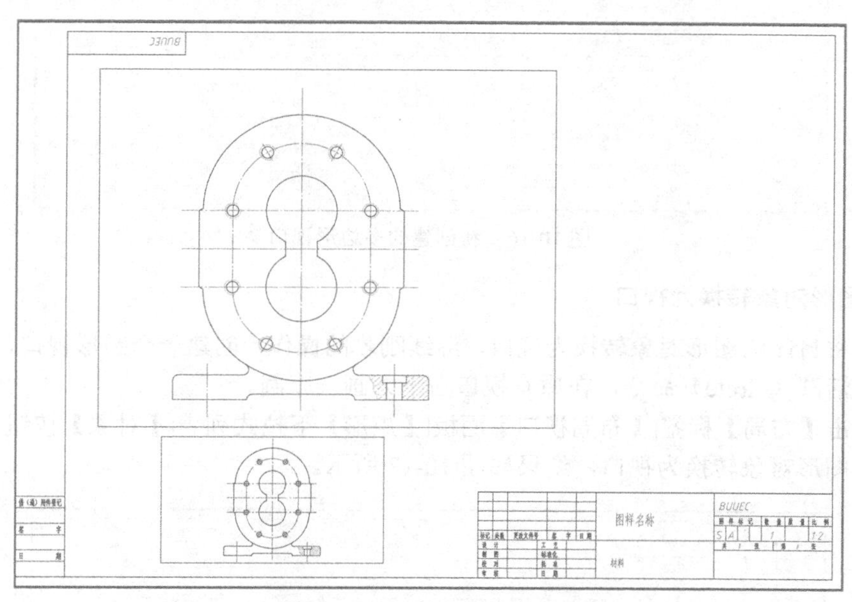

图 10-15　新创建的单个视口

2．创建多边形视口

继续刚才的操作，创建一个多边形的视口，【布局】标签|【布局视口】面板|【矩形】下拉式列表|【多边形】按钮，命令窗口的提示与响应如下。

命令: _vports

指定视口的角点或 [开(ON)/关(OFF)/布满(F)/着色打印(S)/锁定(L)/对象(O)/多边形(P)/恢复(R)/图层(LA)/2/3/4]

<布满>: _P

指定起点: （在原有视口右上方依次绘制一个多边形）

指定下一个点或 [圆弧(A)/长度(L)/放弃(U)]:

……

指定下一个点或 [圆弧(A)/闭合(C)/长度(L)/放弃(U)]: c（输入 c 命令封闭此多边形）

正在重生成模型。

操作结果如图 10-16 所示。

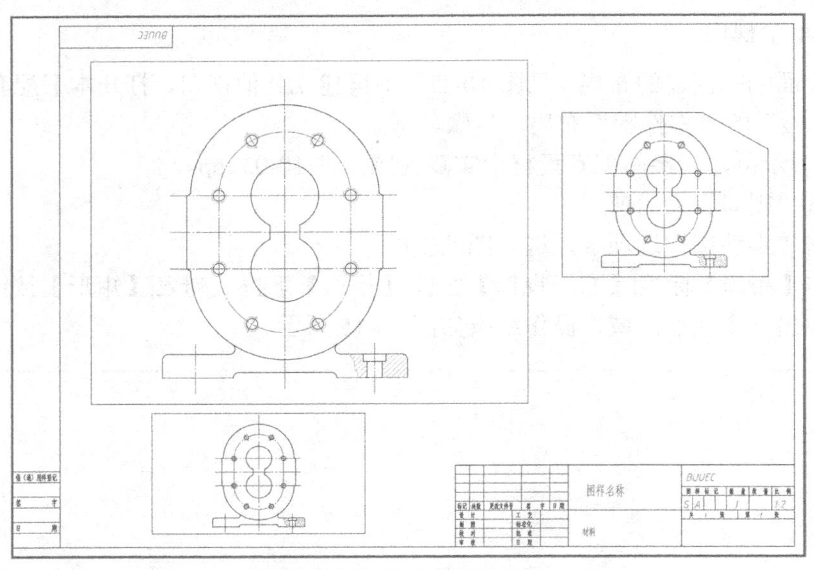

图 10-16　新创建的多边形视口

3. 将图形对象转换为视口

还可以将封闭的图形对象转换为视口，继续刚才的操作，创建一个圆形视口，步骤如下。

（1）激活圆（circle）命令，在原有视口右下方画一个圆。

（2）单击【布局】标签|【布局视口】面板|【矩形】下拉式列表|【对象】按钮，即可以将一个封闭的图形对象转换为视口，结果如图 10-17 所示。

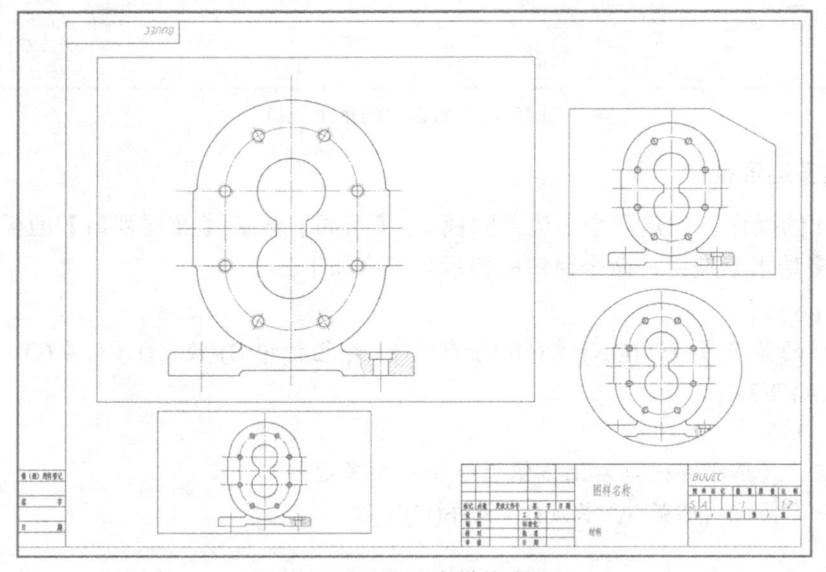

图 10-17　将圆对象转换为视口

为了在布局输出时只打印视图而不打印视口边框，可以将所在的层设置为“不打印”。这样虽然在布局中能够看到视口的边框，但是打印时边框却不会出现。

10.3.3　调整视口的显示比例

上一节讲解了如何创建视口，这些新创建的视口默认的显示比例都是将模型空间中全部图形最大化地显示在视口中，对于规范的工程图纸，需要使用规范的出图比例，在状态栏托盘右侧有一个比例下拉列表，使用它可以调节当前视口的比例，也可以选定视口后使用【特性】选项板来调整。

接下来打开本书配套素材中练习文件“10-4.dwg”的“零件图”布局，调节此布局中两个视口的比例为 1:1 和 2:1，步骤如下。

此练习示范，请参阅配套素材中实践视频文件 10-04.mp4。

（1）双击矩形视口内部区域，使它成为当前浮动视口，这时模型空间的坐标系图标出现在该视口的左下角，表明进入了模型空间。

（2）单击状态栏右下侧【选定视口的比例】按钮，从弹出的快捷菜单中选择浮动视口与模型空间图形的比例关系为 1:1，如图 10-18 所示。

（3）在圆形视口中单击，将当前视口切换到圆形视口，单击状态栏右下侧【选定视口的比例】按钮，从弹出的快捷菜单中选择浮动视口与模型空间图形的比例关系为 2:1。

（4）单击【导航】面板中【平移】工具按钮（或者直接按住鼠标滚轮），将右下角剖切部分显示在视口内，使之成为一个局部放大视图。

（5）在没有视口的图纸区域双击，或者单击状态栏上的【模型】按钮，使之由视口模型空间切换回图纸空间，结果如图 10-19 所示。

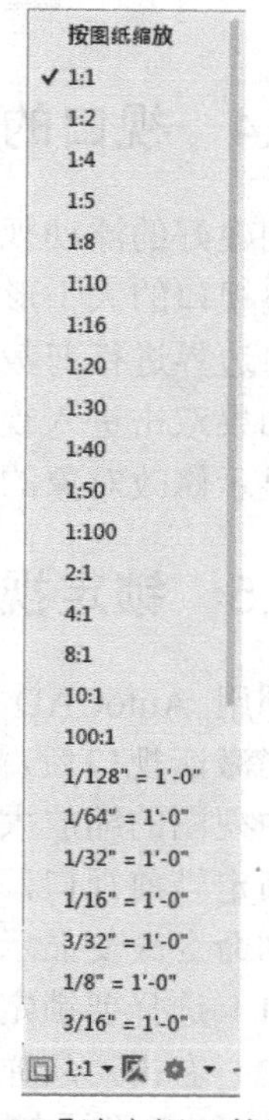

图 10-18　【选定视口的比例】快捷菜单

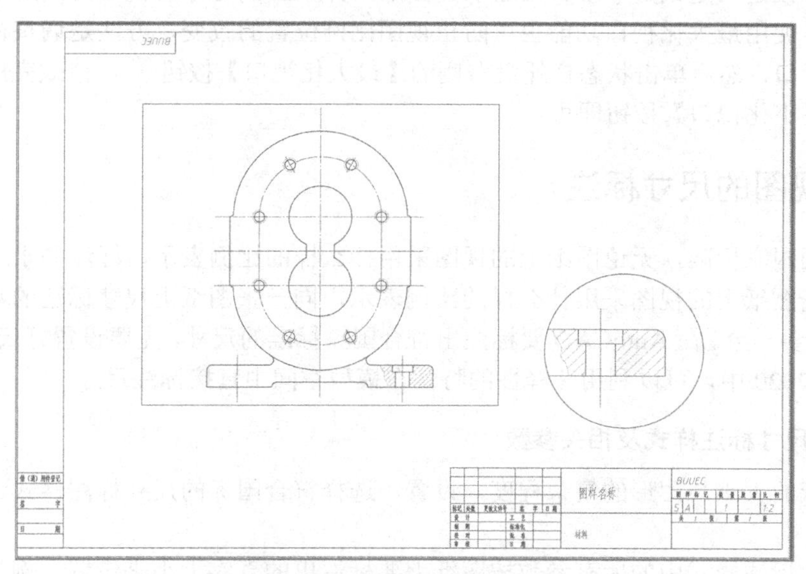

图 10-19　调整好的视口比例

当视口与模型空间图形的比例关系确定后，通常可以使用【实时平移】命令调整视口中图形显示的内容，但不要使用【实时缩放】命令，那样会改变视口与模型空间图形的比例关系。

10.3.4 视口的编辑与调整

创建好的浮动视口可以通过移动、复制等命令进行调整复制，还可以通过编辑视口的夹点调整视口的大小形状。另外，通过【布局】标签|【布局视口】面板|【剪裁】按钮，还可以对视口边界进行剪裁。

如果双击进入视口的模型空间，可以直接对模型空间中的对象进行修改，修改将反映在所有显示修改对象的视口中。

10.3.5 锁定视口和最大化视口

利用 AutoCAD 的布局功能可以在一张图纸上自定义视口，通过视口显示模型空间的内容；当激活视口后，还可以编辑修改模型空间的图形。但在操作过程中，常常会因不慎改变视口中视图的缩放大小与显示内容，破坏了视图与模型空间图形间已建立的比例关系。为此，可以锁定当前视口，以防止视口中的图形对象因被误操作而发生改变，或被 zoom、pan 等显示控制命令改变显示比例或显示方位。方法如下。

（1）选择要锁定视口的边框。

（2）右击，从弹出的快捷菜单中选择【显示锁定】|【是】。

此后，无论是在图纸空间还是在浮动视口内都不会因 zoom 和 pan 命令改变视口内图形的显示大小与显示内容。

视口显示锁定只是锁定了视口内显示的图形，并不影响对浮动视口内图形本身的编辑与修改。另外，使用最大化视口功能也可防止视图比例位置的改变，方法是调整视口内对象的时候选择好视口，然后单击状态栏托盘右侧的【最大化视口】按钮，修改完成后再单击相同位置的【最小化视口】按钮即可。

10.3.6 视图的尺寸标注

按照制图国家标准，无论图纸上的视图采用什么样的比例表示，标注的永远是形体的真实尺寸；无论图纸上的视图采用什么样的比例表示，同一张图纸上尺寸标注的数字大小要一致，标注样式要一致。在 AutoCAD 要标注出符合国家标准的尺寸，先要设置好尺寸标注样式，在 AutoCAD 2020 中，可以利用注释性的特性在模型空间中直接标注尺寸。

1．设置尺寸标注样式及相关参数

根据图纸的大小与图形的复杂程度，设置、选择符合国标的尺寸标注样式。这里需要说明如下。

（1）尺寸标注样式中的所有参数按图纸上要标注出的真实大小来设置，例如：尺寸箭头长度为 4、尺寸数字字高为 3.5……

（2）在【标注样式管理器】对话框【调整】选项卡的【标注特征比例】选项区域中，应按如图 10-20 所示设置，这样的设置为标注样式增加了注释性（关于注释性的概念请参见本书第 7 章）。

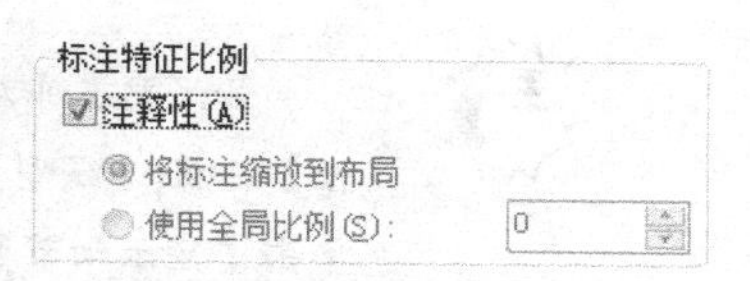

图 10-20　标注特征比例调整

2. 利用标注的注释性特性为不同比例的视图标注尺寸

在 AutoCAD 2020 中，标注尺寸也可以具有注释性的特性，这样我们可以在模型空间中直接标注尺寸，为模型空间中的标注尺寸文字的注释性特性设置多个注释比例，使其和需要出图的多个视口显示比例一致，这样只需要在模型空间中一次标注就可以在布局中的多个不同比例的视口中将标注尺寸按正常出图文字大小正确地显示出来。

接下来以本书配套素材中练习文件“10-5.dwg”，介绍如何在布局中进行标注，此图形文件中已经设置好了两个具有注释性特性的标注样式“GB-35”和“GB-5”，标注操作方法如下。

此练习示范，请参阅配套素材中实践视频文件 10-05.mp4。

（1）切换到模型空间，将“标注”作为当前层。

（2）在绘图区域右击，在弹出的快捷菜单中选择【选项】菜单项，激活【选项】命令，从打开的【选项】对话框中选择【用户系统配置】选项卡，在【关联标注】选项区域中将【使新标注可关联】复选框选中，即设置了尺寸标注的关联性。

（3）选择“GB-5”作为当前的标注样式，通过捕捉对象上的特征点标注尺寸。

（4）完成标注后参考本书第 7 章有关注释性的使用方法，为剖视图位置的三个标注添加“2:1”的注释比例，切换回“零件图”布局，使用状态栏上的“视口比例”工具将左右两个视口的视口比例分别设置为“1:1”和“2:1”，结果如图 10-21 所示。

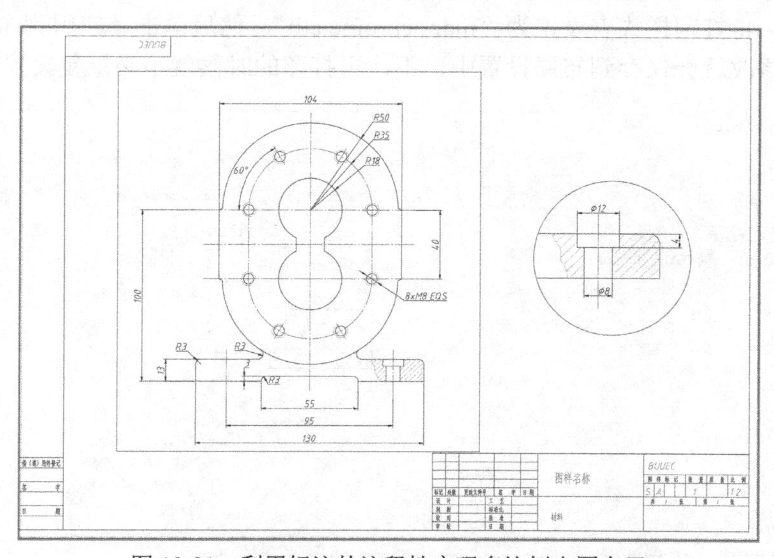

图 10-21　利用标注的注释性实现多比例出图布局

视口边框所在图层已经设置为“不打印”，这样虽然在布局中能够看到视口的边框，但是打印时边框不会出现，如果不希望在布局中看到视口边框，也可以将该图层关闭或冻结，但是这样一来，视口所在的位置形状均不能显示出来，可能会对视口的编辑造成不便。

如果要在布局中正确地将线型比例显示出来，需要选择【默认】标签|【特性】面板|【线型】下拉列表中的“其他”列表项，在弹出的【线型管理器】中单击【显示细节】按钮，将【缩放时使用图纸空间单位】复选框勾选上。

10.4 布局中图纸的打印输出

同样是打印出图，在布局中进行要比在模型空间中进行方便许多，因为布局实际上可以看作一个打印的排版，在创建布局的时候，很多打印时需要的设置（如打印设备、图纸尺寸、打印方向、出图比例等）都已经预先设定了，在打印的时候就不需要再进行设置。

10.4.1 布局中打印出图的过程

接下来以本书配套素材中练习文件“10-6.dwg”为例，介绍在布局中进行打印输出的过程，步骤如下。

此练习示范，请参阅配套素材中实践视频文件 10-06.mp4。

（1）切换到布局“零件图”。

（2）激活 PLOT 命令后，绘图窗口出现【打印-零件图】对话框，如图 10-22 所示，其中“零件图”是要打印的布局名。

（3）可以看到，打印设备、图纸尺寸、打印区域、打印比例都按照布局里的设定设置好了，无须再进行设置，布局就像是一个打印的排版，所见即所得。打印样式表如果没有设置，可以在此进行，将打印样式表设置为“monochrome.ctb”，然后单击【应用到布局】选项，所做的打印设置修改就会保存到布局设置中，下次再打印的时候就不必重复设置了。

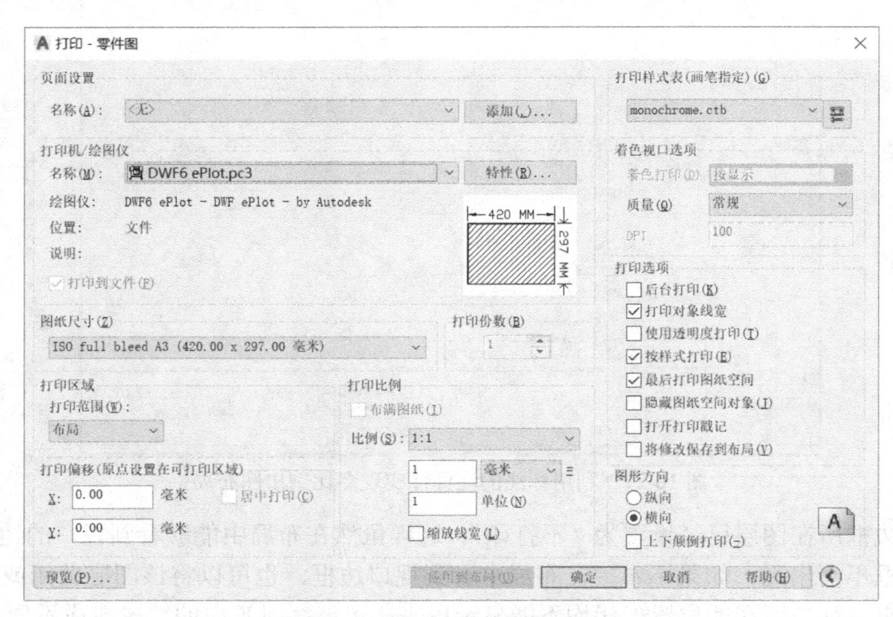

图 10-22 【打印-零件图】对话框

（4）单击【确定】按钮，就会开始打印，由于选择了虚拟的电子打印机，此时会弹出【浏览打印文件】对话框，提示将电子打印文件保存到何处，选择合适的目录后单击【保存】按钮，便开始进行打印。

与在模型空间里打印一样，打印完成后，右下角状态栏托盘中会出现“完成打印和作业发布”气泡通知。单击此通知会弹出【打印和发布详细信息】对话框，里面详细地记录了打印作业的具体信息。

可以看到，在布局里进行打印要比在模型空间里进行打印步骤简单得多。

10.4.2　打印设置

接下来的内容将对打印对话框中的部分内容进行进一步的说明。

1．页面设置

页面设置选项区域保存了打印时的具体设置，可以将设置好的打印方式保存在页面设置文件中，供打印时调用，在模型空间中打印时，没有一个与之关联的页面设置文件，而每一个布局都有自己专门的页面设置文件。

在此对话框中做好设置后，单击【添加】按钮，给出名字，就可以将当前的打印设置保存到命名页面设置中。

2．打印机/绘图仪

打印机/绘图仪选项区域设定打印的设备，如果计算机中安装了打印机或者绘图仪，可以选择它，如果没有安装，可以选择虚拟的电子打印机“DWF6 ePlot.pc3”，将图纸打印到 DWF 文件中。单击【特性】按钮，可以弹出【绘图仪配置编辑器】对话框，如图 10-23 所示。此对话框可以对打印机或绘图仪的一些物理特性进行设置。

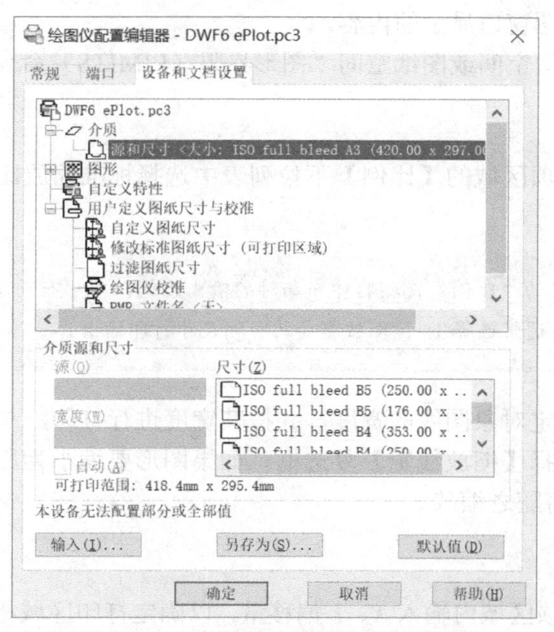

图 10-23　【绘图仪配置编辑器】对话框

3. 图纸尺寸

在【图纸尺寸】下拉列表中，确认图纸的尺寸；在【打印份数】编辑框中确定打印份数。

如果选定了某种打印机，AutoCAD 会将此打印机驱动里的图纸信息自动调入【图纸尺寸】下拉列表中供用户选择。

如果需要的图纸尺寸不在列表中，可以自定义图纸尺寸，方法是在如图 10-23 所示的【绘图仪配置编辑器】对话框中选择“自定义图纸尺寸”，但是要注意，自定义的图纸尺寸不能大于打印机所支持的最大图纸幅面。

另外，在定义可打印区域的时候，要注意打印机硬件的限制，每一个打印机都有自己不能打印到的页边距（很少数的打印机支持无边距打印），因此如果自定义的图纸页边距超过了打印机的限制，虽然能定义出来但也无法完全打印出来。

同样道理，如果想要改变现有图纸尺寸的页边距，布局中的虚线框尺寸会作相应的调整，即便将此可打印区域虚线框改得更大，但是到一定程度，打印机硬件也无法完全支持打印出来，绘制在调整前的虚线框外的图形一样无法打印出来。也可以这么说，一个只支持 A3 幅面的打印机是无法用 A3 大小的纸张打印出一张完整的标准的 A3 图纸的，只能将图纸缩放到可打印范围内才能完整打印，但此时图框已经并不标准了。

4. 打印区域

在【打印区域】选项区域中确定打印范围。默认设置为“布局”（当“布局”选项卡激活时），或为“显示”（当“模型”选项卡激活时）。说明如下。

- 布局——图纸空间的当前布局。
- 窗口——用开窗的方式在绘图窗口指定打印范围。
- 显示——当前绘图窗口显示的内容。
- 图形界限——模型空间或图纸空间“图形界限（LIMITS）命令”定义的绘图界限。

5. 打印比例

在【打印比例】选项区域的【比例】下拉列表中选择标准缩放比例，或在下面的编辑框中输入自定义值。

这里的“比例”是指打印布局时的输出比例，与“布局向导”中的比例含义不同。通常选择 1:1，即按布局的实际尺寸打印输出。

通常，线宽用于指定对象图线的宽度，并按其宽度进行打印，与打印比例无关。若按打印比例缩放线宽，需选择【缩放线宽】复选框。如果图形要缩小为原尺寸的一半，则打印比例为 1:2，这时线宽也将随之缩放。

6. 打印偏移

在【打印偏移】选项区域内输入 X、Y 偏移量，以确定打印区域相对于图纸原点的偏移距离；若要选中【居中打印】复选框，则 AutoCAD 可以自动计算偏移值，并将图形居中打印。

7. 打印样式表

在【打印样式表】下拉列表中选择所需要的打印样式表（有关如何创建打印样式见第 10.5 节）。

8. 着色窗口选项

【着色窗口选项】选项区域，可从【质量】下拉列表中选择打印精度。如果打印一个包含三维着色实体的图形，还可以控制图形的【着色】模式。具体模式含义如下。

- 按显示——按显示打印设计，保留所有着色。
- 线框——显示直线和曲线，以表示对象边界。
- 消隐——不打印位于其他对象之后的对象。
- 渲染——根据打印前设置的【渲染】选项，在打印前要对对象进行渲染。

9. 打印选项

【打印选项】选项区域，选择或清除【打印对象线宽】复选框，以控制是否按线宽打印图线的宽度。若选中【按样式打印】复选框，则使用为布局或视口指定的打印样式进行打印。通常情况下，图纸空间布局的打印优先于模型空间的图形，若选中【最后打印图纸空间】复选框，则先打印模型空间图形。若选中【隐藏图纸空间对象】复选框，则打印图纸空间中删除了对象隐藏线的布局。若选中【打开打印戳记】复选框，则在其右边出现【打印戳记设置...】图标按钮；打印戳记是添加到打印图纸上的一行文字（包括图形名称、布局名称、日期和时间等）。单击这一按钮，打开【打印戳记】对话框，如图 10-24 所示，可以为要打印的图纸设计戳记的内容和位置，打印戳记可以保存到（*.pss）打印戳记参数文件中供以后调用。

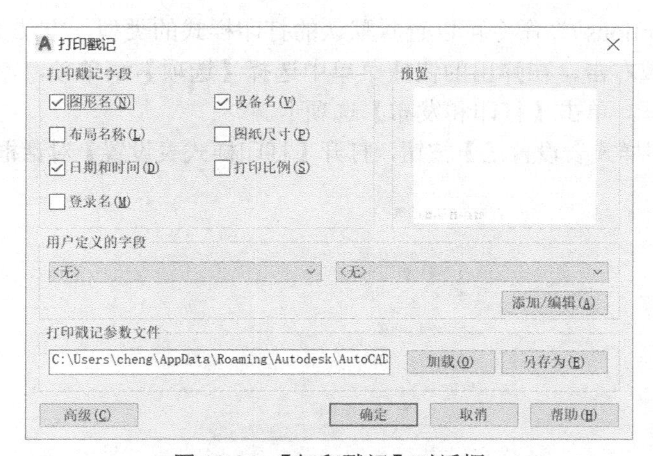

图 10-24 【打印戳记】对话框

如果在正式出图纸前要出几次检查图，可以将打印戳记中的日期和时间打开，这样在多次修改后可以了解修改的先后顺序。

10. 图形方向

在【图形方向】选项区域确定图形在图纸上的方向，以及是否【反向打印】。

10.5　使用打印样式表

前面的打印设置中，都提到了打印样式表的设置，所谓打印样式表是通过确定打印特性（例如线宽、颜色和填充样式）来控制对象或布局的打印方式。打印样式类型有两种：颜色相关打印样式表和命名打印样式表。一个图形只能使用一种打印样式表，它取决于开始画图以前采用的是与颜色相关的样板文件，还是与命名打印样式有关的样板文件，如图 10-25 所示，如果选择的样板图文件名后有“Named Plot Styles”字样，就是命名打印样式样板文件。

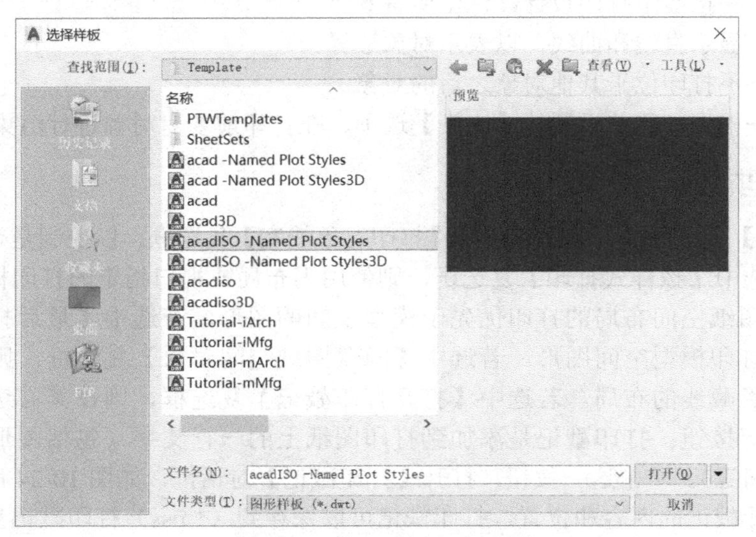

图 10-25 【选择样板】对话框

通过“选项（options）”命令可以查看默认的打印样式的类型，方法如下。

（1）在绘图区域右击，在弹出的快捷菜单中选择【选项】菜单项，激活【选项】命令，打开【选项】对话框，单击【打印和发布】选项卡。

（2）单击【打印样式表设置...】按钮，打开【打印样式表设置】对话框，如图 10-26 所示。

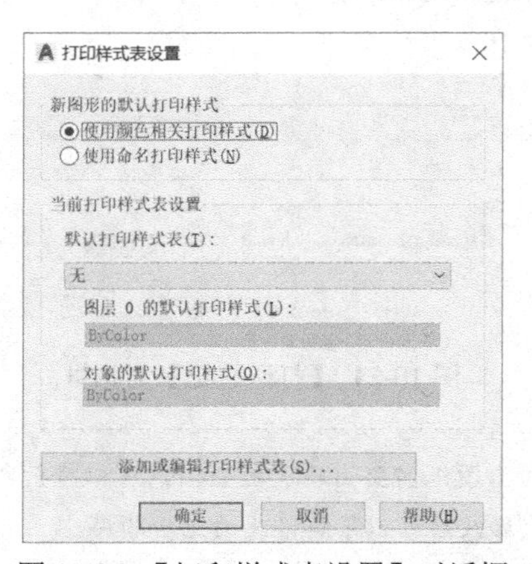

图 10-26 【打印样式表设置】对话框

在这个对话框中选择不同的打印样式，可以指定新图形所使用的打印样式是颜色相关打印样式表还是命名打印样式表。

使用命令 convertpstyles，可以将当前图形由颜色相关打印样式表转换为命名打印样式表，或者将命名打印样式表转换为颜色相关打印样式表。

10.5.1　颜色相关打印样式表

对于颜色相关打印样式表，对象的颜色决定打印方式。这些打印样式表文件的扩展名为.ctb。不能直接为对象指定颜色相关打印样式。相反，要控制对象的打印颜色，必须修改对象的颜色。例如，图形中所有被指定为红色的对象均以相同打印方式打印。

通过使用颜色相关打印样式来控制对象的打印方式，可以确保所有颜色相同的对象以相同的方式打印。

- 当图形使用颜色相关打印样式表时，用户不能为某个对象或图层指定打印样式。要为单个对象指定打印样式特性，必须修改对象或图层的颜色。例如，图形中所有被指定为红色的对象均以相同打印方式打印。
- 可以为布局指定颜色相关打印样式表。可以使用多个预定义的颜色相关打印样式表、编辑现有的打印样式表或创建用户自己的打印样式表。颜色相关打印样式表存储在 Plot Styles 文件夹中，其扩展名为.ctb。
- 使用颜色相关打印样式表的方法是：在【打印】对话框的【打印设备】选项卡中，从【打印样式（笔指定）】下拉列表中，选择自定义的颜色相关打印样式表，应用到要打印的图形上。

使用 monochrome.ctb 颜色相关打印样式表可以实现纯粹黑白工程图的打印。

10.5.2　命名打印样式表

命名打印样式表使用直接指定给图层或对象的打印样式。这些打印样式表文件的扩展名为.stb。使用这些打印样式表可以使图形中的每个对象以不同颜色打印，可与对象本身的颜色无关。

通过【图层特性管理器】为对象所在的图层设置打印样式，方法如下。

（1）单击打印样式图标，打开【选择打印样式】对话框，如图 10-27 所示，前提是使用命名打印样式表的样板文件。

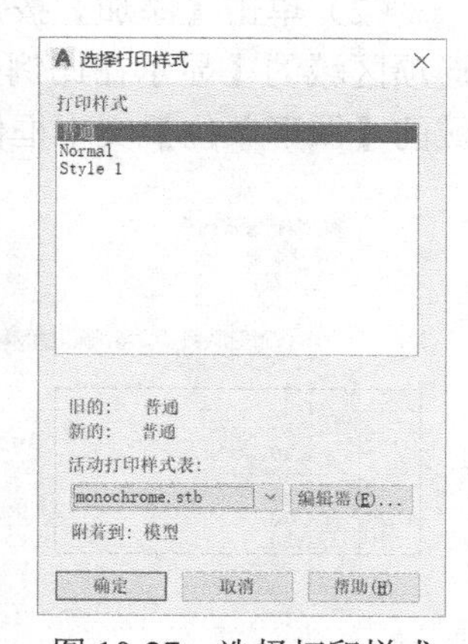

图 10-27　选择打印样式

（2）在【活动打印样式表】下拉列表中可以看到可使用的 AutoCAD 预定义的打印样式表文件，从中选择一个打印样式表文件，例如 monochrome.stb，这时该文件中的所有可用的打印样式就显示在上面的【打印样式】区中。

（3）从中为这一图层指定一种打印样式，例如 Style 1。这样，只要该层上的图形对象打印样式的特性是【随层】的，则打印时就会按照 Style 1 所定义的样式去打印。

与颜色打印样式表一样，使用 monochrome.stb 打印样式表可以实现纯粹黑白工程图的打印。

（4）在【打印】对话框的【打印样式表】区中可以看到当前的打印样式表就是 monochrome.stb，从下拉列表中可以调换为其他打印样式表；或单击【编辑】按钮，打开【打印样式表编辑器】对话框，根据需要修改当前打印样式表中的打印样式。

10.6 管理比例列表

在 AutoCAD 中，有时会用到比例列表，比如创建视口、注释性比例和打印出图的时候。

工程图纸的大小幅面是有限的，而工程图形的实际尺寸却没有限制，为了在出图的时候将大尺寸的图形在小幅面的图纸上表现出来而设定了出图比例，国标中对比例也有一定的规定，在 AutoCAD 默认的比例列表中也列入了大多数的比例，例如“1:1”“1:2”“1:10”等，在公制图形中，比例的前后数值表示图纸上尺寸与实际图形尺寸的比值，比例列表也可以自己进行定义，激活命令的方法如下。

- 功能区：【注释】标签|【注释缩放】面板|【比例列表】按钮。
- 状态栏【视口比例】快捷菜单【自定义】菜单项。
- 命令行：scalelistedit↙。

编辑比例列表的步骤如下。

（1）在【视口比例】快捷菜单中选择【自定义】菜单项激活命令，AutoCAD 弹出【编辑图形比例】对话框，如图 10-28 所示，此对话框【比例列表】选项区中列入了已有的常用比例。

（2）单击【添加】按钮，弹出【添加比例】对话框，如图 10-29 所示，在【比例名称】选项区域的【显示在比例列表中的名称】文本框中输入“1:3”，然后将【比例特性】选项区域的【图形单位】文本框值改为“3”。

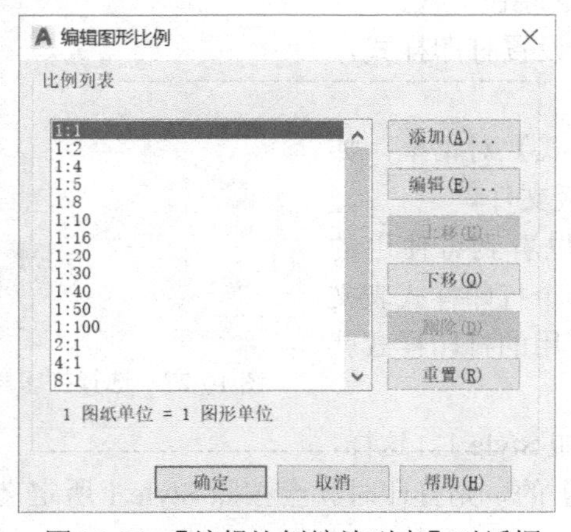

图 10-28 【编辑比例缩放列表】对话框

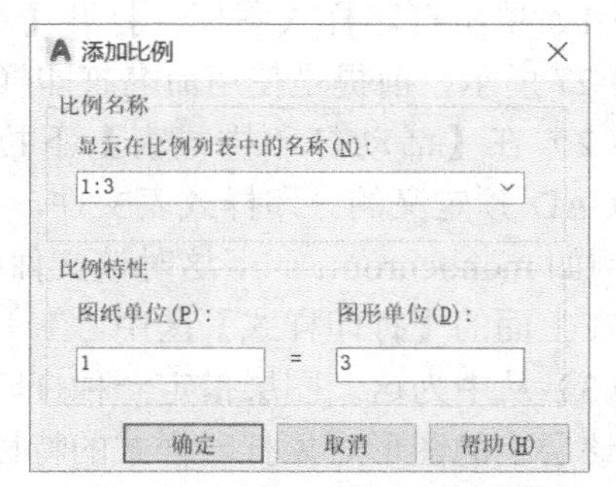

图 10-29 【添加比例】对话框

（3）单击【确定】按钮返回【编辑比例缩放列表】对话框，此时【比例缩放列表】列表增加了“1:3”这个比例。

在添加视口或者打印图形的时候，比例列表中就会增加“1:3”这个列表项，如果选择它，将使用 1:3 的比例创建视口或打印图形。

10.7　电子打印与发布

10.7.1　电子打印

在项目组内部可以通过电子传递的技术以 DWG 图形文件的形式与设计伙伴交流图形信息，但如果与客户或甲方的图形信息交流，就不能直接采用 DWG 源图形文件的形式。因为设计师提供给客户的图形应该是既可以浏览，但又不能由客户随意编辑、改动的。以往都是将打印好的图纸交给客户进行沟通，现在可以通过 DWF 电子打印的方式向对方或更多客户发布图形集，既省却了纸介质，也大大缩短了传递速度。

从 AutoCAD 2000 开始提供了新的图形输出方式可以进行电子打印，可把图形打印成一个 DWF 文件，用特定的浏览器进行浏览。前面几节使用的“DWF6 ePlot.pc3”打印机就是进行电子打印。

DWF（Web 图形格式）文件格式为共享设计数据提供了一种简单、安全的方法。可以将它视为设计数据包的容器，它包含了在可供打印的图形集中发布的各种设计信息。DWF 格式文件是一种矢量图形文件，与其他格式的图形文件不同，它只能阅读，不能修改；相同之处是可以实时放大或缩小图形，不影响其显示精度。

DWF 可以完全控制设计信息，团队成员将看到的信息。DWF 非常灵活，它保留了大量压缩数据和所有其他种类的设计数据。DWF 是一种开放的格式，可由多种不同的设计应用程序发布。它同时又是一种紧凑的、可以快速共享和查看的格式。使用免费的 Autodesk Design Review，甚至平板电脑和手机上的 Autodesk A360 软件，任何人都可以查看 DWF 文件，而无须拥有创建此文件的 AutoCAD 软件。

此外，AutoCAD 还支持 PDF 文档的发布，使用更加通用的 Adobe Reader 就可以浏览。

1．电子打印的特点

电子打印具有如下的特点。

- **小巧**：受专利保护的多层压缩使矢量图文件很“小巧”，便于在网上交流和共享。
- **方便**：通过特定的浏览器进行查看，无须安装 AutoCAD 软件就可以完成缩放平移等显示命令，使看图更加方便。
- **智能**：DWF 包含具有内嵌设计智能（例如测量和位置）的多页图形。
- **安全**：以 DWF 格式发布设计数据可以在将设计数据分发到大型评审组时保证原始设计文档不变，若涉及商业机密，还可以为图形集设置口令保护，以便供有关人员查阅。
- **快速**：通过 Autodesk 软件应用程序创建 DWF 的过程非常快速简便。
- **节约**：交流图纸时无须打印设备，节约资源。

2．电子打印的步骤

电子打印的操作步骤如下。

（1）单击【输出】标签|【打印】面板|【打印】按钮，打开【打印-××】对话框。

（2）在【打印机/绘图仪】选项区域的【名称】下拉列表中选择打印设备为“DWF6 ePlot.pc3”。

（3）单击【确定】按钮，打开【浏览打印文件】对话框。默认情况下，AutoCAD 将当前图形名后加上“-模型”（在【模型】选项卡中打印时）或“-布局”（打印某布局时）作为打印文件名，后缀为 dwf。确定好文件存储目录后，单击【保存】按钮，完成电子打印的操作。

3. 浏览电子打印文件

打印完成的电子图纸可以通过免费的 Autodesk Design Review 进行浏览，这个软件并不随着 AutoCAD 安装，可以在 Autodesk 官方网站上下载免费的 Autodesk Design Review 安装到计算机中，DWF 文件将自动关联到这个程序上，因此直接双击 DWF 文件就可以用 Autodesk Design Review 来浏览图形，如图 10-30 所示。在 Autodesk Design Review 中可以像在 AutoCAD 中一样对图形进行缩放、平移等浏览，也可以将之打印出来。

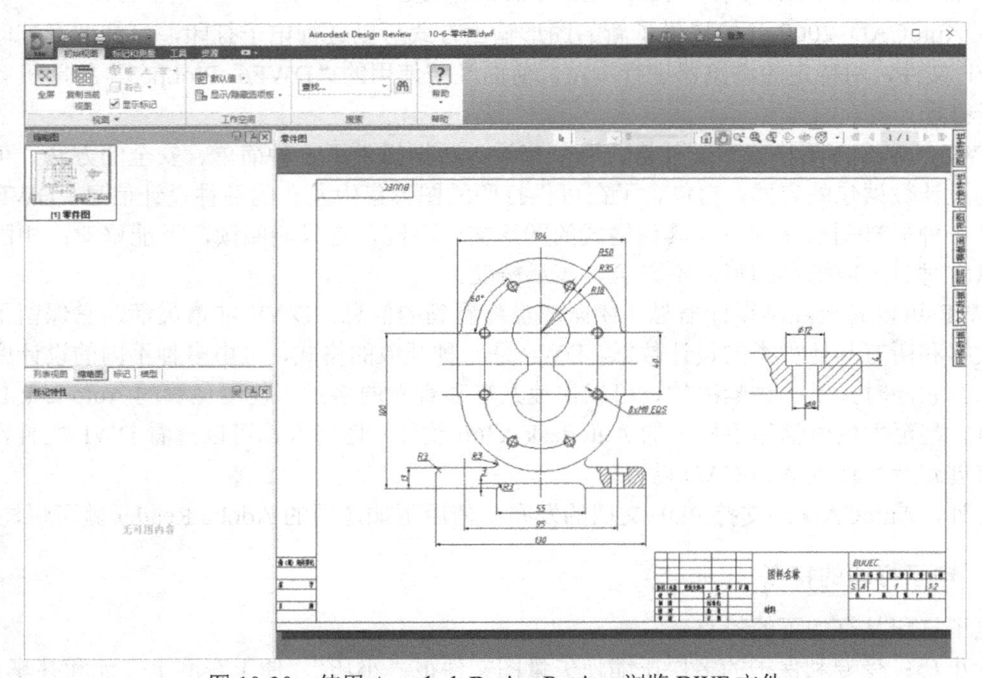

图 10-30　使用 Autodesk Design Review 浏览 DWF 文件

另外，如果安装了 Autodesk Design Review，将会自动在 Internet Explorer（IE 浏览器）中安装 DWF 插件，通过 Internet Explorer 也可以浏览 DWF 图形，操作方法和 Autodesk Design Review 一样，这样就便于 DWF 图形发布到互联网上。

可以将 DWF 文件插入 DWG 文件中作为底图参考，插入的命令是下拉菜单【插入】标签|【参照】面板|【附着】按钮，插入进来的 DWF 图形可以测量或标注大致尺寸，还可以像光栅图像一样对图形边界进行修改，整个文件作为一个链接被插入进来，类似于外部参照，关于光栅图像和外部参照请参见第 11 章的内容。

4．使用标记集

Autodesk Design Review 版可以使用标记和测量等工具，使用标记工具可以对 DWF 图纸提出修改意见，然后保存起来发还给设计者，如图 10-31 所示。

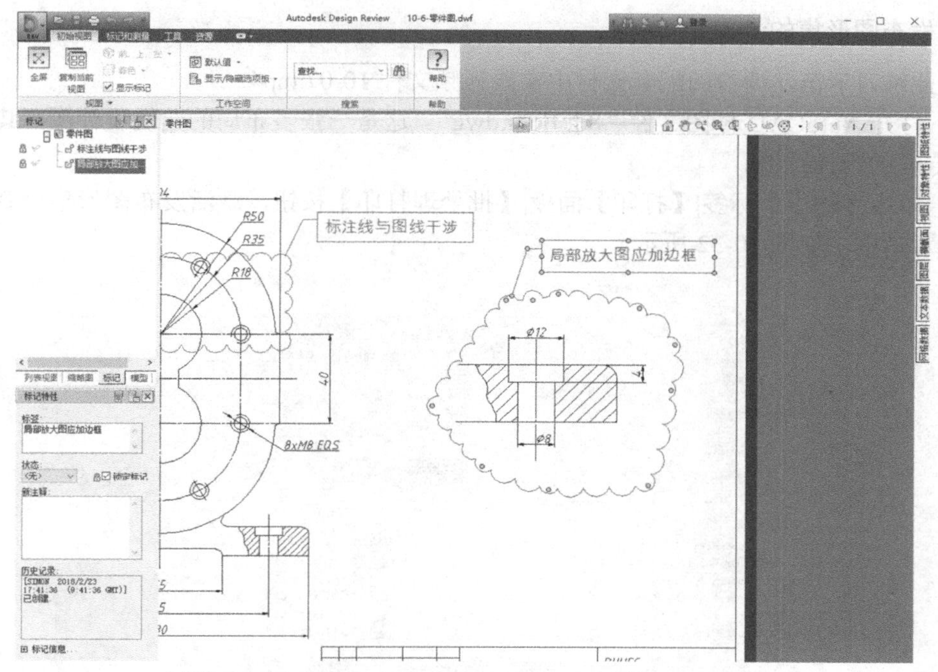

图 10-31　使用 Autodesk Design Review 浏览 DWF 文件

设计者得到发还的 DWF 文件后，可以通过 AutoCAD 2020【视图】标签|【选项板】面板|【标记集管理器】按钮打开【标记集管理器】，将 DWF 文件打开并和原始的 DWG 文件关联起来，DWF 文件中的标记可以在原始 DWG 文件中相同的位置显示，设计者根据这些修改意见进行修改，因为标记是保存在 DWF 文件中的，所以不会对 DWG 文件产生影响，关闭标记集管理器就会关闭标记的显示。通过这个浏览器可以不安装 AutoCAD 就能完成无纸化的设计审图流程。

本书配套素材中练习文件“10-6.dwg”和“10-6-零件图.dwf”是关联的文件，“10-6-零件图.dwf”保存了使用 Autodesk Design Review 添加的标记，读者可以尝试打开“10-6.dwg”文件后使用标记集管理器浏览此 DWF 文件中的标记。

10.7.2　批处理打印

批处理打印又称发布，在打印时选择“DWF6 ePlot.pc3”电子打印机这种方式可以将图纸打印到单页的 DWF 文件中，批处理打印图形集技术还可以将一个文件的多个布局，甚至多个文件的多个布局打印到一个图形集中。这个图形集可以是一个多页 DWF 文件或多个单页 DWF 文件。若涉及商业机密，还可以为图形集设置口令保护，以便供有关人员查阅。

对于在异机或异地接收到的 DWF 图形集，使用 Autodesk Design Review 浏览器，就可以浏览图形。若接上打印机，就可将整套图纸通过这一浏览器打印出来。

1. 激活发布图形集命令的方法

- 功能区：【输出】标签|【打印】面板|【批处理打印】按钮 。
- 命令行：publish↙。

2. 发布图形集的步骤

此练习示范，请参阅配套素材中实践视频文件 10-07.mp4。

（1）打开 AutoCAD 样图文件“8th floor.dwg”。这是一张多布局的建筑设计图，其中包含了不同专业的设计图纸。

（2）单击【输出】标签|【打印】面板|【批处理打印】按钮，激活发布图形集命令，弹出【发布】对话框，如图 10-32 所示。

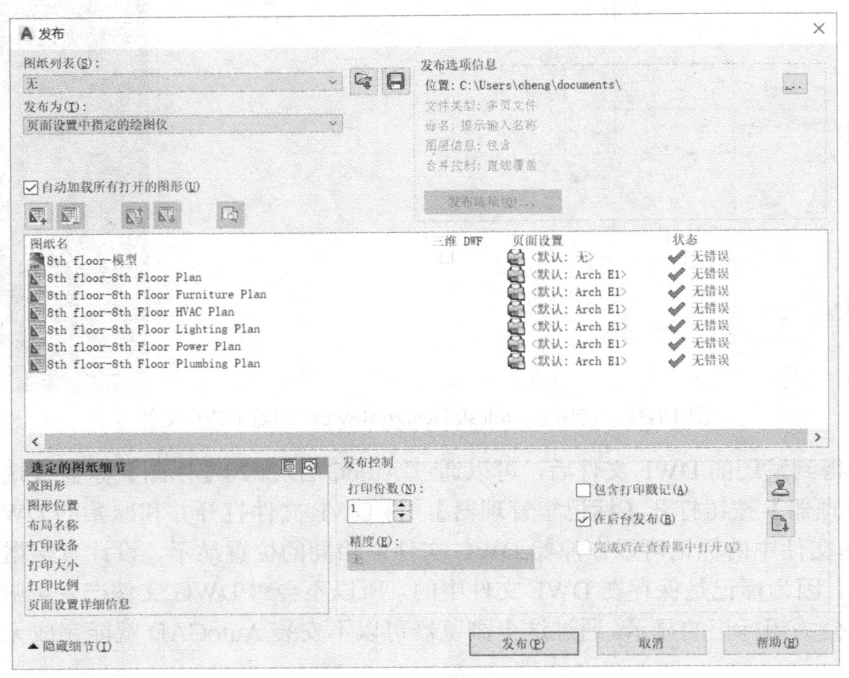

图 10-32 【发布】对话框

在这个对话框的图纸列表中，当前图形模型和所有布局选项卡都列在其中，我们需要把当前图形中的所有布局发布到同一个 DWF 文件中。

（3）将不需要发布的“8th floor-模型”选中，然后在右键快捷菜单中选择【删除】。如果想要将其他图纸一起发布，可以单击【添加图纸】按钮，这样还可以将多个 DWG 文件发布到一个 DWF 文件中。

（4）列表中的排列顺序将是发布完的多页 DWF 图纸的排列顺序，此时如果对这个顺序不满意，还可以选中某个布局，单击【上移图纸】按钮、【下移图纸】按钮进行调整。

（5）单击【发布】按钮将图纸发布到文件，此时 AutoCAD 会显示【选择 DWF 文件】对话框，以确定 DWF 文件保存的位置；之后出现【发布-保存图纸列表】对话框，如图 10-33 所示，选择【是】；继而出现【列表另存为】对话框，可以将列表保存到一个后缀为“dsd”的发布列表文件中，以备下次更改图形后再次发布时调用。

（6）单击【保存】按钮后，AutoCAD 将图形打印到 DWF 文件；直到状态行托盘出现“完成打印和作业发布”的气泡通知，单击这一通知查看打印和发布信息。

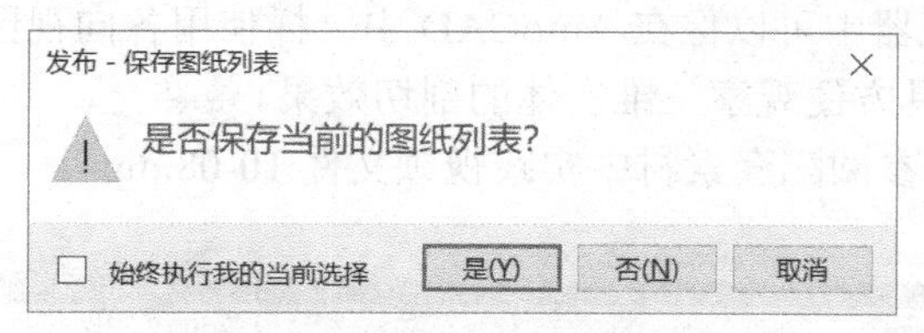

图 10-33　【发布-保存图纸列表】对话框

（7）启动 Autodesk Design Review，直接将刚刚发布的图形集打开，如图 10-34 所示。单击左侧【缩略图】选项卡中的图纸，可以分页浏览图形，如果将这个 DWF 文件传递到异地，任何人都可以使用 Autodesk Design Review 浏览此文件，不必安装 AutoCAD 2020。如果接上大幅面打印机，还可以将整套图纸直接通过 Autodesk Design Review 打印到纸张上。

多页 DWF 文件同样可以使用 Autodesk Design Review 进行标记，每个标记的位置将会记录到相应的布局中，在 AutoCAD 2020 中通过标记集管理器可以方便地查看这些标记和批注，从而更方便了图纸的审阅与修改。

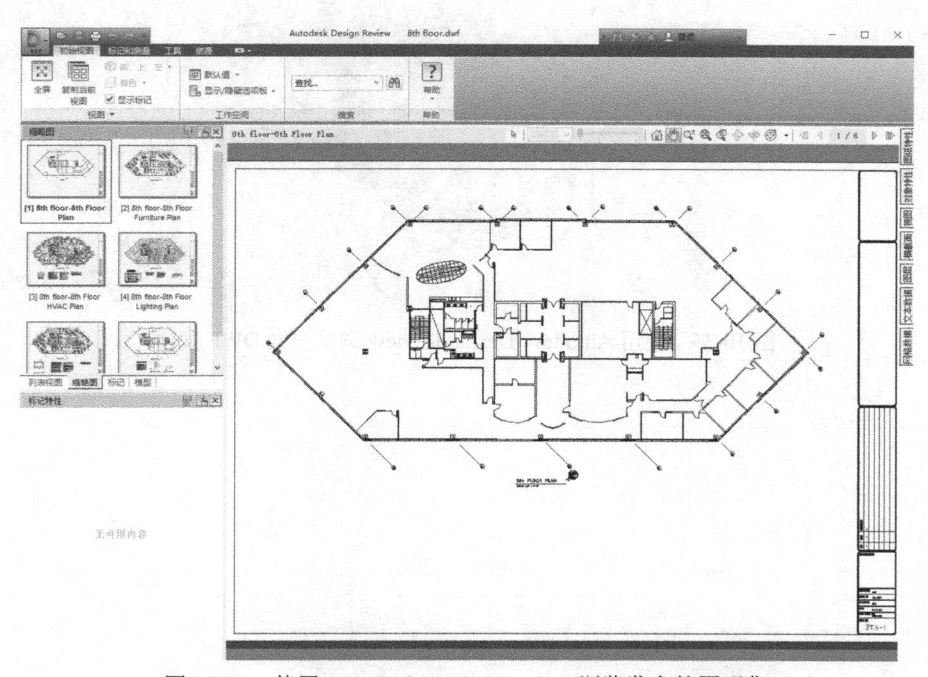

图 10-34　使用 Autodesk Design Review 浏览发布的图形集

3. 三维 DWF 图形发布

电子打印及发布最后得到的 DWF 图形文件都是二维的，在 AutoCAD 2020 中还可以进行三维 DWF 图形发布工具，可以将三维实体 DWG 文件发布为三维的 DWF 文件，在“三维建模”工作空间中，激活三维发布的方法如下。

- 命令行：3ddwf↙；
- 命令行：3ddwfpublish↙。

读者可以使用本书配套素材中练习文件“10-7.dwg”进行发布，执行命令后将图形发布成三维 DWF 文件；三维 DWF 文件同样也可以使用 Autodesk Design Review 软件进行浏览，如图 10-35 所示。在浏览器中可以像在 AutoCAD 中一样使用各向视图或动态观察器观察三维模型，还提供了剖切工具方便观察三维实体的剖切效果。

此练习示范，请参阅配套素材中实践视频文件 10-08.mp4。

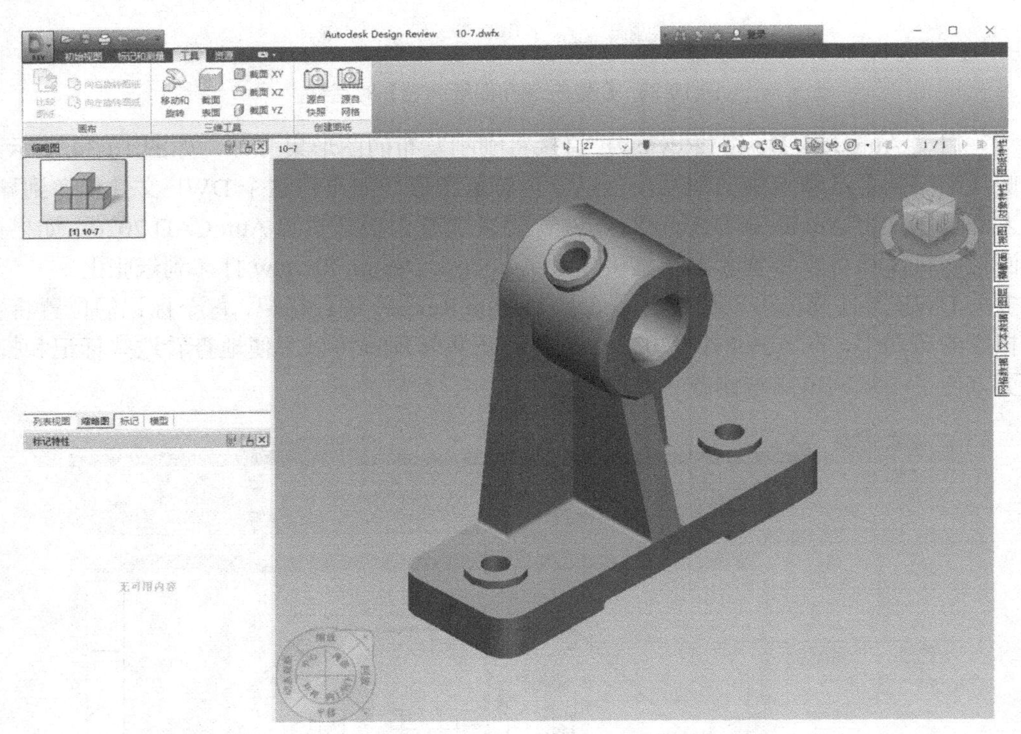

图 10-35　使用 Autodesk Design Review 浏览三维 DWF 文件

第 11 章　共享 AutoCAD 数据和协同设计

大的工程项目或复杂产品的设计，需要许多不同专业的设计人员共同参与。例如，建筑项目在设计阶段不仅要设计外观、结构，还要考虑给排水、电气、装修等下一步工程所涉及的所有环节和因素。这就要求参与设计的不仅仅是建筑设计师，还要有结构、给排水、电气等方面的工程师，不同的专业人员必须协同工作才能完成相应专业的设计。设计过程中，成员之间需要及时交流思想、实时协调工作进展、发现工作过程中出现的矛盾和冲突等，这就是协同设计。而图形的实时共享是协同设计需要解决的基本问题。

AutoCAD 提供了大量的工具来协调各设计成员之间的图形和共享 AutoCAD 图形数据，这些技术支持贯穿于设计初期、中期、后期的全过程。设计初期 AutoCAD 提供的技术支持包括：样板图技术、构建专业图形符号库、定制专业化或专门化的工作环境等。设计过程中 AutoCAD 提供的技术支持包括：设计中心、外部参照图形、使用光栅图像、链接与嵌入等。设计后期及设计推广时期，AutoCAD 提供的技术支持包括：CAD 标准、电子传递等。

本章主要介绍：

- 样板图技术
- AutoCAD 设计中心
- 外部参照技术
- 光栅图像的使用
- 链接和嵌入数据（OLE）
- CAD 标准
- 电子传递
- 保护和签名图形

11.1　样板图技术

多数情况下，手工绘图所用的都是印有图框和标题栏的标准图纸，也就是将图纸界线、图框、标题栏等每张图纸上必须具备的内容事先做好，这样既使得图纸规格统一，又节省了绘图者的时间。AutoCAD 也具有类似的功能，即样板图功能。

11.1.1　样板图的作用

将一些初始设置和预定义参数的图形都保存在样板图中，每次在新绘制图纸的时候都在样板图的基础上进行。这就是为什么在 AutoCAD 中新建图纸的时候，总是弹出【选择样板】

对话框的原因，如图 11-1 所示。样板图的后缀名为 dwt。

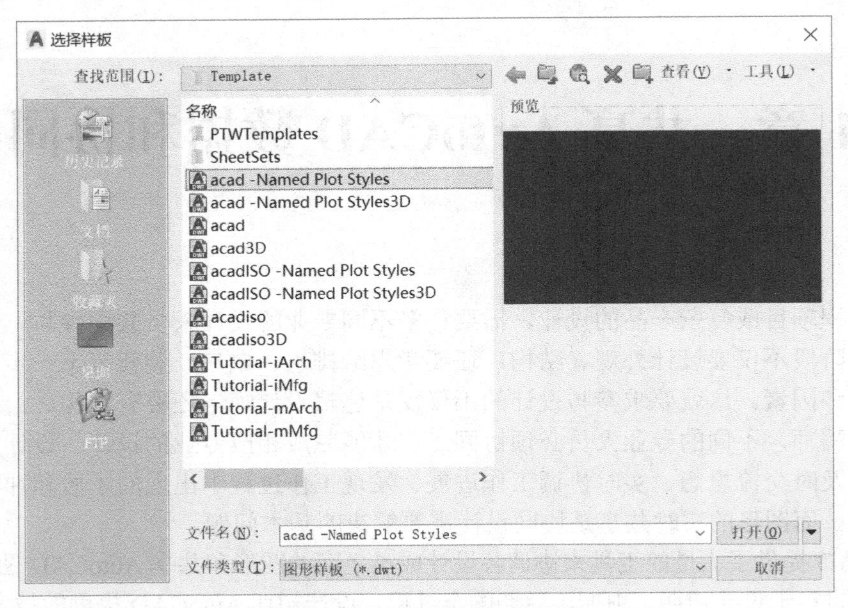

图 11-1 【选择样板】对话框

如果 AutoCAD 2020 安装在 Windows 7 或 Windows 10 操作系统下，则系统默认的样板图都保存在“C:\Users\USER\AppData\Local\Autodesk\AutoCAD 2020\R23.1\chs\Template”目录中，其中 USER 是当前操作系统登录的用户名。

AutoCAD 2020 常用的基本样板图有以下 8 个。

- acad.dwt（英制）：含有颜色相关的打印样式。
- acad3D.dwt（英制）：含有颜色相关的打印样式的 3D 样板图。
- acad-named plot styles.dwt（英制）：含有命名打印样式。
- acad-named plot styles3D.dwt（英制）：含有命名打印样式的 3D 样板图。
- acadiso.dwt（公制）：含有颜色相关的打印样式。
- acadiso3D.dwt（公制）：含有颜色相关的打印样式的 3D 样板图。
- acadiso-named plot styles.dwt（公制）：含有命名打印样式。
- acadiso-named plot styles3D.dwt（公制）：含有命名打印样式的 3D 样板图。

在 Template 目录下还包含了基于建筑业、制造业标准的一些样板图等，这些样板图针对这些标准作了进一步的设置，对于中国的用户可以使用符合 GB 样板图作为基础绘图样式，这在 AutoCAD 2020 默认的样板图库内没有，后续的内容中会提及如何创建符合自己要求的样板图集。

实际上无论是否选择了样板图，AutoCAD 的所有图纸都是基于样板图的，无非是有时候用了默认的样板图，里面所做的设置相对较少而已。对于一个设计部门或一个项目组，如果有一套统一的样板图，所有新图都可以基于同一相关的样板图建立，这样做既减少了重复设置绘图环境的时间，提高了效率，又可以保证专业或设计项目标准的统一。

11.1.2　样板图的内容

样板图主要包含有以下的内容。

- 绘图数据的记数格式和精度。
- 绘图区域的范围、图纸的大小。
- 栅格、捕捉、正交模式等辅助工具的设置。
- 预定义层、线型、线宽、颜色。
- 定义文字样式及尺寸标注样式。
- 绘制好图框、标题栏和公司标志（徽标）。
- 建立专业符号库（例如标高、粗糙度，同时加入合适的属性）。
- 加载所要使用的打印样式表。
- 加载所需菜单，调入专业设计程序，定制好工具栏。
- 创建所需要的布局。
- 惯用的其他约定。

如果是为某个设计项目创建的样板图，还可以在图形中绘制一些基础图线。

11.1.3　样板图的创建与使用

AutoCAD 提供了一些样板图形，但在实际工作中，不同的设计可能需要不同的样板，而且不同的设计部门对绘图的要求也不尽相同，对样板文件中的设置也会有所不同，这就需要用户自行来创建样板图形，任何图形只要另存为样板图都可以作为样板图，创建方法如下。

- 通过“应用程序菜单”上的【另存为】|【图形样板】菜单项。

1. 创建样板图的一般步骤

创建样板图的一般步骤如下。

（1）单击【应用程序】按钮，选择“应用程序菜单”上的【新建】|【图形】菜单项，打开【创建新图形】对话框，从 acadiso.dwt 开始绘制新图。

（2）在命令行键入 units 后回车，在打开的【图形单位】对话框中将长度和角度的精度设置为“0.0”。（设置方法可参见第 2 章）

（3）对于大尺寸的图形，在命令行键入 limits 后回车，将图形界限设置到合适的范围，例如，大尺寸的零件或装配图可以设置为 4200×2970，小尺寸的机械零件图一般可以不用调整。（设置方法可参见第 2 章）

（4）在状态栏的绘图辅助工具（如栅格、极轴等）图标上右击，在弹出的快捷菜单中选择【设置】菜单项，在打开的【草图设置】对话框，设置需要栅格、极轴等辅助绘图工具。（设置方法可参见第 2 章）

（5）单击【默认】标签|【图层】面板|【图层特性】按钮，打开【图层特性管理器】，按照机械图要求新建图层，并设置每个图层的颜色、线型、线宽。（设置方法可参见第 5 章）

（6）单击【注释】标签|【文字】面板|【文字样式】按钮，在打开的【文字样式】对话

框设置文字样式，新建“工程字”文字样式，在“字体”选项区域的“字体名”下拉列表中选取“gbeitc.shx”，此时“字体名”下拉列表会变更为“shx 字体”，确保选取了“使用大字体”复选框，在“大字体”下拉列表中选取“gbcbig.shx”。（设置方法可参见第 7 章。）

（7）单击【注释】标签|【标注】面板|【标注样式】按钮，基于 ISO-25 设置标注样式，新建“GB-35”标注样式，修改其中的内容，使之成为符合国标的尺寸标注样式。根据需要还可以设置多个标注样式。（设置方法可参见第 8 章。）

（8）创建符合国标的粗糙度、基轴坐标、标高等符号块，并加入属性，建立可变的标注参数。（可参见第 9 章。）

（9）定义或加载所要使用的打印样式表。（可参见第 10 章。）

（10）按照国家标准对图幅的要求分别建立 A0、A1、A2、A3、A4、A5 六个标准布局，定义好每个布局的页面设置，并创建一个浮动视口。在每个布局页面上绘制图框，插入标题栏及设计单位标识。当要输出某种图幅的图纸时，只要复制相应的标准布局，然后在复制的布局中设置好浮动视口与模型空间的比例以及浮动视口中的显示内容，再添加上所需的注释，填写好标题栏等，就可以打印输出了。当然，也可以分别为 A0、A1、A2、A3、A4、A5 六个图幅创建六个样板文件，需要绘制相应图幅图形时直接选择相应样板图。

（11）单击通过“应用程序菜单”上的【另存为】|【图形样板】菜单项，打开【图形另存为】对话框，在【文件类型】下拉列表中会自动选择“AutoCAD 图形样板文件（*.dwt）”，将文件保存为样板图格式，它自动被放在 AutoCAD 2020 的 Template 子目录中，键入文件名“GB”，单击【保存】按钮。然后，在接下来的【样板选项】对话框中添加适当的文字说明，如图 11-2 所示。单击【确定】按钮结束样板图的创建。

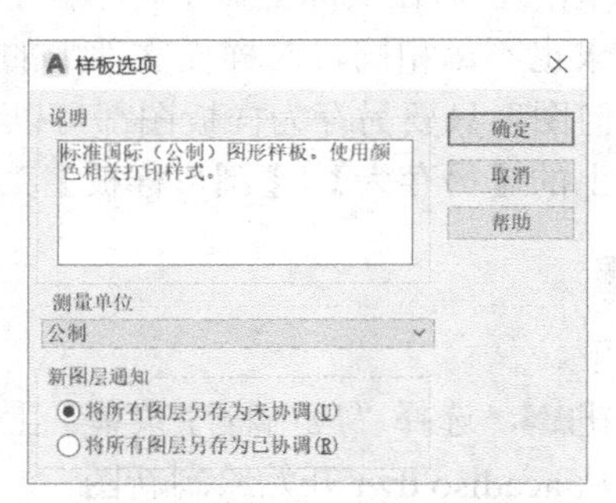

图 11-2 【样板说明】对话框

（12）再次通过“应用程序菜单”上的【新建】|【图形】菜单项激活新建命令，打开【选择样板】对话框，从“选择样板”列表框中即可看到“gb.dwt”，选择它，即可使用。

保存样板的文件夹也可以自己重新定义，如果创建了一整套当前项目使用的样板图，可以通过【选项】对话框【文件】选项卡中的“样板设置”项来设定样板图的文件夹。重新定义默认文件夹后，新建文件时，将会将选择样板的文件夹自动定向到新的文件夹中。

2. 将现有图形文件存为样板图

如果一张已经绘制好的图所包含的设置恰好适用于新的项目，就可以将图上的对象删除，

然后直接另存为样板图，只需通过“应用程序菜单”上的【另存为】|【图形样板】菜单项即可。

11.2　设计中心

设计中心是自 AutoCAD 2000 开始增加的工具，它的功能是共享 AutoCAD 图形中的设计资源，方便相互调用。它不但可以共享块，还可以共享尺寸标注样式、文字样式、表格样式、布局、图层、线型、图案填充、外部参照和光栅图像；不仅可以调用本机上的图形，还可以调用局域网上其他计算机上的图形。可以说，设计中心是协同设计过程的一个共享资源库。

11.2.1　设计中心简介

设计中心主要有如下功能。

- 浏览用户计算机、网络驱动器和 Web 页上的图形内容（如图形或符号库）。
- 在定义表中查看图形文件中命名对象（如块和图层）的定义，然后将定义插入、附着、复制和粘贴到当前图形中。
- 更新（重定义）块定义。
- 创建指向常用图形、文件夹和 Internet 网址的快捷方式。
- 向图形中添加内容（如外部参照、块和填充）。
- 在新窗口中打开图形文件。
- 将图形、块和填充拖动到工具选项板上以便于访问。

11.2.2　设计中心的启动方法

启动设计中心的方法如下。

- 功能区：【视图】标签|【选项板】面板|【设计中心】按钮。
- 命令行：adcenter↙。
- 快捷键：Ctrl+2。

启动设计中心后，屏幕上出现了设计中心的工作界面，如图 11-3 所示。默认的设计中心路径指向样例文件夹中的“DesignCenter”子目录中的文件，这些文件中包含了许多各专业常用的图块，如机械、电子、建筑等，图中所示的就是一个机械设计中常用的图块。

11.2.3　设计中心的工作界面

设计中心的工作界面分为两部分，类似 Windows 资源管理器，左边是树状图，右边是内容区域，上边还有一排工具栏，如图 11-3 所示。

1．树状图

树状图显示用户计算机和网络驱动器上的文件与文件夹的层次结构、打开图形的列表、自定义内容，以及上次访问过的位置的历史记录。选择其中的项目可在内容区域中显示其内容。

使用设计中心顶部的选项卡按钮可以切换访问树状图的选项，如下。

- 【文件夹】：显示计算机或网络驱动器（包括“我的电脑”和“网上邻居”）中文件和文件夹的层次结构。
- 【打开的图形】：显示 AutoCAD 任务中当前打开的所有图形，包括最小化的图形。
- 【历史记录】：显示最近在设计中心打开的文件的列表。显示历史记录后，在一个文件上右击显示此文件信息或从“历史记录”列表中删除此文件。

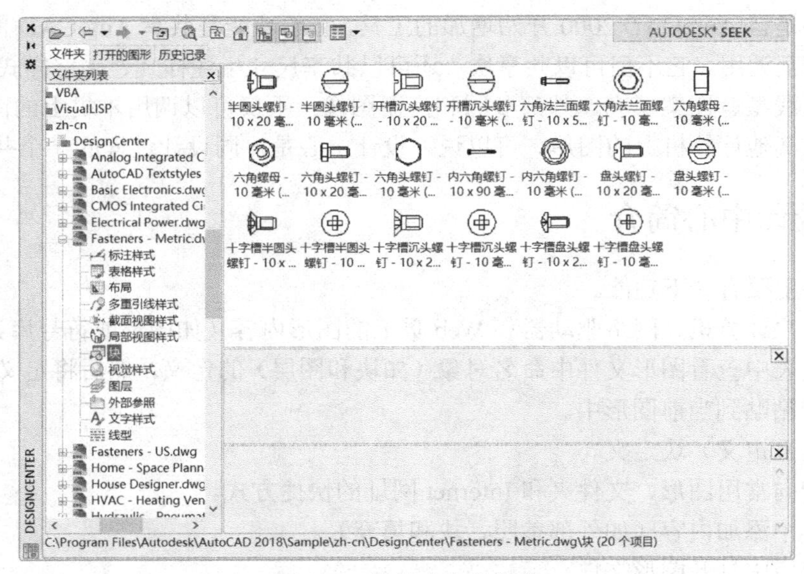

图 11-3　设计中心的界面

2．内容区域

内容区域显示树状图中当前选定“容器”的内容。容器是包含设计中心可以访问的信息的网络、计算机、磁盘、文件夹、文件或网址（URL）。根据树状图中选定的容器，内容区域的典型显示如下。

- 含有图形或其他文件的文件夹。
- 图形。
- 图形中包含的命名对象。命名对象包括块、外部参照、布局、图层、标注样式和文字样式。
- 图像或图标表示块或填充图案。
- 基于 Web 的内容。
- 由第三方开发的自定义内容。

3．工具栏

工具栏提供了加载、上一页、下一页、上一级、搜索、收藏夹、默认、树状图切换、预览、说明、视图等多个工具，其中【预览】和【说明】两个按钮用于打开内容区域的【预览】和【说明】两个窗口，【搜索】按钮可以搜索计算机或网络中的图形、填充图案和块等 AutoCAD 信息，其他工具类似于资源管理器或者 IE 浏览器中的功能，在此不再赘述。

AutoCAD 2020 的设计中心打开后，一般会以浮动的形式出现，如图 11-3 所示，这样会占据很大部分的工作界面造成使用的不便，在设计中心的标题栏上右击，会弹出一个右键菜单，如图 11-4 所示。选择其中的【自动隐藏】选项，此时，设计中心会收缩为一个标题栏而露出几乎全部的工作界面，需要使用的时候，将光标移至设计中心标题栏上，设计中心会自动展开方便使用。

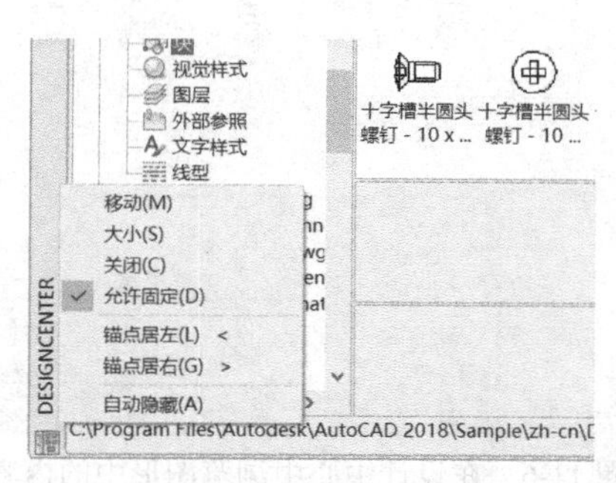

图 11-4　设计中心标题栏右键菜单

如果感到浮动方式的设计中心不便使用，可以向左或向右拖曳设计中心，直至出现一个纵向的矩形框后松开按键，设计中心会改为固定方式显示，如图 11-5 所示。如果在拖动的时候按住【Ctrl】键，则不会改为固定方式而一直以浮动方式显示。

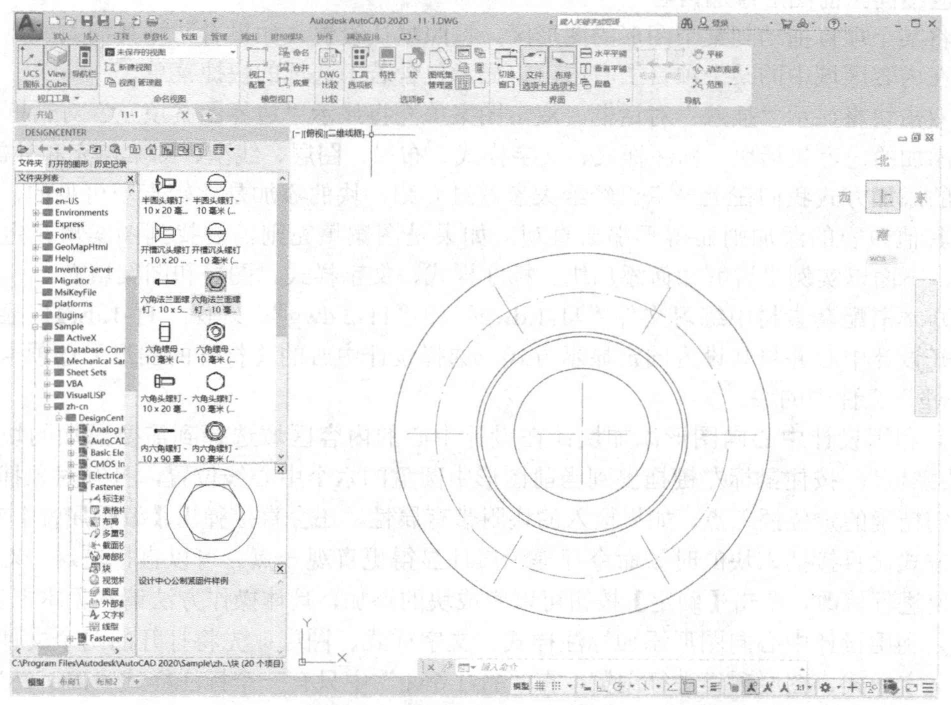

图 11-5　设计中心固定显示方式

11.2.4　利用设计中心浏览图形内容

设计中心可以方便地查看到图形中的块、标注样式、表格样式、文字样式、多重引线样式、布局、图层、线型、外部参照和图案填充等内容，如图 11-6 所示，按住【Ctrl】键从内容区域中将图形文件图标拖动至绘图区域还可以打开图形。

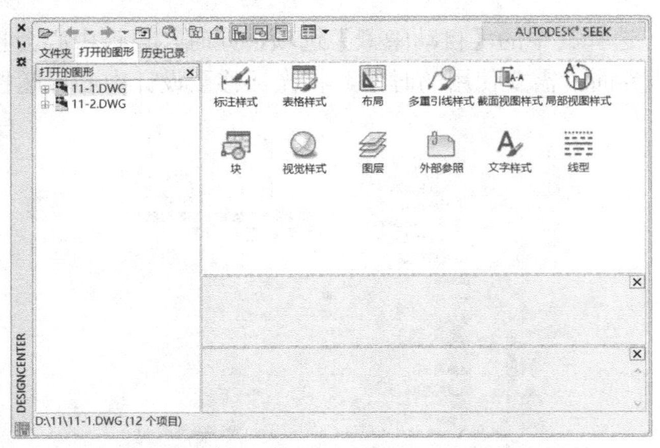

图 11-6　在设计中心中浏览图形中的内容

11.2.5　利用设计中心向图形添加内容

设计中心最方便的地方就是使用拖曳的方法向当前图形中添加内容，使用以下方法可以在内容区中向当前图形添加内容。

- 将某个项目拖动到某个图形的图形区，按照默认设置（如果有）将其插入。
- 在内容区域中的某个项目上右击，将显示包含若干选项的快捷菜单。
- 双击块将显示“插入”对话框，双击图案填充将显示“边界图案填充”对话框。

所添加的内容包括块、标注样式、文字样式、布局、图层、线型、图案填充和外部参照，关于块的添加方式我们在上一章已经给大家做过介绍，块的添加是比较直观可见的，像标注样式等其他内容的添加则显得不那么直观，如果是图案填充则需要找到图案填充定义文件（*.pat），下面以实例来讲解如何添加块、标注样式、文字样式、图层和图案填充。

打开本书配套素材中练习文件“11-1.dwg”和“11-2.dwg”，确保“11-1.dwg”显示在当前，打开设计中心并将其设为固定显示方式，选择设计中心的【打开的图形】选项卡并展开“11-2.dwg”文件中的块。

（1）利用设计中心向图形添加块：在设计中心的内容区域选择到需要添加的块，比如“六角头螺钉”，按住鼠标左键拖曳到当前图形中圆盘的六个中心线位置，打开对象捕捉可以帮助我们精确的定位插入点。如果插入的块附带有属性，还会直接弹出【编辑属性】对话框，这样的方式比直接插入块的时候命令行提示属性显得更直观一点。可以直接在这个对话框中对属性值进行修改，单击【确定】按钮可以完成块的添加，具体操作方法请参见本书第 9 章。

（2）利用设计中心向图形添加标注样式、文字样式、图层：先将打开的两个文件的标注样式、文字样式、图层项目进行浏览，在“11-1.dwg”中只有一个标注样式“ISO-25”，一个文字样式“标准”，五个图层分别是“0”“标注”“轮廓线”“剖切线”“中心线”，而“11-2.dwg”中有两个标注样式“GB-35”“GB-5”，两个文字样式“标准”“工程字”，两个图层“0”“轮廓线”。确保“11-1.dwg”为当前图形，拖曳标注样式“GB-5”到“11-1.dwg”中去，如图 11-7 所示。

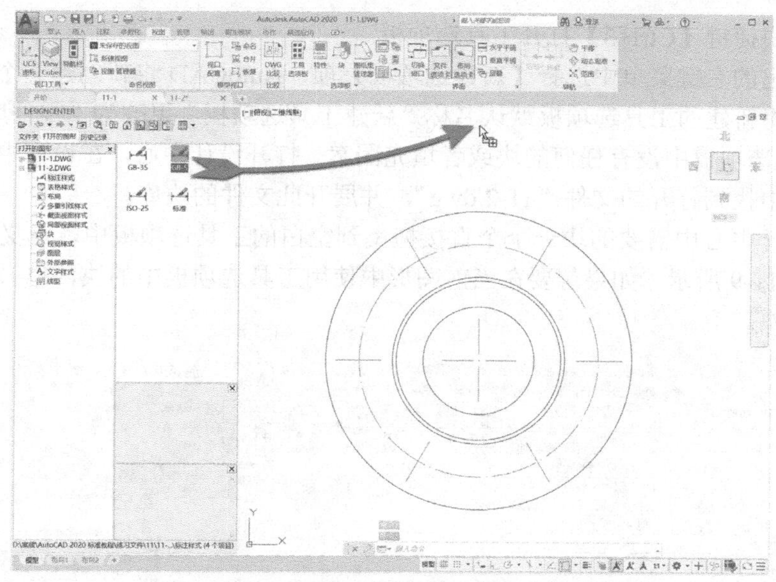

图 11-7　利用设计中心向图形添加标注样式

同样的方法可以拖曳添加“11-1.dwg”中没有的图层、文字样式等，添加完毕后，可以使用设计中心浏览的方式看看是否添加成功，或者使用标注样式管理器、文字样式管理器、图层管理器等工具进行验证。

（3）利用设计中心向图形添加填充图案：填充图案的添加不同于其他项目的添加，必须有一个封闭的填充区域供填充，和从工具选项板添加填充图案方法一样，将浏览到的填充图案拖曳到需要填充的区域即可。选择设计中心的【文件夹】选项卡，从中找到本书配套素材中练习文件“11-1.pat”，此时内容区域会显示出这个文件中定义的全部填充图案，拖曳其中的“ANSI31”到“11-1.dwg”图形中的中间圆环区域，可以实现中间圆环的图案填充。

11.2.6　利用设计中心定制工具选项板

设计中心还可以用于工具选项板的定制，只需要将内容拖曳到工具选项板即可。工具选项板将一些常用的块、填充图案以及命令集合到一起，需要的时候只要拖曳或单击就可应用到图形中，极大地方便了使用。

默认的工具选项板中已经有多个集合，仅有的这些集合是不能满足各种不同专业的设计绘图需求的，AutoCAD 提供的定制功能可以利用设计中心来定制符合自己专业和习惯的工具选项板。接下来以一个机械设计的常用图块和填充图案为例来讲解如何自己定制的工具选项板，一些常用的机械设计图块预先保存在“11-1.dwg”文件中，创建步骤如下。

（1）将鼠标移动到屏幕右侧下面“机械-制造业”选项板标题，会弹出工具选项板，在工具选项板的标签上右击，弹出菜单如图 11-8 所示，如果在界面中没有打开工具选项板，请先按

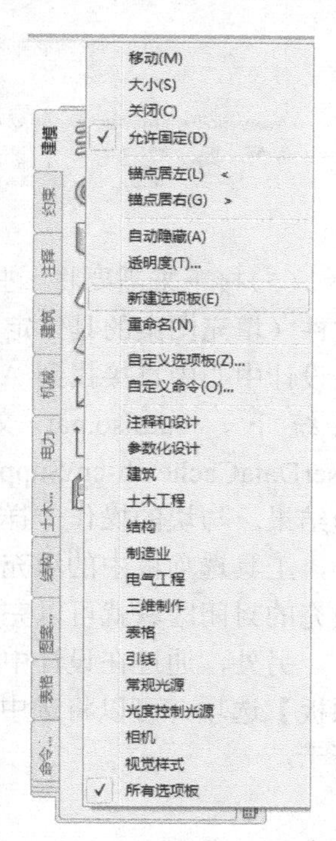

图 11-8　工具选项板右键菜单

工具选项板的快捷键【Ctrl+3】打开工具选项板。

（2）在弹出的右键菜单中选择【新建选项板】项，AutoCAD 将新创建一个工具选项板。

（3）在此将新建的工具选项板默认名称“新建工具选项板”更改为“零件库”，此时新的“零件库”工具选项板中没有任何的块或者填充图案。打开设计中心，在设计中心的【打开的图形】选项卡中找到打开的文件“11-2.dwg”，并展开此文件的块库。

（4）将设计中心中需要的块一个个直接拖曳到空白的工具选项板中就定义好工具选项板中的块，如图 11-9 所示。如果想要在当前图形中使用工具选项板中的块，也只需要简单地拖曳就可以插入块。

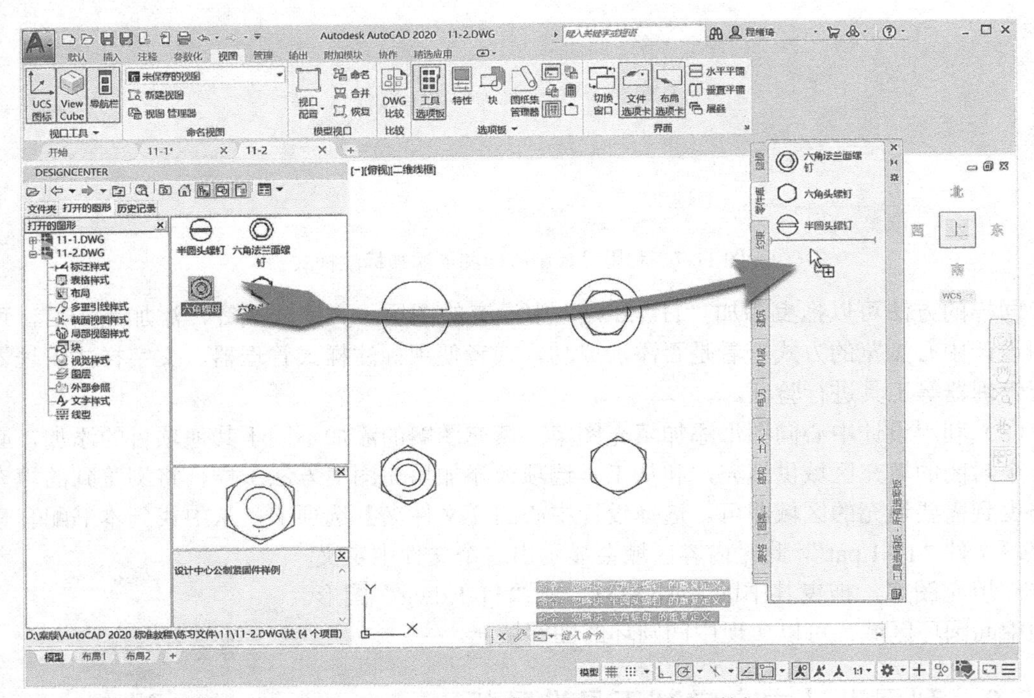

图 11-9　从设计中心拖曳图块到工具选项板

（5）接下来需要将一些填充图案定义到工具选项板中去，首先找到定义填充图案的（*.pat）文件（填充图案的具体定义方法大家可以参考 AutoCAD 的帮助或者其他参考书），在这里，在设计中心中直接找到 AutoCAD 使用的 ISO 标准填充图案文件 autoiso.pat，在 Windows10 系统下，autoiso.pat 文件会存放到目录“C:\Program Files\Autodesk\AutoCAD 2020\UserDataCache\zh-cn\Support”中。然后直接找到配套素材中的 11-1.pat 文件也可以得到同样的结果。与块的操作一样，只需要拖曳就可以将需要的填充图案定义到工具选项板上去。同样，工具选项板中的填充图案想要应用到当前图形中，只需要简单的将填充图案拖曳到需要填充的封闭区域就可以完成。

另外，通过在设计中心中直接选中块或图案填充右击，从右键菜单中选择【创建工具选项板】选项，可以将选中的块或图案填充直接创建到一个新的工具选项板中去，如图 11-10 所示。

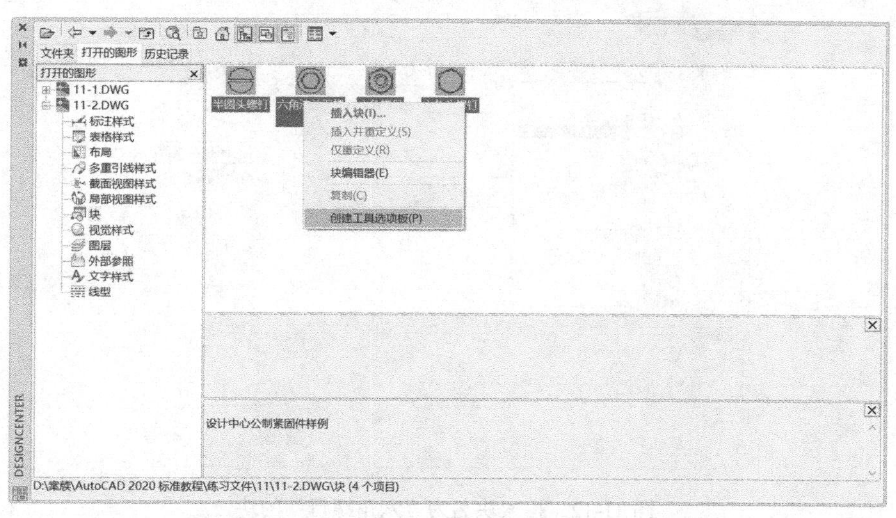

图 11-10　用设计中心的资源直接创建工具选项板

11.2.7　利用设计中心查找参考图形

设计中心的搜索功能可以查找计算机或网络中的图形、填充图案和块等 AutoCAD 信息，单击设计中心工具栏上【搜索】按钮 ，打开【搜索】对话框，如图 11-11 所示。

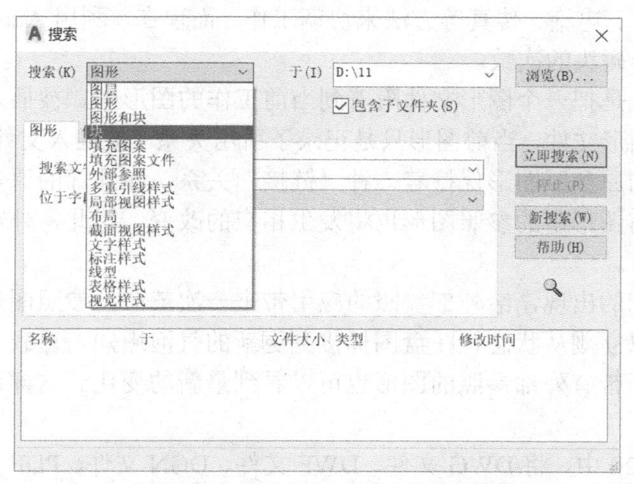

图 11-11　设计中心【搜索】对话框

可以看到，【搜索】对话框可以搜索到块、标注样式、文字样式、布局、图形、图形和块、线型、填充图案、填充图案文件、图层、外部参照等。

接下来尝试搜索本书配套素材第 11 章练习文件中的全部名为“六角螺母”的块，在【查找】下拉列表中选择块，找到需要搜索的文件夹，在【搜索名称】下拉列表框中键入“六角螺母”，单击【立即搜索】按钮，此时 AutoCAD 会将全部搜索到的结果显示在列表中，如图 11-12 所示。

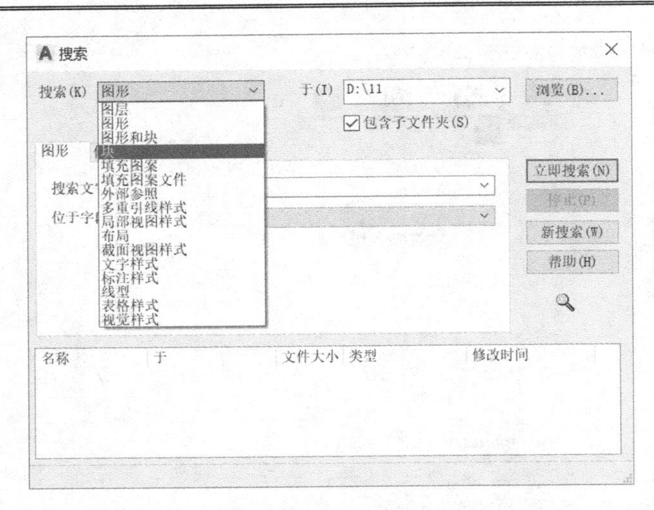

图 11-12　搜索块名为“六角螺母”的块

11.3　外部参照技术

当一个设计小组在对同一个项目进行协同设计时，设计成员之间需要随时了解其他成员的工作进展，调整自己的工作内容，才能实现并行交叉的设计。以往在设计过程中，设计组成员往往要通过开会、电话、传真等方法来协调工作，而现在，利用 AutoCAD 的外部参照技术可以减少这种开会碰头的次数。

所谓外部参照就是把一个图形文件附着到当前工作的图形中，被插入的图形文件信息并不直接加到当前的图形文件，当前图形只是记录了引用关系（被插入文件的路径记录）。插入的参照图形与外部的原参照图形保持着一种“链接”关系，即外部的原参照图形如果发生了改变，被插入到当前图形中的参照图形也将发生相应的改变。因此，外部参照适用于正在进行中的分工协作项目。

状态栏托盘图标的出现，给外部参照的应用带来一次革命，参照图形上的任何修改一旦保存，当前图形可以立刻从状态栏托盘图标接到更新的气泡通知，重载后可以马上反映参照图形的变化，新打开带有外部参照的图形也可以看到最新的变化。这样可以最快地了解到工作伙伴的进度。

在 AutoCAD 2020 中，将 DWG 文件、DWF 文件、DGN 文件、PDF 文件、光栅图像统称作外部参照，统一使用【外部参照】选项板进行管理，本节只讨论传统意义上的 DWG 文件外部参照。

11.3.1　外部参照的命令

激活外部参照命令的方法如下。

- 功能区：【插入】标签|【参照】面板|【附着】按钮（此为广义外部参照命令，包含 DWF 文件、DGN 文件、PDF 文件、光栅图像等都可以用此命令附着）。
- 命令行：xattach ↙（此为附着 DWG 文件外部参照命令）。
- 命令行：attach ↙（此为广义外部参照命令）。

- 在【外部参照】选项板（此为管理所有外部参照的选项板）上单击【附着 DWG】按钮（此为附着 DWG 文件外部参照命令）。

11.3.2　外部参照的使用

下面通过一个实例介绍如何使用外部参照。打开本书配套素材中练习文件“11-3A.dwg”和“11-3B.dwg”，如图 11-13 和图 11-14 所示。

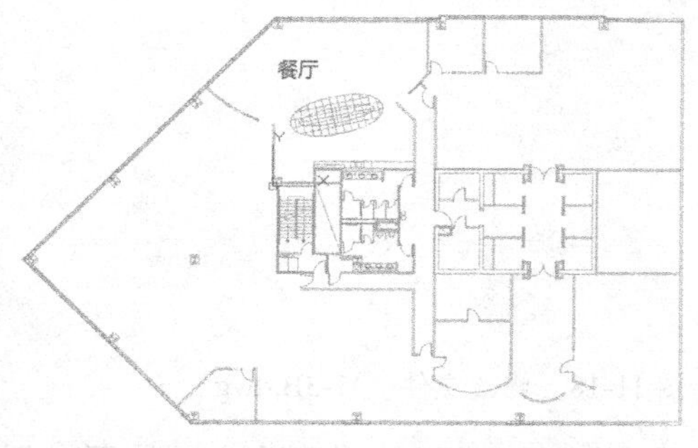

图 11-13　文件“11-3A.dwg”中的图形

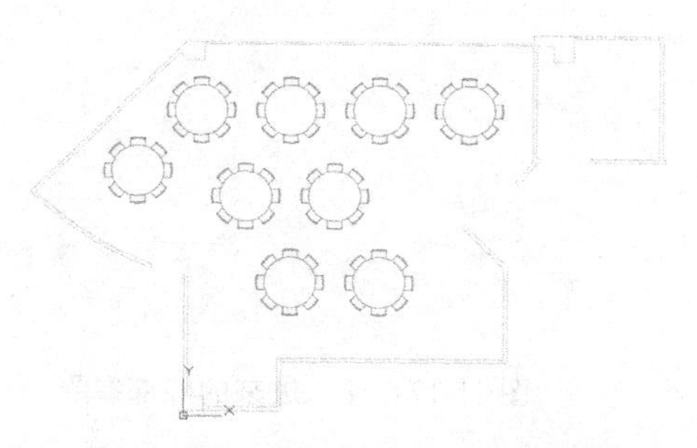

图 11-14　文件“11-3B.dwg”中的图形

假设这是由设计师 A 和设计师 B 分工完成的工作，文件“11-3A.dwg”中是一个项目设计总图，由设计师 A 设计。文件“11-3B.dwg”中是该项目中餐厅部分的家具设计图，由设计师 B 设计。设计师 A 需要经常了解设计师 B 的进度，他可以将设计师 B 的家具设计图“11-3B.dwg”参照到当前设计总图“11-3A.dwg”中，如果设计师 B 正在对文件“11-3B.dwg”进行修改并且保存了文件，设计师 A 会马上得到一个气泡通知，告诉他参照被更新，需要重载，重载后设计师 B 的改动马上会反映设计师 A 的图纸上。我们一步步地来模拟这个过程，步骤如下。

此练习示范，请参阅配套素材中实践视频文件 11-01.mp4。

（1）确保当前打开的文件是“11-3A.dwg”，单击【插入】标签|【参照】面板|【附着】按钮，在打开的【选择参照文件】对话框中，如图 11-15 所示，选择【文件类型】为“所有文件”，然后选择文件“11-3B.dwg”。

（2）单击【打开】按钮，打开【附着外部参照】对话框，如图 11-16 所示。

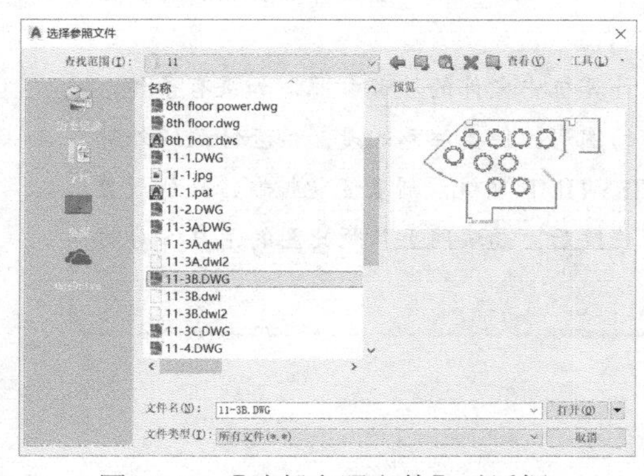

图 11-15　【选择参照文件】对话框

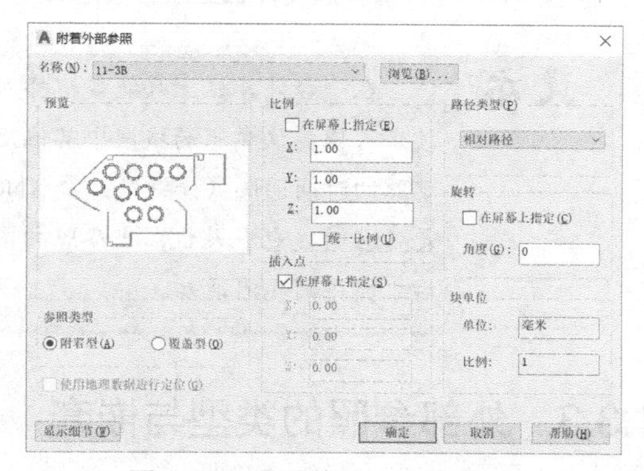

图 11-16　【附着外部参照】对话框

（3）单击【确定】按钮，此时命令行会提示“指定插入点:”，可以利用【对象捕捉】指定餐厅左下角端点或者直接输入坐标（0,0），这个坐标是预先指定好的餐厅左下角端点的位置。此时，“11-3B.dwg”将作为外部参照插入到当前图形“11-3A.dwg”中，如图 11-17 所示。

（4）按快捷键【Ctrl+Tab】将当前图形切换到图形“11-3B.dwg”中，对图形进行修改。使用在位编辑块的工具在“11-3B.dwg”中块名为“8 座桌”的餐桌中间增加一个 R200 的圆作为转盘，如图 11-18 所示。然后单击【保存】按钮，将修改后的图形保存起来。

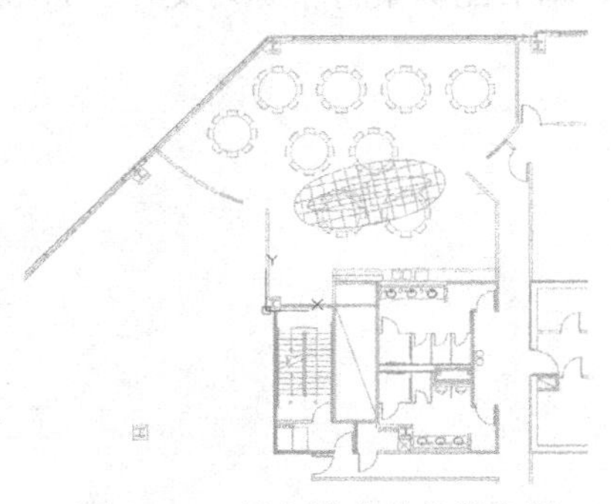

图 11-17　插入进来的外部参照

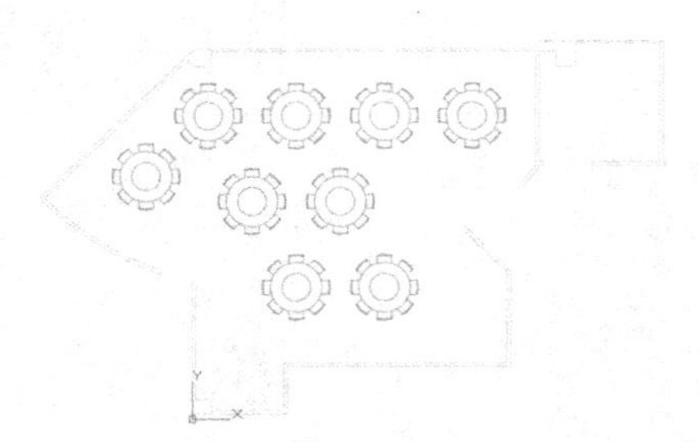

图 11-18　修改文件“11-3B.dwg”

（5）按快捷键【Ctrl+Tab】将当前图形切换到“11-3A.dwg”中，此时会发现屏幕右下角的状态栏托盘图标中出现一个气泡通知，告诉用户外部参照文件已更改，可能需要重载，如图 11-19 所示。

（6）单击气泡通知提供的蓝色文字链接，“11-3A.dwg”会更新插入的外部参照“11-3B.dwg”。如图 11-20 所示，可以看到，在餐厅布置图中增加的餐桌转盘已反映到了总图中。

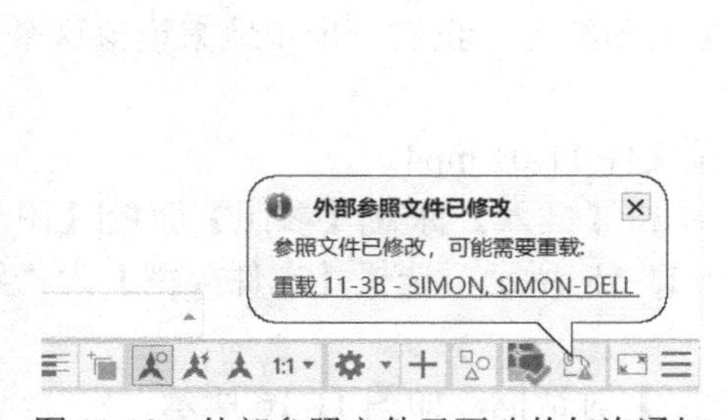

图 11-19　外部参照文件已更改的气泡通知

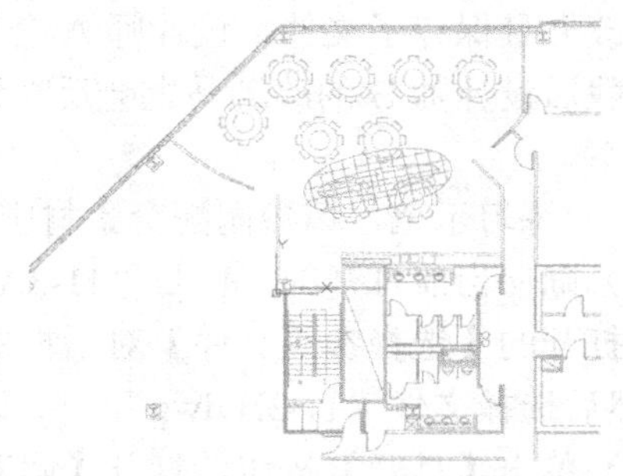

图 11-20　重载外部参照后的总图

在一台计算机上只能模拟插入本计算机中文件的外部参照，如果有条件，读者可以尝试参照局域网中其他用户的图形。但要注意的是，检查修改的外部参照的时间间隔（分钟数）由 XNOTIFYTIME 系统注册表变量控制，默认设置是 5 分钟。也就是说，当参照的图形修改后，局域网上参照此图的用户 5 分钟后才能得到气泡通知。

11.3.3　外部参照的类型与嵌套

外部参照支持嵌套，即如果 B 图参照了 C 图，然后 A 图还可以参照 B 图，如此层层嵌套下去。

从图 11-16 所示的【附着外部参照】对话框中可以看到，外部参照有两种类型，一种是“附着型”，一种是“覆盖型”。选用哪种类型将影响当前图形被引用时，对其嵌套的外部参照是否可见，如图 11-21 所示。

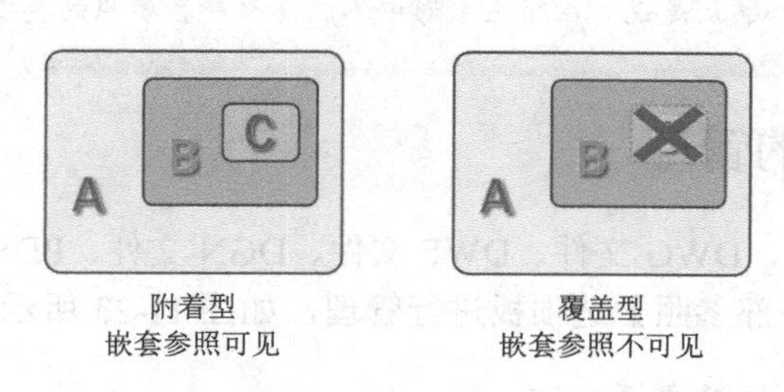

图 11-21　附着型与覆盖型外部参照的区别

1. 附着型

采用附着型的外部参照可以看到多层嵌套附着。即如果 B 图中参照了 C 图，那么当 A 图参照 B 图时，在 A 图中既可以看到 B 图，也可以看到 C 图，如图 11-21 中的左图所示。

2. 覆盖型

采用覆盖型的外部参照则不可以看到多层嵌套附着。即如果在 B 图中覆盖参照了 C 图，那么当 B 图再被 A 图参照时，在 A 图中将看不到 C 图，也就是在 A 图中不再关联 C 图，如图 11-21 中的右图所示。

本书配套素材中练习文件“11-3A.dwg”“11-3B.dwg”“11-3C.dwg”就是参照的嵌套关系，“11-3B.dwg”本身已经参照了“11-3C.dwg”，然后“11-3A.dwg”又参照了“11-3B.dwg”，

选择【插入】标签|【参照】面板|【外部参照】按钮，打开【外部参照】选项板，单击其中右上角的【树状图】按钮，切换到参照列表的形式，如图 11-22 所示。选择“11-3C”，可以看出“11-3B.dwg”参照“11-3C.dwg”的类型是“附着”。【外部参照】选项板可以更改当前文件下一级参照的类型。

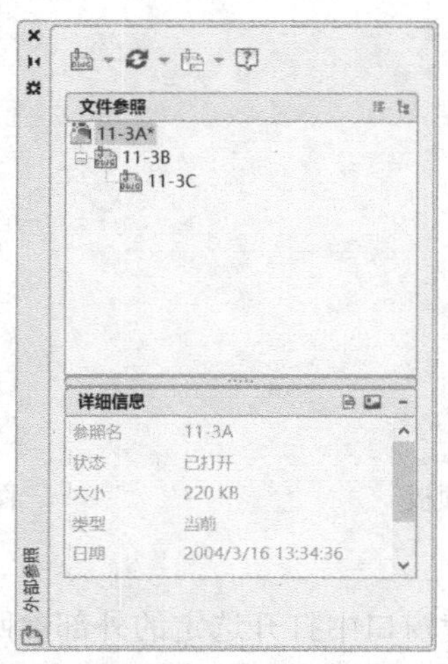

图 11-22　【外部参照】选项板的“树状图”显示方式

在“11-3A.dwg”中只能更改“11-3B.dwg”的参照类型，不能更改“11-3C.dwg”的参照类型，要更改“11-3C.dwg”必须在“11-3B.dwg”的【外部参照】选项板中进行。也就是说，在宿主图形中不能修改嵌套参照的类型。

11.3.4 外部参照的管理

在 AutoCAD 2020 中，DWG 文件、DWF 文件、DGN 文件、PDF 文件、光栅图像统称作外部参照，统一使用【外部参照】选项板进行管理，如图 11-23 所示。

1.【外部参照】选项板的激活方法

- 功能区：【插入】标签|【参照】面板|【外部参照】按钮 。
- 命令行：xref ↙。

2.【外部参照】选项板的工具与功能

在【外部参照】选项板中：

- 最上面的两个图标分别是“列表图”和“树状图”，用于切换参照列表的显示形式。默认的状态是“列表图”，它以无层次列表的形式显示附着的外部参照和它们的相关数据。可以按名称、状态、类型、文件日期、文件大小、保存路径及文件名对列表中的参照进行排序。如果切换到“树状图”，则显示参照的层次结构图，如果有嵌套的关系也会被显示出来，如图 11-22 所示。

在参照的文件名上右击，可以弹出参照快捷菜单，如图 11-24 所示。对于 DWF 文件和光栅图像，快捷菜单中选项的功能基本一致。

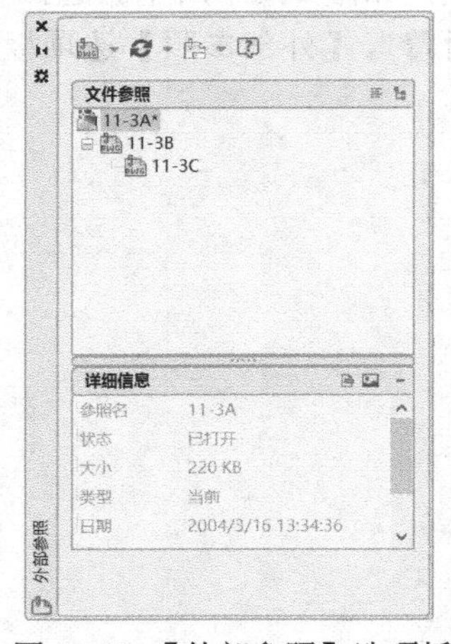

图 11-23 【外部参照】选项板

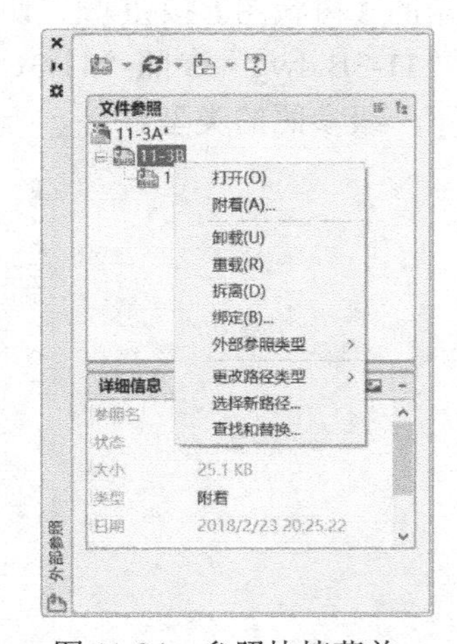

图 11-24 参照快捷菜单

其中选项功能如下。

- 【打开】选项：用于在新建窗口中打开选定的外部参照进行编辑。
- 【附着】选项：附着的作用和插入参照是一样的，选择【附着】选项将直接显示【外部参照】对话框，提示再次插入此参照。
- 【卸载】选项：用于卸载一个或多个外部参照。已卸载的外部参照可以很方便地重新加载。与拆离不同，卸载不是永久地删除外部参照，它仅仅是不显示和重生成外部参照定义，这有助于提高当前应用程序的工作效率。

- 【重载】选项：在一个或多个外部参照上选择【重载】选项，参照选项将重新读取并显示最新保存的图形版本。
- 【拆离】选项：用于从图形中拆离一个或多个外部参照，从定义表中清除指定外部参照的所有实例，并将该外部参照定义标记为删除。【拆离】选项只能拆离直接附着或覆盖到当前图形中的外部参照，不能拆离嵌套的外部参照。
- 【绑定】选项：用于使选定的外部参照及其依赖的命名对象（例如，块、文字样式、标注样式、表格样式、图层和线型）成为当前图形的一部分。关于【绑定】将用专门的篇幅进行阐述。

单纯从绘图区域将一个外部参照删除是不能彻底将其删除的，【外部参照管理器】对话框中的参照列表中依然有被删除的参照项。必须使用【拆离】按钮才能彻底将外部参照删除。

11.3.5　外部参照的绑定

1. 外部参照与块的区别

插入外部参照的操作和插入一个块看起来很相似，插入后都表现为一个整体。其实这两者之间有着本质的区别。因为参照仅仅是插入了一个链接，并没有真正将图形插入到当前图形，而插入块则是将外部文件作为块定义保存在了当前图形中，割裂了与源文件之间的联系。参照则依赖于源文件的存在而存在，如果找不到源文件，参照也就无法显示出来。

如果对参照的文件进行移动或者删除、更名等操作后，重新打开附着了外部参照的文件时，参照将不可见。这是因为在原来位置找不到参照文件，所以无法将之显示出来，只是在外部参照的插入点的位置显示参照文件的路径。

2. 宿主图形中图层的变化

插入参照后，宿主文件的变化主要体现在图层上。打开“11-3B.dwg”文件，因为其中插入了一个外部参照“11-3C.dwg”。单击【默认】标签|【图层】面板上的【图层特性】按钮，打开【图层特性管理器】对话框，在图层列表中有三个图层，分别是“0”“11-3C|WALL”“FURN”，如图 11-25 所示。

其中，“0”层是必须有的默认图层，“FURN”是当前文件中的图层，“11-3C|WALL”则是参照进来的文件图层。“11-3C|WALL”中“|”前面的部分表示参照文件名，后面的部分表示参照文件中的图层名。实际上，单独打开参照文件“11-3C.dwg”时，“11-3C|WALL”图层名仅为“WALL”。加“|”符号表示某些图层是外部参照文件的。插入进来的外部参照的图层可以在宿主文件中修改特性，例如，改变图层的颜色、线型、线宽等，这样的改动并不影响参照文件。

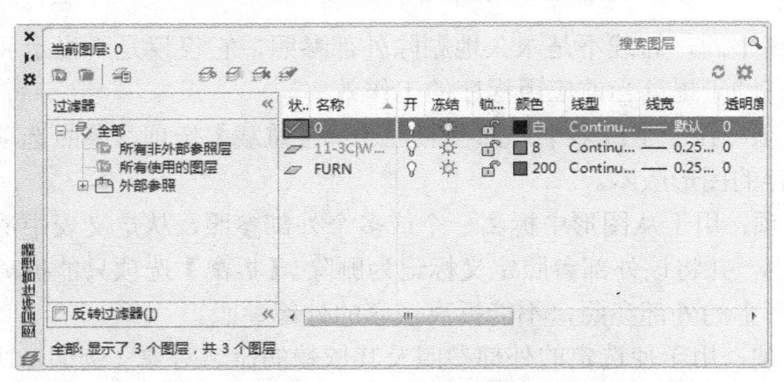

图 11-25　插入外部参照后的【图层特性管理器】对话框

如果将文件“11-3C.dwg”作为块直接插入进来，图层列表中将显示为“0”“WALL”“FURN”三个图层，也就是说割裂了与源文件之间的联系。

3．绑定外部参照图形

当协同设计的过程结束后，宿主文件与外部参照文件不再需要这种链接关系，这时要将外部参照直接绑定进来，割裂与源文件的联系，使它成为宿主文件的一部分。操作步骤如下。

（1）在“11-3B.dwg”文件中，【插入】标签|【参照】面板|【外部参照】按钮，打开【外部参照】选项板，选中参照列表中的“11-3C”，右击并选择快捷菜单中的【绑定】选项，弹出【绑定外部参照/DGN 参考底图】对话框，如图 11-26 所示。

图 11-26　【绑定外部参照/DGN 参考底图】对话框

（2）选择其中的“绑定”选项，单击【确定】按钮，此时【外部参照】选项板的参照列表中的“11-3C”项消失了。但插入进来的外部参照将依然显示在图形中。

（3）单击【默认】标签|【图层】面板上的【图层特性】按钮，打开【图层特性管理器】对话框，此时图层列表中有三个图层，分别是“0”、“11-3C0WALL”和“FURN”，如图 11-27 所示。原来的“11-3C|WALL”图层变成了“11-3C0WALL”，这是绑定外部参照后的图层显示样式。打开设计中心，可以看到当前文件的块列表中多了一个名为“11-3C”的块。

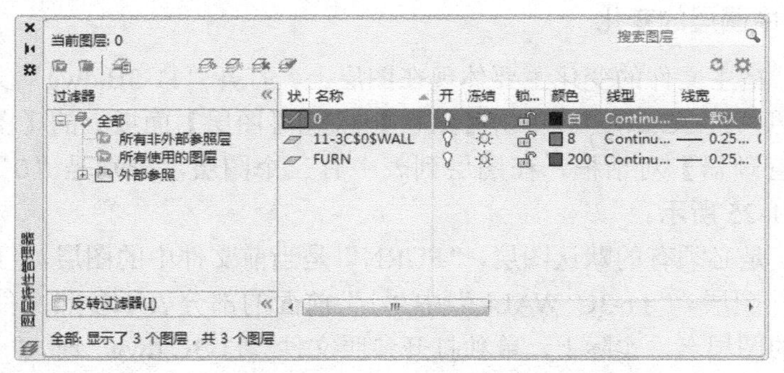

图 11-27　绑定外部参照后的【图层特性管理器】对话框

在此处的“0”中间的 0 数值可能会因为存在同名图层而增加，在本例中，如果当前图形中已存在 11-3C0WALL，依赖外部参照的图层 11-3C |WALL 将被重命名为 11-3C 1WALL。外部参照被绑定进来后，就已经不依赖于源文件的存在而存在了，但是从图层的名称上依然能知道源文件的名字。

4．“绑定”和“插入”选项的区别

“绑定”是将选定的外部参照定义绑定到当前图形。在【图层特性管理器】中，外部参照图层依赖于命名对象的命名语法，从“文件名|图层名”变为“文件名n图层名”，并且当前文件增加了名为“文件名”的块定义。

“插入”是直接将文件作为块插入进来，在【图层特性管理器】中看不到源文件的痕迹，参照文件的图层完全融入了当前文件，当前文件增加了名为“文件名”的块定义。

如果将前面的例子重新做一遍，在【绑定外部参照】对话框中选择【插入】选项，最后看到的图层管理器中将只显示“0”“FURN”“WALL”，同时当前文件增加了名为“11-3C”的块定义。

11.3.6　外部参照的剪裁

插入进来的外部参照，如果只想看到其中一部分的内容，可以对它进行剪裁，剪裁命令的激活方式如下。

- 功能区：【插入】标签|【参照】面板|【剪裁】按钮；
- 命令行：clip ↙。

激活命令后，根据提示选择外部参照，可以使用矩形或多边形来剪裁参照，也可以选择一个现成的多段线来剪裁参照，剪裁完成后，图形外的参照图形就不可见了。

11.3.7　外部参照的在位编辑

和块的特性一样，外部参照也可以进行在位编辑。所谓在位编辑就是指可以在当前文件中直接编辑插入进来的外部参照，保存修改后，参照的源文件也会更新。

1．激活外部参照在位编辑的方法

- 选择参照进来的图形，功能区：【外部参照】标签|【编辑】面板|【编辑参照】按钮；
- 命令行：refedit ↙；
- 选择参照进来的图形，并在右键快捷菜单中选择【在位编辑外部参照】选项，或直接双击参照图形。

2．外部参照在位编辑的方法

外部参照在位编辑的方法与块的在位编辑基本一致，只需选择参照进来的图形，并在右键快捷菜单中选择【在位编辑参照】选项或直接双击参照图形即可。读者可以参考第 9 章中块的在位编辑的内容，打开“11-3B.dwg”，对参照进来的“11-3C.dwg”进行在位编辑。保存编辑后的结果将会使文件“11-3C.dwg”真正发生改变。

11.3.8　设置外部参照的访问权限

AutoCAD 提供了对外部参照进行在位编辑的功能，但是实际工作中，除非是自己参照自己的图纸，否则谁也不愿意别人未经同意就将自己的图纸参照进去，而且还要进行修改。

如果不想让别人在位编辑自己的图纸，但又允许别人参照它，应该怎么办呢？可以设置外部参照的访问权限，方法如下。

在绘图区域右击，在右键快捷菜单中选择【选项】菜单项，打开【选项】对话框，如图 11-28 所示。选择其中的【打开和保存】选项卡，在“外部参照”选项区域去掉对“允许其他用户参照编辑当前图形”复选框的勾选，单击【确定】按钮退出。这样就可以达到上述目的了。

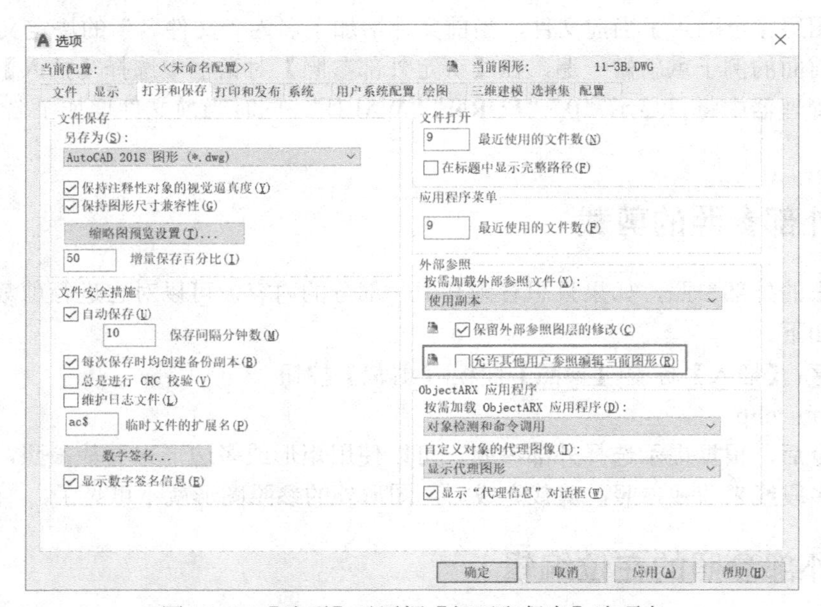

图 11-28 【选项】对话框【打开和保存】选项卡

11.3.9　外部参照的特点

总结本节所讲的内容，外部参照具有如下特点。

（1）利用外部参照技术可以用一组子图来构造复杂的主图。由于外部参照的子图与主图之间保持的是一种“链接”关系，子图的数据还保留在各自的图形中，因此，使用外部参照的主图并不显著增加图形文件的大小，从而节省了存储空间。

（2）当每次打开带有外部参照的图形文件时，附着的参照图形反映出参照图形文件的最新版本。对参照图形文件的任何修改一旦被保存，当前图形就可以立刻从状态行得到更新的气泡通知，而且重载后马上反映出参照图形的变化。因此，可以实时地了解到项目组其他成员的最新进展。

（3）对于附着的外部参照图形被视为一个整体，可以对其进行移动、复制、旋转、剪裁等编辑操作。

（4）对于附着到当前图形文件中的参照图形，也可直接（而不必回到源图）对其进行编辑、修改，保存修改后，原参照图形文件也会更新。这种工作方式，在 AutoCAD 中称之为在位编辑外部参照。它适用于项目总体设计人对局部图形的少量设计修改。

（5）在一个图形文件中可以引用多个外部参照图形；反之，一个图形文件也可以同时被多人作为外部参照引用。

（6）引用的外部参照可以嵌套。如果图形中附着有外部参照，则在图形作为外部参照附着到其他图形时，也将包含其中的外部参照。

11.4 光栅图像的使用

在 AutoCAD 中常常也会用到光栅图像，光栅图像由一些称为“像素”的小方块或点的矩阵组成，也称之为“位图”。常用的光栅图像格式有 BMP、JPG、PNG、TGA 等，与光栅图形对应的是矢量图形，像 AutoCAD 本身使用的 DWG 文件格式就是一种矢量图形格式。

AutoCAD 可以使用大多数的光栅图像格式，但 AutoCAD 并不能提供太多的光栅图像编辑功能，仅仅是为了作为底图参考，比如机械设计产品图片，建筑房屋照片或者市政规划中的鸟瞰地图，如图 11-29 所示。AutoCAD 2020 将 DWG 文件、DWF 文件、DGN 文件、PDF 文件、光栅图像统称作外部参照进行管理，使用的方法也基本一致。

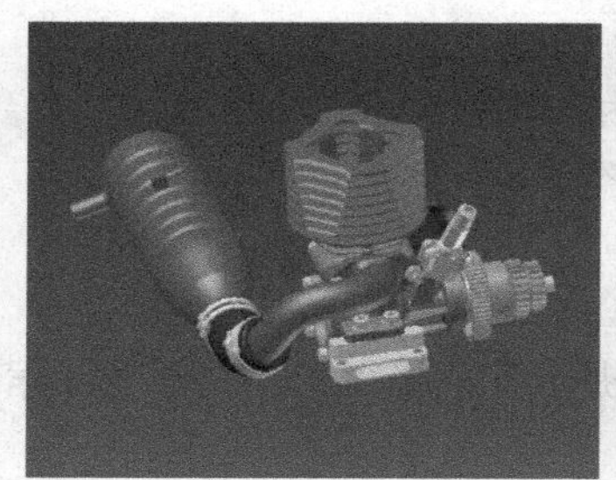

图 11-29 光栅图像

11.4.1 插入光栅图像的方法

插入光栅图像的方法如下。

- 功能区：【插入】标签|【参照】面板|【附着】按钮（此为广义外部参照命令，包含 DWF 文件、DGN 文件、PDF 文件、光栅图像等都可以用此命令附着）；
- 命令行：attach ↙（此为广义外部参照命令）；
- 命令行：imageattach ↙（回车）；
- 在【外部参照】选项板上单击【附着图像】下拉式按钮（此为附着图像文件外部参照命令）。

本书配套素材中练习文件“11-1.jpg”是一个地块的卫星图片，下面以这个地块的规划为例，介绍光栅图像的使用方法，具体步骤如下。

此练习示范，请参阅配套素材中实践视频文件 11-02.mp4。

（1）新建一个 DWG 文件，选择【插入】标签|【参照】面板|【附着】按钮，激活插入外部参照的命令，弹出【选择参照文件】对话框。

（2）确保选择的文件类型为“所有图像文件”，选择本书配套素材中练习文件“11-1.jpg”，单击【打开】按钮，此时弹出【附着图像】对话框，如图 11-30 所示。

（3）单击【确定】按钮，命令行提示“指定插入点”，直接回车选择坐标原点（0,0）作为插入点，命令行接着提示“指定缩放比例因子”，输入 2000 后回车结束命令，将插入的图像放大 2000 倍。

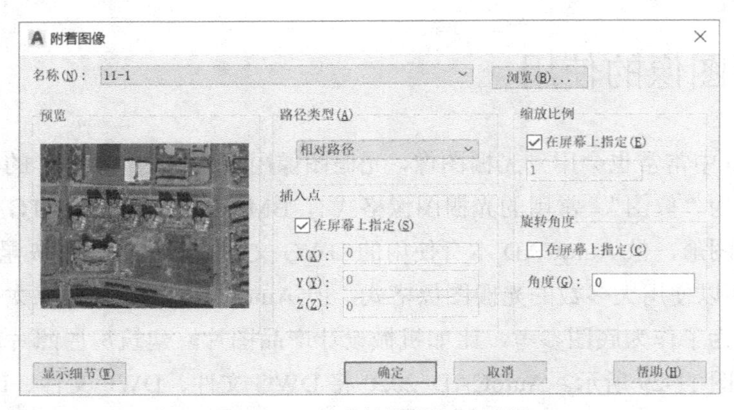

图 11-30 【附着图像】对话框

此处缩放的比例因子是一个粗略的比例因子，如果要准确地参照光栅图像，还需要在插入光栅图像以后，根据一些已知的控制尺寸对光栅图像的大小进一步进行调整，拖动光栅图像的四个夹点就可以进行调整。

（4）在命令行输入 zoom 后回车，执行缩放命令，在命令行提示下选择“a”，执行全部缩放命令，将全部图像显示出来。

（5）参考光栅图像，在原地块的空地上规划出新的楼盘，最后的结果如图 11-31 所示，具体文件保存在本书配套素材中练习文件“11-4.dwg”中。

图 11-31　参照光栅图像规划地块

11.4.2　管理与调整光栅图像

前面讲到，AutoCAD 2020 将 DWG 文件、DWF 文件、DGN 文件、PDF 文件、光栅图像统称作外部参照进行管理，因此管理光栅图像统一使用【外部参照】选项板进行，打开、附着、卸载、重载、拆离等工具对于光栅图像同样适用，读者请参照前面外部参照一节中的内容，在此不再赘述。

对于光栅图像，还有一些特有的调整工具，包括剪裁面板、调整面板、选项面板等，这些工具都包含在【图像】标签中，如图 11-32 所示，在选择到图像类的对象后，界面会自动切换到图像标签，这些工具具体使用方法如下。

- 【调整面板】工具可以调整图像的亮度、对比度和褪色度，可以让图像在 AutoCAD 中变得更便于观察参考。
- 【剪裁面板】工具可以将图像中不需要看到的部分剪裁掉，使用方法与外部参照类似，读者可以使用本书配套素材中练习文件“11-4.dwg”，尝试将小区地块沿街道的边框线剪裁，只需要在执行【创建剪裁边界】命令的时候使用多边形边界进行剪裁，最后的结果如图 11-33 所示。
- 【选项面板】工具控制图像的显示与否以及图像的显示透明度等。

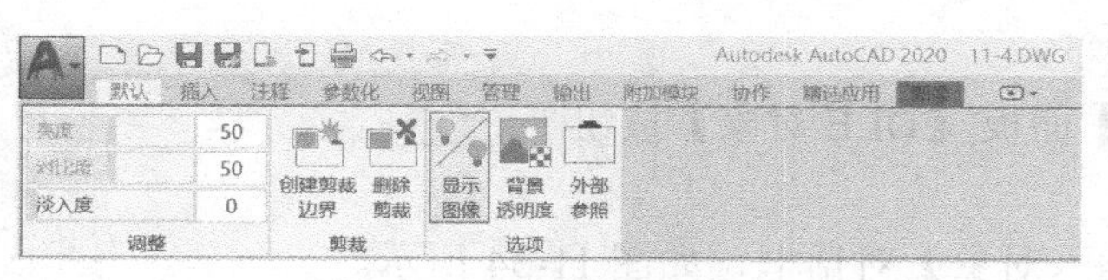

图 11-32 【图像】标签

图 11-33 剪裁后的图像

11.5 链接和嵌入数据（OLE）

对象链接和嵌入（OLE）是 Windows 的技术，可用于将不同应用程序的数据合并到一个文档中。例如，可以创建包含 AutoCAD 图形的 Word 文档，或者创建包含全部或部分 Microsoft Excel 电子表格的 AutoCAD 图形。这在经常需要将 AutoCAD 图形插入其他应用程序的时候（比如写工程标书）是非常有用的。

对象链接和嵌入分为“链接”和“嵌入”两部分，对象的链接有些像外部参照，是将其他应用程序产生的文件链接到当前应用程序正在编辑的文档中，是对其他文档信息的一种引用。如果修改了原始信息，只需更新链接即可更新包含 OLE 对象的文档（也可以将链接设置为自动更新）。如果需要在多个文档中使用同样的信息，可以使用链接对象。

对象的嵌入则更像将外部文件作为块插入，嵌入的 OLE 对象是来自其他文档的信息副本。当嵌入对象时，与原文档之间没有链接，对原文档所做的修改也不会反映在其他文档中。如果使用创建对象的应用程序进行编辑，但在原文档中编辑信息时又不希望更新 OLE 对象，则可以嵌入对象。

如果修改用 OLE 技术插进来的其他应用程序的文档，Windows 会自动调用生成该文件的应用程序来对其进行编辑。

AutoCAD 2020 作为一个支持 OLE 技术的 Windows 应用程序，既可以链接和嵌入其他支持 OLE 技术的应用程序生成的文档，也可以让其他支持 OLE 技术的应用程序链接和嵌入自己生成的文档，甚至本程序生成的文档也可以链接和嵌入本程序中来。

11.5.1 在 AutoCAD 中链接和嵌入对象的方式

在 AutoCAD 中链接和嵌入对象有两种方式：使用 Windows 的剪贴板和【插入对象】命令。

1. 使用 Windows 剪贴板的方法

用户可以将选中的对象或当前视图的链接复制到剪贴板，然后再粘贴到目的地。

激活【复制】命令的方式如下。

- 功能区：【默认】标签|【剪贴板】面板|【复制剪裁】按钮 。
- 右键快捷菜单：【复制】。
- 命令行：copyclip ↙。
- 快捷键：【Ctrl+C】。

2. 插入对象命令的激活方式

激活【OLE 对象】命令的方式如下。

- 功能区：【插入】标签|【数据】面板|【OLE 对象】按钮 。
- 命令行：insertobj ↙。

激活命令后，AutoCAD 弹出【插入对象】对话框，如图 11-34 所示。

如果选择“由文件创建”选项，则【插入对象】对话框将会变为另外一种形式，如图 11-35 所示。

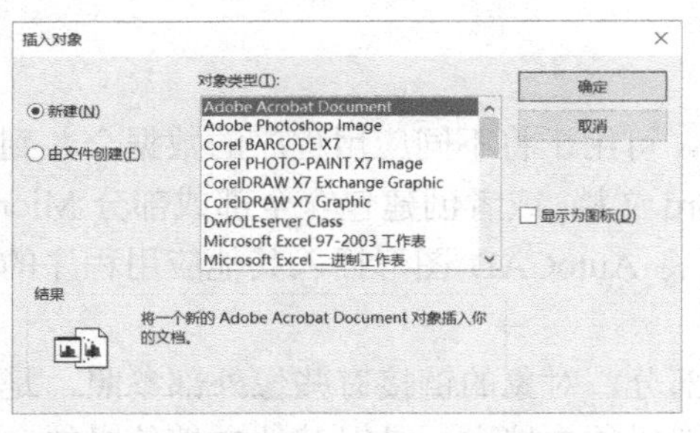

图 11-34 【插入对象】对话框

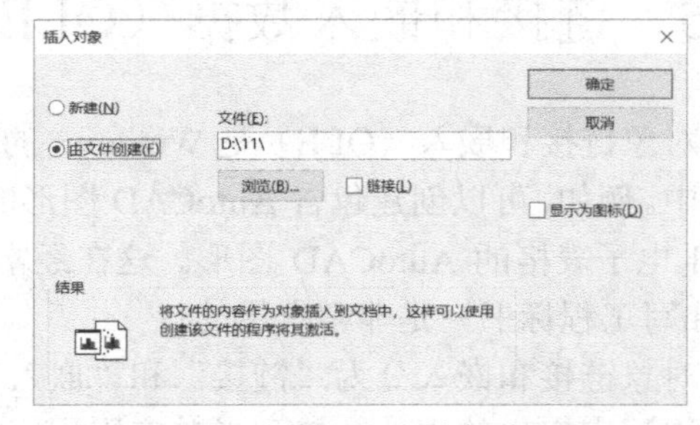

图 11-35 选择“由文件创建”选项

该对话框的具体选项说明如下。

- 【由文件创建】选项：指定要链接或嵌入的文件。
- 【浏览】按钮：显示【浏览】对话框（标准的文件选择对话框），从中可选择要链接或嵌入的文件。
- 【链接】复选框：创建到选定文件的链接，而不是嵌入。这种方式可以将已有的文档链接或嵌入到当前文档中来。

11.5.2 在 AutoCAD 中链接和嵌入对象

下面通过一个实例介绍如何向 AutoCAD 中链接或嵌入 Word 文档（前提是安装了 Word 程序）。打开本书配套素材中练习文件“11-5.dwg”，如图 11-36 所示，这是一个基本绘制完成的零件图，现在需要向图形中插入一个 Word 文档作为技术要求。

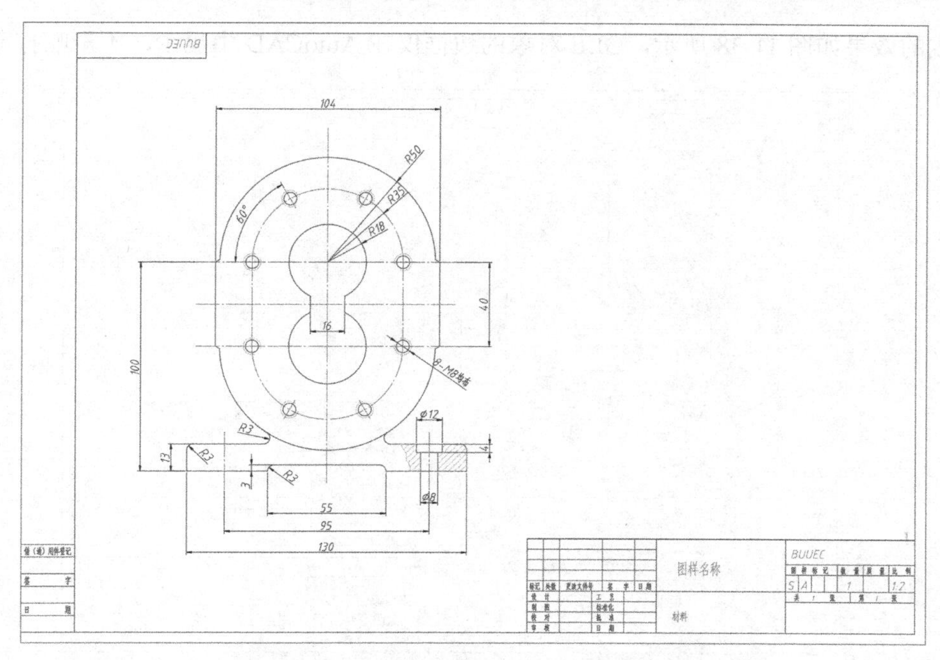

图 11-36　文件“11-5.dwg”中的零件图

步骤如下。

此练习示范，请参阅配套素材中实践视频文件 11-03.mp4。

（1）单击【插入】标签|【数据】面板|【OLE 对象】按钮，激活【插入对象】命令，在【插入对象】对话框中选择“由文件创建”选项，单击【浏览】按钮，找到本书配套素材中名为“技术要求.doc”的 Word 文档，然后选中“链接”复选框，以确保插入的是一个链接。

（2）单击【确定】按钮，“技术要求.doc”文档将出现在绘图区域的左上角，如图 11-37 所示。

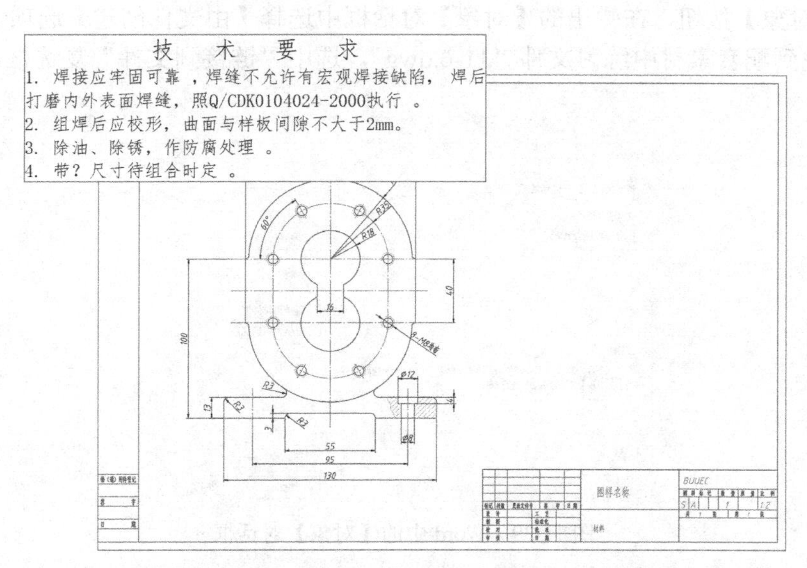

图 11-37　插入“技术要求.doc”文档后的 AutoCAD 图形

（3）拖动这个 OLE 对象，将其移动到合适的位置。拖动 OLE 对象的 4 个角点调整大小，最后完成的效果如图 11-38 所示，OLE 对象的边框仅在 AutoCAD 中显示，不影响打印出图。

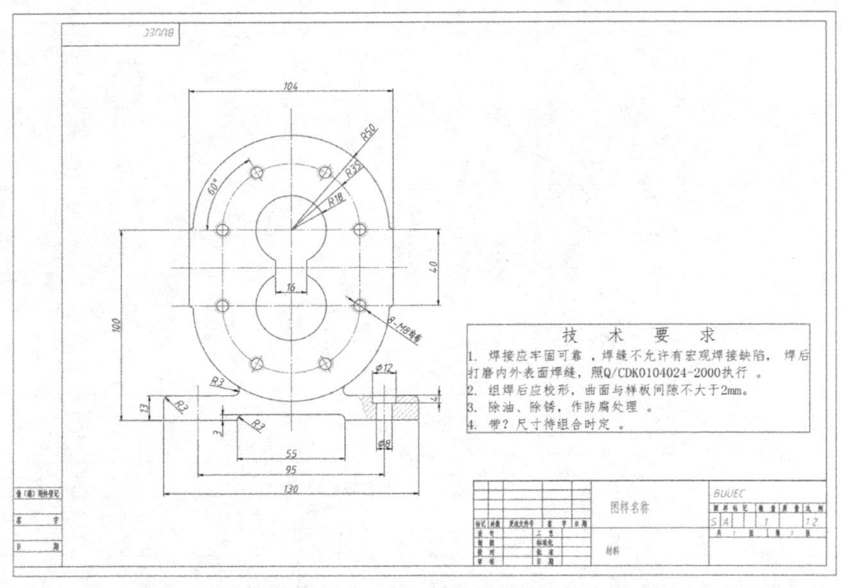

图 11-38　完成的图形

刚才插入 OLE 对象采用的是链接方式，如果源文件发生了变化，重新打开这个插入了 OLE 对象的图档时，就会发现这里也有变化。

11.5.3　向 Word 中插入 AutoCAD 对象

向 Word 文档中插入 AutoCAD 图形的操作方法如下。

（1）新建一个 Word 空白文档，将页面设置中的纸张设置为“横向”，单击 Word 的【插入】标签|【对象】按钮，在弹出的【对象】对话框中选择【由文件创建】选项卡，单击【浏览】按钮，找到配套素材中练习文件“11-6.dwg”，选中“链接到文件”复选框，如图 11-39 所示。

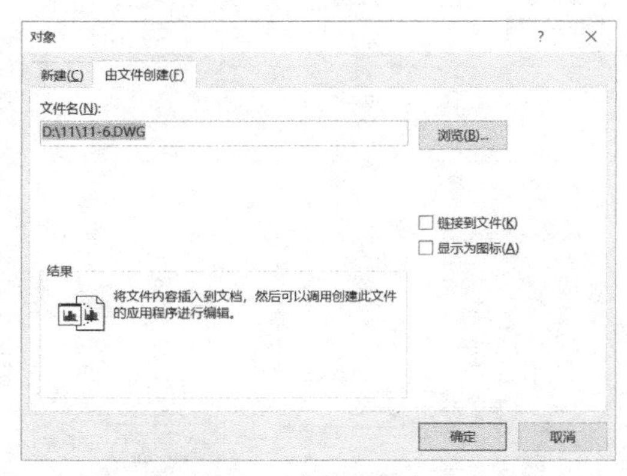

图 11-39　Word 中的【对象】对话框

（2）单击【确定】按钮，“11-6.dwg”就会被插入 Word 中，然后调整大小、位置，最后的文档如图 11-40 所示。

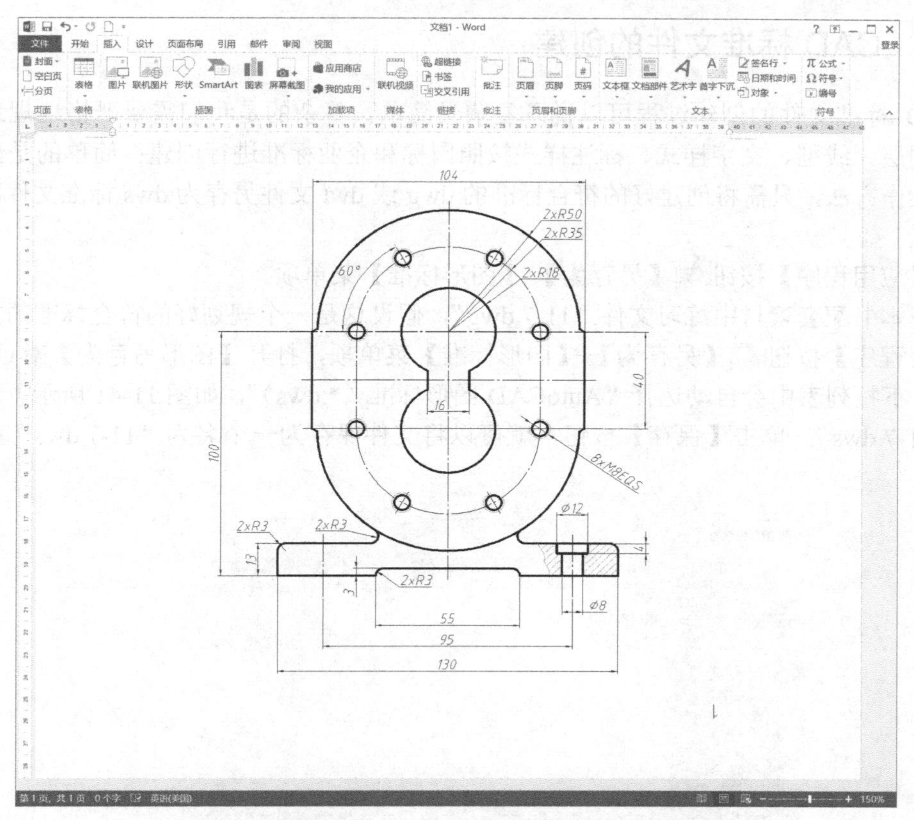

图 11-40　完成插入 AutoCAD 图形后的 Word 文档

11.6　CAD 标准

在一个项目组或设计部门中，为了协调各设计人员的工作，必须有统一的标准，在设计初期，一般是采用样板图技术来规范标准。如果没有使用样板图，或设计过程中做了一些违背样板图的设置，就会造成各设计成员绘制好的图纸标准不统一。为维护图纸标准的一致性，可以在设计收图阶段采用 CAD 标准技术来规范图纸。

所谓 CAD 标准，是按照行业标准或规范建立的一个 AutoCAD 文件（.dws），包括标准的图层、颜色、线型、文字样式、尺寸样式、表格样式等。在设计过程中，如果当前图形附着了一个这样的标准文件，在新建图层、线型、文字样式、尺寸样式与标准文件中出现不一致而发生冲突时，AutoCAD 状态行就会出现即时的气泡通知，告知用户与标准冲突，立即执行标准检查，修复冲突，起到监督标准执行的作用。

如果给样板图同时附着上一个与样板图一致的标准文件，这样就可以在整个设计过程中监督标准的贯彻实施。具体方法如下。

（1）创建一整套符合标准的样板文件（.dwt），将其中之一另存为标准文件（.dws）。

（2）将这一整套样板文件全部附着上这个标准文件。

（3）使用附着了标准的样板文件开始设计绘图。

（4）一旦新建的图层、线型、文字样式、标注样式与标准中有冲突，用户就会得到通知，马上去执行标准检查，即可将冲突修复。

11.6.1 CAD 标准文件的创建

CAD 标准文件的创建过程可以说既复杂又简单。复杂的是我们需要严格地规划标准文件，将图层、线型、文字样式、标注样式按照国标和企业标准进行创建；简单的是创建标准文件的操作方法，只需将创建好的符合标准的 dwg 或 dwt 文件另存为 dws 标准文件即可，方法如下。

- 【应用程序】按钮 |【另存为】|【图形标准】菜单项。

打开本书配套素材中练习文件“11-7.dwg”，假设这是一个规划好的符合标准的文件，通过【应用程序】按钮 |【另存为】|【图形标准】菜单项，打开【图形另存为】对话框，“文件类型”下拉列表中会自动选择“AutoCAD 图形标准（*.dws）”，如图 11-41 所示。默认文件名为“11-7.dws”，单击【保存】按钮，就可以将文件保存为一个名为“11-7.dws”的标准文件。

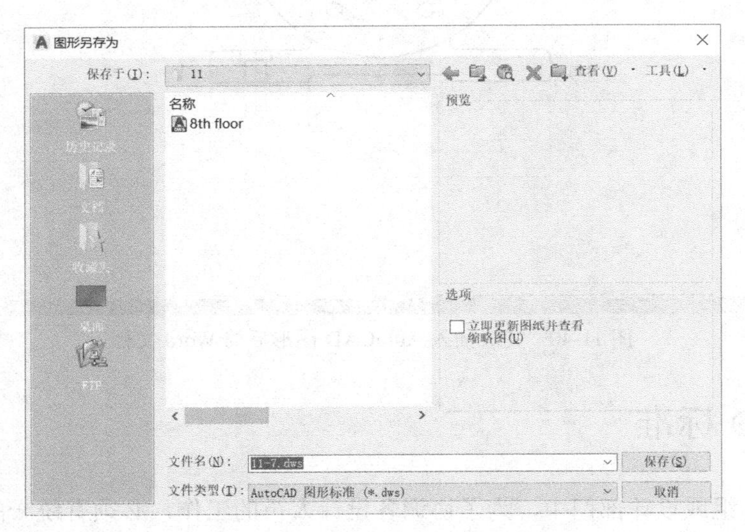

图 11-41 【图形另存为】对话框

11.6.2 附着标准文件并检查标准

1. 附着标准文件命令的激活方式

- 功能区：【管理】标签|【CAD 标准】面板|【配置】按钮 。
- 命令行：standards ↙。

2. 检查标准命令的激活方式

- 功能区：【管理】标签|【CAD 标准】面板|【检查】按钮 。
- 命令行：checkstandards ↙。
- 在【配置标准】对话框中单击【检查标准】按钮。

3. 附着并检查标准的操作方法

下面以配套素材中练习文件“11-8.dwg”为例，将刚创建的标准文件附着到其中，并使用检查标准工具将不符合标准的地方一一修复，操作步骤如下。

此练习示范，请参阅配套素材中实践视频文件 11-04.mp4。

（1）打开本书配套素材中练习文件“11-8.dwg”，如图 11-42 所示。注意观察这张图中的图层、颜色、标注样式、文字样式、线型等细节，以便和执行完标准检查后进行比较。

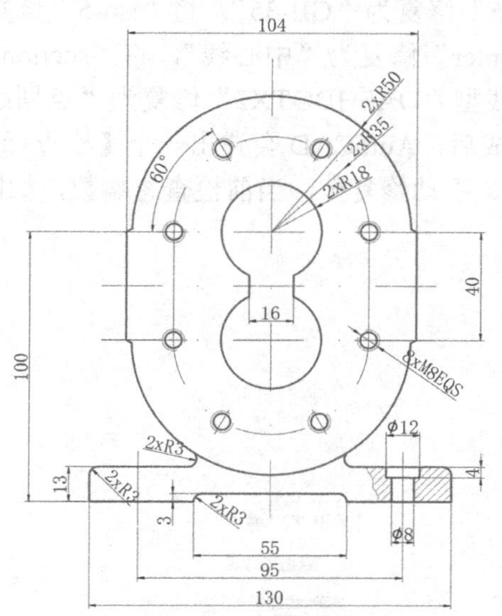

技　术　要　求
1. 焊接应牢固可靠，焊缝不允许有宏观焊接缺陷，焊后打磨内外表面焊缝，照Q/CDK0104024-2000执行。
2. 组焊后应校形，曲面与样板间隙不大于2mm。
3. 侧窗对角线长度偏差应小于±2.5mm，侧窗高度偏差应小于±1.0mm，各立柱间距偏差小于±1.5mm。
4. 除油、除锈，作防腐处理。
5. 带？尺寸待组合时定。

图 11-42　不符合标准的文件“11-8.dwg”

（2）单击【管理】标签|【CAD 标准】面板|【配置】按钮，激活配置标准命令，此时会弹出【配置标准】对话框。

（3）单击中间的【+】按钮，弹出【选择标准文件】对话框，选择刚刚创建的标准文件“11-7.dws”后，单击【打开】按钮回到【配置标准】对话框，此时标准文件会被附着到当前文件中，如图 11-43 所示。

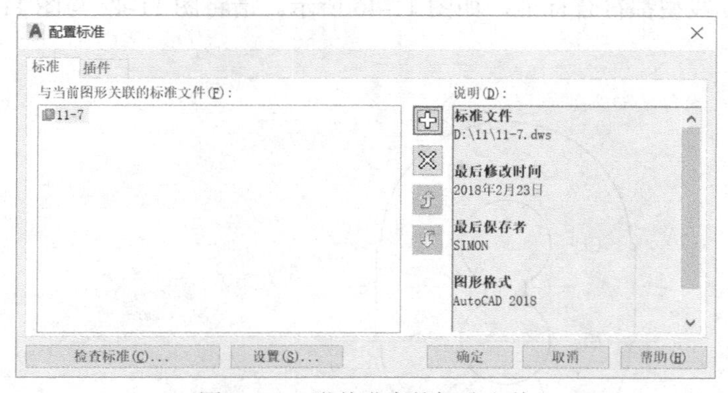

图 11-43　附着进来的标准文件

在同一文件中可以关联多个标准文件，此时如果单击【确定】按钮，就会完成标准文件的附着。我们注意到【配置标准】对话框中有一个【检查标准】按钮，这个按钮也可以直接激活标准检查工具。

（4）单击【检查标准】按钮，打开【检查标准】对话框，如图 11-44 所示，在“问题”信息框中提供了关于当前图形中非标准对象的说明。“预览修改”列表中将提示要修改的非标准 AutoCAD 对象的特性。如果需要解决出现的问题，应在“替换为”列表中选择一个替换选项，然后单击【修复】按钮。

（5）将不符合标准标注样式的“iso-35”修复为“GB-35”，将“iso-5”修复为“GB-5”；把图层“line”修复为“轮廓线”，将“center”修复为“中心线”，将“section”修复为“剖切线”，将“dim”修复为“标注 1”；把线型“DASHDOTX2”修复为“点划线”；把文字样式“HZTXT”修复为“工程字”。修复完成后，AutoCAD 会弹出一个【检查标准-检查完成】信息框，报告发现的问题数、自动修复数、手动修复数、当前检查忽略数，如图 11-45 所示。

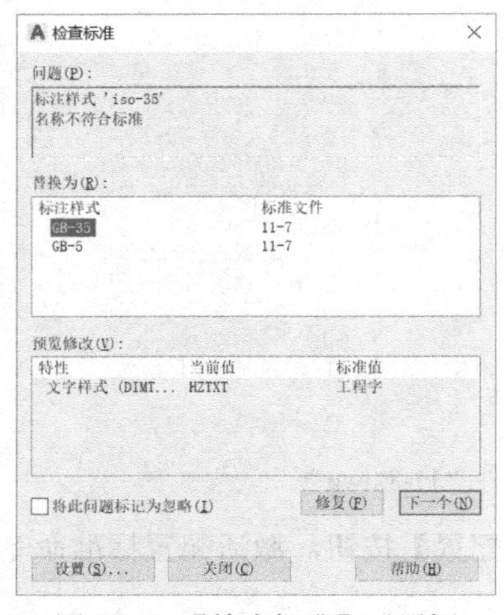

图 11-44　【检查标准】对话框

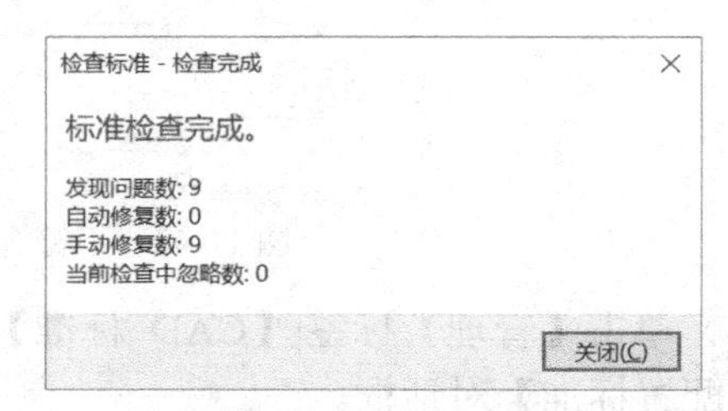

图 11-45　【检查标准-检查完成】信息框

（6）单击【确定】按钮，回到【检查标准】对话框，再单击【关闭】按钮完成标准的检查与修复。回到图形中，此时文件“11-8.dwg”已经完成了标准的修复，所有的图层、标注样式、文字样式、线型都符合标准，如图 11-46 所示。请将图 11-42 与图 11-46 做一下比较。

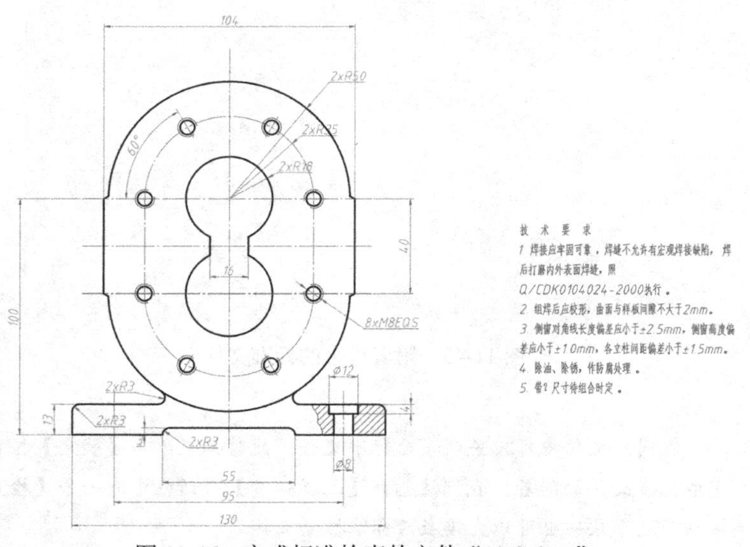

图 11-46　完成标准检查的文件“11-8.dwg”

4．选项说明

在【配置标准】对话框和【检查标准】对话框中均出现了一个【设置】按钮。这两个按钮的功能是一样的，单击后都会弹出【CAD 标准设置】对话框，如图 11-47 所示，这个对话框的设置及功能如下。

（1）“通知设置”选项区域用于控制关于标准冲突的通知选项。

- “禁用标准通知”选项：可以关闭关于标准冲突和丢失标准文件的通知。
- “标准冲突时显示警告”选项：可以打开和关闭当前图形中的标准冲突。当出现标准冲突时会显示一个警告，通知用户在更改图形时创建或编辑了多少个非标准的对象。警告显示后，用户可以选择修复或不修复。
- “显示标准状态栏图标”选项：打开与标准文件关联的文件以及创建或修改非标准对象时，可以在状态栏上显示的图标。

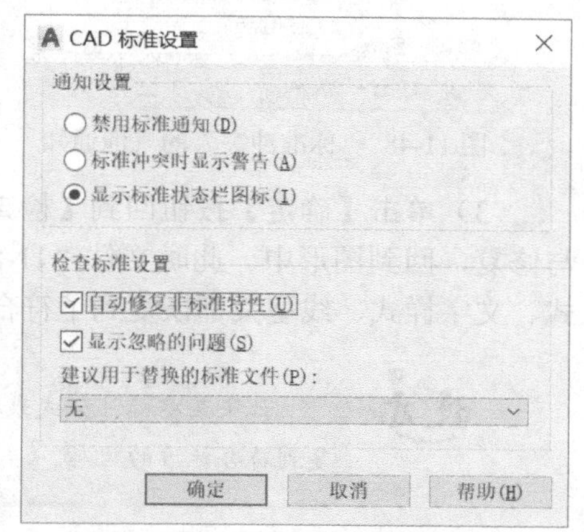

图 11-47 【CAD 标准设置】对话框

（2）“检查标准设置”选项区域。

- “自动修复非标准特性”复选框：如果有建议的修复方案，则在自动修复和不修复非标准 AutoCAD 对象之间切换。仅当非标准对象的名称与标准对象的名称匹配，但特性不相同时，才能获得建议的修复方案。在这种情况下，标准对象的特性将应用到非标准对象。【检查完成】警告会给出核查后发生的自动修复的标准冲突数目。
- “显示忽略的问题”复选框：在显示已标记为忽略的问题与不显示已标记为忽略的问题之间切换。如果选择了此项，则在当前图形上执行核查时将显示已标记为忽略的标准冲突情况。

（3）“建议用于替换的标准文件”下拉列表：提供标准文件列表，这些标准文件控制【检查标准】对话框的“替换”列表中的默认选项。

11.6.3　标准的监督执行

标准的监督执行主要依赖于状态栏托盘图标，可以尝试在附着了标准文件的图形中对任何一项图层、标注样式、文字样式、线型进行修改，状态栏托盘图标都会弹出“标准冲突”的气泡通知，可以看出，它随时随地地监督着标准的执行。

打开本书配套素材中练习文件“11-9.dwg”文件，这实际上是“11-8.dwg”文件完成标准检查后保存的结果，这个文件中附着了一个标准文件“11-7.dws”。下面对其图层的颜色进行修改。

（1）单击【默认】标签|【图层】面板上的【图层特性】按钮，打开【图层特性管理器】对话框，将“剖切线”图层的颜色由蓝色变为红色，单击【确定】按钮完成对图层特性的修改。回到图形中，此时“剖切线”中的所有对象（包括技术要求文字）都变成了红色，但是 AutoCAD 的状态栏托盘中马上弹出“标准冲突”的气泡通知，如图 11-48 所示。

（2）单击通知中的“执行标准检查”链接，打开【检查标准】对话框，AutoCAD 马上自动进行标准检查和修复，完成后弹出【检查标准-检查完成】信息框，如图 11-49 所示。

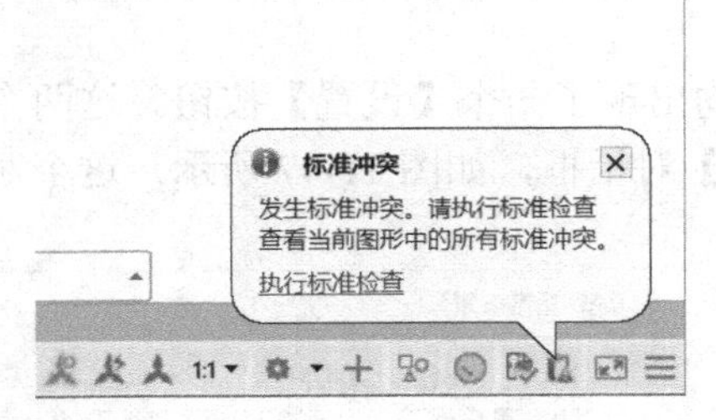

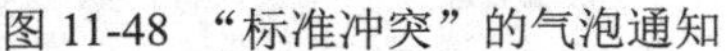

图 11-48 “标准冲突”的气泡通知

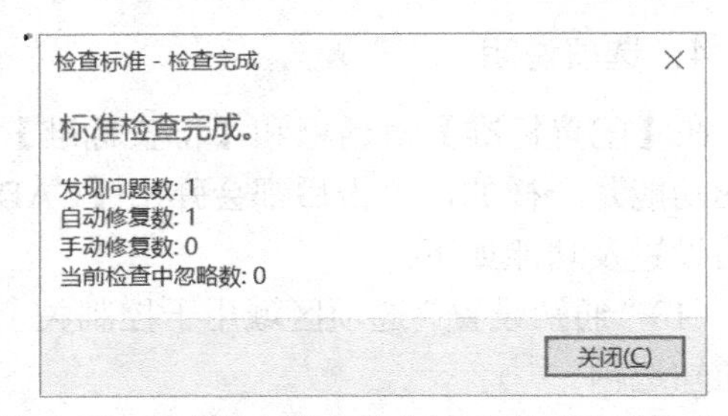

图 11-49 自动弹出的【检查标准-检查完成】信息框

（3）单击【确定】按钮回到【检查标准】对话框，再单击【关闭】按钮完成标准的检查与修复，回到图形中。此时文件“11-8.dwg”已经完成了标准的修复，所有的图层、标注样式、文字样式、线型又都恢复到了符合标准的状态。

如果某些标注样式或块没有恢复，请执行重生成命令，所有的图形都会恢复到符合标准的状态。

通过上例可以看到，AutoCAD 的状态栏托盘图标以及关联的标准文件总是非常尽责地执行监督任务，因此给样板图同时附着上与样板图一致的标准文件，完全可以在整个设计绘图过程中保证标准的贯彻实施。

AutoCAD 的 CAD 标准工具中还有一个图层转换器，遇到 0 层中的对象需要适应到其他图层时，可以应用这个工具。

11.7　电子传递

在协同设计的过程中及设计后期，可能需要与异地工程师进行图形交流。以往，是将绘制好的图形文件（.dwg）用 E-mail 的方式发给对方，当对方在自己的计算机上打开图形时经常会发现：找不到字体、插入的外部参照或图片等。这是由于在发送文件时，只传递了.dwg 文件，忽略了 AutoCAD 关联文件的支持，即字体文件、插入的光栅图像、引用的外部参照源文件、打印样式表等，从而导致设计伙伴打开文件时出现问题。为此，需要利用 AutoCAD 电子传递技术，将.dwg 文件连同其关联的全部支持文件一起打包成一个.zip 压缩文件，或者是自解压的.exe 文件，或者保存为一个文件夹。除此之外，传递时还可以：

- 包含有一个.txt 格式的文本报告；
- 保留传递集中的所有文件的目录结构，以便在其他计算机系统中安装、使用；
- 既可以用电子邮件的形式传递文件集，也可以生成一个含有传递集链接的 Web 页面，上传到 Internet 上，供项目组其他成员用 IE 打开并下载。

1．电子传递命令的激活方式

- 【应用程序】按钮 |【发送】|【电子传递】菜单项；
- 命令行：etransmit ↙。

2．创建电子传递的步骤

下面以 AutoCAD 的样例文件“8th floor.dwg”做一个示范，步骤如下。

此练习示范，请参阅配套素材中实践视频文件 11-05.mp4。

（1）打开本书配套素材中练习文件“8th floor.dwg”。

（2）选择【应用程序】按钮 |【发送】|【电子传递】菜单项，弹出【创建传递】对话框，如图 11-50 所示。默认打开的是【文件树】选项卡。

（3）单击【传递设置】按钮可进行相关设置，如图 11-51 所示。在这里可以像设置标注样式等一样设置传递格式，单击【修改】按钮可以打开【修改传递设置】对话框，本例设置情况如图 11-52 所示。

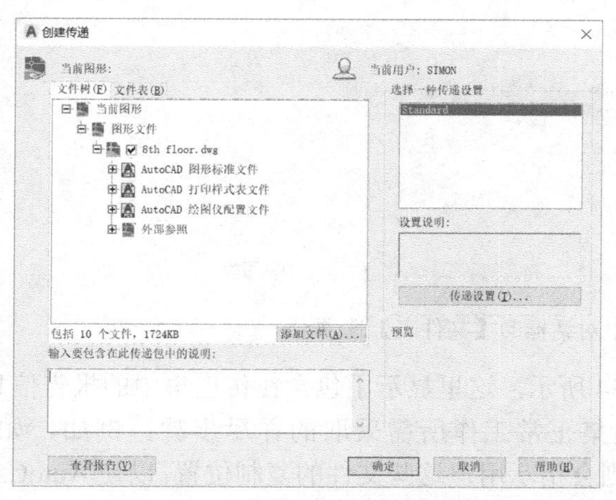

图 11-50 【创建传递】对话框

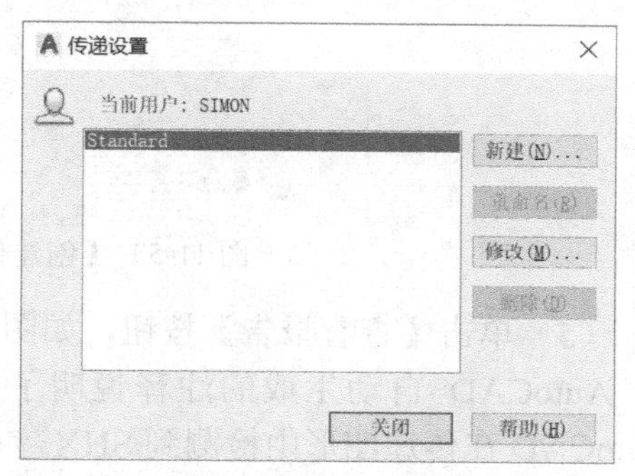

图 11-51 【传递设置】对话框

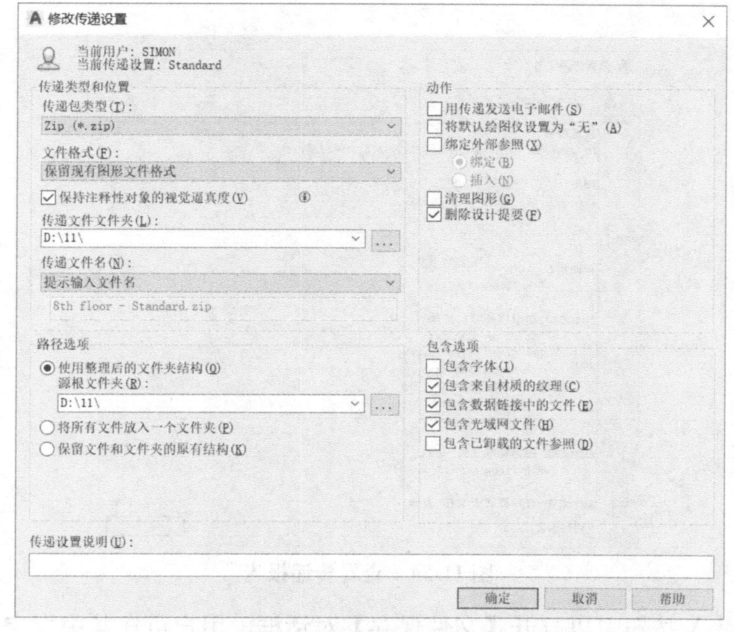

图 11-52 【修改传递设置】对话框

（4）在【创建传递】对话框中，打开【文件表】选项卡，如图 11-53 所示，在此列出了将包含在传递集中的文件。默认情况下，列出与当前图形相关的所有文件（例如，相关的外部参照、打印样式和字体）。用户可以向传递集中添加其他文件或删除现有文件。

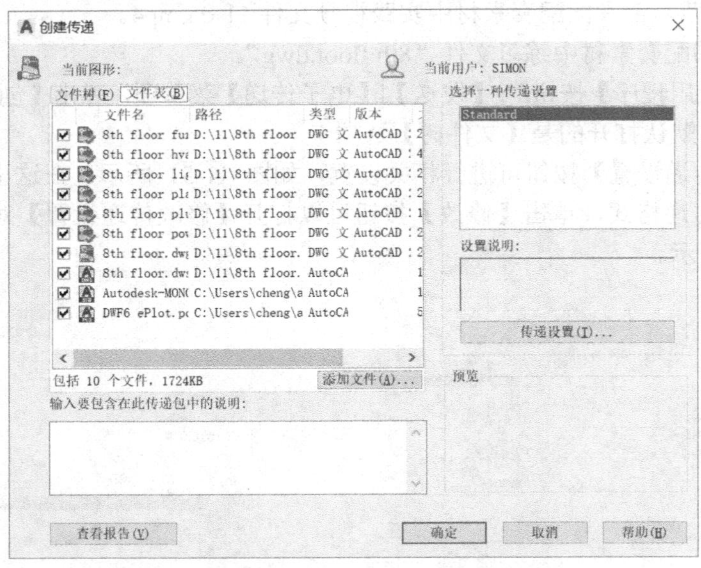

图 11-53　【创建传递】对话框的【文件表】选项卡

（5）单击【查看报告】按钮，如图 11-54 所示，这里显示了包含在传递集中的报告信息。由 AutoCAD 自动生成的注释说明了传递集正常工作所需采取的详尽步骤。例如，如果 AutoCAD 在传递图形中检测到 SHX 字体，则会指示用户这些文件的复制位置，以使 AutoCAD 可以在安装有传递集的系统上检测它们。如果创建了默认注释的文本文件，则注释也将包含在报告中。

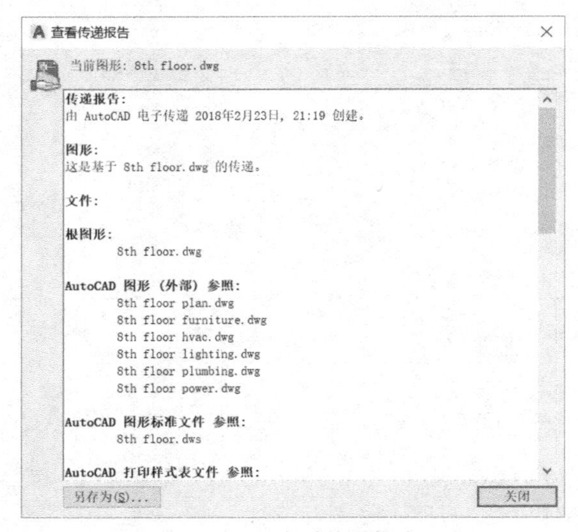

图 11-54　查看传递报告

单击【另存为】按钮可以打开【文件保存】对话框，用户可在其中指定保存报告文件的位置。

用户生成的所有传递集都自动包含报告文件；通过单击【另存为】按钮，用户可以保存报告文件的一个副本用于存档。

（6）单击【确定】按钮，完成电子传递。找到保存文件的位置，可以看到“8th floor-standard.zip”文件。

11.8　签名图形

在协同设计和设计后期，需要经常交换图形文件，因此，文件的安全很重要。给文件加密可以防止他人窃取设计秘密。签名图形则用于数字身份证明。

11.8.1　图形加密

图形加密技术很常见，即给文件加上密码，知道密码的人就可以打开文件。图形加密也有弊端，文件的创建者如果忘记了密码，也无法打开图形。

鉴于网络威胁的性质和复杂性，当前对安全性的要求与日俱增。从基于 AutoCAD 2020 的产品开始，已删除向图形文件添加密码的功能。

用户可以考虑使用以下替代方法之一来保护包含敏感信息的图形文件。

- 将图形输出为 PDF 文件，并为该 PDF 文件添加密码。
- 将图形打包在 ZIP 文件中，然后使用安全的外部实用程序添加密码。
- 使用第三方密码和加密实用程序，例如 256 位 AES 技术或类似技术。
- 通过设置网络权限保护图形。
- 通过设置 Autodesk 360 或其他云提供商权限保护图形。

11.8.2　数字签名

所谓数字签名，就是确认一个人身份的电子形式，它通常由一些专门的机构来颁发。

如同手写签名一样，数字签名也具有法律效力，一旦签署后就需要对签名的图形文件负责。利用数字签名可以更安全方便地与他人进行协同设计。数字签名具有以下特点。

- 数字签名文件的接收方可以确定是否是真正地发送文件的组织或个人发送的文件。
- 数字签名可以保证文件签名后不被更改。一旦更改，文件便失效。
- 签名的文件不会作为无效文件被拒收，文件的签名者也不能以签名是伪造的为由推卸对该文件的责任。

1．给文件附加数字签名

在 AutoCAD 2020 中，给文件附加数字签名的方法很简单，前提是已经到某个签名颁发机构申请了数字签名。申请数字签名的方法同图形加密一样，只需在保存文件的时候选择【图形另存为】对话框的【工具】|【数字签名】菜单项，马上会弹出【数字签名 - 数字 ID 不可用】对话框，指导用户如何去获得数字签名，如图 11-55 所示。

如果已经获取并安装了数字签名，弹出的【数字签名】对话框，如图 11-56 所示，这是笔者在 Alipay 的证书，也可以用作 AutoCAD 文件签名，勾选上“保存图形后附加数字签名”复选框，新保存的图形就可以附着此签名。

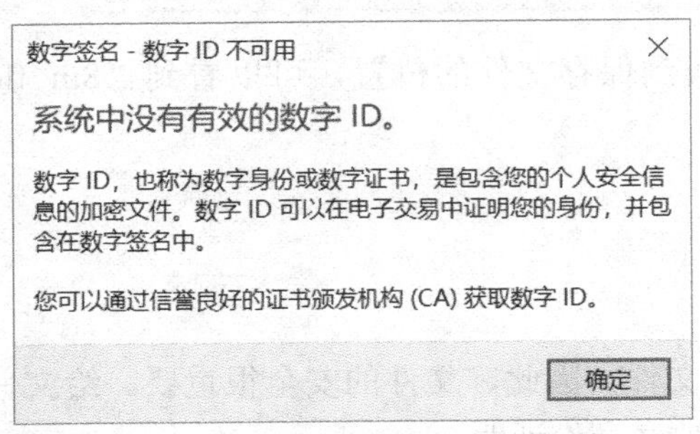

图 11-55 【数字签名-数字 ID 不可用】对话框

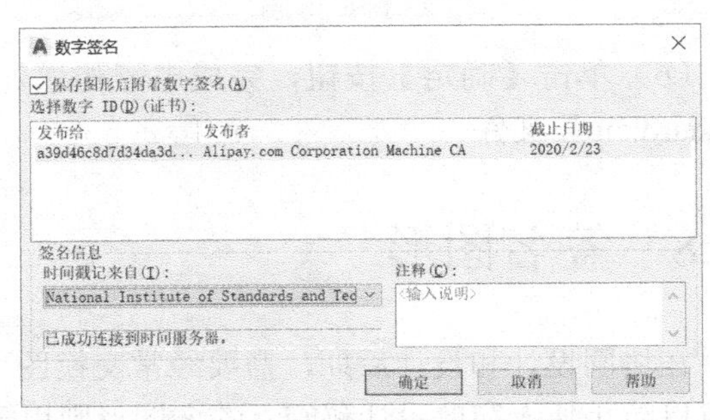

图 11-56 【数字签名】对话框

其中各选项的功能如下。

- “保存图形后附着数字签名”复选框：控制保存图形时是否为图形附加数字签名。
- “选择数字 ID（证书）”列表：显示可用于签名文件的数字 ID 列表。
- “时间戳记来自”选项：提供时间服务列表。
- “注释”信息框：提供关于数字签名或正在签名的文件的注释。

一般选取“保存图形后附加数字签名”复选框，然后单击【确定】按钮回到【图形另存为】对话框，单击【保存】按钮就可以给保存的文件加上数字签名了。

2. 验证数字签名

（1）打开本书配套素材中练习文件“11-10.dwg”，会弹出一个【数字签名内容】对话框，如图 11-57 所示，对话框上部图章图案旁边的文字“数字签名有效”和“图形自签名后未被修改”说明这是一个有效的数字签名。

（2）关闭这个对话框后，可以双击状态栏托盘中的数字签名图标，在弹出的【验证数字签名】对话框中进行验证，如图 11-58 所示。

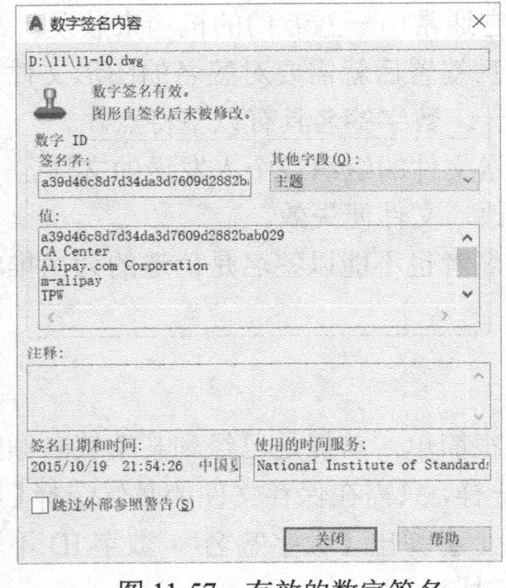

图 11-57 有效的数字签名

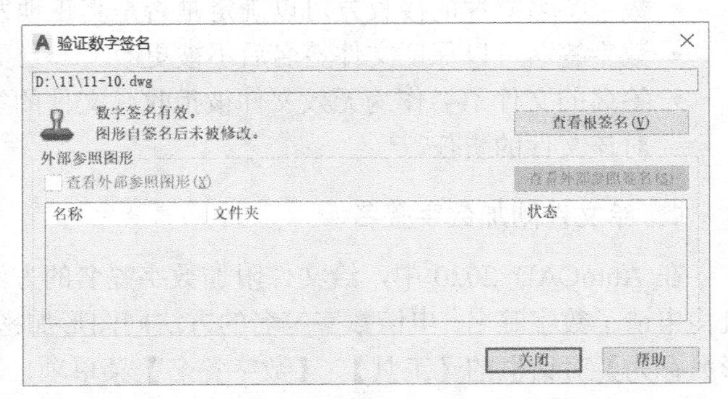

图 11-58 【验证数字签名】对话框

（3）将当前图形稍做修改后保存，AutoCAD 会弹出【数字签名警告】对话框，告知我们此图形附着过数字签名，如图 11-59 所示。此时，如果选择“是”按钮，保存图形，再次打开此图形的时候就会出现“无效的数字签名”警告，说明图形已经被其他人修改过了，如图 11-60 所示。

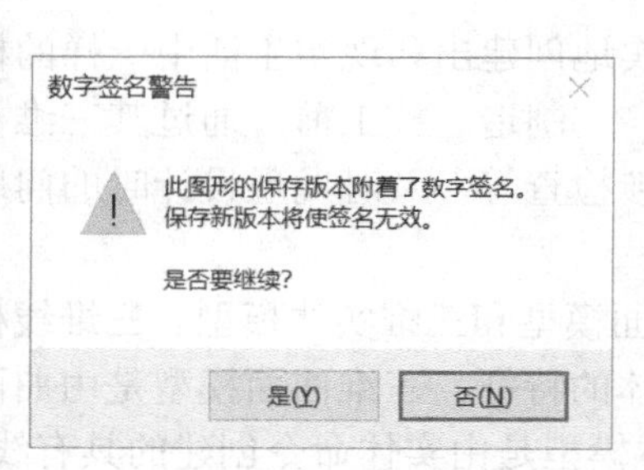

图 11-59　数字签名警告

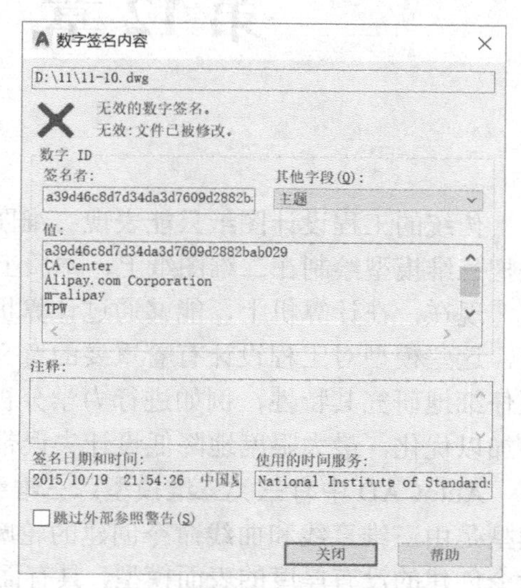

图 11-60　无效的数字签名

只有 AutoCAD 2004 以后格式的 dwg 文件支持保护和签名图形，如果将文件另存为更早版本的 dwg 文件，数字签名就会消失。

第 12 章　创建三维模型

传统的工程设计图纸只能表现二维图形，即使是三维轴测图也是设计人员利用轴测图画法把三维模型绘制在二维图纸上，本质上仍然是二维的。

现在，在计算机上，能够通过计算机辅助设计软件真实地创建出和现实生活中一样的模型，这些模型对工程设计有着重要的意义，可以在具体生产、制造、施工前，通过其三维模型仔细地研究其特性，例如进行力学分析、运动机构的干涉检查等，及时发现设计时的问题并加以优化，最大限度地降低设计失误带来的损失。

AutoCAD 中有三类三维模型：三维线框模型、三维曲面模型和三维实体模型。三维线框模型是由三维直线和曲线命令创建的轮廓模型，没有面和体的特征；三维曲面模型是由曲面命令创建的没有厚度的表面模型，具有面的特征；三维实体模型是由实体命令创建的具有线、面、体特征的实体模型，AutoCAD 提供了丰富的实体编辑和修改命令，各实体之间可以进行多种布尔运算命令，从而可以创建出复杂形状的三维实体模型。

AutoCAD 2020 提供了更利于创建三维对象的工作空间，配合动态输入，让简单三维模型更接近参数化，并且增加了动态 UCS 等工具，让 AutoCAD 三维建模变得更加简单容易。

本章重点介绍创建和编辑三维实体模型（不介绍三维线框模型和三维曲面模型），可以通过以下内容来掌握创建三维实体模型的方法。

- 设置三维环境
- 创建三维实体模型
- 三维实体模型生成二维平面图形

12.1　设置三维环境

AutoCAD 2020 专门为三维建模设置了三维的工作空间，需要使用时，只要从状态栏工作空间的列表中选择“三维建模”即可，如图 12-1 所示。

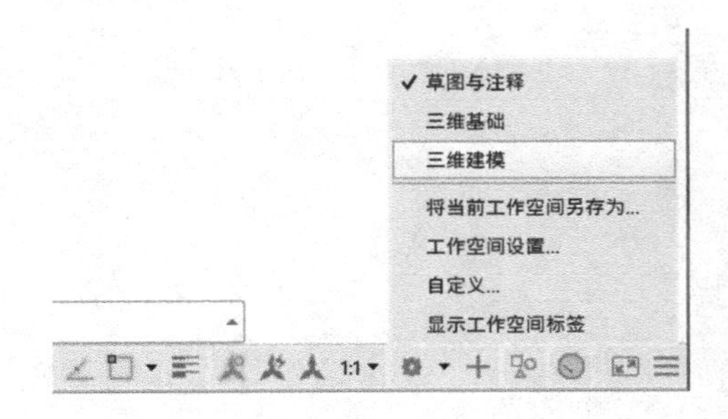

图 12-1　工作空间列表

新建图形时使用“acadiso3D.dwt”样板图，并且选择了“三维建模”工作空间后，整个工作界面成为专门为三维建模设置的环境，如图 12-2 所示，绘图区域成为一个三维的视图，上方的按钮标签变为一些三维建模常用的设置。

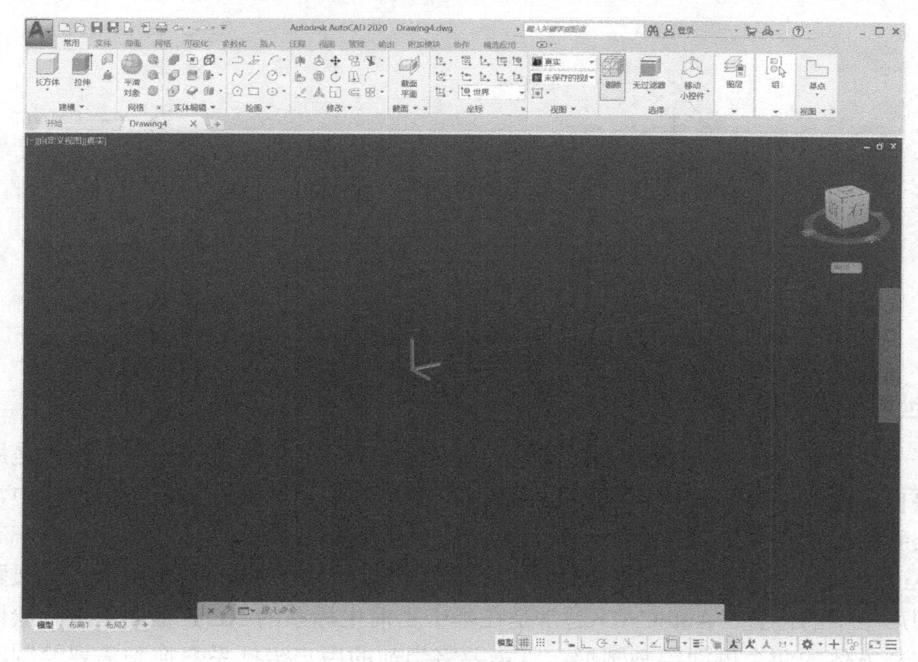

图 12-2　三维建模工作空间

12.1.1　三维建模使用的坐标系

在第 2 章中曾经介绍过 AutoCAD 中的坐标划分，对于笛卡儿坐标系（直角坐标）和极坐标系，在三维空间中应该有所扩展。

1．三维笛卡儿坐标系

笛卡儿坐标系在三维空间扩展为三维笛卡儿坐标系，增加了 *Z* 轴，坐标将表示为：(*X*，*Y*，*Z*)，如图 12-3 所示。

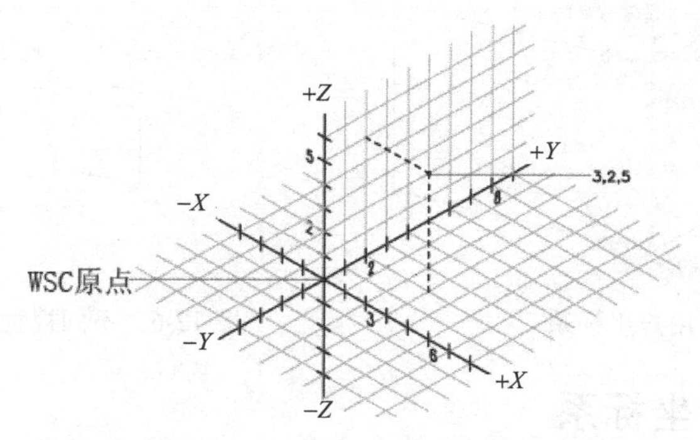

图 12-3　三维笛卡儿坐标系

2．柱坐标系与球坐标系

对于极坐标系在三维空间中有两种扩展，一种是增加了 *Z* 轴的柱坐标系，一种是增加了与 *XY* 平面所成的角度的球坐标系，如图 12-4 所示，柱坐标表示为：(*X*<[与 *X* 轴所成的角度]，*Z*)，而球坐标将表示为：(*X*<[与 *X* 轴所成的角度] < [与 *XY* 平面所成的角度])。

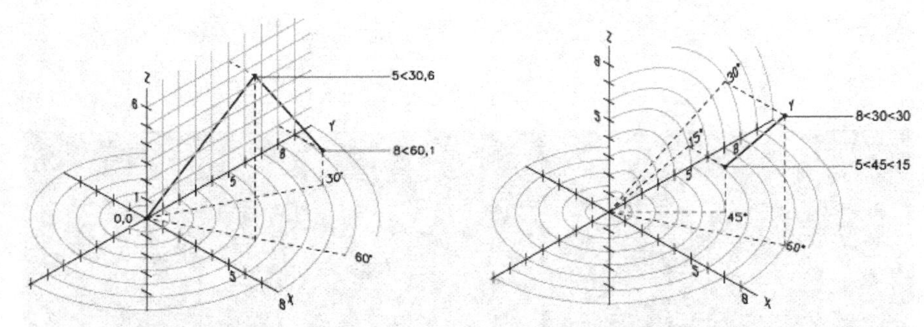

图 12-4　柱坐标系（左图）与球坐标系（右图）

3. 世界坐标系与用户坐标系

还有一种坐标分类：一个是被称为世界坐标系（WCS）的固定坐标系；一个是用户根据绘图需要自己建立的被称为用户坐标系（UCS）的可移动坐标系。系统初始设置中，这两个坐标系在新图形中是重合的，系统一般只显示用户坐标系。

在 AutoCAD 三维建模中，主要使用的都是用户坐标系，如图 12-5 所示。如果默认的坐标系在图形中下的位置，AutoCAD 通常是在基于当前坐标系的 XOY 平面上进行绘图的，如果想要在立方体的两个侧面绘制圆形，就需要将当前的用户坐标系变换到需要绘制圆形的平面上去，如图变换到 UCS1 后可以在左侧立面绘制圆形，变换到 UCS2 后则可以在右侧立面绘制圆形。

坐标轴在三维建模环境中默认显示于绘图区域的右下角，如图 12-6 所示，根据选择的视觉样式的不同而有所区别，左图使用的是“二维线框”视觉样式的坐标轴显示，右图是“三维隐藏”“三维线框”“概念”“真实”等视觉样式的坐标轴显示。这几个视觉样式是在如图 12-2 所示“视图”面板“视觉样式”下拉列表中切换。

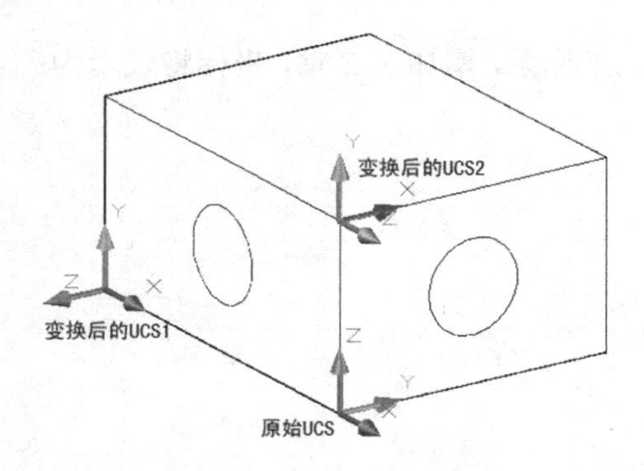

图 12-5　用户坐标系

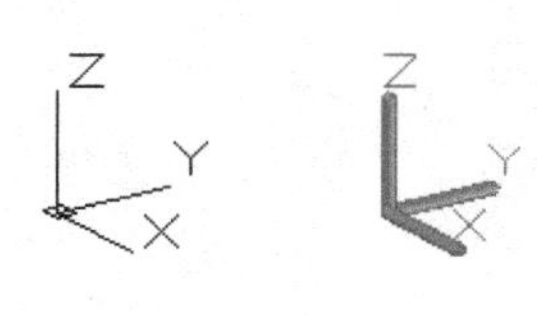

图 12-6　不同视觉样式的坐标轴显示

12.1.2　创建用户坐标系

AutoCAD 通常是在基于当前坐标系的 XOY 平面上进行绘图的，这个 XOY 平面称为构造平面。在三维环境下绘图需要在三维模型不同的平面上绘图，因此，要把当前坐标系的 XOY 平面变换到需要绘图的平面上，也就是需要创建新的坐标系——用户坐标系，这样可以清楚、方便地创建三维模型。

1. 创建用户坐标系

所谓创建用户坐标系，也可以理解为变换用户坐标系，就是要重新确定坐标系新的原点和新的 *X* 轴、*Y* 轴、*Z* 轴方向。用户可以按照需要定义、保存和恢复任意多个用户坐标系。AutoCAD 提供了多种方式来创建用户坐标系。

创建用户坐标系的方式有以下两种。

- 功能区：【常用】标签|【坐标】面板，如图 12-7 所示；
- 命令行：ucs↙。

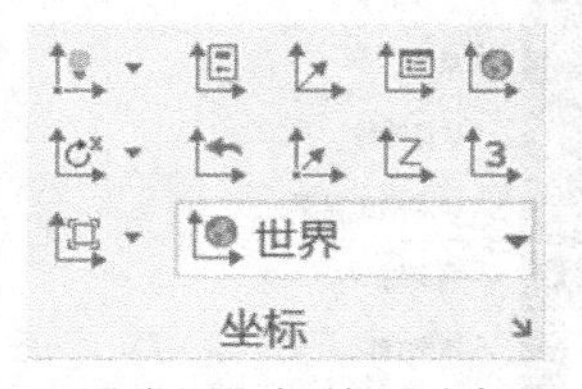

图 12-7 【常用】标签|【坐标】面板

使用【坐标】面板命令按钮或命令行输入命令比较方便快捷。

2. 创建用户坐标系命令说明

激活 UCS 命令后，命令行响应如下。

命令:ucs↙

当前 UCS 名称: *世界*

指定 UCS 的原点或 [面(F)/命名(NA)/对象(OB)/上一个(P)/视图(V)/世界(W)/X/Y/Z/Z 轴(ZA)] <世界>:

命令选项的说明如下。

（1）面（F）：将 UCS 与实体对象的选定面对齐。UCS 的 *X* 轴将与找到的第一个面上的最近的边对齐。

（2）命名（NA）：按名称保存并恢复通常使用的 UCS 方向。

（3）对象（OB）：在选定图形对象上定义新的坐标系。AutoCAD 对新原点和 *X* 轴正方向有明确的规则。所选图形对象不同，新原点和 *X* 轴正方向规则也不同。

（4）上一个（P）：恢复上一个 UCS。程序会保留在图纸空间中创建的最后 10 个坐标系和在模型空间中创建的最后 10 个坐标系。

（5）视图（V）：以垂直于观察方向（平行于屏幕）的平面为 *XY* 平面，建立新的坐标系。UCS 原点保持不变。在这种坐标系下，我们可以对三维实体进行文字注释和说明，如图 12-8 所示。

（6）世界（W）：将当前用户坐标系设置为世界坐标系。

（7）X（X）：将当前 UCS 绕 *X* 轴旋转指定角度。

（8）Y（Y）：将当前 UCS 绕 *Y* 轴旋转指定角度。

（9）Z（Z）：将当前 UCS 绕 *Z* 轴旋转指定角度。

（10）*Z* 轴（ZA）：用指定新原点和指定一点为 *Z* 轴正方向的方法创建新的 UCS。

3. 动态 UCS

在 AutoCAD 2020 中提供了动态 UCS 工具，如图 12-8 所示，想要使用这个工具，首先要单击状态栏右下角【自定义】按钮，在弹出菜单中勾选【动态 UCS】菜单项，此时状态栏上会出现【动态 UCS】开关，使用动态 UCS 功能，可以在创建对象时使 UCS 的 *XY* 平面自动与实体模型上的平面临时对齐。

实际操作的时候，先激活创建对象的命令，然后将光标移动到想要创建对象的平面，该平面就会自动亮显，表示当前的 UCS 被对齐到此平面上，接下来就可以在此平面上继续创建命令。

图 12-8　动态 UCS 状态栏开关

动态 UCS 实现的 UCS 创建是临时的，当前的 UCS 并不真正切换到这个临时的 UCS 中，创建完对象后，UCS 还是回到创建对象前所在的状态。

打开本书配套素材中练习文件“12-1.dwg”，尝试用 UCS 命令或动态 UCS 将当前的 UCS 修改到左右两个侧面上，并在中心绘制半径为 50 的圆，如图 12-5 所示。

12.1.3　观察显示三维模型

创建三维模型要在三维空间进行绘图，不但要变换用户坐标系，还要不断变换三维模型显示方位，也就是设置三维观察视点的位置，这样才能从空间不同方位的来观察三维模型，使得创建三维模型更加方便快捷。

在三维建模环境中，主要是靠绘图区域右侧的“导航栏”对三维模型的观察方位进行变换，如图 12-9 所示。包括“全导航控制盘”“平移”“范围缩放”“动态观察”“ShowMotion”等工具。

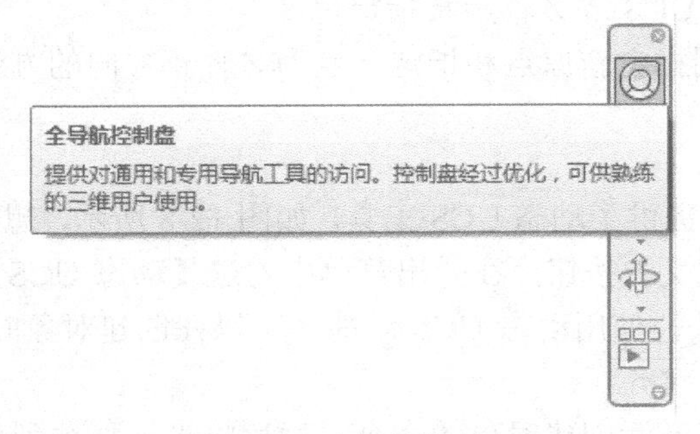

图 12-9　全导航控制盘

1．特殊视图观察三维模型

【常用】标签|【视图】面板【三维导航】视图列表中列举了一些特殊的观察视图，有工程图的六个标准视图方向，如“俯视”“主视”等，还有四个轴测图方向，如“西南等轴测”“东南等轴测”等。

打开本书配套素材中练习文件“12-2.dwg”，在这个文件中有一个轴承座的三维模型，在视图列表中选择“西南等轴测”和“主视”等视图来观察模型，可以看到如图 12-10 所示观察的效果。

在变换六个标准视图方向的时候，当前的 UCS 会随着变换过去，也就是说，当前的视图平面与 UCS 的 XOY 平面平行；而变换四个轴测图视图的时候，UCS 不会变化，下面会谈到的动态观察不会改变 UCS。

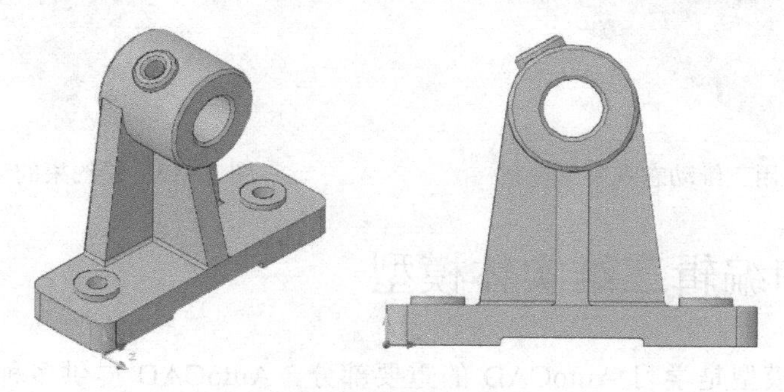

图 12-10　特殊视图观察三维模型

2．使用动态观察查看三维模型

AutoCAD 的动态观察可以动态、交互式、直观地观察显示三维模型，从而使创建三维模型更为方便。

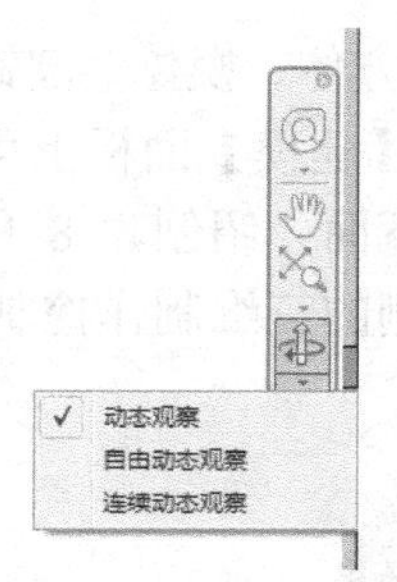

图 12-11　【动态观察】下拉式列表

默认的 AutoCAD 三维建模环境中，绘图区域右侧的“导航栏”上有一个【动态观察】下拉式列表，按住此按钮会进一步弹出三个菜单项，分别是【动态观察】、【自由动态观察】和【连续动态观察】，如图 12-11 所示。

打开本书配套素材中的“12-2.dwg”文件，对此模型进行动态观察，步骤如下。

（1）选择【动态观察】下拉式【自由动态观察】，进入自由动态观察状态，如图 12-12 所示。三维动态观察器有一个三维动态圆形轨道，轨道的中心是目标点。当光标位于圆形轨道的 4 个小圆上时，光标图形变成椭圆形，此时拖动鼠标，三维模型将会绕中心的水平轴或垂直轴旋转；当光标在圆形轨道内拖动时，三维模型绕目标点旋转；当光标在圆形轨道外拖动时，三维模型将绕目标点顺时针方向（或逆时针方向）旋转。

（2）选择【动态观察】下拉式【连续动态观察】，进入连续观察状态，按住鼠标左键拖动模型旋转一段后松开鼠标，模型会沿着拖动的方向继续旋转，旋转的速度取决于拖动模型旋转时的速度。可通过再次单击并拖动来改变连续动态观察的方向或者单击一次来停止转动。

（3）选择【动态观察】下拉式【动态观察】，进入受约束的动态观察状态，如图 12-13 所示。这是更易用的观察器，基本的使用方法和自由动态观察差不多，与自由动态观察不同的是，在进行动态观察的时候，垂直方向的坐标轴（通常是 *Z* 轴）会一直保持垂直，这对于工程模型特别是建筑模型的观察非常有用，这个观察器将保持建筑模型的墙体一直是垂直的，不至于将模型旋转到一个很不易理解的倾斜角度。

在进行这三种动态观察的时候，随时可以通过右键快捷菜单切换到其他观察模式。

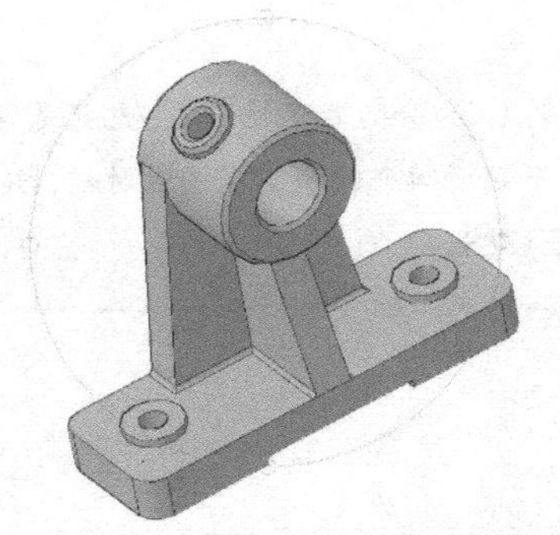

图 12-12　使用三维动态观察器观察

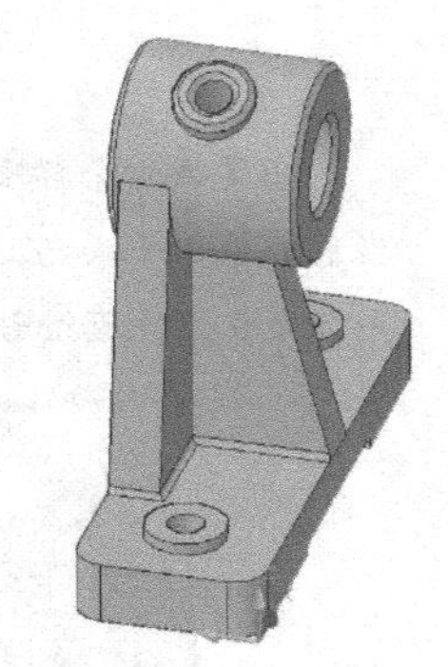

图 12-13　受约束的动态观察

12.2　创建和编辑三维实体模型

创建三维实体模型是学习 AutoCAD 的重要部分。AutoCAD 提供多种创建、编辑三维实体模型的命令。三维实体模型可以由基本实体命令创建，也可以由二维平面图形生成三维实体模型。我们可以编辑三维实体模型的指定面，编辑三维实体模型的指定边，还可以编辑三维实体模型中的体。使用对基本实体的布尔运算可以创建出复杂的三维实体模型。

12.2.1　可直接创建的 8 种基本形体

AutoCAD 2020 可直接创建出 8 种基本形体，分别是多段体、长方体、楔体、圆锥体、球体、圆柱体、棱锥面、圆环体，如图 12-14 所示。在【常用】标签|【建模】面板上可以找到这些命令的按钮，包括【多段体】按钮和【长方体】下拉式按钮，下面介绍创建 8 种基本形体的操作要点，这些基本形体的创建命令按钮都集中在工作界面右侧的三维制作控制台中。

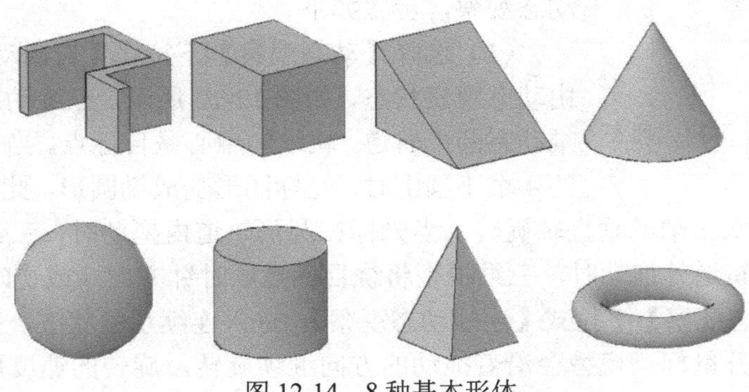

图 12-14　8 种基本形体

（1）多段体（polysolid）

该命令的功能是创建矩形轮廓的实体，也可以将现有直线、二维多线段、圆弧或圆转换为具有矩形轮廓的实体，类似建筑墙体，主要命令行提示选项如下。

命令: _polysolid 高度 = 80.0000, 宽度 = 5.0000, 对正 = 居中

指定起点或 [对象(O)/高度(H)/宽度(W)/对正(J)] <对象>:

指定下一个点或 [圆弧(A)/放弃(U)]:

指定下一个点或 [圆弧(A)/放弃(U)]:

指定下一个点或 [圆弧(A)/闭合(C)/放弃(U)]:

通过“高度”和“宽度”命令项可以调整墙体的当前高度和宽度，“对正”命令项可以选择墙体的对正方式，“对象”命令项可以将现有的直线、二维多线段、圆弧或圆转换为墙体。

（2）长方体（box）

该命令的功能是创建长方体实体，主要命令行提示选项如下。

命令: _box

指定第一个角点或 [中心(C)]:

指定其他角点或 [立方体(C)/长度(L)]:

指定高度或 [两点(2P)] <100>:

该命令可通过指定空间长方体两对角点的位置来创建长方体实体，在选取命令的不同选项后，根据相应提示进行操作或输入数值即可。应当注意的是，该命令创建的实体边或长宽高方向均与当前 UCS 的 *X*、*Y*、*Z* 轴平行。输入数值为正，则沿着坐标轴正方向创建实体，输入数值为负，则沿着坐标轴的负方向创建实体，尖括号内的值是上次创建长方体时输入的高度。

（3）楔体（wedge）

该命令的功能是创建楔体实体，主要命令行提示选项如下。

命令: _wedge

指定第一个角点或 [中心(C)]:

指定其他角点或 [立方体(C)/长度(L)]:

指定高度或 [两点(2P)] <100>:

创建楔体命令和创建长方体命令操作方法类似，只是创建出来的对象不同，指定高度时尖括号内的值是上次创建楔体时输入的高度。

（4）圆锥体（cone）

该命令的功能是创建圆锥体或椭圆形锥体实体，主要命令行提示选项如下。

命令: _cone

指定底面的中心点或 [三点(3P)/两点(2P)/切点、切点、半径(T)/椭圆(E)]:

指定底面半径或 [直径(D)] <100.0000>:

指定高度或 [两点(2P)/轴端点(A)/顶面半径(T)] <100.0000>:

创建圆锥体命令和创建圆柱体命令的操作方法类似，只是创建出来的对象不同，指定高度时尖括号内的值是上次创建圆锥体时输入的高度。

（5）球体（sphere）

该命令的功能是创建球体实体，主要命令行提示选项如下。

命令: _sphere

指定中心点或 [三点(3P)/两点(2P)/切点、切点、半径(T)]:

指定半径或 [直径(D)] <100.0000>:

系统变量 ISOLINES 的大小反映了每个面上的网格线段，这只是显示上的设置，在AutoCAD 中保存的是一个真正几何意义上的球体，并非网格线。按提示输入半径或直径就可以生成球体，指定半径时尖括号内的值是上次创建球体时输入的半径。

（6）圆柱体（cylinder）

该命令的功能是创建圆柱体或椭圆柱体实体，主要命令行提示选项如下。

命令: _cylinder

指定底面的中心点或 [三点(3P)/两点(2P)/切点、切点、半径(T)/椭圆(E)]:

指定底面半径或 [直径(D)] <100.0000>:

指定高度或 [两点(2P)/轴端点(A)] <200.0000>:

创建圆柱体需要先在 XOY 平面中绘制出圆或椭圆，然后给出高度或另一个圆心，指定半径时尖括号内的值是上次创建圆柱体时输入的半径，而指定高度时尖括号内的值是上次创建圆柱体时输入的高度。

（7）棱锥面（pyramid）

该命令主要功能是可以创建实体棱锥体。创建时可以定义棱锥体的侧面数，主要命令行提示选项如下。

命令: _pyramid

4 个侧面　外切

指定底面的中心点或 [边(E)/侧面(S)]: s

输入侧面数 <4>: 6

指定底面的中心点或 [边(E)/侧面(S)]: e

指定边的第一个端点:

指定边的第二个端点:

指定高度或 [两点(2P)/轴端点(A)/顶面半径(T)] <200.0000>:

创建棱锥体命令操作的前面部分类似创建二维的正多边形（polygon 命令）的操作，不同的是，完成多边形创建后还需要指定棱锥面的高度，指定高度时尖括号内的值是上次创建棱锥面时输入的高度。

（8）圆环体（torus）

该命令主要功能是创建圆环形实体，主要命令行提示选项如下。

命令: _torus

指定中心点或 [三点(3P)/两点(2P)/切点、切点、半径(T)]:

指定半径或 [直径(D)] <100.0000>:

指定圆管半径或 [两点(2P)/直径(D)] <25>:

创建圆环体首先需要指定整个圆环的尺寸，然后再指定圆管的尺寸，指定半径时尖括号内的值是上次创建圆环体时输入的半径，而指定圆管半径时尖括号内的值是上次创建圆环体时输入的圆管半径。

12.2.2　几种由平面图形生成三维实体的方法

AutoCAD 提供了四种由平面封闭多段线（或面域）图形作为截面，在【常用】标签|【建模】面板【拉伸】下拉列表中可以找到这些命令的按钮。通过拉伸、旋转、扫掠、放样创建三维实体的方法，操作要点如下。

（1）拉伸（extrude）

该命令主要用于由二维平面创建三维实体，主要例行行提示选项如下。

命令: _extrude

当前线框密度:　ISOLINES=4，闭合轮廓创建模式 = 实体

选择要拉伸的对象或 [模式(MO)]: _MO 闭合轮廓创建模式 [实体(SO)/曲面(SU)] <实体>: _SO

选择要拉伸的对象或 [模式(MO)]: 找到 1 个

选择要拉伸的对象或 [模式(MO)]:

指定拉伸的高度或 [方向(D)/路径(P)/倾斜角(T)/表达式(E)] <200.0000>:

指定高度时尖括号内的值是上次创建拉伸模型时输入的高度。若选取“路径（P）”，则出现提示如下。

选择拉伸路径或 [倾斜角]:

用于拉伸的二维对象应该是封闭的，默认按照直线拉伸。也可以选择按路径曲线拉伸，路径可以封闭，也可以不封闭。模式（MO）用于确定拉伸的对象是实体或曲面，默认是实体。图 12-15 及图 12-16 是该命令路径拉伸的图例说明，相关的练习图形在本书配套素材中练习文件“12-3.dwg”“12-4.dwg”“12-5.dwg”“12-6.dwg”中。

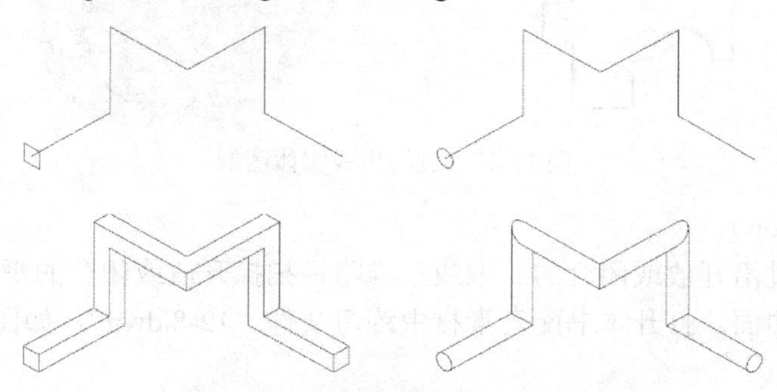

图 12-15　直线路径拉伸的图例

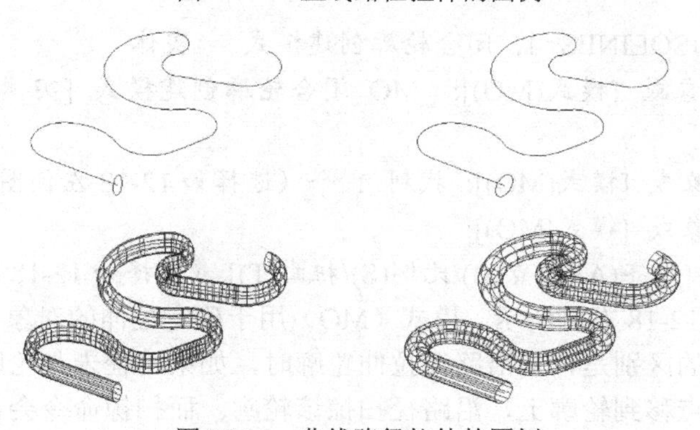

图 12-16　曲线路径拉伸的图例

（2）旋转（revolve）

该命令的主要功能是由二维平面绕空间轴旋转来创建三维实体。主要命令行提示选项如下。

当前线框密度：ISOLINES=4，闭合轮廓创建模式 = 实体

选择要旋转的对象或 [模式(MO)]: _MO 闭合轮廓创建模式 [实体(SO)/曲面(SU)] <实体>: _SO

选择要旋转的对象或 [模式(MO)]: 找到 1 个（选择如 12-17 左侧图所示封闭轮廓线）

选择要旋转的对象或 [模式(MO)]:（回车结束选择）

指定轴起点或根据以下选项之一定义轴 [对象(O)/X/Y/Z] <对象>:（回车选择对象）

选择对象：（选择如 12-17 左侧图所示中轴线）

指定旋转角度或 [起点角度(ST)/反转(R)/表达式(EX)] <360>:（回车接受 360°）

执行旋转命令的时候一定要注意，旋转截面不能横跨旋转轴两侧。模式（MO）用于确定拉伸的对象是实体或曲面，默认是实体。打开本书配套素材中练习文件“12-7.dwg”，将如图 12-17 左图所示的截面沿下方轴线旋转 360°，然后用“西南等轴测”视图来观察，图 12-17 右图是该命令的执行结果。

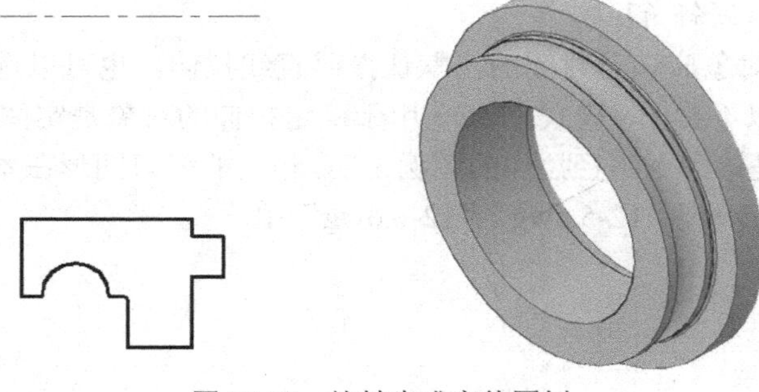

图 12-17　旋转生成实体图例

（3）扫掠（sweep）

该命令可以通过沿开放或闭合的二维或三维路径扫掠开放或闭合的平面曲线（截面轮廓）来创建新的实体或曲面。打开本书配套素材中练习文件“12-8.dwg”，如图 12-18 左侧所示，执行扫掠命令。

命令: _sweep

当前线框密度：ISOLINES=4，闭合轮廓创建模式 = 实体

选择要扫掠的对象或 [模式(MO)]: _MO 闭合轮廓创建模式 [实体(SO)/曲面(SU)] <实体>: _SO

选择要扫掠的对象或 [模式(MO)]: 找到 1 个（选择如 12-18 左侧图中小圆）

选择要扫掠的对象或 [模式(MO)]:

选择扫掠路径或 [对齐(A)/基点(B)/比例(S)/扭曲(T)]:（选择如 12-18 左侧图中螺旋线）

执行的结果如图 12-18 右侧所示，模式（MO）用于确定拉伸的对象是实体或曲面，默认是实体。扫掠和拉伸的区别是，当沿路径拉伸轮廓时，如果路径未与轮廓相交，拉伸命令会将生成的对象的起始点移到轮廓上，沿路径扫掠该轮廓。而扫掠命令会在路径所在的位置生成新对象。

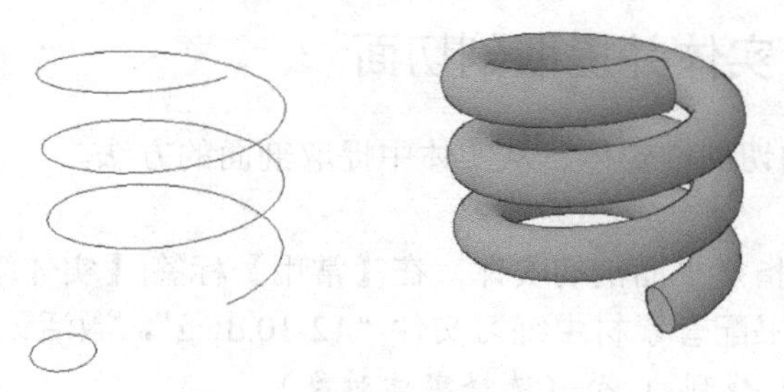

图 12-18　扫掠生成实体图例

（4）放样（loft）

该命令可以通过对包含两条或两条以上横截面曲线的一组曲线进行放样（绘制实体或曲面）来创建三维实体或曲面。打开本书配套素材中练习文件“12-9.dwg”，如图 12-19 左侧所示，【常用】标签|【建模】面板【拉伸】下拉式【放样】按钮，执行放样命令。

命令: _loft

当前线框密度: ISOLINES=4，闭合轮廓创建模式 = 实体

按放样次序选择横截面或 [点(PO)/合并多条边(J)/模式(MO)]: _MO 闭合轮廓创建模式 [实体(SO)/曲面(SU)] <实体>: _SO

按放样次序选择横截面或 [点(PO)/合并多条边(J)/模式(MO)]: 找到 1 个（如图 12-19 左侧所示从下向上依次选择曲线）

按放样次序选择横截面或 [点(PO)/合并多条边(J)/模式(MO)]: 找到 1 个，总计 2 个

按放样次序选择横截面或 [点(PO)/合并多条边(J)/模式(MO)]: 找到 1 个，总计 3 个

按放样次序选择横截面或 [点(PO)/合并多条边(J)/模式(MO)]: 找到 1 个，总计 4 个

按放样次序选择横截面或 [点(PO)/合并多条边(J)/模式(MO)]: 找到 1 个，总计 5 个

按放样次序选择横截面或 [点(PO)/合并多条边(J)/模式(MO)]:

选中了 5 个横截面

输入选项 [导向(G)/路径(P)/仅横截面(C)/设置(S)] <仅横截面>: s（选择放样设置）

最后会弹出【放样设置】对话框，如图 12-20 所示。直接单击【确定】按钮接受默认的设置，最后结果如图 12-19 右侧所示。

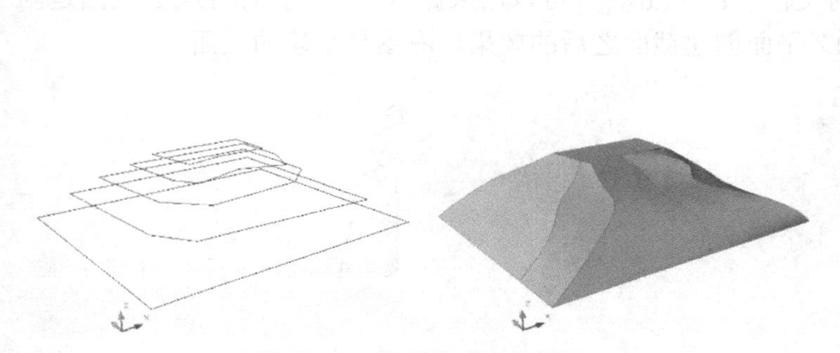

图 12-19　放样生成实体图例

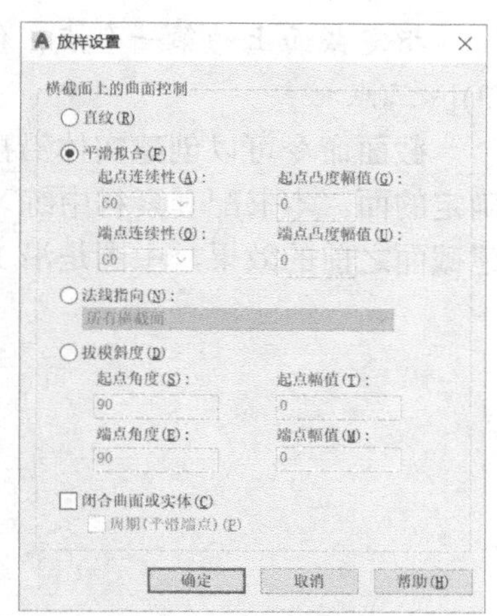

图 12-20　【放样设置】对话框

12.2.3 剖切三维实体并提取剖切面

AutoCAD 提供了剖切三维实体、从实体中提取剖面的方法。

（1）剖切（slice）

该命令主要功能是指定平面剖切实体，在【常用】标签|【实体编辑】面板【剖切】按钮可以激活命令，打开本书配套素材中练习文件“12-10.dwg”，激活该命令，提示选项如下。

选择要剖切的对象: 找到 1 个（选择实体对象）

选择要剖切的对象:

指定切面的起点或 [平面对象(O)/曲面(S)/z 轴(Z)/视图(V)/xy(XY)/yz(YZ)/zx(ZX)/三点(3)] <三点>: yz（选择 YZ 平面）

指定 YZ 平面上的点 <0,0,0>: _mid 于（拾取底边中点）

在所需的侧面上指定点或 [保留两个侧面(B)] <保留两个侧面>:（回车接受）

剖切命令可将实体切开，切开面沿着指定的轴、平面或三点确定的面，切开后的实体沿切开面变成了两个，可以保留两个，也可以只保留一侧。图 12-21 左图是剖切之前的图形，右图是沿 *YZ* 平面剖切后并移开的结果。

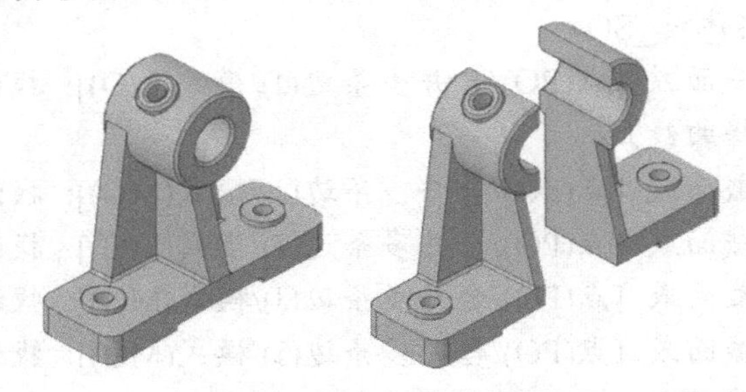

图 12-21　剖切实体图例

（2）截面（section）

该命令的主要功能是在实体内创建截面面域，可从命令行输入 section 激活命令，主要提示选项如下。

选择对象:

指定截面上的第一个点，依照 [对象(O)/Z 轴(Z)/视图(V)/XY(XY)/YZ(YZ)/ZX(ZX)/三点(3)] <三点>:

截面命令可以创建实体沿指定面切开后的截面，切开面可以沿着指定的轴、平面或三点确定的面。本书配套素材中练习文件“12-11.dwg”可以用来做这个练习，图 12-22 左图是创建截面之前的效果，中图是沿 *YZ* 平面创建截面之后的效果，右图是创建的截面。

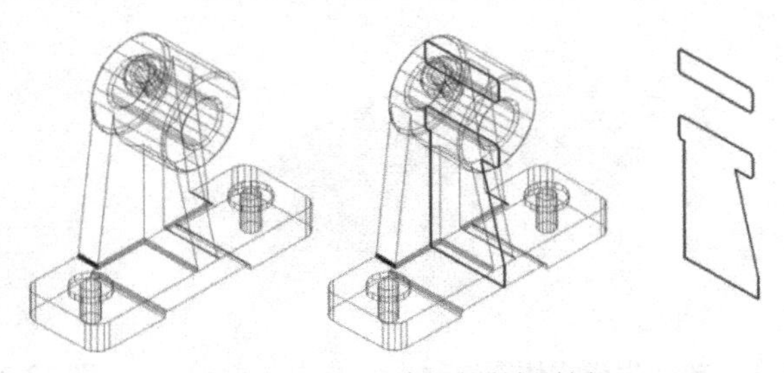

图 12-22　创建剖面面域图例

（3）截面平面（sectionplane）

截面平面是功能更强的截面命令，该命令可以创建截面对象，可以通过该对象查看使用三维对象创建的模型内部细节。在【常用】标签|【截面】面板【截面平面】按钮可以激活该命令。

创建截面对象后，可以移动并操作截面对象以调整所需的截面视图。打开本书配套素材练习文件中文件“12-12.dwg”，如图 12-23 左图所示，执行该命令，命令行显示如下。

命令: _sectionplane 选择面或任意点以定位截面线或 [绘制截面(D)/正交(O)]: o（选择正交方式）

将截面对齐至: [前(F)/后(A)/顶部(T)/底部(B)/左(L)/右(R)] <顶部>: L（选择左视图）

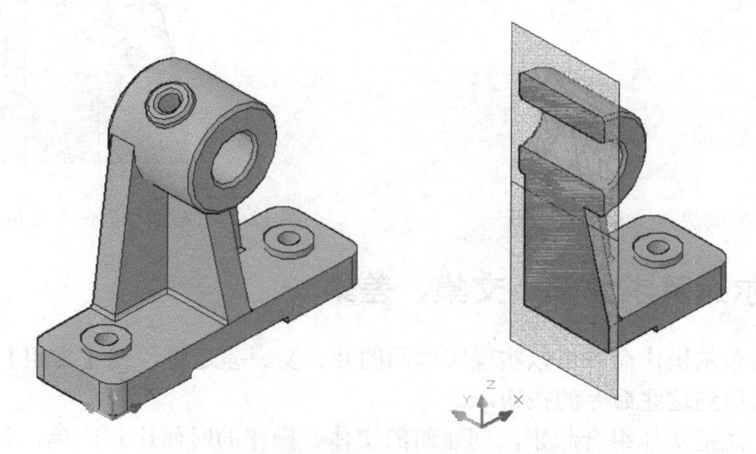

图 12-23　截面平面命令创建的剖面面域图例

执行完的结果如图 12-23 右图所示，单击截面平面，还可以激活截面平面的夹点，如图 12-24 所示，通过这几个夹点可以改变截面的位置、方向以及截面的形式。

选择截面平面后右击，弹出截面平面的右键快捷菜单，这个快捷菜单有一些特殊菜单项，如图 12-25 所示，通过这些菜单项可以实现显示切除的几何体、生成截面、为截面添加折弯等功能。

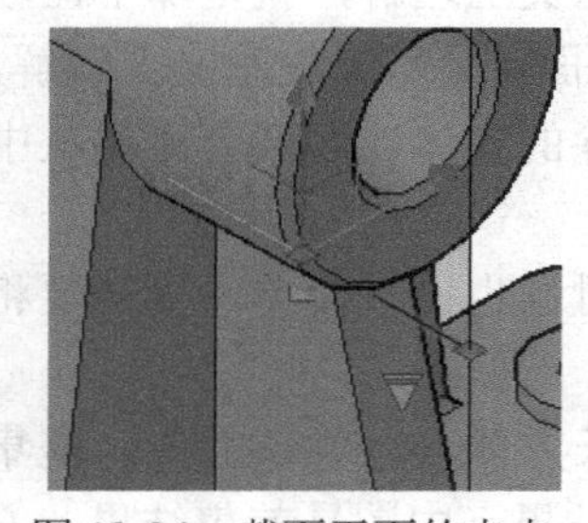

图 12-24　截面平面的夹点

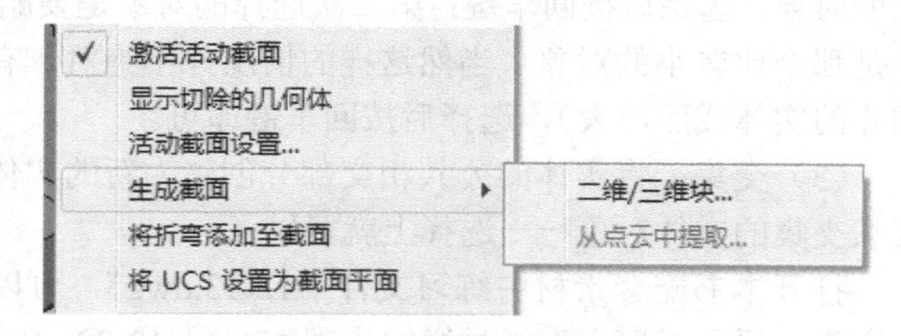

图 12-25　截面平面的快捷菜单

选择其中的【生成截面】|【二维/三维块...】菜单项，弹出【生成截面/立面】对话框，如图 12-26 所示，单击【创建】按钮接受默认选项，在绘图区域选择一个点作为截面图形的插入点，回车接受默认的插入比例，可以创建出二维截面图形，如图 12-27 所示。

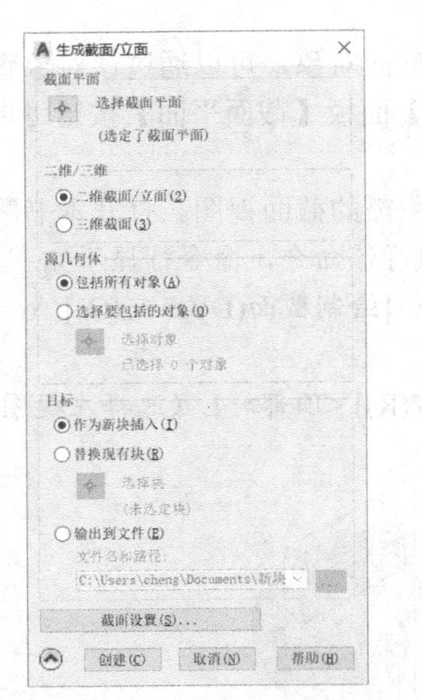

图 12-26 【生成截面/立面】对话框

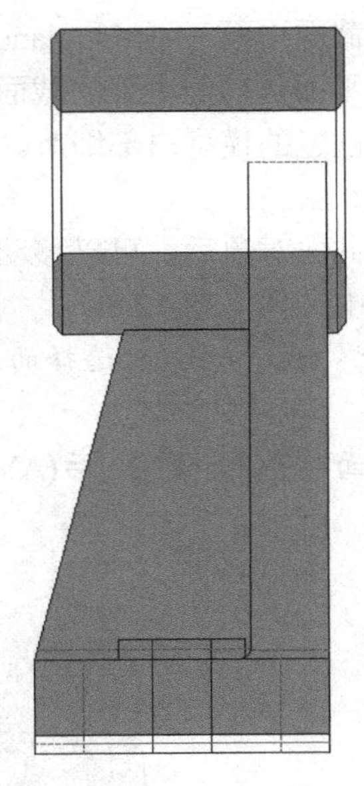

图 12-27 截面平面命令生成的二维截面图形

12.2.4 布尔运算求并集、交集、差集

实体编辑的布尔操作命令可以实现实体间的并、交、差运算，在【常用】标签|【实体编辑】面板上可以找到这些命令的按钮。

（1）并集：能把实体组合起来，创建新的实体。操作的时候比较简单，只要将要合并的实体对象一一选择上就可以了。

（2）差集：从实体中减去另外的实体，从而创建新的实体，主要选项提示如下。

命令: _subtract 选择要从中减去的实体、曲面和面域...
选择对象:
选择对象: 选择要减去的实体、曲面和面域...
选择对象:

第一次提示选择的对象是要从中删除的实体或面域，从一般意义上理解，就是那个比较大的对象，选完后按回车键；第二次选择的对象是要删除的实体或面域，从一般意义上理解，就是那个比较小的对象（当然这样的情况并不绝对，有时候要删除的实体或面域会比要从中删除的实体或面域大），选择后按回车键即可。

（3）交集：将实体的公共相交部分创建为新的实体，操作的时候也比较简单，只需要将要求交集的实体对象一一选择上就可以了。

打开本书配套素材中练习文件“12-13.dwg”，可以对这两个长方体一一尝试并集、差集与交集。采用“概念”视觉样式来观察，图 12-28 中左图是并集结果，中图是差集结果，右图是交集结果。

本书配套素材中练习文件“12-14.dwg”中有一个餐叉的两个方向的截面拉伸实体，对这两个实体应用交集，可以创建出餐叉的实体模型，如图 12-29 所示。

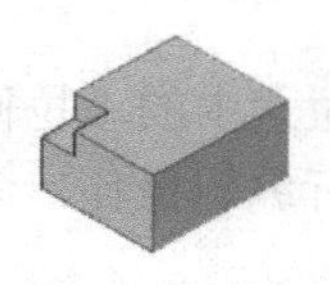

图 12-28　布尔操作命令图例

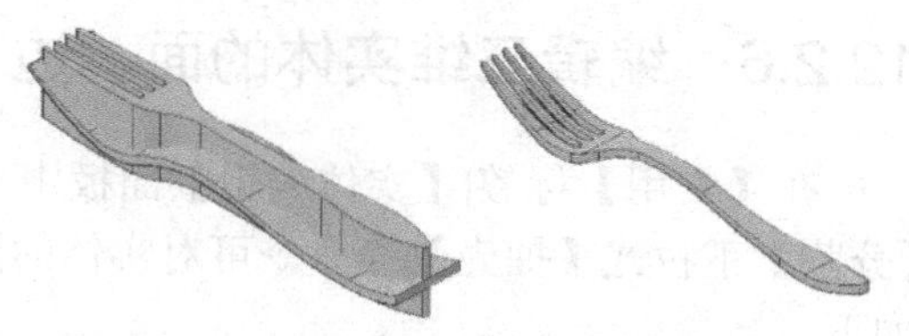

图 12-29　使用布尔运算差集创建的餐叉

12.2.5　倒角和圆角命令

在【常用】标签|【修改】面板【倒角】下拉式中的【倒角】和【圆角】命令除了能对二维图形进行倒角、圆角操作，还能够对三维实体进行倒角、圆角操作，不过操作过程有些区别。当选择到三维对象时，AutoCAD 会自动切换为三维倒角、圆角操作。

（1）倒角：对实体的外角、内角进行倒角操作，主要提示选项如下。

命令: _chamfer

(“修剪”模式) 当前倒角距离 1 = 0.0000，距离 2 = 0.0000

选择第一条直线或 [放弃(U)/多段线(P)/距离(D)/角度(A)/修剪(T)/方式(E)/多个(M)]:

基面选择...

输入曲面选择选项 [下一个(N)/当前(OK)] <当前(OK)>:

指定 基面 倒角距离或 [表达式(E)]: 8

指定 其他曲面 倒角距离或 [表达式(E)] <8.0000>:

选择边或 [环(L)]:

由于存在倒角的距离不一致的可能性，所以倒角时首先要选择倒角的基面，然后给出倒角的两个距离，接下来可以对内角和外角进行倒角，也可以一次选择对一个封闭的环进行倒角。本书配套素材中练习文件“12-15.dwg”可以用来做这个练习，对此实体进行倒角操作，两个距离均为 8，图 12-30 左图是倒角前的效果，右图是倒角后的效果。

（2）圆角：对实体的凸边、凹边进行圆角操作，主要提示选项如下。

命令: _fillet

当前设置: 模式 = 修剪，半径 = 0.0000

选择第一个对象或 [放弃(U)/多段线(P)/半径(R)/修剪(T)/多个(M)]:

输入圆角半径或 [表达式(E)]: 8

选择边或 [链(C)/半径(R)]:

圆角相对倒角命令要简单，首先要选择圆角的棱边，然后给出圆角的半径，接下来对内角和外角进行圆角。本书配套素材中练习文件“12-15.dwg”可以用来做这个练习，对此实体进行圆角操作，半径为 8，图 12-31 左图是圆角前的效果，右图是圆角后的效果。

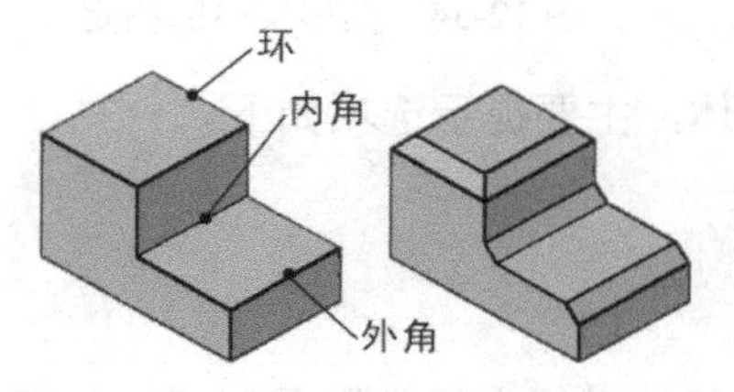

图 12-30　对实体进行倒角操作

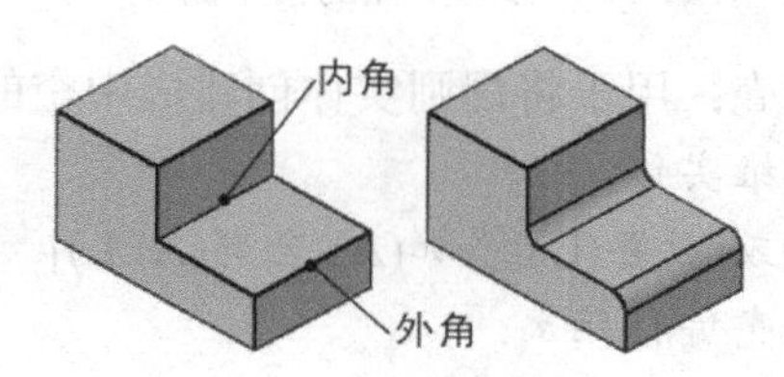

图 12-31　对实体进行圆角操作

12.2.6 编辑三维实体的面、边、体

在【常用】标签|【实体编辑】面板中【拉伸面】下拉式中的【拉伸面】、【移动面】以及【分割】下拉式【抽壳】等命令可对实体的面、边、体进行编辑操作，命令中各选项功能说明如下。

（1）拉伸面：按指定距离或路径拉伸实体的指定面，主要提示和选项如下。

选择面或 [放弃(U)/删除(R)]:

指定拉伸高度或 [路径(P)]:

指定拉伸的倾斜角度 <0>:

拉伸面可以对实体上的某个面进行拉伸。本书配套素材中练习文件“12-15.dwg”可以用来做这个练习。对此实体进行顶面拉伸，高度为 20，倾斜角度 15，图 12-32 左图是拉伸面前的效果，右图是拉伸面后的效果。

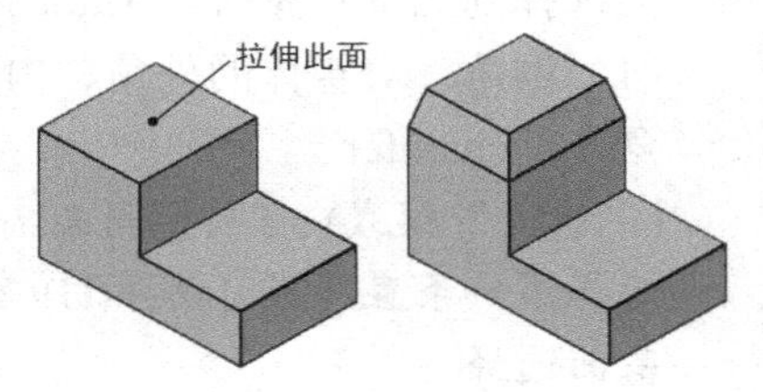

图 12-32 拉伸实体的指定面

（2）移动面：按指定距离移动实体的指定面，主要提示选项如下。

选择面或 [放弃(U)/ 删除(R)]:

指定基点或位移:

指定位移的第二点:

移动面可以像移动二维对象一样移动实体上的面，实体会随之变化。本书配套素材中练习文件“12-15.dwg”可以用来做这个练习。向上移动此实体顶面 30，图 12-33 左图是移动面前的效果，右图是移动面后的效果。

（3）偏移面：用于等距离偏移实体的指定面，主要提示选项如下。

选择面或 [放弃(U)/ 删除(R)]:

选择偏移距离:

偏移面可以像偏移二维对象一样偏移实体上的面，实体会随之变化。本书配套素材中练习文件“12-15.dwg”可以用来做这个练习。偏移此实体的两个面各 20 个单位，图 12-34 左图是偏移面前的效果，右图是偏移面后的效果。

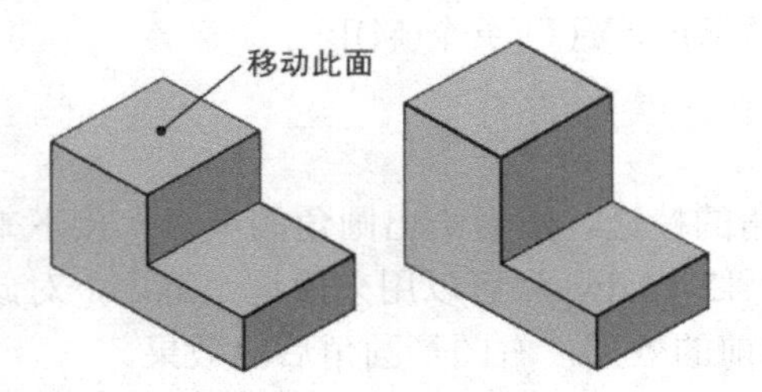

图 12-33 移动实体的指定面

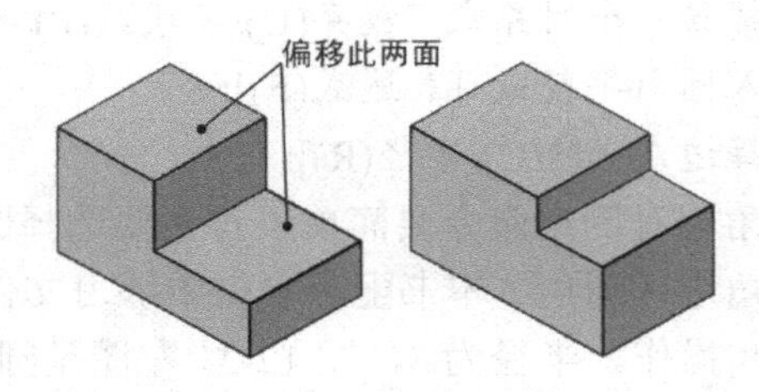

图 12-34 偏移实体的指定面

（4）抽壳：用于将规则实体创建成中空的壳体，主要提示选项如下。

选择三维实体:

删除面或[放弃(U)/添加(A)/全部(ALL)]:

输入抽壳偏移距离:

抽壳是三维实体造型中重要的命令之一，实际的设计中经常需要创建一些壳体，抽壳时

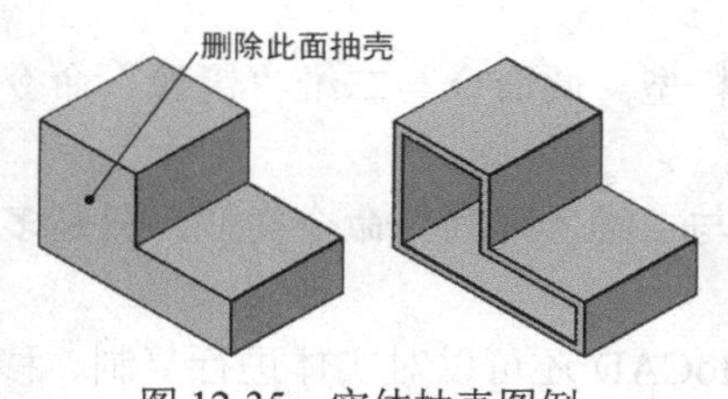

图 12-35　实体抽壳图例

会提示删除部分面以使抽壳后的空腔露出来。注意，删除完需要删除的面以后，不要再删除其他面，否则可能导致一些面的丢失。另外，实体上有倒角或圆角的，要注意距离或半径不要小于抽壳厚度，否则可能抽壳失败。本书配套素材中练习文件“12-15.dwg”可以用来做这个练习，抽壳时删除左侧面，抽壳偏移距离为 5，图 12-35 左图是抽壳前的效果，右图是抽壳后的效果。

除了可以对面进行操作，在实体编辑命令中还可以对体、边进行操作，读者有兴趣可以在执行上面命令时选择其他相应选项进行实践。

12.2.7　三维位置操作命令

在【常用】标签|【修改】面板中的【三维移动】、【三维旋转】、【对齐】、【三维对齐】、【三维镜像】、【三维阵列】等命令选项，可实现实体的三维空间位置操作，各命令功能要点说明如下。

（1）三维移动：这个工具可以将移动约束到轴上，有两种操作方式，一种是三维移动命令的方式，操作起来类似二维的移动，增加了一项约束轴的选择，另外的操作方式是选中对象后进行移动，坐标轴变化如图 12-36 所示，可以选中某个坐标轴或两个坐标轴，然后将移动约束到选中的坐标轴中，左图是选中对象后坐标轴的变化，中图是约束到其中一个坐标轴的变化，右图是约束到其中两个坐标轴的变化。

（2）三维旋转：这个工具用于将三维模型绕空间指定轴旋转一定角度，执行此命令后，提示指定旋转基点，指定基点后坐标轴也有所变化，如图 12-37 所示，左图为尚未选择旋转轴，右图为约束到某个旋转轴上。

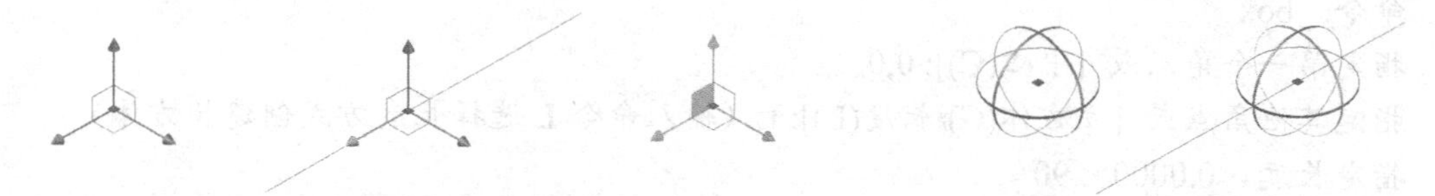

图 12-36　三维移动的坐标轴变化　　图 12-37　三维旋转的坐标轴变化

（3）三维缩放：这个工具用于在三维视图中，显示三维缩放小控件以协助调整三维对象的大小。通过三维缩放小控件，用户可以沿轴、沿平面或统一调整对象的大小。如图 12-38 所示，左图为按同一比例缩放，中图为将缩放约束至 *YZ* 平面，右图为将缩放约束至 *Y* 轴。

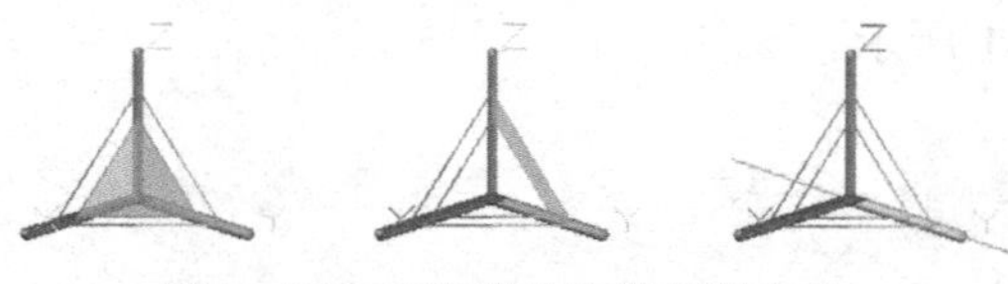

图 12-38　三维缩放的坐标轴变化

（4）三维对齐：这个命令操作方式与“对齐”有些区别，可以为源对象指定一个、两个或三个点。然后，可以为目标指定一个、两个或三个点。将移动和旋转选定的对象，使三维空间中的源和目标的基点、*X* 轴和 *Y* 轴对齐。三维对齐可以用于配合动态 UCS（DUCS），可以动态地拖动选定对象并使其与实体对象的面对齐。

（5）三维镜像：用于创建对称于选定平面的三维镜像模型。此命令与二维“镜像”命令类似，只不过不是选择镜像对称线，而是选择镜像对称面。

（6）三维阵列：用于创建实体模型三维阵列。此命令与二维“阵列”命令类似，只是多了一个 Z 轴高度方向的阵列层数。

以上我们介绍了创建和编辑修改三维实体的命令，AutoCAD 还可以对实体进行复制、移动、旋转、分解、干涉、实体查询和列表等操作。

12.2.8　创建三维机械实体模型综合实例

下面创建如图 12-39 所示的轴承座的三维机械实体模型，通过此创建过程来体会创建和编辑三维实体模型命令的使用。在这个操作示例中可以看到创建和编辑三维实体命令的使用，也可以看到由二维平面图形生成三维实体模型的操作方法。

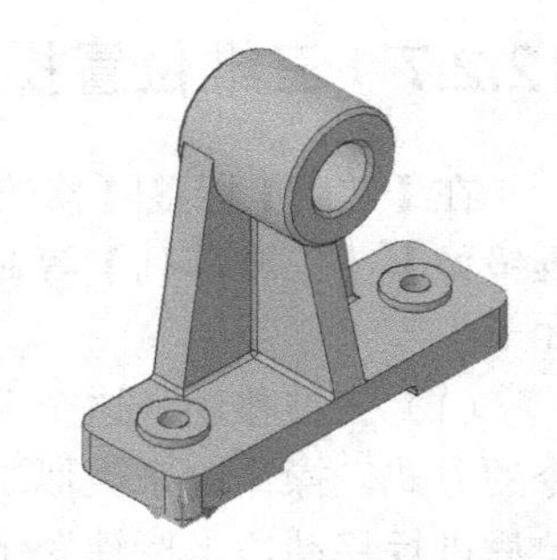

图 12-39　轴承座三维实体模型

此练习示范，请参阅配套素材中实践视频文件 12-01.mp4。

（1）使用 acadiso.dwt 样板图新建一个文件，设置绘图基本环境。

（2）在【常用】标签|【视图】面板中【三维导航】列表中选择“西南等轴测”，在【视觉样式】列表中选择“二维线框”，单击状态栏上的【动态输入】按钮，关闭“动态输入”功能。

（3）单击【常用】标签|【建模】面板【长方体】下拉式中【长方体】按钮，命令行提示如下。

命令: _box
指定第一个角点或 [中心(C)]: 0,0
指定其他角点或 [立方体(C)/长度(L)]: L（输入命令 L 选择长度方式创建长方体）
指定长度 <0.0000>: 90
指定宽度 <0.0000>:30
指定高度或 [两点(2P)] <0.0000>:10

这样以（0,0,0）为基准点创建出一个 90×30×10 的长方体，用同样的方法创建出一个 36×30×3 的长方体，如图 12-40 所示，这将作为轴承座的底板。

（4）以小长方体底边中点为基点，将小立方体移动到大立方体底边中点位置，使两个立方体中间对齐，如图 12-41 所示。

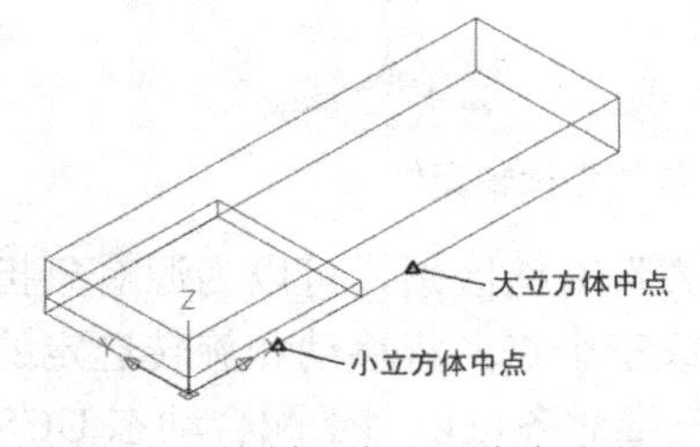

图 12-40　绘制出大小两个立方体

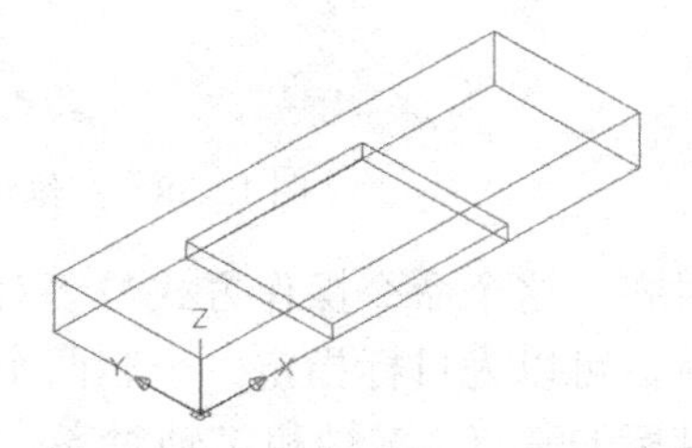

图 12-41　对齐后的两个立方体

（5）单击【常用】标签|【实体编辑】面板中【差集】按钮，使用布尔运算差集，将小立方体从大立方体中抠去，如图 12-42 所示。

（6）对如图 12-42 所示的轴承座底板的四个立边倒 R5 的圆角，两个内边倒 R2 圆角，在命令行中输入圆角命令 f，命令行提示如下。

命令: _fillet

当前设置: 模式 = 修剪，半径 = 0.0000

选择第一个对象或 [放弃(U)/多段线(P)/半径(R)/修剪(T)/多个(M)]:（选择如图 12-42 所示四个立边中的一个）

输入圆角半径或[表达式(E)]: 5

选择边或 [链(C)/半径(R)]:（依次选择如图 12-42 所示四个立边中的另外三个边）

选择边或 [链(C)/半径(R)]:

……

已选定 4 个边用于圆角。

对两个内边倒圆角的操作不再赘述，结果如图 12-43 所示。

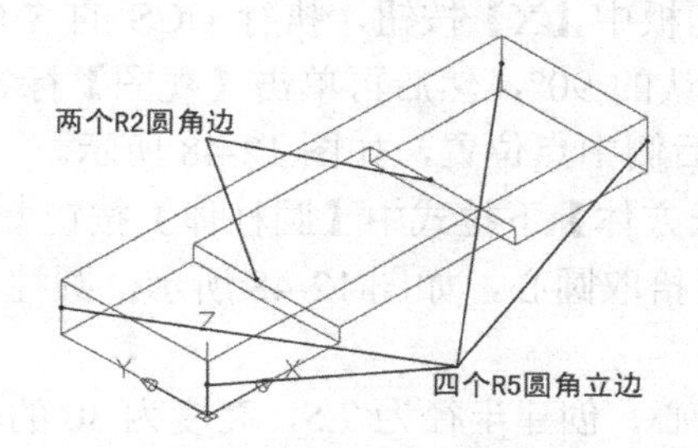

图 12-42　抠去小立方体后的轴承座底板

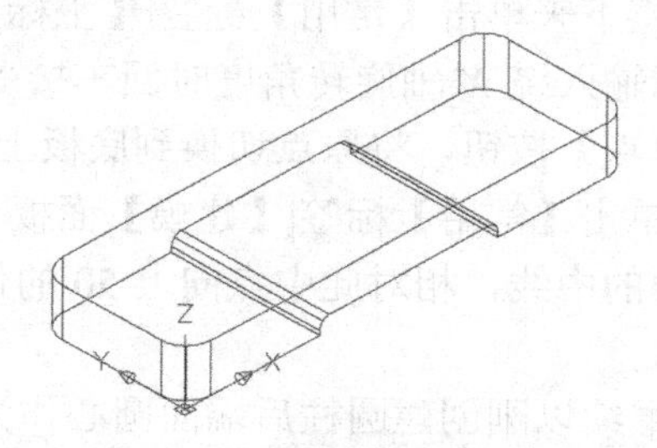

图 12-43　对边圆角后的轴承座底板

（7）按下状态栏上的【动态输入】按钮，打开“动态输入”功能，确保“对象捕捉”工具选择了“中点”，然后确保【对象捕捉】按钮和【对象追踪】按钮都被按下。

（8）单击【常用】标签|【建模】面板【长方体】下拉式中【圆柱体】按钮，追踪到底座顶面一边的中线，相对此中点 12.5 的位置拾取圆心，如图 12-44 所示，圆柱半径为 7，高度为 2。

（9）接下来以此刚创建的圆柱顶面圆心为圆心继续创建一个半径为 3，高度为 12 的圆柱，结果如图 12-45 所示。

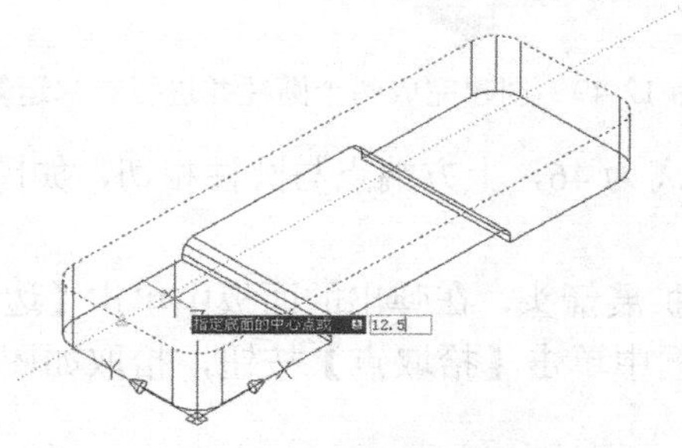

图 12-44　创建圆柱时捕捉到的圆心位置

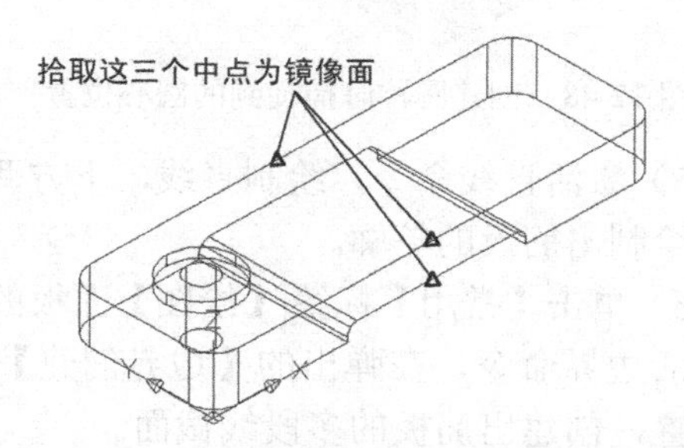

图 12-45　创建完成的圆柱和镜像面的拾取

（10）接下来选择单击【常用】标签|【修改】面板中【三维镜像】按钮，执行三维镜像命

令，选择如图 12-45 所示的三个中点作为镜像面，不删除源对象将两个圆柱镜像复制到底座的另一端，结果如图 12-46 所示。

（11）单击【常用】标签|【实体编辑】面板中【并集】按钮，将底座与两个高度为 2 的扁圆柱执行布尔运算并集，接下来再单击三维制作控制台中的【差集】按钮，将两个高度为 12 的长圆柱使用布尔运算差集从底座上抠去，然后再将视觉样式修改为“概念”，结果如图 12-47 所示。

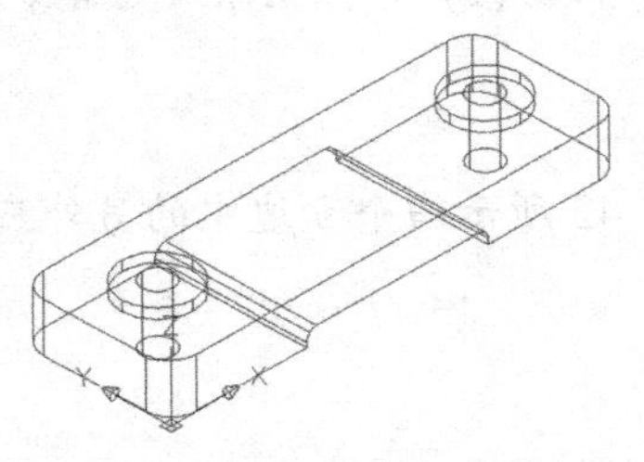

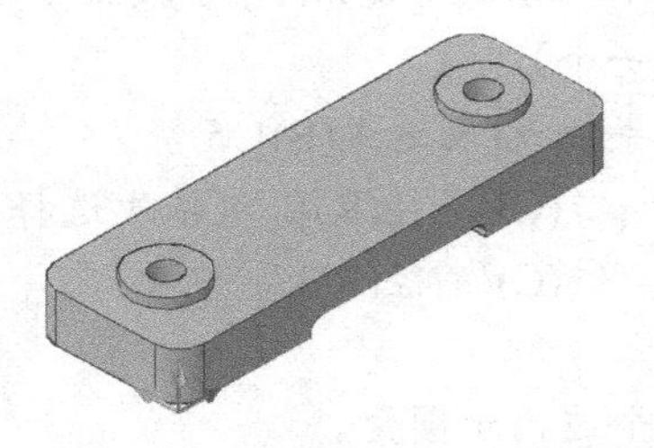

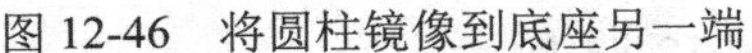

图 12-46　将圆柱镜像到底座另一端　　图 12-47　执行完布尔运算后的底座

（12）接下来单击【常用】标签|【坐标】面板中【X】按钮，执行 UCS 的 X 轴变换，在命令行提示输入绕 X 轴旋转角度时回车接受默认的 90°，然后再单击【视图】标签|【坐标】面板中【原点】按钮，将原点切换到底板上端后侧中点位置，如图 12-48 所示。

（13）单击【常用】标签|【建模】面板【长方体】下拉式中【圆柱体】按钮，追踪到底座上端面的中线，相对此中点向上 50 的位置拾取圆心，如图 12-48 所示，圆柱半径为 15，高度为 30。

（14）继续以刚创建圆柱后端面圆心作为圆心，创建半径为 7.5，高度为 30 的小圆柱，然后用布尔运算差集将小圆柱从大圆柱中抠去，如图 12-49 所示。

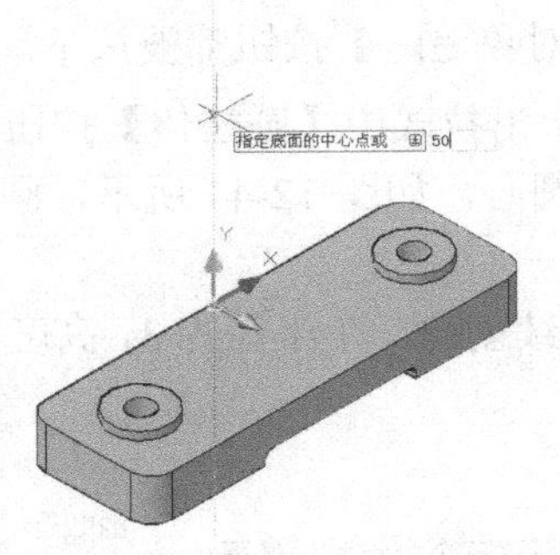

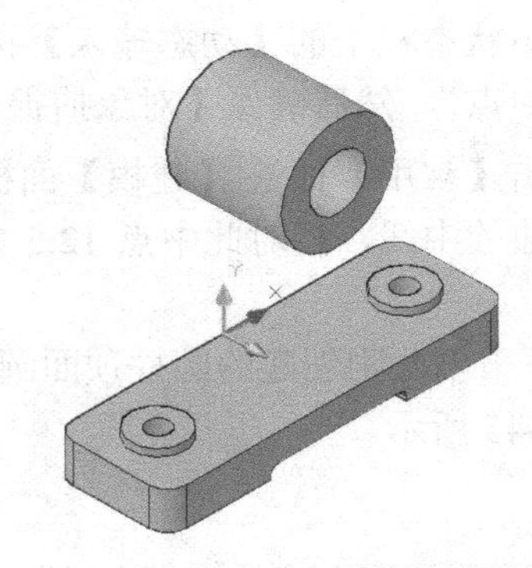

图 12-48　创建圆柱时捕捉到的圆心位置　　图 12-49　创建完成两个圆柱并进行布尔运算

（15）激活直线命令，绘制直线，下方两点距离为 46，上方端点与圆柱相切，如图 12-50 所示，绘制出筋板的轮廓。

（16）单击【常用】标签|【绘图】面板的向下扩展箭头，在弹出的面板中单击【边界】按钮，激活边界命令，在弹出的【边界创建】对话框中单击【拾取点】按钮，拾取如图 12-51 所示位置，创建出筋板的多段线截面。

（17）单击【常用】标签|【建模】面板【拉伸】下拉式中【拉伸】按钮，选择刚刚创建的筋板截面作为拉伸对象，拉伸高度为 8，创建筋板实体，如图 12-52 所示。

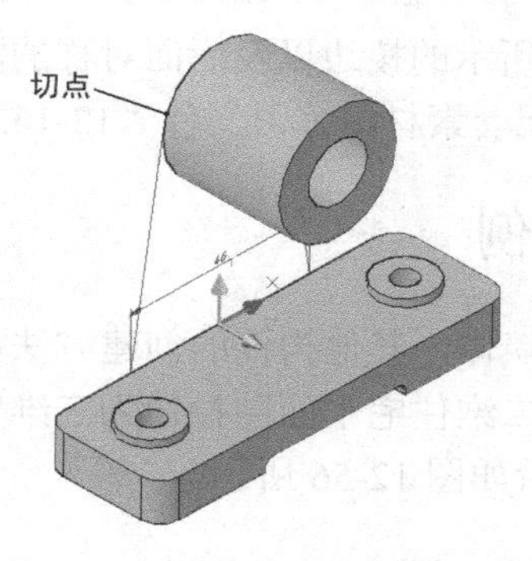

图 12-50　绘制筋板的轮廓

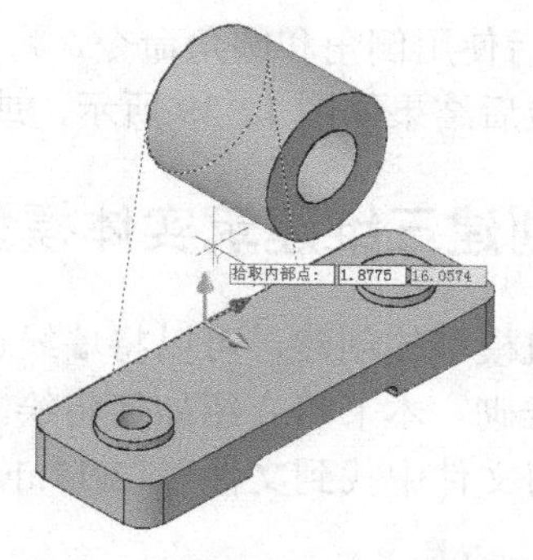

图 12-51　用边界命令创建筋板截面

（18）在【常用】标签|【视图】面板的【三维导航】列表中选择“左视”，然后将视觉样式更改为“二维线框”，将对象捕捉设置为只有“中点”方式，使用多段线命令直接创建另一块筋板的截面，并将上部圆筒向后移动 2 截面的尺寸如图 12-53 所示。

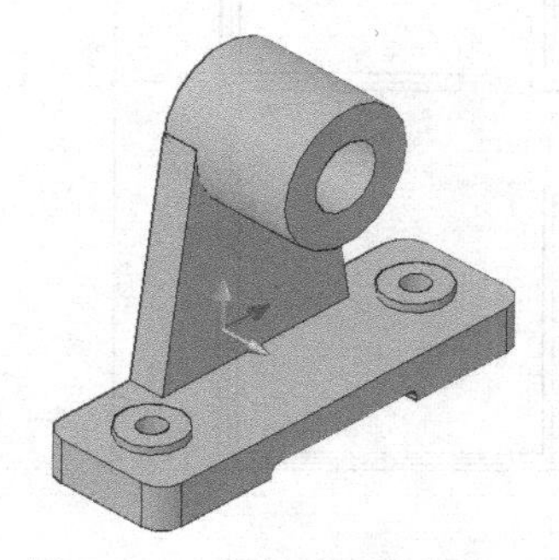

图 12-52　绘制筋板的轮廓

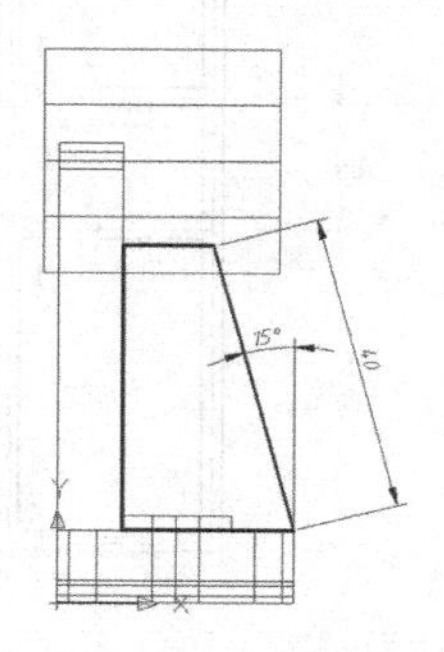

图 12-53　用边界命令创建筋板截面

（19）创建完成后，在【常用】标签|【视图】面板的【三维导航】列表中选择“西南等轴测”，回到轴测视图，然后将视觉样式改回“概念”方式显示，单击【常用】标签|【建模】面板【拉伸】下拉式中【拉伸】按钮，选择刚刚创建好的另一块筋板截面作为拉伸对象，拉伸高度为 8，如图 12-54 所示。

（20）此时的筋板偏向一侧，使用移动命令，将筋板中点移至如图 12-53 所示的底座中点，然后单击【常用】标签|【实体编辑】面板中【并集】按钮，使用布尔运算并集命令将底座、圆柱、两块筋板全部合并到一起，如图 12-55 所示。

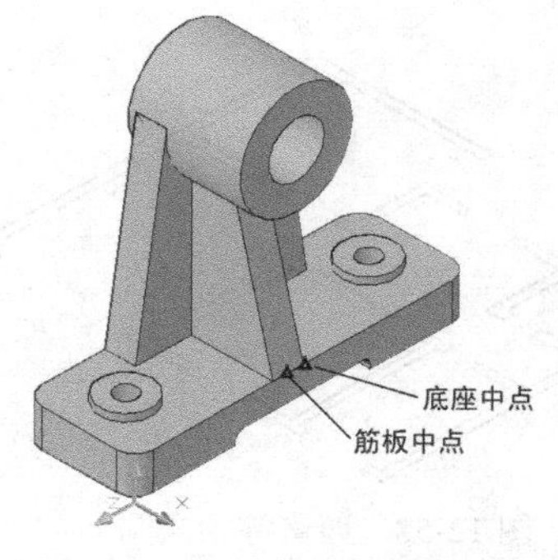

图 12-54　拉伸创建筋板并移位

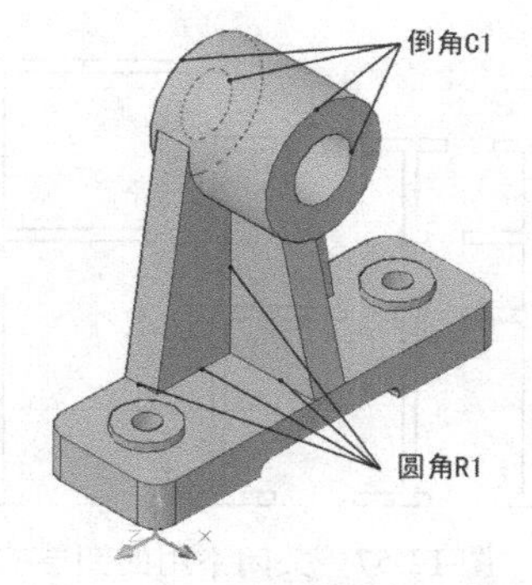

图 12-55　合并后的轴承座及倒角圆角位置

（21）最后使用倒角和圆角命令，将如图 12-55 所示的棱边以及后面对称的隐藏边进行倒角和圆角，最后结果如图 12-39 所示，或参考本书配套素材中练习文件“12-16.dwg”。

12.2.9　创建三维建筑实体模型综合实例

对于建筑模型的创建，可以将墙线直接拉伸成墙体，其他构件的创建方法如同搭积木，只是简单的堆砌。本书将介绍如何将绘制好的一幅二维住宅平面图拉伸为三维实体，在本书配套素材练习文件中找到文件“12-17.dwg”，打开后如图 12-56 所示。

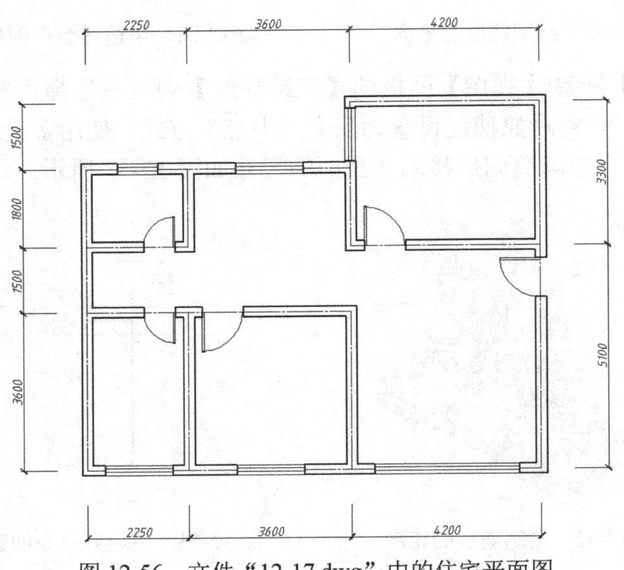

图 12-56　文件“12-17.dwg”中的住宅平面图

在这个文件中，专门为创建三维模型新建了一个名为“3d”的图层，三维模型将创建在这个图层中，具体创建过程如下。

此练习示范，请参阅配套素材中实践视频文件 12-02.mp4。

（1）打开图层特性管理器，将除了“墙线”和“3d”两个图层外的所有图层均关闭，如图 12-57 所示，并将图层“3d”设为当前层。

（2）在【常用】标签|【视图】面板的【三维导航】列表中选择“西南等轴测”，在【视觉样式】列表中将视觉样式选择为“二维线框”，结果如图 12-58 所示。

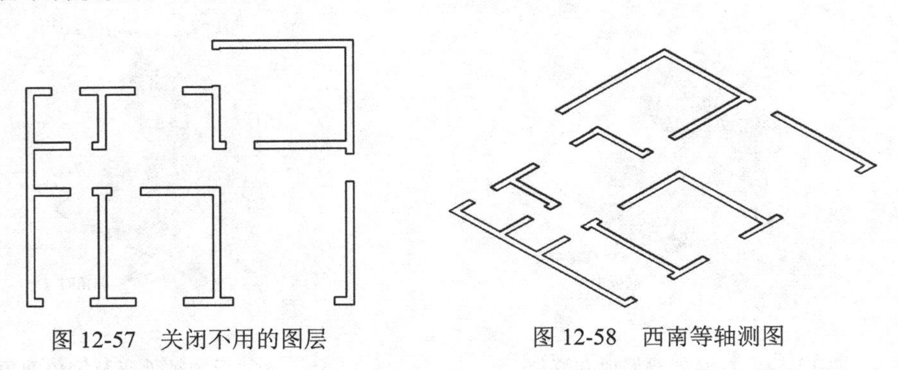

图 12-57　关闭不用的图层　　图 12-58　西南等轴测图

（3）单击【常用】标签|【绘图】面板展开区域中【边界】按钮，激活边界命令，在弹出的【边界创建】对话框中单击【拾取点】按钮，拾取如图 12-59 所示每一段墙线内的位置，创建出墙线的多段线截面。

（4）打开图层特性管理器，将“墙线”图层关闭，然后单击【常用】标签|【建模】面板【拉伸】下拉式中【拉伸】按钮，选择刚刚创建的全部墙线截面作为拉伸对象，拉伸高度为 2800，创建出墙体，如图 12-60 所示。

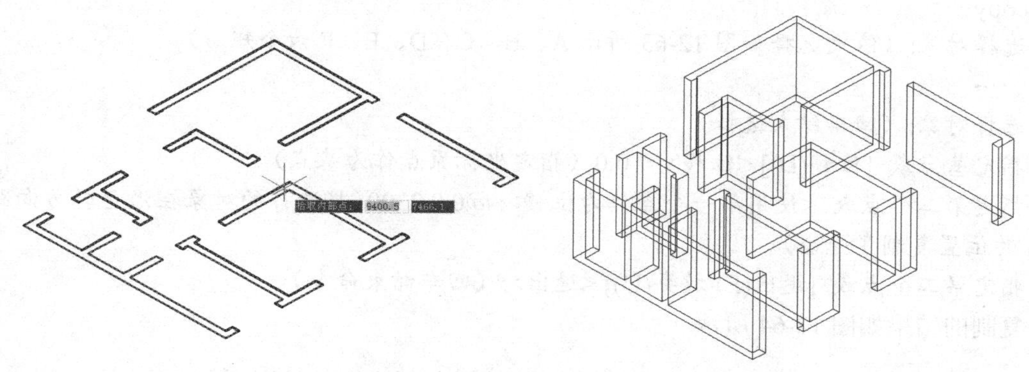

图 12-59　用【边界】命令创建墙线截面　　　图 12-60　用【拉伸】命令创建出墙体

（5）在【常用】标签|【视图】面板的【三维导航】列表中选择“俯视”，在命令行输入 rec，使用矩形命令在 1、2、3、4、5 处创建出门的拉伸截面以及 A、B、C、D、E、F 处创建出窗的拉伸截面，如图 12-61 所示。

（6）然后单击【常用】标签|【建模】面板【拉伸】下拉式中【拉伸】按钮，选择刚刚创建的门的截面作为拉伸对象，拉伸高度为 700，创建出门楣，如图 12-62 所示。

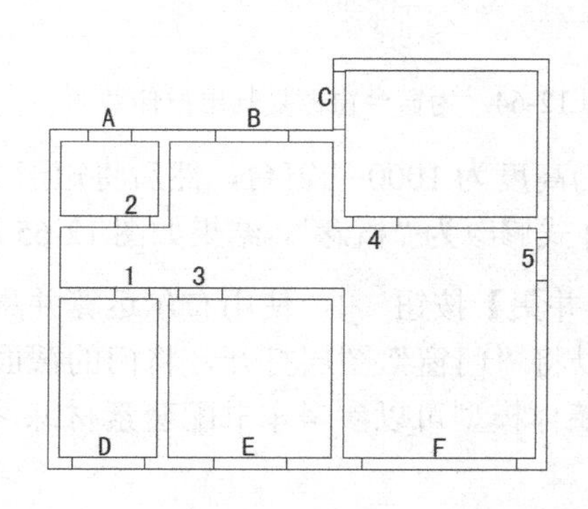

图 12-61　为门窗创建矩形拉伸截面

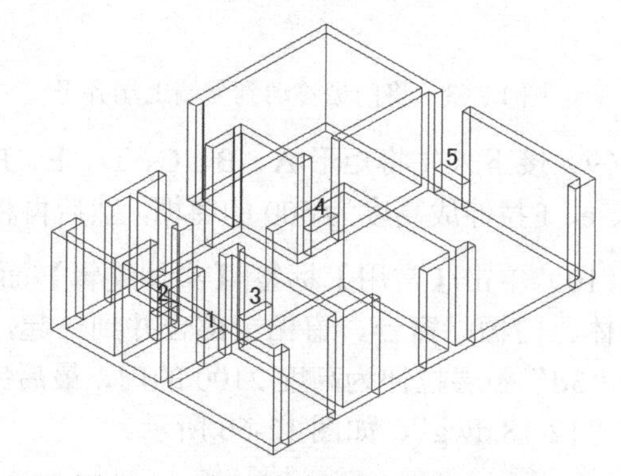

图 12-62　用【拉伸】命令创建出门楣

（7）接下来需要将门楣实体的位置向上移动 2100，使之和墙体上端齐平，在命令行输入移动命令 m，命令行提示如下。

move
选择对象:（依次选择如图 12-62 所示 1、2、3、4、5 五个实体）
……
选择对象:（回车结束选择）
指定基点或 [位移(D)] <位移>:　0,0（指定坐标原点作为基点）

指定第二个点或 <使用第一个点作为位移>: @0,0,2100（将选择的对象沿 Z 轴方向移动 2100）

移动的结果如图 12-63 所示。

（8）窗户分两部分，一个是下面部分的窗台，另一个是上面的窗楣，需要为这两部分都创建拉伸截面，因此要将窗户的拉伸截面复制一套，在命令行中输入复制命令 cp，命令行提示如下。

copy

选择对象:（依次选择如图 12-63 所示 A、B、C、D、E、F 六个矩形）

……

选择对象:（回车结束选择）

指定基点或 [位移(D)] <位移>: 0,0（指定坐标原点作为基点）

指定第二个点或 <使用第一个点作为位移>: @0,0,2300（将选择的对象在沿 Z 轴方向距离 2300 的位置复制了一套）

指定第二个点或 [退出(E)/放弃(U)] <退出>:（回车结束命令）

复制的结果如图 12-64 所示。

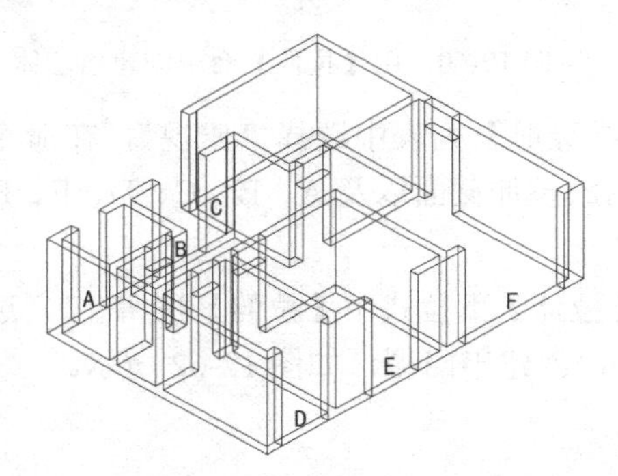

图 12-63　将门楣移动到与墙上端齐平

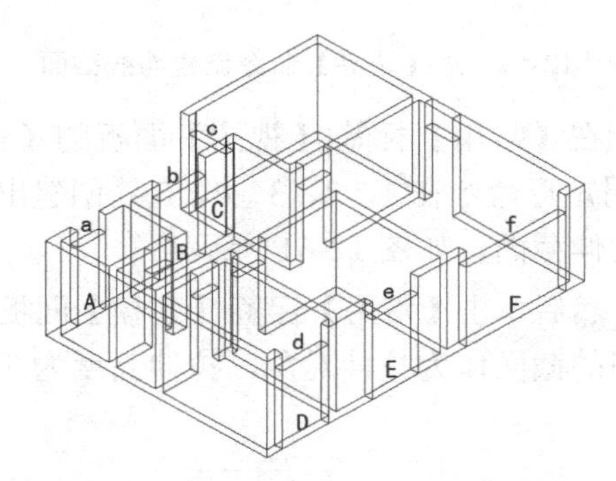

图 12-64　为窗台窗楣复制出拉伸截面

（9）接下来先将矩形 A、B、C、D、E、F 拉伸为高度为 1000 的窗台，然后将矩形 a、b、c、d、e、f 拉伸成高度为 500 的窗楣，然后再将视觉样式修改为“概念”，结果如图 12-65 所示。

（10）单击【常用】标签|【实体编辑】面板中【并集】按钮，使用布尔运算并集命令将墙体、门楣、窗台、窗楣全部合并到一起，还可以将“门窗”图层打开，将门的截面在当前的“3d”图层拉伸为高度 2100 的门，最后完成的墙体模型可以参考本书配套素材练习文件中的“12-18.dwg”，如图 12-66 所示。

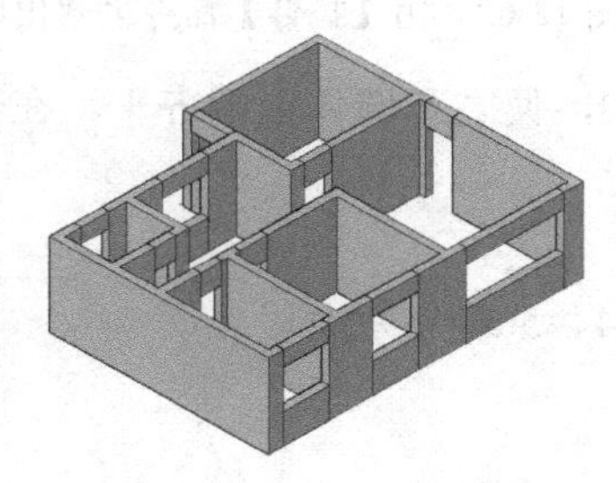

图 12-65　创建出窗台和窗楣

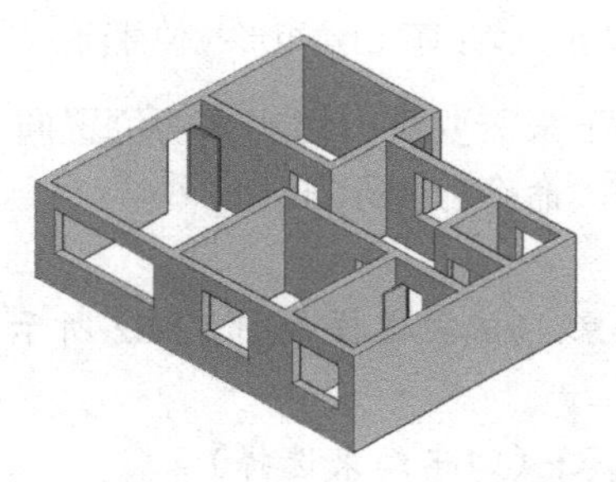

图 12-66　最后完成的墙体模型

12.3　由三维实体模型生成二维平面图形

创建好三维实体模型后，可以在 AutoCAD 中将其转换生成二维平面图形。在【常用】标签|【建模】面板向下扩展面板中的【实体视图】、【实体图形】、【实体轮廓】命令可实现这一功能，各命令选项功能要点说明如下。

- 实体视图（solview）：用正投影法由三维实体创建多面视图和截面视图。
- 实体图形（soldraw）：对截面视图生成二维轮廓并进行图案填充。
- 实体轮廓（soldprof）：创建三维实体图像的轮廓。

所谓的由三维实体模型生成二维平面图形，是利用了多视口视图，使用【设置】子菜单中的命令选项，利用正投影法生成平面三视图轮廓。这里结合前面创建的三维实体，通过使用【设置】命令选项得到平面视图，然后进行尺寸标注等操作，如图 12-67 所示。打开本书配套素材中练习文件“12-19.dwg”，这实际上是在本章开始就创建的实体，对其进行二维平面图的生成，具体操作步骤如下。

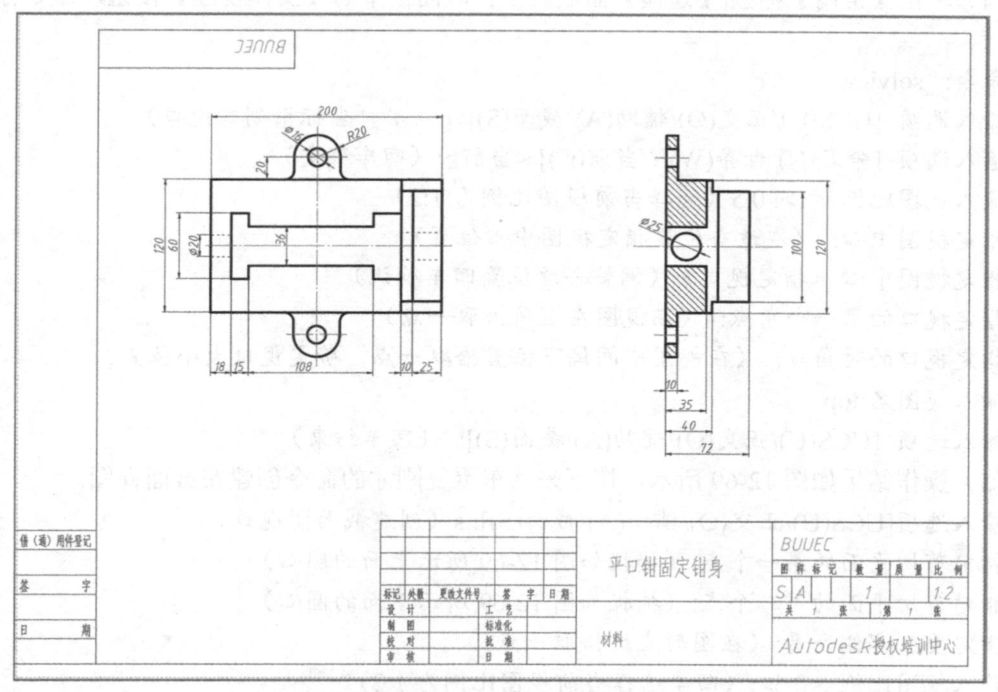

图 12-67　生成二维平面图形

（1）设置三维绘图环境，创建飞轮三维实体模型。

（2）在【常用】标签|【视图】面板中【视觉样式】列表中选择为“二维线框”，轴承座实体模型将以二维线框显示，在【常用】标签|【视图】面板中【三维导航】列表中选择“俯视”，如图 12-68 所示。

（3）单击屏幕窗口下方的【布局 1】选项卡，AutoCAD 切换到图纸空间的布局模式。删除在【布局 1】中的当前视口，修改“页面设置管理器”，将布局的打印机设置为“DWF6 ePlot.pc3”，将图纸尺寸更改为“ISO full bleed A3（420.00x297.00 毫米）”图幅。

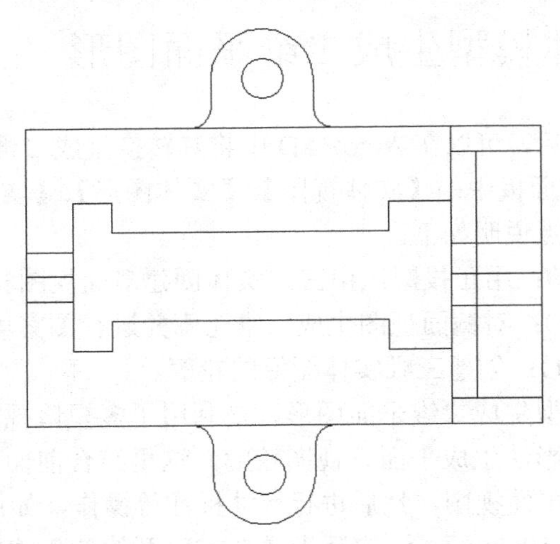

图 12-68　轴承座的主视图

（4）单击【常用】标签|【建模】面板向下扩展面板中的【实体视图】按钮，命令行提示如下。

命令: _solview

输入选项 [UCS(U)/正交(O)/辅助(A)/截面(S)]: u（用户坐标系创建视口）

输入选项 [命名(N)/世界(W)/?/当前(C)] <当前>:（回车确定）

输入视图比例 <1>: 0.5（选择当前视图比例为 1:2）

指定视图中心:（在适当位置指定视图中心位置）

指定视图中心 <指定视口>:（调整合适位置回车确认）

指定视口的第一个角点:（在视图左上角拾取一点）

指定视口的对角点:（在视图中间偏下位置拾取一点，确定视口大小位置）

输入视图名:top

输入选项 [UCS(U)/正交(O)/辅助(A)/截面(S)]:（回车结束）

（5）操作结果如图 12-69 所示，接下来回车重复刚才的命令创建左截面视图。

输入选项[UCS(U)/正交(O)/辅助(A)/截面(S)]: s（创建截面图视口）

指定剪切平面的第一个点:（捕捉如图 12-69 所示上面的圆心）

指定剪切平面的第二个点:（捕捉如图 12-69 所示下面的圆心）

指定要从哪侧查看:（在图形左边拾取一点）

输入视图比例 <0.5>:（回车选择当前视图比例为 1:2）

指定视图中心:（在适当位置指定视图中心位置）

指定视图中心 <指定视口>:（调整合适位置回车确认）

指定视口的第一个角点:（在视图中上位置拾取一点）

指定视口的对角点:（在视图右下角拾取一点，确定截面图视口大小位置）

输入视图名:左视图

输入选项 [UCS(U)/正交(O)/辅助(A)/截面(S)]:（回车结束）

最后的操作结果如图 12-70 所示。

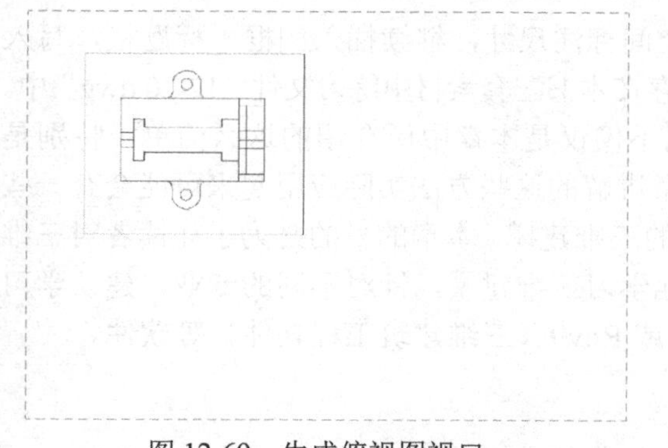

图 12-69　生成俯视图视口

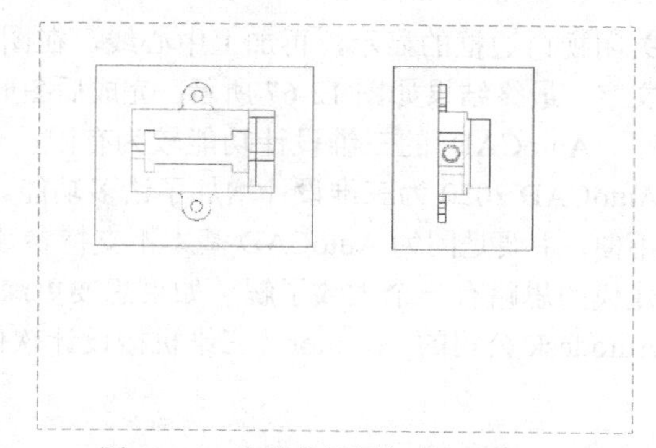

图 12-70　生成俯视图与左视图视口

（6）单击【常用】标签|【建模】面板向下扩展面板中的【实体图形】按钮，命令行提示如下。

命令:_soldraw

选择要绘图的视口…

选择对象:（单击左边主视图视口边框）

选择对象:（回车确认）

回车重复刚才的命令，命令行提示如下。

命令:_soldraw

选择要绘图的视口…

选择对象:（单击右边左视图视口边框）

选择对象:（回车确认）

这样就生成了剖视图，如果剖切填充图案不是预期的效果，可以双击进入左视图视口，并双击填充图案进行修改，将填充图案的类型改为“用户定义”，角度改为“45”，间距改为“3”，最后操作结果如图 12-71 所示。

（7）打开图层特性管理器，发现系统自动生成了“VPORTS”“俯视图-DIM”“俯视图-HID”、“俯视图-VIS”“左视图-DIM”“左视图-HAT”“左视图-HID”“左视图-VIS”等图层，改变图层“俯视图-VIS”和“左视图-VIS”这两个轮廓线图层的线宽为“0.6mm”，改变“俯视图-HID”和“左视图-HID”这两个隐藏线图层的线型为虚线线型。操作结果如图 12-72 所示。

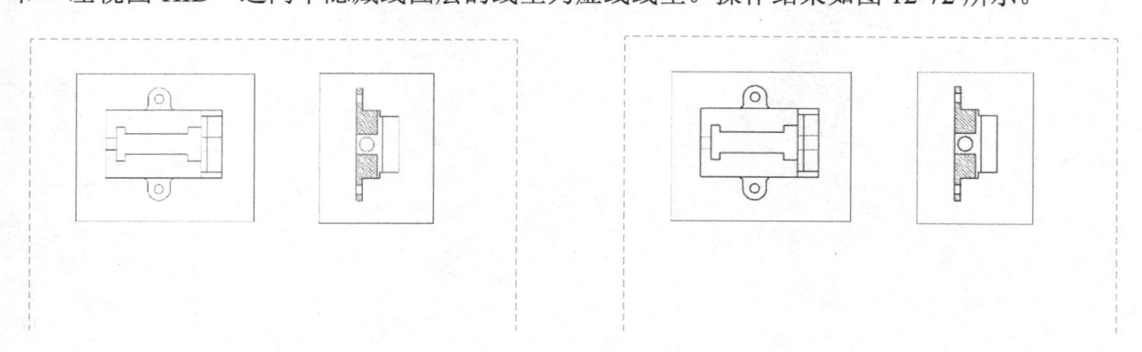

（8）在图层特性管理器中将当前层设置为“0”图层，关闭“VPORTS”图层，这样可以

关闭视口边框的显示，再加上中心线，在图纸空间标注尺寸，继续插入图框、标题栏，写入文字。最终结果如图 12-67 所示。完成后图形保存在本书配套素材中练习文件“12-20.dwg”中。

AutoCAD 的三维设计功能较为有限，但也不仅仅是本章中所介绍的这么简单，特别是 AutoCAD 2020 为三维设计增加了诸多功能。本章讲解的这些方法实际应用起来可能会有一些不便，主要是因为 AutoCAD 基本不支持参数化的三维建模。本章的目的是为了让读者对三维建模的思路有一个大致了解，如果想要更深入地学习三维建模，针对不同的专业，建议学习 Autodesk 公司的 Inventor（三维机械设计软件）或 Revit（三维建筑工程软件）等软件。

第 13 章　图　纸　集

工程设计中多数的设计都是以项目为中心展开的，一个项目可能会有很多图纸，无论是一个人进行的设计或者团队进行的大型项目设计，都离不开对项目图纸进行组织和管理。手动整理图纸是一件非常耗时的工作，并且很容易出错。在 AutoCAD 2020 中，提供了专门的项目图纸管理工具，也就是图纸集。

图纸集按照项目组织图形，按照规范要求形成图纸，并将图纸进行发布、归档和对工程文档进行电子传递，还可以对图纸编号、生成图纸一览表等，编号与图纸一览表基于字段技术，也就是说可以随着图纸集内容的修改而自动更新。图纸集极大地增强了整个系统的协同设计的功效，使得项目负责人快捷地管理图纸。

本章包括如下内容：

- 图纸集的概念
- 创建图纸集
- 为图纸集添加图纸
- 管理图纸中命名视图
- 生成图纸一览表
- 图纸集的发布与打印
- 图纸集的归档

13.1　图纸集的概念

AutoCAD 中的图纸集是来自多个图形文件的一系列图纸的有序集合，可以从任何图形中将布局作为图纸编号输入到图纸集中，图纸集和图纸之间存在一种链接，如图 13-1 所示。

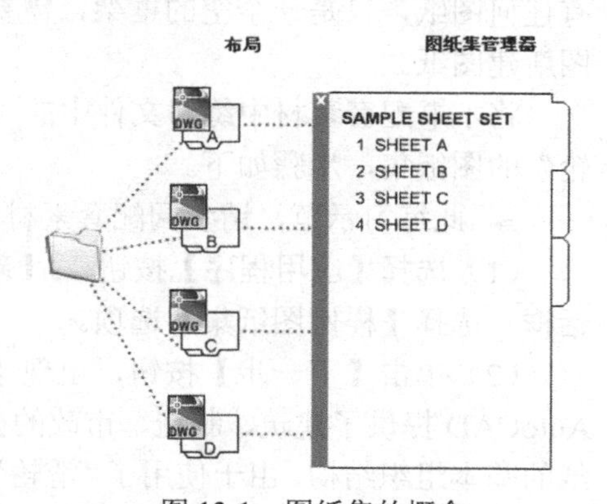

图 13-1　图纸集的概念

在 AutoCAD 中，使用图纸集管理器来管理图纸集。在图纸集管理器中可以通过将布局输入到图纸集来添加图纸，方便项目负责人快捷的将各专业设计人员的图纸完整的组织起来。另外，还可以为图纸集指定专门的样板图，用图纸集管理器来创建新图纸。

在图纸集管理器中可以创建子集对图纸进行分类管理、可以管理图纸中的命名视图、可以创建图纸一览表、可以将全部图纸归档、可以完整地打印或者发布图纸等。

13.2　创建图纸集

创建图纸集的命令如下。

- 【应用程序】按钮 |【新建】|【图纸集】菜单项；
- 命令行：newsheetset ↙。

激活创建图纸集命令后，将弹出【创建图纸集-开始】对话框，如图 13-2 所示。

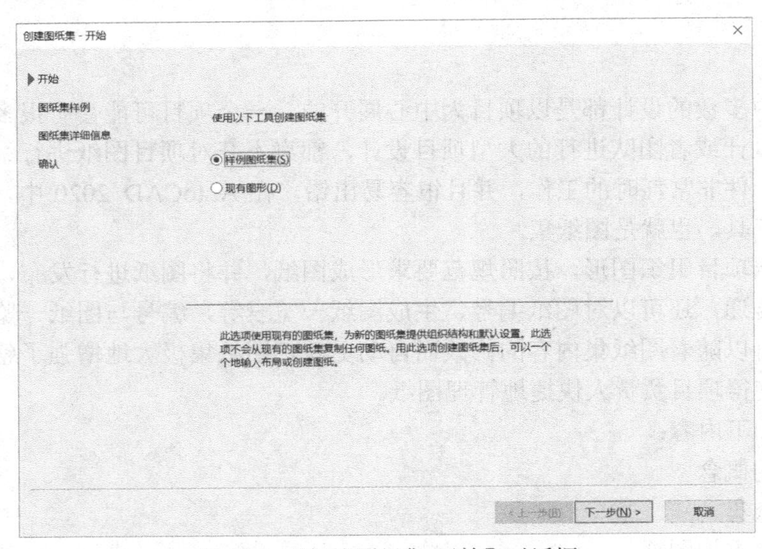

图 13-2　【创建图纸集-开始】对话框

在这个对话框中可以看到，可以使用两种工具来创建图纸集，一种是使用样例创建图纸集，另一种是利用现有文件创建图纸集。本章使用一套“滑轮”的简单装配图来简要介绍创建图纸集的方法。

13.2.1　使用样例创建图纸集

对于项目设计的初期，还没有图纸或者只有很少图纸的情况下，可以使用样例图纸集来创建新的图纸集，这样可以对新的图纸集规划组织结构和默认设置。这样创建的图纸集中没有任何图纸，只是一个空的框架，需要手工地添加图纸或者直接在图纸集中使用图纸集样板图新建图纸。

将本书配套素材中练习文件中的“滑轮”文件夹复制到硬盘中，下面将创建一个名为“滑轮”的图纸集，步骤如下。

此练习示范，请参阅配套素材中实践视频文件 13-01.mp4。

（1）选择【应用程序】按钮 |【新建】|【图纸集】菜单项，弹出【创建图纸集】向导对话框。选择【样例图纸集】选项。

（2）单击【下一步】按钮，出现【创建图纸集-图纸集样例】对话框，如图 13-3 所示，AutoCAD 提供了建筑、制造、市政的公制或英制的图纸集样例，这些样例中包含了这几类图纸的基本组织结构，由于使用了“滑轮”机械装配图来做例子，因此选择“Manufacturing Metric Sheet Set”图纸集样例，使用公制制造图纸集样例来创建新的图纸集。

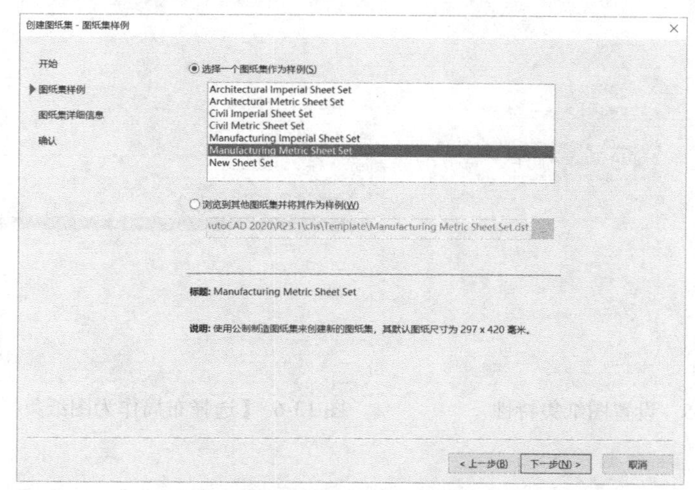

图 13-3 【创建图纸集-图纸集样例】对话框

（3）单击【下一步】按钮，出现【创建图纸集-图纸集详细信息】对话框，如图 13-4 所示。

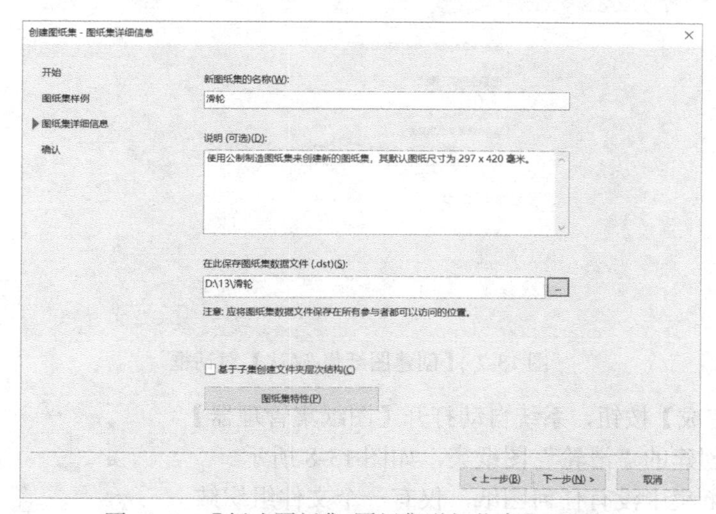

图 13-4 【创建图纸集-图纸集详细信息】对话框

指定新图纸集的名称为“滑轮”。在【在此保存图纸集数据文件】指定保存图纸集数据文件的位置（图纸集文件的扩展名为*.dst），然后指定复制到硬盘中的“滑轮”文件夹为保存图纸集文件的位置。

（4）单击【图纸集特性】按钮，弹出【图纸集特性-滑轮】对话框显示图纸集特性，还可以在这里为图纸集指定一些特性，如数据文件的位置等参数，如图 13-5 所示。

（5）单击“图纸创建”项目列表中的“用于创建图纸的样板”旁的【…】按钮，弹出【选择布局作为图纸集样板】对话框，如图 13-6 所示，单击“图形样板文件名”文本框旁的【…】按钮，选择“滑轮”文件夹中的“A3 样板图.dwt”作为新创建的图纸集的样板图，单击【确定】按钮回到【图纸集特性-滑轮】对话框。

（6）单击【确定】按钮，出现【创建图纸集-确认】对话框，如图 13-7 所示，AutoCAD 使用样例图纸集中的结构创建了新的图纸集框架，包括“顶层部件”“零件图纸”“表达视图图纸”等三个子集。

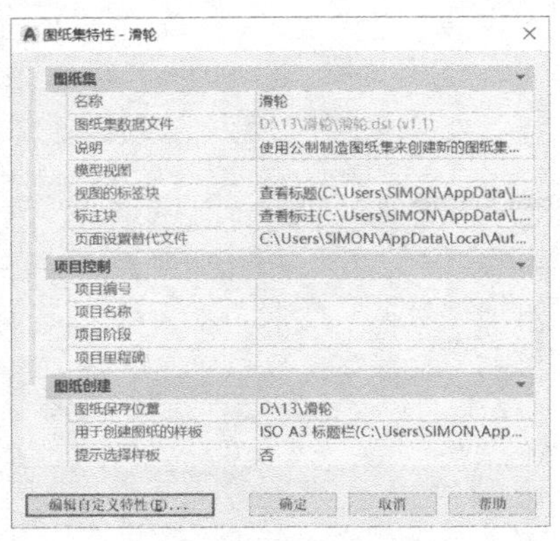

图 13-5　设置图纸集特性

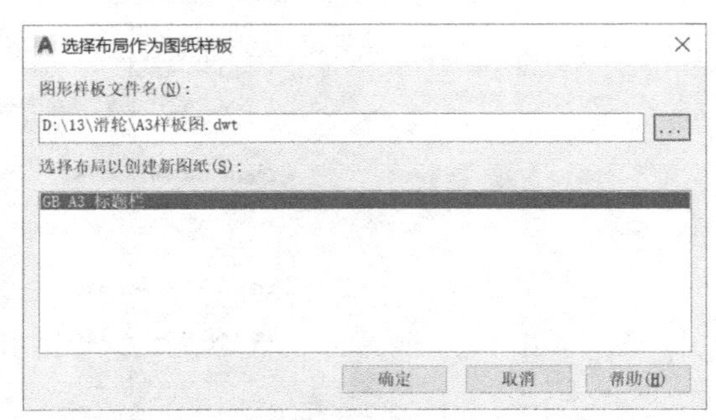

图 13-6　【选择布局作为图纸集样板】对话框

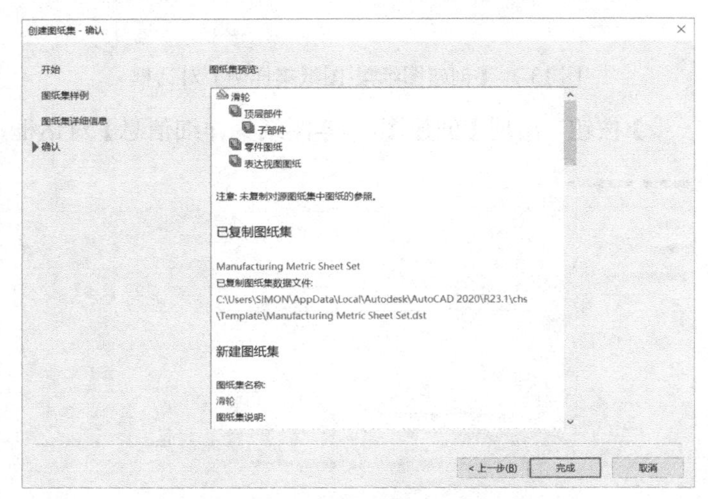

图 13-7　【创建图纸集-确认】对话框

（7）单击【完成】按钮，系统自动打开【图纸集管理器】面板，显示出新创建的“滑轮”图纸集，如图 13-8 所示。

新创建的图纸集中没有任何图纸，仅有一个文件组织结构，这个结构可以根据需要进行调整，在图纸集或子集的名称上右击可以新增加子集、重新为图纸集或子集命名、新增图纸或将布局添加进来，下一节将会介绍如何在图纸集中添加新的图纸。

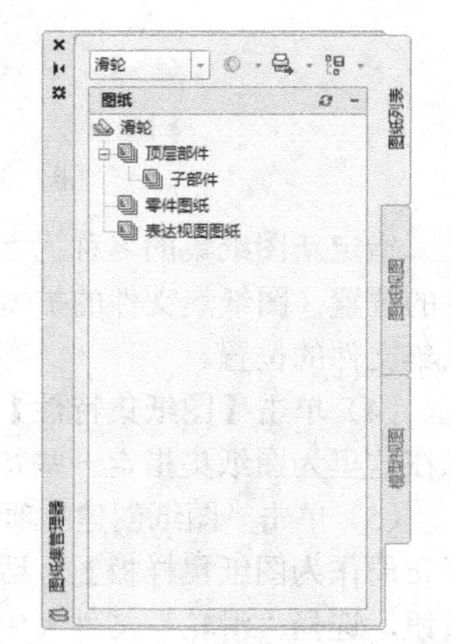

图 13-8　新创建的“滑轮”图纸集

13.2.2　利用现有图形创建图纸集

如果已经完成了一部分或者全部图纸的绘制，也可以利用现有图形创建图纸集。创建图纸集前先将不同类型的图纸归类到不同的子文件夹中，可以在创建时直接按文件夹生成组织结构。

将本书配套素材中练习文件中的“滑轮 2”文件夹复制到硬盘中，下面将利用文件夹中已有的文件创建一个名为“滑轮 2”的图纸集，步骤如下。

此练习示范，请参阅配套素材中实践视频文件 13-02.mp4。

（1）选择【应用程序】按钮 |【新建】|【图纸集】菜单项，弹出【创建图纸集】向导对话框。选择【现有图形】选项。

（2）单击【下一步】按钮，出现【创建图纸集-图纸集详细信息】对话框，在对话框中指定图纸集的名称为“滑轮 2”、然后指定复制到硬盘中的“滑轮 2”文件夹为保存图纸集文件的位置。

（3）单击【下一步】按钮，出现【创建图纸集-选择布局】对话框，单击【浏览】按钮，出现【浏览文件夹】对话框，选择复制到硬盘中的“滑轮 2”为该项目的文件夹，单击【确定】按钮。

然后单击【输入选项】按钮，确保勾选“根据文件夹结构创建子集”，单击【确定】按钮返回，系统将按此文件夹中的图形文件和目录结构，自动创建图纸集中的图纸和子集。将全部文件夹前的“+”符号单击开，结果如图 13-9 所示。

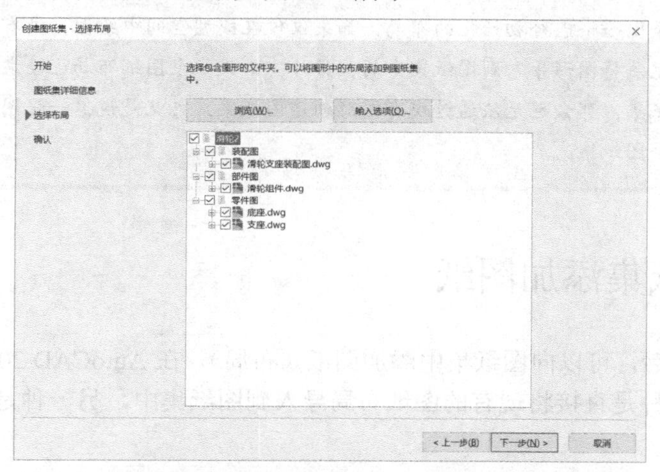

图 13-9 【创建图纸集-选择布局】对话框中的图纸集结构

此时还可以添加其他的文件夹进来，AutoCAD 将会把所有能支持的图纸布局列入图纸集。

（4）单击【下一步】按钮，出现【创建图纸集-确认】对话框，在图纸集预览中显示图纸集的结构和图纸布局，以及图纸编号等，如图 13-10 所示。

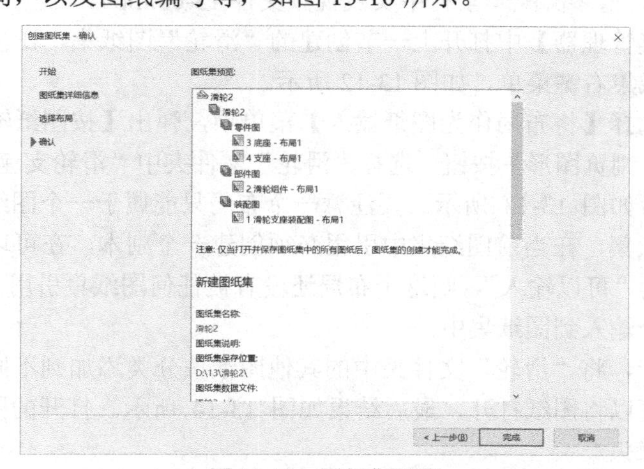

图 13-10　图纸集预览

（5）单击【完成】按钮，创建的图纸集如图 13-11 所示。

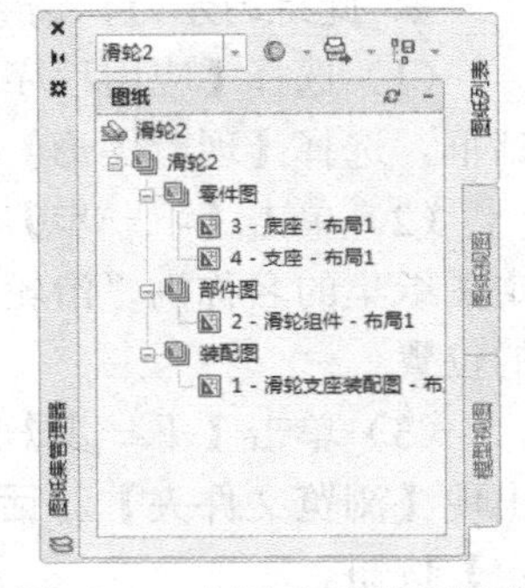

图 13-11　创建完成的图纸集

通过现有图形创建的图纸集中除了按照文件夹目录结构生成了图纸集的结构，还将图纸直接导入到图纸集中，双击图纸集中的图纸可以直接将图纸打开，还可以修改图纸的标题和编号。在图纸集名称上右击，在弹出菜单中选择【关闭图纸集】选项，可以将图纸集关闭掉。

图纸集只是计算机中图纸的一个链接组织，也就是说图纸集仅仅保存了文件的链接位置，并不将整个图纸保存进来，如果图纸集中的文件被删除或者被移动了位置，那么将不能在图纸集打开这个文件，除非重新定位到这个文件。

由于图纸集是基于布局构建的，现有的图形想要导入到图纸集中，必须具有至少一个已经初始化的布局，如果仅仅在模型空间中绘图，没有使用布局，是无法将图形导入到图纸集中的；另外，如果一个图纸布局已经隶属于某一个图纸集，那么也无法通过现有图形创建图纸集，也就是说，一张图纸只能隶属一个图纸集。

13.3　为图纸集添加图纸

创建图纸集以后，可以向图纸集中添加图纸（布局），在 AutoCAD 2020 中有两种添加图纸布局的方式，一种是直接将现有的图纸布局导入到图纸集中，另一种是直接在图纸集中创建新图纸。

13.3.1　将现有的图纸布局导入到图纸集中

对于已经创建好的图纸布局，可以直接将它导入到图纸集中，步骤如下。

此练习示范，请参阅配套素材中实践视频文件 13-03.mp4。

（1）在【图纸集管理器】中打开上一节创建的“滑轮”图纸集，在“顶层部件”子集上右击，可以弹出图纸集右键菜单，如图 13-12 所示。

在快捷菜单中选择【将布局作为图纸输入】菜单项，弹出【按图纸输入布局】对话框，单击此对话框中的【浏览图形】按钮，选择“滑轮”文件夹中“滑轮支座装配图.dwg”文件，单击【打开】按钮后如图 13-13 所示。要注意一个布局只能属于一个图纸集，如果一个布局已经隶属于某个图纸集，在当前图纸集中引用必须创建一个副本，在可以输入的图纸集列表中，如果状态显示为“可以输入”，则这个布局还没有被任何图纸集引用，单击【输入选定内容】按钮，布局将会输入到图纸集中。

（2）重复第一步，将“滑轮”文件夹中的其他图纸按分类添加到不同的子集中去，双击图纸集中的图纸，可以将图纸打开，最后结果如图 13-14 所示。打开的图纸在图纸集中的图标显示会增加一个锁头。

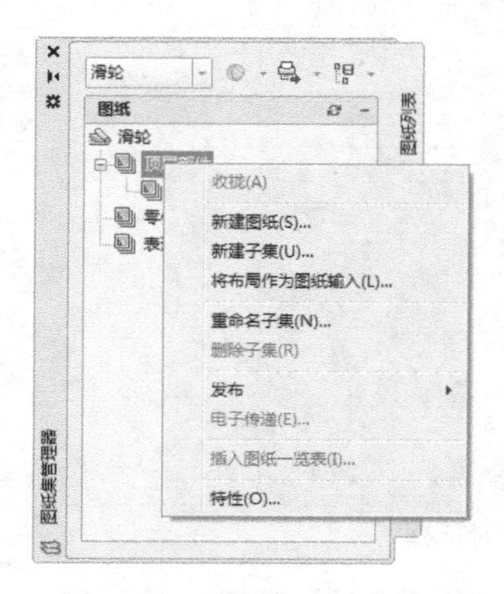

图 13-12　图纸集右键菜单

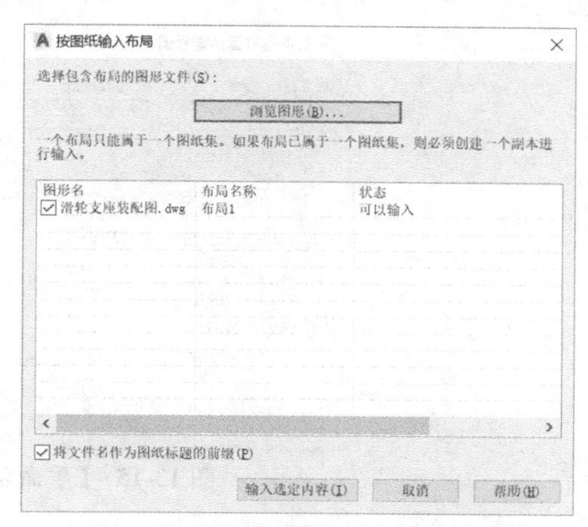

图 13-13　【按图纸输入布局】对话框

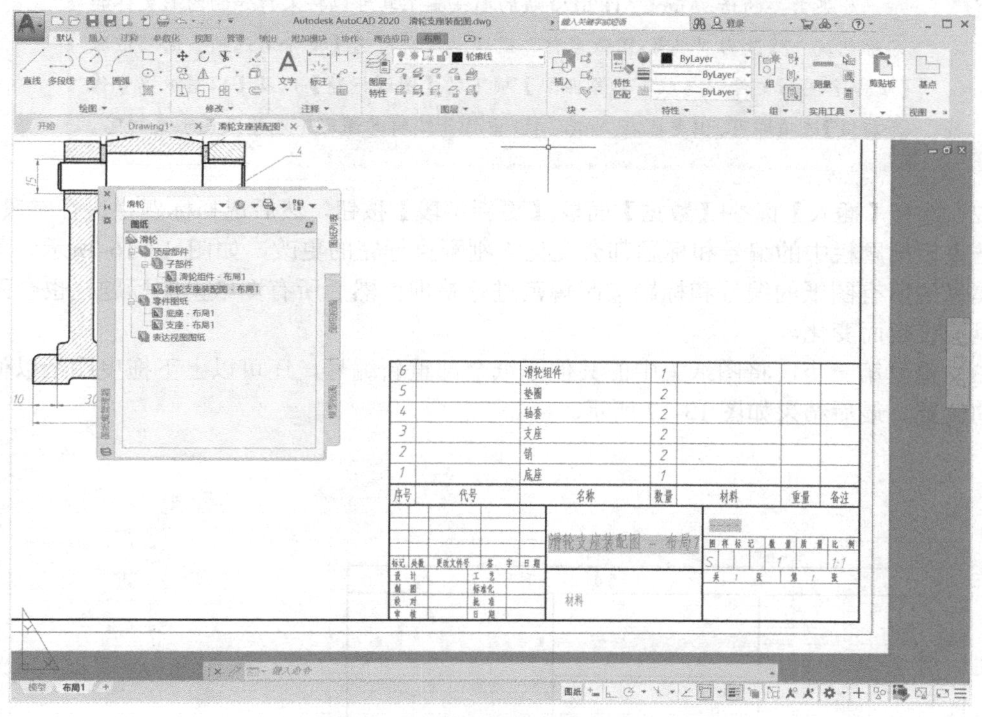

图 13-14　在图纸集中打开图纸

在这一套图纸的标题栏中使用的字段来代替图样名称和图号，图样名称的字段类型是“图纸集”类别中的“当前图纸标题”，而图号的字段类型则是“图纸集”类别中的“当前图纸编号”，因此打开图形后，名称和标题会显示为图形在图纸集中的标题和编号，修改这个标题和编号，标题栏中的字段也会随之更新。接下来修改图纸集中图纸的编号和标题，步骤如下。

（1）在图纸集中的图纸“滑轮支座装配图–布局 1”上右击，在弹出菜单中选择【重命名并重新编号】菜单项，弹出【重命名并重新编号图纸】对话框，如图 13-15 所示，将编号更改为“HL-001”，将图纸标题更改为“滑轮支座装配图”，勾选【重命名选项】选项区域【重命名布局以与以下对象匹配】项下的【图纸标题】选项，单击【确定】按钮，此时图纸集内的这张图纸的编号和标题已经改变了，布局名称也发生变化，但是图形标题栏上并没有变化。

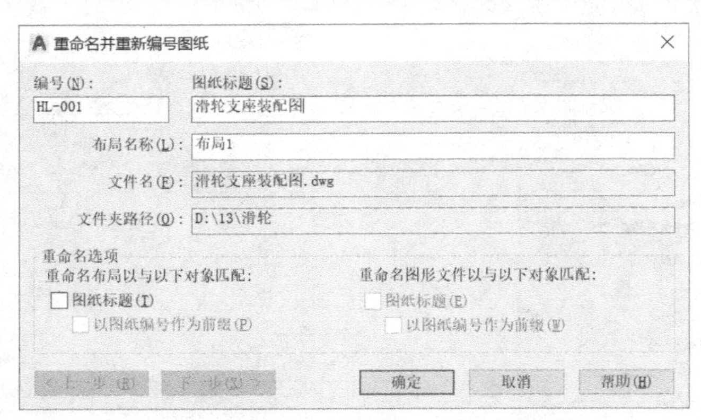

图 13-15 【重命名并重新编号】对话框

如果需要的话，AutoCAD 2020 版的图纸集工具可以将未打开的图形文件的名称也统一修改为“编号-图纸名称”模式，只需勾选【重命名选项】选项区域【重命名图形文件以与以下对象匹配】项下的【图纸标题】以及【以图纸编号作为前缀】选项即可，但是已在 AutoCAD 中打开编辑的图形不能修改图形文件名。

（2）选择【插入】标签|【数据】面板|【更新字段】按钮，然后选择标题栏进行字段更新，命令结束后标题栏中的编号和标题都会变化为刚刚执行完的更改，如图 13-16 所示。可以将图纸集里的所有图纸的编号和标题按照规范进行整理，然后所有图纸里的标题栏也会跟随图纸集里的设定而变化。

（3）重复第一步，将图纸集中的其他图纸全部重新编号，还可以上下拖曳图纸以便放在合适的位置。最后结果如图 13-17 所示。

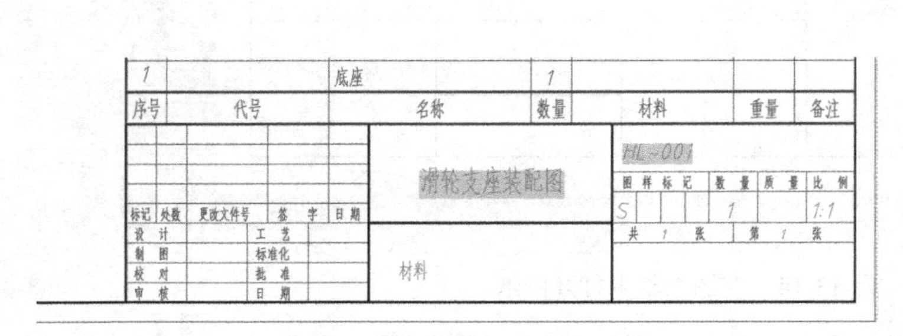

图 13-16　更新后的图纸编号和标题

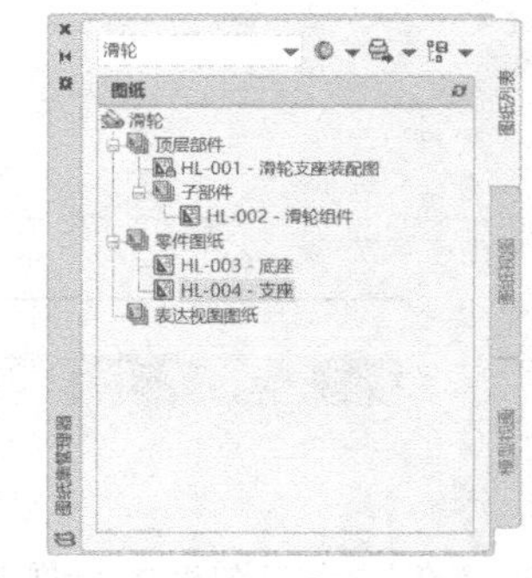

图 13-17　重新编号后的图纸集

13.3.2　在图纸集中创建新图纸

对于没有绘制好的图纸，可以直接在图纸集创建新的图纸来绘制，使用图纸集统一的样板图创建的新图形，将会比较规范。添加新图纸的步骤如下。

（1）确保依然打开的是“滑轮”图纸集，在图纸集名称上右击，在快捷菜单中选择【新建图纸】，出现【新建图纸】对话框，指定图纸编号和图纸标题，如图 13-18 所示。

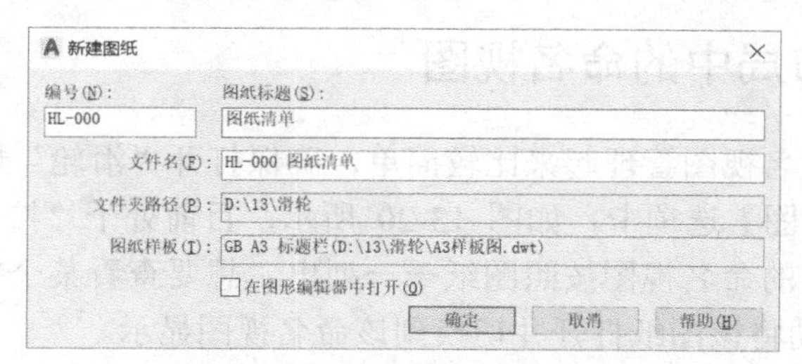

图 13-18　【新建图纸】对话框

（2）输入图纸编号和标题，系统会根据图纸标题和编号自动生成文件名，采用图纸集的样板文件作为本图形的样板。将图纸编号定义为“HL-000”，图纸标题定义为“图纸清单”，默认的文件名就是“HL-000 图纸清单”，将文件名也改为“图纸清单”，将在指定的文件路径下创建名为“图纸清单.dwg”的图形文件。

如果没有给图纸集指定样板图，在创建图纸集第一个图纸时，系统会提示给出样板文件。

（3）单击【确定】按钮后，新图纸添加到图纸集。拖曳图纸放在顶部位置，双击该图纸名，将一个以图纸编号和标题命名的新图形文件打开，如图 13-19 所示。

新创建的图纸使用了指定的样板图，图纸的编号和标题都与图纸集一致。

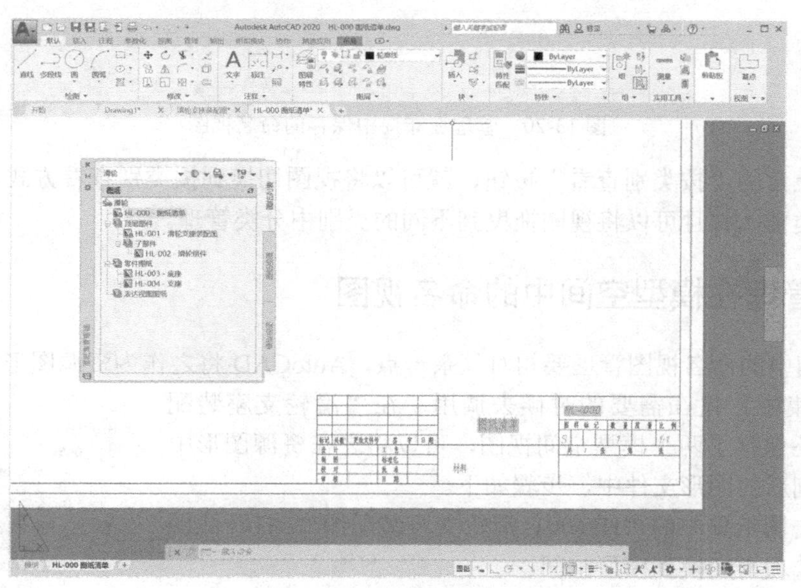

图 13-19　创建新的图纸

13.4　管理图纸中命名视图

AutoCAD 命名视图可以在图纸集中进行管理。所谓命名视图是将绘图时的一些局部图形显示保存起来，便于在绘制大型图纸时快速地切换到需要的工作区域。

对于在模型空间和布局中保存的命名视图，AutoCAD 图纸集提供了不同的管理方式。

13.4.1　管理在布局中的命名视图

在布局中保存的命名视图管理起来比较简单，确保打开“滑轮”图纸集，将【图纸集管理器】切换到【图纸视图】选项卡，如图 13-20 所示，目前处于“按图纸查看”方式，将图纸集中所有图纸中保存的命名视图按照图纸一一列出，想要查看某个视图，只需要双击这个视图，AutoCAD 会自动将该图纸打开并切换到该命名视图显示。

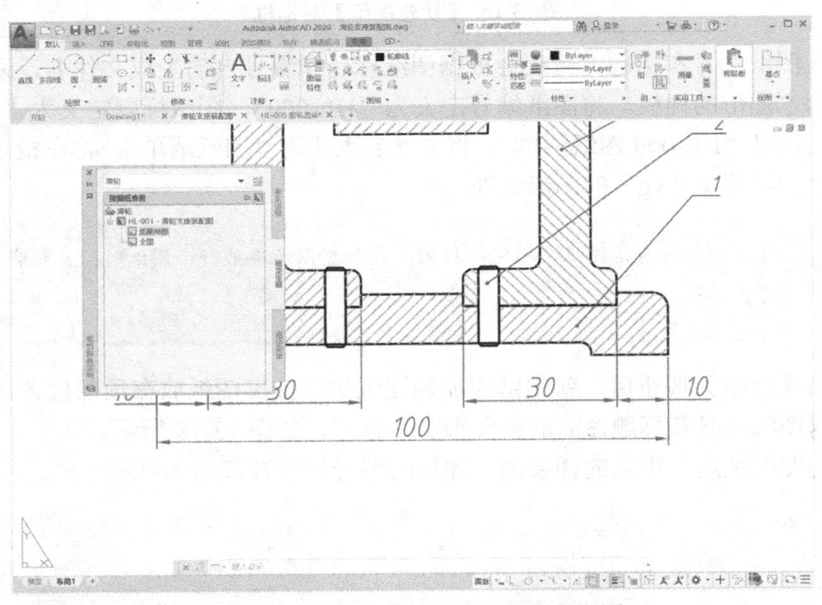

图 13-20　管理在布局中保存的命名视图

单击右上角的“按类别查看”按钮，就可以将视图切换到按类别查看方式，此时可以自己添加新的类别，并且可以将视图拖曳到不同的类别中分类管理。

13.4.2　管理在模型空间中的命名视图

模型空间中的命名视图管理要相对复杂一点，AutoCAD 将之作为资源图形管理，并不直接放到图纸集中，仅在需要的时候去调用。在“滑轮支座装配图.dwg”中还保存了两个模型空间视图，可以将之在资源图形中找到并调用到新的图形文件中，步骤如下。

（1）双击图纸集中的“HL-001 滑轮支座装配图”，打开此图纸，将布局选项卡切换到模型空间。

（2）将【图纸集管理器】切换到【模型视图】选项卡，双击【添加新位置】，出现【浏览文件夹】对话框，选择复制到硬盘上的“滑轮”文件夹，图纸集管理器中将显示该文件夹中所有图形文件，单击“滑轮支座装配图”旁的“+”符号，将此文件模型空间中的视图显示出来，如图 13-21 所示。

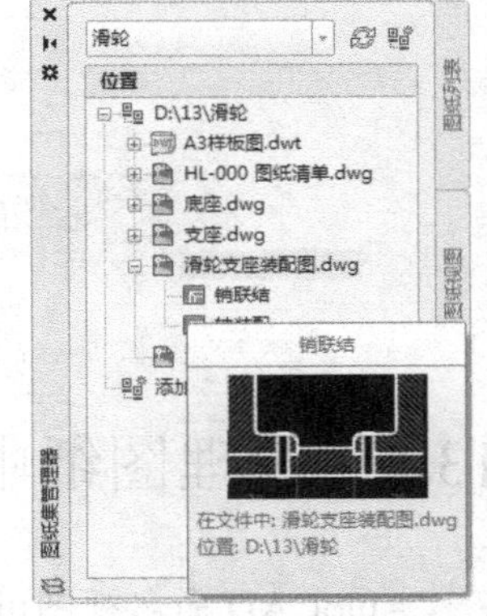

图 13-21　添加资源图形

（3）双击“销联结”或者“轴装配”视图，可以将模型空间中保存的这个视图显示出来，如图 13-22 所示。

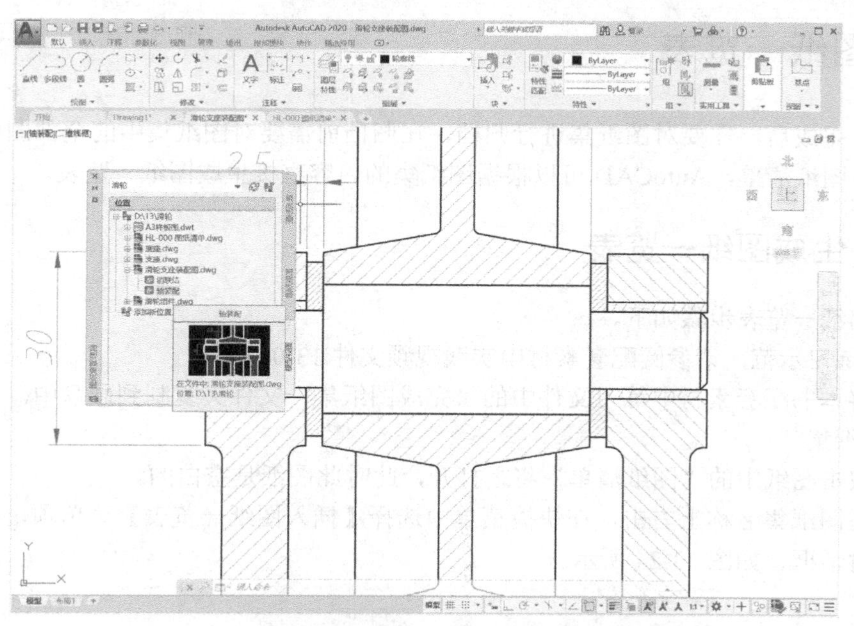

图 13-22　保存在模型空间中的命名视图

（4）将【图纸集管理器】切换到【图纸列表】选项卡，在“滑轮”图纸集中新建一张编号为“HL-005”，标题为“视图”的图纸，并将它归类到“表达视图图纸”中，双击将它打开。

（5）将【图纸集管理器】切换到【模型视图】选项卡，选择“滑轮支座装配图.dwg”图形下的两个模型空间视图“销联结”“轴装配”，将视图拖曳到新建文件的布局中（此时可以右击，指定比例，否则按照默认的比例 1:1 放置视图）。最后完成的图形如图 13-23 所示。

添加的视图将以外部参照的形式插入到当前图形中。此时回到【视图列表】选项卡中，新添加的两个视图也列入了视图列表中，双击视图也可以对视图进行查看。

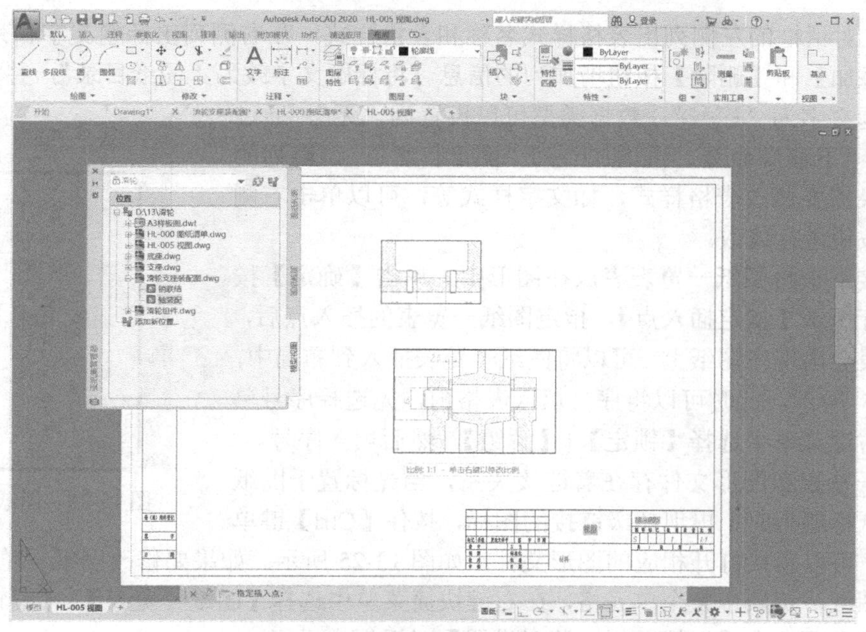

图 13-23　将视图添加到布局中

13.5　图纸一览表

当项目完成后，需要对图纸集进行归档，在归档前需要对图纸集中的全部图纸进行清点并列出一份图纸清单，AutoCAD 可以根据图纸集的内容直接生成图纸一览表。

13.5.1　生成图纸一览表

生成图纸一览表步骤如下。

此练习示范，请参阅配套素材中实践视频文件 13-04.mp4。

（1）将本书配套素材中练习文件中的“完成图纸集”文件夹复制到硬盘中。打开其中的“滑轮”图纸集。

（2）双击图纸中的“图纸清单”将之打开，此时此图纸是空白的。

（3）在图纸集名称上右击，在快捷菜单中选择【插入图纸一览表】菜单项，弹出【图纸一览表】对话框，如图 13-24 所示。

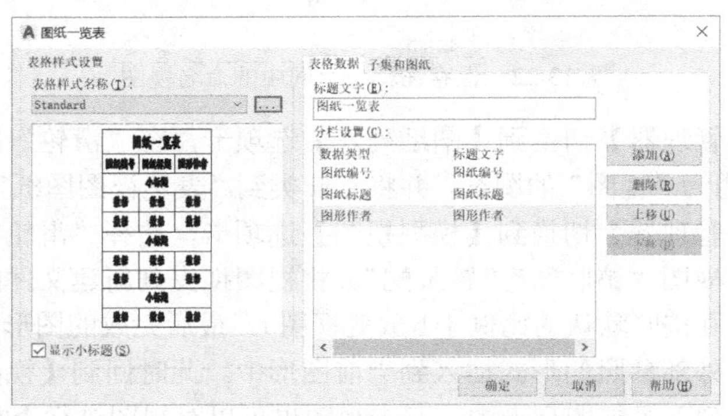

图 13-24　【图纸一览表】对话框

（4）在对话框的左侧列出表格样式名称和表格样式，在右侧列出标题文字和列设置。可以通过【添加】和【删除】按钮增加列的信息。将标题文字改为“图纸目录”，并增添一列，该列的标题文字为“序号”，数据类型可以设置为“无”，通过“上移”和“下移”命令，再增加一列“图形作者”，调整列的位置。如果需要修改表格样式，如文字样式等，可以单击右侧的【…】按钮进行修改。

（5）接下来将图纸一览表表放在图形中，单击【确定】按钮，命令行提示【指定插入点】，指定图纸一览表的插入点后，图纸一览表会出现在图纸上，可以将图纸一览表插入到布局中，如图 13-25 所示，此时可以将序号填入表格内，先选择序号单元格，在右键菜单中选择【锁定】|【解锁】，然后填入序号。

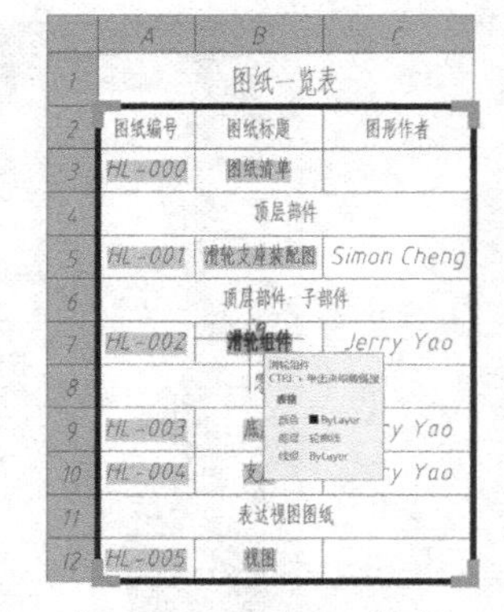

图 13-25　图纸一览表

图纸一览表和图形文件存在着链接关系，当光标置于图纸编号或图纸标题上时，出现超级链接的图标，按住【Ctrl】键单击此图标，可以直接打开相应的图形文件，如图 13-25 所示。如果要修改图纸一览表的设置，可以选择图纸一览表中某个单元格，在右键快捷菜单中选择【图纸一览表】|【编辑图纸一览表设置】菜单项，在【编辑图纸一览表设置】对话框中进行。

如果按住【Ctrl】键单击图标，无法打开相应的图形文件，可能是由于整个图纸集被复制到了其他文件夹中，此时执行一次“更新图纸一览表”就可以重新定位文件。

13.5.2 更新图纸一览表

由于图纸一览表是由 AutoCAD 自动创建的，用户可以添加和修改图纸集中的图纸，如修改图纸编号或标题。当修改图纸集以后，系统可以使用【更新图纸一览表】命令自动更新图纸列表一览表。

修改图纸集内容后，更新图纸一览表的方法为：选择图纸一览表中某个单元格，右击，从快捷菜单中选择【图纸一览表】|【更新图纸一览表】菜单项，要注意更新后将删除对图纸一览表的额外修改。

另外，在图纸一览表的表格右键菜单中选择【更新表格数据链接】也可以实现对图纸一览表的更新。图纸一览表还可以输出到*.csv 格式的文件中。用其他数据库软件进行整理，但是它和图纸一览表之间不存在关联。

13.6 图纸集的发布和打印

在项目完成后，使用图纸管理器可以很轻松地将图纸集中的全部或部分图纸打印出来或发布到 DWF 文件中。

13.6.1 图纸集的发布

可以以 Web 格式发布电子版本的图纸集，并将图纸集发布给客户或者发布给要检查这些设计的工程师或其他人员。方法如下。

（1）在【图纸集管理器】中选择要发布的图纸、子集或整个图纸集单击【发布】按钮，从下拉菜单中选择【发布为 DWF】选项，如图 13-26 所示。

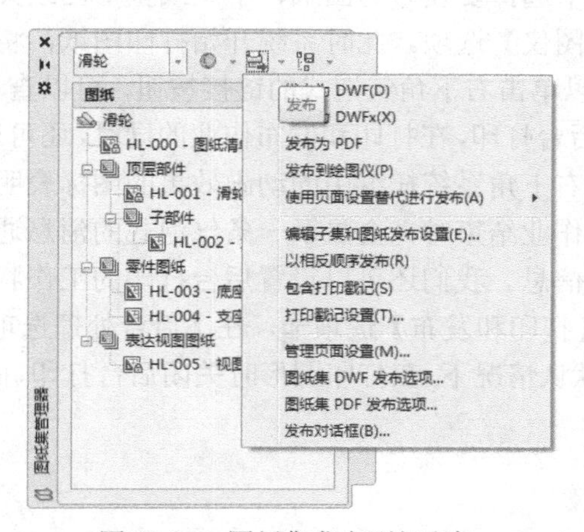

图 13-26 图纸集发布到打印机

（2）此时会弹出【指定 DWF 文件】对话框，在对话框中指定发布的 DWF 文件名后单击【选择】按钮。此时系统开始将整套图纸发布到 DWF 文件中。发布结束后，单击右下角气泡式的连接按钮，可以查看打印和发布的详细信息。

（3）如果想对发布的文件进行调整，还可以选择【发布】对话框菜单项进行调整，如图 13-27 所示。在此可以添加或删除要打印的图纸，调整发布的顺序等。

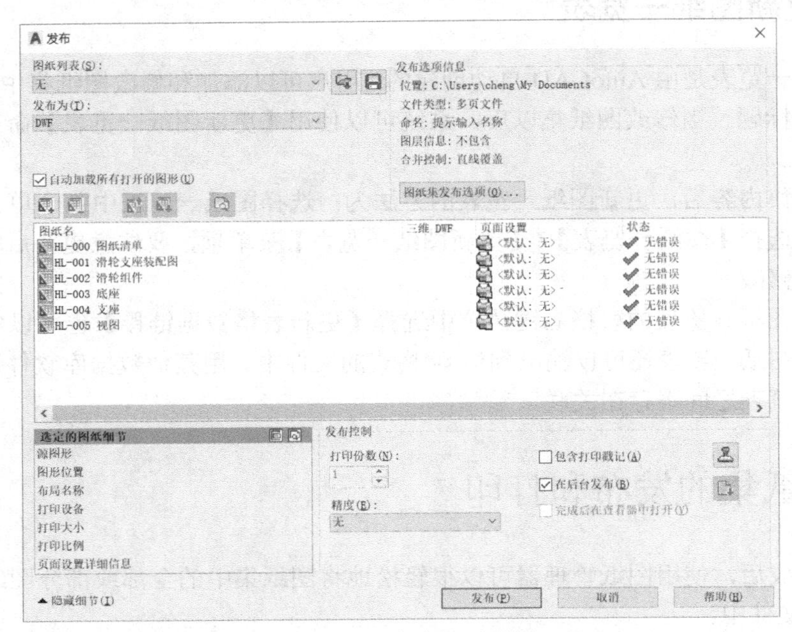

图 13-27 【发布】对话框

13.6.2 图纸集的打印

图纸集还可以将整套或部分图纸直接使用绘图仪进行打印，不用任何人工干预，整套图纸都会顺序打印到绘图仪中，省却了一张一张打印图纸的烦恼，大大提高了打印出图的效率。其方法如下。

在【图纸集管理器】中选择要发布的图纸、子集或整个图纸集单击【发布】按钮，从下拉菜单中选择【发布到绘图仪】选项。此时系统开始打印图纸，将整个图纸集顺序打印到绘图仪中，打印结束后，可以单击右下角气泡式的链接按钮，可以查看该打印作业的详细信息。

AutoCAD 2020 使用后台打印，在打印和发布作业的同时，还可以继续进行对图形的操作。在打印或发布图纸集时，右下角系统托盘中的动画效果的图标表明后台正在处理打印或正在发布作业。当打印或发布作业结束时，会显示一条气泡式的消息通知用户，单击该区域还可以查看打印和发布的详细信息。我们还可以设置后台打印的工作状态，单击【工具】的【选项】，再单击对话框中的【打印和发布】选项卡，在【后台处理选项】区域内，可以设置是否打开或关闭后台打印。在默认情况下，在打印图形时关闭后台打印，而在发布电子图纸集（DWF 文件）时打开后台打印。

13.7　图纸集的归档

当项目完成后，图纸集可以自动将全部图纸进行归档，一般情况下，图纸集中的图纸可能来自多个不同的文件夹，甚至局域网中其他计算机中的链接，归档操作将会把所有的图纸集中到同一个目录或者放置到一个压缩包中。进行归档的方法如下。

（1）在【图纸集管理器】中选择要发布的图纸、子集或整个图纸集并右击，在快捷菜单中选择【归档】，AutoCAD 自动收集有关归档的相关信息。然后，出现【归档图纸集】对话框，如图 13-28 所示。

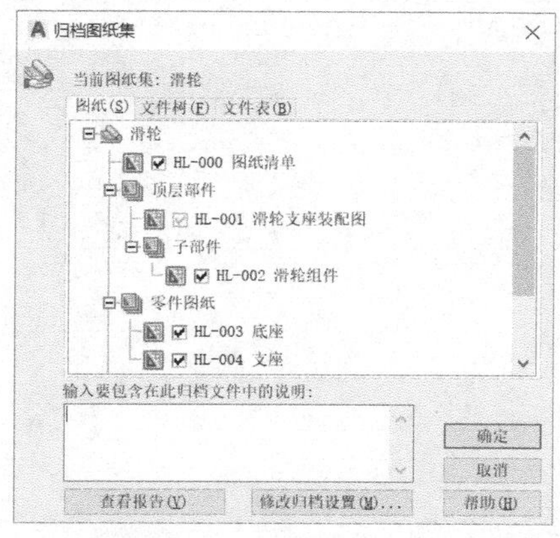

图 13-28　【归档图纸集】对话框

（2）单击【确定】按钮，然后出现【指定 zip 文件】对话框，给出压缩文件的名称，在指定的文件夹中形成.zip 类型的压缩文件。该文件经压缩变得很小，可以通过 Internet 发送此文件。当对方接受此文件后，需要通过解压才能恢复成原有的文件。如果不想采用压缩文件的方式归档，可以单击【修改归档设置】按钮对归档文件包类型进行修改。

另外，还可以对图纸集进行电子传递，方法是在【图纸集管理器】中选择要发布的图纸、子集或整个图纸集，并右击，在快捷菜单中选择【电子传递】。电子传递和归档的操作很相似，不同的是电子传递在打包图纸集后可以直接将之通过电子邮件发送出去。

13.8　本章小结

图纸集的主要目的是进行项目管理，使用图纸集应注意以下几点。

（1）图纸集是基于布局的技术，因此要加入图纸集的图纸必须有至少一个初始化了的布局，仅在模型空间中绘制的图形是无法使用图纸集的。

（2）图纸集中保存的只是文件的位置链接，所以删除或移动图纸都可能造成图纸集中的文件不能打开。

（3）图纸集中的图纸只能隶属于一个图纸集，如果其他图纸集想要引用，必须创建副本。另外，已经隶属于某个图纸集的图纸布局是无法采用“现有图形”的方法直接创建到新的图纸集中的。

（4）图纸集中的图形最好指定专门的样板图以规范图纸，标题栏中的图纸编号和标题可以采用字段的方式直接引用图纸集中的内容。

（5）多个设计人员可以同时访问一个图纸集，但是同时只允许一个用户能够编辑同一图纸，因此尽量避免在一个图形文件中创建多个布局。

（6）尽量将同类的图纸归类到几个文件夹中，简化图纸集的管理，合理的命名文件夹还便于直接生成图纸集的组织结构。

（7）存储在图纸集数据文件中的数据代表了大量的工作，所以应该像创建图形文件的备份一样认真创建 DST 文件的备份。